Neutrinophysik

Von Prof. Dr. rer. nat. Norbert Schmitz
Max-Planck-Institut für Physik
(Werner-Heisenberg-Institut) München

Mit 192 Abbildungen und 23 Tabellen

T0225120

B. G. Teubner Stuttgart 1997

Prof. Dr. rer. nat. Norbert Schmitz

Geboren 1933 in Schiefbahn (NRW); Studium an der Universität Göttingen und der University of California, Berkeley; Promotion 1961 an der Universität München; Habilitation 1965 an der Technischen Universität München. Von 1962 bis 1969 Wissenschaftlicher Mitarbeiter, seit 1969 Wissenschaftliches Mitglied und seit 1971 Direktor am Max-Planck-Institut für Physik; seit 1971 Professor an der Technischen Universität München.

Die Deutsche Bibliothek – CIP-Einheitsaufnahme

Schmitz, Norbert:
Neutrinophysik / Norbert Schmitz. – Stuttgart : Teubner, 1997
   (Teubner-Studienbücher : Physik)

   ISBN-13: 978-3-519-03236-6   e-ISBN-13: 978-3-322-80114-2
   DOI: 10.1007/978-3-322-80114-2

Vorwort

Die Neutrinophysik stellt eines der wichtigsten und aktuellsten Teilgebiete der modernen Teilchenphysik und Teilchenastrophysik dar; zahlreiche Wissenschaftler sind heute in der experimentellen und theoretischen Grundlagenforschung mit Neutrinos beschäftigt.

Neutrinos, Teilchen mit ungewöhnlichen Eigenschaften, treten an vielerlei Stellen in der Natur und im Laboratorium auf: in Kernreaktoren und an Teilchenbeschleunigern, wo sie u.a. zur Erforschung der inneren Zusammensetzung der Materie aus Quarks dienen; beim radioaktiven Kernzerfall; in der Kosmischen Strahlung und Erdatmosphäre, wo sie extrem hohe Energien erreichen können; in den astrophysikalischen Prozessen in Sternen und Galaxien, z.B. bei der thermonuklearen Energieerzeugung im Innern der Sonne oder beim Abtransport der bei einem Supernova-Sternkollaps freiwerdenden gewaltigen Gravitationsenergie; in der Kosmologie, wo sie maßgeblich beteiligt waren an der Entwicklung des Universums in seinen frühesten Anfängen unmittelbar nach dem Urknall und wo sie Kandidaten für einen Teil der fehlenden Dunklen Materie im Weltall sind. Neutrinos, die nach heutiger Kenntnis in drei verschiedenen Arten auftreten, spielen eine zentrale Rolle im Aufbau unserer Materie aus kleinsten Teilchen sowie in den physikalischen Theorien, die die fundamentalen Kräfte zwischen diesen Teilchen beschreiben. Manche Eigenschaften der Neutrinos sind heute noch unbekannt; insbesondere weiß man immer noch nicht, ob sie eine von Null verschiedene Masse besitzen.

Dieses Buch soll eine umfassende und – so hoffe ich – verständliche Einführung in die Neutrinophysik und Neutrinoastrophysik geben; es stellt den gegenwärtigen Stand der Forschung sowie die noch offenen Fragen und zukünftigen Experimente dar. Das Buch basiert auf einer langjährigen Beschäftigung mit Neutrinos, u.a. in Experimenten am CERN (Genf) und am Fermilab (USA), auf internationalen Konferenzen und Schulen sowie in Vorlesungen an der Technischen Universität München. Es wendet sich vor allem an Studenten der Physik in mittleren und höheren Semestern, aber auch an Wissenschaftler, die in der Teilchenphysik tätig sind und sich in die Neutrinophysik einarbeiten wollen.

Bei der Auswahl der zitierten Veröffentlichungen aus der vorhandenen Literatur, die bis etwa Ende 1996 berücksichtigt wurde, war eine Beschränkung unvermeidlich. Dabei wurden an vielen Stellen zusammenfassende Übersichtsar-

4

tikel (Reviews mit ausgiebigen Literaturangaben) gegenüber den zahlreichen Originalveröffentlichungen bevorzugt; hierfür bitte ich die Autoren, deren Arbeiten nicht explizit zitiert sind, im voraus um Verständnis. Auch mußte des öfteren auf eine detaillierte Behandlung, insbesondere der zahlreichen theoretischen Modelle und Erklärungsversuche, verzichtet werden; hier möge die jeweils angegebene weiterführende Literatur hilfreich sein.

Mein Dank gilt vor allem Frau Edeltraud Haag für ihre unermüdliche, sachkundige und engagierte Mitarbeit; sie hat den druckfertigen Text hergestellt, die Abbildungen eingepaßt, das Literatur- und Sachverzeichnis angefertigt und viele nützliche Vorschläge gemacht. Ich danke auch Frau Rita Heininger, die die meisten Abbildungen am Bildschirm gezeichnet hat, sowie Herrn Hans Kühlwein, der das LATEX-Programm an mehreren Stellen an die Erfordernisse dieses Buches angepaßt hat. Vielen Kollegen, vor allem G. Buschhorn, F. von Feilitzsch, C. Kiesling, R. Kotthaus, A. Odian, F. Pröbst, G. Raffelt, H. Rechenberg, C. Spiering, L. Stodolsky und W. Wittek bin ich dankbar für wertvolle Diskussionen, Informationen und Anregungen. Herrn Dr. P. Spuhler vom Teubner-Verlag danke ich für die gute Zusammenarbeit.

München, im März 1997   N. Schmitz

Inhaltsverzeichnis

1 Die wichtigsten experimentellen Entdeckungen

In diesem Kapitel werden die wichtigsten Entdeckungen zur Neutrino-Physik behandelt [Pon80, Bul83, Hai88, Sut92].

1.1 „Erfindung" des Neutrinos (1930)

Das Neutrino wurde 1930 von Pauli als hypothetisches Teilchen postuliert („erfunden"), um beim β-Zerfall der Kerne die Erhaltungssätze für Energie und Drehimpuls und die quantenmechanische Spinstatistik zu retten. Die Neutrino-Hypothese ist zum ersten Mal schriftlich erwähnt in einem Brief [Pau61, Mey85], den Pauli am 4. Dezember 1930 an die „Liebe Radioaktive Damen und Herren !" (H. Geiger, L. Meitner) richtete, die sich auf einer Physiker-Tagung in Tübingen aufhielten. In diesem Brief benutzte Pauli für sein hypothetisches, elektrisch neutrales Teilchen die Bezeichnung „Neutron"; erst ca. zwei Jahre später, nach der Entdeckung des Neutrons durch Chadwick (1932), wurde der Name „Neutrino" gebräuchlich, der durch Fermi eingeführt worden war [Pau61, Mey85, Wu60, Lee88, Sut92].

Beim β^--Zerfall

$$B(A, Z) \rightarrow C(A, Z + 1) + e^- + \bar{\nu}_e \qquad (\beta^-\text{-Zerfall}) \qquad (1.1)$$

eines Mutterkerns $B(A, Z)$ mit A Nukleonen (Z Protonen, $A - Z$ Neutronen) in einen Tochterkern $C(A, Z + 1)$ zerfällt ein in B gebundenes Neutron (n) in ein Proton (p), ein Elektron (e^-) und ein nicht beobachtetes Anti-Elektron-Neutrino ($\bar{\nu}_e$):

$$n \rightarrow p + e^- + \bar{\nu}_e. \qquad (1.2)$$

Während auch das freie Neutron entsprechend diesem β^--Zerfall zerfällt (mittlere Lebensdauer $\tau = (887.0 \pm 2.0)$ sec [PDG96]), kann der β^+-Zerfall des Protons,

$$p \rightarrow n + e^+ + \nu_e, \qquad (1.3)$$

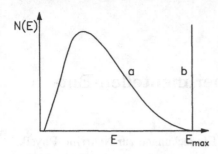

Abb. 1.1

(a) Skizze eines kontinuierlichen Energiespektrums $N(E)$ des Elektrons beim β^--Zerfall; (b) bei einem Zwei-Körper-Zerfall ohne Neutrino hätte das Elektron eine feste Energie $E_{\max}$.

wegen des Energiesatzes ($m_p < m_n$) nur bei einem in einem Kern B' gebundenen Proton vorkommen:

$$B'(A, Z) \to C'(A, Z - 1) + e^+ + \nu_e \qquad (\beta^+\text{-Zerfall}). \qquad (1.4)$$

Bei ruhendem Mutterkern B im Drei-Körper-Zerfall (1.1) besitzt die e^--Energie E ein kontinuierliches Spektrum $N(E)$ (Abb. 1.1) zwischen den Energien $E_{\min} = m_e$[†] und $E_{\max}$; $E_{\max}$ ergibt sich aus der Energieerhaltung $m_B - m_C = T_C + E + E_\nu$ für $E_\nu = 0$ (Annahme: $m_\nu = 0$) zu

$$E_{\max} = m_B - m_C, \qquad (1.5)$$

wobei bei gleichem, entgegengesetztem Impuls p von C und e die kinetische Energie $T_{C\max} = p^2/2m_C$ (Rückstoßenergie) gegenüber $E_{\max}$ vernachlässigt wurde (Kap. 6.2.1).

Ohne das $\bar{\nu}_e$ wäre der β^--Zerfall ein Zwei-Körper-Zerfall,

$$B(A, Z) \to C(A, Z + 1) + e^-, \qquad (1.6)$$

und das e^- hätte, wenn der Energieerhaltungssatz gilt, eine *feste* Energie $E = E_{\max} = m_B - m_C$. Dies stand jedoch im Widerspruch zur Beobachtung eines kontinuierlichen Energiespektrums im β-Zerfall (Chadwick 1914). Um deswegen den Energiesatz nicht aufgeben zu müssen, führte Pauli das nicht beobachtete, damals hypothetische Neutrino ein.

Ein zweiter Grund für Paulis Neutrino-Hypothese war die Beibehaltung des Drehimpulssatzes und damit verknüpft der quantenmechanischen Statistik. Ein Kern mit geradem A hat ganzzahligen Spin und genügt damit der Bose-Einstein-Statistik; ein Kern mit ungeradem A hat halbzahligen Spin und genügt der Fermi-Dirac-Statistik (Pauli-Prinzip, Nobelpreis 1945). Beim β-Zerfall (1.1) und (1.4) haben also Mutter- und Tochterkern beide ganzzahligen oder beide halbzahligen Spin und genügen derselben Statistik. Wegen der

---

[†]Wir setzen meistens $\hbar = c = 1$, also z.B. $E = m$ statt $E = mc^2$.

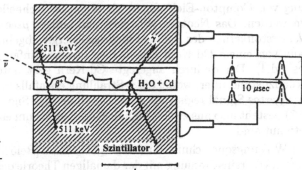

Abb. 1.2
Schematische Experimentanordnung bei der Entdeckung des Neutrinos. Nach [Pau61].

Drehimpulserhaltung kann aber die Ganz- bzw. Halbzahligkeit des Kernspins im β-Zerfall nur gewahrt bleiben, wenn außer dem $e^{\pm}$ mit Spin $J = \frac{1}{2}$ noch ein weiteres Zerfallsteilchen mit halbzahligem Spin, nämlich das hypothetische Neutrino, auftritt; im Fall (1.6) hätte B ganzzahligen (halbzahligen) und C halbzahligen (ganzzahligen) Spin, im Widerspruch zur Beobachtung.

1.2   Entdeckung des Neutrinos (1956)

Nach der „Erfindung" des Neutrinos durch Pauli vergingen noch ca. 25 Jahre, bis seine Existenz um 1956 durch Reines (Nobelpreis 1995) und Cowan [Rei56, Rei59] experimentell nachgewiesen wurde. Pauli, der am 15. Dezember 1958 starb, hat diese Entdeckung noch miterlebt [Pau61].

In den Experimenten von Reines und Cowan seit Anfang der 50er Jahre wurden als starke Neutrino-Quellen Kern-Reaktoren (Hanford, Savannah River Plant) verwendet. Wegen ihres Neutronen-Überschusses sind die Spaltprodukte in einem Reaktor β^--Strahler, d.h. ein Reaktor strahlt nach (1.2) Antineutrinos $\bar{\nu}_e$ ab. Das $\bar{\nu}_e$-Energie-Spektrum liegt im Bereich einiger MeV (Kap. 6.3.2). Diese Antineutrinos wurden nachgewiesen in der Reaktion („inverser β-Zerfall")

$$\bar{\nu}_e + p \rightarrow e^+ + n. \tag{1.7}$$

Die Experiment-Anordnung ist schematisch in Abb. 1.2 dargestellt. Der Detektor besteht im wesentlichen aus einem mit Kadmium-Chlorid ($CdCl_2$) in wäßriger Lösung (H_2O) gefüllten Behälter zwischen zwei Flüssig-Szintillationszählern (mit Photomultipliern). Die Reaktion (1.7) findet an einem Proton in der wäßrigen Lösung statt. Das e^+ kommt schnell zur Ruhe und annihiliert mit einem e^- in zwei monochromatische Photonen, $e^+e^- \rightarrow \gamma\gamma$ mit

$E_\gamma = m_e = 0.511$ MeV, die in den Szintillationszählern (z.B. durch Erzeugung von Compton-Elektronen) als promptes (schnelles) Signal nachgewiesen werden. Das Neutron wird während einiger μsec durch Stöße mit den Wasserstoffkernen des H_2O auf niedrige Energie abgebremst (moderiert) und dann von einem Cd-Kern eingefangen (großer Einfangswirkungsquerschnitt des Cd !). Der dadurch angeregte Cd-Kern geht unter γ-Emission in den Grundzustand über, wobei die γ-Strahlung ebenfalls in den Szintillatoren als verzögertes Signal registriert wird. Die eindeutige Signatur für eine Reaktion (1.7) besteht also aus zwei γ-Signalen, die zeitlich um einige μsec voneinander getrennt sind.

Der Wirkungsquerschnitt für (1.7) ergab sich zu [Rei59] $\sigma = (1.1 \pm 0.3) \cdot 10^{-43}$ cm^2, in Übereinstimmung mit der damaligen Theorie des β-Zerfalls von Fermi [Fer34]. Dieser Wirkungsquerschnitt für eine Reaktion der schwachen Wechselwirkung bei kleinen Energien ist ungeheuer klein: ihm entspricht eine mittlere Absorptionslänge von $\ell = 1/n\sigma = 2.7 \cdot 10^{19}$ cm $\hat{=}$ 29 Lichtjahre ! (wobei $n = 3.3 \cdot 10^{23}$ cm^{-3} die Anzahl der Protonen in 1 cm^3 H_2O ist, 10 Protonen pro H_2O-Molekül). Ein Reaktor-Neutrino fliegt also im Mittel $\sim$ 30 Jahre lang mit Lichtgeschwindigkeit durch Wasser, bevor es durch eine Reaktion der Art (1.7) absorbiert wird. Wegen dieser winzigen Reaktionswahrscheinlichkeit hat es so lange gedauert, bis das Neutrino entdeckt wurde.

1.3   Frage nach der Identität von Neutrino und Antineutrino; Leptonzahl

Da das Neutrino keine ladungsartigen Eigenschaften (z.B. elektrische Ladung, elektrisches oder magnetisches Moment) hat (bzw. zu haben scheint, Kap. 6.7), durch deren Vorzeichen sich Teilchen und Antiteilchen voneinander unterscheiden, kann das Neutrino im Prinzip mit seinem Antiteilchen identisch sein (wie z.B. γ, Z^0, π^0 und η). Es ergibt sich daher die Frage, ob das neutrale Teilchen aus dem β^--Zerfall (1.2), „Antineutrino $\bar{\nu}_e$" genannt, das zusammen mit dem e^- auftritt, und das neutrale Teilchen aus dem β^+-Zerfall (1.3), „Neutrino ν_e" genannt, das zusammen mit dem e^+ auftritt, identische oder verschiedene Teilchen sind; ob es also eine (additive) Quantenzahl („Leptonzahl L") gibt, in deren Vorzeichen sich ν_e und $\bar{\nu}_e$ voneinander unterscheiden und die in Teilchenprozessen (Reaktionen, Zerfälle) erhalten ist. Diese Frage wurde folgendermaßen untersucht:

Dem β^+-Zerfall (1.3), $p \to ne^+\nu_e$, entspricht die Reaktion (1.7)

$$\begin{aligned} \bar{\nu}_e + p &\to e^+ + n \\ L = -1 + 0 &= -1 + 0, \end{aligned} \tag{1.8}$$

in der das Neutrino entdeckt wurde (Kap. 1.2), da man ein Teilchen, hier das

ν_e in (1.3) (Emission des ν_e), auf der einen Seite eines Prozesses durch sein Antiteilchen auf der anderen Seite (Absorption des $\bar{\nu}_e$) unter Wahrung der (additiven) Erhaltungssätze ersetzen kann. Analog entspricht dem β^--Zerfall (1.2), $n \to pe^-\bar{\nu}_e$, die Reaktion

$$\begin{aligned} \nu_e + n \ &\to\ e^- + p \\ L = 1 + 0\ &=\ 1 + 0, \end{aligned} \tag{1.9}$$

die auch tatsächlich, z.B. mit Sonnenneutrinos (siehe unten), beobachtet wurde. Falls nun ν_e und $\bar{\nu}_e$ identisch wären, so könnte die Reaktion (1.9) auch von einem $\bar{\nu}_e$, d.h. einem Reaktor-Antineutrino, bewirkt werden,

$$\begin{aligned} \bar{\nu}_e + n \ &\to\ e^- + p \\ L = -1 + 0\ &\neq\ 1 + 0, \end{aligned} \tag{1.10}$$

und zwar mit demselben Wirkungsquerschnitt wie für (1.9). Es sollten also Kernreaktionen der Art

$$\bar{\nu}_e + B(A, Z) \to e^- + C(A, Z+1) \tag{1.11}$$

an einem Reaktor beobachtet werden. Nach solchen Reaktionen ist jedoch vergeblich gesucht worden. Ein erstes Experiment dieser Art ist die erfolglose Suche nach der Reaktion

$$\bar{\nu}_e + Cl^{37} \to e^- + Ar^{37} \tag{1.12}$$

durch Davis [Dav55, All58, Pau61] an einem Reaktor in Brookhaven und später am Savannah River Reaktor ($\sigma < 0.9 \cdot 10^{-45}$ cm^2). Dagegen wurde die zu (1.9) gehörige Reaktion

$$\nu_e + Cl^{37} \to e^- + Ar^{37} \tag{1.13}$$

mit Neutrinos aus der thermonuklearen Fusion von Protonen zu Helium in der Sonne,

$$4p \to He^4 + 2e^+ + 2\nu_e, \tag{1.14}$$

(„solare Neutrinos") von Davis u.a. beobachtet und seit $\sim$ 1970 ständig registriert [Dav94] (Kap. 7.2.3). Damit schien erwiesen, daß ν_e und $\bar{\nu}_e$ verschiedene Teilchen sind.

Eine andere Möglichkeit, die Frage nach der Identität von ν_e und $\bar{\nu}_e$ zu untersuchen, ist der neutrinolose Doppel-β-Zerfall ($0\nu\beta\beta$-Zerfall):

$$B(A, Z) \to C(A, Z+2) + 2e^-. \tag{1.15}$$

Wie Abb. 1.3 zeigt, ist dieser Zerfall nur möglich, wenn $\nu_e = \bar{\nu}_e$ ist:

$$
\begin{array}{lrcl}
\text{Vertex I} & : & n & \to \quad p + e^- + \bar{\nu}_e \\
\text{Vertex II} & : & \nu_e + n & \to \quad p + e^- \\
\hline
\text{zusammen} & : & 2n & \to \quad 2p + 2e^- \\
L & = & 0 & \neq \quad 0 + 2 .
\end{array}
\tag{1.16}
$$

Am Vertex I findet der normale β^--Zerfall (1.2) eines Neutrons im Kern statt. Falls $\nu_e = \bar{\nu}_e$ ist, kann das bei I emittierte $\bar{\nu}_e$ als ν_e von einem zweiten Neutron im selben Kern entsprechend der beobachteten Reaktion (1.9) am Vertex II absorbiert werden, so daß sich insgesamt (1.15) ergibt. Falls ν_e und $\bar{\nu}_e$ verschieden sind, ist der Vertex II mit einem $\bar{\nu}_e$, entsprechend der nicht beobachteten Reaktion (1.10), nicht erlaubt. Tatsächlich hat man bis heute bei mehreren möglichen Kernen vergeblich nach einem $0\nu\beta\beta$-Zerfall gesucht (Kap. 6.8). Auch aus diesem Ergebnis scheint zu folgen, daß $\nu_e \neq \bar{\nu}_e$ ist.

In Wirklichkeit ist der Sachverhalt jedoch komplizierter [Kay85, Kay91], und zwar dadurch, daß für das „Neutrino ν_e" und das „Antineutrino $\bar{\nu}_e$" feste Helizitäten H (Kap. 1.4, Anhang A.2) beobachtet wurden, nämlich immer $H = -1$ für ν_e und $H = +1$ für $\bar{\nu}_e$. Deswegen ist das Nichtauftreten der Prozesse (1.10) und (1.16) zwar notwendig, jedoch nicht hinreichend für die Verschiedenheit von ν_e und $\bar{\nu}_e$: Die beiden Prozesse kommen selbst dann nicht vor, wenn ν_e und $\bar{\nu}_e$ identisch sind (*Majorana-Neutrino* ν^M mit $\nu^M = \nu_e = \bar{\nu}_e$), da die schwache Wechselwirkung so beschaffen ist, daß dann das ν^M zusammen mit e^- in $\nu^M e^-$, d.h. in $\nu^M \to e^+$, immer mit $H = +1$ („rechtshändig") und zusammen mit e^+ in $\nu^M e^+$, d.h. in $\nu^M \to e^-$, immer mit $H = -1$ („linkshändig") auftritt. Dann hat ein ν^M aus einem Reaktor, d.h. aus (1.2), mit $H = +1$ für die Reaktion (1.7) die richtige, für (1.10) jedoch die falsche Helizität, so daß (1.7) beobachtet und (1.10) nicht beobachtet wird. Analog hat in Abb. 1.3 das ν^M vom Vertex I her für den Prozess am Vertex II die falsche Helizität (nämlich $H = +1$), so daß der $0\nu\beta\beta$-Zerfall nicht stattfinden kann. Es läßt sich also nicht ohne weiteres entscheiden, ob die beobachteten Unterschiede zwischen ν_e und $\bar{\nu}_e$ auf der Nichtidentität von ν_e (mit $H = -1$) und $\bar{\nu}_e$ (mit $H = +1$) oder nur auf die beiden entgegengesetzten Helizitäten eines einzigen Teilchens ν^M zurückzuführen sind. Diese Frage ließe sich entscheiden, wenn $\bar{\nu}_e$ auch mit $H = -1$ (bzw. ν_e mit $H = +1$) vorkommen würde: Wenn mit einem solchen $\bar{\nu}_e$ die Reaktion (1.10) trotz nun richtiger Helizität nicht aufträte, so würde sich daraus $\nu_e \neq \bar{\nu}_e$ (*Dirac-Neutrino* ν^D) ergeben. Käme umgekehrt mit solchen $\bar{\nu}_e$ die Reaktion (1.10) vor, und zwar mit demselben Wirkungsquerschnitt wie (1.9), dann wäre $\nu_e = \bar{\nu}_e = \nu^M$. Wegen der maximalen Paritätsverletzung in der schwachen Wechselwirkung ((V–A)-Theorie, Kap. 1.4) kommen $\bar{\nu}_e$ mit $H = -1$ und ν_e mit $H = +1$ jedoch nicht vor.

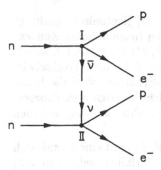

A $\xrightarrow{\hspace{0.5cm}\text{v}\hspace{0.5cm}}$ $\overset{\rightarrow}{}$ $H=+1$

$\xrightarrow{\hspace{1.5cm}\text{v}_B\hspace{1.5cm}}$

$H=-1$ $\overset{\text{v}'}{\underset{\rightarrow}{\xleftarrow{\hspace{0.8cm}}}}$ $\bullet$ B

Abb. 1.3
Graph für den neutrinolosen Doppel-β-Zerfall.

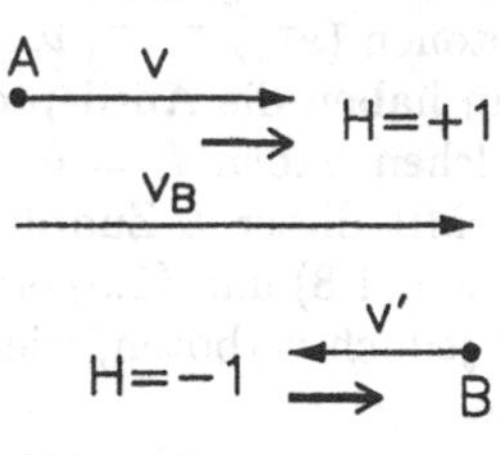

Abb. 1.4
Die Skizze zeigt, daß die Helizität eines Teilchens mit Masse vom Bezugssystem abhängt (lange Pfeile: Flugrichtungen, kurze Pfeile: Spinstellungen).

Der gerade dargelegte Sachverhalt trifft nur dann zu, wenn die Neutrinos masselos ($m = 0$) sind; denn nur für ein masseloses Teilchen ist die Aussage, es habe eine feste Helizität (z.B. immer $H = +1$), sinnvoll. Dagegen hängt für ein Teilchen mit Masse die Helizität vom Bezugssystem des Beobachters ab, wie Abb. 1.4 veranschaulicht: Im Bezugssystem A habe das Teilchen $H = +1$ und die Geschwindigkeit v mit $v < c$, da $m > 0$ ist. Dann gibt es ein Bezugssystem B, das sich in A mit $v_B > v$ in v-Richtung bewegt. In B hat sich die Flugrichtung des Teilchens im Vergleich zur Richtung in A umgekehrt, während die Spinstellung gleich geblieben ist. Also hat das Teilchen in B die Helizität $H = -1$. Für $m = 0$ ist $v = c$ und ein System mit $v_B > v$ existiert nicht[‡].

Aus den obigen Ausführungen ergibt sich: Falls die Neutrinos masselos sind *und* mit fester Helizität an der schwachen Wechselwirkung teilnehmen ($H = -1$ in $\nu \to e^-$, $H = +1$ in $\bar{\nu} \to e^+$), wie es in der (V–A)-Theorie mit linkshändigen Strömen (Standardmodell, Kap. 1.4, 2) der Fall ist, ist eine Unterscheidung zwischen Dirac-ν^D und Majorana-ν^M grundsätzlich nicht möglich; sie ist aufgehoben. Unterschiede treten nur dann auf, wenn $m > 0$ ist und/oder es zusätzlich eine Wechselwirkung mit entgegengesetzter Neutrino-Helizität ($H = +1$ für ν , $H = -1$ für $\bar{\nu}$; rechtshändige Ströme, (V+A)-Beitrag) gibt. Diese Unterscheidung zwischen ν^D und ν^M sowie der Zusammenhang mit einer etwaigen Neutrinomasse werden in Kap. 6.1 und 6.8 noch ausführlicher behandelt.

Für den Fall $\nu_e \neq \bar{\nu}_e$ (Dirac-Neutrino) wurde zur Unterscheidung von ν_e

---

[‡]Für $m > 0$ (Kap. 6) haben Neutrinos in der (V–A)-Theorie zwar nach wie vor feste Chiralität (ν immer linkshändig, $\bar{\nu}$ immer rechtshändig), jedoch nicht mehr feste Helizität (Kap. 1.4.6). Der Unterschied zwischen Chiralität und Helizität wird in Kap. 1.4.7 behandelt. Für $m = 0$ fallen beide Begriffe zusammen.

und $\overline{\nu}_e$ die Leptonzahl L eingeführt, von Pauli [Pau61] „leptonische Ladung" genannt: Die Leptonen $(e^-, \mu^-, \tau^-; \nu_e, \nu_\mu, \nu_\tau)$ haben (nach üblicher Konvention) $L = 1$; dann haben die Antileptonen $(e^+, \mu^+, \tau^+; \overline{\nu}_e, \overline{\nu}_\mu, \overline{\nu}_\tau)$ $L = -1$. Alle anderen Teilchen haben $L = 0$. Außerdem ist L in allen Wechselwirkungen erhalten. Mit dieser L-Zuordnung und L-Erhaltung sind die beobachteten Reaktionen (1.8) und (1.9) erlaubt, die nicht beobachteten Prozesse (1.10) und (1.16) jedoch verboten, wie die unter den Prozessen angegebenen L-Bilanzen zeigen.

Im Jahre 1964 wurde beim CERN gefunden [Bie64], daß mit einem praktisch reinen Strahl von Myon-Neutrinos ν_μ (aus π^+, K^+-Zerfällen, siehe Kap. 3.2) immer nur negative, nicht jedoch positive Myonen erzeugt werden. Daraus folgt (im oben diskutierten, einschränkenden Sinne), daß auch für das μ-Neutrino $\nu_\mu \neq \overline{\nu}_\mu$ gilt und sich ν_μ mit $L = 1$ und $\overline{\nu}_\mu$ mit $L = -1$ durch die Leptonzahl unterscheiden.

1.4 Nichterhaltung der Parität; Zwei-Komponenten-Theorie des Neutrinos

1.4.1 τ-θ-Rätsel, Vermutung der Nichterhaltung der Parität in der schwachen Wechselwirkung (1956)

Das sogenannte „τ-θ-Rätsel" beim Zerfall geladener Kaonen war 1956 für Lee und Yang (Nobelpreis 1957) der Anlaß zu ihrer Vermutung, daß in der schwachen Wechselwirkung die Parität P nicht erhalten sei [Lee56]. Das K^+ hat u.a. die beiden folgenden Zerfallsarten:

$$\begin{aligned} K^+ &\rightarrow \pi^+\pi^0 \quad &(\text{„}\theta\text{-Zerfall"}) \quad &(21.2\%) \\ K^+ &\rightarrow \pi^+\pi^+\pi^- \quad &(\text{„}\tau\text{-Zerfall"}) \quad &(5.6\%)\,. \end{aligned} \quad (1.17)$$

Es ist leicht zu zeigen [Sak64], daß mit den Spins $J_\pi = J_K = 0$ das $\pi^+\pi^0$-System aus dem θ-Zerfall die Parität $P(\pi^+\pi^0) = +1$ und das $\pi^+\pi^+\pi^-$-System aus dem τ-Zerfall die Parität $P(\pi^+\pi^+\pi^-) = -1$ hat. Da das K^+ eine feste Eigenparität $(P_K = -1)$ besitzt, ist dies ein Widerspruch, falls die Parität beim K^+-Zerfall erhalten ist. Aus diesem Widerspruch gibt es nur zwei Auswege: (a) θ und τ sind verschiedene Teilchen mit $P_\theta = +1$ und $P_\tau = -1$. Dann versteht man aber nicht, warum diese beiden Teilchen exakt dieselbe Masse, dieselbe mittlere Lebensdauer und dieselben Reaktionswirkungsquerschnitte haben; (b) die Parität ist beim K^+-Zerfall nicht erhalten.

Lee und Yang stellten überraschenderweise fest, daß die Paritätserhaltung zwar in Prozessen der starken und elektromagnetischen Wechselwirkungen experimentell getestet und dort gut erfüllt war, daß sie jedoch bisher in keinem Prozess der schwachen Wechselwirkung nachgeprüft war. (Es waren noch keine Verteilungen von pseudoskalaren Größen gemessen worden, siehe Kap. 1.4.2). Sie verwarfen daher den Ausweg (a), stellten die Hypothese der Parität-Nichterhaltung in der schwachen Wechselwirkung auf und schlugen Experimente zum Testen dieser Hypothese vor.

Wie kann man die Erhaltung bzw. Nichterhaltung der Parität experimentell untersuchen?

1.4.2 Nachprüfung der (Nicht-)Erhaltung der Parität

Die räumliche Spiegelung $r \to -r$, unter der ein rechtshändiges Koordinatensystem in ein linkshändiges übergeht (unitäre Paritätsoperation P mit $P^+P = 1$, d.h. $P^+ = P^{-1}$), bewirkt die folgenden Transformationen:

$$\left.\begin{array}{lll} \text{Ort} & : & r \to -r \\ \text{Impuls} & : & p = m\dfrac{dr}{dt} \to m\dfrac{d(-r)}{dt} = -p \end{array}\right\} \text{Vektor} \qquad (1.18)$$

$$\text{Drehimpuls} \quad : \qquad J \to J \ \text{Axialvektor} \qquad\qquad (1.19)$$

z.B. Bahndrehimpuls: $\quad L = r \times p \to (-r) \times (-p) = L$

$$\left.\begin{array}{lll} \text{Zeit} & : & t \to t \\ \text{Masse} & : & m \to m \\ \text{Skalarprodukte} & : & p_1 \cdot p_2 \to p_1 \cdot p_2 \end{array}\right\} \text{Skalar} \qquad (1.20)$$

$$\left.\begin{array}{l} p \cdot J \to -p \cdot J \\ (p_1 \times p_2) \cdot p_3 \to -(p_1 \times p_2) \cdot p_3 \end{array}\right\} \text{Pseudoskalar} \qquad (1.21)$$

Teilchenzustand: $\quad |a\rangle = |p, J\rangle \to |a'\rangle = P|a\rangle = P_e| - p, J\rangle$, $\quad (1.22)$

wobei P_e die Eigenparität des Teilchens bzw., bei mehreren Teilchen, das Produkt der Eigenparitäten der Teilchen ist.

Operator (S-Matrix): $\quad S \to S' = P^+SP$. $\qquad\qquad (1.23)$

Beweis:

$$|a'\rangle = P|a\rangle$$

$$|b'\rangle = P|b\rangle, \text{ d.h. } \langle b'| = \langle b|P^+, \text{ so daß sich} \qquad (1.24)$$

$$\langle b|S|a\rangle \to \langle b'|S|a'\rangle = \langle b|P^+SP|a\rangle = \langle b|S'|a\rangle$$

für ein S-Matrix-Element ergibt. In (1.24) kommt die bekannte Tatsache zum Ausdruck, daß in der Quantenmechanik entweder die Zustände („Schrödinger-Bild") oder die Operatoren („Heisenberg-Bild") transformiert werden. *Invarianz (Symmetrie)* einer durch den S-Operator beschriebenen Wechselwirkung gegenüber räumlicher Spiegelung P (P-Invarianz, P-Symmetrie) bedeutet nach (1.23):

$$S = S' = P^+SP\,. \tag{1.25}$$

Die P-Invarianz (1.25) von S hat zwei wichtige Konsequenzen:

a) Die Parität P ist erhalten, d.h.: Wenn der Anfangszustand $|i\rangle$ eines Prozesses $|i\rangle \to |f\rangle$ eine feste Parität P_i hat, $P|i\rangle = P_i|i\rangle$, dann hat der Endzustand $|f\rangle$ dieselbe Parität $P_f = P_i$. Beweis:

$$\langle f|S|i\rangle = \langle f|P^+SP|i\rangle = P_f P_i\langle f|S|i\rangle, \text{ also } P_f P_i = 1\,. \tag{1.26}$$

b) Das Matrixelement $\langle f|S|i\rangle$ für einen Prozess $|i\rangle \to |f\rangle$ und das Matrixelement $\langle f'|S|i'\rangle$ für den dazugehörigen raum-gespiegelten Prozess $|i'\rangle \to |f'\rangle$ („Spiegel-Prozess") sind gleich. Beweis:

$$\langle f'|S|i'\rangle = \langle f|P^+SP|i\rangle = \langle f|S|i\rangle\,. \tag{1.27}$$

Prozess und Spiegelprozess sind also gleich wahrscheinlich. Interessant ist der Fall, daß im Experiment die beiden Anfangszustände $|i\rangle$ und $|i'\rangle$ gleich häufig oder sogar identisch sind (z.B. beim $\pi^\pm$-Zerfall in Ruhe, Kap. 1.4.4); dann kommen bei P-Erhaltung der Endzustand $|f\rangle$ und sein Spiegelbild $|f'\rangle$ gleich häufig vor.

Um P-Invarianz zu prüfen, schaue man also nach, ob Prozess und Spiegelprozess gleich wahrscheinlich vorkommen. Um Prozess und Spiegelprozess voneinander unterscheiden zu können, muß man eine Größe x finden, die für Prozess und Spiegelprozess verschieden ist, d.h. für die unter P gilt: $x \to x' \neq x$. Nach (1.21) ist jeder *Pseudoskalar* eine solche Unterscheidungsgröße x mit $x \to -x$. Wenn daher für die gemessene Häufigkeitsverteilung

$$W(x) \neq W(-x) \tag{1.28}$$

gefunden wird, dann ist P nicht erhalten.

Ein wichtiges Beispiel zeigt Abb. 1.5: Gemessen wird die Winkelverteilung $W(\cos\theta)$ von $x = \cos\theta \propto \boldsymbol{P} \cdot \boldsymbol{p}$, wobei θ der Winkel zwischen einem Polarisationsvektor $\boldsymbol{P} = \langle \boldsymbol{J}\rangle/J$ (auf J normierter Mittelwert der Spinstellungen

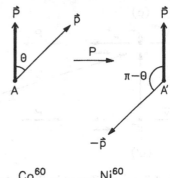

Abb. 1.5
Winkel θ zwischen einem Polarisationsvektor $\boldsymbol{P}$ und einem Impulsvektor $\boldsymbol{p}$, der bei Raumspiegelung in $\pi - \theta$ übergeht (z.B. Wu-Experiment).

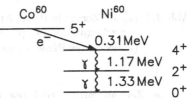

Abb. 1.6
Zerfallsschema von Co^{60} in Ni^{60}.

$\boldsymbol{J}$) und einem Impuls $\boldsymbol{p}$ ist. Unter P: $\theta \to \pi - \theta$. Aus verschiedenen Häufigkeiten für Prozess A und Spiegelprozess A′, d.h. aus einer Asymmetrie der Verteilung $W(\cos\theta)$, z.B.

$$W(\cos\theta) \propto 1 + \alpha \cdot \cos\theta \quad \text{mit} \quad \alpha \neq 0, \tag{1.29}$$

folgt Nichterhaltung der Parität. Mit anderen Worten: Bei Paritätserhaltung dürfen pseudoskalare Terme in der Winkelverteilung nicht vorkommen.

1.4.3 Entdeckung der Nichterhaltung der Parität (1957)

Die Nichterhaltung der Parität in der schwachen Wechselwirkung wurde 1957 von Wu u.a. [Wu57, Wu60] beim β-Zerfall polarisierter Co^{60}-Kerne (Polarisation $\boldsymbol{P}_{Co}$) entdeckt (Wu-Experiment):

$$\begin{array}{cccc} Co^{60} & \to & Ni^{60*} + e^- + \bar{\nu}_e \,. \\ J^P = 5^+ & & 4^+ \end{array} \tag{1.30}$$

Abb. 1.6 zeigt das Zerfallsschema. Die Ausrichtung der Co^{60}-Kerne geschah durch ein äußeres Magnetfeld $\boldsymbol{B}$ ($\boldsymbol{P}_{Co}$ parallel zu $\boldsymbol{B}$) bei einer sehr niedrigen Temperatur (~ 0.01 K, um die thermische Bewegung zu minimieren), die durch adiabatische Entmagnetisierung hergestellt wurde. Die Größe der Co^{60}-Polarisation wurde aus der Winkelanisotropie der beim Zerfall auftretenden γ-Strahlung (Abb. 1.6) zu $P_{Co} \approx 0.6$ bestimmt; sie ging durch Erwärmung

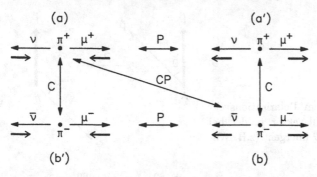

Abb. 1.7 (a) π^+-Zerfall in Ruhe; Anwendung der Raumspiegelung P (a′), der Ladungskonjugation C (b′) und der Operation CP (b) auf den π^+-Zerfall (lange dünne Pfeile: Flugrichtungen; kurze dicke Pfeile: Spinstellungen).

mit der Zeit auf null zurück (ca. 6 min). Entsprechend Abb. 1.5 wurden mit einem Szintillationszähler die Raten der Zerfallselektronen aus (1.30) gemessen, die unter einem Winkel θ und $\pi - \theta^\dagger$ zur Polarisationsrichtung (d.h. Magnetfeldrichtung) austraten. Es ergaben sich verschiedene Zählraten bei θ und $\pi - \theta$; die Winkelverteilung hatte die Form (1.29) mit $\alpha \approx -0.4$. Damit war die Nichterhaltung der Parität nachgewiesen. Für α gilt bei „maximaler Paritätsverletzung" (siehe Kap. 1.4.6, wo das Ergebnis des Wu-Experiments weiter diskutiert wird):

$$\alpha = -P_{\mathrm{Co}} \frac{\langle v_e \rangle}{c} . \tag{1.31}$$

Mit $P_{\mathrm{Co}} \approx 0.6$ und $\frac{\langle v_e \rangle}{c} \approx 0.6$ in (1.31) erhält man $\alpha \approx -0.4$, also den gemessenen Wert.

In zahlreichen nachfolgenden, verschiedenartigen Experimenten [Scho66] wurde die P-Nichterhaltung beim β-Zerfall und in anderen schwachen Prozessen quantitativ untersucht.

---

†Bei fester Position des Szintillationszählers wurde die Zählrate bei $\pi - \theta$ durch Umkehrung des Magnetfeldes B gemessen.

Abb. 1.8
(a) π^+-Zerfall und anschließender μ^+-Zerfall in Ruhe mit Winkel θ zwischen ursprünglicher μ^+-Flugrichtung und e^+-Impuls p_e; (b) bevorzugte Konstellation von Flugrichtungen (dünne Pfeile) und Spinstellungen (dicke Pfeile) der Zerfallsteilchen beim μ^+-Zerfall.

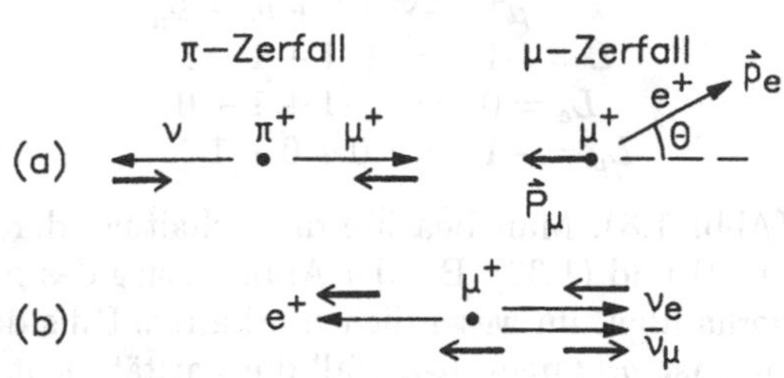

1.4.4 Nichterhaltung der Parität beim Pion- und Myon-Zerfall (1957)

In Abb. 1.7 stellt (a) den Zerfall

$$\begin{array}{ccc} \pi^+ & \to & \mu^+ + \nu_\mu \\ L = 0 & = & -1 + 1 \end{array} \qquad (1.32)$$

eines π^+ in Ruhe dar. Wegen $J_\pi = 0$ müssen die Spins von μ^+ und ν_μ entgegengesetzt zueinander stehen, $J_{\mu z} = -J_{\nu z}$ (ein möglicher Bahndrehimpuls zwischen μ^+ und ν_μ hat $L_z = 0$), d.h. μ^+ und ν_μ haben dieselbe Helizität, in (a): $H = -1$.

Unter P (und nach einer räumlichen Drehung um 180°) geht in Abb. 1.7 (a) in (a') über, d.h. die Helizitäten von μ^+ und ν_μ haben sich beide umgedreht; sie sind nun $H = +1$. Bei P-Invarianz müssen Prozeß (a) und Spiegelprozeß (a') gleich häufig vorkommen, d.h. das μ^+ kann dann keine longitudinale Polarisation besitzen ($H = +1$ und $H = -1$ des μ gleich häufig, siehe (A.8)). Statt dessen wurde experimentell beobachtet (siehe unten), daß das μ^+ maximale longitudinale Polarisation entgegengesetzt zur Flugrichtung besitzt, d.h. daß immer nur (a) auftritt, das Spiegelbild (a') dagegen *nie* vorkommt. Zur P-Nichterhaltung wäre es schon ausreichend, daß (a) und (a') verschieden häufig auftreten. Die Tatsache, daß *nur* (a) vorkommt, wird *„maximale Paritätsverletzung"* genannt. Sie bedeutet, daß ν_μ *immer* die Helizität $H(\nu_\mu) = -1$ (linkshändig) hat, ein rechtshändiges ν_μ mit $H = +1$ also nicht zu existieren scheint. Umgekehrt ist das $\bar{\nu}_\mu$ ein rechtshändiges Teilchen mit $H(\bar{\nu}_\mu) = +1$. Die Helizitäten $H(\nu_\mu) = -1$ bzw. $H(\bar{\nu}_\mu) = +1$ scheinen also innere Eigenschaften von ν_μ bzw. $\bar{\nu}_\mu$ zu sein (wenn $m_\nu = 0$ ist).

Wie läßt sich die longitudinale Polarisation des μ^+ aus (1.32) messen? Dazu betrachtet man den Zerfall des (z.B. in einem Kohlenstoff-Absorber) zur

Ruhe gekommenen μ^+ aus dem π^+-Zerfall:

$$\begin{aligned}
\mu^+ &\rightarrow e^+ + \nu_e + \bar{\nu}_\mu \\
L = -1 &= -1 + 1 - 1 \\
L_e = 0 &= -1 + 1 + 0 \\
L_\mu = -1 &= 0 + 0 - 1
\end{aligned} \tag{1.33}$$

(Abb. 1.8). Man beachte die Erhaltung der Leptonzahl L in den Zerfällen (1.32) und (1.33). Bei der Abbremsung des μ^+ bleibt seine Polarisation, falls vorhanden, im wesentlichen erhalten. Falls das μ^+ bei seinem Zerfall polarisiert ist *und* beim μ-Zerfall die Parität nicht erhalten ist, erwartet man eine Asymmetrie in der Winkelverteilung $W(\cos\theta)$, wobei θ der Winkel zwischen der ursprünglichen Flugrichtung des μ^+ (d.h. entlang der longitudinalen Polarisation $\boldsymbol{P}_\mu$) und der Flugrichtung $\boldsymbol{p}_e/p_e$ des e^+ ist (Abb. 1.8a) ($\cos\theta \propto \boldsymbol{P}_\mu \cdot \boldsymbol{p}_e$ ist wieder ein Pseudoskalar !). Gefunden wurde für den μ^+-Zerfall [Gar57]:

$$W(\cos\theta) \propto 1 + a \cdot \cos\theta \quad \text{mit} \quad a = -\frac{1}{3}. \tag{1.34}$$

Die bevorzugte Konstellation ($\theta = \pi$) ist in Abb. 1.8b dargestellt. (Für das μ^- aus dem π^--Zerfall wurde dieselbe Winkelverteilung gefunden). Aus diesem experimentellen Ergebnis folgt:

a) Im μ-Zerfall ist die Parität nicht erhalten; denn bei P-Erhaltung wäre $W(\cos\theta)$ symmetrisch.

b) Das μ^+ ist longitudinal polarisiert; sonst wäre $W(\cos\theta)$ isotrop, auch bei P-Nichterhaltung im μ-Zerfall. Daraus folgt aber P-Nichterhaltung auch für den π-Zerfall.

In diesem Experiment dient also, analog zur Optik, der π-Zerfall als „Polarisator", der μ-Zerfall als „Analysator". Nach der Theorie [Sak64, Kal64, Mui65] entspricht der Wert $a = -\frac{1}{3}$, nach Mittelung über die e^+-Energie in (1.33), einer *maximalen* μ-Polarisation und damit einer maximalen Paritätsverletzung im π- und μ-Zerfall.

Wie Abb. 1.7 zeigt, ist bei maximaler Verletzung der P-Invarianz auch die Invarianz der schwachen Wechselwirkung unter der Ladungskonjugation C, die Teilchen in Antiteilchen überführt, maximal verletzt: Der zu (a) C-transformierte Zerfall (b') kommt nicht vor, da das $\bar{\nu}_\mu$ nicht $H = -1$ haben kann. Anwendung von P auf den Prozess (b'), d.h. Anwendung von CP auf (a), führt zum Zerfall (b). Dies ist der beobachtete normale π^--Zerfall,

$$\pi^- \rightarrow \mu^- + \bar{\nu}_\mu, \tag{1.35}$$

mit der richtigen Helizität $H(\nu_\mu) = -1$. Er ist genau so wahrscheinlich wie der π^+-Zerfall (a) ($\tau_{\pi^+} = \tau_{\pi^-}$), d.h. die schwache Wechselwirkung des π-Zerfalls ist CP-invariant.

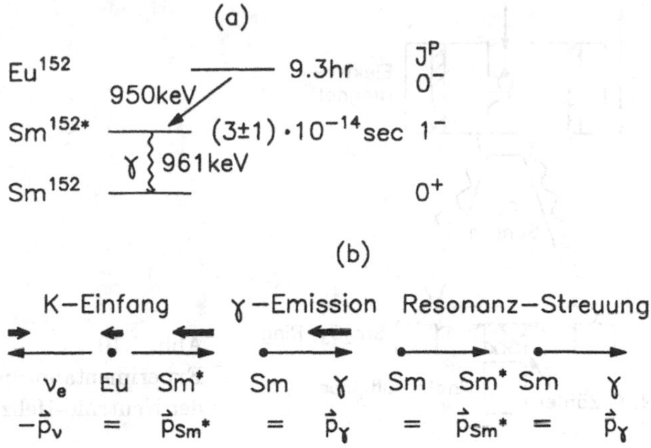

(a)

$$Eu^{152} \quad\overline{}\quad 9.3hr \qquad \begin{matrix}J^P\\0^-\end{matrix}$$

$$Sm^{152*} \quad 950keV \quad (3\pm1)\cdot10^{-14}sec \quad 1^-$$
$$\gamma\begin{Bmatrix}\\\end{Bmatrix}961keV$$
$$Sm^{152} \quad\overline{}\qquad\qquad\qquad 0^+$$

(b)

K–Einfang   γ –Emission   Resonanz–Streuung

$$\nu_e \quad Eu \quad Sm^* \qquad Sm \quad \gamma \qquad Sm \quad Sm^* \quad Sm \qquad \gamma$$
$$-\vec{p}_\nu \;=\; \vec{p}_{Sm^*} \;=\; \vec{p}_\gamma \;=\; \vec{p}_{Sm^*} \;=\; \vec{p}_\gamma$$

Abb. 1.9 Messung der Neutrino-Helizität: (a) Termschema beim K-Einfang durch einen Eu^{152}-Kern; (b) Impulse (dünne Pfeile) und Spinstellungen (dicke Pfeile) bei K-Einfang, γ-Emission und Resonanzstreuung.

1.4.5 Direkte Messung der Neutrino-Helizität (1958)

Die Helizität des Elektron-Neutrinos ν_e, das laut Definition in Kap. 1.3 beim β^+-Zerfall emittiert wird, wurde 1958 von Goldhaber u.a. [Gol58] in einem klassischen Experiment direkt gemessen in der K-Einfang-Reaktion

$$Eu^{152} + e^- \;\to\; Sm^{152*} + \nu_e \,. \tag{1.36}$$
$$\hookrightarrow Sm^{152} + \gamma$$

Das zugehörige Termschema ist in Abb. 1.9a, die Experimentanordnung in Abb. 1.10 dargestellt; Abb. 1.9b zeigt von links nach rechts die einzelnen Schritte des Experiments mit den zugehörigen Impulsen.

In (1.36) wird ein e^- aus der K-Schale ($\ell = 0$) des ruhenden Eu^{152}-Atoms vom Kern eingefangen und ein ν_e emittiert („Zerfall" des Eu^{152}, Umkehrung der Reaktion (1.9)). Das ν_e und der entstandene angeregte Sm^{152*}-Kern haben entgegengesetzt-gleichen Impuls. Sm^{152*} geht unter γ-Emission in den Grundzustand Sm^{152} über. Von Interesse für das Experiment sind die „Vorwärtsphotonen", d.h. diejenigen Photonen, die *in* Sm^{152*}-Flugrichtung emittiert werden. Ihre Energie ist im speziellen Fall des Prozesses (1.36) gerade so, daß nach der γ-Emission der Sm^{152}-Kern praktisch in Ruhe ist, so daß $\boldsymbol{p}_\gamma = -\boldsymbol{p}_\nu$ ist (Abb. 1.9b); das heißt, ein Vorwärtsphoton trägt, zusätzlich zu den 961

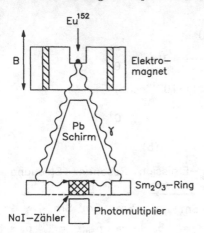

Abb. 1.10
Experimentanordnung zur Messung
der Neutrino-Helizität. Nach [Per87].

keV aus dem $Sm^{152*} \to Sm^{152}$-Übergang (Abb. 1.9a), auch die kleine kinetische Energie $p^2/2m^*$ (Rückstoßenergie) des Sm^{152*}-Kerns (Doppler-Effekt)[‡].
Genau ein solches γ ist in der Lage, im umgekehrten Prozess (Absorption)
mit einem ruhenden Sm^{152}-Kern eine Resonanzstreuung

$$\gamma + Sm^{152} \to Sm^{152*} \to \gamma + Sm^{152} \tag{1.37}$$

zu machen, d.h. es besitzt genau die richtige Energie, um das Sm^{152} um
961 keV anzuregen und zusätzlich dem entstandenen Sm^{152*} die wegen Impulserhaltung nötige kleine Rückstoßenergie $p^2/2m^*$ zu geben[§]. Durch diese
Resonanzstreuung kann also ein Vorwärtsphoton als solches nachgewiesen
werden. Dazu wurden Photonen aus resonanten Photon-Streuungen in einem ringförmigen, Sm^{152}-haltigen Target unter großem Streuwinkel mit einem NaI(Tl)-Szintillationszähler registriert (Abb. 1.10).

Was folgt aus der Drehimpulserhaltung in (1.36) in z-Richtung (γ-Richtung)?
Am Anfang: $J_z = \pm\frac{1}{2}$ vom e^--Spin, da der Eu^{152}-Kern $J = 0$ und das
K-Schalen-Elektron Bahndrehimpuls $\ell = 0$ hat. Am Ende (nach der γ-
Emission): $J_z = J_{\nu z} + J_{\gamma z}$, da der Sm^{152}-Kern $J = 0$ hat, mit den bei-
den möglichen Wertepaaren $(J_{\nu z}, J_{\gamma z}) = (-\frac{1}{2}, +1)$ oder $(+\frac{1}{2}, -1)$. Aus J_z-
Erhaltung folgt also, daß ν_e-Spin und γ-Spin entgegengesetzte Richtung ha-
ben (nur $J_{\nu z} = \mp\frac{1}{2}$ und $J_{\gamma z} = \pm 1$ ergeben $J_z = \pm\frac{1}{2}$). Da bei einem Vorwärts-

---

[‡]Wichtig für die Resonanzstreuung ist es, daß der Sm^{152*}-Kern vor der γ-Emission
nicht abgebremst wird. Diese Bedingung ist wegen der kurzen mittleren Lebensdauer der
Anregung ($\tau = (3 \pm 1) \cdot 10^{-14}$ sec) gut erfüllt.

[§]Ein Photon aus einem *ruhenden* Sm^{152*}-Kern kann wegen der auftretenden Rückstoßenergie mit einem anderen ruhenden Sm^{152}-Kern keine Resonanzstreuung machen; es hat
nicht genügend Energie.

photon p_ν und p_γ entgegengesetzt sind (Abb. 1.9b), ergibt sich, daß ν_e und γ *dieselbe Helizität* haben: $H(\nu_e) = H(\gamma)$.

Wie kann man die γ-Helizität $H(\gamma)$, d.h. den Drehsinn der zirkularen γ-Polarisation messen? Dazu durchqueren die Photonen vor der Resonanz-streuung im Sm^{152}-Target einen in einem Magnetfeld B (parallel zur γ-Richtung) magnetisierten Eisenblock (Abb. 1.10). Wenn B in γ-Richtung weist, werden links-drehende Photonen ($H = -1$) leichter durchgelassen als rechts-drehende Photonen ($H = +1$), und umgekehrt bei umgekehrter B-Richtung (Compton-Streuung an polarisierten Elektronen in magnetisiertem Eisen: Wenn e^--Spin und γ-Spin antiparallel stehen, kann Spin-Flip des e^- durch Absorption des γ-Spins stattfinden, bei paralleler Spinstellung nicht).

Das Goldhaber-Experiment [Gol58] kam nach Berücksichtigung von Depolarisationseffekten zu dem Ergebnis, daß immer $H(\gamma) = -1$ und damit immer $H(\nu_e) = -1$ ist. Die entsprechenden Spinstellungen sind in Abb. 1.9b gezeigt.

1.4.6 Helizitäten in der schwachen Wechselwirkung

Die über viele Jahre durchgeführten zahlreichen Experimente zu Reaktionen und Zerfällen der schwachen Wechselwirkung [Scho66], insbesondere zur Parität-Nichterhaltung, haben zur *(V−A)-Theorie* der schwachen Wechselwirkung [Mar69, Com73, Gro89] geführt; sie wird hier nicht im einzelnen behandelt (siehe auch Kap. 1.4.7, 2).

Wir betrachten im folgenden schwache Prozesse, an denen ein geladenes (Anti-)Lepton $\ell^\pm$ ($\ell = e, \mu, \tau$) und das zugehörige (Anti-)Neutrino $\nu, \bar\nu$ beteiligt sind (Prozesse mit „geladenen Strömen", Kap. 2). In solchen CC-Prozessen (CC = charged current) ist nach der (V−A)-Theorie die Wahrscheinlichkeit $W(H)$ dafür, daß ein (Anti-)Lepton die Helizität H hat, gegeben durch

$$W(H = \pm 1) = \frac{1}{2}\left(1 \pm \alpha\frac{v}{c}\right) \text{ mit } \alpha = \begin{cases} -1 & \text{für Lepton} \\ +1 & \text{für Antilepton,} \end{cases} \quad (1.38)$$

wobei v die Geschwindigkeit des (Anti-)Leptons ist. Die longitudinale Polarisation P_L des (Anti-)Leptons ist dann nach (A.8) gegeben durch:

$$P_L = \frac{W(+1) - W(-1)}{W(+1) + W(-1)} = \alpha\frac{v}{c} = \begin{cases} -\frac{v}{c} & \text{für Lepton} \\ +\frac{v}{c} & \text{für Antilepton.} \end{cases} \quad (1.39)$$

Für masselose (Anti-)Neutrinos ($v = c$) gilt also:

$$\begin{aligned} W(+1) = 0, \quad W(-1) = 1, \quad P_L = -1 \quad \text{für Neutrinos} \\ W(+1) = 1, \quad W(-1) = 0, \quad P_L = +1 \quad \text{für Antineutrinos.} \end{aligned} \quad (1.40)$$

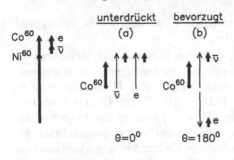

Abb. 1.11
Flugrichtungen (dünne Pfeile)
und Spinstellungen (dicke Pfeile)
von e^- und $\bar{\nu}_e$ beim Co^{60}-Zerfall
für (a) $\theta = 0°$ (unterdrückt) und
(b) $\theta = 180°$ (bevorzugt).

Neutrinos (Antineutrinos) haben also *immer* die Helizität $H = -1$ ($H = +1$). Ein geladenes (Anti-)Lepton $\ell^\pm$ (mit $m > 0$) hat mit der Wahrscheinlichkeit $W = \frac{1}{2}(1 + \frac{v}{c})$ die „richtige" Helizität ($H = -1$ für ℓ^-, $H = +1$ für ℓ^+) und mit der Wahrscheinlichkeit $W = \frac{1}{2}(1 - \frac{v}{c})$ die „falsche" Helizität ($H = +1$ für ℓ^-, $H = -1$ für ℓ^+). In dem Maße, in dem man die Lepton-Massen vernachlässigen kann ($v \approx c$), haben Leptonen (Antileptonen) also die Helizität $H = -1$ ($H = +1$).

Wir besprechen zwei Anwendungen von (1.38). Die erste ist eine einfache „Herleitung" der e^--Winkelverteilung im Wu-Experiment (Kap. 1.4.3). Abb. 1.11 zeigt die Spinstellungen im β-Zerfall des Co^{60} (1.30) für die beiden Grenzfälle (a) $\theta = 0°$ und (b) $\theta = 180°$. Da $J_{Co} = 5$ und $J_{Ni^*} = 4$ ist (Abb. 1.6), müssen die Spins von e^- und $\bar{\nu}_e$ beide nach oben weisen; daher wird wegen $H(\bar{\nu}) = +1$ das $\bar{\nu}$ nach oben emittiert. Das e^- hat für $\theta = 0°$ die falsche Helizität ($H = +1$) mit $W(\theta = 0°) = \frac{1}{2}\left(1 - \frac{v_e}{c}\right)$, für $\theta = 180°$ die richtige Helizität ($H = -1$) mit $W(\theta = 180°) = \frac{1}{2}\left(1 + \frac{v_e}{c}\right)$. Diese beiden Wahrscheinlichkeiten werden verknüpft durch

$$W(\cos\theta) = \frac{1}{2}\left(1 - \frac{v_e}{c}\cos\theta\right) \tag{1.41}$$

für beliebiges θ. Diese Winkelverteilung gilt für volle Co^{60}-Polarisation $P_{Co} = 1$. (Für volle entgegengesetzte Polarisation $P_{Co} = -1$ gilt natürlich $W(\cos\theta) = \frac{1}{2}(1 + \frac{v_e}{c}\cos\theta)$). Für beliebige Polarisation gilt also:

$$W(\cos\theta) = \frac{1}{2}\left(1 - P_{Co}\frac{\langle v_e\rangle}{c}\cos\theta\right), \tag{1.42}$$

wobei die e^--Geschwindigkeit v_e über das e^--Spektrum gemittelt ist. Dies ist die Verteilung (1.29) mit (1.31).

Die zweite Anwendung betrifft das Verhältnis

$$R = \frac{\lambda(\pi \rightarrow e\nu_e)}{\lambda(\pi \rightarrow \mu\nu_\mu)} \tag{1.43}$$

der Zerfallswahrscheinlichkeiten des $\pi^\pm$ in $e^\pm$ und $\mu^\pm$ (Kap. 1.4.4):

$$\begin{aligned}
\pi^+ &\to e^+ + \nu_e, & \pi^- &\to e^- + \bar{\nu}_e & \text{(elektronischer Zerfall)} \\
\pi^+ &\to \mu^+ + \nu_\mu, & \pi^- &\to \mu^- + \bar{\nu}_\mu & \text{(myonischer Zerfall).}
\end{aligned} \tag{1.44}$$

Obwohl der Phasenraum für den elektronischen Zerfall um den Faktor 3.5 größer ist als für den myonischen Zerfall, wurde für R ein sehr kleiner Wert gemessen, nämlich $R = (1.230 \pm 0.004) \cdot 10^{-4}$ [PDG96]. Dieser kleine Wert ergibt sich aus der (V−A)-Theorie: Wie Abb. 1.7a zeigt, hat im π^+-Zerfall wegen Drehimpulserhaltung und da die ν-Helizität festliegt zu $H = -1$, das ℓ^+ ($\ell = e, \mu$) die *falsche* Helizität ($H = -1$), nach (1.38) mit der Wahrscheinlichkeit $W = \frac{1}{2}\left(1 - \frac{v}{c}\right)$. Dasselbe gilt für den π^--Zerfall, Abb. 1.7b. Wegen seiner wesentlich kleineren Masse liegt die Geschwindigkeit v_e des e wesentlich näher bei der Lichtgeschwindigkeit als die μ-Geschwindigkeit v_μ: $1 - \frac{v_e}{c} = 2.68 \cdot 10^{-5}, 1 - \frac{v_\mu}{c} = 0.729$. Dadurch ist die Wahrscheinlichkeit W wesentlich kleiner für den elektronischen als für den myonischen Zerfall. Quantitativ (Abb. 1.7a):

$$\text{Energiesatz}: \quad m_\pi = p + \sqrt{p^2 + m_\ell^2} \quad \text{mit} \quad p = p_\ell = p_\nu$$

$$\text{Hieraus}: \quad p = \frac{m_\pi^2 - m_\ell^2}{2m_\pi}, \quad E = \frac{m_\pi^2 + m_\ell^2}{2m_\pi}$$

$$\frac{v}{c} = \frac{p}{E} = \frac{m_\pi^2 - m_\ell^2}{m_\pi^2 + m_\ell^2}, \quad 1 - \frac{v}{c} = \frac{2m_\ell^2}{m_\pi^2 + m_\ell^2}. \tag{1.45}$$

Zusammen ergibt sich aus $\lambda = F \cdot W$ mit dem Phasenraum-Faktor $F = (m_\pi^2 + m_\ell^2)(m_\pi^2 - m_\ell^2)^2 / 4m_\pi^4$ in nullter Näherung:

$$R_0 = \left(\frac{m_e}{m_\mu}\right)^2 \left(\frac{m_\pi^2 - m_e^2}{m_\pi^2 - m_\mu^2}\right)^2 = 1.283 \cdot 10^{-4}. \tag{1.46}$$

Berücksichtigt man noch Strahlungskorrekturen, so ist R_0 um -3.7% zu korrigieren [Mar76] und man erhält $R = 1.236 \cdot 10^{-4}$. Dies ist in sehr guter Übereinstimmung mit obigem experimentellen Wert, ein Triumph der (V−A)-Theorie.

1.4.7 Zwei-Komponenten-Theorie des Neutrinos

In der Feldtheorie wird ein Spin $\frac{1}{2}$-Teilchen durch eine 4-komponentige Dirac'sche *Spinor-Wellenfunktion* $\psi(x)$ (*Spinorfeld*) beschrieben, die der *Dirac-Gleichung* genügt. Die vier unabhängigen Komponenten von $\psi(x)$ entsprechen den vier Möglichkeiten „Teilchen" und „Antiteilchen" mit jeweils den beiden Spinstellungen $J_z = +\frac{1}{2}$ und $J_z = -\frac{1}{2}$, bzw. den beiden Helizitäten $H = +1$ und $H = -1$. Wenn das Neutrino bzw. Antineutrino jedoch mit jeweils nur *einer* Helizität vorkommt, genügt zur Beschreibung von ν und $\bar\nu$ ein 2-komponentiger Spinor (*Weyl-Spinor*). In der 4-komponentigen Dirac-Theorie ist dies der Spinor $\psi_L = \frac{1}{2}(1 + \gamma_5)\psi$, der nur zwei unabhängige Komponenten hat (siehe unten). Dabei projiziert für ein $m = 0$ Teilchen der Projektionsoperator $P_L = \frac{1}{2}(1 + \gamma_5)$ aus einem allgemeinen 4-komponentigen Spinor $\psi(x)$ für das Teilchen den Anteil mit $H = -1$ und für das Antiteilchen den Anteil mit $H = +1$ heraus. Dies ist in kurzen Worten die *Zwei-Komponenten-Theorie* des Neutrinos; sie soll im folgenden etwas ausführlicher behandelt werden [Wu60, Kal64, Sak64, Mui65, Gro89].

Die relativistische Wellengleichung eines Spin $\frac{1}{2}$-Teilchens ist die Dirac-Gleichung ($c = \hbar = 1$ gesetzt):

$$\left(\gamma_\alpha \frac{\partial}{\partial x_\alpha} + m\right)\psi(x) = 0 \tag{1.47}$$

(Summierung über den doppelt vorkommenden Index $\alpha = 1, \ldots 4$) mit $x = (x_1, x_2, x_3, x_4) = (\boldsymbol{x}, it) = (x, y, z, it)$. $\psi(x)$ ist das 4-komponentige Spinorfeld (Spalten-Spinor). γ_α sind die 4×4 hermitischen Dirac'schen γ-Matrizen [‡]:

$$\gamma_k = \begin{pmatrix} 0 & -i\sigma_k \\ i\sigma_k & 0 \end{pmatrix} \quad \text{für} \quad k = 1, 2, 3; \quad \gamma_4 = \begin{pmatrix} I & 0 \\ 0 & -I \end{pmatrix}, \tag{1.48}$$

wobei σ_k die 2×2 Pauli'schen Spin-Matrizen und I die 2×2 Einheitsmatrix sind:

$$\sigma_1 = \sigma_x = \begin{pmatrix} 0 & 1 \\ 1 & 0 \end{pmatrix}, \sigma_2 = \sigma_y = \begin{pmatrix} 0 & -i \\ i & 0 \end{pmatrix}, \sigma_3 = \sigma_z = \begin{pmatrix} 1 & 0 \\ 0 & -1 \end{pmatrix}$$
$$I = \begin{pmatrix} 1 & 0 \\ 0 & 1 \end{pmatrix}. \tag{1.49}$$

Benötigt werden später außerdem die 4×4 Matrix γ_5,

$$\gamma_5 = \gamma_1\gamma_2\gamma_3\gamma_4 = \begin{pmatrix} 0 & -I \\ -I & 0 \end{pmatrix} = \begin{pmatrix} 0 & 0 & -1 & 0 \\ 0 & 0 & 0 & -1 \\ -1 & 0 & 0 & 0 \\ 0 & -1 & 0 & 0 \end{pmatrix} \quad \text{mit } \gamma_5^2 = 1, \tag{1.50}$$

[‡]Wir benutzen für die Dirac-Gleichung und die Dirac-Matrizen die Dirac-Pauli-Darstellung, siehe z.B. [Sak64, Mui65, Mar69, Per87]. Mehrere andere Darstellungen sind ebenfalls in Gebrauch.

und die 4×4 Form $\hat{\sigma}_k$ der 2×2 Pauli-Matrizen σ_k:

$$\hat{\sigma}_k = \begin{pmatrix} \sigma_k & 0 \\ 0 & \sigma_k \end{pmatrix}. \tag{1.51}$$

Die γ-Matrizen genügen den Vertauschungsrelationen

$$\begin{aligned} \gamma_\alpha \gamma_\beta + \gamma_\beta \gamma_\alpha = 2\delta_{\alpha\beta} \,, \text{d.h.} \quad \gamma_\alpha^2 = 1 \,, \\ \gamma_5 \gamma_\alpha + \gamma_\alpha \gamma_5 = 0 \,. \end{aligned} \tag{1.52}$$

Die zu (1.47) adjungierte Dirac-Gleichung lautet:

$$\frac{\partial}{\partial x_\alpha} \overline{\psi}(x)\gamma_\alpha - m\overline{\psi}(x) = 0 \,, \tag{1.53}$$

wobei $\overline{\psi}(x) = \psi^+(x)\gamma_4$ der zu $\psi(x)$ adjungierte und $\psi^+(x)$ der zu $\psi(x)$ hermitisch konjugierte Spinor (Zeilen-Spinor) ist.

In der Quantenfeldtheorie, nach der 2. Quantisierung, beschreibt $\psi(x)$ die Vernichtung eines Teilchen bzw. Erzeugung eines Antiteilchens[§]; $\overline{\psi}(x)$ beschreibt die Vernichtung eines Antiteilchens bzw. Erzeugung eines Teilchens. Wir formen nun die Dirac-Gleichung um. Wegen

$$\gamma_4 \gamma_5 = \begin{pmatrix} 0 & -I \\ I & 0 \end{pmatrix} \quad \text{gilt} \quad \gamma_k = i\gamma_4\gamma_5\hat{\sigma}_k \,, \tag{1.54}$$

siehe (1.48), (1.50), (1.51). Einsetzen in die Dirac-Gleichung (1.47) ergibt:

$$\left(\gamma_4 \frac{\partial}{\partial x_4} + i\gamma_4\gamma_5\hat{\sigma}_k \frac{\partial}{\partial x_k} + m \right) \psi = 0 \,. \tag{1.55}$$

Nach Multiplikation von links mit γ_4 ($\gamma_4^2 = 1$) und unter Benutzung von $\gamma_5\hat{\sigma}_k = \hat{\sigma}_k\gamma_5$ erhält man:

$$\frac{\partial}{\partial x_4}\psi + i\hat{\sigma}_k \frac{\partial}{\partial x_k}\gamma_5\psi = -m\gamma_4\psi \,. \tag{1.56}$$

Multiplikation von links mit γ_5 ($\gamma_5^2 = 1$) ergibt mit (1.52):

$$\frac{\partial}{\partial x_4}\gamma_5\psi + i\hat{\sigma}_k \frac{\partial}{\partial x_k}\psi = +m\gamma_4\gamma_5\psi \,. \tag{1.57}$$

[§]Genauer: $\psi(x)$ ist ein Feldoperator, in dessen Fourier-Entwicklung nach Ebene-Wellen-Lösungen der Dirac-Gleichung die Entwicklungskoeffizienten (Fourier-Transformierte) Operatoren für die Vernichtung eines Teilchens und die Erzeugung eines Antiteilchens mit festem Impuls und fester Spinstellung sind.

Addition bzw. Subtraktion von (1.56) und (1.57) liefert:

$$\frac{\partial}{\partial x_4}(1 \pm \gamma_5)\psi \pm i\hat{\sigma}_k \frac{\partial}{\partial x_k}(1 \pm \gamma_5)\psi = -m\gamma_4(1 \mp \gamma_5)\psi. \tag{1.58}$$

Wir führen nun die „linkshändige" und „rechtshändige" Komponente von ψ ein:

$$\begin{aligned}
\psi_L &= \tfrac{1}{2}(1 + \gamma_5)\psi = P_L\psi \quad \text{mit} \quad P_L = \tfrac{1}{2}(1 + \gamma_5)\\
\psi_R &= \tfrac{1}{2}(1 - \gamma_5)\psi = P_R\psi \quad \text{mit} \quad P_R = \tfrac{1}{2}(1 - \gamma_5).
\end{aligned} \tag{1.59}$$

Die *Projektionsoperatoren* P_L und P_R haben die Eigenschaften:

$$P_L^2 = P_L\,, P_R^2 = P_R\,, P_R P_L = P_L P_R = 0\,. \tag{1.60}$$

Folglich gilt:

$$P_L\psi_R = P_R\psi_L = 0\,, \quad \text{d.h.} \quad \gamma_5\psi_R = -\psi_R, \gamma_5\psi_L = \psi_L\,. \tag{1.61}$$

Die Eigenwerte ± 1 zu γ_5 werden *Chiralität (Händigkeit)* genannt; ψ_L hat also positive, ψ_R negative Chiralität. Jedes beliebige ψ läßt sich in ψ_L und ψ_R zerlegen:

$$\psi = \psi_L + \psi_R = \frac{1}{2}(1 + \gamma_5)\psi + \frac{1}{2}(1 - \gamma_5)\psi\,. \tag{1.62}$$

Unten wird gezeigt, daß ψ_L bzw. ψ_R jeweils nur zwei unabhängige Komponenten hat. Die Dirac-Gleichung (1.58) lautet nun

$$\frac{\partial}{\partial x_4}\psi_{L,R} \pm i\hat{\sigma}_k \frac{\partial}{\partial x_k}\psi_{L,R} = -m\gamma_4\psi_{R,L}\,. \tag{1.63}$$

Für $m = 0$ entkoppelt dieses Gleichungssystem, und man erhält zwei unabhängige Gleichungen für ψ_L und ψ_R:

$$\frac{\partial}{\partial x_4}\psi_{L,R} = \mp i\hat{\sigma}_k \frac{\partial}{\partial x_k}\psi_{L,R}\,, \tag{1.64}$$

wobei das obere (untere) Vorzeichen für $\psi_L(\psi_R)$ gilt. Dies ist wegen $x_4 = it$ die Schrödinger-Gleichung ($\hbar = 1$)

$$i\frac{\partial}{\partial t}\psi_{L,R} = \pm i\hat{\sigma}_k \frac{\partial}{\partial x_k}\psi_{L,R} \tag{1.65}$$

für $\psi_{L,R}$, die im Impulsraum $(i\frac{\partial}{\partial t} = E, -i\frac{\partial}{\partial x_k} = p_k)$ lautet:

$$E\psi_{L,R} = \mp\hat{\sigma}_k p_k \psi_{L,R}, \quad \text{d.h.} \quad \frac{\hat{\sigma}_k p_k}{E}\psi_{L,R} = \mp\psi_{L,R}. \tag{1.66}$$

Für $m = 0$ ist in der Dirac-Theorie $E = +p$ für Teilchen und $E = -p$ $(p > 0)$ für Antiteilchen[†]. ψ_L ist demnach ein Eigenspinor zum *Helizitätsoperator* (siehe (A.7))

$$H = \frac{\hat{\sigma}_k p_k}{p} \quad \text{mit} \quad \hat{\sigma}_k p_k = \hat{\sigma} \cdot \boldsymbol{p} = \begin{pmatrix} \boldsymbol{\sigma} \cdot \boldsymbol{p} & 0 \\ 0 & \boldsymbol{\sigma} \cdot \boldsymbol{p} \end{pmatrix} \tag{1.67}$$

zum Eigenwert $H = -1$ für Teilchen bzw. $H = +1$ für Antiteilchen. Entsprechend ist ψ_R Eigenspinor zu $H = +1$ für Teilchen bzw. $H = -1$ für Antiteilchen. Die Projektionsoperatoren P_L und P_R (1.59) projizieren also für $m = 0$ aus ψ die Teilchen-Komponente mit $H = -1$ bzw. $H = +1$ heraus (umgekehrt für Antiteilchen), d.h. mit der hier verwendeten Darstellung ist für $m = 0$ die Chiralität entgegengesetzt gleich der Helizität [Mar69][¶]. Für $m > 0$ ist die Entkopplung von ψ_L und ψ_R in (1.63) nicht möglich mit der Folge, daß die Chiralitätseigenspinoren ψ_L und ψ_R nicht Teilchen mit fester Helizität beschreiben (vergl. Kap. 1.3, 6.1).

Die *Zwei-Komponenten-Theorie* besagt nun, daß der Neutrino-Spinor ψ_ν in der schwachen Wechselwirkung immer die Form

$$\psi_\nu = \frac{1}{2}(1 + \gamma_5)\psi_\nu = \psi_L$$

hat, d.h. $\frac{1}{2}(1 - \gamma_5)\psi_\nu = 0$ ist, so daß ein wechselwirkendes ν immer linkshändig, ein $\overline{\nu}$ immer rechtshändig ist. Für $m = 0$ bedeutet das, daß ν *immer* $H = -1$ und $\overline{\nu}$ *immer* $H = +1$ hat.

Es bleibt zu zeigen, daß die Dirac-Spinoren ψ_L und ψ_R jeweils nur zwei unabhängige Komponenten haben. Wendet man $P_{L,R}$ auf einen allgemeinen Dirac-Spinor

$$\psi = \begin{pmatrix} \psi_a \\ \psi_b \end{pmatrix} \quad \text{mit} \quad \psi_a = \begin{pmatrix} \psi_1 \\ \psi_2 \end{pmatrix}, \psi_b = \begin{pmatrix} \psi_3 \\ \psi_4 \end{pmatrix} \tag{1.68}$$

[†]Ein Antiteilchen ist in der Dirac-Theorie ein Teilchen mit $E < 0$ (entsprechend der Lösung $E = -\sqrt{p^2 + m^2}$ von $E^2 = p^2 + m^2$) und Impuls $\boldsymbol{p}$ bzw. mit $E > 0$ und Impuls $-\boldsymbol{p}$.

[¶]Wenn man γ_5 in (1.50) mit umgekehrtem Vorzeichen definiert ($\gamma_5 \to -\gamma_5$), dann sind für $m = 0$ Chiralität und Helizität identisch, wie z.B. in [Kim93].

an, so erhält man

$$\psi_{L,R} = P_{L,R}\psi = \frac{1}{2}(1 \pm \gamma_5)\psi = \frac{1}{2}\begin{pmatrix} I & \mp I \\ \mp I & I \end{pmatrix}\begin{pmatrix} \psi_a \\ \psi_b \end{pmatrix}, \text{ d.h.} \quad (1.69)$$

$$\psi_L = \frac{1}{2}\begin{pmatrix} \psi_a - \psi_b \\ -\psi_a + \psi_b \end{pmatrix} = \begin{pmatrix} \phi \\ -\phi \end{pmatrix} \text{mit } \phi = \frac{1}{2}(\psi_a - \psi_b) = \frac{1}{2}\begin{pmatrix} \psi_1 - \psi_3 \\ \psi_2 - \psi_4 \end{pmatrix}$$

$$\psi_R = \frac{1}{2}\begin{pmatrix} \psi_a + \psi_b \\ \psi_a + \psi_b \end{pmatrix} = \begin{pmatrix} \chi \\ \chi \end{pmatrix} \text{ mit } \chi = \frac{1}{2}(\psi_a + \psi_b) = \frac{1}{2}\begin{pmatrix} \psi_1 + \psi_3 \\ \psi_2 + \psi_4 \end{pmatrix}. \quad (1.70)$$

Die 4-komponentigen Dirac-Spinoren ψ_L bzw. ψ_R sind also äquivalent den 2-komponentigen *Weyl-Spinoren* ϕ bzw. χ. Aus diesem Grunde werden in der Literatur auch ψ_L und ψ_R oft als Weyl-Spinoren bezeichnet, so daß ein Dirac-Feld nach (1.62) als Summe zweier Weyl-Felder geschrieben werden kann. Drückt man die 4-komponentige Eigenwert-Gleichung (1.66) nach (1.70) durch Weyl-Spinoren aus, so erhält man zwei 2-komponentige Weyl-Gleichungen, die für $m = 0$ entkoppelt sind:

$$E\phi = -\boldsymbol{\sigma} \cdot \boldsymbol{p}\phi$$
$$E\chi = +\boldsymbol{\sigma} \cdot \boldsymbol{p}\chi \quad (1.71)$$

mit $E = +p$ für Teilchen und $E = -p$ $(p > 0)$ für Antiteilchen.

1.5   Verschiedenheit von Elektron- und Myon-Neutrino (1962); Elektron-, Myon- und Tauon-Zahl

Im Jahre 1959 wandte sich Pontecorvo [Pon60] der Frage zu, ob das Elektron-Neutrino ν_e, das zusammen mit $e^\pm$ z.B. beim β-Zerfall (1.2), (1.3) auftritt, und das Myon-Neutrino ν_μ, das zusammen mit $\mu^\pm$ z.B. im myonischen $\pi^\pm$-Zerfall (1.32), (1.35) auftritt, identische Teilchen sind oder nicht. Er schlug ein Experiment vor, um diese Frage zu klären. Dazu betrachte man z.B. die folgenden, die Leptonzahl L erhaltenden Reaktionen von ν_μ bzw. $\bar{\nu}_\mu$ aus dem $\pi^\pm$-Zerfall:

$$\left.\begin{array}{rcl} \nu_\mu + n & \to & \mu^- + p \\ L_\mu = 1 + 0 & = & 1 + 0 \\ \bar{\nu}_\mu + p & \to & \mu^+ + n \\ L_\mu = -1 + 0 & = & -1 + 0 \end{array}\right\} \text{(a)} \qquad \left.\begin{array}{rcl} \nu_\mu + n & \to & e^- + p \\ L_\mu = 1 + 0 & \neq & 0 + 0 \\ \bar{\nu}_\mu + p & \to & e^+ + n \\ L_\mu = -1 + 0 & \neq & 0 + 0 \end{array}\right\} \text{(b)} \quad (1.72)$$

Falls ν_e und ν_μ identisch sind, dann sollten (bei höheren Energien) die Reaktionen (a) und (b) gleich häufig auftreten, da letztere ja von einem ν_e bzw. $\bar{\nu}_e$

induziert werden können (vergl. (1.8), (1.9)); falls $\nu_e \neq \nu_\mu$ ist, erwartet man zwar die Reaktionen (a), nicht aber die Reaktionen (b).

Pontecorvo [Pon60] und Schwartz [Schw60] machten unabhängig voneinander den Vorschlag, Neutrino-Reaktionen mit einem Strahl hochenergetischer Myon-Neutrinos an einem Proton-Beschleuniger zu untersuchen. Dieser Vorschlag ist der Ausgangspunkt für die zahlreichen Neutrino-Experimente bei hohen Energien, die seitdem an den verschiedenen Protonsynchrotrons durchgeführt worden sind (Kap. 4, 5). Die $\nu_\mu/\overline{\nu}_\mu$ stammen aus dem Im-Flug-Zerfall hochenergetischer $\pi^\pm$ und $K^\pm$,

$$
\begin{array}{ll}
\pi^+ \rightarrow \mu^+ + \nu_\mu & K^+ \rightarrow \mu^+ + \nu_\mu \\
\pi^- \rightarrow \mu^- + \overline{\nu}_\mu & K^- \rightarrow \mu^- + \overline{\nu}_\mu ,
\end{array}
\qquad (1.73)
$$

die von den Protonen des Beschleunigers in einem Target erzeugt worden sind (Näheres zu Neutrino-Strahlen siehe Kap. 3.2). Dabei haben hochenergetische $\nu_\mu/\overline{\nu}_\mu$-Strahlen gegenüber den niederenergetischen ν_e (z.B. aus der Sonne, Kap. 7.2) bzw. $\overline{\nu}_e$ (z.B. aus einem Reaktor, Kap. 6.3.2) die folgenden experimentellen Vorteile hinsichtlich einer genügend großen Ereignisrate trotz der sehr kleinen Neutrino-Wirkungsquerschnitte:

• Der totale Wirkungsquerschnitt σ für νN-Reaktionen ($N = p, n$) ist proportional zur ν-Laborenergie E_ν; er beträgt bei $E_\nu = 1$ GeV ungefähr $\sigma \sim 10^{-38}$ cm^2 (Kap. 5.1.2). Nach der Formel*

$$
Z = N_T \cdot I_0 \cdot \sigma
\qquad (1.74)
$$

(Z = Ereignisrate = Zahl der νN-Reaktionen pro sec, N_T = Anzahl der Nukleonen im Target, I_0 = Intensität des ν-Strahls = Zahl der ν pro sec und cm^2) wächst also die Ereignisrate proportional zu E_ν.
• Je höher die Proton-Energie, umso stärker sind die erzeugten Pionen und Kaonen und damit die aus ihrem Zerfall stammenden Neutrinos um die Strahlrichtung gebündelt; umso größer ist also die Intensität I_0 des Strahls.
• Je höher die Proton-Energie, umso größer ist die Multiplizität (Anzahl pro Ereignis) der Pionen und Kaonen und damit die Intensität I_0.

Ein Nachteil hoher Energien für die ν-Intensität ist die relativistische Zeitdilatation beim π- bzw. K-Zerfall; deren mittlere Lebensdauer (mittlere Zerfallsstrecke) ist um den Lorentz-Faktor $\gamma = E/m$ im Vergleich zum Zerfall in Ruhe verlängert, so daß bei einer festen im Experiment vorgegebenen Zerfallsstrecke entsprechend weniger Zerfälle stattfinden.

---

*In dieser Formel ist die Abschwächung des ν-Strahl durch Reaktionen im Target vernachlässigt. Die Größe $L = N_T \cdot I_0$ ist die *Luminosität*.

Abb. 1.12
Eine Myon-Spur in einer Funken-
kammer. Aus: G. Danby et al.,
Phys. Rev. Lett. **9** (1962) 36.

Wichtig für die Erzielung einer genügend großen Ereignisrate ist nach (1.74) natürlich auch eine große Targetmasse M_T, so daß $N_T = M_T/m_N$ möglichst groß wird. Als Zahlenbeispiel [Schw60] ergibt sich mit $\sigma = 10^{-38}$ cm^2, $I_0 = 5000$ sec^{-1} cm^{-2} und $M_T = 10000$ kg nach (1.74) eine Ereignisrate von ca. einem νN-Ereignis pro Stunde.

Genügend intensive Proton-Strahlen und damit ν-Strahlen wurden erst verfügbar durch die Inbetriebnahme von Proton-Synchrotrons mit alternierendem Gradienten (AG-Synchrotrons), d.h. Synchrotrons mit starker Fokussierung (Proton-Synchrotron PS des Europäischen Laboratoriums für Teilchenphysik CERN in Genf 1959, AGS des Brookhaven National Laboratory (BNL, USA) 1960).

Das entscheidende Experiment zur Klärung der Frage, ob ν_e und ν_μ verschiedene Teilchen seien, wurde unter der Führung von Lederman, Schwartz und Steinberger [Dan62] (Nobelpreis 1988) am AGS in Brookhaven durchgeführt. Dazu wurden Protonen von 15 GeV benutzt, die in einem Beryllium-Target u.a. Pionen und Kaonen erzeugten, von denen ein Teil im Flug zerfiel. Eine 13.5 m dicke Eisen-Abschirmung beseitigte die Hadronen (durch Kern-Streuung) und die aus den π- und K-Zerfällen stammenden Myonen (durch Ionisationsverlust), so daß hinter dem Eisenabsorber nur Neutrinos übrigblieben. Als Detektor für νN-Reaktionen diente eine Funkenkammer mit Aluminium-Platten und einem Gesamt-Target-Gewicht von 10 t. In einer solchen Funkenkammer ergibt ein Myon, aus einer νN-Reaktion in einer der Al-Platten, eine einzige gerade Spur ohne Wechselwirkung in einer der Platten (Abb. 1.12), während ein Elektron einen charakteristisch aussehenden elektromagnetischen Teilchen-Schauer erzeugt; die Reaktionstypen (a) und (b) in (1.72) lassen sich also leicht voneinander unterscheiden.

Nach den Untergrund-Korrekturen lieferte das Experiment das folgende Ergebnis: Es wurden 29 Ereignisse bestehend aus einem einzigen Myon (z.B. $\bar{\nu}_\mu p \to \mu^+ n$), 22 Ereignisse mit mehr als einer Spur (z.B. $\nu_\mu n \to \mu^- p$) und praktisch kein Ereignis mit einem Elektron gefunden. Damit war nachgewiesen, daß Ereignisse mit einem $\mu^\pm$ vorkommen, Ereignisse mit einem $e^\pm$ dagegen nicht auftreten, daß also ν_e und ν_μ verschiedene Teilchen sind. Ein ν_μ kann also ein μ^-, nicht jedoch (im Gegensatz zum ν_e) ein e^- produzieren.

Tab. 1.1 Zuordnung von L_e, L_μ, L_τ und L.

	e^-, ν_e	μ^-, ν_μ	τ^-, ν_τ	$e^+, \bar{\nu}_e$	$\mu^+, \bar{\nu}_\mu$	$\tau^+, \bar{\nu}_\tau$
L_e	1	0	0	-1	0	0
L_μ	0	1	0	0	-1	0
L_τ	0	0	1	0	0	-1
L	1	1	1	-1	-1	-1

Zur Unterscheidung von ν_e und ν_μ wurden die Elektronzahl L_e und die Myonzahl L_μ eingeführt; später, nach Entdeckung der dritten Leptonfamilie (Kap. 1.7), kam die Tauonzahl L_τ hinzu. Die Zuordnung von L_e, L_μ und L_τ für die Leptonen bzw. Antileptonen ist in Tab. 1.1 angegeben. Die elektronische Leptonfamilie (e^-, ν_e) hat also $L_e = 1$, $L_\mu = L_\tau = 0$, entsprechend für die myonische Familie (μ^-, ν_μ) und tauonische Familie (τ^-, ν_τ). Für die Antileptonen dreht sich das Vorzeichen um. L_e, L_μ, L_τ sind in jedem Teilchenprozess einzeln erhalten, wie z.B. die L_e- und L_μ-Bilanz beim μ^+-Zerfall (1.33) zeigt. Aus der L_μ-Erhaltung ergibt sich, daß in (1.72) die Reaktionen (a) erlaubt, die Reaktionen (b) jedoch verboten sind, in Übereinstimmung mit dem Brookhaven-Experiment. Die insgesamte Leptonzahl L (Kap. 1.3) ist gegeben durch

$$L = L_e + L_\mu + L_\tau. \tag{1.75}$$

Eine weitere Evidenz für die Erhaltung der individuellen Leptonzahlen L_e, L_μ und L_τ (*Leptonflavourzahlen*) ist die Tatsache, daß die folgenden Zerfälle, in denen L_e, L_μ bzw. L_τ nicht erhalten sind, nie beobachtet wurden (90 % CL) [Kos94, Dep95, PDG96]:

$$
\begin{aligned}
\mu^- &\to e^- \gamma & BR &< 4.9 \cdot 10^{-11} \\
\mu^- &\to e^- e^- e^+ & BR &< 1.0 \cdot 10^{-12} \\
\tau^- &\to e^- \gamma & BR &< 1.1 \cdot 10^{-4} \\
\tau^- &\to \mu^- \gamma & BR &< 4.2 \cdot 10^{-6} \\
\tau^- &\to e^- e^- e^+, \mu^- \mu^- \mu^+, \mu^- e^- e^+, \text{etc.} & BR &< 3.4 \cdot 10^{-5}.
\end{aligned}
\tag{1.76}
$$

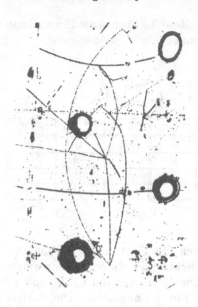
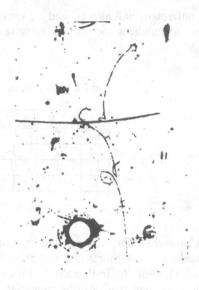

Abb. 1.14
Das erste leptonische NC-Ereignis
$\bar{\nu}_\mu e \to \bar{\nu}_\mu e$ in Gargamelle. Es sind
das angestoßene Elektron und zwei
Bremsstrahlungsphotonen mit e^+e^--
Paarerzeugung zu erkennen. Nach
[Has73].

Abb. 1.13
Hadronisches NC-Ereignis $\nu_\mu N \to$
$\nu_\mu X$ mit drei auslaufenden geladenen Hadronen in Gargamelle. Aus:
F.J. Hasert et al., Nucl. Phys. **B73**
(1974) 1.

1.6   Entdeckung der „neutralen schwachen Ströme" (1973)

In den bisher hier behandelten Reaktionen und Zerfällen tritt ein (Anti-) Neutrino $\nu/\bar{\nu}$ zusammen mit dem zugehörigen geladenen Lepton $\ell^\pm$ auf (z.B. $\nu_e \to e^-$, $\bar{\nu}_\mu \to \mu^+$ etc.). Solche Prozesse werden beschrieben durch „geladene schwache Ströme" (CC-Prozesse durch $W^\pm$-Austausch, Kap. 2.3, 2.4; CC = charged current). Die in den Jahren 1967/68 von Glashow, Weinberg und Salam entwickelte Theorie der elektroschwachen Wechselwirkung (Kap. 2.5), in der die elektromagnetische und die schwache Wechselwirkung vereint wer-den, sagte die Existenz auch von „neutralen schwachen Strömen" voraus; sie führen zu NC-Prozessen durch Z^0-Austausch (Kap. 2.3, 2.4; NC = neutral current), in denen sich die Leptonart bzw. Quarkart (auch „Flavour" ge-nannt) nicht ändert (z.B. $\nu_e \to \nu_e$, $\mu^- \to \mu^-$, $u \to u$ etc.). Eine wichtige Klasse solcher NC-Prozesse sind NC-Neutrino-Reaktionen.

Im Jahre 1973 wurden die neutralen schwachen Ströme beim CERN entdeckt [Sci79, Gal83, Rou94, Aub94] in einem Experiment, in dem die mit der schweren Flüssigkeit Freon (CF_3Br, Dichte $\rho = 1.5$ g/cm^3) gefüllte Blasenkammer Gargamelle in einem $\nu_\mu/\overline{\nu}_\mu$-Strahl des PS exponiert wurde. Es wurde nach inklusiven semileptonischen NC-Reaktionen (Z^0-Austausch)

$$
\begin{aligned}
\nu_\mu + N &\to \nu_\mu + \text{ Hadronen} \\
\overline{\nu}_\mu + N &\to \overline{\nu}_\mu + \text{ Hadronen}
\end{aligned}
\tag{1.77}
$$

gesucht, die dadurch gekennzeichnet sind, daß die beobachteten auslaufenden Teilchen alle Hadronen sind[¶], d.h. sich unter ihnen kein geladenes Lepton $\ell^\pm$ ($\mu^\pm$ oder $e^\pm$, letzteres von einer $\nu_e/\overline{\nu}_e$-Verunreinigung im Strahl, Kap. 3.2) befindet. Außerdem wurden normale inklusive CC-Ereignisse ($W^\pm$-Austausch),

$$
\begin{aligned}
\nu_\mu + N &\to \mu^- + \text{ Hadronen} \\
\overline{\nu}_\mu + N &\to \mu^+ + \text{ Hadronen} \,,
\end{aligned}
\tag{1.78}
$$

mit einem auslaufenden $\mu^\pm$ registriert. Das Experiment lieferte das folgende Ergebnis [Has73a, Has74]: Es wurden gefunden

> in der ν_μ-Exposition : 102 NC-Kandidaten, 428 CC-Kandidaten,
> in der $\overline{\nu}_\mu$-Exposition : 64 NC-Kandidaten, 148 CC-Kandidaten.

Diese Anzahlen mußten noch korrigiert werden wegen eines Untergrundes von Ereignissen, die durch ein Neutron oder ein K_L^0 induziert wurden, das aus einer $\nu_\mu/\overline{\nu}_\mu$-Reaktion innerhalb oder außerhalb der Blasenkammer stammte. Ein solches hadronisches Untergrund-Ereignis (z.B. $n + N \to$ Hadronen) kann einem NC-Ereignis (1.77) sehr ähnlich sehen. Nach der Untergrund-Subtraktion ergab sich für die NC/CC-Verhältnisse R der Wirkungsquerschnitte von (1.77) und (1.78):

$$
\begin{aligned}
R_\nu &\equiv \frac{\sigma(\nu_\mu N \to \nu_\mu X)}{\sigma(\nu_\mu N \to \mu^- X)} = 0.22 \pm 0.04 \\
R_{\overline{\nu}} &\equiv \frac{\sigma(\overline{\nu}_\mu N \to \overline{\nu}_\mu X)}{\sigma(\overline{\nu}_\mu N \to \mu^+ X)} = 0.43 \pm 0.12 \,.
\end{aligned}
\tag{1.79}
$$

(X ist ein System weiterer Teilchen, hier Hadronen). Damit waren die neutralen schwachen Ströme entdeckt. Nach (1.79) sind die Wirkungsquerschnitte für NC-Reaktionen von derselben Größenordnung wie diejenigen für CC-Reaktionen. Die Entdeckung des Gargamelle-Experiments wurde wenig später in anderen Neutrino-Experimenten bestätigt [Sci79, Gal83] (Kap. 5.2). Abb. 1.13 zeigt ein NC-Ereignis in Gargamelle, in dem alle drei auslaufenden

---

¶Das auslaufende $\nu_\mu/\overline{\nu}_\mu$ wird nicht beobachtet.

Spuren durch Wechselwirkung bzw. Zerfall als Hadron-Spuren identifiziert sind.

Um dieselbe Zeit wurden im Gargamelle-Experiment auch rein-leptonische NC-Reaktionen entdeckt [Has73, Bli76], nämlich:

$$\nu_\mu + e^- \to \nu_\mu + e^-$$
$$\overline{\nu}_\mu + e^- \to \overline{\nu}_\mu + e^- . \tag{1.80}$$

Dabei ist wegen der (gegenüber der Kammer-Dimension) kleinen Strahlungs-länge von Freon ($X_0 = 11$ cm) das auslaufende Elektron leicht durch Brems-strahlung und Schauerbildung identifizierbar. Abb. 1.14 zeigt das erste $\overline{\nu}_\mu e$-Ereignis mit einem e^- von ca. 390 MeV. In den folgenden Jahren wurden, auch in anderen Experimenten, weitere $\nu_\mu e$- und $\overline{\nu}_\mu e$-Ereignisse gefunden [Cno78, Fai78, Arm79, Hei80] (Kap. 4).

1.7   Dritte Lepton-Familie

1.7.1   Entdeckung des schweren Leptons τ (1975)

Im Jahre 1975 wurde am e^+e^--Collider SPEAR des Stanford Linear Accelerator Center (SLAC) von Perl (Nobelpreis 1995) und Mitarbeitern das schwere Lepton $\tau^\pm$ (Tauon) mit einer Masse von 1777 MeV [PDG96] entdeckt [Per75, Per76, Bul83]. Das $\tau^\pm$ besitzt neben anderen Zerfallsarten die folgenden rein-leptonischen Zerfallsarten (mit einem Verzweigungsverhältnis BR von jeweils ca. 0.176):

$$\tau^- \to e^- + \overline{\nu}_e + \nu_\tau \quad \tau^+ \to e^+ + \nu_e + \overline{\nu}_\tau$$
$$\tau^- \to \mu^- + \overline{\nu}_\mu + \nu_\tau \quad \tau^+ \to \mu^+ + \nu_\mu + \overline{\nu}_\tau . \tag{1.81}$$

Diese Zerfälle entsprechen dem Zerfall (1.33) des $\mu^\pm$; in ihnen sind L_e, L_μ und L_τ erhalten (vergl. Tab. 1.1).

Die Entdeckung bestand in der Beobachtung von zunächst 64 Ereignissen in der e^+e^--Annihilation vom Typ („anomale $e\mu$-Ereignisse")

$$e^+ + e^- \to e^\pm + \mu^\mp + \text{fehlende Energie}, \tag{1.82}$$

bei denen außer dem $e^+\mu^-$- bzw. $e^-\mu^+$-Paar keine weiteren geladenen Teilchen und keine Photonen festgestellt wurden. Anomal sind diese Ereignisse deshalb, weil in ihnen L_μ nicht erhalten zu sein scheint und deshalb keine konventionelle Erklärung für sie gefunden werden konnte. Es blieb, insbesondere nach einem Vergleich des gemessenen Impulsspektrums von e und μ mit der (V$-$A)-Theorie, der gute Übereinstimmung ergab, nur die folgende

Erklärung übrig: Es wird in der e^+e^--Annihilation ein Paar $\tau^+\tau^-$ schwerer Leptonen erzeugt, von denen das τ^+ elektronisch, das τ^- myonisch (oder umgekehrt) in einem Drei-Körper-Zerfall nach (1.81) zerfällt, also:

$$e^+ + e^- \;\rightarrow\; \tau^+ + \tau^- \,.$$
$$ \hookrightarrow \mu^- \overline{\nu}_\mu \nu_\tau \qquad (1.83)$$
$$ \hookrightarrow e^+ \nu_e \overline{\nu}_\tau$$

Die fehlende Energie wird also von vier (Anti-)Neutrinos getragen. Obwohl die $e\mu$-Signatur in nur $2 \cdot (0.176)^2 = 6.2\%$ aller $\tau^+\tau^-$-Paarerzeugungen auftritt, ist sie sehr charakteristisch (d.h. frei von Untergrund); Ereignisse, in denen τ^+ und τ^- beide z.B. myonisch zerfallen, lassen sich i.a. von der konventionellen Reaktion $e^+ + e^- \rightarrow \mu^+ + \mu^- + 2\gamma$ nicht unterscheiden.

Mit dieser Entdeckung war eine dritte Leptonfamilie, nämlich (τ^-, ν_τ) mit $L_\tau = 1$, gefunden. Zwar ist es bisher noch nicht gelungen, das Tauon-Neutrino ν_τ direkt nachzuweisen (Kap. 1.7.2); an seiner Existenz besteht jedoch aus folgenden Gründen kein Zweifel:

• Die gemessenen Impulsspektren von $e^\pm$ und $\mu^\pm$ aus den τ-Zerfällen (1.81) sind konsistent mit einem Drei-Körper-Zerfall (d.h. $\ell^\pm \nu \overline{\nu}$) und stimmen mit den Vorhersagen der (V−A)-Theorie überein.

• Das ν_τ in (1.81) ist nicht identisch mit dem ν_μ, da bisher kein Ereignis gefunden wurde, in dem ein $\tau^\pm$ in einem $\nu_\mu/\overline{\nu}_\mu$-Strahl erzeugt worden wäre.

• Das ν_τ ist verschieden von ν_e und ν_μ, da sonst in (1.81) die Verzweigungsverhältnisse für den elektronischen und myonischen $\tau^\pm$-Zerfall verschieden sein sollten, im Widerspruch zu den gemessenen, fast gleichen Werten [PDG96].

• Der klarste Beweis für die Existenz des ν_τ ist die direkte Bestimmung der Anzahl N_ν der leichten Neutrinoarten am Large Electron Positron Collider (LEP) des CERN (Kap. 1.9): Aus den gemessenen e^+e^--Wirkungsquerschnitten bei der Z^0-Resonanz ergab sich mit Hilfe des Standardmodells $N_\nu = 2.991 \pm 0.016$ [PDG96]. Außer ν_e und ν_μ gibt es also noch eine dritte Neutrinoart, nämlich das ν_τ.

1.7.2 Suche nach dem Tauon-Neutrino ν_τ

Die Suche nach dem ν_τ besteht in der Suche nach inklusiven $\nu_\tau N$-CC-Reaktionen,

$$\nu_\tau + N \;\rightarrow\; \tau^- + \text{Hadronen}$$
$$ \hookrightarrow \nu_\tau + e^- + \overline{\nu}_e \qquad \sim 18\% \quad \text{(a)}$$
$$ \hookrightarrow \nu_\tau + \mu^- + \overline{\nu}_\mu \qquad \sim 18\% \quad \text{(b)} \qquad (1.84)$$
$$ \hookrightarrow \nu_\tau + \text{Hadronen} \qquad \sim 64\% \quad \text{(c)}$$

entsprechend:

$$\overline{\nu}_\tau + N \to \tau^+ + \text{Hadronen},$$

in einem Neutrino-Strahl, der im Verhältnis zu ν_μ (und ν_e) möglichst stark mit ν_τ angereichert ist (siehe unten). Neben Neutrino-Oszillationen $\nu_\mu \to \nu_\tau$ (Kap. 6.3.3) kommen als mögliche ν_τ-Quellen vor allem tauonische Zerfälle von schweren Charm-Hadronen (bei sehr hohen Energien auch Beauty-Hadronen) in Frage, die von den Protonen eines Beschleunigers in einem Target erzeugt werden, z.B.

$$\begin{aligned}
p + \text{Cu} \to\ & \text{D}_s^- + \text{D}_s^+ + X \\
& \hookrightarrow \tau^- + \overline{\nu}_\tau \\
& \hookrightarrow \nu_\tau + X'.
\end{aligned} \qquad (1.85)$$

Jeder tauonische D_s-Zerfall liefert also insgesamt ein ν_τ und $\overline{\nu}_\tau$. Das theoretisch berechnete Verzweigungsverhältnis für diesen bisher noch nicht beobachteten Zerfall beträgt $(3.9 \pm 0.7)\%$ [Tal87], der Q-Wert beträgt $Q = m_{\text{D}_s} - m_\tau = 191$ MeV.

Wichtig für ein ν_τ-Suchexperiment ist eine möglichst hohe Beschleuniger-Energie wegen der folgenden Vorteile:

• größerer Wirkungsquerschnitt für die Erzeugung von Charm- und Beauty-Hadronen und daher größerer $\nu_\tau/\overline{\nu}_\tau$-Fluß aus ihrem tauonischen Zerfall,

• stärkere Vorwärtsbündelung der erzeugten Hadronen und damit der $\nu_\tau/\overline{\nu}_\tau$,

• größerer Wirkungsquerschnitt ($\sigma \propto E_\nu$) für die Reaktion (1.84),

• im Mittel größerer Lorentz-Faktor $\gamma = E/m$ und damit größere mittlere Zerfallslänge des $\tau^\pm$ (Anhang A.1), so daß ein größerer Teil der $\tau^\pm$ aufgrund einer genügend langen, meßbaren Wegstrecke zwischen Erzeugung und Zerfall identifiziert werden kann (siehe unten).

Die bisherigen ν_τ-Suchexperimente waren sog. *Beam-Dump-Experimente* [Bul83, Tal87, Dor88, Duf88]. In einem Proton-Beam-Dump-Experiment (Abb. 1.15) wird der Protonstrahl des Beschleunigers auf einen dicken Target-Block („Dump") aus einem Material hoher Dichte (z.B. Cu, siehe (1.85)) geschossen. Die im Dump erzeugten leichten, langlebigen Hadronen (z.B. $\pi^\pm$, $K^\pm$ mit $\tau \sim 10^{-8}$ sec) werden in ihm zum größten Teil durch Kernreaktionen absorbiert, bevor sie z.B. nach (1.73) zerfallen und dadurch *normale* Neutrinos (ν_μ, ν_e) liefern können. Die ebenfalls erzeugten schweren Charm-Hadronen (z.B. $\text{D}^\pm$ in (1.85)) mit $\tau \lesssim 10^{-12}$ sec zerfallen dagegen „sofort", bevor sie absorbiert werden, und liefern durch ihre leptonischen Zerfallsarten sog. *prompte* Neutrinos ν_e, ν_μ und möglicherweise auch $\nu_\tau/\overline{\nu}_\tau$, z.B. nach (1.85). Dadurch ist der ν-Strahl hinter dem Dump im Vergleich zu einem

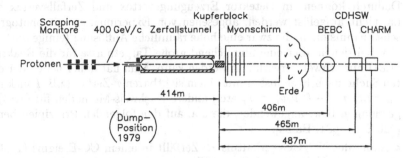

Abb. 1.15 Beam-Dump-Anordnung beim CERN. Der Protonstrahl trifft auf den Kupferblock. Nach [Gra86].

Abb. 1.16
(a) Skizze eines echten NC-Ereignisses mit großem Transversalimpuls p_{TH} und relativ kleinem Longitudinalimpuls p_{LH} des Hadronensystems; (b) Skizze eines scheinbaren NC-Ereignisses (Kandidat für τ-Erzeugung) mit kleinem p_{TH} und relativ großem p_{LH}.

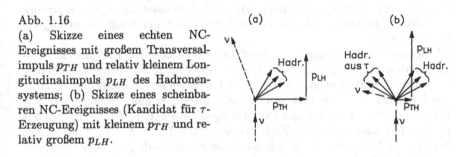

normalen ν-Strahl (Kap. 3.2) mit prompten Neutrinos aus Charm-Zerfällen um einen Faktor $\sim 10^3$ stark angereichert, möglicherweise (falls z.B. (1.85) vorkommt) auch mit $\nu_\tau/\bar{\nu}_\tau$. Solche ν-Strahlen sind benutzt worden, um (a) die Erzeugung und den leptonischen Zerfall von Charm-Hadronen zu untersuchen (z.B. $e\mu$-Universalität bei leptonischen Charm-Zerfällen), indem die bei verschiedenen Dump-Dichten ρ gewonnenen Ergebnisse auf unendliche Dichte ($1/\rho \to 0$), d.h. auf einen nur aus prompten (Anti-)Neutrinos bestehenden Strahl extrapoliert wurden, und um (b) $\nu_\tau/\bar{\nu}_\tau$-Reaktionen (1.84) in einem ν-Detektor (Kap. 3.3) zu induzieren. Leider ist es jedoch in bisherigen Beam-Dump-Experimenten nicht gelungen, ein Ereignis vom Typ (1.84) zu finden und damit die Existenz des ν_τ direkt nachzuweisen.

Eine große Schwierigkeit bei der Suche nach $\nu_\tau N$-Reaktionen (1.84) ist der Nachweis des $\tau^\pm$-Leptons; die $\tau^\pm$ haben nämlich wegen der kurzen mittleren τ-Lebensdauer von $\tau_\tau = (2.910 \pm 0.015) \cdot 10^{-13}$ sec [PDG96] bei bisherigen Energien meistens eine sehr kleine, nur schwer meßbare Zerfallsstrecke ($\bar{\ell} = \frac{p}{m_\tau} \cdot c\tau_\tau = 0.050 \frac{p}{\text{GeV}/c}$ mm, also z.B. bei 10 GeV/c: $\bar{\ell} = 0.5$ mm).

Dadurch können im Detektor Erzeugungsvertex und Zerfallsvertex des τ i.a. nicht aufgelöst werden, abgesehen von Experimenten mit photographischen Emulsionen, die zwar eine hohe räumliche Auflösung (einige μm) besitzen, bei denen aber eine hinreichend große Targetmasse für die Reaktionen (1.84) nur schwer verwirklicht werden kann. Man hat daher neben der direkten Suche nach Ereignissen mit einem sichtbaren τ-Zerfall (z.B. Knick in der Spur bei $\tau^- \to \ell^- \bar{\nu}_\ell \nu_\tau, \pi^- \nu_\tau$ etc.) andere Nachweis-Methoden für (1.84) vorgeschlagen bzw. angewendet, die u.a. auf den folgenden Prinzipien beruhen [Alb79, Pop81, Bal84]:

• Anomales NC/CC-Verhältnis R: Zerfällt in einem CC-Ereignis (1.84) das $\tau^\pm$ hadronisch (1.84c) ($BR \approx 64\%$), also ohne geladenes Lepton ($e^\pm, \mu^\pm$), so hat ein solches CC-Ereignis das gleiche Erscheinungsbild wie ein echtes NC-Ereignis $\nu + N \to \nu +$ Hadronen ($\nu = \nu_e, \nu_\mu, \nu_\tau$). Wegen des Beitrags dieser scheinbaren „NC-Ereignisse" sollte daher das gemessene (scheinbare) NC/CC-Verhältnis R_{gem} (siehe (1.79)) bei Anwesenheit von $\nu_\tau/\bar{\nu}_\tau$ im prompten ν-Strahl größer sein als das wahre R, das man im Falle eines reinen ν_μ, ν_e-Strahls erhält.

• Kinematische Trennung von scheinbaren und echten NC-Ereignissen: In einem echten NC-Ereignis (Abb. 1.16a) ist der Gesamt-Transversalimpuls p_{TH} aller erzeugten Hadronen, der durch den fehlenden ν-Transversalimpuls kompensiert wird, i.a. wesentlich von null verschieden. In einem scheinbaren NC-Ereignis (Abb. 1.16b) dagegen wird das p_T der erzeugten Hadronen durch das p_T der Hadronen aus dem τ-Zerfall zum größten Teil (d.h. bis auf das p_T des Zerfalls-ν_τ) kompensiert, so daß der Transversalimpuls p_{TH} aller Hadronen i.a. klein ist; ihr Longitudinalimpuls p_{LH} dagegen ist wegen der hinzugekommenen τ-Zerfallshadronen größer als im Falle (a). Bei sehr hohen Energien erwartet man außerdem im Falle (a) einen, im Falle (b) zwei Hadron-Jets (Abb. 1.16, „Doppel-Jet-Test"). Wegen dieser markanten kinematischen Unterschiede kann man hoffen, scheinbare und echte NC-Ereignisse voneinander zu trennen.

• Myon-Trigger: Man nehme in einem Beam-Dump-Experiment alle Ereignisse mit einem auslaufenden μ^- (bzw. μ^+) und messe außer dem μ^- alle auslaufenden Hadronen (einschließlich der neutralen). Diese Ereignisse gehören zu einer der beiden folgenden CC-Reaktionen:

$$(a) \quad \nu_\mu + N \ \to \ \mu^- + \text{Hadronen}$$
$$(b) \quad \nu_\tau + N \ \to \ \tau^- + \text{Hadronen} \qquad (1.86)$$
$$\hookrightarrow \mu^- \bar{\nu}_\mu \nu_\tau$$

Im Falle (a) ist der Gesamt-Transversalimpuls aller gemessenen Teilchen gleich null, im Falle (b) ist er wegen der beiden nicht beobachteten Neutrinos aus dem τ-Zerfall von null verschieden. Dadurch lassen sich (a) und

(b) voneinander unterscheiden.

Wie gesagt, ist die ν_τ-Suche bisher erfolglos verlaufen; es wurde kein einziges Ereignis vom Typ (1.84) gefunden. Die Suche wird z.Zt. fortgesetzt mit den Experimenten CHORUS und NOMAD beim CERN mit Hilfe von Neutrino-Oszillationen (Kap. 6.3.3).

1.8 Entdeckung der schwachen Vektor-Bosonen $W^\pm$ und Z^0 (1983)

Die Glashow-Weinberg-Salam (GWS)-Theorie der elektroschwachen Wechselwirkung (Kap. 2.5) sagte nicht nur die Existenz des schweren $W^\pm$-Bosons mit $m_W \approx 80$ GeV als Übermittler der schwachen Wechselwirkung mit *geladenen* Strömen, sondern auch die Existenz eines schweren Z^0-Bosons mit $m_Z \approx 90$ GeV als Übermittler der schwachen Wechselwirkung mit *neutralen* Strömen voraus. Diese Vektor-Bosonen ($J^P = 1^-$) wurden im Jahre 1983 beim CERN am Super-Proton-Synchrotron (SPS), das unter Anwendung der von Van der Meer erfundenen stochastischen Kühlung von Antiprotonen [Moe80] in einen Antiproton-Proton-Collider umgebaut worden war, ziemlich gleichzeitig von zwei Kollaborationen, UA1 [Arn83] und UA2 [Ban83], entdeckt (Nobelpreis an Rubbia und Van der Meer 1984; siehe auch [Rad85, Hai88, Dil91]).

In den beiden Experimenten trafen ein $\bar{p}$-Strahl und ein p-Strahl, die im selben Vakuumrohr des $\bar{p}p$-Colliders gespeichert waren, mit entgegengesetztgleichem Impuls bei einer Gesamt-$\bar{p}p$-Schwerpunktsenergie von $\sqrt{s} = 540$ GeV (270 GeV je Strahl) aufeinander. Auf dem Quark-Niveau ($\bar{q}q$-Streuung) fanden dann die folgenden Erzeugungs- und Zerfallsprozesse („Drell-Yan-Prozesse") statt (Abb. 1.17), die zur Entdeckung von $W^\pm$ und Z^0 führten:

$$
\begin{array}{lll}
\text{(a)} & \bar{d} + u \;\rightarrow W^+ \rightarrow \left\{ \begin{array}{l} e^+ + \nu_e \\ \mu^+ + \nu_\mu \end{array} \right. & \text{(CC – Prozess)} \\[3mm]
\text{(b)} & \bar{u} + d \;\rightarrow W^- \rightarrow \left\{ \begin{array}{l} e^- + \bar{\nu}_e \\ \mu^- + \bar{\nu}_\mu \end{array} \right. & \text{(CC – Prozess)} \qquad (1.87) \\[3mm]
\text{(c)} & \left. \begin{array}{l} \bar{u} + u \\ \bar{d} + d \end{array} \right\} \rightarrow Z^0 \rightarrow \left\{ \begin{array}{l} e^+ + e^- \\ \mu^+ + \mu^- \end{array} \right. & \text{(NC – Prozess)}\,.
\end{array}
$$

Der Nachweis des $W^\pm$ in der Reaktion $\bar{p}p \rightarrow W^\pm X$ mit $W^\pm \rightarrow \ell^\pm \nu_\ell / \bar{\nu}_\ell$ ($\ell = e, \mu$) ist sehr schwierig, da der Wirkungsquerschnitt für diese Reaktion bei den Energien des CERN-Colliders ungeheuer klein ist, nämlich $\sigma(\bar{p}p \rightarrow W^\pm X) \cdot BR(W \rightarrow \ell\nu_\ell) \sim 1$ nb $= 10^{-33}$ cm^2, im Vergleich zum totalen

(a)   (b)   (c)

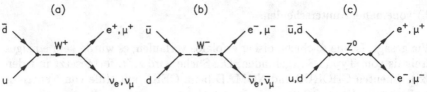

Abb. 1.17 Graphen für die Erzeugung und die leptonischen Zerfälle von (a) W^+, (b) W^- und (c) Z^0 in der $\bar{p}p$-Streuung.

$\bar{p}p$-Wirkungsquerschnitt $\sigma_{tot} \approx 40$ mb $= 4 \cdot 10^7$ nb. Das Signal/Untergrund-Verhältnis beträgt also $\sim 2 \cdot 10^{-8}$! Trotzdem gelang es 1983, einige Ereignisse vom Typ (1.87a,b) zu finden*, die gekennzeichnet waren durch ein isoliertes $e^\pm$ bzw. $\mu^\pm$ mit großem Transversalimpuls senkrecht zur $\bar{p}p$-Richtung und einen ungefähr† entgegengesetzt-gleich großen fehlenden Transversalimpuls, der dem nicht beobachteten $\nu/\bar{\nu}$ zuzuschreiben war (Abb. 1.18a). Die gemessene W-Masse stimmte mit der Vorhersage der GWS-Theorie (siehe oben) überein.

Die Verteilung des Winkels θ zwischen $\ell^\pm$ aus dem $W^\pm$-Zerfall und der Richtung des $\bar{p}$-Strahls ergibt sich aus der (V–A)-Theorie mit linkshändigen Fermionen (Leptonen, Quarks) und rechtshändigen Antifermionen in CC-Prozessen (Kap. 1.4.6, 1.4.7). Abb. 1.19 zeigt die bevorzugte Situation im $W^\pm$-Ruhesystem: Die Spins von $\bar{q}$ (aus $\bar{p}$) und q (aus p) stehen beide in $\bar{p}$-Flugrichtung; deshalb stehen auch die Spins von Lepton und Antilepton beide in $\bar{p}$-Richtung, so daß das Antilepton (ℓ^+ für W^+, $\bar{\nu}_\ell$ für W^-) bevorzugt in $\bar{p}$-Richtung fliegt. Mit anderen Worten: Das ℓ^+ (ℓ^-) aus W^+ (W^-) fliegt bevorzugt in $\bar{p}$ (p)-Richtung, d.h. $\theta = 0°$ (180°). Für beliebiges θ lautet die asymmetrische Winkelverteilung im $W^\pm$-Ruhesystem [Per87]:

$$W(\cos\theta) \propto (1 + Q\cos\theta)^2 \;\; \text{mit} \;\; Q = \begin{cases} +1 \text{ für } W^+ \\ -1 \text{ für } W^-. \end{cases} \tag{1.88}$$

Die obigen Überlegungen und (1.88) gelten nur, wenn man den Beitrag der See-See-$\bar{q}q$-Streuung (Kap. 5) zur $W^\pm$-Erzeugung gegenüber dem der Valenz-Valenz-Streuung ($\bar{p} = \bar{u}\bar{u}\bar{d}, p = uud$) und der Valenz-See-Streuung vernachlässigt; bei Berücksichtigung der See-See-Streuung kann z.B. das W^+ durch die Streuung eines See-u aus $\bar{p}$ und eines See-$\bar{d}$ aus p erzeugt werden, so daß der nach der (V–A)-Theorie bevorzugte Winkel θ nicht 0°, sondern

---

*In den ersten Veröffentlichungen: UA1 [Arn83]: 6 $e^\pm$-Ereignisse, 14 $\mu^\pm$-Ereignisse; UA2 [Ban83]: 4 $e^\pm$-Ereignisse.

†Wegen der Fermi-Bewegung der (Anti-)Quarks im (Anti-)Proton ist das erzeugte $W^\pm$ bzw. Z^0 im $\bar{p}p$-Collider-System i.a. nicht genau in Ruhe.

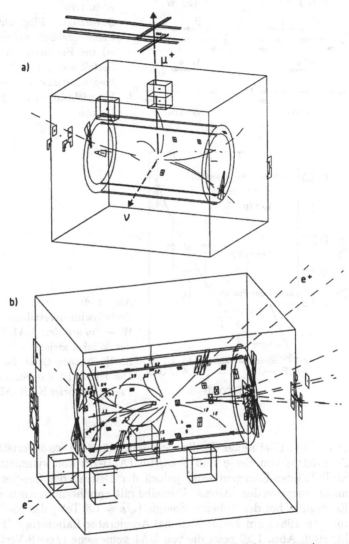

Abb. 1.18 Beispiele für Erzeugung und leptonischen Zerfall (a) eines W^+ mit $W^+ \to \mu^+\nu_\mu$, (b) eines Z^0 mit $Z^0 \to e^+e^-$ im UA1-Detektor. In (a) zeigt der gestrichelte Pfeil den fehlenden Impuls an, der dem ν_μ zugeordnet wird. In (b) sind e^+ und e^- die einzigen Teilchen im Ereignis, die einen Transversalimpuls $p_T > 2$ GeV/c haben. Die übrigen Spuren sind Hadronen. Aus: G. Arnison et al. (UA1), Phys. Lett. **134B** (1984) 469 (a); Phys. Lett. **126B** (1983) 398 (b).

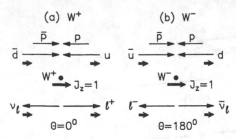

Abb. 1.19
Bevorzugte Flugrichtungen (dünne Pfeile) und Spinstellungen (dicke Pfeile) bei Erzeugung und leptonischem Zerfall von (a) W^+ und (b) W^- im $\bar{p}p$-Stoß. θ ist der Winkel zwischen den Flugrichtungen von $\bar{p}$ und geladenem Lepton.

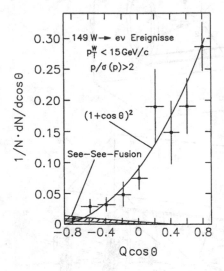

Abb. 1.20
Zerfallswinkelverteilung des $W^\pm$ mit $W \to \ell\nu_\ell$ aus dem UA1-Experiment. θ ist der Winkel zwischen ℓ- und $\bar{p}$-Richtung im W-System; Q ist die Ladung des W. Die Kurve ist die Vorhersage (1.88) der (V–A)-Theorie. Nach [Alb89].

180° wäre. (Bei reiner See-See-Streuung wäre die $\cos\theta$-Verteilung wegen der Symmetrie von See-q und See-$\bar{q}$ im (Anti-)Proton symmetrisch). Bei den SPS-Collider-Energien kann jedoch der Beitrag der See-See-Streuung vernachlässigt werden [Alb89]. Dasselbe gilt annähernd auch noch für die $W^\pm$-Erzeugung bei der höheren Energie ($\sqrt{s} = 1.8$ TeV) des $\bar{p}p$-Colliders Tevatron (ab 1987) am Fermi National Accelerator Laboratory (Fermilab, USA) [Abe92]. Abb. 1.20 zeigt die von UA1 gemessene $Q\cos\theta$-Verteilung [Alb89], die gut mit der (V–A)-Vorhersage (1.88) übereinstimmt; wiederum ein Erfolg der (V–A)-Theorie.

Der Nachweis des Z^0 in (1.87c) ist gegenüber dem $W^\pm$-Nachweis einerseits erschwert durch einen noch kleineren Wirkungsquerschnitt, $\sigma(\bar{p}p \to Z^0 X) \cdot BR(Z^0 \to \ell^+\ell^-) \sim 0.1$ nb, andererseits erleichtert dadurch, daß beide Z^0-Zerfallsleptonen (e^+e^- bzw. $\mu^+\mu^-$) beobachtet werden können (Abb. 1.18b) und sich deshalb die Z^0-Masse direkt und genau bestimmen läßt[‡]:

$$M_Z^2 = 2E^+E^-(1 - \cos\vartheta). \tag{1.89}$$

Hierbei ist ϑ der Winkel zwischen ℓ^+ und ℓ^-, $E^\pm$ die Energie von $\ell^\pm$. Es gelang 1983, einige Z^0-Ereignisse vom Typ (1.87c) zu finden[§]; die gemessene Z^0-Masse stimmte mit der GWS-Vorhersage (siehe oben) überein.

Inzwischen ist das in $\bar{p}p$-Kollisionen entdeckte Z^0 mit seinen Eigenschaften besonders intensiv und mit großer Genauigkeit am e^+e^--Collider LEP des CERN (ab 1989) von vier Detektoren untersucht worden [Scha94], wo es als Resonanz in den Wirkungsquerschnitten für e^+e^--Reaktionen auftritt (bisher $\sim 10^7$ Z^0-Ereignisse, Kap.1.9). Auch das $W^\pm$ ist weiter erforscht worden, sowohl beim CERN [Jak94] als am Tevatron des Fermilab [PDG96], allerdings nicht mit vergleichbarer Genauigkeit wie das Z^0 (u.a. wegen der größeren Komplexität von $\bar{p}p$-Reaktionen im Vergleich zu e^+e^--Reaktionen, wegen einer geringeren Anzahl von $W^\pm$-Ereignissen (einige 10^4) und wegen des nicht beobachtbaren Neutrinos beim $W^\pm$-Zerfall). Einen weiteren Fortschritt bringt die Verdopplung der LEP-Energie auf $\sqrt{s} \approx 200$ GeV mit sich, so daß die W^+W^--Paarerzeugung, $e^+e^- \to W^+W^-$, energetisch möglich wird. Inzwischen (Ende 1996) sind die ersten Ereignisse dieser Art bei LEP beobachtet worden.

1.9   Messung der Anzahl der leichten Neutrinoarten (1990)

Die Anzahl N_ν der leichten Neutrinoarten (mit $m_\nu \ll m_Z/2$) wurde seit 1990 mit immer größerer Genauigkeit am CERN von den vier LEP-Experimenten ALEPH [Bus94], DELPHI [Abr94], L3 [Acc94] und OPAL [Ake94] aus der Messung der totalen Zerfallsbreite Γ_Z des Z^0-Bosons und seiner partiellen Breiten für Zerfälle in Hadronen bzw. geladene Leptonen bestimmt [Den91, LEP92, Ban92, Mar93, Scha94, Mni96].

Das Z^0 zerfällt nach $Z^0 \to f\bar{f}$ (Kap. 2) in Fermion-Antifermion-Paare mit den partiellen Zerfallsbreiten Γ_f (siehe Anhang A.1), wobei

$$\Gamma_Z = \sum_f \Gamma_f \tag{1.90}$$

[‡]Herleitung: Bei Vernachlässigung der Leptonmassen ($p = E$):

$$M_Z^2 = (E^+ + E^-)^2 - (p^+ + p^-)^2 \approx 2E^+E^- - 2p^+p^- \cos\vartheta \approx 2E^+E^-(1 - \cos\vartheta).$$

[§]In den ersten Veröffentlichungen: UA1 [Arn83]: 10 Ereignisse; UA2 [Ban83]: 8 Ereignisse.

ist. Dabei kann f ein Quark (q), ein geladenes Lepton (ℓ) oder ein Neutrino (ν) sein. Im einzelnen gibt es demnach die folgenden Zerfallsarten:

• Zerfälle in Hadronen: $Z^0 \to$ Hadronen (Zerfallsbreite Γ_h); sie kommen zustande durch Zerfälle $Z^0 \to q\bar{q}$ mit $q = u, d, s, c, b$ und anschließende Hadronisation des $q\bar{q}$-Strings. Daher gilt:

$$\Gamma_h = \Gamma_u + \Gamma_d + \Gamma_s + \Gamma_c + \Gamma_b. \tag{1.91}$$

Der Zerfall in $t\bar{t}$ ist wegen der hohen t-Masse nicht möglich ($m_t \approx 180$ GeV $> m_Z/2$).

• Zerfälle in geladene Leptonen: $Z^0 \to e^+e^-, \mu^+\mu^-, \tau^+\tau^-$ (Zerfallsbreiten Γ_e, Γ_μ, Γ_τ). Wegen der $e\mu\tau$-Universalität und wegen $m_\tau \ll m_Z$ gilt:

$$\Gamma_e = \Gamma_\mu = \Gamma_\tau = \Gamma_\ell. \tag{1.92}$$

• Zerfälle in leichte Neutrinos: $Z^0 \to \nu\bar{\nu}$ (Zerfallsbreite Γ_ν pro Neutrinoart). Diese Zerfälle können nicht beobachtet werden (Γ_{invis}), so daß gilt:

$$\Gamma_{\text{invis}} = N_\nu \cdot \Gamma_\nu. \tag{1.93}$$

Andererseits ist Γ_{invis} gleich der Differenz aus der totalen Breite und der Breite für alle beobachtbaren Zerfälle, also nach (1.90) bis (1.92):

$$\Gamma_{\text{invis}} = \Gamma_Z - \Gamma_h - 3\Gamma_\ell. \tag{1.94}$$

Aus (1.93) und (1.94) ergibt sich also:

$$N_\nu = \frac{1}{\Gamma_\nu}(\Gamma_Z - \Gamma_h - 3\Gamma_\ell), \tag{1.95}$$

wobei $\Gamma_Z, \Gamma_h, \Gamma_\ell$ gemessen werden und Γ_ν aus der Theorie gewonnen wird (siehe unten).

Theoretisch ist die Breite Γ_f für $Z^0 \to f\bar{f}$ gegeben durch

$$\Gamma_f = \frac{G_F m_Z^3}{6\sqrt{2}\pi} c_f \left[\left(g_V^f\right)^2 + \left(g_A^f\right)^2\right] = c_f \left[\left(g_V^f\right)^2 + \left(g_A^f\right)^2\right] \cdot \Gamma_0 \tag{1.96}$$

$$\text{mit } \Gamma_0 = \frac{G_F m_Z^3}{6\sqrt{2}\pi} = 0.332 \text{ GeV},$$

wobei die Fermionmasse gegenüber der großen Z^0-Masse vernachlässigt wurde. Hierbei sind $G_F = 1.1664 \cdot 10^{-5}$ GeV^{-2} die Fermi-Konstante[‡], $m_Z = 91.2$

[‡]Setzt man $\hbar$ und c nicht gleich eins, so gilt $G_F/(\hbar c)^3 = 1.1664 \cdot 10^{-5}$ GeV^{-2}, d.h. mit $\hbar c = 197.33$ MeV $\cdot$ fm: $G_F = 89.62$ eV $\cdot$ fm^3.

GeV die Z^0-Masse, $c_f = 1(3)$ für Lepton (Quark) der Farbfaktor und g_V^f bzw. g_A^f die Vektor- bzw. Axialvektor-Kopplungskonstanten. Letztere ergeben sich in der GSW-Theorie (Kap. 2.5, *Standard-Modell* SM, siehe (2.93)) zu

$$g_V^f = \sqrt{\rho}(I_{3f} - 2Q_f s_W^2) \quad \text{mit} \quad s_W^2 = \sin^2 \theta_W$$
$$g_A^f = \sqrt{\rho} I_{3f}. \tag{1.97}$$

Hierbei ist I_{3f} die dritte Komponente des schwachen Isospins und Q_f die Ladung des Fermions, θ_W der Weinberg-Winkel ($\sin^2 \theta_W = 0.23$) und $\rho = m_W^2/(m_Z^2 \cos^2 \theta_W)$ der Veltman-Parameter mit $\rho = 1$ im minimalen SM. Aus (1.96) und (1.97) ergeben sich die folgenden SM-Vorhersagen:

Für $Z^0 \rightarrow u\bar{u}, c\bar{c} \left(I_3 = \frac{1}{2}, Q = \frac{2}{3} \right)$: $\tag{1.98}$

$$\Gamma_u = \Gamma_c = \left[\frac{3}{2} - 4s_W^2 + \frac{16}{3}s_W^4 \right] \cdot \Gamma_0 = 0.286 \text{ GeV}.$$

Für $Z^0 \rightarrow d\bar{d}, s\bar{s}, b\bar{b} \left(I_3 = -\frac{1}{2}, Q = -\frac{1}{3} \right)$:

$$\Gamma_d = \Gamma_s = \Gamma_b = \left[\frac{3}{2} - 2s_W^2 + \frac{4}{3}s_W^4 \right] \cdot \Gamma_0 = 0.369 \text{ GeV}.$$

Für $Z^0 \rightarrow e^-e^+, \mu^-\mu^+, \tau^-\tau^+ \left(I_3 = -\frac{1}{2}, Q = -1 \right)$:

$$\Gamma_e = \Gamma_\mu = \Gamma_\tau = \left[\frac{1}{2} - 2s_W^2 + 4s_W^4 \right] \cdot \Gamma_0 = 0.084 \text{ GeV}.$$

Für $Z^0 \rightarrow \nu\bar{\nu} \left(I_3 = \frac{1}{2}, Q = 0 \right)$:

$$\Gamma_\nu = \frac{1}{2} \cdot \Gamma_0 = 0.166 \text{ GeV}.$$

Für Γ_h ergibt sich hiermit nach (1.91): $\Gamma_h = 1.678$ GeV. Diese SM-Vorhersagen gelten in niedrigster Ordnung der Störungsrechnung; bevor man sie mit den sehr genauen LEP-Messungen vergleichen kann, sind an ihnen noch Strahlungskorrekturen der QED, QCD und schwachen Wechselwirkung anzubringen, die u.a. von den Massen m_t des t-Quarks und m_H des Higgs-Bosons abhängen und maximal einige Prozent betragen [Mar93, PDG94, Scha94, Sir94, Kni95, Lea96, Mni96]. Diese Korrekturen werden hier nicht besprochen.

Wie lassen sich die Breiten Γ_Z, Γ_h und Γ_ℓ in (1.95) experimentell bestimmen? Dazu wurden am LEP-Collider die Wirkungsquerschnitte für die Reaktionen

$$e^+ + e^- \rightarrow \text{Hadronen}$$
$$\rightarrow \ell^+ + \ell^- \text{ mit } \ell = e, \mu, \tau \tag{1.99}$$

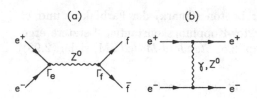

(a)   (b)   Abb. 1.21

(a) Graph für die Reaktion $e^+e^- \to f\bar{f}$ bei der Z^0-Resonanz; im Falle $f = e$ kommt noch der Graph (b) mit γ oder Z^0-Austausch hinzu.

als Funktionen der Schwerpunktsenergie $\sqrt{s}$ bei der Z^0-Resonanz ($\sqrt{s} \approx m_Z$) gemessen. Dort wird die Reaktion $e^+e^- \to f\bar{f}$ mit $f \neq e^\dagger$ durch den Z^0-Pol (Abb. 1.21a) dominiert, so daß der Wirkungsquerschnitt $\sigma_f(s)$ in Bornscher Näherung durch eine Breit-Wigner-Resonanzformel mit energieabhängiger Breite gegeben ist:

$$\sigma_f(s) = \sigma_f^0 \frac{s\Gamma_Z^2}{(s - m_Z^2)^2 + s^2\Gamma_Z^2/m_Z^2} \quad \text{mit} \quad \sigma_f^0 = \frac{12\pi}{m_Z^2} \frac{\Gamma_e\Gamma_f}{\Gamma_Z^2}, \qquad (1.100)$$

wobei $\sigma_f^0 \equiv \sigma_f(m_Z^2)$ das Resonanz-Maximum angibt. Γ_Z läßt sich also aus der Breite, $\Gamma_e\Gamma_f$ aus der Höhe der Resonanz bestimmen. Vor einer Anpassung an die Meßwerte ist die Formel (1.100) jedoch noch um einen Photon-Term (γ statt Z^0 in Abb. 1.21a) und den zugehörigen γZ^0-Interferenzterm additiv zu ergänzen sowie die Summe der drei Terme mit einer Radiator-Funktion zu falten, um die beträchtlichen ($\sim 30\%$) Strahlungseffekte im Anfangszustand zu berücksichtigen. Abb. 1.22 zeigt Beispiele solcher Anpassungen für die vier Reaktionen (1.99) aus dem OPAL-Experiment [Ake94].

Mit den so bestimmten experimentellen Breiten Γ_Z, Γ_h und Γ_ℓ läßt sich Γ_{invis} nach (1.94) berechnen. Mit diesem Γ_{invis}-Wert und der SM-Vorhersage für Γ_ν könnte man N_ν aus (1.93) bestimmen. Jedoch hängen die Strahlungskorrekturen zu Γ_ν von den (bis vor kurzem) unbekannten Massen m_t und m_H ab. Man hat daher statt (1.93) die Formel

$$N_\nu = \frac{\Gamma_{\text{invis}}}{\Gamma_\ell} \cdot \left(\frac{\Gamma_\ell}{\Gamma_\nu}\right)_{\text{SM}} \qquad (1.101)$$

zur Bestimmung von N_ν aus den Meßwerten Γ_{invis} und Γ_ℓ benutzt, da sich die Strahlungskorrekturen auf das Verhältnis $(\Gamma_\nu/\Gamma_\ell)_{\text{SM}} = 1.992 \pm 0.003$ [PDG94] weniger stark auswirken.

In der Praxis wurden globale Fits der theoretischen Formeln des SM unter Berücksichtigung der Strahlungskorrekturen an die vorhandenen Meßdaten durchgeführt und dadurch die in den Formeln auftretenden Parameter angepaßt. Dabei wurden meistens u.a. die folgenden, für die Bestimmung von

---

†Die Reaktion $e^+e^- \to e^+e^-$ ist komplizierter, da zu ihr außer dem Zwischenzustandsgraphen (a) noch der Austauschgraph (b) in Abb. 1.21 beiträgt.

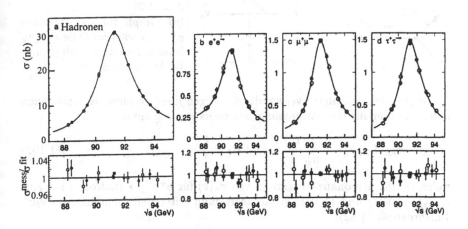

Abb. 1.22 Wirkungsquerschnitte als Funktionen von $\sqrt{s}$ für die Reaktionen (a) $e^+e^- \rightarrow$ Hadronen, (b) $e^+e^- \rightarrow e^+e^-$, (c) $e^+e^- \rightarrow \mu^+\mu^-$, (d) $e^+e^- \rightarrow \tau^+\tau^-$ bei der Z^0-Resonanz aus dem OPAL-Experiment. Die Kurven zeigen die globale Anpassung der theoretischen Formeln an die Datenpunkte. Darunter wird jeweils das Verhältnis von Meßwert und Fitwert für die einzelnen Datenpunkte gezeigt. Die Verhältnisse sind gut mit eins verträglich. Nach [Ake94].

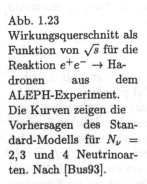

Abb. 1.23 Wirkungsquerschnitt als Funktion von $\sqrt{s}$ für die Reaktion $e^+e^- \rightarrow$ Hadronen aus dem ALEPH-Experiment. Die Kurven zeigen die Vorhersagen des Standard-Modells für $N_\nu = 2, 3$ und 4 Neutrinoarten. Nach [Bus93].

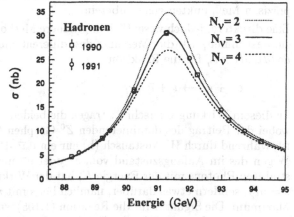

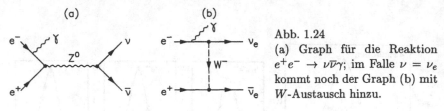

Abb. 1.24
(a) Graph für die Reaktion $e^+e^- \to \nu\bar{\nu}\gamma$; im Falle $\nu = \nu_e$ kommt noch der Graph (b) mit W-Austausch hinzu.

N_ν relevanten Parameter verwandt, die wegen ihrer geringen Korrelationen untereinander für eine Anpassung besonders günstig sind:

$$m_Z, \Gamma_Z, \sigma_h^0 = \frac{12\pi}{m_Z^2} \frac{\Gamma_e \Gamma_h}{\Gamma_Z^2} \quad \text{und} \quad R_\ell = \frac{\Gamma_h}{\Gamma_\ell}, \tag{1.102}$$

wobei σ_h^0 das Resonanz-Maximum von $\sigma_h(s)$ für $e^+e^- \to$ Hadronen ist. Aus (1.94), (1.101) und (1.102) erhält man dann unter der Annahme von $e\mu\tau$-Universalität (1.92):

$$N_\nu = \left[\sqrt{\frac{12\pi R_\ell}{m_Z^2 \sigma_h^0}} - R_\ell - 3 \right] \cdot \left(\frac{\Gamma_\ell}{\Gamma_\nu} \right)_{\text{SM}}. \tag{1.103}$$

Die $e\mu\tau$-Universalität ist durch die Gleichheit der gemessenen Werte für Γ_e, Γ_μ und Γ_τ gut bestätigt. Einer der jüngsten N_ν-Werte aus einem Fit an die Daten aller vier LEP-Experimente ist [PDG96]

$$N_\nu = 2.991 \pm 0.016. \tag{1.104}$$

Abb. 1.23 aus [Bus93] zeigt eine ALEPH-Messung von $\sigma_h(s)$ mit den SM-Vorhersagen für $N_\nu = 2, 3$ und 4; nur die Kurve für $N_\nu = 3$ stimmt mit den präzisen Meßpunkten genau überein.

Eine direktere, jedoch wesentlich ungenauere Methode [Den90, Den91], $N_\nu \Gamma_\nu$ zu bestimmen, ist die Messung des differentiellen Wirkungsquerschnitts $d\sigma/dE_\gamma d\cos\theta_\gamma$ für die Reaktion

$$e^+ + e^- \to \nu + \bar{\nu} + \gamma. \tag{1.105}$$

Zu diesem Wirkungsquerschnitt tragen die beiden Graphen in Abb. 1.24 bei, wobei der Beitrag des dominierenden Z^0-Graphen (a) proportional zu $N_\nu \Gamma_\nu$ ist, während durch W-Austausch (b) nur ein $\nu_e \bar{\nu}_e$-Paar erzeugt werden kann. Wegen des im Anfangszustand vom e^+ oder e^- unter dem Winkel θ_γ abgestrahlten Photons mit der Energie E_γ hat der Wirkungsquerschnitt nicht bei $s = m_Z^2$, sondern etwas darüber, nämlich bei s mit $m_Z^2 = s(1 - 2E_\gamma/\sqrt{s})$, ein Maximum. Die Signatur für die Reaktion (1.105) ist ein einzelnes niederenergetisches γ und sonst nichts im Detektor. Sie ist daher schwer nachzuweisen und vom Untergrund zu trennen. Ein jüngster, aus ALEPH-, L3- und OPAL-Daten kombinierter N_ν-Wert aus Reaktion (1.105) ist [PDG96]

$$N_\nu = 3.09 \pm 0.13.$$ \hfill (1.106)

Die Anzahl der leichten Neutrinoarten konnte auch aus der Supernova SN1987A (Kap. 7.3.2) sowie aus der primordialen Nukleosynthese nach dem Urknall (Kap. 7.4.3) bestimmt werden, allerdings mit sehr viel größeren Fehlern.

2 Überblick über die elektroschwache Wechselwirkung

In diesem Kapitel werden die wichtigsten Grundlagen der Theorie und Phäno-menologie der elektroschwachen Wechselwirkung in einem einfachen, elemen-taren Überblick zusammengestellt, so weit sie für die Neutrinophysik von Be-deutung sind. Die Darstellung ist mehr qualitativ-deskriptiv als mathema-tisch-formal und verzichtet auf Einzelheiten, Herleitungen und Vollständig-keit.

2.1 Teilchen und Wechselwirkungen

Unser heutiges Wissen von den kleinsten Teilchen und den zwischen ihnen wirkenden Kräften (Wechselwirkungen) ist im sogenannten *Standard-Modell* (SM) der Teilchenphysik zusammengefaßt [Hai88, Mar93, Sche96]; es besteht im wesentlichen aus der Quantenchromodynamik (QCD) der starken Wech-selwirkung zwischen den Quarks [Gre95] und der Glashow-Weinberg-Salam (GWS)-Theorie der elektroschwachen Wechselwirkung (Kap. 2.5) [Gre96]. Das SM ist bis heute in guter Übereinstimmung mit allen experimentellen Fakten.

Die heute bekannten elementaren Teilchen sind in zwei fundamentale Klassen eingeteilt, nämlich in

• *Fermionen* mit Spin-Parität $J^P = \frac{1}{2}^+$; sie sind die eigentlichen Materie-Teilchen, aus denen die Materie aufgebaut ist.

• *Vektorbosonen* mit Spin-Parität $J^P = 1^-$; sie sind die Übermittler (Quan-ten) der verschiedenen Wechselwirkungen (stark, elektromagnetisch, schwach*) zwischen den Fermionen (Kap. 2.2, 2.3).

Hinzu kommt als hypothetisches, bisher noch nicht entdecktes Teilchen das *Higgs-Boson*, das im SM dafür verantwortlich ist, daß die Teilchen eine Mas-se haben (Higgs-Mechanismus) [Lea96]. Auf weitere hypothetische, von ver-schiedenen Theorien vorhergesagte, jedoch bisher nicht gefundene Teilchen wird in diesem Kapitel nicht eingegangen [Tre94, PDG96].

---

*Die Gravitation ist im Vergleich zu den anderen drei Wechselwirkungen so schwach, daß sie wegen der kleinen Massen in der Teilchenphysik i.a. keine Rolle spielt.

2.1.1 Fermionen

Insgesamt gibt es 12 verschiedene Fermionen, nämlich 6 Leptonen und 6 Quarks.

Die 6 *Leptonen* (Elektron, Myon, Tauon; drei zugehörige Neutrinos) sind in 3 Leptonfamilien (Elektronfamilie mit $L_e = 1$, Myonfamilie mit $L_\mu = 1$, Tauonfamilie mit $L_\tau = 1$; Kap. 1.5, 1.7) eingeteilt:

$$\begin{pmatrix} \nu_e \\ e^- \end{pmatrix} \begin{pmatrix} \nu_\mu \\ \mu^- \end{pmatrix} \begin{pmatrix} \nu_\tau \\ \tau^- \end{pmatrix} \begin{matrix} \leftarrow Q = 0 \\ \leftarrow Q = -1 \end{matrix} \qquad (2.1)$$

$$L_e = 1 \; L_\mu = 1 \; L_\tau = 1.$$

Entsprechend gibt es die 3 Familien der zugehörigen Antileptonen: $(e^+, \bar\nu_e)$ mit $L_e = -1$, $(\mu^+, \bar\nu_\mu)$ mit $L_\mu = -1$, $(\tau^+, \bar\nu_\tau)$ mit $L_\tau = -1$. Das ν_τ ist noch nicht in einem direkten Experiment entdeckt worden (Kap. 1.7.2).

Die geladenen Leptonen (e, μ, τ) nehmen an der elektromagnetischen und schwachen Wechselwirkung, die Neutrinos nur an der schwachen Wechselwirkung teil. Abgesehen von kinematischen Effekten aufgrund ihrer verschiedenen Massen verhalten sich die drei Leptonfamilien bezüglich der elektroschwachen Wechselwirkung gleich (*eμτ-Universalität, Lepton-Universalität*).

Die Massen der geladenen Leptonen sind: $m_e = 0.511$ MeV, $m_\mu = 105.7$ MeV, $m_\tau = 1777$ MeV; die Massen der Neutrinos sind bisher mit Null verträglich (Kap. 6). Bei der in heutigen Experimenten erreichten räumlichen Auflösung erscheinen die Leptonen als punktförmig ($R < 10^{-3}$ fm $= 10^{-16}$ cm), also ohne innere Struktur, d.h. nicht aus noch elementareren Teilchen zusammengesetzt.

Die 6 *Quarks* (up, down, charm, strange, top, bottom) sind in 3 Quarkfamilien eingeteilt:

$$\begin{pmatrix} u \\ d \end{pmatrix} \begin{pmatrix} c \\ s \end{pmatrix} \begin{pmatrix} t \\ b \end{pmatrix} \begin{matrix} \leftarrow Q = \frac{2}{3} \\ \leftarrow Q = -\frac{1}{3} \end{matrix}. \qquad (2.2)$$

Entsprechend gibt es die 3 Familien der zugehörigen Antiquarks: $(\bar d, \bar u)$, $(\bar s, \bar c)$, $(\bar b, \bar t)$. Das t-Quark wurde vor kurzem am $\bar p p$-Tevatron-Collider des Fermilab entdeckt [Abe95].

Die Quarks nehmen an allen drei Wechselwirkungen, im Unterschied zu den Leptonen also auch an der starken Wechselwirkung teil. Die Eigenschaften dieser starken Wechselwirkung, deren quantitative Formulierung die QCD ist, haben zur Folge, daß die Quarks und Antiquarks – im Gegensatz zu

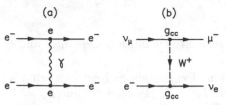

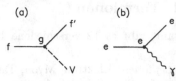

Abb. 2.1
Graphen für (a) die elastische Elektron-Elektron-Streuung durch Photon-Austausch, (b) den „inversen μ-Zerfall" durch W-Austausch.

Abb. 2.2
(a) Vertexgraph für den Prozess $f \leftrightarrow f' + V$ mit Kopplungskonstante g; (b) Vertexgraph für den Prozess $e \leftrightarrow e + \gamma$ mit Kopplungskonstante e.

den Leptonen – nicht als freie Teilchen auftreten können, sondern nur in Hadronen (Mesonen, Baryonen) gebunden vorkommen (*Quark-Confinement* durch Farbkräfte, siehe unten). Die Massen der Quarks, insbesondere der leichten Quarks u, d und s, können daher nicht eindeutig bestimmt werden; ungefähr gilt: $m_u \approx m_d \lesssim 100$ MeV, $m_s \approx 200$ MeV, $m_c \approx 1.5$ GeV, $m_b \approx 5$ GeV, $m_t \approx 180$ GeV [Abe95]. Auch die Quarks sind nach unserer heutigen Kenntnis punktförmig, wie die Leptonen.

Aus Quarks und Antiquarks sind die zahlreichen verschiedenen *Hadronen* zusammengesetzt: Ein Meson ist ein gebundener Zustand aus einem Quark und einem Antiquark, $M = (q\bar{q}')$; ein Baryon ist ein gebundener Zustand aus drei Quarks, $B = (qq'q'')$. Mit 6 Quarks gibt es also zu festem J^P $6 \cdot 6 = 36$ verschiedene Mesonen, z.B. $\pi^+ = (u\bar{d})$, $K^0 = (d\bar{s})$, $D^- = (d\bar{c})$ etc.; entsprechend für die Baryonen, z.B. Proton $= (uud)$, Neutron $= (udd)$, Λ-Hyperon $= (uds)$ etc.

2.1.2   Vektorbosonen

Es gibt die folgenden *Vektorbosonen*:

• 1 Photon γ mit $m_\gamma = 0$ als Übermittler der elektromagnetischen Wechselwirkung,

• 3 schwache Vektorbosonen und zwar $W^\pm$ mit $m_W = 80.3$ GeV als Übermittler der schwachen Wechselwirkung mit geladenen Strömen, Z^0 mit $m_Z = 91.2$ GeV als Übermittler der schwachen Wechselwirkung mit neutralen Strömen (Kap. 1.8),

• 8 Gluonen g mit $m_g = 0$ als Übermittler der starken Wechselwirkung (Farbkräfte) zwischen Quarks.

Die Übermittlung einer Wechselwirkung zwischen zwei Fermionen geschieht durch den Austausch des entsprechenden Vektorbosons, z.B. $e^- + e^- \rightarrow e^- +$

e^- durch γ-Austausch (Abb. 2.1a), $\nu_\mu + e^- \to \mu^- + \nu_e$ durch W-Austausch (Abb. 2.1b) (Näheres dazu in Kap. 2.2, 2.3). Dabei ist die Reichweite R der Wechselwirkung umgekehrt proportional zur Masse m des zugehörigen Vektorbosons:

$$R = \frac{\hbar}{mc} = 197 \cdot \frac{\text{MeV}}{mc^2} \cdot \text{fm}. \tag{2.3}$$

2.2 Felder, Ströme, Wechselwirkungen

In der Teilchenphysik beschreibt eine Wechselwirkung den elementaren (virtuellen) Prozess

$$f \to f' + V, \tag{2.4}$$

in dem ein Fermion f unter Emission eines Vektorbosons V in ein Fermion f' übergeht; Abb. 2.2a zeigt den zugehörigen $ff'V$-Vertexgraphen, der die Kopplung von f, f' und V darstellt. Äquivalente Prozesse, die durch dieselbe Wechselwirkung beschrieben werden, erhält man, wenn man in (2.4) ein Teilchen auf der einen Seite des Reaktionspfeils durch sein Antiteilchen auf der anderen Seite ersetzt oder den Reaktionspfeil umkehrt (Zeitumkehr), also[†]:

$$\begin{array}{ccc} f \leftrightarrow f'V & \overline{V}f \leftrightarrow f' & f\overline{f'} \leftrightarrow V \\ \overline{f'} \leftrightarrow \overline{f}V & V\overline{f'} \leftrightarrow \overline{f} & \overline{V} \leftrightarrow \overline{f}f'. \end{array} \tag{2.5}$$

Nehmen wir als Beispiel die einfachste in der Natur vorkommende Wechselwirkung, nämlich die elektromagnetische und zwar die *elektromagnetische Wechselwirkung* des Elektrons ($ee\gamma$-Vertex, Abb. 2.2b). Sie beschreibt die folgenden 6 virtuellen Prozesse:

$$\begin{array}{lll} e^- \leftrightarrow e^-\gamma & \gamma\text{-Emission/Absorption durch } e^- & \\ e^+ \leftrightarrow e^+\gamma & \gamma\text{-Emission/Absorption durch } e^+ & \tag{2.6} \\ e^+e^- \leftrightarrow \gamma & e^+e^-\text{-Paarvernichtung/Paarerzeugung}. & \end{array}$$

(Entsprechend für die elektromagnetische Wechselwirkung des Myons, Tauons und der Quarks). Die Prozesse (2.6) heißen *virtuell*, da sie mit freien, reellen Teilchen den Energiesatz verletzen[§] und daher als *reelle* Prozesse nicht vorkommen. Reelle, physikalische Prozesse erhält man, indem man z.B. zwei

---

[†]Für $V \neq \overline{V}$ ($V = W^+, \overline{V} = W^-$; geladene Ströme) gibt es insgesamt 12 Prozesse; für $V = \overline{V}$ ($V = \gamma, Z^0$; neutrale Ströme) gibt es insgesamt 6 Prozesse (in diesem Fall ist $f = f'$; Erhaltung der Fermionart, keine flavour-ändernden neutralen Ströme).

[§]Z.B. kann ein ruhendes Elektron nicht in ein Elektron und ein Photon mit entgegengesetzt-gleichen Impulsen übergehen.

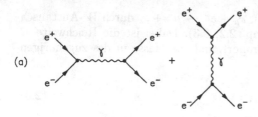

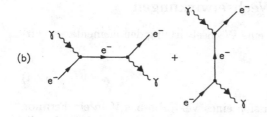

Abb. 2.3
(a) Zwei Graphen für die elastische e^+e^--Streuung (Bhabha-Streuung); (b) Zwei Graphen für die elastische γe^--Streuung (Compton-Streuung).

$ee\gamma$-Vertizes durch eines der beteiligten Teilchen miteinander verbindet, so daß ein Graph mit zwei Vertizes entsteht. Als Beispiel sind in Abb. 2.3 die Feynman-Graphen (niedrigster Ordnung) für die Reaktionen

$$
\begin{array}{lll}
\text{(a)} & e^+ + e^- \to e^+ + e^- & \text{(Bhabha-Streuung)} \\
\text{(b)} & \gamma + e^- \to \gamma + e^- & \text{(Compton-Streuung)}
\end{array}
\tag{2.7}
$$

dargestellt. Der jeweils linke Graph ist ein zeitartiger *Zwischenzustandsgraph* (a: γ als Zwischenzustand, b: e^- als Zwischenzustand), der rechte ein raumartiger *Austauschgraph* (a: γ-Austausch, b: e^--Austausch), siehe Anhang A.3. An jedem der acht Vertizes in Abb. 2.3 findet einer der Prozesse (2.6) statt. Das jeweilige Teilchen zwischen den beiden Vertizes eines Graphen tritt nicht als freies, beobachtbares Teilchen auf, sondern überträgt die Wechselwirkung von einem Vertex auf den anderen; es liegt nicht auf seiner Massenschale und wird *virtuell* genannt.

In der Quantenfeldtheorie wird die in Abb. 2.2a dargestellte $ff'V$-Wechselwirkung (2.4) durch den Operator $\mathcal{L}(x)$ der Wechselwirkungsdichte (*„Lagrange-Dichte"*) beschrieben. Er hat i.a. die Form (Kap. 2.5)

$$
\begin{aligned}
\mathcal{L}(x) &= g \cdot i\overline{\psi}_{f'}(x)\Gamma_\alpha\psi_f(x) \cdot V_\alpha(x) + \text{ herm. konj.} \\
&= g \cdot j_\alpha(x) \cdot V_\alpha(x) + \text{ herm. konj.}
\end{aligned}
\tag{2.8}
$$

mit

$$
j_\alpha(x) = i\overline{\psi}_{f'}(x)\Gamma_\alpha\psi_f(x)\,.
\tag{2.9}
$$

Hierbei ist g die Kopplungskonstante, die die Stärke der Wechselwirkung angibt. Der Fermion-Feldoperator ψ_f (Dirac'scher Spalten-Spinor) bewirkt die Vernichtung von f bzw. Erzeugung von $\bar{f}$; der Feldoperator $\bar{\psi}_{f'} = \psi_{f'}^+\gamma_4$ (Zeilen-Spinor) bewirkt die Erzeugung von f' bzw. Vernichtung von $\bar{f}'$; der Vektor-Feldoperator V_μ erzeugt V bzw. vernichtet $\overline{V}$. Die drei Feldoperatoren wirken im Punkte $x = (\boldsymbol{x}, it)$ in Raum und Zeit, an dem der Prozess (2.4) stattfindet, d.h. die wechselwirkenden Felder aneinandergekoppelt sind. Γ_α ist eine aus den Dirac'schen γ-Matrizen (1.48) aufgebaute, von der Wechselwirkung abhängige 4×4 Matrix (z.B. $\Gamma_\alpha = \gamma_\alpha$ für die elektromagnetische Wechselwirkung, $\Gamma_\alpha = \gamma_\alpha(1+\gamma_5)$ für die schwache CC-Wechselwirkung, siehe unten und Kap. 2.3). Bei festem α ist j_α eine skalare Größe (Zeile · Matrix · Spalte). Summation in (2.8) über $\alpha = 1, \ldots 4$ ergibt den skalaren Operator $\mathcal{L}$.

Der erste Term in (2.8) beschreibt die 6 Prozesse (2.5) mit Pfeilrichtung von links nach rechts; der dazu hermitisch konjugierte Term $g \cdot i\bar{\psi}_f\Gamma_\alpha\psi_{f'} \cdot V_\alpha^+$ beschreibt die 6 Prozesse (2.5) mit umgekehrter Pfeilrichtung; er bewirkt, daß $\mathcal{L}$ hermitisch ist. Der Operator $j_\alpha = (\boldsymbol{j}, ij_0)$ mit $j_\alpha = i\bar{\psi}_{f'}\Gamma_\alpha\psi_f$ wird aus einem Grunde, der bald ersichtlich wird, Operator der *Vierer-Stromdichte* (kurz *Stromdichte* oder *Strom*) genannt; er bewirkt den Übergang $f \to f'$. Der Strom heißt *geladen*, wenn sich bei $f \to f'$ die elektrische Ladung ändert, d.h. das Paar $f\bar{f}'$ eine Ladung hat, so daß wegen Ladungserhaltung am $f f'V$-Vertex (Abb. 2.2a) das Vektorboson V geladen ist ($V = W^+, \overline{V} = W^-$). Der Strom heißt *neutral*, wenn sich bei $f \to f'$ die elektrische Ladung nicht ändert, das Paar $f\bar{f}'$ und damit V also neutral ist ($V = \gamma, Z^0$). Nach (2.8) kommt die Wechselwirkung zustande durch die Kopplung des Fermionstroms j_α an das Vektorfeld V_α mit der Kopplungsstärke g. (Wechselwirkung = Kopplungskonstante · Fermionstrom · Vektorfeld).

Nehmen wir wiederum die elektromagnetische Wechselwirkung des Elektrons als einfachstes Beispiel. In der Dirac-Theorie sind die Teilchenstromdichte $\boldsymbol{j}(x)$ und die Teilchendichte $\rho(x)$ im Punkte x gegeben durch [Mui65] ($c = 1$)

$$\boldsymbol{j}(x) = i\bar{\psi}(x)\boldsymbol{\gamma}\psi(x) \quad \text{und} \quad \rho(x) = \bar{\psi}(x)\gamma_4\psi(x) = \psi^+(x)\psi(x) \quad (2.10)$$

mit der Kontinuitätsgleichung (Stromerhaltung)

$$\frac{\partial\rho(x)}{\partial t} + \text{div } \boldsymbol{j}(x) = 0 \, . \quad (2.11)$$

$\boldsymbol{j}$ und ρ können zur Teilchen-Viererstromdichte $j_\alpha = (\boldsymbol{j}, i\rho)$ zusammengefaßt werden mit

$$j_\alpha(x) = i\bar{\psi}(x)\gamma_\alpha\psi(x) \quad \text{mit} \quad \frac{\partial j_\alpha(x)}{\partial x_\alpha} = 0 \, . \quad (2.12)$$

Die Ladungsstromdichte ist $ej_\alpha(x)$ (e = Elektronladung). In einem elektromagnetischen Feld gilt für die mit $ej_\alpha(x)$ verbundene Energiedichte $\mathcal{L}_{em}(x)$:

$$\begin{aligned}\mathcal{L}_{em}(x) &= e \cdot j_\alpha(x) \cdot A_\alpha(x) = e \cdot i\overline{\psi}(x)\gamma_\alpha\psi(x) \cdot A_\alpha(x) \\ &= e\boldsymbol{j}(x) \cdot \boldsymbol{A}(x) - e\rho(x)U(x)\,.\end{aligned} \quad (2.13)$$

Hierbei ist $A_\alpha(x) = (\boldsymbol{A}(x), iU(x))$ das Vierer-Potential im Punkte x; $\boldsymbol{A}(x)$ ist das Vektorpotential mit $\boldsymbol{H}(x) = \mathrm{rot}\boldsymbol{A}(x)$ (= Magnetfeld), $U(x)$ das elektrostatische Potential. Z.B. ist der Term $-e\rho U$ die elektrostatische Energiedichte einer Ladungsdichte $-e\rho$ im elektrostatischen Potential U. $A_\alpha(x)$ genügt der *Maxwell-Gleichung*

$$\Box A_\alpha(x) = -ej_\alpha(x) \text{ mit } \Box = \frac{\partial^2}{\partial x_1^2} + \frac{\partial^2}{\partial x_2^2} + \frac{\partial^2}{\partial x_3^2} + \frac{\partial^2}{\partial x_4^2} = \Delta - \frac{\partial^2}{\partial t^2}\,. (2.14)$$

In der Quantenelektrodynamik (QED), nach der 2. Quantisierung, sind $\overline{\psi}, \psi$ und A_α Feldoperatoren, welche – wie oben beschrieben – die Erzeugung und Vernichtung von Elektron und Photon bewirken; $\mathcal{L}_{em}$ ist der (hermitische) Operator der Wechselwirkungsdichte. Die elektromagnetische Wechselwirkung kommt nach (2.13) also zustande durch die Kopplung des Elektronstromes j_α an das elektromagnetische Feld A_α. Dabei ist die Kopplungskonstante die elektrische Ladung $-e$ des Elektrons und $\Gamma_\alpha^{em} = \gamma_\alpha$, wie ein Vergleich von (2.8) mit (2.13) zeigt. In Analogie zur QED nennt man ganz allgemein j_α in (2.9) einen Strom.

Wir benutzen ab hier der Einfachheit halber für einen Strom der Form (2.9) die Kurzschreibweise

$$j_\alpha = i\overline{\psi}_{f'}\Gamma_\alpha\psi_f \equiv i\overline{f'}\Gamma_\alpha f\,, \quad (2.15)$$

in der die Feldoperatoren durch die Teilchensymbole ausgedrückt werden. Der gesamte elektromagnetische Strom aller Leptonen und Quarks lautet dann:

$$\begin{aligned}J_\alpha^{elm} &= i\left[-(\overline{e}\gamma_\alpha e + \overline{\mu}\gamma_\alpha\mu + \overline{\tau}\gamma_\alpha\tau) + \frac{2}{3} \cdot (\overline{u}\gamma_\alpha u + \overline{c}\gamma_\alpha c + \overline{t}\gamma_\alpha t)\right. \quad (2.16) \\ &\quad \left. -\frac{1}{3} \cdot \left(\overline{d}\gamma_\alpha d + \overline{s}\gamma_\alpha s + \overline{b}\gamma_\alpha b\right)\right] \\ &= -i(\overline{e}, \overline{\mu}, \overline{\tau})\gamma_\alpha \begin{pmatrix} e \\ \mu \\ \tau \end{pmatrix} + \frac{2}{3} \cdot i(\overline{u}, \overline{c}, \overline{t})\gamma_\alpha \begin{pmatrix} u \\ c \\ t \end{pmatrix} - \frac{1}{3} \cdot i(\overline{d}, \overline{s}, \overline{b})\gamma_\alpha \begin{pmatrix} d \\ s \\ b \end{pmatrix}.\end{aligned}$$

Der elektromagnetische Strom ist ein neutraler Strom, da sich bei $f \leftrightarrow f$ die Ladung nicht ändert. Die gesamte elektromagnetische (hermitische) Lagrange-Dichte ist gegeben durch

$$\mathcal{L}_{elm} = e \cdot J_\alpha^{elm} \cdot A_\alpha\,; \quad (2.17)$$

sie bewirkt die Prozesse

$$
\begin{array}{lll}
e \leftrightarrow e\gamma & u \leftrightarrow u\gamma & d \leftrightarrow d\gamma \\
\mu \leftrightarrow \mu\gamma & c \leftrightarrow c\gamma & s \leftrightarrow s\gamma \\
\tau \leftrightarrow \tau\gamma & t \leftrightarrow t\gamma & b \leftrightarrow b\gamma
\end{array}
\tag{2.18}
$$

mit den Kopplungskonstanten Qe ($Q = -1$ für e, μ, τ; $Q = \frac{2}{3}$ für u, c, t; $Q = -\frac{1}{3}$ für d, s, b).

Ausgehend von der Lagrange-Dichte $\mathcal{L}$ können (in einer störungstheoretischen Entwicklung nach Potenzen der Kopplungskonstanten) mit Hilfe der Feynman-Regeln die zu den einzelnen Feynman-Graphen gehörigen S-Matrixelemente für physikalische Prozesse berechnet werden. Mit diesen Matrixelementen werden dann Wirkungsquerschnitte bzw. Zerfallskonstanten bestimmt. Dies wird in den zahlreichen Lehrbüchern über Quantenfeldtheorie und insbesondere über die QED ausführlich behandelt.

2.3   Die schwache Wechselwirkung

Wir behandeln zunächst die geladenen (CC) und neutralen (NC) schwachen Leptonströme, danach die geladenen und neutralen schwachen Quarkströme.

2.3.1   Geladene schwache Leptonströme

Die 3 geladenen Leptonströme haben nach der (V–A)-Theorie die Form

$$
j_\alpha^{\mathrm{CC},\ell} = i\overline{\ell}\gamma_\alpha(1+\gamma_5)\nu_\ell \quad \text{und} \quad j_\alpha^{\mathrm{CC},\ell+} = \pm i\overline{\nu}_\ell\gamma_\alpha(1+\gamma_5)\ell
\tag{2.19}
$$

$$
\text{mit} \quad +(-) \text{ für } \alpha = 1, 2, 3 \ (4)^\ddagger,
$$

wobei $\ell = e, \mu, \tau$. $j_\alpha^{\mathrm{CC},\ell}$ und $j_\alpha^{\mathrm{CC},\ell+}$ bewirken also nach Kap. 2.2 die CC-Übergänge $\nu_\ell \leftrightarrow \ell$ mit $\Delta Q = \pm 1$ innerhalb einer Leptonfamilie (2.1), d.h. unter Erhaltung der individuellen Leptonzahlen L_ℓ (Kap. 1.5). In (2.19) treten ν_ℓ und ℓ^- als linkshändige Teilchen im Sinne von Kap. 1.4.6 und 1.4.7 auf. Denn wegen $(1 \pm \gamma_5)^2 = 2(1 \pm \gamma_5)$ gilt allgemein (siehe (1.59)):

$$
\overline{f'}\gamma_\alpha(1 \pm \gamma_5)f = 2\overline{f'}_{L,R}\gamma_\alpha f_{L,R}.
\tag{2.20}
$$

Der gesamte geladene Leptonstrom lautet:

$$
J_\alpha^{\mathrm{CC,lept}} = i\overline{e}\gamma_\alpha(1+\gamma_5)\nu_e + i\overline{\mu}\gamma_\alpha(1+\gamma_5)\nu_\mu + i\overline{\tau}\gamma_\alpha(1+\gamma_5)\nu_\tau
$$

$^\ddagger (i\overline{\ell}\gamma_\alpha(1+\gamma_5)\nu_\ell)^+ = -i\nu_\ell^+(1+\gamma_5)\gamma_\alpha\gamma_4 \ell = \pm i\nu_\ell^+\gamma_4(1-\gamma_5)\gamma_\alpha \ell = \pm i\overline{\nu}_\ell\gamma_\alpha(1+\gamma_5)\ell$, wobei die Vertauschungsrelationen (1.52) benutzt wurden.

$$= i(\bar{e}, \bar{\mu}, \bar{\tau})\gamma_\alpha(1 + \gamma_5) \begin{pmatrix} \nu_e \\ \nu_\mu \\ \nu_\tau \end{pmatrix}, \tag{2.21}$$

$$J_\alpha^{\text{CC,lept}+} = \pm i(\bar{\nu}_e, \bar{\nu}_\mu, \bar{\nu}_\tau)\gamma_\alpha(1 + \gamma_5) \begin{pmatrix} e \\ \mu \\ \tau \end{pmatrix}.$$

$J_\alpha^{\text{CC,lept}}$ bzw. $J_\alpha^{\text{CC,lept}+}$ koppelt mit der Kopplungskonstanten g_{CC} an das W^+- bzw. W^--Feld, so daß die zugehörige Lagrange-Dichte lautet[§]:

$$\mathcal{L}_{\text{CC}}^{\text{lept}} = g_{\text{CC}} \cdot J_\alpha^{\text{CC,lept}} \cdot W_\alpha^+ + \text{ herm. konj.} \tag{2.22}$$

$$= g_{\text{CC}} \cdot \left[i(\bar{e}, \bar{\mu}, \bar{\tau})\Gamma_\alpha \begin{pmatrix} \nu_e \\ \nu_\mu \\ \nu_\tau \end{pmatrix} \cdot W_\alpha^+ + i(\bar{\nu}_e, \bar{\nu}_\mu, \bar{\nu}_\tau)\Gamma_\alpha \begin{pmatrix} e \\ \mu \\ \tau \end{pmatrix} \cdot W_\alpha^- \right]$$

$$\text{mit } \Gamma_\alpha = \gamma_\alpha(1 + \gamma_5).$$

$\mathcal{L}_{\nabla \Phi CC}^{\text{lept}}$ bewirkt also die Prozesse

$$\begin{aligned} \nu_e &\leftrightarrow e^- W^+ \\ \nu_\mu &\leftrightarrow \mu^- W^+ \\ \nu_\tau &\leftrightarrow \tau^- W^+ \end{aligned} \tag{2.23}$$

mit derselben Kopplungskonstanten g_{CC} ($e\mu\tau$-Universalität).

2.3.2 Neutrale schwache Leptonströme

Insgesamt gibt es 6 neutrale Leptonströme, nämlich 3 neutrale Neutrino-ströme $j_\alpha^{\text{NC},\nu_\ell}$ und 3 neutrale Ströme $j_\alpha^{\text{NC},\ell}$ geladener Leptonen. Die neutralen Neutrinoströme haben die Form

$$j_\alpha^{\text{NC},\nu_\ell} = i\bar{\nu}_\ell\gamma_\alpha(1 + \gamma_5)\nu_\ell, \tag{2.24}$$

bewirken also die NC-Übergänge $\nu_\ell \leftrightarrow \nu_\ell$ ($\ell = e, \mu, \tau$) mit $\Delta Q = 0$ und mit linkshändigen Neutrinos (siehe (2.20)). Die neutralen Ströme der geladenen Leptonen haben die Form

$$j_\alpha^{\text{NC},\ell} = i\bar{\ell}\gamma_\alpha \left(C_V^\ell + C_A^\ell\gamma_5 \right) \ell, \tag{2.25}$$

bewirken also die NC-Übergänge $\ell \leftrightarrow \ell$ ($\ell = e, \mu, \tau$) mit $\Delta Q = 0$. Die Konstanten C_V^ℓ und C_A^ℓ geben den Vektor- bzw. Axialvektor-Anteil des Stromes an. Im allgemeinen, nämlich wenn $C_V^\ell \neq C_A^\ell$ ist, tragen also sowohl

---

[§]Es wird benutzt: $(W_\alpha^+)^+ = \pm W_\alpha^-$ mit $+(-)$ für $\alpha = 1, 2, 3\,(4)$.

linkshändige als auch rechtshändige geladene Leptonen zum neutralen Strom bei:

$$C_V^\ell + C_A^\ell \gamma_5 = C_L^\ell(1 + \gamma_5) + C_R^\ell(1 - \gamma_5)$$

$$\text{mit den } \textit{chiralen} \text{ Konstanten} \quad C_L^\ell = \tfrac{1}{2}(C_V^\ell + C_A^\ell) \qquad (2.26)$$
$$C_R^\ell = \tfrac{1}{2}(C_V^\ell - C_A^\ell) .$$

Der gesamte neutrale Leptonstrom lautet nach (2.24) und (2.25):

$$J_\alpha^{\text{NC,lept}} = i(\overline{\nu}_e, \overline{\nu}_\mu, \overline{\nu}_\tau)\gamma_\alpha(1 + \gamma_5) \begin{pmatrix} \nu_e \\ \nu_\mu \\ \nu_\tau \end{pmatrix} \qquad (2.27)$$

$$+ i(\overline{e}, \overline{\mu}, \overline{\tau})\gamma_\alpha \left(C_V^\ell + C_A^\ell \gamma_5 \right) \begin{pmatrix} e \\ \mu \\ \tau \end{pmatrix}$$

mit denselben Konstanten C_V^ℓ bzw. C_A^ℓ für $\ell = e, \mu, \tau$ ($e\mu\tau$-Universalität). $J_\alpha^{\text{NC,lept}}$ koppelt mit der Kopplungskonstanten g_{NC} an das Z^0-Feld, so daß die zugehörige (hermitische) Lagrange-Dichte lautet:

$$\mathcal{L}_{\text{NC}}^{\text{lept}} = g_{\text{NC}} \cdot J_\alpha^{\text{NC,lept}} \cdot Z_\alpha = g_{\text{NC}} \cdot \left[i(\overline{\nu}_e, \overline{\nu}_\mu, \overline{\nu}_\tau)\gamma_\alpha(1 + \gamma_5) \begin{pmatrix} \nu_e \\ \nu_\mu \\ \nu_\tau \end{pmatrix} \right. \qquad (2.28)$$

$$\left. + i(\overline{e}, \overline{\mu}, \overline{\tau})\gamma_\alpha(C_V^\ell + C_A^\ell \gamma_5) \begin{pmatrix} e \\ \mu \\ \tau \end{pmatrix} \right] \cdot Z_\alpha .$$

$\mathcal{L}_{\text{NC}}^{\text{lept}}$ bewirkt die Prozesse

$$\begin{array}{ll} \nu_e \leftrightarrow \nu_e Z^0 & e^- \leftrightarrow e^- Z^0 \\ \nu_\mu \leftrightarrow \nu_\mu Z^0 & \mu^- \leftrightarrow \mu^- Z^0 \\ \nu_\tau \leftrightarrow \nu_\tau Z^0 & \tau^- \leftrightarrow \tau^- Z^0 \end{array} \qquad (2.29)$$

mit derselben Kopplungskonstanten g_{NC} in (2.28).

2.3.3 Geladene schwache Quarkströme

Die geladenen Quarkströme haben – analog zu (2.19) – nach der (V–A)-Theorie die Form

$$j_\alpha^{\text{CC},q} = i\overline{q}_2\gamma_\alpha(1 + \gamma_5)q_1 \quad \text{und} \quad j_\alpha^{\text{CC},q+} = \pm i\overline{q}_1\gamma_\alpha(1 + \gamma_5)q_2 \qquad (2.30)$$

$$\text{mit} \quad q_1 = u, c, t \quad (Q = \tfrac{2}{3})$$
$$q_2 = d, s, b \quad (Q = -\tfrac{1}{3}).$$

Sie bewirken also CC-Übergänge $q_1 \leftrightarrow q_2$ mit $\Delta Q = \pm 1$ und mit linkshändigen Quarks (siehe (2.20)). Während jedoch bei den Leptonen wegen der L_ℓ-Erhaltung (Kap. 1.5) CC-Übergänge nur innerhalb der einzelnen Leptonfamilien (2.1) möglich sind, gibt es bei den Quarks auch CC-Übergänge von einer Quarkfamilie (2.2) zur nächsten oder sogar zur übernächsten (*Quark-Mischung, flavour mixing*). So gibt es z.B. für das u-Quark neben dem dominanten Übergang $u \leftrightarrow d$ innerhalb der ersten Quarkfamilie auch (mit geringerer Wahrscheinlichkeit) den Übergang $u \leftrightarrow s$ zur zweiten und (mit noch geringerer Wahrscheinlichkeit) den Übergang $u \leftrightarrow b$ zur dritten Familie.

Formal läßt sich die Quark-Mischung in der schwachen Wechselwirkung mit Hilfe einer unitären 3×3 *Mischungsmatrix* U, der *Kobayashi-Maskawa-Matrix* [Kob73] (siehe unten) beschreiben; sie transformiert die Felder (d, s, b) in die neuen Felder (d', s', b'):

$$\begin{pmatrix} d' \\ s' \\ b' \end{pmatrix} = U \begin{pmatrix} d \\ s \\ b \end{pmatrix}, \text{ in Komponenten}: \quad q_2' = \sum_{q_2} U_{q_2' q_2} q_2. \quad (2.31)$$

Dadurch entstehen statt (2.2) die neuen, für die schwache Wechselwirkung relevanten Quarkfamilien

$$\begin{pmatrix} u \\ d' \end{pmatrix} \begin{pmatrix} c \\ s' \end{pmatrix} \begin{pmatrix} t \\ b' \end{pmatrix}, \quad (2.32)$$

die so beschaffen sind, daß schwache CC-Übergänge nun nur noch innerhalb der einzelnen Familien stattfinden. Demnach lautet – analog zu (2.21) – der gesamte geladene Quarkstrom:

$$J_\alpha^{CC,qu} = i\overline{d'}\gamma_\alpha(1 + \gamma_5)u + i\overline{s'}\gamma_\alpha(1 + \gamma_5)c + i\overline{b'}\gamma_\alpha(1 + \gamma_5)t$$

$$= i(\overline{d'}, \overline{s'}, \overline{b'})\gamma_\alpha(1 + \gamma_5)\begin{pmatrix} u \\ c \\ t \end{pmatrix} = i(\overline{d}, \overline{s}, \overline{b})U^+\gamma_\alpha(1 + \gamma_5)\begin{pmatrix} u \\ c \\ t \end{pmatrix} \quad (2.33)$$

$$J_\alpha^{CC,qu+} = \pm i(\overline{u}, \overline{c}, \overline{t})\gamma_\alpha(1 + \gamma_5)\begin{pmatrix} d' \\ s' \\ b' \end{pmatrix} = \pm i(\overline{u}, \overline{c}, \overline{t})\gamma_\alpha(1 + \gamma_5)U\begin{pmatrix} d \\ s \\ b \end{pmatrix}.$$

In Komponentenschreibweise gilt z.B. für $J_\alpha^{CC,qu+}$:

$$J_\alpha^{CC,qu+} = \pm i \sum_{q_1, q_2} \overline{q}_1 \gamma_\alpha(1 + \gamma_5)U_{q_1 q_2} q_2 \quad \text{mit} \quad \begin{array}{l} q_1 = u, c, t \\ q_2 = d, s, b. \end{array} \quad (2.34)$$

Die 9 Matrixelemente $U_{q_1 q_2} \equiv U_{q'_2 q_2}$ von U sind also die relativen Amplituden für die 9 CC-Übergänge $q_2 \leftrightarrow q_1$, d.h.

$$
\begin{array}{lll}
d \leftrightarrow u : U_{ud} & d \leftrightarrow c : U_{cd} & d \leftrightarrow t : U_{td} \\
s \leftrightarrow u : U_{us} & s \leftrightarrow c : U_{cs} & s \leftrightarrow t : U_{ts} \\
b \leftrightarrow u : U_{ub} & b \leftrightarrow c : U_{cb} & b \leftrightarrow t : U_{tb}.
\end{array}
\tag{2.35}
$$

$J_\alpha^{\mathrm{CC},qu}$ bzw. $J_\alpha^{\mathrm{CC},qu+}$ koppelt mit der Kopplungskonstanten g_{CC} (dieselbe wie in (2.22)) an das W^+- bzw. W^--Feld; die zugehörige Lagrange-Dichte lautet also:

$$
\mathcal{L}_{\mathrm{CC}}^{qu} = g_{\mathrm{CC}} \cdot J_\alpha^{\mathrm{CC},qu} \cdot W_\alpha^+ + \text{herm. konj.}
\tag{2.36}
$$

$$
= g_{\mathrm{CC}} \cdot \left[i(\overline{d},\overline{s},\overline{b}) U^+ \Gamma_\alpha \begin{pmatrix} u \\ c \\ t \end{pmatrix} \cdot W_\alpha^+ + i(\overline{u},\overline{c},\overline{t}) \Gamma_\alpha U \begin{pmatrix} d \\ s \\ b \end{pmatrix} \cdot W_\alpha^- \right]
$$

mit $\ \Gamma_\alpha = \gamma_\alpha (1 + \gamma_5)$.

$\mathcal{L}_{\mathrm{CC}}^{qu}$ bewirkt die Prozesse

$$
\begin{array}{lll}
u \leftrightarrow dW^+ & c \leftrightarrow dW^+ & t \leftrightarrow dW^+ \\
u \leftrightarrow sW^+ & c \leftrightarrow sW^+ & t \leftrightarrow sW^+ \\
u \leftrightarrow bW^+ & c \leftrightarrow bW^+ & t \leftrightarrow bW^+
\end{array}
\tag{2.37}
$$

mit den Kopplungskonstanten $g_{\mathrm{CC}} U_{q_1 q_2}$ entsprechend (2.35).

Für schwache Prozesse, an denen nur Quarks der beiden ersten Familien (2.2) beteiligt sind, genügt es näherungsweise, die Quarkmischung mit der dritten Quarkfamilie (t, b) zu vernachlässigen. Dadurch wird der Mischungsformalismus zweidimensional und entsprechend einfacher: Statt (2.31) gilt:

$$
\begin{pmatrix} d' \\ s' \end{pmatrix} = U_C \begin{pmatrix} d \\ s \end{pmatrix} \quad \text{mit} \quad U_C = \begin{pmatrix} \cos\theta_C & \sin\theta_C \\ -\sin\theta_C & \cos\theta_C \end{pmatrix},
\tag{2.38}
$$

wobei U_C die 2×2 *Cabibbo-Matrix* und θ_C der *Cabibbo-Winkel* [Cab63] ist mit $\sin\theta_C = 0.22$ ($\theta_C = 13°$). Für den gesamten geladenen Quarkstrom erhält man statt (2.33):

$$
J_\alpha^{\mathrm{CC},qu} = i(\overline{d'},\overline{s'}) \Gamma_\alpha \begin{pmatrix} u \\ c \end{pmatrix} = i(\overline{d},\overline{s}) U_C^+ \Gamma_\alpha \begin{pmatrix} u \\ c \end{pmatrix}
\tag{2.39}
$$

$$
= i \left[\cos\theta_C \cdot \overline{d}\Gamma_\alpha u + \sin\theta_C \cdot \overline{s}\Gamma_\alpha u - \sin\theta_C \cdot \overline{d}\Gamma_\alpha c + \cos\theta_C \cdot \overline{s}\Gamma_\alpha c \right].
$$

Dieser Strom bzw. sein hermitisch Konjugiertes bewirkt die folgenden 4 CC-Übergänge (statt (2.35)):

$$
\begin{array}{lll}
u \leftrightarrow d: & \cos\theta_C & \Delta Q = \pm 1, \Delta S = \Delta C = 0 \\
u \leftrightarrow s: & \sin\theta_C & \Delta Q = \Delta S = \pm 1, \Delta C = 0 \\
c \leftrightarrow d: & -\sin\theta_C & \Delta Q = \Delta C = \pm 1, \Delta S = 0 \\
c \leftrightarrow s: & \cos\theta_C & \Delta Q = \Delta S = \Delta C = \pm 1
\end{array}
\tag{2.40}
$$

(S = Seltsamkeit, C = Charm).

Geht man von zwei zu drei Quarkfamilien (2.2) über, so wird die 2×2 Cabibbo-Matrix, die durch einen Parameter θ_C bestimmt ist, zur 3×3 Kobayashi-Maskawa(KM)-Matrix [Kob73] erweitert, die vier unabhängige Parameter (3 Winkel θ, eine Phase δ) hat. Von den verschiedenen Parametrisierungen der KM-Matrix [Gil96] nennen wir die in [Lin84] eingeführte (siehe auch [Gro89, Gil90, Kle91, Mar93]):

$$
U = \begin{pmatrix} 1 & 0 & 0 \\ 0 & c_{23} & s_{23} \\ 0 & -s_{23} & c_{23} \end{pmatrix} \begin{pmatrix} c_{13} & 0 & s_{13}e^{-i\delta_{13}} \\ 0 & 1 & 0 \\ -s_{13}e^{i\delta_{13}} & 0 & c_{13} \end{pmatrix} \begin{pmatrix} c_{12} & s_{12} & 0 \\ -s_{12} & c_{12} & 0 \\ 0 & 0 & 1 \end{pmatrix}
\tag{2.41}
$$

$$
= \begin{pmatrix} c_{12}c_{13} & s_{12}c_{13} & s_{13}e^{-i\delta_{13}} \\ -s_{12}c_{23} - c_{12}s_{23}s_{13}e^{i\delta_{13}} & c_{12}c_{23} - s_{12}s_{23}s_{13}e^{i\delta_{13}} & s_{23}c_{13} \\ s_{12}s_{23} - c_{12}c_{23}s_{13}e^{i\delta_{13}} & -c_{12}s_{23} - s_{12}c_{23}s_{13}e^{i\delta_{13}} & c_{23}c_{13} \end{pmatrix}
$$

$$
\text{mit } c_{ij} = \cos\theta_{ij}, s_{ij} = \sin\theta_{ij},
$$

wobei $\{i, j = 1, 2, 3\}$ die Familien bezeichnen. Für $\theta_{23} = \theta_{13} = 0$ ist die dritte Familie entkoppelt und die KM-Matrix reduziert sich zur Cabibbo-Matrix mit $\theta_{12} = \theta_C$.

Die Elemente der KM-Matrix sind aus zahlreichen verschiedenen Experimenten bestimmt worden, allerdings noch nicht alle mit sehr hoher Genauigkeit[†]; die jüngsten Werte für die Beträge lauten [Gil96]:

$$
|U| = \begin{pmatrix} 0.9751 \pm 0.0006 & 0.221 \pm 0.003 & 0.004 \pm 0.002 \\ 0.221 \pm 0.003 & 0.9743 \pm 0.0007 & 0.041 \pm 0.005 \\ 0.009 \pm 0.005 & 0.040 \pm 0.006 & 0.9991 \pm 0.0002 \end{pmatrix}.
\tag{2.42}
$$

[†]Fortschritte, insbesondere zur Frage der CP-Verletzung, werden hier erwartet aus genauen Untersuchungen der Zerfälle von B-Mesonen an zukünftigen Beschleunigern mit hoher B-Mesonen-Produktion („B-Fabriken").

Nützlich ist die *Wolfenstein-Parametrisierung* [Wol83], in der die Matrixelemente von U nach dem Parameter $\lambda = \theta_{12} \approx s_{12}$ (= Cabibbo-Winkel) entwickelt sind; bis zur Ordnung λ^3 gilt:

$$U = \begin{pmatrix} 1 - \frac{1}{2}\lambda^2 & \lambda & \lambda^3 A(\rho - i\eta) \\ -\lambda & 1 - \frac{1}{2}\lambda^2 & \lambda^2 A \\ \lambda^3 A(1 - \rho - i\eta) & -\lambda^2 A & 1 \end{pmatrix} + 0(\lambda^4) \quad (2.43)$$

mit den vier Parametern λ, A, ρ und η. Die jüngsten Werte sind [Ali96]: $\lambda = 0.2205 \pm 0.0018$, $A = 0.81 \pm 0.06$, $\sqrt{\rho^2 + \eta^2} = 0.363 \pm 0.073$.

2.3.4 Neutrale schwache Quarkströme

Die 6 neutralen Quarkströme haben die Form

$$\begin{aligned} j_\alpha^{NC,q_1} &= i\bar{q}_1\gamma_\alpha(C_V + C_A\gamma_5)q_1 \quad \text{mit } q_1 = u, c, t \\ j_\alpha^{NC,q_2} &= i\bar{q}_2\gamma_\alpha(C_V' + C_A'\gamma_5)q_2 \quad \text{mit } q_2 = d, s, b. \end{aligned} \quad (2.44)$$

Sie bewirken NC-Übergänge $q \leftrightarrow q$ mit $\Delta Q = \Delta S = \Delta C = 0$, d.h. sie lassen die Quarkart unverändert, sind also neutral nicht nur in der elektrischen Ladung, sondern auch in allen anderen additiven Quantenzahlen. Im allgemeinen, nämlich für $C_V \neq C_A$, tragen entsprechend (2.26) sowohl linkshändige also auch rechtshändige Quarks bei.

Der gesamte neutrale Quarkstrom lautet:

$$J_\alpha^{NC,qu} = i(\bar{u}, \bar{c}, \bar{t})\gamma_\alpha(C_V + C_A\gamma_5)\begin{pmatrix} u \\ c \\ t \end{pmatrix} + i(\bar{d}, \bar{s}, \bar{b})\gamma_\alpha(C_V' + C_A'\gamma_5)\begin{pmatrix} d \\ s \\ b \end{pmatrix}. \quad (2.45)$$

Der zweite Term kann mit Hilfe von $U^+U = 1$ auch durch die Felder (d', s', b') (2.31) ausgedrückt werden:

$$(\bar{d}, \bar{s}, \bar{b})\gamma_\alpha(C_V' + C_A'\gamma_5)U^+U\begin{pmatrix} d \\ s \\ b \end{pmatrix} = (\bar{d'}, \bar{s'}, \bar{b'})\gamma_\alpha(C_V' + C_A'\gamma_5)\begin{pmatrix} d' \\ s' \\ b' \end{pmatrix}. \quad (2.46)$$

Wie man sieht, fallen dabei wegen der Unitarität von U gemischte Terme, die flavour-ändernden neutralen Ströme, wie z.B. $\bar{d}s$ (Seltsamkeit ändernder neutraler Strom, der nie beobachtet wurde) weg: Z.B. tritt mit nur einer Quarkfamilie (u, d') mit $d' = \cos\theta_C \cdot d + \sin\theta_C \cdot s$ im neutralen $\bar{d'}d'$-Strom der unerwünschte gemischte Term $\cos\theta_C \sin\theta_C \cdot (\bar{d}s + \bar{s}d)$ auf. Erst durch die Einführung der zweiten Quarkfamilie (c, s') mit $s' = -\sin\theta_C \cdot d + \cos\theta_C \cdot s$

wird dieser Term durch den Term $-\cos\theta_C\sin\theta_C \cdot (\bar{d}s + \bar{s}d)$ im neutralen $\bar{s}'s'$-Strom aufgehoben („*GIM-Mechanismus*" [Gla70, Gro89]). Aus diesem Grunde wurde 1970 [Gla70] die zweite Quarkfamilie eingeführt und damit das 1974 entdeckte [Aub74] c-Quark vorhergesagt.

Der neutrale Quarkstrom $J_\alpha^{\mathrm{NC},qu}$ koppelt mit der Kopplungskonstanten g_{NC} (dieselbe wie in (2.28)) an das Z^0; die zugehörige (hermitische) Lagrange-Dichte lautet also:

$$\mathcal{L}_{\mathrm{NC}}^{qu} = g_{\mathrm{NC}} \cdot J_\alpha^{\mathrm{NC},qu} \cdot Z_\alpha = g_{\mathrm{NC}} \cdot \left[i(\bar{u},\bar{c},\bar{t})\gamma_\alpha(C_V + C_A\gamma_5)\begin{pmatrix} u \\ c \\ t \end{pmatrix} \right. \tag{2.47}$$

$$\left. +i(\bar{d},\bar{s},\bar{b})\gamma_\alpha(C_V' + C_A'\gamma_5)\begin{pmatrix} d \\ s \\ b \end{pmatrix} \right] \cdot Z_\alpha\,.$$

$\mathcal{L}_{\mathrm{NC}}^{qu}$ bewirkt die Prozesse

$$\begin{array}{ll} u \leftrightarrow uZ^0 & d \leftrightarrow dZ^0 \\ c \leftrightarrow cZ^0 & s \leftrightarrow sZ^0 \\ t \leftrightarrow tZ^0 & b \leftrightarrow bZ^0\,. \end{array} \tag{2.48}$$

2.3.5 Zusammenfassung

Die in den vorhergehenden Kapiteln dargestellte schwache Wechselwirkung der Leptonen und Quarks läßt sich zu einer gesamten Lagrange-Dichte $\mathcal{L}$ zusammenfassen:

$$\begin{aligned} \mathcal{L} &= \mathcal{L}_{\mathrm{CC}} + \mathcal{L}_{\mathrm{NC}} \\ \text{mit}\quad \mathcal{L}_{\mathrm{CC}} &= \mathcal{L}_{\mathrm{CC}}^{\mathrm{lept}} + \mathcal{L}_{\mathrm{CC}}^{qu} \\ \mathcal{L}_{\mathrm{NC}} &= \mathcal{L}_{\mathrm{NC}}^{\mathrm{lept}} + \mathcal{L}_{\mathrm{NC}}^{qu} \\ &= g_{\mathrm{CC}} \cdot \left[J_\alpha^{\mathrm{CC}} \cdot W_\alpha^+ + J_\alpha^{\mathrm{CC}+} \cdot W_\alpha^- \right] + g_{\mathrm{NC}} \cdot J_\alpha^{\mathrm{NC}} \cdot Z_\alpha \end{aligned} \tag{2.49}$$

mit

$$J_\alpha^{\mathrm{CC}} = J_\alpha^{\mathrm{CC,lept}} + J_\alpha^{\mathrm{CC},qu} \tag{2.50}$$

$$= i(\bar{e},\bar{\mu},\bar{\tau})\gamma_\alpha(1+\gamma_5)\begin{pmatrix} \nu_e \\ \nu_\mu \\ \nu_\tau \end{pmatrix} + i(\bar{d},\bar{s},\bar{b})U^+\gamma_\alpha(1+\gamma_5)\begin{pmatrix} u \\ c \\ t \end{pmatrix}$$

$$J_\alpha^{\mathrm{NC}} = J_\alpha^{\mathrm{NC,lept}} + J_\alpha^{\mathrm{NC},qu} \tag{2.51}$$

$$= i(\bar{\nu}_e, \bar{\nu}_\mu, \bar{\nu}_\tau)\gamma_\alpha(1 + \gamma_5)\begin{pmatrix} \nu_e \\ \nu_\mu \\ \nu_\tau \end{pmatrix} + i(\bar{e}, \bar{\mu}, \bar{\tau})\gamma_\alpha(C_V^\ell + C_A^\ell \gamma_5)\begin{pmatrix} e \\ \mu \\ \tau \end{pmatrix}$$

$$+ \; i(\bar{u}, \bar{c}, \bar{t})\gamma_\alpha(C_V + C_A\gamma_5)\begin{pmatrix} u \\ c \\ t \end{pmatrix} + i(\bar{d}, \bar{s}, \bar{b})\gamma_\alpha(C_V' + C_A'\gamma_5)\begin{pmatrix} d \\ s \\ b \end{pmatrix}.$$

Die neutralen Ströme sind *diagonal*, d.h. sie ändern nicht die Fermionart.

2.4   Systematik der schwachen Reaktionen und Zerfälle

2.4.1   CC-Prozesse

Die Gesamtheit aller schwachen CC-Prozesse

$$f_1 + f_2 \to f_1' + f_2' \tag{2.52}$$

(bzw. $f_1 \to f_1' + f_2' + \bar{f}_2$) erhält man durch die Kombination des gesamten geladenen Stroms J_α^{CC} (2.50) mit seinem hermitisch Konjugierten $J_\alpha^{\text{CC+}}$ über W-Austausch (Abb. 2.4), d.h. durch die Verbindung zweier Vertizes $f_1 \to f_1'W$ und $Wf_2 \to f_2'$ (Kap. 2.2). Das *Matrixelement* für (2.52) hat in niedrigster Ordnung die Struktur

$$M = g_{\text{CC}}^2 \cdot \langle f_1' | J_\alpha^{\text{CC}} | f_1 \rangle \cdot \frac{-\delta_{\alpha\beta} + q_\alpha q_\beta / m_W^2}{q^2 - m_W^2} \cdot \langle f_2' | J_\beta^{\text{CC+}} | f_2 \rangle, \tag{2.53}$$

wobei

$$P_{\alpha\beta} = \frac{-\delta_{\alpha\beta} + q_\alpha q_\beta / m_W^2}{q^2 - m_W^2} \tag{2.54}$$

der W-*Propagator* ist; q_α ist der Viererimpuls des ausgetauschten W-Bosons (Anhang A.3). Die Strom-Matrixelemente $\langle f' | J_\alpha^{\text{CC}} | f \rangle$ sind nach (2.50) gegeben durch

$$\langle f' | J_\alpha^{\text{CC}} | f \rangle \propto \bar{u}_{f'} \gamma_\alpha (1 + \gamma_5) u_f, \tag{2.55}$$

wobei u_f ($u_{f'}$) der Spinor von f (f') im Impulsraum ist. Zu $\langle f' | J_\alpha^{\text{CC}} | f \rangle$ trägt also nur der Term in der Summe J_α^{CC} (2.50) bei, der den Übergang $f \to f'$ bewirkt.

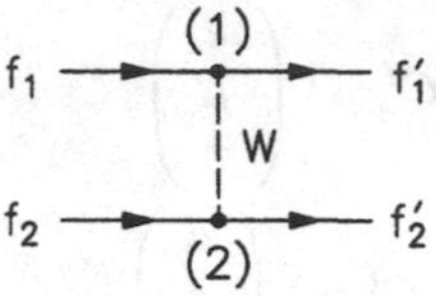

$$f_1 \xrightarrow{\quad (1) \quad} f_1'$$

W

$$f_2 \xrightarrow{\quad (2) \quad} f_2'$$

Abb. 2.4

Graph für den CC-Prozess $f_1 + f_2 \rightarrow f_1' + f_2'$ durch W-Austausch. Das W wird im Raum-Zeit-Punkt (1) emittiert und im Raum-Zeit-Punkt (2) absorbiert (oder umgekehrt).

Bei niedrigen Energien $s \ll m_W^2$ ist auch der Impulsübertrag klein (siehe (A.24)), $|q^2| \ll m_W^2$, so daß

$$P_{\alpha\beta} = -\frac{\delta_{\alpha\beta}}{m_W^2} \tag{2.56}$$

wird. Das Matrixelement (2.53) lautet dann

$$M = \frac{g_{\text{CC}}^2}{m_W^2} \langle f_1'|J_\alpha^{\text{CC}}|f_1\rangle \langle f_2'|J_\alpha^{\text{CC}+}|f_2\rangle = \frac{g_{\text{CC}}^2}{m_W^2} \langle f_1' f_2'|J_\alpha^{\text{CC}} \cdot J_\alpha^{\text{CC}+}|f_1 f_2\rangle$$

$$= \frac{G_F}{\sqrt{2}} \langle f_1' f_2'|J_\alpha^{\text{CC}} \cdot J_\alpha^{\text{CC}+}|f_1 f_2\rangle , \tag{2.57}$$

wobei G_F die Fermi-Konstante (effektive Kopplungskonstante) ist. M ist das zur effektiven Lagrange-Dichte

$$\mathcal{L}_{\text{CC}}^{\text{eff}} = \frac{G_F}{\sqrt{2}} \cdot J_\alpha^{\text{CC}} \cdot J_\alpha^{\text{CC}+} \tag{2.58}$$

gehörige Matrixelement. Anschaulich bedeutet die Niederenergienäherung (2.58), daß sich bei kleinen Energien die nach (2.3) wegen der großen W-Masse m_W kleine Reichweite der schwachen Wechselwirkung nicht bemerkbar macht, so daß die beiden Raum-Zeit-Punkte (1) und (2) in Abb. 2.4, in denen Emission und Absorption des W stattfinden, praktisch zusammenfallen. Man spricht von direkter *Strom-Strom-Kopplung* (2.58) bzw. von punktförmiger (strukturloser) *Vier-Fermionen-Wechselwirkung*. Die ursprüngliche Fermi-Theorie der schwachen Wechselwirkung [Fer34] war von dieser Art.

Aus (2.57) folgt

$$\frac{G_F}{\sqrt{2}} = \frac{g_{\text{CC}}^2}{m_W^2} . \tag{2.59}$$

Mit $G_F = 1.166 \cdot 10^{-5}$ GeV^{-2} und $m_W = 80.2$ GeV erhält man

$$\frac{g_{\text{CC}}^2}{4\pi} = \frac{1}{237} . \tag{2.60}$$

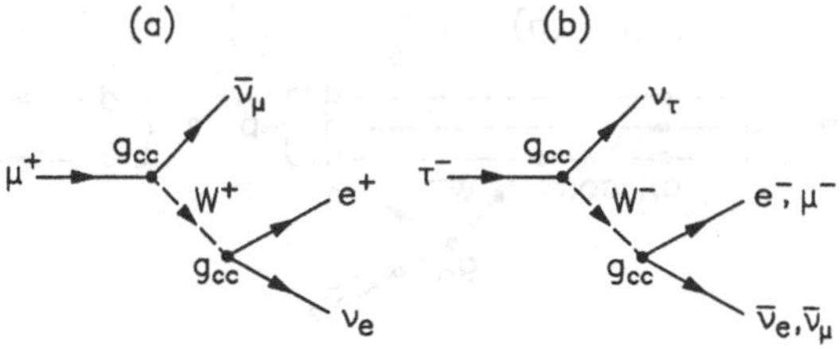

(a)   (b)

Abb. 2.5
Graphen für (a) den μ^+-
Zerfall, (b) den leptonischen
τ^--Zerfall.

Dieser Wert ist größenordnungsmäßig vergleichbar mit der Kopplungsstärke

$$\alpha = \frac{e^2}{4\pi} = \frac{1}{137} \tag{2.61}$$

der elektromagnetischen Wechselwirkung (*Sommerfeld-Konstante*). Das Verhältnis der beiden Kopplungsstärken beträgt $e^2/g_{\rm CC}^2 = 1.73$, in guter Übereinstimmung mit dem von der GWS-Theorie vorhergesagten Wert 1.76 (siehe (2.88)). Die schwache Wechselwirkung erscheint also nach (2.59) bei kleinen Energien wegen der großen W-Masse effektiv so schwach (ausgedrückt durch den kleinen Wert von G_F) und nicht wegen einer etwaigen Kleinheit der schwachen Kopplungskonstante $g_{\rm CC}$. Bei hohen Energien, bei denen die q^2-Abhängigkeit des W-Propagators (2.54) nicht vernachlässigt werden darf, zeigt sich, daß die schwache und elektromagnetische Wechselwirkung nach (2.60) und (2.61) in Wirklichkeit ungefähr die gleiche Stärke besitzen.

Entsprechend den einzelnen Termen von $J_\alpha^{\rm CC}$ (2.50) treten in (2.53) bzw. (2.58) drei Typen von CC-Prozessen auf, für die im folgenden einige Beispiele gegeben werden.

a) Rein-leptonische schwache CC-Prozesse

Die rein-leptonischen Prozesse, an denen nur Leptonen beteiligt sind, erhält man durch die Kopplung $J_\alpha^{\rm CC,lept} \cdot J_\alpha^{\rm CC,lept+}$ des geladenen Leptonstromes (2.21) mit sich selbst. Beispiele sind:

- μ-Zerfall (1.33) $\mu^+ \to \bar{\nu}_\mu e^+ \nu_e$ (Abb. 2.5a) durch die Kopplung $j_\alpha^{\rm CC,\mu} \cdot j_\alpha^{\rm CC,e+}$,
- τ-Zerfall (1.81) $\tau^- \to \nu_\tau e^- \bar{\nu}_e$, $\nu_\tau \mu^- \bar{\nu}_\mu$ (Abb. 2.5b) durch die Kopplungen $j_\alpha^{\rm CC,e} \cdot j_\alpha^{\rm CC,\tau+}$ und $j_\alpha^{\rm CC,\mu} \cdot j_\alpha^{\rm CC,\tau+}$,
- $\nu_\mu e^-$-Streuung $\nu_\mu e^- \to \mu^- \nu_e$ („inverser μ-Zerfall") (Abb. 2.1b) durch die Kopplung $j_\alpha^{\rm CC,\mu} \cdot j_\alpha^{\rm CC,e+}$ (bei hohen Energien mit W-Propagator dazwischen).

b) Semileptonische schwache CC-Prozesse

Die semileptonischen Prozesse, an denen Leptonen und Quarks beteiligt sind, erhält man durch die Kopplung $J_\alpha^{\rm CC,lept} \cdot J_\alpha^{\rm CC,qu+}+$ herm. konj. des geladenen Leptonstroms (2.21) mit dem geladenen Quarkstrom (2.33). Beispiele sind:

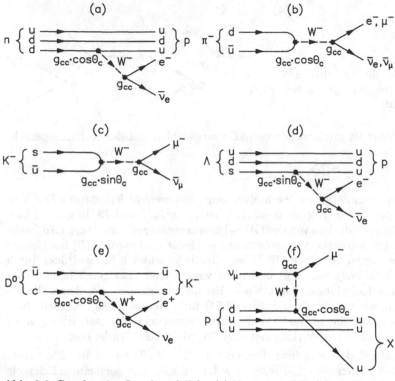

Abb. 2.6 Graphen im Quarkmodell für (a) Neutronzerfall, (b) π^--Zerfall, (c) semileptonischen K^--Zerfall, (d) semileptonischen Λ-Zerfall, (e) semileptonischen D^0-Zerfall, (f) inelastische CC-$\nu_\mu p$-Streuung.

- β-Zerfall des Neutrons (1.2) $n \to pe^- \overline{\nu}_e$, d.h. $d \to ue^- \overline{\nu}_e$ (Abb. 2.6a) durch die Kopplung $j_\alpha^{CC,e} \cdot j_\alpha^{CC,u\overline{d}+}$,
- π-Zerfall (1.44) $\pi^- \to \ell^- \overline{\nu}_\ell$, d.h. $d\overline{u} \to \ell^- \overline{\nu}_e$ mit $\ell = e, \mu$ (Abb. 2.6b) durch die Kopplungen $j_\alpha^{CC,e} \cdot j_\alpha^{CC,u\overline{d}+}$ und $j_\alpha^{CC,\mu} \cdot j_\alpha^{CC,u\overline{d}+}$,
- (semi-)leptonische Zerfälle der seltsamen, Charm- und Bottom-Teilchen, z.B.

$$K^- \to \mu^- \overline{\nu}_\mu \ (1.73), \text{ d.h. } s\overline{u} \to \mu^- \overline{\nu}_\mu \ (\text{Abb. 2.6c}) \text{ durch } j_\alpha^{CC,\mu} \cdot j_\alpha^{CC,u\overline{s}+},$$

$$\Lambda \to pe^- \overline{\nu}_e, \text{ d.h. } s \to ue^- \overline{\nu}_e \ (\text{Abb. 2.6d}) \text{ durch } j_\alpha^{CC,e} \cdot j_\alpha^{CC,u\overline{s}+},$$

$$D^0 \to K^- e^+ \nu_e, \text{ d.h. } c \to se^+ \nu_e \ (\text{Abb. 2.6e}) \text{ durch } j_\alpha^{CC,c\overline{s}} \cdot j_\alpha^{CC,e+},$$

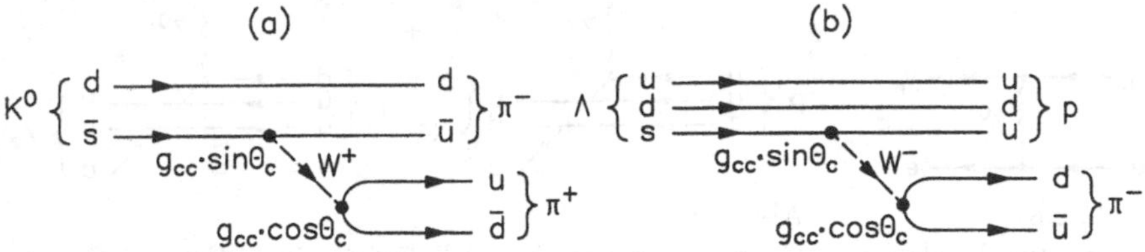

Abb. 2.7 Graphen im Quarkmodell für (a) den hadronischen K^0-Zerfall, (b) den hadronischen Λ-Zerfall.

- CC-(Anti-)Neutrino-Nukleon-Streuung (1.78), z.B. $\nu_\mu p \to \mu^- X$, d.h. $\nu_\mu d \to \mu^- u$ (Abb. 2.6f) durch die Kopplung $j_\alpha^{CC,\mu} \cdot j_\alpha^{CC,u\bar{d}+}$,
- Erzeugung und leptonische Zerfälle des $W^\pm$ in der $\bar{p}p$-Streuung (1.87a,b) (Abb. 1.17a,b) durch die Kopplungen $j_\alpha^{CC,u\bar{d}} \cdot j_\alpha^{CC,\ell+}$ + herm. konj. mit $\ell = e, \mu, \tau$ (mit W-Propagator dazwischen).

c) Hadronische schwache CC-Prozesse

Die hadronischen Prozesse, an denen nur Hadronen beteiligt sind, erhält man durch die Kopplung $J_\alpha^{CC,qu} \cdot J_\alpha^{CC,qu+}$ des geladenen Quarkstroms (2.33) mit sich selbst. Diese Prozesse, an denen keine Neutrinos teilnehmen, spielen in unserem Zusammenhang der Neutrinophysik keine Rolle. Beispiele sind:

- Hadronische Zerfälle der seltsamen Teilchen, z.B.

$K^0 \to \pi^+\pi^-$, d.h. $\bar{s} \to \bar{u}u\bar{d}$ (Abb. 2.7a) durch $j_\alpha^{CC,u\bar{s}} \cdot j_\alpha^{CC,u\bar{d}+}$,

$\Lambda \to p\pi^-$, d.h. $s \to ud\bar{u}$ (Abb. 2.7b) durch $j_\alpha^{CC,u\bar{d}} \cdot j_\alpha^{CC,u\bar{s}+}$.

2.4.2 NC-Prozesse

Die Gesamtheit aller schwachen NC-Prozesse erhält man durch die Kombination des gesamten neutralen Stromes J_α^{NC} (2.51) mit sich selbst über Z^0-Austausch, d.h. durch die Verbindung zweier Vertizes $f_1 \to f_1' Z^0$ und $Z^0 f_2 \to f_2'$. Wiederum treten, da J_α^{NC} aus einem Leptonterm und einem Quarkterm besteht, drei Typen von NC-Prozessen auf, für die einige Beispiele gegeben werden.

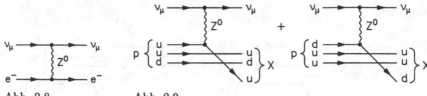

Abb. 2.8

Graph für die elasti-
sche $\nu_\mu e^-$-Streuung.

Abb. 2.9

Graphen im Quarkmodell für die inelastische NC-$\nu_\mu p$-
Streuung.

a) Rein-leptonische schwache NC-Prozesse

Die rein-leptonischen Prozesse erhält man durch die Kopplung $J_\alpha^{NC,lept}$.
$J_\alpha^{NC,lept}$ des neutralen Leptonstromes (2.27) mit sich selbst. Beispiele sind:

- Elastische $\nu_\mu e^-$-Streuung $\nu_\mu e^- \to \nu_\mu e^-$ (1.80) (Abb. 2.8) durch die Kopplung $j_\alpha^{NC,\nu_\mu} \cdot j_\alpha^{NC,e}$ (bei hohen Energien mit Z^0-Propagator dazwischen),
- Erzeugung und leptonische Zerfälle des Z^0 in der e^+e^--Annihilation, e^+e^-
$\to Z^0 \to \ell^+\ell^-$ (Kap. 1.9; Abb. 1.21a) durch die Kopplung $j_\alpha^{NC,e} \cdot j_\alpha^{NC,\ell}$ mit
$\ell = e, \mu, \tau$ (mit Z^0-Propagator).

b) Semileptonische schwache NC-Prozesse

Die semileptonischen Prozesse erhält man durch die Kopplung $J_\alpha^{NC,lept} \cdot J_\alpha^{NC,qu}$
des neutralen Leptonstromes (2.27) mit dem neutralen Quarkstrom (2.45).
Beispiele sind:

- NC-(Anti-)Neutrino-Nukleon-Streuung (1.77), z.B. $\nu_\mu p \to \nu_\mu X$, d.h. $\nu_\mu u \to$
$\nu_\mu u$ bzw. $\nu_\mu d \to \nu_\mu d$ (Abb. 2.9) durch die Kopplungen $j_\alpha^{NC,\nu_\mu} \cdot j_\alpha^{NC,q}$ mit
$q = u, d$,
- Erzeugung und leptonische Zerfälle des Z^0 in der $\bar{p}p$-Streuung (1.87c)
$(u\bar{u}, d\bar{d} \to Z^0 \to \ell^+\ell^-$, Abb. 1.17c) bzw. Erzeugung und hadronische Zerfälle
des Z^0 in der e^+e^--Annihilation ($e^+e^- \to Z^0 \to q\bar{q}$) durch die Kopplungen
$j_\alpha^{NC,q} \cdot j_\alpha^{NC,\ell}$ (mit Z^0-Propagator).

c) Hadronische schwache NC-Prozesse

Die hadronischen Prozesse erhält man durch die Kopplung $J_\alpha^{NC,qu} \cdot J_\alpha^{NC,qu}$ des
neutralen Quarkstroms (2.45) mit sich selbst. Diese Prozesse spielen in der
Neutrinophysik keine Rolle. Ein Beispiel ist die Erzeugung und der hadronische Zerfall des Z^0 ($u\bar{u}, d\bar{d} \to Z^0 \to q\bar{q}$).

2.5 Zusammenfassung der Glashow-Weinberg-Salam-Theorie

Die Glashow-Weinberg-Salam (GWS)-Theorie [Gla61, Wei67, Sal68] (Nobelpreis 1979), auch *Quantum-Flavour-Dynamik* (QFD) genannt, vereinigt die elektromagnetische und die schwache Wechselwirkung zur *elektroschwachen Wechselwirkung*; sie ist Teil des Standard-Modells (SM)[§] der Teilchenphysik; durch sie werden die 9 Konstanten $e, g_{CC}, g_{NC}, C_V^\ell, C_A^\ell, C_V, C_A, C_V', C_A'$, die in (2.17), (2.22) (2.36), (2.28) und (2.47) auftreten, auf zwei Konstanten, z.B. (g, g') oder $(e, \sin\theta_W)$ (siehe unten), zurückgeführt. Die GWS-Theorie sagt die Existenz der neutralen schwachen Ströme (Kap. 1.6) und damit des Z^0-Bosons (Kap. 1.8) voraus.

Wir behandeln hier nur den Teil der GWS-Theorie, der die Kopplungen der Lepton- und Quarkströme an die Vektorbosonen $\gamma, Z^0, W^\pm$ (Kap. 2.3) beschreibt und damit für die Neutrinophysik wichtig ist, nicht jedoch den *Higgs-Mechanismus* [Hig64, Bil82, Cah89, Ein91, Lea96], durch den die schweren Vektorbosonen und die Fermionen ihre Masse erhalten. Vollständigere Darstellungen der GWS-Theorie können z.B. in [Fri81, Bil82, Qui83, Nach86, Hai88, Gro89, Loh92, Mar93, Bil94, Gre96, Lan96, Lea96, Sche96] gefunden werden.

Die GWS-Theorie ist eine renormierbare *Eichtheorie*. Das bedeutet u.a., daß die gesamte Lagrange-Dichte unter lokalen Eichtransformationen, die die Elemente einer kontinuierlichen Gruppe bilden, invariant sein soll. Diese Forderung führt zur Einführung von Vektorfeldern (*Eichfelder, Eichbosonen*), zur Ersetzung der Ableitung $\partial_\alpha \equiv \frac{\partial}{\partial x_\alpha}$ durch die *kovariante Ableitung* D_α und damit zur einem *Wechselwirkungsterm* in der gesamten Lagrange-Dichte, der die Wechselwirkung von Fermionströmen mit den Vektorfeldern beschreibt.

Der einfachste Fall ist die elektromagnetische Wechselwirkung (QED), z.B. des Elektrons mit dem Vektorfeld $A_\alpha(x)$. Die lokalen Eichtransformationen lauten:

$$\psi(x) \rightarrow \psi(x)e^{i\lambda(x)}, \tag{2.62}$$

wobei $\lambda(x)$ eine beliebige reelle Funktion ist. Diese Eichtransformationen bilden die abelsche Gruppe $U(1)$ mit den Elementen $e^{i\lambda}$. Die kovariante Ableitung ist

$$D_\alpha = \partial_\alpha - ieA_\alpha \quad \text{mit} \tag{2.63}$$
$$A_\alpha(x) \rightarrow A_\alpha(x) + \frac{1}{e}\partial_\alpha\lambda(x)$$

[§]Oft wird in der Literatur auch die GWS-Theorie als Standard-Modell (der elektroschwachen Wechselwirkung) bezeichnet, also ohne Einschluß der QCD.

unter Eichtransformation (2.62). Die eichinvariante Lagrange-Dichte mit der kovarianten Ableitung (Ersetzung $\partial_\alpha \to D_\alpha$) lautet:

$$\mathcal{L} = -\overline{\psi}\left[\gamma_\alpha(\partial_\alpha - ieA_\alpha) + m\right]\psi - \frac{1}{4}F_{\alpha\beta}F_{\alpha\beta} \tag{2.64}$$

$$\text{mit } F_{\alpha\beta} = \partial_\alpha A_\beta - \partial_\beta A_\alpha$$

$$= -\overline{\psi}(\gamma_\alpha\partial_\alpha + m)\psi - \frac{1}{4}F_{\alpha\beta}F_{\alpha\beta} + e \cdot i\overline{\psi}\gamma_\alpha\psi \cdot A_\alpha.$$

Der erste Term ist die Lagrange-Dichte des freien Elektrons, der zweite die Lagrange-Dichte des freien Photons, der dritte Term die elektromagnetische Wechselwirkungsdichte $\mathcal{L}_{em}$, vergl. (2.13). Aus $\mathcal{L}$ ergeben sich die Feldgleichungen

$$\begin{array}{ll}\left[\gamma_\alpha(\partial_\alpha - ieA_\alpha) + m\right]\psi = 0 & \text{(Dirac-Gleichung)} \\ \Box A_\alpha = -e \cdot i\overline{\psi}\gamma_\alpha\psi = -ej_\alpha & \text{(Maxwell-Gleichung)}\end{array} \tag{2.65}$$

$$\text{mit } j_\alpha = i\overline{\psi}\gamma_\alpha\psi$$

(vergl. (2.12), (2.14)).

In der GWS-Theorie betrachten wir zwei Fermionen f und f' einer Fermionfamilie mit $Q_f - Q_{f'} = 1$, z.B. $(f, f') = (\nu_e, e^-)$, (u, d') usw., wobei die Teilchensymbole wiederum für die Spinorfelder stehen, d.h. $f \equiv \psi_f$ usw. Wir führen entsprechend (1.59) die links- bzw. rechtshändigen Komponenten von f, f' ein:

$$f_{L,R} = \tfrac{1}{2}(1 \pm \gamma_5)f, \quad f'_{L,R} = \tfrac{1}{2}(1 \pm \gamma_5)f' \text{ mit}$$
$$f = f_L + f_R, \qquad f' = f'_L + f'_R. \tag{2.66}$$

f_L und f'_L werden zu einem *schwachen Isodublett* (Isospinor) ψ_1 mit $I = \tfrac{1}{2}$ zusammengefaßt, während f_R und f'_R *schwache Isosinglett* (Isoskalare) mit $I = 0$ sind:

$$\psi_1 = \begin{pmatrix} f_L \\ f'_L \end{pmatrix}, \quad \psi_2 = f_R, \quad \psi_3 = f'_R. \tag{2.67}$$

Anwendung der Operatoren der Ladung Q, der z-Komponente $I_3 = \tfrac{1}{2}\tau_3$ des *schwachen Isospins* und der *schwachen Hyperladung* $Y = 2(Q - I_3)$ ergibt[¶]:

$$Q\psi_1 = \begin{pmatrix} Q_f & 0 \\ 0 & Q_{f'} \end{pmatrix}\psi_1 = \begin{pmatrix} Q_f f_L \\ Q_{f'} f'_L \end{pmatrix}, \quad Q\psi_2 = Q_f\psi_2, \quad Q\psi_3 = Q_{f'}\psi_3$$

[¶]Oft wird auch die Definition $Y = Q - I_3$ gewählt.

$$I_3\psi_1 = \frac{1}{2}\begin{pmatrix} 1 & 0 \\ 0 & -1 \end{pmatrix}\psi_1 = \frac{1}{2}\begin{pmatrix} f_L \\ -f'_L \end{pmatrix}, \quad I_3\psi_2 = 0, \quad I_3\psi_3 = 0 \tag{2.68}$$

$$Y\psi_1 = 2(Q - I_3)\psi_1 = (2Q_f - 1)\psi_1, \quad Y\psi_2 = 2Q_f\psi_2, \quad Y\psi_3 = 2Q_{f'}\psi_3.$$

Also:

$$Y_1 = 2Q_f - 1 = 2Q_{f'} + 1, Y_2 = 2Q_f, Y_3 = 2Q_{f'}. \tag{2.69}$$

Die lokalen Eichtransformationen der GWS-Theorie lauten:

$$\psi_j(x) \to \exp\left(i\boldsymbol{\alpha}(x)\cdot\frac{\boldsymbol{\tau}}{2}\right)\exp\left(i\beta(x)\frac{Y_j}{2}\right)\psi_j(x), \tag{2.70}$$

wobei $\boldsymbol{\tau} = (\tau_1, \tau_2, \tau_3)$ die Pauli-Matrizen (1.49) sind; also mit $\boldsymbol{\tau}\psi_2 = \boldsymbol{\tau}\psi_3 = 0$:

$$\psi_1 \to \exp\left(i\boldsymbol{\alpha}\cdot\frac{\boldsymbol{\tau}}{2}\right)\exp\left(i\beta\frac{Y_1}{2}\right)\psi_1$$

$$\psi_2 \to \exp\left(i\beta\frac{Y_2}{2}\right)\psi_2 \tag{2.71}$$

$$\psi_3 \to \exp\left(i\beta\frac{Y_3}{2}\right)\psi_3.$$

Diese Eichtransformationen bilden die Eichgruppe $SU(2)_L \times U(1)$, wobei die nicht-abelsche Gruppe $SU(2)_L$ zum schwachen Isospin und die abelsche Gruppe $U(1)$ zur schwachen Hyperladung (nicht Ladung !) gehört. Die GWS-Theorie wird deshalb auch $SU(2)_L \times U(1)$-*Theorie* genannt.

Die zu $SU(2)_L \times U(1)$ gehörige kovariante Ableitung ist

$$D_\alpha = \partial_\alpha - ig\frac{\boldsymbol{\tau}}{2}\cdot\boldsymbol{W}_\alpha - ig'\frac{Y}{2}B_\alpha. \tag{2.72}$$

Hierbei sind die drei Vektorfelder $\boldsymbol{W}_\alpha = (W_\alpha^1, W_\alpha^2, W_\alpha^3)$ die Eichfelder zur Gruppe $SU(2)_L$; das Vektorfeld B_α ist das Eichfeld zur Gruppe $U(1)$. g und g' sind die $SU(2)_L$- bzw. $U(1)$-Kopplungskonstanten. Durch die Ersetzung $\partial_\alpha \to D_\alpha$ (2.72) tritt in der unter $SU(2)_L \times U(1)$ invarianten gesamten Lagrange-Dichte der folgende Wechselwirkungsterm auf:

$$\mathcal{L}_{\text{ew}} = g\cdot\boldsymbol{j}_\alpha\cdot\boldsymbol{W}_\alpha + g'\cdot j_\alpha^B\cdot B_\alpha \tag{2.73}$$

$$= g\cdot i\overline{\psi}_1\gamma_\alpha\frac{\boldsymbol{\tau}}{2}\psi_1\cdot\boldsymbol{W}_\alpha + g'\cdot\sum_{j=1}^{3}i\psi_j\gamma_\alpha\frac{Y_j}{2}\psi_j\cdot B_\alpha$$

mit den zu $SU(2)_L$ bzw. $U(1)$ gehörigen Strömen

$$\boldsymbol{j}_\alpha = \left(j_\alpha^1, j_\alpha^2, j_\alpha^3\right) = \sum_{j=1}^{3} i\overline{\psi}_j \gamma_\alpha \frac{\boldsymbol{\tau}}{2} \psi_j = i\overline{\psi}_1 \gamma_\alpha \frac{\boldsymbol{\tau}}{2} \psi_1 \tag{2.74}$$

$$j_\alpha^B = \sum_{j=1}^{3} i\overline{\psi}_j \gamma_\alpha \frac{Y_j}{2} \psi_j .$$

$\mathcal{L}_{\text{ew}}$ ist die elektroschwache Wechselwirkung; in ihr ist die elektromagnetische und schwache Wechselwirkung vereinigt (siehe unten).

Der elektromagnetische Strom j_α^{elm} ist gegeben durch

$$j_\alpha^{\text{elm}} = j_\alpha^3 + j_\alpha^B , \tag{2.75}$$

entsprechend $Q = I_3 + Y/2$; denn (siehe (2.74), (2.68), (2.69)):

$$\begin{aligned}
j_\alpha^3 + j_\alpha^B &= i\overline{\psi}_1 \gamma_\alpha \frac{\tau_3}{2} \psi_1 + i \sum_{j=1}^{3} \overline{\psi}_j \gamma_\alpha \frac{Y_j}{2} \psi_j \\
&= i\overline{\psi}_1 \gamma_\alpha Q \psi_1 + iQ_f \overline{\psi}_2 \gamma_\alpha \psi_2 + iQ_{f'} \overline{\psi}_3 \gamma_\alpha \psi_3 \\
&= i(\overline{f_L}, \overline{f'_L}) \gamma_\alpha \begin{pmatrix} Q_f\ f_L \\ Q_{f'}\ f'_L \end{pmatrix} + iQ_f \overline{f_R} \gamma_\alpha f_R + iQ_{f'} \overline{f'_R} \gamma_\alpha f'_R \\
&= iQ_f (\overline{f_L} \gamma_\alpha f_L + \overline{f_R} \gamma_\alpha f_R) + iQ_{f'} (\overline{f'_L} \gamma_\alpha f'_L + \overline{f'_R} \gamma_\alpha f'_R) \\
&= iQ_f \overline{f} \gamma_\alpha f + iQ_{f'} \overline{f'} \gamma_\alpha f' = j_\alpha^{\text{elm}} ,
\end{aligned} \tag{2.76}$$

da (siehe (2.20)):

$$\overline{f_L} \gamma_\alpha f_L + \overline{f_R} \gamma_\alpha f_R = \frac{1}{2} \overline{f} \gamma_\alpha (1 + \gamma_5) f + \frac{1}{2} \overline{f} \gamma_\alpha (1 - \gamma_5) f = \overline{f} \gamma_\alpha f . \tag{2.77}$$

Die vier Eichfelder $\boldsymbol{W}_\alpha$, B_α hängen mit den vier Feldern W_α^+, W_α^-, A_α und Z_α der physikalischen Vektorbosonen W^+, W^-, γ und Z^0 folgendermaßen zusammen:

$$\begin{aligned}
W_\alpha^1 &= \frac{1}{\sqrt{2}} (W_\alpha^- + W_\alpha^+) \qquad &&\text{Umkehrung :} \\
W_\alpha^2 &= \frac{i}{\sqrt{2}} (W_\alpha^- - W_\alpha^+) \qquad && W_\alpha^{\pm} = \frac{1}{\sqrt{2}} (W_\alpha^1 \pm iW_\alpha^2)
\end{aligned} \tag{2.78}$$

und

$$\begin{aligned}
W_\alpha^3 &= \cos\theta_W \cdot Z_\alpha + \sin\theta_W \cdot A_\alpha \\
B_\alpha &= -\sin\theta_W \cdot Z_\alpha + \cos\theta_W \cdot A_\alpha
\end{aligned} \tag{2.79}$$

Umkehrung:

$$Z_\alpha = \cos\theta_W \cdot W_\alpha^3 - \sin\theta_W \cdot B_\alpha$$
$$A_\alpha = \sin\theta_W \cdot W_\alpha^3 + \cos\theta_W \cdot B_\alpha \,.$$

Hierbei ist θ_W der *Weinberg-Winkel* (*elektroschwacher Mischungswinkel*) mit $\sin^2\theta_W \approx 0.23$ ($\theta_W \approx 29°$). Einsetzen von (2.78) und (2.79) in (2.73) ergibt:

$$\mathcal{L}_{ew} = \frac{g}{2\sqrt{2}} \cdot (j_\alpha^- \cdot W_\alpha^+ + j_\alpha^+ \cdot W_\alpha^-) + (g\sin\theta_W \cdot j_\alpha^3 + g'\cos\theta_W \cdot j_\alpha^B) \cdot A_\alpha$$
$$+ (g\cos\theta_W \cdot j_\alpha^3 - g'\sin\theta_W \cdot j_\alpha^B) \cdot Z_\alpha \tag{2.80}$$
$$\text{mit} \quad j_\alpha^\pm = 2(j_\alpha^1 \pm i j_\alpha^2)\,.$$

Wir betrachten nun die vier Terme von (2.80) im einzelnen mit Hilfe von (2.74):

• Für die Ströme in den beiden ersten Termen gilt:

$$j_\alpha^\pm = 2(j_\alpha^1 \pm i j_\alpha^2) = 2i\overline{\psi}_1\gamma_\alpha\tau^\pm\psi_1 \quad \text{mit} \quad \tau^\pm = \frac{1}{2}(\tau_1 \pm i\tau_2) = \left\{ \begin{pmatrix} 0 & 1 \\ 0 & 0 \end{pmatrix} \atop \begin{pmatrix} 0 & 0 \\ 1 & 0 \end{pmatrix} \right\} . \tag{2.81}$$

Also:

$$j_\alpha^- = 2i(\overline{f_L}, \overline{f'_L})\gamma_\alpha \begin{pmatrix} 0 \\ f_L \end{pmatrix} = 2i\overline{f'_L}\gamma_\alpha f_L = i\overline{f'}\gamma_\alpha(1 + \gamma_5)f = j_\alpha^{CC}$$

$$\text{(vergl. z.B. (2.19), (2.30))} \tag{2.82}$$

$$j_\alpha^+ = 2i(\overline{f_L}, \overline{f'_L})\gamma_\alpha \begin{pmatrix} f'_L \\ 0 \end{pmatrix} = 2i\overline{f_L}\gamma_\alpha f'_L = i\overline{f}\gamma_\alpha(1 + \gamma_5)f' = j_\alpha^{CC+}\,.$$

Der erste Term in (2.80) stellt also die (V–A)-Kopplung des geladenen schwachen Stromes an das W^+-Feld dar; der zweite Term ist das hermitisch Konjugierte des ersten[§]. Beide Terme beschreiben die schwache CC-Wechselwirkung der (V–A)-Theorie, d.h. die Prozesse $f \leftrightarrow f' + W^+$. Aus dem Vergleich dieser beiden Terme mit z.B. (2.22), (2.36) folgt für die Kopplungskonstante:

$$g_{CC} = \frac{g}{2\sqrt{2}}\,. \tag{2.83}$$

Einsetzen von (2.59) ergibt:

$$\frac{g^2}{8m_W^2} = \frac{G_F}{\sqrt{2}}\,. \tag{2.84}$$

[§]Genauer gilt $(j_\alpha^-)^+ = j_\alpha^{CC+} = \pm j_\alpha^+$, $(W_\alpha^+)^+ = \pm W_\alpha^-$ mit $+(-)$ für $\alpha = 1,2,3$ (4), so daß $j_\alpha^+ \cdot W_\alpha^-$ das hermitisch Konjugierte von $j_\alpha^- \cdot W_\alpha^+$ ist.

• Der dritte Term in (2.80) ist die elektromagnetische Wechselwirkung, also die Kopplung des elektromagnetischen Stromes j_α^{elm} an das Photon-Feld A_α mit der Kopplungskonstanten e (vergl. (2.13), (2.17)). Mit (2.75) und (2.76) erhält man:

$$g \sin \theta_W \cdot j_\alpha^3 + g' \cos \theta_W \cdot j_\alpha^B = e \cdot j_\alpha^{\text{elm}} = e \cdot (j_\alpha^3 + j_\alpha^B) \qquad (2.85)$$
$$= e \cdot i Q_f \overline{f} \gamma_\alpha f + e \cdot i Q_{f'} \overline{f'} \gamma_\alpha f' .$$

Der dritte Term beschreibt also die Prozesse $f \leftrightarrow f + \gamma$, $f' \leftrightarrow f' + \gamma$. Aus (2.85) folgt:

$$g \sin \theta_W = g' \cos \theta_W = e \,, \text{d.h.} \qquad (2.86)$$

$$g = \frac{e}{\sin \theta_W} \quad \text{Umkehrung:} \quad e = \frac{gg'}{\sqrt{g^2 + g'^2}}$$

$$g' = \frac{e}{\cos \theta_W} \qquad \sin \theta_W = \frac{g'}{\sqrt{g^2 + g'^2}} \,, \cos \theta_W = \frac{g}{\sqrt{g^2 + g'^2}} .$$

Aus (2.84) und (2.86) ergibt sich, daß die $W^\pm$-Masse durch die bekannten Naturkonstanten $\alpha = e^2/4\pi$ und G_F sowie durch den Weinberg-Winkel gegeben ist:

$$m_W = \left(\frac{\sqrt{2} e^2}{8 G_F} \right)^{\frac{1}{2}} \frac{1}{\sin \theta_W} = \left(\frac{\pi \alpha}{\sqrt{2} G_F} \right)^{\frac{1}{2}} \frac{1}{\sin \theta_W} = \frac{37.28}{\sin \theta_W} \text{ GeV} . \quad (2.87)$$

Mit dem experimentellen Wert $m_W = 80.2$ GeV erhält man $\sin^2 \theta_W = 0.216$. Aus (2.83) und (2.86) folgt auch das Verhältnis der elektromagnetischen und schwachen Kopplungsstärken:

$$\frac{e^2}{g_{\text{CC}}^2} = 8 \sin^2 \theta_W = 1.76 \qquad (2.88)$$

für $\sin^2 \theta_W = 0.22$ (vergl. Kap. 2.4.1).

• Für den Strom (mal Kopplungskonstante) im letzten Term von (2.80) gilt unter Benutzung von (2.75), (2.86), (2.74), (2.76), (2.20):

$$g \cos \theta_W \cdot j_\alpha^3 - g' \sin \theta_W \cdot j_\alpha^B = (g \cos \theta_W + g' \sin \theta_W) \cdot j_\alpha^3 - g' \sin \theta_W \cdot j_\alpha^{\text{elm}}$$
$$= \sqrt{g^2 + g'^2} \cdot (j_\alpha^3 - \sin^2 \theta_W \cdot j_\alpha^{\text{elm}})$$
$$= \frac{1}{2} \sqrt{g^2 + g'^2} \cdot \left[i(\overline{f_L}, \overline{f_L'}) \gamma_\alpha \begin{pmatrix} f_L \\ -f_L' \end{pmatrix} - 2i \sin^2 \theta_W \cdot (Q_f \overline{f} \gamma_\alpha f + Q_{f'} \overline{f'} \gamma_\alpha f') \right]$$
$$= \frac{1}{4} \sqrt{g^2 + g'^2} \cdot \left[i \overline{f} \gamma_\alpha (1 + \gamma_5 - 4 Q_f \sin^2 \theta_W) f \right. \qquad (2.89)$$
$$\left. - i \overline{f'} \gamma_\alpha (1 + \gamma_5 + 4 Q_{f'} \sin^2 \theta_W) f' \right] = g_{\text{NC}} \cdot j_\alpha^{\text{NC}} .$$

Der letzte Term in (2.80) stellt also die Kopplung des neutralen schwachen Stromes an das Z^0-Feld dar; er beschreibt die schwache NC-Wechselwirkung, d.h. die Prozesse $f \to f + Z^0$, $f' \to f' + Z^0$. Aus dem Vergleich von (2.89) mit (2.28), (2.47) ergibt sich:

$$g_{\mathrm{NC}} = \frac{1}{4}\sqrt{g^2 + g'^2} = \frac{e}{4\sin\theta_W\cos\theta_W} \tag{2.90}$$

$$\begin{aligned} C_V &= 1 - 4Q_f\sin^2\theta_W\,, & C_A &= 1 & \text{für } f \text{ mit } I_3 = \tfrac{1}{2} \\ C'_V &= -1 - 4Q_{f'}\sin^2\theta_W\,, & C'_A &= -1 & \text{für } f' \text{ mit } I_3 = -\tfrac{1}{2}\,. \end{aligned} \tag{2.91}$$

Damit lauten die in (2.26) definierten chiralen Konstanten:

$$\begin{aligned} C_L &= 1 - 2Q_f\sin^2\theta_W\,, & C_R &= -2Q_f\sin^2\theta_W & \text{für } f \text{ mit } I_3 = \tfrac{1}{2} \\ C'_L &= -1 - 2Q_{f'}\sin^2\theta_W\,, & C'_R &= -2Q_{f'}\sin^2\theta_W & \text{für } f' \text{ mit } I_3 = -\tfrac{1}{2}\,. \end{aligned} \tag{2.92}$$

Da $\sin^2\theta_W \approx 0.22$ ist, sagt die GWS-Theorie für die NC-Wechselwirkung also die Kopplung sowohl von links- als auch von rechtshändigen Fermionen an das Z^0-Feld voraus, sofern $Q \neq 0$ ist ($C_L \neq 0, C_R \neq 0$). Die Beziehungen (2.91) lassen sich zusammenfassen zu[‡]

$$C_V = 2(I_3 - 2Q\sin^2\theta_W)\,, \quad C_A = 2I_3\,. \tag{2.93}$$

Der neutrale schwache Strom in (2.89) läßt sich schreiben als

$$j_\alpha^{\mathrm{NC}} = i(\overline{f}, \overline{f'})\gamma_\alpha(\tau_3 - 4Q\sin^2\theta_W + \tau_3\gamma_5)\begin{pmatrix} f \\ f' \end{pmatrix}, \tag{2.94}$$

wobei $Q = \begin{pmatrix} Q_f & 0 \\ 0 & Q_{f'} \end{pmatrix}$ mit $Q_{f'} = Q_f - 1$.

Der Beziehung (2.84) für den $W^\pm$-Austausch entspricht im Falle des Z^0-Austauschs mit unserer Definition (2.90) von g_{NC} die Beziehung

$$\frac{2g_{\mathrm{NC}}^2}{m_Z^2} = \frac{g^2 + g'^2}{8m_Z^2} = \frac{G_F}{\sqrt{2}}, \tag{2.95}$$

so daß man mit (2.86) die Massenbeziehung

$$\frac{m_W}{m_Z} = \frac{g}{\sqrt{g^2 + g'^2}} = \cos\theta_W \tag{2.96}$$

[‡]Oft werden C_V, C_A ohne den Faktor 2 in (2.93) definiert, der dann in die Kopplungskonstante hineingenommen wird, d.h. $g_{\mathrm{NC}} = \frac{1}{2}\sqrt{g^2 + g'^2}$.

erhält.

Zusammenfassung:

Die elektroschwache Wechselwirkung des Fermiondubletts (f, f') ist gegeben durch die Lagrange-Dichte

$$\mathcal{L}_{\text{ew}} = g \cdot \boldsymbol{j}_\alpha \cdot \boldsymbol{W}_\alpha + g' \cdot j_\alpha^B \cdot B_\alpha$$

$$= \frac{g}{2\sqrt{2}} \cdot \left(j_\alpha^{\text{CC}} \cdot W_\alpha^+ + j_\alpha^{\text{CC}+} \cdot W_\alpha^- \right) + \frac{gg'}{\sqrt{g^2 + g'^2}} \cdot j_\alpha^{\text{elm}} \cdot A_\alpha$$

$$+ \frac{1}{4}\sqrt{g^2 + g'^2} \cdot j_\alpha^{\text{NC}} \cdot Z_\alpha$$

mit $\quad j_\alpha^{\text{CC}} = i\overline{f'}\gamma_\alpha(1 + \gamma_5)f \quad, \quad j_\alpha^{\text{CC}+} = i\overline{f}\gamma_\alpha(1 + \gamma_5)f'$

$$j_\alpha^{\text{elm}} = i(\overline{f}, \overline{f'})\gamma_\alpha Q \begin{pmatrix} f \\ f' \end{pmatrix} \tag{2.97}$$

$$j_\alpha^{\text{NC}} = i(\overline{f}, \overline{f'})\gamma_\alpha(\tau_3 - 4Q\sin^2\theta_W + \tau_3\gamma_5)\begin{pmatrix} f \\ f' \end{pmatrix},$$

$$\text{wobei} \quad Q = \begin{pmatrix} Q_f & 0 \\ 0 & Q_{f'} \end{pmatrix} \;, \quad \tau_3 = \begin{pmatrix} 1 & 0 \\ 0 & -1 \end{pmatrix}.$$

Als erstes Beispiel betrachten wir die erste Leptonfamilie $(f, f') = (\nu_e, e^-)$ mit $Q_f = 0, Q_{f'} = -1$. Nach (2.97) lauten die an die vier Vektorfelder ankoppelnden Ströme:

$$j_\alpha^{\text{CC},e} = i\overline{e}\gamma_\alpha(1 + \gamma_5)\nu_e \quad, \quad j_\alpha^{\text{CC},e+} = i\overline{\nu}_e\gamma_\alpha(1 + \gamma_5)e$$
$$j_\alpha^{\text{elm},e} = -i\overline{e}\gamma_\alpha e \tag{2.98}$$
$$j_\alpha^{\text{NC},e} = i\overline{\nu}_e\gamma_\alpha(1 + \gamma_5)\nu_e - i\overline{e}\gamma_\alpha(1 + \gamma_5 - 4\sin^2\theta_W)e.$$

Zusammen mit den beiden anderen Leptonfamilien ergeben sich also der gesamte geladene Leptonstrom $J_\alpha^{\text{CC,lept}}$ (2.21), der Leptonteil des gesamten elektromagnetischen Stroms J_α^{elm} (2.16) und der gesamte neutrale schwache Leptonstrom $J_\alpha^{\text{NC,lept}}$ (2.27) mit

$$C_V^\ell = -1 + 4\sin^2\theta_W \quad, \quad C_A^\ell = -1, \tag{2.99}$$

entsprechend (2.91). Insbesondere sieht man in (2.98), daß im Gegensatz zum Elektron das Neutrino wegen $Q_f = 0$ in (2.91) auch im neutralen Strom rein linkshändig auftritt, wie verlangt ($C_R = 0$ in (2.92)). Mit anderen Worten: Das rechtshändige Isosinglett-Neutrino ν_R nimmt an der elektroschwachen Wechselwirkung nicht teil; es wird daher auch *steriles Neutrino* genannt [Shr96].

Als zweites Beispiel betrachten wir die beiden ersten Quarkfamilien $(f, f') = (u, d')$ und (c, s') mit $Q_f = \frac{2}{3}$, $Q_{f'} = -\frac{1}{3}$ und (2.38). Nach (2.97) lauten die an die vier Vektorfelder ankoppelnden Ströme $(\Gamma_\alpha = \gamma_\alpha(1 + \gamma_5))$:

$$j_\alpha^{\mathrm{CC},q} = i\overline{d'}\Gamma_\alpha u + i\overline{s'}\Gamma_\alpha c$$

$$= i\cos\theta_C \cdot \overline{d}\Gamma_\alpha u + i\sin\theta_C \cdot \overline{s}\Gamma_\alpha u - i\sin\theta_C \cdot \overline{d}\Gamma_\alpha c + i\cos\theta_C \cdot \overline{s}\Gamma_\alpha c$$

$$\text{(vergl. (2.39))}$$

$$j_\alpha^{\mathrm{CC},q+} = i\cos\theta_C \cdot \overline{u}\Gamma_\alpha d + i\sin\theta_C \cdot \overline{u}\Gamma_\alpha s - i\sin\theta_C \cdot \overline{c}\Gamma_\alpha d + i\cos\theta_C \cdot \overline{c}\Gamma_\alpha s$$

$$j_\alpha^{\mathrm{elm},q} = \frac{2}{3}i(\overline{u}\gamma_\alpha u + \overline{c}\gamma_\alpha c) - \frac{1}{3}i(\overline{d'}\gamma_\alpha d' + \overline{s'}\gamma_\alpha s')$$

$$= \frac{2}{3}i(\overline{u}\gamma_\alpha u + \overline{c}\gamma_\alpha c) - \frac{1}{3}i(\overline{d}\gamma_\alpha d + \overline{s}\gamma_\alpha s) \qquad (2.100)$$

$$j_\alpha^{\mathrm{NC},q} = i(\overline{u}, \overline{c})\gamma_\alpha \left(1 + \gamma_\alpha - \frac{8}{3}\sin^2\theta_W\right)\begin{pmatrix} u \\ c \end{pmatrix}$$

$$-i(\overline{d'}, \overline{s'})\gamma_\alpha \left(1 + \gamma_5 - \frac{4}{3}\sin^2\theta_W\right)\begin{pmatrix} d' \\ s' \end{pmatrix}$$

$$= i(\overline{u}, \overline{c})\gamma_\alpha \left(1 + \gamma_5 - \frac{8}{3}\sin^2\theta_W\right)\begin{pmatrix} u \\ c \end{pmatrix}$$

$$-i(\overline{d}, \overline{s})\gamma_\alpha \left(1 + \gamma_5 - \frac{4}{3}\sin^2\theta_W\right)\begin{pmatrix} d \\ s \end{pmatrix}.$$

Nimmt man zur Verallgemeinerung die dritte Quarkfamilie hinzu, so ergeben sich also der gesamte geladene Quarkstrom $J_\alpha^{\mathrm{CC},qu}$ (2.33), der Quarkteil des gesamten elektromagnetischen Stromes J_α^{elm} (2.16) und der gesamte neutrale schwache Quarkstrom $J_\alpha^{\mathrm{NC},qu}$ (2.45) mit

$$C_V = 1 - \frac{8}{3}\sin^2\theta_W, \quad C_A = 1$$

$$\qquad (2.101)$$

$$C_V' = -1 + \frac{4}{3}\sin^2\theta_W, \quad C_A' = -1$$

entsprechend (2.91).

3 Experimente mit Neutrinos

3.1 Neutrino-Quellen

In diesem Kapitel wird ein kurzer Überblick über die verschiedenen Quellen von Neutrinos gegeben, die dann in späteren Kapiteln näher behandelt werden. Diese Neutrinoquellen können grob eingeteilt werden in künstliche Quellen und natürliche Quellen. Dabei dienen die künstlichen Quellen vor allem zur Herstellung von möglichst intensiven Neutrinoflüssen, um mit diesen Neutrinos zu experimentieren (z.B. Untersuchung von Neutrino-Reaktionen (Kap. 4, 5) oder von Neutrino-Eigenschaften (Kap. 6)), während die Neutrinos aus einer natürlichen Quelle meist dazu benutzt werden, um neben der Untersuchung von Neutrino-Eigenschaften (z.B. Neutrino-Oszillationen) auch Auskunft über ihre Entstehung und damit über die Quelle selbst zu gewinnen.

a) Künstliche Quellen

- *Reaktor-Neutrinos* $(\bar{\nu}_e)$ (Kap. 1.2, 6.3.2): Sie stammen aus den β^--Zerfällen (1.1) der neutron-reichen Spaltprodukte in einem Reaktor.
- *Beschleuniger-Neutrinos* $(\nu_\mu, \bar{\nu}_\mu)$ (Kap. 1.5, 3.2, 4, 5, 6.3.3): Sie stammen aus den Zerfällen (1.73) von hochenergetischen $\pi^\pm$ und $K^\pm$ im Fluge, die durch die Protonen eines Protonsynchrotrons in einem Target erzeugt wurden; sie dienen zur Herstellung intensiver, hochenergetischer Neutrino-Strahlen (Kap. 3.2).

b) Natürliche Quellen

- *Atmosphärische Neutrinos* $(\nu_\mu, \bar{\nu}_\mu, \nu_e, \bar{\nu}_e)$ (Kap. 7.1): Wenn Teilchen der Kosmischen Strahlung (überwiegend Protonen) mit Atomkernen in der Erdatmosphäre zusammenstoßen, entstehen hochenergetische, auf die Erdoberfläche gerichtete Luftschauer, die u.a. geladene Pionen (und Kaonen) enthalten. Die atmosphärischen Neutrinos stammen aus den Zerfällen (1.73) solcher Mesonen und den anschließenden Zerfällen (1.33) der bei diesen Meson-Zerfällen entstehenden Myonen in der Atmosphäre.
- *Sonnenneutrinos* (ν_e) (Kap. 7.2): Sie stammen aus der thermonuklearen Fusion $4p \rightarrow \mathrm{He}^4 + 2e^+ + 2\nu_e$ von Protonen zu Helium in der Sonne.
- *Supernova-Neutrinos* $(\nu_e, \bar{\nu}_e, \nu_\mu, \bar{\nu}_\mu, \nu_\tau, \bar{\nu}_\tau)$ (Kap. 7.3): Der eine Supernova

auslösende Gravitationskollaps des inneren Kerns eines massereichen Sterns führt u.a. zu einem gewaltigen Ausbruch von Neutrinos, durch die die große beim Kollaps freiwerdende Energie abtransportiert wird.

- *Kosmologische Neutrinos* (ν_e, $\bar{\nu}_e$, ν_μ, $\bar{\nu}_\mu$, ν_τ, $\bar{\nu}_\tau$) (Kap. 7.4): Diese Neutrinos sind Überbleibsel (Restneutrinos) aus dem thermodynamischen Gleichgewichtszustand, in dem sich das Universum unmittelbar nach dem Urknall für kurze Zeit befand. Dieses ursprünglich heiße Neutrinogas hat sich durch die Expansion des Universums bis heute auf eine Temperatur von $T_{\nu 0} = 1.95$ K, entsprechend $\langle E_\nu \rangle_0 = 5.3 \cdot 10^{-4}$ eV, abgekühlt. Die kosmologischen Neutrinos haben bei der frühen Nukleosynthese der leichten Elemente D, He^3, He^4 und Li^7 eine große Rolle gespielt. Sie sind, falls sie eine Masse besitzen, Kandidaten für die nicht-baryonische heiße Dunkle Materie im Universum.

- *Energiereiche kosmische Neutrinos* (ν_e, $\bar{\nu}_e$, ν_μ, $\bar{\nu}_\mu$) (Kap. 7.5): Sie stammen aus den Zerfällen von $\pi^\pm$ und $K^\pm$-Mesonen, die in Zusammenstößen von hochenergetischen Teilchen der Kosmischen Strahlung mit Targetnukleonen oder Targetphotonen im Kosmos erzeugt werden. Daneben können energiereiche Neutrinos auch bei der Annihilation oder dem Zerfall von bisher hypothetischen superschweren Teilchen (z.B. Neutralinos) entstehen, die als Kandidaten für die nicht-baryonische kalte Dunkle Materie im Universum in Frage kommen.

Der Vollständigkeit halber seien noch die niederenergetischen Neutrinos (ν_e, $\bar{\nu}_e$) erwähnt, die aus der *natürlichen β-Radioaktivität* von instabilen Isotopen in der Erdmaterie stammen; sie werden in diesem Buch nicht behandelt (siehe jedoch Kap. 6.8). Ebenso werden die *rein-leptonischen und semileptonischen Zerfälle* der schwachen Wechselwirkung (Kap. 2.4), die ebenfalls niederenergetische Neutrinos liefern, nicht besprochen. Abb. 3.1 zeigt die Flußspektren der Neutrinos aus den genannten Quellen (außer Beschleuniger) [Kos92].

Dieser kurze Überblick zeigt, daß die Neutrinos an zahlreichen verschiedenen Stellen in der Natur und im Laboratorium auftreten und damit, trotz oder wegen ihrer äußerst geringen Wechselwirkung mit Materie, vor allem in der Teilchenphysik sowie in der Astrophysik und Kosmologie eine bedeutende Rolle spielen.

3.2 Neutrino-Strahlen an Beschleunigern

3.2.1 Prinzip und Kinematik

Wegen der schwachen Wechselwirkung sind die Wirkungsquerschnitte σ für Neutrino-Reaktionen äußerst klein. Abb. 3.2 [Eis86] zeigt die Wirkungsquerschnitte für eine Reihe von ν-Reaktionen in Abhängigkeit von der ν-Energie

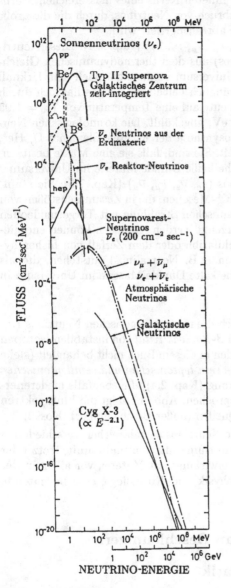

Abb. 3.1 Flußspektren von Neutrinos aus verschiedenen Quellen. Nach [Kos92].

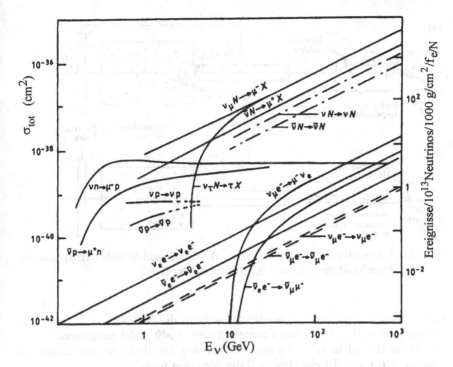

Abb. 3.2 Wirkungsquerschnitte und Ereignisraten für verschiedene Neutrinoreaktionen in Abhängigkeit von der Neutrinoenergie; $f_{e/N} = 1$ für Reaktionen an Nukleonen; $f_{e/N} = A/Z$ für Reaktionen an Elektronen. Nach [Eis86].

E_ν. Um trotzdem eine angemessene Ereignisrate Z zu erzielen, ist nach (1.74) neben einer hohen Targetmasse (N_T) eine möglichst hohe Strahlintensität I_0 erforderlich.

An einem Proton-Synchrotron wird ein intensiver hochenergetischer ν_μ bzw. $\overline{\nu}_\mu$-Strahl auf folgende Weise hergestellt (Abb. 3.3, siehe auch Kap. 1.5) [Per77, Fis82, Eis86, Ber87, Hai88, Dor89, Wac94, Per95]: Die aus dem Synchrotron extrahierten Protonen (typisch ca. 10^{13} pro Puls) treffen auf ein Target aus leichten Kernen (z.B. Be) mit passender Länge und passendem Durchmesser (um möglichst hohe π, K-Ausbeute und möglichst geringe π, K-Absorption zu erzielen). Dort erzeugen sie in Kernstößen Sekundärteilchen, u.a. $\pi^\pm$ und $K^\pm$-Mesonen, die bevorzugt um die Protonenrichtung gebündelt (mittlerer Transversalimpuls ~ 300 MeV/c) aus dem Target aus-

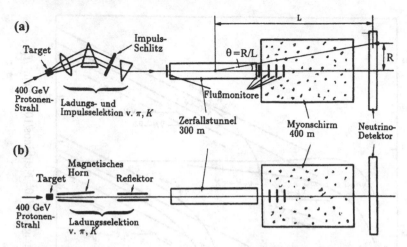

Abb. 3.3 Schematische Anordnung eines (a) Schmalband-Strahls (NBB) und (b) Breitband-Strahls am CERN-SPS. Nach [Eis86].

treten. Durch geeignete Magnetfelder werden die Mesonen eines Ladungs-vorzeichens (z.B. π^+, K^+ zur Erzeugung eines ν_μ-Strahls) ausgesondert bzw. angereichert und in einen langen, evakuierten Zerfallstunnel der Länge L_D geleitet. Dort zerfällt ein Bruchteil der Mesonen nach

$$M^+ \to \mu^+ + \nu_\mu \quad (M^+ = \pi^+, K^+) \tag{3.1}$$

im Fluge in μ^+ und ν_μ, wobei das Verzweigungsverhältnis BR für diesen myonischen Zerfall 1.000 für π^+ bzw. 0.635 für K^+ [PDG96] beträgt. Die Wahrscheinlichkeit dafür, daß ein Meson M mit Impuls p_M und mittlerer Lebensdauer τ_M im Zerfallstunnel zerfällt, ist gegeben durch

$$W = 1 - \exp(-L_D/L_0) \tag{3.2}$$

$$\text{mit } L_0 = \beta c \cdot \gamma \tau_M = \frac{p_M}{m_M} \cdot c\tau_M = \begin{cases} 55.9 \text{ m} \cdot \dfrac{p_\pi}{\text{GeV}/c} \\[2mm] 7.51 \text{ m} \cdot \dfrac{p_K}{\text{GeV}/c} \,. \end{cases}$$

Z.B. für $p_M = 200$ GeV/c, $L_D = 300$ m: $L_0 = 11.2$ km, $W = 0.026$ für π; $L_0 = 1.50$ km, $W = 0.181$ für K. Aus (3.2) folgt, daß wegen der relativi-stischen Zeitdilatation die Länge des Zerfallstunnels proportional mit dem Impuls (Energie) anwachsen muß, um einen bestimmten Bruchteil der Meso-nen zerfallen zu lassen. Während z.B. für den ν-Strahlaufbau am CERN-SPS

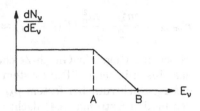

Abb. 3.4
Schematisierte Form des Energiespektrums von Neutrinos aus dem
Zerfall nicht-monochromatischer Mesonen.

$L_D \approx 0.3$ km betrug (Abb. 3.3), hatte bei den höheren Energien des Fermilab-
Tevatrons der dortige Zerfallstunnel eine Länge $L_D \approx 0.5$ km [DeP94]. Der
Bruchteil F der myonisch zerfallenden Mesonen einer Art beträgt natürlich
$F = W \cdot BR$.

An den Zerfallstunnel schließt sich eine lange Abschirmung (*Myonschirm,
Myonabsorber*) aus Eisen und/oder Erde (oder Gestein) an, in der alle übrig
gebliebenen Hadronen (insbesondere die nicht zerfallenen π^+ und K^+) im
Strahl durch Kernwechselwirkungen und alle Zerfallsmyonen aus (3.1) durch
Ionisations- und Strahlungsverluste absorbiert werden. Wegen der langen
Reichweite hochenergetischer Myonen muß der Myonschirm sehr lang sein,
z.B. 180 m Eisen + 270 m Erde beim CERN [Hai88], ~ 1 km Erde beim
Fermilab. Hinter dem Myonabsorber bleibt dann ein (fast) reiner ν_μ-Strahl
übrig, der auf einen Neutrino-Detektor (Kap. 3.3) trifft und in ihm als Target
ν_μ-Reaktionen induziert. Meist sind mehrere verschiedene Detektoren hin-
tereinander aufgestellt, so daß mehrere Experimente gleichzeitig im selben
Strahl durchgeführt werden können.

Die Herstellung eines $\overline{\nu}_\mu$-Strahls verläuft analog mit dem einzigen Unterschied, daß statt der M^+ negativ geladene Mesonen $M^- = \pi^-, K^-$ mit
$M^- \rightarrow \mu^- \overline{\nu}_\mu$ magnetisch selektiert werden.

Wir betrachten nun die Kinematik des Zwei-Körper-Zerfalls (3.1). Im Laborsystem sind Energie E_ν und Zerfallswinkel θ_ν des Neutrinos gegeben durch

$$E_\nu = \overline{\gamma} E_\nu^*(1 + \overline{\beta}\cos\theta_\nu^*), \quad \cos\theta_\nu = \frac{\cos\theta_\nu^* + \overline{\beta}}{1 + \overline{\beta}\cos\theta_\nu^*}$$

$$\text{(3.3)}$$

$$\text{mit } \overline{\beta} = \frac{p_M}{E_M}, \quad \overline{\gamma} = \frac{E_M}{m_M} \text{ und } E_\nu^* = \frac{m_M^2 - m_\mu^2}{2m_M}.$$

E_ν^* und θ_ν^* sind Energie und Zerfallswinkel des Neutrinos im M-Ruhesystem.
Es gilt: $\theta_\nu = 0°$ (180°) für $\theta_\nu^* = 0°$ (180°). Die Extremwerte für E_ν folgen aus
$\cos\theta_\nu^* = \mp 1$, also

$$E_{\nu\min} = \frac{m_M^2 - m_\mu^2}{2m_M^2}(E_M - p_M) \approx \frac{m_M^2 - m_\mu^2}{4E_M} \approx 0$$

$$\text{(3.4)}$$

$$E_{\nu\text{max}} = \frac{m_M^2 - m_\mu^2}{2m_M^2}(E_M + p_M) \approx \left(1 - \frac{m_\mu^2}{m_M^2}\right) \cdot E_M = \begin{cases} 0.427 \cdot E_\pi \\ 0.954 \cdot E_K \end{cases},$$

wobei das Ungefähr-Gleich-Zeichen für hohe Energien $E_M \gg m_M$ gilt. Da das Meson in seinem Ruhesystem isotrop zerfällt ($dN_\nu/d\cos\theta_\nu^* = \text{const.}$), ist das E_ν-Spektrum bei festem p_M wegen (3.3) ($dE_\nu \propto p_M d\cos\theta_\nu^*$) zwischen den beiden Extrema (3.4) flach:

$$\phi_\nu(E_\nu) \equiv \frac{dN_\nu}{dE_\nu} \propto \frac{1}{p_M}\Theta(E_{\nu\text{max}} - E_\nu) \quad \text{mit} \quad \Theta(x) = \begin{cases} 0 \text{ für } x < 0 \\ 1 \text{ für } x > 0 \end{cases}. \quad (3.5)$$

Für ein Energiespektrum $\phi_M(E_M)$ der zerfallenden Mesonen (bei einem Breitband-Strahl, Kap. 3.2.2) zwischen $E_{M\text{min}}$ und $E_{M\text{max}}$ erhält man also das E_ν-Spektrum

$$\phi_\nu(E_\nu) \propto \int_{E_{M\text{min}}}^{E_{M\text{max}}} dE_M \phi_M(E_M) \frac{1}{p_M}\left[\frac{m_M^2 - m_\mu^2}{m_M^2}E_M - E_\nu\right]. \quad (3.6)$$

Dieses Spektrum hat die in Abb. 3.4 skizzierte Form, wobei die Punkte A und B nach (3.4) die $E_{\nu\text{max}}$-Werte für $E_{M\text{min}}$ bzw. $E_{M\text{max}}$ angeben.

Aus (3.3) folgt durch Elimination von $\cos\theta_\nu^*$ die wichtige Beziehung zwischen E_ν und θ_ν im Laborsystem:

$$E_\nu(\theta_\nu) = \frac{m_M^2 - m_\mu^2}{2(E_M - p_M\cos\theta_\nu)} \approx E_M \frac{m_M^2 - m_\mu^2}{m_M^2 + E_M^2\theta_\nu^2} \approx E_{\nu\text{max}}\frac{1}{1 + \gamma_M^2\theta_\nu^2} \quad (3.7)$$

$$\text{mit} \quad \gamma_M = \frac{E_M}{m_M}.$$

Dabei gilt die ungefähre Gleichheit für hohe Energien E_M und kleine Zerfalls-winkel θ_ν, da wegen des großen Abstandes L zwischen dem Zerfallsort und dem Detektor mit radialer Größe R nur kleine $\theta_\nu \lesssim R/L$ (Abb. 3.3) vom Detektor erfaßt werden. Dies bedeutet nach (3.7), daß nur der hochenergetische Teil des E_ν-Spektrums auf den Detektor trifft ($E_\nu(0) = E_{\nu\text{max}}$).

3.2.2   Schmalband- und Breitband-Strahl

Man unterscheidet im wesentlichen zwei Arten von Neutrinostrahlen, nämlich einen *Schmalband-Strahl (Narrow-band beam*, NBB) und einen *Breitband-Strahl (Wide-band beam*, WBB).

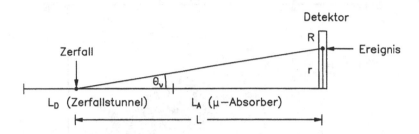

Abb. 3.5 Geometrischer Zusammenhang zwischen Zerfallsort (Abstand L vom Detektor), Zerfallswinkel θ_ν und radialem Ort r eines Ereignisses im Detektor (Detektorradius R). L_D = Länge des Zerfallstunnels, L_A = Abstand zwischen Ende des Zerfallstunnels und Detektor (im wesentlichen Länge des μ-Absorbers).

a) Schmalband-Strahl (NBB)

In einem NBB (Abb. 3.3a) [Fis82, Ber87] werden hinter dem Target die im Target erzeugten Sekundärteilchen mit Hilfe von Quadrupolmagneten gesammelt und aus der Vielzahl dieser Teilchen mit Hilfe von Ablenkmagneten (Dipolen) diejenigen mit einem bestimmten Ladungsvorzeichen und mit Impulsen innerhalb eines schmalen Impulsbandes (typisch $\Delta p_M/p_M \approx \pm 5\%$) an einem Impulsschlitz ausgesondert. Diese ladungs- und impulsselektierten Teilchen werden mit Hilfe von weiteren Quadrupolen zu einem (fast) parallelen Sekundärstrahl geformt, der in den Zerfallstunnel gelenkt wird. Dort zerfällt, wie in Kap. 3.2.1 beschrieben, ein Teil der Pionen und Kaonen des Strahls im Fluge.

Bei vorgegebenem Meson (π oder K) besteht wegen der (annähernden) Monochromatizität und Parallelität des Mesonenstrahls für festen Abstand L zwischen Zerfallsort und Detektor eine eindeutige Beziehung zwischen dem radialen Abstand $r\,(\leq R)$, den ein Neutrino-Ereignis im Detektor von der Strahlachse hat, und der Energie E_ν des Neutrinos, nämlich die Beziehung (3.7) mit $\theta_\nu = r/L$ (Abb. 3.5). Das heißt: Auf einen Kreis mit Radius r um die Strahlachse im Detektor treffen bei festem L Neutrinos mit zwei bestimmten Energien $E_\nu^\pi(\theta_\nu)$ und $E_\nu^K(\theta_\nu)$, die sich für die beiden Fälle $M = \pi, K$ aus (3.7) ergeben, wobei $E_\nu^K(\theta_\nu) > E_\nu^\pi(\theta_\nu)$ ist. Ein NBB wird daher auch *dichromatischer Strahl* genannt. Bei festem L ließe sich also aus dem radialen Ort r eines Ereignisses die zugehörige Energie E_ν bis auf die π/K-Ambiguität bestimmen, wobei nach (3.7) E_ν umso kleiner ist, je größer r ist.

In Wirklichkeit sind die Zerfallsorte über die Länge L_D des Zerfallstunnels

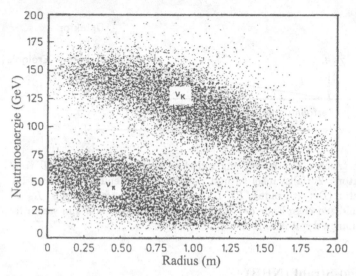

Abb. 3.6 Streudiagramm mit Punktepaaren (r, E_ν) von radialem Ereignisort r und Neutrinoenergie E_ν für CC-Ereignisse im CDHS-Detektor im NBB des CERN-SPS mit $E_M = 160$ GeV. Die beiden zu ν_π und ν_K gehörenden Bänder sind gut voneinander getrennt. Aus: P. Berge et al. (CD-HSW), Z. Phys. **C35** (1987) 443.

verteilt: $L_A \leq L \leq L_D + L_A$, wobei L_A der Abstand zwischen Ende der Zerfallsstrecke und Detektor ($\approx$ Länge des Myonabsorbers) ist (Abb. 3.5). Daher sind bei gegebenem r die θ_ν- und damit E_ν-Werte über eine gewisse Bandbreite verschmiert[‡]; die E_ν-Bandbreite ist nach (3.7) gegeben durch:

$$\frac{\Delta E_\nu}{E_{\nu\text{max}}} = \frac{1}{1 + \gamma_M^2 \left[r/(L_D + L_A)\right]^2} - \frac{1}{1 + \gamma_M^2 \left[r/L_A\right]^2} . \tag{3.8}$$

Abb. 3.6 zeigt als Beispiel ein Streudiagramm mit Punktepaaren (r, E_ν) von CC-Ereignissen $\nu_\mu N \to \mu X$ im CDHS-Detektor (Kap. 3.3) für einen NBB von $E_M = 160$ GeV [Ber87]. Dabei wurde E_ν eines Ereignisses durch Messung der Myonenergie E_μ und der Hadronenenergie E_X im Detektor bestimmt:

$$E_\nu + m_N = E_\mu + E_X . \tag{3.9}$$

Die beiden zu $M = \pi, K$ gehörenden Energiebänder sind klar zu erkennen und deutlich voneinander getrennt. Das hochenergetische ν_K-Band stammt

---

[‡]Eine weitere kleine Verschmierung entsteht durch die endliche Länge des Detektors, die aber klein gegen L_D und L_A ist.

Abb. 3.7
Schematisiertes Energiespektrum
der auf einen Detektor treffenden
Neutrinos aus π-Zerfällen (ν_π)
und K-Zerfällen (ν_K) in einem
NBB.

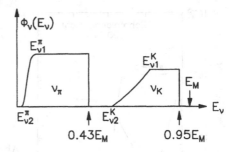

aus K-Zerfällen, das niederenergetische ν_π-Band aus π-Zerfällen $(\nu_{\pi,K} \equiv \nu_\mu$ aus π, K-Zerfall). Wie die Abbildung zeigt, läßt sich aus dem radialen Ort r eines Ereignisses die Energie E_ν bis auf die π/K-Ambiguität ungefähr abschätzen.

Wir diskutieren nun das Flußspektrum $\phi_\nu(E_\nu)$ der auf den Detektor treffenden Neutrinos, integriert über die radiale Detektorausdehnung R. $\phi_\nu(E_\nu)$ hat die in Abb. 3.7 skizzierte idealisierte Form, die man anhand von Abb. 3.5 leicht verstehen kann: Für $0 < \theta_\nu < R/(L_D + L_A)$ trägt die gesamte Zerfallsstrecke zum Neutrinofluß bei; es treffen also *alle* Neutrinos mit einem solchen θ_ν auf den Detektor. Da bei festem p_M des NBB das *insgesamte* E_ν-Spektrum (unabhängig davon, ob ein ν auf den Detektor trifft oder nicht) nach (3.5) flach ist, ist $\phi_\nu(E_\nu)$ zwischen $E_{\nu max} = E_\nu[\theta_\nu = 0]$ und $E_{\nu 1} \equiv E_\nu[\theta_\nu = R/(L_D + L_A)]$ flach. Für $R/(L_D + L_A) < \theta_\nu < R/L_A$ trägt nur ein Teil der Zerfallsstrecke zum ν-Fluß bei; diese Teilstrecke ist umso kleiner, je größer θ_ν (d.h. je kleiner E_ν) ist. Daher fällt $\phi_\nu(E_\nu)$ unterhalb von $E_{\nu 1}$ ab und erreicht Null bei $E_{\nu 2} \equiv E_\nu[\theta_\nu = R/L_A]$; Neutrinos mit größerem θ_ν (kleinerem E_ν) treffen den Detektor nicht mehr. Das Flußspektrum $\phi_\nu(E_\nu)$ in Abb. 3.7 hat eine ν_π- und eine ν_K-Komponente, wobei sich das Verhältnis der beiden Komponenten aus dem meßbaren Pion-zu-Kaon-Verhältnis im impulsselektierten Mesonenstrahl ergibt (siehe unten).

In einem NBB-Experiment wird das absolute Flußspektrum $\phi_\nu(E_\nu)$ aus der bekannten Geometrie und Optik des Sekundärstrahls sowie der Zerfallskinematik für π und K mit Hilfe eines Monte-Carlo (MC)-Programms berechnet. Dazu gibt es zwei voneinander unabhängige Methoden [Ber87]:

• In der ersten Methode werden die *Gesamtintensität (Fluß)* und die *Teilchenzusammensetzung* (e, μ, π, K, p) des selektierten, parallelen Sekundärstrahls als Meßgrößen in das MC-Programm eingegeben. Die Intensität kann durch Strahl-Strom-Umwandler (beam-current transformers, BCT[§]) [Ber87]

[§]Ein BCT ist im wesentlichen eine Induktionsspule, durch die der zu messende Teilchenstrahl hindurchfliegt.

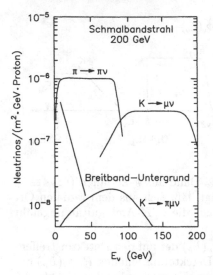

Abb. 3.8
Komponenten des Energiespektrums der auf den CDHS-Detektor treffenden ν_μ des NBB am CERN-SPS bei $p_M = 200$ GeV/c. Die Spektren des niederenergetischen Breitbanduntergrundes und der ν_μ aus $K_{\mu 3}$-Zerfällen sind ebenfalls eingezeichnet. Nach [Ber87].

oder durch eine Ionisationskammer [Mac84] unmittelbar vor dem Zerfallstunnel gemessen werden. Die Teilchenzusammensetzung wird mit einem Gas-Differential-Cherenkovzähler (z.b. He) vor dem Zerfallstunnel durch Änderung des Gasdrucks bei festem Cherenkovwinkel gemessen.

• In der zweiten Methode wird der absolute *Myonenfluß* $\phi_\mu(\ell, r)$ der Zerfallsmyonen aus (3.1) an verschiedenen Stellen (ℓ, r) im Myonschirm gemessen und vom MC-Programm verwendet. Dabei ist ℓ die longitudinale Eindringtiefe des μ in den Absorber entlang der Strahlrichtung und r der radiale Abstand von der Strahlachse. Die Messung geschieht z.b. durch Festkörperdetektoren (solid state detectors, SSD) und/oder Ionisationskammern, die an verschiedenen Stellen (ℓ, r) innerhalb des Eisenteils des Myonabsorbers installiert sind. Bei dieser zweiten Methode benutzt das MC-Programm auch die bekannte Energie-Reichweite-Beziehung für Myonen in Eisen.

Abb.3.8 zeigt als Beispiel das Flußspektrum des von der CDHS-Kollaboration [Ber87] benutzten ν_μ-NBB am CERN-SPS bei $p_M = 200$ GeV/c (siehe auch Abb. 3.9). Die beiden in Abb.3.7 skizzierten Komponenten ν_π und ν_K mit flachem Spektralverlauf sind gut zu erkennen. Die über E_ν integrierten Flüsse betragen nach Abb. 3.8 $\phi(\nu_\pi) \approx 8 \cdot 10^8$ und $\phi(\nu_K) \approx 3 \cdot 10^8$ pro m^2 Detektorfläche und pro 10^{13} Protonen auf das Target. Die Flüsse in einem $\bar{\nu}_\mu$-NBB sind kleiner als die ν_μ-Flüsse, da in einer Protonreaktion im Target im Mittel mehr hochenergetische π^+, K^+ als π^-, K^- erzeugt werden (Abb. 3.9).

Ein NBB hat eine nur geringe *Verunreinigung* (*Untergrund*) durch „falsche" Neutrinos. Für einen ν_μ-NBB sind dies im wesentlichen $\bar{\nu}_\mu$ und ν_e sowie ν_μ

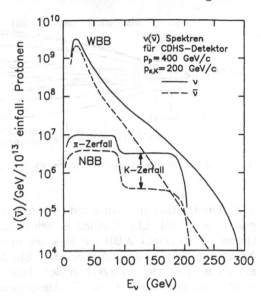

Abb. 3.9 Energiespektren der auf den CDHS-Detektor treffenden ν_μ (volle Kurven) bzw. $\bar{\nu}_\mu$ (gestrichelte Kurven) des WBB bzw. des NBB (mit $p_M = 200$ GeV/c) am CERN-SPS. Nach [Ste89].

mit zu niedriger Energie; für einen $\bar{\nu}_\mu$-NBB sind es im wesentlichen ν_μ und $\bar{\nu}_e$ sowie $\bar{\nu}_\mu$ mit zu niedriger Energie. Mögliche Quellen für solche Verunreinigungen sind:

- π, K-Zerfälle *vor* der Ladungs- und Impulsselektion.
- K_{e3} und $K_{\mu3}$-Zerfälle

$$K^+ \to \pi^0 e^+ \nu_e, \quad K^+ \to \pi^0 \mu^+ \nu_\mu$$
$$K^- \to \pi^0 e^- \bar{\nu}_e, \quad K^- \to \pi^0 \mu^- \bar{\nu}_\mu \tag{3.10}$$

mit den Verzweigungsverhältnissen $BR = 4.8\%$ für K_{e3} und 3.2% für $K_{\mu3}$ [PDG96].
- Zerfälle $\mu^+ \to e^+ \bar{\nu}_\mu \nu_e$, $\mu^- \to e^- \nu_\mu \bar{\nu}_e$ von Myonen aus π, K-Zerfällen (3.1). Dieser Beitrag zum Untergrund ist jedoch klein wegen der relativ langen μ-Lebensdauer.
- Zerfälle von Mesonen, die in Reaktionen von Hadronen im Absorber erzeugt wurden.

In Abb. 3.8 ist das Flußspektrum des niederenergetischen „Breitband-Untergrundes" und der ν_μ aus $K_{\mu3}$-Zerfällen eingezeichnet.
Zusammenfassend läßt sich sagen, daß ein NBB die folgenden *Vorteile* hat: flaches Flußspektrum bei hohen Energien, einfache Messung und Berechnung des Flußspektrums, Abschätzung der Energie E_ν eines Ereignisses (bis auf

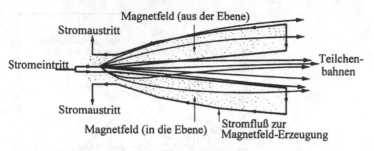

Abb. 3.10 Skizze des Magnetischen Horns. Nach [Sut92].

π/K-Ambiguität) aus seiner radialen Position im Detektor, geringer Untergrund im Strahl. Ein *Nachteil* ist seine relativ niedrige Intensität, da im Gegensatz zu einem WBB nur Mesonen in einem schmalen Impulsband als Neutrinoquellen ausgesondert werden. Ein NBB wird daher in Verbindung mit einem Detektor (Target) großer Masse und zur Untersuchung von ν-Reaktionen mit relativ großen Wirkungsquerschnitten benutzt.

b) Breitband-Strahl (WBB)

In einem WBB (Abb. 3.3b) [DeW89] findet keine Impulsselektion statt; vielmehr werden Mesonen in einem breiten Impulsband akzeptiert, um einen möglichst hohen Neutrino-Fluß zu erzielen. An die Stelle der Dipole und Quadrupole eines NBB tritt in einem WBB ein sogenanntes *Magnetisches Horn* (*Van der Meer-Horn* [Gie63, Wac94], 1961 von Van der Meer erfunden) unmittelbar hinter dem Target. Das Magnetische Horn (Abb. 3.10) besteht aus zwei hornförmigen, um die Strahlachse rotationssymmetrischen (konzentrischen) Leitern. Synchron mit jedem Beschleunigerpuls wird das Horn von einem hohen Strompuls (einige 10^5 Amp) durchflossen, wobei der gepulste Strom in den inneren Leiter hinein- und im äußeren Leiter zurückfließt. Dadurch bilden die beiden Leiter zusammen eine Art Toroidmagneten mit einem Magnetfeld, dessen Feldlinien konzentrische Kreise um die Strahlachse sind. Durch dieses Magnetfeld werden mittel- und niederenergetische, unter größerem Winkel aus dem Target austretende Mesonen mit dem gewünschten Ladungsvorzeichen (+ für ν_μ bzw. − für $\overline{\nu}_\mu$) zur Strahlachse „hingebogen", während die Mesonen mit der entgegengesetzten Ladung von der Strahlachse weggelenkt, also defokussiert werden. Hochenergetische Mesonen dagegen, die ungefähr in Vorwärtsrichtung erzeugt werden, werden durch das Magnetische Horn praktisch nicht beeinflußt. Durch das Horn wird also eine gewisse Ladungsselektion sowie eine annähernde Parallelisierung des Mesonenstrahls und damit eine beträchtliche Flußerhöhung des Neutrino-Strahls erreicht.

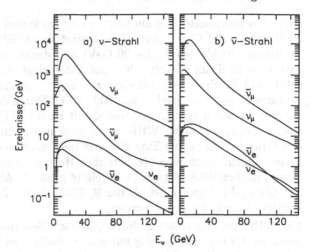

Abb. 3.11
Energiespektren (in will-
kürlichen Einheiten) der
auf den CHARM-Detek-
tor treffenden Neutrinos,
(a) im ν_μ-WBB und (b)
im $\bar{\nu}_\mu$-WBB am CERN-
SPS. Nach [Dor89].

Zur Erhöhung des Selektions- und Sammeleffekts wird oft hinter dem ersten
Horn noch ein weiteres Horn, *Reflektor* genannt, installiert (Abb. 3.3b).

Die Bestimmung des Flußspektrums $\phi_\nu(E_\nu)$ für einen WBB ist schwieriger
und mit größeren Unsicherheiten und Ungenauigkeiten behaftet als für einen
NBB. Die erste oben beschriebene Methode mit Hilfe der Gesamtintensität
und Teilchenkomposition des Mesonenstrahls scheidet aus, da die Mesonen
keinen festen Impuls haben. Statt dessen kann $\phi_\nu(E_\nu)$ nach der zweiten Methode mit Hilfe von MC-Simulationen aus der Messung des μ-Flusses $\phi_\mu(\ell, r)$
im Eisenabsorber berechnet werden [All84, Hai88, Wac94], wobei Annah-
men (z.B. aus theoretischen Modellen) u.a. über das Energiespektrum der
im Target erzeugten Pionen und Kaonen in die MC-Rechnung eingehen. Eine andere Methode [Ade86, Dor89] besteht darin, daß die Energieverteilung
$N_{ev}(E_\nu)$ von Ereignissen einer (häufigen) Reaktion mit *bekanntem* Wirkungsquerschnitt $\sigma(E_\nu)$ im Detektor gemessen wird; $\phi_\nu(E_\nu)$ ergibt sich dann aus
der Beziehung

$$N_{ev}(E_\nu) = C \cdot \phi_\nu(E_\nu) \cdot \sigma(E_\nu), \tag{3.11}$$

wobei C eine bekannte Normierungskonstante ist. Man kann z.B. $N_{ev}(E_\nu)$ für
alle inelastischen Ereignisse im Detektor messen, deren Wirkungsquerschnitt
linear mit E_ν ansteigt (Kap. 5.1.2).

Abb. 3.9 zeigt als Beispiel die Flußspektren [Ste89] des ν_μ-WBB (volle Kurve) und des $\bar{\nu}_\mu$-WBB (gestrichelte Kurve), die von Protonen mit 400 GeV/c
aus dem CERN-SPS erzeugt wurden, am CDHS-Detektor. Zum Vergleich
sind auch die Flußspektren der beiden NBB für $p_M = 200$ GeV/c eingetragen (vergl. Abb. 3.8 für ν_μ). Wie man sieht, hat ein WBB wegen der

fehlenden Impulsselektion ein breiteres E_ν-Spektrum ($E_\nu \lesssim 300$ GeV) als ein NBB ($E_\nu \lesssim 200$ GeV). Außerdem besitzt das WBB-Spektrum ein starkes Maximum bei kleinen E_ν (~ 20 GeV) und danach einen steilen Abfall (logarithmische Skala in Abb. 3.9!). Der Abfall zeigt eine „Schulter", die daher rührt, daß das Spektrum aus einer π-Komponente und einer K-Komponente zusammengesetzt ist (siehe auch Abb. 3.11). Durch den steilen Abfall ist die mittlere Strahlenergie $\langle E_\nu \rangle_{\mathrm{str}}$ und damit nach (3.11) die mittlere Ereignisenergie $\langle E_\nu \rangle_{ev}$ für einen WBB[§] im allgemeinen geringer als für einen NBB. Der Grund dafür ist die Tatsache, daß insbesondere die niederenergetischen Pionen und Kaonen vom Magnetischen Horn gesammelt werden, deren Zerfallswahrscheinlichkeit nach (3.2) relativ groß ist. Abb. 3.9 zeigt weiterhin, daß der ν_μ-Fluß größer ist als der $\overline{\nu}_\mu$-Fluß, da im Target mehr positive als negative Mesonen erzeugt werden.

Ein WBB ist relativ stark durch „falsche" Neutrinos verunreinigt, da die Mesonen der falschen Ladung nur unvollständig vom Magnetischen Horn beseitigt werden. Dies gilt insbesondere für die hochenergetischen Mesonen. Im Falle eines $\overline{\nu}_\mu$-Strahls kann bei hohen E_ν der ν_μ-Untergrund unter Umständen größer sein als der $\overline{\nu}_\mu$-Fluß selbst, da im Target mehr K^+ als K^- erzeugt werden. Als Beispiel zeigt Abb. 3.11 die E_ν-Spektren am CHARM-Detektor [Dor89] mit den jeweiligen Verunreinigungen, d.h. $\overline{\nu}_\mu, \nu_e, \overline{\nu}_e$ für den ν_μ-WBB bzw. $\nu_\mu, \overline{\nu}_e, \nu_e$ für den $\overline{\nu}_\mu$-WBB.

Die fehlende Impulsselektion bei einem WBB hat auch zur Folge, daß die Energie E_ν eines Ereignisses nicht aus seinem Ort im Detektor abgeschätzt werden kann. Sie muß vielmehr mit Hilfe der Erhaltungssätze aus der Kinematik des Ereignisses bestimmt werden (Kap. 3.3).

Neben den genannten *Nachteilen* eines WBB im Vergleich zu einem NBB (schwierigere Flußbestimmung, stärkere Verunreinigung, niedrigere Energie und steil abfallendes Spektrum, keine Abschätzung der Neutrinoenergie) hat ein WBB wegen des breiten akzeptierten Impulsbereichs natürlich einen entscheidenden *Vorteil*, der aus dem Vergleich von WBB und NBB in Abb. 3.9 sofort ersichtlich ist, nämlich seine wesentlich höhere Intensität (Fluß); sie ist ~ 10 bis 100 mal höher als bei einem NBB. Ein WBB wird daher benutzt, wenn die Detektormasse (Targetmasse) klein ist (z.B. mit flüssigem Wasserstoff gefüllte Blasenkammer zur Untersuchung von $\nu p/\overline{\nu}p$-Reaktionen, Kap. 3.3) oder wenn seltene Neutrinoreaktionen gesucht bzw. mit genügend großer Statistik erforscht werden sollen (z.B. νe-Reaktionen, Kap. 4).

Schließlich sei als Modifikation eines WBB der *Hochband-Strahl* (*High-band beam*, HBB, auch *Quadrupoltriplett-Strahl* genannt) erwähnt, wie er am Fer-

---

[§]Beim SPS-WBB z.B. betrug $\langle E_\nu \rangle_{\mathrm{str}} \approx 24$ GeV (19 GeV) für den ν_μ ($\overline{\nu}_\mu$)-Strahl [Gei90a] und $\langle E_\nu \rangle_{ev} \approx 55$ GeV (38 GeV) für ν_μ ($\overline{\nu}_\mu$)-Ereignisse mit $E_\nu > 10$ GeV.

milab benutzt wurde [Fis82]. In ihm geschieht die Fokussierung mit Hilfe eines Quadrupoltripletts statt eines Magnetischen Horns, wobei der niederenergetische Teil des Mesonenspektrums zum großen Teil unterdrückt wird. Dadurch erhöht sich der Anteil höherenergetischer Neutrinos (aus K-Zerfällen). Z.B. betrug für den ν_μ ($\bar\nu_\mu$)-HBB am Tevatron die mittlere Strahlenergie $\langle E_\nu \rangle_{\mathrm{str}} \approx 80$ GeV (70 GeV) und die mittlere Energie der Ereignisse $\langle E_\nu \rangle_{ev} \approx 150$ GeV (110 GeV) [DeP94].

3.3   Neutrino-Detektoren an Beschleunigern

Neutrino-Detektoren [Fis82, Eis86, Per95] für die Untersuchung hochenergetischer Neutrinoreaktionen sind dadurch gekennzeichnet, daß sie eine möglichst große Masse haben und daß in ihnen Target und Detektor eine Einheit bilden, d.h. das Target gleichzeitig als Detektor dient. Diese Kennzeichen sind dadurch bedingt, daß die Wirkungsquerschnitte für ν-Reaktionen extrem klein sind (Kap. 4, 5) und daß der Neutrino-Strahl diffus über eine große Fläche ausgebreitet ist (Kap. 3.2).

Ein idealer ν-Detektor sollte die folgenden Anforderungen erfüllen:

• Große Targetmasse wegen der kleinen Wirkungsquerschnitte.

• Identifikation eines geladenen Leptons (e, μ), um u.a. CC-Ereignisse von NC-Ereignissen unterscheiden zu können.

• Messung der Energie und des Winkels des geladenen Leptons, um die kinematischen Variablen eines Ereignisses bestimmen zu können (Kap. 5.1.1).

• Messung der Gesamtenergie aller Hadronen, um u.a. die nicht meßbare Neutrinoenergie eines Ereignisses nach (3.9) bestimmen zu können.

• Identifikation der einzelnen sekundären Hadronen h einer Reaktion und Messung ihrer Impulse $\boldsymbol{p}_h$, um den hadronischen Endzustand näher untersuchen zu können (Kap. 5.1.7).

• Nachweis und Messung von kurzlebigen Teilchen, um die Erzeugung von Hadronen mit Charm (c-Quark) oder Beauty (b-Quark) in ν-Reaktionen erforschen zu können.

• Benutzung verschiedener Targetkerne, z.B. Wasserstoff H_2, Deuterium D_2, schwerere Kerne. H_2 und D_2 als Targets sind wichtig, um ν-Reaktionen an freien Protonen bzw. quasifreien Neutronen untersuchen zu können.

Es gibt keinen realistischen Detektor, der alle diese Anforderungen gleichzeitig erfüllt, schon deshalb nicht, weil sich einige Anforderungen gegenseitig ausschließen. Die Wahl des Detektors hängt deshalb von den in einem Experiment zu untersuchenden Fragestellungen ab. Demnach gibt es – grob gesprochen – drei verschiedene Typen von ν-Detektoren:

• Elektronische Detektoren mit schweren Targetkernen, z.B. Fe. Diese Detektoren sind gekennzeichnet durch eine große Targetmasse, eine gute Messung der hadronischen Gesamtenergie durch ein *Kalorimeter*, das gleichzeitig Target ist (*Target-Kalorimeter*), sowie eine zuverlässige Identifikation und genaue Messung eines Myons durch ein *Myonspektrometer*. Solche Detektoren wurden vor allem dazu benutzt, die Strukturfunktionen des isoskalaren Nukleons mit hoher statistischer und systematischer Genauigkeit zu messen (Kap. 5). Die beiden wichtigsten Vertreter dieses Typs waren der Detektor der CERN-Dortmund-Heidelberg-Saclay (CDHS)-Kollaboration [Hol78, Blo90, Ber91] am CERN und der Detektor der Chicago-Columbia-Fermilab-Rochester (CCFR)-Kollaboration [Sak90] am Fermilab.

• Elektronische Detektoren mit feiner Granularität (d.h. Unterteilung in kleine Meßzellen) und mit leichten Targetkernen (niedrige Kernladungszahl Z), z.B. Marmor oder Glas. Diese Detektoren erlauben mit Hilfe der Kalorimetrie die Identifizierung eines Elektrons durch die Form seines elektromagnetischen Schauers, die Messung von Energie und Winkel des Elektrons sowie die Messung von Energie und Richtung des Hadronensystems aus dem hadronischen Schauer; außerdem liefert ein magnetisches Myonspektrometer die Identifikation und Impulsmessung eines Myons. Mit solchen Detektoren sind νe-Reaktionen (Kap. 4.2) und inelastische NC-Reaktionen (Kap. 5.2) untersucht worden. Zwei Vertreter dieses Typs waren der Detektor der CERN-Hamburg-Amsterdam-Rom-Moskau (CHARM)-Kollaboration [Did80, Dor89, Pan95] und der CHARM II-Detektor [DeW89, Win91a, Gei93, Pan95], beide beim CERN.

• Große Blasenkammern, wobei die Blasenkammerflüssigkeit gleichzeitig das Target und den Spurdetektor für die Teilchen aus den Neutrinoereignissen darstellt. Dabei ist von Vorteil, daß in den Stereoaufnahmen einer Blasenkammer ein solches Ereignis mit seinen Spuren, insbesondere auch der Ort des Ereignisses (*Ereignisvertex*), mit dem Auge direkt und vollständig zu erkennen ist. Außerdem können die Teilchenspuren mit hoher Genauigkeit vermessen werden. Eine Blasenkammer ist deshalb vorzüglich geeignet, auch komplizierte Reaktionen in allen Einzelheiten zu analysieren (siehe z.B. Abb. 3.17); sie ermöglicht die detaillierte Untersuchung der hadronischen Endzustände (Kap. 5.1.7) von ν-Reaktionen. Eine Blasenkammer kann mit flüssigem Wasserstoff oder Deuterium gefüllt werden, so daß sich ν-Reaktionen an freien Protonen bzw. quasifreien Neutronen untersuchen lassen. Allerdings haben diese beiden leichten Füllungen neben der Notwendigkeit einer aufwendigen Kryotechnik (Betriebstemperatur $\sim 25°$ K für H_2, $\sim 30°$ K für D_2) zwei wesentliche Nachteile: zum einen die geringe Dichte (0.061 g/cm^3 für H_2, 0.140 g/cm^3 für D_2), so daß auch bei großem Volumen keine so große Targetmasse und damit keine so hohe Ereigniszahl wie z.B. bei einem Detektor mit Fe-Target zustande kommt; zum zweiten die große Strahlungslänge (9.7 m für H_2, 9.0 m für D_2), so daß es nur selten möglich ist, ein erzeugtes

π^0 durch seinen sofortigen Zerfall $\pi^0 \to \gamma\gamma$ mit anschließender Konversion der beiden Photonen in e^+e^--Paare nachzuweisen. Um letzteren Nachteil zu beheben, aber auch um ν-Reaktionen an Nukleonen in schwereren Targetkernen zu untersuchen, hat man als Kammerflüssigkeit auch Neon-Wasserstoff (Ne-H_2)-Gemische verwendet (Betriebstemperatur $\sim 30°$ K, Strahlungslänge ~ 35-60 cm, abhängig von der Zusammensetzung). Als die beiden größten Blasenkammern für Neutrinoexperimente seien die Große Europäische Blasenkammer (Big European Bubble Chamber, BEBC) [Har75] beim CERN und die 15-Fuß-Blasenkammer [DeP94] am Fermilab genannt.

Als konkrete Beispiele für die drei genannten Typen von ν-Detektoren besprechen wir nun den CDHS-Detektor, den CHARM II-Detektor und die Blasenkammer BEBC in näheren Einzelheiten. Zwei weitere Detektoren, CHORUS und NOMAD, mit denen beim CERN nach Neutrino-Oszillationen gesucht wird, werden in Kap. 6.3.3 vorgestellt.

a) CDHS-Detektor

Der CDHS-Detektor [Hol78, Blo90, Ber91] (Abb. 3.12, bis 1984) war ein ~ 22 m langes, 1150 t schweres *Sampling-Kalorimeter*, das gleichzeitig als Target und Detektor diente. Es bestand aus 21 Modulen (Abb. 3.12a), wobei jedes Modul ein Sandwich aus kreisförmigen Eisenplatten (Durchmesser 3.75 m) als Absorber und Ebenen von Plastikszintillatoren (Fläche $3.6 \cdot 3.6$ m^2) darstellte. Entsprechend der Wirkungsweise eines Sampling-Kalorimeters [Eis86, Fab89, Kle92, PDG94] dienten die Eisenplatten zur Bildung eines *hadronischen Schauers*, d.h. die Energie der primären Hadronen, die aus einer Neutrinoreaktion im Detektor stammten, verteilte sich auf viele Teilchen, die in sekundären, tertiären usw. inelastischen Streuprozessen an den Eisenkernen erzeugt wurden. Diese Schauerbildung ist beendet, wenn die Energie pro Teilchen so niedrig geworden ist, daß keine weitere Teilchenerzeugung mehr stattfindet. Ein typischer hadronischer Schauer im CDHS-Detektor hatte eine Länge von ~ 1 m und einen transversalen Radius von ~ 25 cm [Ste89]. Dies ist klein im Vergleich zur Größe des Detektors. Ein Bruchteil („Sample") der im Teilchenschauer enthaltenen Energie wurde in den Szintillatorschichten zwischen den Eisenplatten in Photonen umgewandelt, die in den angeschlossenen Photomultipliern ein Ladungssignal erzeugten. Aus der Pulshöhe dieser Signale ergab sich nach vorheriger Eichung des Kalorimeters die im Kalorimeter deponierte Energie und damit, falls der hadronische Schauer ganz im Kalorimeter enthalten war, die Energie E_X der in einer Neutrinoreaktion erzeugten Hadronen.

Zwischen den Kalorimetermodulen befanden sich hexagonale Driftkammern zur Messung der Myonspuren (Abb. 3.12a). Jede Driftkammer hatte drei

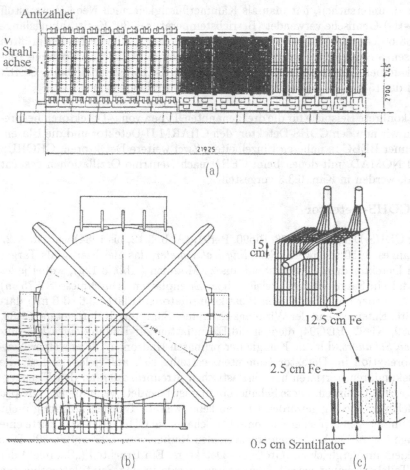

Abb. 3.12 Schematische Darstellung des CDHS-Detektors; (a) Gesamtansicht; (b) Frontansicht eines Moduls mit den Magnetspulen; die horizontalen und vertikalen Szintillatorstreifen sind für den linken unteren Quadranten eingezeichnet; (c) Aufbau eines Moduls aus Eisen und Szintillatorstreifen. Nach [Blo90].

Drahtebenen, nämlich eine mit horizontalen Drähten und die beiden anderen mit einem Drahtverlauf unter $\pm 30°$ zur Senkrechten. Die Benutzung von Driftkammern erlaubte eine Rate der Datennahme von bis zu 40 Ereignissen pro msec (40 kHz).

Die Eisenplatten waren toroidal magnetisiert, d.h. die magnetischen Feldlinien verliefen kreisförmig um die Detektor-Längsachse. Zur Erzeugung dieses toroidalen Magnetfeldes (Feldstärke 1.6 Tesla) im Eisen hatten die Module in der Mitte ein Loch, durch das die Kupferspulen verliefen, die die Eisenplatten auch außen umschlossen (Abb. 3.12b). Die durch die Driftkammern gemessene Krümmung einer Myonspur in diesem Magnetfeld ergab den Myonimpuls. Aus Myonenergie E_μ und kalorimetrisch gemessener gesamter Hadronenenergie E_X ergab sich nach (3.9) die Neutrinoenergie E_ν.

Jedes Modul diente also, zusammen mit seiner Driftkammer, gleichzeitig als Teil des Targets, des Hadronkalorimeters und des Myonspektrometers. Damit waren im CDHS-Detektor die verschiedenen Detektorfunktionen miteinander integriert. Dagegen lag im CCFR-Detektor [Sak90] das Myonspektrometer hinter dem Target-Kalorimeter, so daß Hadronkalorimetrie und Myonspektrometrie voneinander getrennt waren. Dies hatte eine geringere Myonakzeptanz, aber eine bessere Myon-Winkelauflösung als beim CDHS-Detektor zur Folge.

Im einzelnen waren die Module des CDHS-Detektors folgendermaßen aufgebaut: Jedes der ersten 10 Module bestand aus 20 Eisenplatten von je 2.45 cm Dicke und 0.5 cm dicken Szintillatorplatten dazwischen. Ein Modul hatte also eine Dicke von 59 cm, wovon 49 cm Eisen waren. Jede Szintillatorplatte war in 24 Streifen von je 15 cm Breite unterteilt, wobei jeder Streifen in zwei Hälften geteilt war (Abb. 3.12b). Fünf in Strahlrichtung aufeinander folgende Halbstreifen wurden von einem einzelnen Photomultiplier ausgelesen (Abb. 3.12c). Diese fünf aufeinander folgenden Szintillatorebenen bildeten also *eine* Ausleseebene mit 48 Photomultipliern. Somit hatte ein Modul insgesamt 4 Ausleseebenen. Die Streifen in aufeinander folgenden Ausleseebenen verliefen senkrecht zueinander (Abb. 3.12c). Durch dieses 15 cm breite Sampling in den beiden transversalen Richtungen konnte eine räumliche Auflösung von ~ 5 cm erreicht werden, d.h. ein Neutrinoereignis konnte mit einer Genauigkeit von ~ 5 cm in einer Ebene senkrecht zur Strahlrichtung lokalisiert werden.

Jedes der nächsten 5 Module hatte 15 Eisenplatten von je 5 cm Dicke und jedes der letzten 6 Module hatte 5 Eisenplatten von je 15 cm Dicke. Jedes dieser Module besaß also eine totale Eisendicke von 75 cm und wog ~ 65 to. Die Szintillatorebenen waren in horizontale Streifen von 47 cm Breite unterteilt.

Vor dem ersten Modul befand sich ein $4 \cdot 4\,\mathrm{m}^2$ großer Antizähler aus Szintillatoren, der ein Veto gegen einlaufende geladene Teilchen lieferte, die aus weiter strahlaufwärts (z.B. im Myonschirm) stattfindenden Reaktionen stammten. Um die Ereignisrate im CDHS-Detektor für $\nu_\mu N$-Reaktionen ungefähr abzuschätzen, benutzen wir (1.74). Mit einer effektiven (nützlichen) Targetmasse von $M_T \approx 800$ t ergibt sich für die Anzahl der Nukleonen im Target $N_T = M_T/m_N \approx 4.8 \cdot 10^{32}$. Die Intensitäten des SPS-NBB betrugen für die beiden Strahlkomponenten ν_π und ν_K $I_0(\nu_\pi) \approx 8 \cdot 10^8$ m^{-2} bzw. $I_0(\nu_K) \approx 3 \cdot 10^8$ m^{-2} pro Beschleunigerpuls mit 10^{13} Protonen (Kap. 3.2.2), mit mittleren Energien (Abb. 3.9) $E_\nu \approx 50$ GeV für ν_π bzw. $E_\nu \approx 150$ GeV für ν_K. Mit dem totalen Wirkungsquerschnitt (5.15) von $\sigma(\nu N) \approx 0.7 \cdot 10^{-38}$ cm$^2 \cdot E_\nu$/GeV für νN-Reaktionen erhält man mit (1.74) pro Beschleunigerpuls die mittleren Ereignisraten $Z(\nu_\pi) \approx 13$ $\nu_\pi N$-Ereignisse und $Z(\nu_K) \approx 15$ $\nu_K N$-Ereignisse, also insgesamt ~ 28 νN-Ereignisse.

b) CHARM II-Detektor

Der CHARM II-Detektor [DeW89, Win91a, Gei93, Pan95] (Abb. 3.13) wurde konstruiert, um mit ihm im horn-fokussierten WBB (Kap. 3.2.2) des CERN-SPS νe-Streuungen (Kap. 4.2.1) zu messen. Er bestand aus einem 35.7 m langen, massiven Target-Kalorimeter mit einer Gesamtmasse von 692 t und einem daran anschließenden 6.3 m langen Myonspektrometer (Abb. 3.13a). Kalorimeter und Spektrometer waren also, im Gegensatz zum CDHS-Detektor, voneinander getrennt.

Das Target-Kalorimeter besaß eine hohe Granularität. Es war zusammengesetzt aus 420 Modulen mit einer aktiven Fläche von $3.7 \cdot 3.7$ m^2. Je 20 aufeinander folgende Module bildeten eine Einheit, so daß das Kalorimeter aus 21 solchen identischen Einheiten bestand. Die letzten fünf Module einer Einheit sind in Abb. 3.13b dargestellt. Jedes Modul bestand im wesentlichen aus einer 4.8 cm (0.5 Strahlungslängen) dicken Glasplatte ($\langle Z \rangle = 11$) als Target und einer Ebene von 352 Plastik-Streamerröhren (Drahtabstand 1cm) [Iar83] dahinter. Die Streamerröhren in zwei aufeinander folgenden Modulen verliefen senkrecht zueinander (Abb. 3.13b), so daß beide transversale Ortskoordinaten gemessen wurden. Die Streamerröhren dienten zur Spurmessung sowie zur Messung der Energie und Richtung von Teilchenschauern. Jedes fünfte Modul ist mit einer $3 \cdot 3$ m^2 großen Ebene aus 20 Szintillatorstreifen (Dicke 3 cm, Breite 15 cm) ausgerüstet, mit denen der spezifische Energieverlust dE/dx von Teilchenspuren gemessen wurde (Abb. 3.13b). Die hohe Granularität des Kalorimeters sowie die niedrige Kernladungszahl Z des Targetmaterials gewährleisteten eine gute Winkelauflösung und lieferten, zusammen mit dem feinen Sampling, eine zuverlässige Unterscheidung zwischen einem elektromagnetischen Schauer (verursacht z.B. durch das Elektron einer

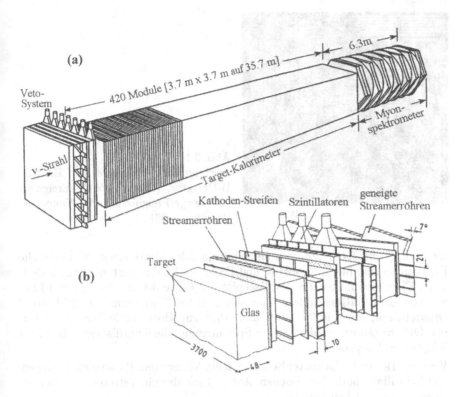

Abb. 3.13 Schematische Darstellung (a) des CHARM II-Detektors, bestehend aus Vetosystem, Target-Kalorimeter und Myonspektrometer; (b) der letzten 5 Module einer Einheit. Nach [Gei91, Gei93].

νe-Streuung) und einem hadronischen Schauer (verursacht z.B. durch die Hadronen aus einer νN-Streuung). Die Energieauflösung für Elektronen betrug $\Delta E/E = 0.23/\sqrt{E/\text{GeV}} + 0.05$, die Winkelauflösung (Genauigkeit der Richtung des elektromagnetischen Schauers) betrug $\Delta\theta \approx 17$ mrad$/\sqrt{E/\text{GeV}}$. Abb. 3.14 [Win91a] zeigt je zwei Ansichten (a) eines νN-CC-Ereignisses und (b) eines νe-Ereignisses im CHARM II-Detektor. In (a) sieht man einen breiten hadronischen Schauer und die Myonspur, in (b) den schmalen Elektronschauer.

Das Myonspektrometer diente der Impulsmessung von Myonen aus νN-CC-Ereignissen im Target. Es bestand aus 6 kreisförmigen, toroidal magnetisierten Eisenmodulen und 9 hexagonalen Driftkammermodulen, wobei Ei-

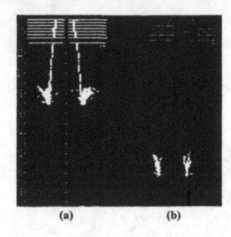

(a)   (b)

Abb. 3.14
Zwei typische Ereignisse im CHARM II-Detektor, (a) ein $\nu_\mu N$-CC-Ereignis, (b) ein $\nu_\mu e$-Ereignis. Aus: K. Winter, in [Win91], p. 381.

senmodule und Driftkammermodule miteinander alternierten (2 zusätzliche Driftkammermodule am Anfang und Ende des Spektrometers, Abb. 3.13a). Jedes Eisenmodul bestand aus Eisenplatten (Gesamtdicke 50 cm) mit 4 Ebenen von Szintillationszählern dazwischen; jedes Driftkammermodul hatte 3 Drahtebenen, die mit $0°$, $+60°$ und $-60°$ zur Horizontalen orientiert waren. Die Driftkammern dienten zur Spurmessung, die Szintillationszähler zum Triggern auf Myonen.

Vor dem Target-Kalorimeter befand sich ein Vetosystem (Sandwich aus Eisen- und Szintillatorhodoskop-Ebenen, Abb. 3.13a), das ein Veto gegen einlaufende geladene Teilchen lieferte.

c) Blasenkammer BEBC

Die Große Europäische Blasenkammer BEBC (Abb. 3.15) [Har75], die viele Jahre (bis 1983) im WBB des CERN-SPS in der Westhalle (West Area, WA) vor dem CDHS- und CHARM-Detektor betrieben wurde, hatte eine zylindrische Form mit einem Innendurchmesser von 3.7 m und einer Höhe von ca. 4 m. Ihr Gesamtvolumen betrug 35 m^3, das sichtbare Volumen betrug 22 m^3. Der Kammerkörper (Druckgefäß) bestand aus 5 cm dickem rostfreiem Stahl. Das Kammerinnere wurde von oben von 5 Kameras mit Weitwinkelobjektiven durch je 3 konzentrische Fenster (Maxwellsche Fischaugen) hindurch stereoskopisch photographiert. Der 1.8 to schwere Expansionskolben befand sich am Boden der Kammer. Abb. 3.16 zeigt ein Photo des Kammerkörpers.

BEBC stand in einem homogenen vertikalen Magnetfeld von 3.5 Tesla, das durch zwei supraleitende Spulen aus NbTi (Gewicht 276 t, Stromstärke 5700

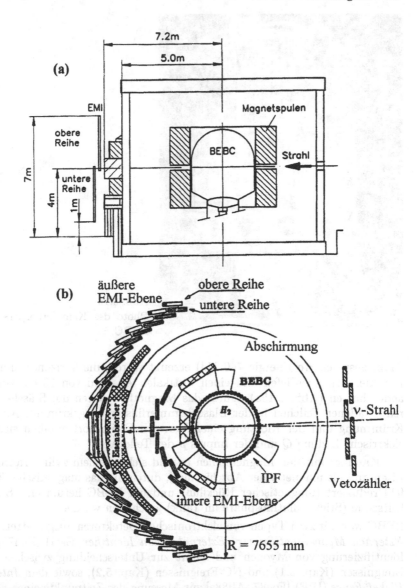

Abb. 3.15 Schematische Darstellung von BEBC mit Magnetspulen, magnetischer
Abschirmung, Vetozähler, Eisenabsorber, innerer und äußerer EMI-
Ebene und Internal Picket Fence IPF; (a) Vertikalschnitt (ohne Ve-
tozähler, IPF und innerer EMI-Ebene), (b) Horizontalschnitt.

Abb. 3.16
Photo des Kammerkörpers von BEBC.

Amp, gespeicherte Energie 740 MJ) erzeugt wurde, die horizontal um den Kammerkörper verliefen und einen vertikalen Abstand von 50 cm voneinander hatten (Abb. 3.15a). Durch das Magnetfeld waren die Bläschenspuren geladener Teilchen in der Blasenkammerflüssigkeit gekrümmt. Aus der Krümmung und der Richtung einer Spur am Ereignisort ergaben sich die elektrische Ladung Q und der Impuls p des Teilchens.

Die Kammer mit den Magnetspulen befand sich in einem zylinderförmigen Eisentank als magnetischer Abschirmung, durch die das magnetische Streufeld reduziert (magnetischer Rückfluß) und um BEBC herum eine Sicherheitszone (Stickstoffatmosphäre im Tank) geschaffen wurde.

BEBC war mit zwei Typen von elektronischen Detektoren ausgestattet, dem *Externen Myon-Identifizierer* (*External Muon Identifier*, EMI) [Beu78] zur Identifizierung von Myonen und damit zur Unterscheidung zwischen CC-Ereignissen (Kap. 5.1) und NC-Ereignissen (Kap. 5.2), sowie dem *Internal Picket Fence* (IPF) [Foe87, All88a] zur Messung des Zeitpunkts eines Ereignisses in BEBC.

Der EMI bestand aus zwei Ebenen (äußere und innere EMI-Ebene, Abb. 3.15) von *Vieldrahtproportionalkammern*; jede dieser Kammern (Module) hatte eine Höhe von 3 m und eine Breite von 1 m. Die *äußere EMI-Ebene* lag strahlabwärts außerhalb der magnetischen Eisenabschirmung und umgab BEBC ungefähr halbkreisförmig in einem Abstand von $\sim$ 7.6 m vom BEBC-Mittelpunkt. Sie setzte sich zusammen aus zwei übereinander liegenden Reihen von insgesamt 49 Modulen (obere und untere Reihe in Abb. 3.15), hatte also eine Höhe von $\sim$ 6 m. Ihre Länge betrug $\sim$ 25 m, so daß sie eine Fläche von $\sim$ 150 m^2 überdeckte, entsprechend einem Raumwinkel von $-80°$ bis $+80°$ horizontal und $-20°$ und $+20°$ vertikal. Die *innere EMI-Ebene* lag innerhalb der Eisenabschirmung strahlabwärts in einem Abstand von $\sim$ 4 m vom BEBC-Mittelpunkt und bestand aus 6 (später 8) nebeneinander liegenden Modulen (Abb. 3.15). Sie überdeckte einen Raumwinkel von $-43°$ bis $+35°$ horizontal und $-18°$ bis $+18°$ vertikal. Zwischen dem BEBC-Körper und den EMI-Ebenen befand sich Absorbermaterial zur Absorption von Hadronen aus BEBC und zwar: Strahlaufwärts vor der inneren EMI-Ebene lagen 50 cm Blei im Vorwärtskegel sowie 2 bis 3 hadronische Wechselwirkungslängen aus Eisen und Material der Magnetspulen außerhalb des Vorwärtskegels. Vor der äußeren EMI-Ebene befanden sich zusätzlich der Eisentank und weitere Eisenschichten ($\sim$ 120 t), deren gesamte Dicke mit dem Winkel (innerhalb eines Faktors $\sim$ 2) variierte, um der winkelabhängigen Impulsverteilung der Pionen aus BEBC Rechnung zu tragen. Damit war die äußere EMI-Ebene durch ca. 8 Wechselwirkungslängen gegen Hadronen aus BEBC abgeschirmt, so daß praktisch keine Hadronen diese EMI-Ebene erreichten.

Die Myonerkennung mit Hilfe der äußeren EMI-Ebene funktionierte im Prinzip folgendermaßen: Während die Hadronen aus BEBC-Ereignissen praktisch alle im Hadronabsorber durch Wechselwirkungen mit den Kernen absorbiert wurden, konnte ein energiereiches Myon den Absorber durchdringen, die EMI-Wand erreichen und dort mit einer elektronischen Effizienz von $\sim$ 97% in einer Proportionalkammer einen Treffer (Hit) erzeugen, dessen Ort und Zeitpunkt auf Datenband registriert wurden. In der Off-line-Analyse mit Hilfe großer Computer wurde dann jede Spur eines Ereignisses, die als Myon-Kandidat in Frage kam, mit Hilfe ihres in BEBC gemessenen Impulses, unter Annahme eines Myons und unter Berücksichtigung der Vielfachstreuung, aus BEBC hinaus durch das Absorbermaterial hindurch bis zur EMI-Ebene rechnerisch extrapoliert; es wurde sodann nachgeprüft, ob in der durch die Vielfachstreuung bestimmten ellipsenförmigen Umgebung des Extrapolationspunktes ein EMI-Treffer auf dem Datenband vorlag. Wenn ja, war die BEBC-Spur tatsächlich ein Myon; wenn nein, war sie ein Hadron (meistens ein Pion).

Allerdings wurde die äußere EMI-Ebene während der empfindlichen Zeit von einer großen Anzahl von Untergrundteilchen getroffen ($\sim$ 600 innerhalb eines Strahlpulses von 2 msec); diese waren u.a.: Myonen, die den Myonschild des WBB durchquerten; Myonen oder Hadronen aus ν-Reaktionen außerhalb BEBC (z.B. im Myonschirm oder im BEBC-Magneten); Myonen aus Pionzerfällen vor deren Absorption; energiereiche Hadronen, die den Absorber durchquerten („punch-throughs"). Deswegen und weil infolge der langen Extrapolationsstrecke ($\sim$ 8 m) die Vielfachstreuungsumgebung um einen Extrapolationspunkt ziemlich groß war, war die Wahrscheinlichkeit relativ hoch, daß in dieser Umgebung ein oder mehrere zufällige Untergrundtreffer lagen. Dadurch wurde das entsprechende Teilchen fälschlicherweise als Myon identifiziert, so daß ein echtes NC-Ereignis als CC-Ereignis angesehen oder in einem echten CC-Ereignis die falsche Spur als Myon genommen werden konnte. Dieser die Ergebnisse verfälschende Untergrund konnte durch den (späteren) Einbau der inneren EMI-Ebene beträchtlich reduziert werden: Jede Spurextrapolation lieferte nun *zwei* Extrapolationspunkte, einen in der inneren und einen in der äußeren EMI-Ebene. Nur wenn in *beiden* Ebenen an der richtigen Stelle, d.h. in der Vielfachstreuungsumgebung des jeweiligen Extrapolationspunktes, und *zur selben Zeit* (innerhalb von $\sim$ 1 μsec) ein Treffer vorlag, war die Spur (mit hoher Wahrscheinlichkeit) ein Myon.

Zur weiteren Reduzierung des Untergrundes wurden strahlaufwärts vor BEBC 6 EMI-Kammern nebeneinander als *Vetozähler* aufgestellt (Fläche $\sim$ 18 m^2, Abb. 3.15). Durch sie konnten, unter Ausnutzung der Zeitkoinzidenz in der Veto-Ebene und den EMI-Ebenen, EMI-Treffer von durchlaufenden Myonen aus ν-Reaktionen strahlaufwärts von BEBC (z.B. im Myonschirm oder im BEBC-Magneten) als Untergrundtreffer eliminiert werden.

Der Internal Picket Fence (IPF, Abb. 3.15) [Foe87, All88a] stellte eine doppelschichtige Wand aus vertikalen Proportionalzählrohren dar, die den BEBC-Körper in geringem Abstand von wenigen cm wie ein Gartenzaun umgaben, von der Kammerflüssigkeit also nur durch die Kammerwand (5 cm Stahl) und etwas Isoliermaterial getrennt waren. Jedes Rohr hatte eine Länge von 2.2 m und einen Innendurchmesser von 7 mm.

Ein geladenes Teilchen aus BEBC verursachte in einem oder zwei IPF-Rohren einen Treffer, dessen Zeitpunkt registriert wurde. Dadurch war es möglich, den Zeitpunkt eines Ereignisses in BEBC genau zu bestimmen: Die in BEBC gemessenen Spuren des Ereignisses wurden rechnerisch in den unmittelbar anschließenden IPF extrapoliert und dadurch die getroffenen Rohre ermittelt; der registrierte Zeitpunkt der Treffer in diesen Rohren war der Zeitpunkt des Ereignisses. Ebenso konnte für ein in BEBC eintretendes geladenes Teilchen der Zeitpunkt des Eintritts bestimmt werden.

Die Kenntnis des Zeitpunkts eines BEBC-Ereignisses brachte wichtige Anwendungsmöglichkeiten, z.B.:

• Es konnten alle Treffer in EMI, die nicht zeitgleich mit dem Ereignis waren, als nicht mit dem Ereignis assoziierte Untergrundtreffer verworfen werden.

Insbesondere galt dies für einen EMI-Treffer, der zwar in der Umgebung eines Extrapolationspunktes (siehe oben) lag, jedoch nicht zeitgleich war. Ohne Zeitmessung wäre eine solche Spur eventuell fälschlicherweise als Myon und damit das Ereignis als CC-Ereignis klassifiziert worden. Durch die Zeitmessung konnte also die Trennung von CC- und NC-Ereignissen wesentlich verbessert werden.

• Es konnte festgestellt werden, ob zwei Ereignisvertizes in BEBC miteinander assoziiert (d.h. zeitgleich) waren oder nicht. Ein Beispiel für zwei assoziierte Vertizes ist eine Neutrinoreaktion, in der ein Λ-Hyperon erzeugt wird, das dann innerhalb von BEBC in $p\pi^-$ (Zerfallsvertex) zerfällt. Ein weiteres Beispiel ist eine Neutrinoreaktion, in der ein Neutron erzeugt wird, welches weiter strahlabwärts in BEBC eine Sekundärreaktion („Neutron-Stern", z.B. $np \to pp\pi^-$) verursacht; durch Vermessung des Neutronereignisses konnte dann neben der Neutronrichtung u.U. auch der Neutronimpuls bestimmt werden. Ein Beispiel für zwei nicht assoziierte (d.h. zeitungleiche) Vertizes ist ein CC-Ereignis und ein NC-Ereignis in derselben BEBC-Aufnahme, oder ein CC-Ereignis und eine Neutron- oder K^0-Reaktion durch ein in BEBC eintretendes Neutron bzw. K^0 (siehe nächsten Punkt).

• Es konnte festgestellt werden, ob ein BEBC-Ereignis ohne auslaufendes Myon ein NC-Ereignis war oder ob es durch ein neutrales Hadron (n, K^0) verursacht wurde, welches aus einer Neutrinoreaktion strahlaufwärts vor BEBC (z.B. im Myonschirm oder im BEBC-Magneten) stammte. Im letzteren Fall war es sehr wahrscheinlich, daß in dieser strahlaufwärts gelegenen ν-Reaktion außer dem neutralen Hadron auch geladene Teilchen produziert wurden, die ebenfalls in BEBC eintraten und daher im IPF Signale erzeugten. Falls solche Signale von eintretenden Spuren zeitgleich mit dem BEBC-Ereignis waren, konnte dieses als von einem neutralen Hadron verursachtes Untergrundereignis verworfen werden. Der strahlaufwärts gelegene Teil des IPF diente auf diese Weise als Vetozähler bei der Untersuchung von NC-Reaktionen.

Mit BEBC wurden u.a. drei große Neutrino-Experimente mit verschiedenen Kammerfüllungen durchgeführt: das WA21-Experiment mit H_2-Füllung, das WA25-Experiment mit D_2-Füllung und das WA59-Experiment mit Ne-H_2-Füllung (75 Mol-% Ne, Strahlungslänge 42 cm). Als nützliches Targetvolumen wurden ca. 19 m^3 benutzt. Dies entspricht einer Targetmasse von 1.2 t H_2, 2.7 t D_2 bzw. $\sim$ 13.5 t Ne-H_2. Der Vergleich dieser Targetmassen mit denen des CDHS- oder CHARM II-Detektors (800 t bzw. 690 t) zeigt die oben schon erwähnte Überlegenheit dieser Detektoren in den Ereignisraten gegenüber BEBC. Andererseits konnten mit den H_2- und D_2-Füllungen in BEBC Neutrinoreaktionen an freien Protonen bzw. quasifreien Neutronen sowie Einzelheiten der hadronischen Endzustände in diesen Reaktionen untersucht werden (Kap. 5.1.7). Darüber hinaus war BEBC als Blasenkammer

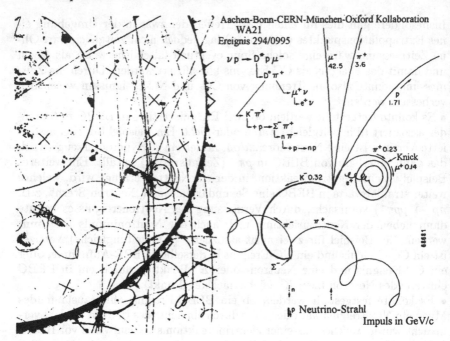

Abb. 3.17 Ein vollständiges Ereignis $\nu_\mu p \to D^{*+} p \mu^-$ in BEBC; links die BEBC-Aufnahme, rechts die schematische Darstellung. Nach [Bli79].

wie kein anderer Detektor vorzüglich dazu geeignet, komplizierte Reaktionen vollständig zu erfassen. Abb. 3.17 zeigt als Beispiel ein Ereignis [Bli79] zur Reaktion

$$\nu_\mu + p \to D^{*+} + p + \mu^- , \tag{3.12}$$

in dem die einzelnen Zerfallsstufen des D^{*+} sowie zwei Sekundärstreuungen sehr schön zu sehen sind.

Wegen der geringen Dichte und großen Strahlungslänge (~ 10 m) von H_2 und D_2 konnte bei einem CC-Ereignis mit neutralen Hadronen ($\pi^0 \to \gamma\gamma, n$ etc.) der auf diese entfallende Teil der Hadronenenergie E_X im allgemeinen nicht gemessen und damit die ν-Energie E_ν des Ereignisses nicht nach (3.9) bestimmt werden. Um trotz dieses Nachteils für ein gegebenes CC-Ereignis eine Abschätzung für E_ν zu erhalten, wurden verschiedene Verfahren entwickelt, die alle auf der Gleichheit der Transversalimpulse (bezüglich der bekannten ν-Richtung) von Myon und Hadronensystem X im Laborsystem beruhen.

Eine einfache Methode ist die *Myatt-Methode*: Es seien (p_μ, θ_μ) und (p_X, θ_X) Impuls und Streuwinkel des Myons bzw. des Systems X. Dann lautet der Impulssatz in longitudinaler und transversaler Richtung:

$$E_\nu = p_\mu \cos \theta_\mu + p_X \cos \theta_X$$
$$0 = p_\mu \sin \theta_\mu - p_X \sin \theta_X \ . \tag{3.13}$$

Hieraus ergibt sich:

$$E_\nu = p_\mu \cdot \left[\cos \theta_\mu + \frac{\sin \theta_\mu}{\operatorname{tg} \theta_X} \right] \ . \tag{3.14}$$

Mit der *Annahme*, daß die Richtung θ_X des Systems X *aller* Hadronen ungefähr gleich ist der Richtung des Systems aller *meßbaren* Hadronen (geladene Hadronen und neutrale Hadronen, die wechselwirken oder zerfallen), wird auf der rechten Seite von (3.14) außer p_μ und θ_μ auch θ_X meßbar und kann E_ν bestimmt werden. Da diese Annahme i.a. nur grob erfüllt ist, handelt es sich um eine Abschätzung für E_ν mit relativ großen Fluktuationen (Genauigkeit $\sim 20\%$).

4   Neutrino-Elektron-Streuung

In diesem Kapitel werden die Neutrino-Elektron-Reaktionen behandelt. Insgesamt gibt es die folgenden vier elastischen νe-Streuungen von (Anti-)Neutrinos in einem Strahl an Elektronen in einem Target:

$$
\begin{aligned}
&\text{(a)} \quad \nu_\mu + e^- \rightarrow \nu_\mu + e^- \\
&\text{(b)} \quad \bar{\nu}_\mu + e^- \rightarrow \bar{\nu}_\mu + e^- \\
&\text{(c)} \quad \nu_e + e^- \rightarrow \nu_e + e^- \\
&\text{(d)} \quad \bar{\nu}_e + e^- \rightarrow \bar{\nu}_e + e^- \, .
\end{aligned}
\tag{4.1}
$$

Die zugehörigen Feynman-Graphen sind in Abb. 4.1 dargestellt. Wie man sieht, sind die $\nu_\mu e$ und $\bar{\nu}_\mu e$-Streuungen (4.1a) und (4.1b) reine NC-Prozesse (siehe auch Kap. 1.6), während zur $\nu_e e$ und $\bar{\nu}_e e$-Streuung (4.1c) und (4.1d) sowohl ein NC-Graph als auch ein CC-Graph beiträgt. Außerdem gibt es den

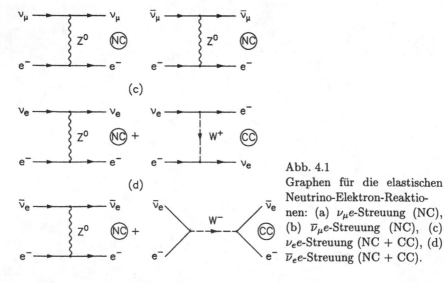

Abb. 4.1
Graphen für die elastischen Neutrino-Elektron-Reaktionen: (a) $\nu_\mu e$-Streuung (NC), (b) $\bar{\nu}_\mu e$-Streuung (NC), (c) $\nu_e e$-Streuung (NC + CC), (d) $\bar{\nu}_e e$-Streuung (NC + CC).

„inversen μ-Zerfall"

$$\nu_\mu + e^- \to \nu_e + \mu^- \tag{4.2}$$

durch W-Austausch (Abb. 2.1b).

4.1 Theoretische Grundlagen

Bei normalen, experimentell erreichbaren Neutrino-Energien E_ν[†] können, wie in Kap. 2.4.1 dargelegt, die Reaktionen (4.1) durch eine effektive Lagrange-Dichte $\mathcal{L}^{\text{eff}}$ beschrieben werden, in der analog zu (2.58) zwei Ströme direkt aneinander gekoppelt sind (Strom-Strom-Kopplung). Für die ν_μ-Reaktionen (4.1a) und (4.1b) lautet demnach die effektive Lagrange-Dichte mit Hilfe von (2.28) [Bil82, Bil94] [‡]:

$$\mathcal{L}^{\text{eff}}_{\nu_\mu e} = \mathcal{L}^{\text{eff}}_{\text{NC}} = -\frac{g^2_{\text{NC}}}{m^2_Z} \cdot [\bar{\nu}_\mu \gamma_\alpha (1 + \gamma_5)\nu_\mu] \cdot [\bar{e}\gamma_\alpha (C^e_V + C^e_A \gamma_5)e]$$

$$= -\frac{G_F}{\sqrt{2}} \cdot [\bar{\nu}_\mu \gamma_\alpha (1 + \gamma_5)\nu_\mu] \cdot [\bar{e}\gamma_\alpha (g^e_V + g^e_A \gamma_5)e] \tag{4.3}$$

$$\text{mit } g^e_{V,A} = \frac{1}{2}C^e_{V,A} \,.$$

Der Faktor 2 zwischen $C^e_{V,A}$ und den in (4.3) definierten Vektor- bzw. Axial-vektor-Konstanten $g^e_{V,A}$ ergibt sich aus (4.3) mit Hilfe von (2.95). Nach (2.93) lautet die GWS-Vorhersage für $g^e_{V,A}$:

$$g^e_V = -\frac{1}{2} + 2\sin^2 \theta_W \,, \quad g^e_A = -\frac{1}{2} \,. \tag{4.4}$$

Zu den ν_e-Reaktionen (4.1c) und (4.1d) trägt nach Abb. 4.1 zusätzlich zur NC-Wechselwirkung, die durch (4.3) mit der Ersetzung $\nu_\mu \to \nu_e$ gegeben ist (Lepton-Universalität), auch die CC-Wechselwirkung bei, die nach (2.21)

[†]Quantitativ: Im Propagator (2.54) $(q^2 - m^2_Z)^{-1}$ für einen Austauschgraphen in Abb. 4.1 wird $-q^2_{\text{max}} = s$ (siehe (A.10)) gleich m^2_Z für $s = 2m_e E_\nu = m^2_Z$ (siehe (A.9)), d.h. für $E_\nu = m^2_Z / 2m_e = 8.1 \cdot 10^6$ GeV! Aus demselben Grunde tritt wegen des zeitartigen Gra-phen in Abb. 4.1d mit W^- als Zwischenzustand in der $\bar{\nu}_e e$-Streuung eine Resonanz bei $E_\nu = m^2_W / 2m_e = 6.3 \cdot 10^6$ GeV auf („Glashow-Resonanz" [Gla60]). Diese wegen der kleinen Targetmasse m_e extrem hohen ν-Energien bleiben im Laboratorium für immer unerreichbar (siehe Kap. 7.5).

[‡]In allen Formeln dieses Kapitels ist der Veltman-Parameter $\rho = 1$ gesetzt. Außerdem werden die Strahlungskorrekturen [Mar95] nicht besprochen.

und (2.58) durch die effektive Lagrange-Dichte

$$\mathcal{L}_{\text{CC}}^{\text{eff}} = -\frac{G_F}{\sqrt{2}} \cdot [\bar{e}\gamma_\alpha(1 + \gamma_5)\nu_e] \cdot [\bar{\nu}_e\gamma_\alpha(1 + \gamma_5)e]$$

$$= -\frac{G_F}{\sqrt{2}} \cdot [\bar{\nu}_e\gamma_\alpha(1 + \gamma_5)\nu_e] \cdot [\bar{e}\gamma_\alpha(1 + \gamma_5)e] \tag{4.5}$$

beschrieben wird. Der zweite Teil der Beziehung (4.5) ergibt sich durch eine *Fierz-Transformation* [Bil94]. Insgesamt lautet demnach die effektive Lagrange-Dichte für die ν_e-Reaktionen:

$$\mathcal{L}_{\nu_e e}^{\text{eff}} = \mathcal{L}_{\text{NC}}^{\text{eff}} + \mathcal{L}_{\text{CC}}^{\text{eff}}$$

$$= -\frac{G_F}{\sqrt{2}} [\bar{\nu}_e\gamma_\alpha(1 + \gamma_5)\nu_e] [\bar{e}\gamma_\alpha(G_V^e + G_A^e\gamma_5)e] \tag{4.6}$$

mit

$$G_V^e = g_V^e + 1, \quad G_A^e = g_A^e + 1. \tag{4.7}$$

$\mathcal{L}_{\nu_e e}^{\text{eff}}$ geht also aus $\mathcal{L}_{\nu_\mu e}^{\text{eff}}$ durch die Ersetzung $g_{V,A}^e \to G_{V,A}^e$ hervor. Die GWS-Vorhersage für $G_{V,A}^e$ lautet nach (4.4) und (4.7):

$$G_V^e = \frac{1}{2} + 2\sin^2\theta_W, \quad G_A^e = \frac{1}{2}. \tag{4.8}$$

Die chiralen Kopplungen (2.26) sind gegeben durch

$$g_L^e = \tfrac{1}{2}(g_V^e + g_A^e), \qquad\qquad g_R^e = \tfrac{1}{2}(g_V^e - g_A^e)$$
$$G_L^e = \tfrac{1}{2}(G_V^e + G_A^e) = g_L^e + 1, \quad G_R^e = \tfrac{1}{2}(G_V^e - G_A^e) = g_R^e \tag{4.9}$$

mit den GWS-Vorhersagen (siehe auch (2.92)):

$$g_L^e = -\tfrac{1}{2} + \sin^2\theta_W, \quad g_R^e = \sin^2\theta_W$$
$$G_L^e = \tfrac{1}{2} + \sin^2\theta_W, \quad G_R^e = \sin^2\theta_W. \tag{4.10}$$

Aus $\mathcal{L}_{\nu e}^{\text{eff}}$ in (4.3) und (4.6) ergibt sich mit Hilfe der Feynman-Regeln der differentielle Wirkungsquerschnitt für die νe-Streuungen (4.1) [tHo71, Com83, Per87, Mai91, Bil94, Gre96, Lea96] [‡]:

$$\frac{d\sigma}{dy}(\overset{(-)}{\nu_\mu}e) = \frac{G_F^2 m_e}{2\pi}E_\nu\left[(g_V \pm g_A)^2 + (g_V \mp g_A)^2(1 - y)^2\right] \tag{4.11}$$

[‡]Wir lassen ab hier der Einfachheit halber bei den Kopplungsparametern den oberen Index „e" weg.

$$+ \frac{m_e}{E_\nu}(g_A^2 - g_V^2)y \Big]$$

$$\frac{d\sigma}{dy}(\overset{(-)}{\nu_e}e) = \frac{G_F^2 m_e}{2\pi} E_\nu \Big[(G_V \pm G_A)^2 + (G_V \mp G_A)^2 (1-y)^2$$

$$+ \frac{m_e}{E_\nu}(G_A^2 - G_V^2)y \Big]$$

$$\text{mit } y = \frac{T_e}{E_\nu} \approx \frac{E_e}{E_\nu}.$$

Das obere (untere) Vorzeichen gilt für die νe ($\bar\nu e$)-Streuung; E_ν und E_e sind die Laborenergien von einlaufendem $\nu/\bar\nu$ bzw. auslaufendem e, T_e die kinetische Energie des e. Die „*Inelastizität*" genannte Größe y mit $0 \le y \le 1$ ist der relative Energieübertrag von $\nu/\bar\nu$ auf e im Laborsystem; sie hängt über die einfache Beziehung (A.14) mit dem Streuwinkel θ^* im νe-Schwerpunktsystem zusammen. Bei nicht zu kleinen Energien, $E_\nu \gg m_e$, kann der letzte Term in (4.11) vernachlässigt werden; er wird später weggelassen. Nach (4.11) steigt, so lange der Propagator vernachlässigt werden kann, der νe-Wirkungsquerschnitt linear mit E_ν, d.h. nach (A.9) linear mit s an, wie es für die elastische Streuung zweier punktförmiger Objekte aneinander charakteristisch ist.

Drückt man die differentiellen Wirkungsquerschnitte (4.11) durch die chiralen Kopplungen (4.9) aus, so erhält man:

$$\frac{d\sigma}{dy}(\overset{(-)}{\nu_\mu}e) = \frac{2G_F^2 m_e}{\pi} E_\nu \Big[g_{L,R}^2 + g_{R,L}^2(1-y)^2 - \frac{m_e}{E_\nu} g_L g_R y \Big]$$

$$\frac{d\sigma}{dy}(\overset{(-)}{\nu_e}e) = \frac{2G_F^2 m_e}{\pi} E_\nu \Big[G_{L,R}^2 + G_{R,L}^2(1-y)^2 - \frac{m_e}{E_\nu} G_L G_R y \Big] , \tag{4.12}$$

wobei der erste (zweite) Index für die νe ($\bar\nu e$)-Streuung gilt. Für die Mittelwerte $\langle y \rangle$ der Inelastizität ergibt sich aus (4.12) (ab hier wird der letzte Term in (4.11), (4.12) weggelassen):

$$\langle y \rangle (\overset{(-)}{\nu_\mu}e) = \frac{6g_{L,R}^2 + g_{R,L}^2}{12g_{L,R}^2 + 4g_{R,L}^2} , \tag{4.13}$$

und entsprechend für $\overset{(-)}{\nu_e}e$.

Die Form $g_L^2 + g_R^2(1-y)^2$ für den $\nu_\mu e$-Wirkungsquerschnitt ist anschaulich leicht zu verstehen. Wie Abb. 4.2 zeigt, kann im νe-Schwerpunktsystem die Streuung an einem linkshändigen Elektron wegen $J_z = 0$ sowohl unter $\theta^* = 0°$ ($y = 0$) als auch unter $\theta^* = 180°$ ($y = 1$) erfolgen, so daß der linkshändige Teil von $d\sigma/dy$ unabhängig von y ist. Dagegen ist die Streuung an einem

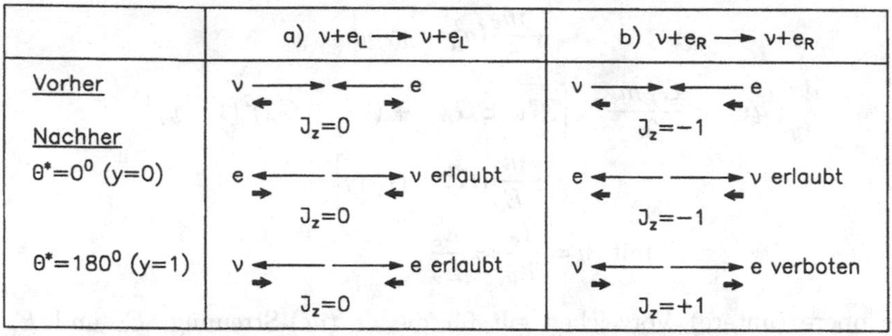

	a) $\nu+e_L \longrightarrow \nu+e_L$	b) $\nu+e_R \longrightarrow \nu+e_R$
<u>Vorher</u> <u>Nachher</u>	$\nu \longrightarrow \longleftarrow e$ $J_z=0$	$\nu \longrightarrow \longleftarrow e$ $J_z=-1$
$\theta^*=0^0$ (y=0)	$e \longleftarrow - - - - \longrightarrow \nu$ erlaubt $J_z=0$	$e \longleftarrow - - - - \longrightarrow \nu$ erlaubt $J_z=-1$
$\theta^*=180^0$ (y=1)	$\nu \longleftarrow - - - - \longrightarrow e$ erlaubt $J_z=0$	$\nu \longleftarrow - - - - \longrightarrow e$ verboten $J_z=+1$

Abb. 4.2 Flugrichtungen (dünne Pfeile) und Spinstellungen (dicke Pfeile) bei der νe-Streuung im νe-Schwerpunktsystem unter $\theta^* = 0°$ und $\theta^* = 180°$, Streuung an einem (a) linkshändigen, (b) rechtshändigen Elektron. Im Falle (a) sind beide Streuwinkel erlaubt und gleich häufig, im Falle (b) ist $\theta^* = 180°$ wegen Drehimpulserhaltung verboten.

rechtshändigen Elektron unter $\theta^* = 180°$ ($y = 1$) durch den Drehimpulssatz wegen $J_z = -1$ verboten. Entsprechend tritt im rechtshändigen Teil von $d\sigma/dy$ der Faktor $(1 - y)^2$ auf, der für $y = 1$ verschwindet. Bei der $\bar{\nu}_\mu e$-Streuung ist der Sachverhalt umgekehrt.

Für die über y integrierten Wirkungsquerschnitte erhält man:

$$\sigma\!\left(\overset{(-)}{\nu_\mu}e\right) = \sigma_0 \cdot (g_V^2 + g_A^2 \pm g_V g_A) = \sigma_0 \cdot (3g_{L,R}^2 + g_{R,L}^2)$$
$$\sigma\!\left(\overset{(-)}{\nu_e}e\right) = \sigma_0 \cdot (G_V^2 + G_A^2 \pm G_V G_A) = \sigma_0 \cdot (3G_{L,R}^2 + G_{R,L}^2) \tag{4.14}$$

mit

$$\sigma_0 = \frac{2G_F^2 m_e}{3\pi}(\hbar c)^2 E_\nu = 5.744 \cdot 10^{-42} \text{ cm}^2 \cdot E_\nu/\text{GeV}, \tag{4.15}$$

wobei mit $(\hbar c)^2$ multipliziert wurde, um σ_0 nicht in GeV^{-2}, sondern in cm^2 zu erhalten (vergl. (2.3)). Auflösung von (4.14) nach $g_V^2+g_A^2$ und $g_V g_A$ ergibt:

$$g_V^2 + g_A^2 = \left[\sigma(\nu_\mu e) + \sigma(\bar{\nu}_\mu e)\right]/2\sigma_0$$
$$g_V g_A = \left[\sigma(\nu_\mu e) - \sigma(\bar{\nu}_\mu e)\right]/2\sigma_0. \tag{4.16}$$

Das Ziel der Messung der vier Wirkungsquerschnitte (4.14) ist es, aus ihnen die Konstanten (g_V, g_A), bzw. (g_L, g_R), zu bestimmen und sie mit der GWS-Vorhersage (4.4) zu vergleichen bzw. aus g_V nach (4.4) den Weinberg-Winkel zu ermitteln. Aus (4.14) sieht man, daß man für jedes feste, gemessene $\sigma(\nu e)/\sigma_0$ eine Ellipse in der (g_V, g_A)-Ebene erhält, deren Achsen unter

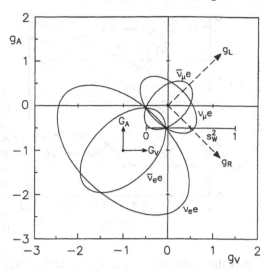

Abb. 4.3
Skizze der vier zu festen $\sigma(\nu e)/\sigma_0$-Werten gehörigen Ellipsen (4.14) in der (g_V, g_A)-Ebene für die $\nu_\mu e$, $\overline{\nu}_\mu e$, $\nu_e e$, $\overline{\nu}_e e$-Streuung mit zwei Schnittpunkten. Die unter 45° verlaufenden g_L und g_R-Achsen sind gestrichelt eingezeichnet. Die horizontale Strecke zeigt die GWS-Vorhersage $-\frac{1}{2} \leq g_V \leq \frac{3}{2}$, $g_A = -\frac{1}{2}$ für $0 \leq \sin^2\theta_W \leq 1$.

45°, d.h. nach (4.9) entlang der g_L und g_R-Achse verlaufen (Abb. 4.3) [§]. Dabei ist nach (4.14) das Längenverhältnis der großen zur kleinen Achse gleich $\sqrt{3}$. Der Mittelpunkt des Ellipsenpaares $\nu_\mu e$ und $\overline{\nu}_\mu e$ ist der Nullpunkt $(0,0)$, während der Mittelpunkt des Ellipsenpaares $\nu_e e$ und $\overline{\nu}_e e$ nach (4.7) der Punkt $(-1,-1)$ ist. Jedes Ellipsenpaar hat vier gemeinsame Schnittpunkte (Vierfach-Ambiguität). Alle vier Ellipsen haben zwei gemeinsame Schnittpunkte (falls die Theorie richtig ist), so daß nach Messung von mindestens drei der vier Wirkungsquerschnitte eine Zweifach-Ambiguität in der Bestimmung von (g_V, g_A) übrigbleibt. (Abb. 4.3). Diese Ambiguität läßt sich durch die Analyse anderer Reaktionen, z.B. $e^+ + e^- \rightarrow \ell^+ + \ell^-$, beseitigen (Kap. 4.2). Setzt man die GWS-Vorhersage (4.4), die in Abb. 4.3 für $0 \leq \sin^2\theta_W \leq 1$ eingezeichnet ist, in (4.14) ein, so erhält man die GWS-Formeln für die Wirkungsquerschnitte ($s_W^2 = \sin^2\theta_W$):

$$\sigma(\nu_\mu e) = \sigma_0 \cdot \left[\tfrac{3}{4} - 3s_W^2 + 4s_W^4\right] = 1.56 \cdot 10^{-42} \text{ cm}^2 \cdot E_\nu/\text{GeV}$$

$$\sigma(\overline{\nu}_\mu e) = \sigma_0 \cdot \left[\tfrac{1}{4} - s_W^2 + 4s_W^4\right] = 1.33 \cdot 10^{-42} \text{ cm}^2 \cdot E_\nu/\text{GeV}$$

$$\sigma(\nu_e e) = \sigma_0 \cdot \left[\tfrac{3}{4} + 3s_W^2 + 4s_W^4\right] = 9.49 \cdot 10^{-42} \text{ cm}^2 \cdot E_\nu/\text{GeV} \tag{4.17}$$

$$\sigma(\overline{\nu}_e e) = \sigma_0 \cdot \left[\tfrac{1}{4} + s_W^2 + 4s_W^4\right] = 3.97 \cdot 10^{-42} \text{ cm}^2 \cdot E_\nu/\text{GeV},$$

[§]Die Ellipse ist etwas deformiert, wenn man bei niedrigen Energien den dritten Term in (4.11) mit berücksichtigt.

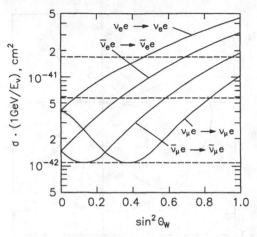

Abb. 4.4
GWS-Vorhersagen (4.17) für die vier νe-Wirkungsquerschnitte in Abhängigkeit von $\sin^2 \theta_W$. Gestrichelt gezeichnet sind: Minimalwert $3\sigma_0/16$ für $\sigma(\nu_\mu e)$ und $\sigma(\overline{\nu}_\mu e)$, Werte σ_0 bzw. $3\sigma_0$ für $\sigma(\overline{\nu}_e e)$ bzw. $\sigma(\nu_e e)$ in der reinen (V–A)-Theorie (ohne neutrale Ströme). Nach [Qui83].

wobei die Zahlenwerte für $s_W^2 = 0.23$ gelten. Abb. 4.4 zeigt als graphische Darstellung von (4.17) die vier Wirkungsquerschnitte als Funktionen von $\sin^2 \theta_W$. Während die Wirkungsquerschnitte $\sigma(\nu_\mu e)$ und $\sigma(\overline{\nu}_\mu e)$ ein Minimum haben (von $3\sigma_0/16 = 1.077 \cdot 10^{-42}$ cm$^2 \cdot E_\nu/$GeV bei $\sin^2 \theta_W = \frac{3}{8}$ bzw. $\frac{1}{8}$), steigen die Wirkungsquerschnitte $\sigma(\nu_e e)$ und $\sigma(\overline{\nu}_e e)$ monoton an.[†]

Die beiden Wirkungsquerschnitte $\sigma(\nu_e e)$ und $\sigma(\overline{\nu}_e e)$ lassen sich nach (4.14) mit (4.7) in einen NC-Term, einen CC-Term und einen NC-CC-Interferenzterm zerlegen:

$$\sigma(\nu_e e) = (g_V^2 + g_A^2 + g_V g_A)\sigma_0 + 3\sigma_0 + 3(g_V + g_A)\sigma_0$$
$$\sigma(\overline{\nu}_e e) = (g_V^2 + g_A^2 - g_V g_A)\sigma_0 + \sigma_0 + (g_V + g_A)\sigma_0 \,. \tag{4.18}$$

Der Interferenzterm lautet also:

$$I(\nu_e e) = 3I(\overline{\nu}_e e) = 3(g_V + g_A)\sigma_0 = 6g_L\sigma_0$$
$$= 3(2\sin^2 \theta_W - 1)\sigma_0 = -1.62 \cdot \sigma_0 \tag{4.19}$$
$$\text{für} \quad \sin^2 \theta_W = 0.23 \,.$$

4.2   Experimente und Ergebnisse

Wegen der extrem kleinen Wirkungsquerschnitte von der Größenordnung $\sim 10^{-42}$ cm^2 (siehe (4.17)) sind die Ereignisraten für νe-Reaktionen äußerst

---

[†]In einer reinen (V–A)-Theorie *ohne* neutrale Ströme ($g_V = g_A = 0$) wären $\sigma(\nu_e e) = 3\sigma_0$ und $\sigma(\overline{\nu}_e e) = \sigma_0$ (siehe auch (4.18)), während $\sigma(\nu_\mu e)$ und $\sigma(\overline{\nu}_\mu e)$ verschwinden würden.

gering. Um trotzdem in vernünftiger Zeit eine brauchbare Anzahl von Ereignissen anzusammeln, sollten deshalb gemäß (1.74) der verwendete Neutrino-Strahl möglichst intensiv und die Targetmasse möglichst groß sein. Außerdem ist eine möglichst hohe Neutrinoenergie erwünscht, da nach (4.14) und (4.15) die Wirkungsquerschnitte proportional zu E_ν ansteigen. Leider läßt sich diese Forderung nur für $\nu_\mu/\overline{\nu}_\mu$-Strahlen an den Hochenergie-Beschleunigern (CERN, Fermilab; Kap. 1.5, 3.2) erfüllen (E_ν bis maximal einige 100 GeV), während hohe $\overline{\nu}_e$-Intensitäten nur an Reaktoren zu erreichen sind (E_ν im MeV-Bereich) und intensive ν_e-Strahlen sich noch schwerer verwirklichen lassen (E_ν von einigen 10 MeV, siehe Kap. 4.2.2).

Die experimentelle Signatur eines νe-Ereignisses (4.1) ist ein einzelnes Elektron und sonst nichts. Dieses Elektron wird in den meisten Experimenten durch einen elektromagnetischen Schauer nachgewiesen, den es in einem Target-Kalorimeter induziert und aus dessen Stärke und Richtung die Energie E_e bzw. der Streuwinkel θ_e des Elektrons bestimmt wird. Wegen dieser Nachweismethode läßt sich ein Elektron nicht leicht von einem Untergrund-Photon unterscheiden, wohingegen ein *hadronischer* Schauer von einem *elektromagnetischen* Schauer im Erscheinungsbild charakteristisch verschieden ist.

Bei nicht zu kleinen $E_e \gg 1$ MeV, also z.B. in Beschleunigerexperimenten, tritt das Elektron unter sehr kleinem Winkel θ_e auf, da nach (A.18) gilt:

$$E_e\theta_e^2 \approx 2m_e(1-y) \leq 2m_e \approx 1 \text{ MeV}\,, \tag{4.20}$$

so daß z.B. für $E_e = 1$ GeV $\theta_e \leq 30$ mrad ist. Die Elektronwinkelverteilung besitzt also ein scharfes Maximum in Vorwärtsrichtung (Kap. 4.2.1). Dies erfordert vom Detektor neben einer guten Identifikation des Elektrons eine hohe Winkelauflösung, die genauer sein muß als die Breite der θ_e-Verteilung, damit die scharfe θ_e bzw. $E_e\theta_e^2$-Verteilung nicht ausgeschmiert wird. Andererseits ermöglicht die Schärfe dieser Verteilung eine gute Abtrennung des Untergrundes, da Elektronen bzw. Photonen des Untergrundes eine wesentlich breitere Winkelverteilung besitzen (Kap. 4.2.1). Dieser Untergrund stammt in einem Beschleunigerexperiment vor allem aus zwei Quellen: (a) aus CC-Reaktionen $\nu_e N \to eX$ durch eine ν_e-Verunreinigung im ν_μ-Strahl (Kap. 3.2), (b) aus NC-Reaktionen $\nu N \to \nu\pi^0 X$ mit $\pi^0 \to \gamma\gamma$.

Wir besprechen nun die wichtigsten Experimente und ihre Ergebnisse [Mya82, Bil82, Pul84, Eis86, Win91a, Bey94, Pan95, Roz95].

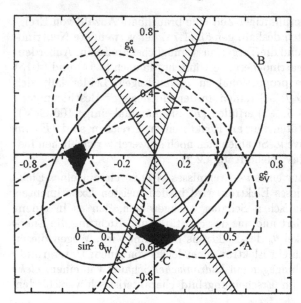

Abb. 4.5 Ellipsen-Bänder (erlaubte Gebiete mit 90% Konfidenz) aus experimen-
tellen Ergebnissen zur (A) $\nu_\mu e$, (B) $\overline{\nu}_\mu e$, (C) $\overline{\nu}_e e$-Streuung. Die beiden Überlappungsgebiete sind schwarz markiert. Die horizontale Strecke
zeigt die GWS-Vorhersage für $0 \leq \sin^2\theta_W \leq 0.6$. Die Geraden durch
den Ursprung grenzen die erlaubten Gebiete nach der eD- und tief-
inelastischen NC-νN-Streuung ein. Nach [Mya82].

4.2.1 $\overset{(-)}{\nu}_\mu e$-Streuung

Nach der Entdeckung der elastischen $\overset{(-)}{\nu}_\mu e$-Streuung (4.1a,b) in der Blasenkammer Gargamelle am PS des CERN (Kap. 1.6) wurden in den 70er Jahren in
verschiedenen Beschleunigerexperimenten weitere $\overset{(-)}{\nu}_\mu e$-Ereignisse gefunden.
Als gewichtetes Mittel aus diesen Experimenten wurden 1982 die folgenden
Werte für die Wirkungsquerschnitte angegeben [Mya82]:

$$\sigma(\nu_\mu e) = (1.49 \pm 0.24) \cdot 10^{-42}\text{cm}^2 \cdot E_\nu/\text{GeV}$$
$$\sigma(\overline{\nu}_\mu e) = (1.69 \pm 0.33) \cdot 10^{-42}\text{cm}^2 \cdot E_\nu/\text{GeV}, \tag{4.21}$$

in ungefährer Übereinstimmung mit der GWS-Vorhersage (4.17) für $\sin^2\theta_W = 0.23$, wobei allerdings die experimentellen Fehler i.a. wegen der geringen
Ereigniszahlen (Statistik) relativ groß waren. Abb. 4.5 zeigt entsprechend

Abb. 4.3 die zu (4.21) gehörigen Ellipsen in der (g_V^e, g_A^e)-Ebene, zusammen mit der bis heute nur ungenau bekannten Ellipse für die $\bar{\nu}_e e$-Streuung (Kap. 4.2.2). Dabei entspricht die Breite des einzelnen Ellipsenbandes dem jeweiligen experimentellen Fehler (90% Konfidenzband). Aus den beiden schwarz markierten Überlappungsflächen der drei Ellipsenbänder ergeben sich die beiden Lösungen

$$g_V^e \approx -0.5, \quad g_A^e \approx 0 \quad \text{und}$$
$$g_V^e \approx 0 \quad , \quad g_A^e \approx -0.5. \tag{4.22}$$

Die zweite Lösung liegt auf der GWS-Geraden (4.4) ($-0.5 \leq g_V^e \leq 1.5$, $g_A^e = -0.5$) in Abb. 4.5 bei $\sin^2 \theta_W \approx 0.23$. Bei Hinzunahme der Ergebnisse aus der Streuung polarisierter Elektronen an Deuteronen [Pre79] und aus der tief-inelastischen νN-Streuung (Kap. 5.2) (schraffierte Gebiete in Abb. 4.5) bleibt nur die mit der GWS-Theorie übereinstimmende Lösung übrig.

Seit den 80er Jahren wurden drei wesentlich verbesserte $\nu_\mu e$-Experimente mit höherer Statistik durchgeführt [Bey94, Roz95], und zwar:

• **CHARM-Experiment** am 450 GeV SPS des CERN [Dor89] ($\sim$ 100 t Detektormasse; 83 $\nu_\mu e$-Ereignisse, 112 $\bar{\nu}_\mu e$-Ereignisse; $\langle E_\nu \rangle \approx 25$ GeV),

• **E734-Experiment** am 28 GeV AGS des Brookhaven National Laboratory (BNL) [Ahr90] (170 t Detektormasse; 160 $\nu_\mu e$-Ereignisse, 98 $\bar{\nu}_\mu e$-Ereignisse; niedriges $\langle E_\nu \rangle \approx 1.5$ GeV),

• **CHARM II-Experiment** am 450 GeV SPS des CERN (siehe unten) ($\sim$ 700 t Detektormasse; 2677 Ereignisse im ν-Strahl, 2752 Ereignisse im $\bar{\nu}$-Strahl; $\langle E_\nu \rangle \approx 25$ GeV).

Diese Experimente benutzten als Target und zum Elektronnachweis sowie zur Messung der Energie und des Winkels eines Elektrons massive Target-Kalorimeter mit guter Ortsauflösung aus Materialien (z.B. Marmor, Glas) mit niedriger Kernladungszahl Z. Dadurch wurde eine gute Unterscheidung eines von einem Elektron erzeugten elektromagnetischen Schauers von einem hadronischen Schauer aus der Schauerform sowie eine genaue Winkelmessung ermöglicht. Das leistungsfähigste der drei Experimente ist das CHARM II-Experiment, das einen Breitband-Strahl (Kap. 3.2.2) am CERN-SPS benutzt und dessen Apparatur [DeW89, Gei93] in Kap. 3.3 beschrieben ist; es hatte die höchsten Ereigniszahlen und lieferte die genauesten Ergebnisse. Die wichtigsten CHARM II-Ergebnisse werden im folgenden besprochen.

Die Energiespektren des von CHARM II verwendeten ν_μ bzw. $\bar{\nu}_\mu$-Strahles sind in Abb. 3.11 gezeigt, zusammen mit den Spektren der Verunreinigungen durch andere Neutrinos ($\bar{\nu}_\mu, \nu_e, \bar{\nu}_e$ im ν_μ-Strahl; $\nu_\mu, \bar{\nu}_e, \nu_e$ im $\bar{\nu}_\mu$-Strahl). Um die Konstanten g_V^e und g_A^e zu bestimmen, wurde mit Hilfe der theoreti-

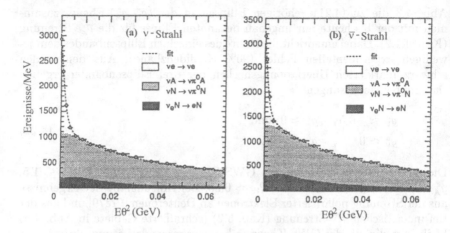

Abb. 4.6 $E_e\theta_e^2$-Verteilungen der Elektron-Ereignisse aus dem CHARM II-Experiment mit (a) dem ν-Strahl und (b) dem $\bar{\nu}$-Strahl. Die Kurve zeigt die globale Anpassung der theoretischen Formeln an die Meßpunkte. Der scharfe Vorwärtspeak stammt von νe-Ereignissen; die Untergrundbeiträge sind schraffiert. Nach [Vil94].

schen Formeln (4.11) unter Einschluß der notwendigen Korrekturen ein globaler Fit an die gemessenen doppelt-differentiellen Verteilungen $N(E_e, E_e\theta_e^2)$ durchgeführt [Vil94]. In diesen Fit wurden sowohl die oben erwähnten Untergrundreaktionen wie auch Reaktionen durch andere Neutrinoarten als Verunreinigungen im Strahl mit aufgenommen. Die gemessenen $E_e\theta_e^2$-Verteilungen sind für die beiden Strahlen in Abb. 4.6 gezeigt, zusammen mit den angepaßten Kurven und den aus dem Fit bestimmten Untergrundbeiträgen. Man sieht die scharfe Konzentration der νe-Ereignisse bei kleinen $E_e\theta_e^2$ und die wesentlich breiteren Untergrundverteilungen.

Abb. 4.7 zeigt entsprechend Abb. 4.3 die gefundenen Lösungen (90% Konfidenzgebiete) in der (g_V^e, g_A^e)-Ebene. Durch die Anwesenheit und Mitberücksichtigung der $\nu_e e$- und $\bar{\nu}_e e$-Verunreinigungen ($\sim 10\%$) tritt nur eine zweifache, nicht eine vierfache Ambiguität auf. Diese Zweifach-Ambiguität wird mit Hilfe von LEP-Ergebnissen zur Vorwärts-Rückwärts-Asymmetrie in der elastischen e^+e^--Streuung (γZ^0-Interferenz) (Geraden in Abb. 4.7) beseitigt. Die verbleibende Lösung ist:

$$g_V^e = -0.035 \pm 0.017\,, \quad g_A^e = -0.503 \pm 0.017\,, \tag{4.23}$$

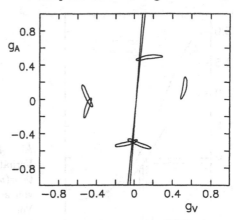

Abb. 4.7
Erlaubte Gebiete (90% Konfidenz) in der (g_V, g_A)-Ebene aus den CHARM II-Daten mit ν- und $\overline{\nu}$-Strahl. Die sichelförmigen Gebiete stellen Teile der $\nu_\mu e$ bzw. $\overline{\nu}_\mu e$-Ellipse dar, vergl. Abb. 4.3. Die schmalen Keile geben die erlaubten Gebiete aus der Vorwärts-Rückwärts-Asymmetrie in der elastischen e^+e^--Streuung an. Nach [Vil94].

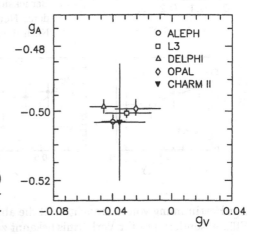

Abb. 4.8
Vergleich des Wertepaares (g_V, g_A) von CHARM II mit den Wertepaaren aus den vier LEP-Experimenten. Nach [Vil94].

in guter Übereinstimmung mit der GWS-Vorhersage (4.4) für $\sin^2\theta_W = 0.23$. Die Werte (4.23) stimmen auch gut mit den bei LEP [LEP92] aus $e^+e^- \to \ell^+\ell^-$ ermittelten Werten überein (Abb. 4.8), obwohl die q^2-Bereiche bei CHARM II ($|q^2| \sim 0.01$ GeV^2 nach (A.24)) und LEP ($|q^2| \sim m_Z^2 \sim 10^4$ GeV^2) um einen Faktor $\sim 10^6$ verschieden sind.

Die genaueste Bestimmung von $\sin^2\theta_W$ in der νe-Streuung [Gei91] liefert die Messung des Verhältnisses R der beiden Wirkungsquerschnitte $\sigma(\nu_\mu e)$ und $\sigma(\overline{\nu}_\mu e)$, das nach (4.17) gegeben ist durch

$$R = \frac{\sigma(\nu_\mu e)}{\sigma(\overline{\nu}_\mu e)} = \frac{3 - 12\sin^2\theta_W + 16\sin^4\theta_W}{1 - 4\sin^2\theta_W + 16\sin^4\theta_W}. \tag{4.24}$$

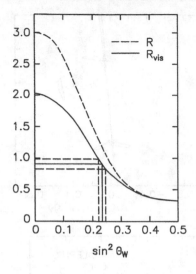

Abb. 4.9
Verhältnis R der Wirkungsquerschnitte $\sigma(\nu_\mu e)$ und $\sigma(\overline{\nu}_\mu e)$ in Abhängigkeit von $\sin^2 \theta_W$. Gestrichelte Kurve: GWS-Vorhersage (4.24); volle Kurve: R unter Berücksichtigung der Beimischungen anderer Neutrinoarten im ν bzw. $\overline{\nu}$-Strahl. Nach [Gei91].

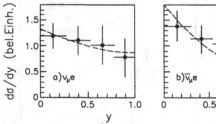

Abb. 4.10
y-Verteilungen aus dem CHARM II-Experiment für die (a) $\nu_\mu e$ und (b) $\overline{\nu}_\mu e$-Streuung. Die Kurven zeigen die GWS-Vorhersagen für $\sin^2 \theta_W = 0.212$. Nach [Vil93].

Zur Bestimmung von R braucht nicht die absolute Normierung der ν_μ und $\overline{\nu}_\mu$-Flüsse, sondern nur ihr Verhältnis bekannt zu sein. Auch heben sich die QED-Strahlungskorrekturen weitgehend weg. Abb. 4.9 (gestrichelte Kurve) zeigt R als Funktion von $\sin^2 \theta_W$. Für $\sin^2 \theta_W \approx 0.25$ gilt $\Delta \sin^2 \theta_W \approx -\Delta R/8$, so daß die Messung von R eine relativ genaue Bestimmung von $\sin^2 \theta_W$ erlaubt. Das gemessene R_{vis} (volle Kurve) weicht durch die Beimischung anderer Neutrinoarten im Strahl vom idealen R ab und liefert wegen der geringeren Steilheit eine etwas geringere Genauigkeit in der $\sin^2 \theta_W$-Bestimmung. Aus dem Verhältnis der differentiellen $\nu_\mu e$ und $\overline{\nu}_\mu e$-Wirkungsquerschnitte ergab sich [Vil94]:

$$\sin^2 \theta_W = 0.2324 \pm 0.0083 \,. \tag{4.25}$$

Die von CHARM II [Vil93] durch Entfaltung korrigierten y-Verteilungen sind in Abb. 4.10 dargestellt. Aus der Anpassung von (4.12) (ohne den dritten

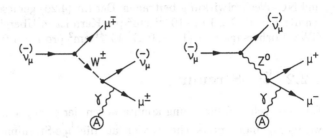

Abb. 4.11 Graphen für die Erzeugung von $\mu^+\mu^-$-Paaren in der Reaktion $\overset{\scriptscriptstyle(-)}{\nu_\mu}A \to$ $\overset{\scriptscriptstyle(-)}{\nu_\mu}\mu^+\mu^- A$ im elektromagnetischen Feld eines Kerns A.

Term) ergab sich:

$$\frac{g_R^2}{g_L^2} = 0.60 \pm 0.21 \,, \tag{4.26}$$

woraus abermals folgt, daß zur νe-Streuung auch rechtshändige Elektronen beitragen. Die GWS-Vorhersage ist nach (4.10) für $\sin^2\theta_W = 0.23$:

$$\frac{g_R^2}{g_L^2} = \left(\frac{2\sin^2\theta_W}{1 - 2\sin^2\theta_W}\right)^2 = 0.73 \,. \tag{4.27}$$

Der Vollständigkeit halber sei noch der *inverse μ-Zerfall* $\nu_\mu + e^- \to \nu_e + \mu^-$ (4.2) erwähnt, eine reine CC-Reaktion (Abb. 2.1b), deren Schwellenenergie $E_{\nu S} = (m_\mu^2 - m_e^2)/2m_e = 10.9$ GeV beträgt (siehe (A.35)). Für diese Reaktion wurde von CHARM II [Gei90a, Vil95a] ein asymptotischer (große E_ν) Wirkungsquerschnitt von

$$\sigma(\nu_\mu e \to \nu_e \mu) = (16.51 \pm 0.93) \cdot 10^{-42}\text{cm}^2 \cdot E_\nu/\text{GeV} \tag{4.28}$$

gemessen, in guter Übereinstimmung mit der (V–A)-Vorhersage $\sigma = 17.23 \cdot 10^{-42}$ cm$^2 \cdot E_\nu/$GeV.

Schließlich wurde von der CHARM II-Kollaboration [Gei90, Win91a] zum ersten Mal die Erzeugung von $\mu^+\mu^-$-Paaren durch ν_μ bzw. $\overline{\nu}_\mu$ im elektromagnetischen Feld eines Kerns A,

$$\overset{\scriptscriptstyle(-)}{\nu_\mu} + A \to \overset{\scriptscriptstyle(-)}{\nu_\mu} + \mu^+ + \mu^- + A \,, \tag{4.29}$$

(Abb. 4.11) beobachtet (55 Ereignisse). Diese Reaktion gibt Aufschluß über die elastische $\overset{\scriptscriptstyle(-)}{\nu_\mu}\mu$-Streuung, zu der analog zur $\overset{\scriptscriptstyle(-)}{\nu_e}e$-Streuung die schwache CC-

und NC-Wechselwirkung beitragen. Der für (4.29) gemessene Wirkungsquerschnitt $\sigma = (3.0 \pm 1.0) \cdot 10^{-41}$ cm^2 pro Kern ist in Übereinstimmung mit der GWS-Vorhersage $\sigma = (1.9 \pm 0.4) \cdot 10^{-41}$ cm^2 pro Kern für $\sin^2 \theta_W = 0.23$.

4.2.2 $\overset{(-)}{\nu_e}e$-Streuung

Die elastische $\overset{(-)}{\nu_e}e$-Streuung konnte wegen der geringeren Ereigniszahlen viel weniger genau untersucht werden als die $\overset{(-)}{\nu_\mu}e$-Streuung. Die $\bar\nu_e e$-Streuung (4.1d) wurde am Savannah River Reaktor mit einem $\bar\nu_e$-Fluß von $2.2 \cdot 10^{13}$ cm^{-2} sec^{-1} gemessen [Rei76]; für den Wirkungsquerschnitt erhielt man:

$$\sigma(\bar\nu_e e) = (0.87 \pm 0.25) \cdot \sigma_{V-A} \text{ für } 1.5 < E_e < 3.0 \text{ MeV}$$
$$= (1.70 \pm 0.44) \cdot \sigma_{V-A} \text{ für } 3.0 < E_e < 4.5 \text{ MeV}, \tag{4.30}$$

wobei σ_{V-A} der von der (V–A)-Theorie (siehe (4.15) und (4.18) für $g_V = g_A = 0$) vorhergesagte, über das jeweilige E_e-Intervall integrierte und mit dem E_ν-Spektrum des Reaktors gefaltete [Avi70] Wirkungsquerschnitt ist ($\sigma_{V-A} = 8.7 \cdot 10^{-46}$ cm^2 für $1.5 < E_e < 3.0$ MeV, $\sigma_{V-A} = 1.1 \cdot 10^{-46}$ cm^2 für $3.0 < E_e < 4.5$ MeV). In Abb. 4.5 ist das zugehörige Ellipsenband eingezeichnet.

Die elastische $\nu_e e$-Streuung (4.1c) wurde am LAMPF (Los Alamos Meson Physics Facility) untersucht [All93] bei einer mittleren Energie von $\langle E_\nu \rangle = 31.7$ MeV, so daß nach (4.15) $\sigma_0 = 1.82 \cdot 10^{-43}$ cm^2 beträgt und die GWS-Vorhersage (4.17) mit $\sin^2 \theta_W = 0.23$ lautet: $\sigma(\nu_e e) = 3.0 \cdot 10^{-43}$ cm^2. Die ν_e stammten aus den Zerfällen (1.33) von ruhenden μ^+, die ihrerseits aus den Zerfällen (1.32) von zur Ruhe gebrachten π^+ stammten, die von einem 800 MeV Protonstrahl erzeugt wurden. Beim μ-Zerfall in Ruhe besitzt die ν_e-Energie E_ν ein Spektrum zwischen 0 und $E_{\nu\text{max}} = (m_\mu^2 - m_e^2)/2m_\mu = 52.8$ MeV mit dem oben angegebenen Mittelwert. Es wurden 236 elastische $\nu_e e$-Ereignisse gefunden; der Wirkungsquerschnitt wurde zu

$$\sigma(\nu_e e) = (3.18 \pm 0.56) \cdot 10^{-43} \text{ cm}^2 \tag{4.31}$$

bestimmt, in guter Übereinstimmung zu obiger GWS-Vorhersage. Mit $\langle E_\nu \rangle = 31.7$ MeV ergibt sich (vergl. (4.17)):

$$\sigma(\nu_e e) = (10.0 \pm 1.8) \cdot 10^{-45} \text{ cm}^2 \cdot E_\nu / \text{MeV}. \tag{4.32}$$

Für den destruktiven NC-CC-Interferenzterm erhielt man (in unserer Notation (4.19)):

$$I(\nu_e e) = (-2.91 \pm 0.57) \cdot 10^{-43} \text{ cm}^2 = (-1.60 \pm 0.32) \cdot \sigma_0, \tag{4.33}$$

in guter Übereinstimmung mit der GWS-Vorhersage (4.19).

Die Benutzung der $\nu_e e$-Streuung zur Erforschung der Sonnen-Neutrinos wird in Kap. 7.2 behandelt.

5   Neutrino-Nukleon-Streuung

Aus der *tief-inelastischen (Anti-)Neutrino-Nukleon-Streuung* [Com83, Per87, Schm88a, Rob90, Die91, Bil94, Per95, Lea96] erhält man Auskunft über die (Anti-)Neutrino-Quark-Streuung sowie über die innere Struktur der Nukleonen. Sie läuft ab entweder durch $W^{\pm}$-Austausch (1.78) (CC, Abb. 2.6f) oder durch Z^0-Austausch (1.77) (NC, Abb. 2.9):

$$
\begin{aligned}
&\text{(a) CC}: \quad \nu_\mu + N \to \mu^- + X, \quad \overline{\nu}_\mu + N \to \mu^+ + X \\
&\text{(b) NC}: \quad \nu_\mu + N \to \nu_\mu + X, \quad \overline{\nu}_\mu + N \to \overline{\nu}_\mu + X.
\end{aligned}
\tag{5.1}
$$

Hierbei ist $N = p, n$ oder ein isoskalares Nukleon (siehe unten) und X ein System von auslaufenden Hadronen. In (5.1) wird das $\nu_\mu/\overline{\nu}_\mu$ als punktförmige „Sonde" benutzt, um die Nukleonstruktur bezüglich ihrer schwachen Wechselwirkung abzutasten. Die elektromagnetische Struktur der Nukleonen wird entsprechend in der tief-inelastischen Elektron/Myon-Nukleon-Streuung

$$
e^{\pm} + N \to e^{\pm} + X, \quad \mu^{\pm} + N \to \mu^{\pm} + X
\tag{5.2}
$$

durch Photonaustausch untersucht.

Wir behandeln zunächst die CC-Reaktionen (5.1a), danach in Kap. 5.2 die NC-Reaktionen (5.1b). Die in Kap. 5.1 und 5.2 besprochenen Experimente benutzen ein stationäres Target („*Fixed-Target-Experimente*"). In Kap. 5.3 wird die tiefinelastische ep-Streuung am ep-Collider HERA behandelt.

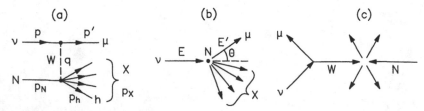

Abb. 5.1 Reaktion $\nu + N \to \mu + X$ durch W-Austausch, (a) Feynman-Graph, (b) im Laborsystem, (c) im WN-Schwerpunktsystem.

5.1   CC-Reaktionen

5.1.1 Kinematik bei stationärem Target

Abb. 5.1a zeigt den Feynman-Graphen für die inelastische Reaktion (5.1a); am unteren Vertex findet der Prozess

$$W + N \to X \tag{5.3}$$

statt. In Abb. 5.1b ist die Reaktion (5.1a) im Laborsystem (Ruhesystem des Targetnukleons), in Abb. 5.1c im Schwerpunktsystem von W und N, d.h. im Schwerpunktsystem der auslaufenden Hadronen X dargestellt. Die Viererimpulse $p, p', q = p - p', p_N, p_X$ und p_h des einlaufenden ν, auslaufenden μ, ausgetauschten W, einlaufenden N, auslaufenden Systems X und eines einzelnen auslaufenden Hadrons h (Abb. 5.1a) sind im Laborsystem gegeben durch:

$$p = (E_\nu, \boldsymbol{p}_\nu), \quad p' = (E_\mu, \boldsymbol{p}_\mu), \quad q = (\nu, \boldsymbol{q})$$
$$p_N = (M, 0), \quad p_X = (E_X, \boldsymbol{p}_X), \quad p_h = (E_h, \boldsymbol{p}_h), \tag{5.4}$$

wobei $M = m_N$ die Nukleonmasse ist. Gemessen werden im Laborsystem bei vorgegebener Neutrinoenergie $E = E_\nu$ die Energie $E' = E_\mu$ und der Streuwinkel $\theta = \theta_\mu$ des auslaufenden μ (Abb. 5.1b), so lange man nicht an Einzelheiten des Hadronensystems X (Kap. 5.1.7) interessiert ist (entsprechend für die $eN/\mu N$-Streuung (5.2)).

Aus den beiden Meßgrößen (E', θ) ergeben sich unter Benutzung von (5.4) die folgenden wichtigen kinematischen *Ereignisvariablen*, wobei bei hohen Energien die μ-Masse vernachlässigt wurde: [§]

• Gesamte Schwerpunktsenergie $\sqrt{s}$ (siehe (A.9)):

$$s = (p + p_N)^2 = 2ME + M^2 \approx 2ME. \tag{5.5}$$

• Negatives Quadrat Q^2 des *Viererimpulsübertrags* (siehe (A.11), (A.24)):

$$Q^2 = -q^2 = -(p - p')^2 = -(E - E')^2 + (\boldsymbol{p} - \boldsymbol{p}')^2 = 4EE' \sin^2 \frac{\theta}{2} > 0. \tag{5.6}$$

• *Energieübertrag* ν im Laborsystem (= Laborenergie des ausgetauschten W):

$$\nu = \frac{q \cdot p_N}{M} = E - E' = E_X - M \tag{5.7}$$

$$\text{mit } \nu_{\max} = \frac{2E^2}{2E + Mx} = E \text{ für } x = 0.$$

[§]Die ungefähren Gleichheiten gelten für $E \gg M$.

• Gesamtenergie W der auslaufenden Hadronen X in ihrem Schwerpunktsystem (= *effektive Masse des Systems* X = Schwerpunktsenergie von (5.3)):

$$W^2 = E_X^2 - \boldsymbol{p}_X^2 = (E - E' + M)^2 - (\boldsymbol{p} - \boldsymbol{p}')^2 = -Q^2 + 2M\nu + M^2$$

(5.8)

$$\text{mit } W_{\max}^2 = 2ME + M^2 = s \quad (\text{bei } \nu_{\max} = E, Q^2 = 0),$$

wobei (5.6) und (5.7) sowie der Energiesatz $E+M = E'+E_X$ und der Impulssatz $\boldsymbol{p} = \boldsymbol{p}'+\boldsymbol{p}_X$ im Laborsystem benutzt wurden. Für die *"quasielastischen"* Streuungen (1.72a)

$$\nu_\mu + n \to \mu^- + p$$
$$\bar{\nu}_\mu + p \to \mu^+ + n$$

(5.9)

ist $W = M$, so daß man für sie aus (5.8) die folgende Beziehung zwischen Q^2 und ν erhält:

$$Q^2 = 2M\nu \quad \text{mit} \quad Q_{\max}^2 = \frac{4ME^2}{2E + M} \approx 2ME \approx s$$

(5.10)

(vergl. (A.12) mit $Q^2 = -t$).

• *Bjorken-Skalenvariable* x (Kap. 5.1.3):

$$x = \frac{-q^2}{2q \cdot p_N} = \frac{Q^2}{2M\nu} \quad \text{mit} \quad 0 \le x \le 1.$$

(5.11)

Aus (5.8) und (5.11) erhält man:

$$W^2 = M^2 + Q^2 \left(\frac{1}{x} - 1\right).$$

(5.12)

Für die quasielastische Streuung (5.9) ist wegen (5.10) $x = 1$.

• *Relativer Energieübertrag (Inelastizität)* y:

$$y = \frac{q \cdot p_N}{p \cdot p_N} = \frac{\nu}{E} = 1 - \frac{E'}{E} = \frac{Q^2}{2MEx}$$

(5.13)

$$\text{mit } 0 \le y \le \left(1 + \frac{Mx}{2E}\right)^{-1} \approx 1.$$

Eine nützliche, aus (5.5), (5.11) und (5.13) resultierende Beziehung lautet:

$$xy = \frac{Q^2}{2ME} = \frac{Q^2}{s - M^2}.$$

(5.14)

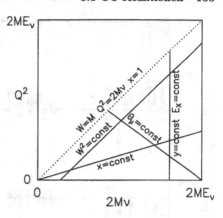

Abb. 5.2
Kinematisch erlaubtes Gebiet in der (ν, Q^2)-Ebene. Eingezeichnet sind Geraden zu konstantem W^2, x, θ und y. Die punktierte Gerade ist das Gebiet für die quasielastische Streuung, z.B. $\nu + N \to \mu + N'$ oder $e + N \to e + N$ ($W = M$, $Q^2 = 2M\nu$, $x = 1$). Nach [Die91].

Eine inelastische Reaktion (5.1) ist also bei festem E durch zwei unabhängige Ereignisvariable, z.B. (E', θ) oder (Q^2, ν) oder (x, Q^2) oder (x, y) gekennzeichnet; dagegen ist eine quasielastische Reaktion wegen (5.10), d.h. $x = 1$, durch eine einzige Variable (z.B. θ oder E' oder Q^2 oder ν) bestimmt[†]. Abb. 5.2 zeigt das kinematisch erlaubte Gebiet $0 \leq Q^2 \leq 2M\nu$ für (5.1) in der (ν, Q^2)-Ebene; je eine Gerade $Q^2 = 2Mx \cdot \nu$ zu festem x, $Q^2 = M^2 - W^2 + 2M \cdot \nu$ zu festem W ($Q^2 = 2M \cdot \nu$ für quasielastische Streuung) und $Q^2 = 4E^2 \sin^2 \frac{\theta}{2} - 4E \sin^2 \frac{\theta}{2} \cdot \nu$ zu festem θ ist eingezeichnet. Die Kinematik beim ep-Collider HERA wird in Kap. 5.3.1 behandelt.

5.1.2 Totale Wirkungsquerschnitte

In mehreren Experimenten wurden die totalen Wirkungsquerschnitte $\sigma(\nu N)$ und $\sigma(\bar{\nu} N)$ für die CC-Reaktionen (5.1a) am *isoskalaren Nukleon* (= Mittel von Proton und Neutron[§]) als Funktionen der Laborenergie E_ν gemessen [Hai88]. Die wichtigsten Messungen bei höheren Energien ($E_\nu \lesssim 250$

[†]Z.B. erhält man aus (5.6), (5.7) und (5.10) die Beziehung zwischen E' und θ:

$$E' = E \bigg/ \left(1 + \frac{2E}{M} \sin^2 \frac{\theta}{2}\right).$$

[§]Die meisten Experimente wurden nicht an isoskalaren Kernen mit gleicher Protonen- und Neutronenzahl, sondern, zwecks einer möglichst großen Targetmasse und Schauerbildung zur kalorimetrischen Energiemessung (Kap. 3.3), an schweren Kernen, z.B. Fe, durchgeführt. Deshalb ist an den Messungen eine Korrektur wegen des Neutronenüberschusses (Nicht-Isoskalarität) anzubringen [Abr83], die z.B. bei Fe -2.5% für $\sigma(\nu N)$ und $+2.3\%$ für $\sigma(\bar{\nu} N)$ beträgt [Ber87].

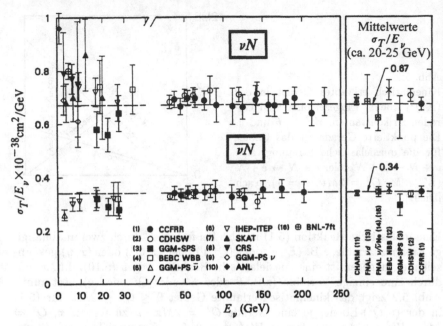

Abb. 5.3 Kompilation von Meßwerten $\sigma(E_\nu)/E_\nu$ für νN und $\bar{\nu}N$-Streuung aus verschiedenen Experimenten in Abhängigkeit von E_ν. Der rechte Teil der Abbildung gibt Mittelwerte über größere Energiebereiche (ca. 10 bis 200 GeV) mit $\langle E_\nu \rangle \sim 22$ GeV an. Die gestrichelten Linien sind Mittelwerte von CCFRR [Mac84]. Nach [PDG92].

GeV) wurden von der CCFRR-Kollaboration [Mac84] und der CDHSW-Kollaboration [Ber87] durchgeführt. Beide Kollaborationen benutzten einen Schmalband-Strahl (Kap. 3.2.2); der CDHS-Detektor ist in Kap. 3.3 beschrieben. Es wurde in allen Experimenten – abgesehen von einer geringen Abweichung im Bereich kleiner $E_\nu \lesssim 30$ GeV – eine lineare Abhängigkeit der beiden totalen Wirkungsquerschnitte von E_ν festgestellt. Dies sieht man aus Abb. 5.3, in der die Meßwerte $\sigma(E_\nu)/E_\nu$ aus den verschiedenen Experimenten als Funktion von E_ν kompiliert sind [PDG92]. Aus den beiden obigen Experimenten und dem CHARM-Experiment [All88] ergeben sich die Mittelwerte:

$$\sigma(\nu N) = (0.682 \pm 0.012) \cdot 10^{-38} \text{ cm}^2 \cdot E_\nu/\text{GeV}$$
$$\sigma(\bar{\nu} N) = (0.338 \pm 0.007) \cdot 10^{-38} \text{ cm}^2 \cdot E_\nu/\text{GeV} , \tag{5.15}$$

(siehe auch Abb. 5.35)[§].

Bei den bisherigen Energien E_ν ist der W-Propagator völlig vernachlässigbar, da $Q^2 < Q^2_{max} = 2ME_\nu \ll m^2_W$, d.h. $E_\nu \ll m^2_W/2M = 3.4$ TeV ist (siehe auch Kap. 5.3). Die Linearität $\sigma \propto E_\nu$, die schon bei der elastischen harten νe-Streuung mit punktförmigen Reaktionspartnern festgestellt wurde (Kap. 4), ist dann ein direkter Hinweis darauf, daß auch in der νN-Streuung die Wechselwirkung an punktförmigen Konstituenten des Nukleons stattfindet. Dies ist der Kernpunkt des *Quark-Parton-Modells* (QPM, Kap. 5.1.4), nach dem die tief-inelastische νN-Streuung eine inkohärente Superposition von quasielastischen Neutrino-(Anti-)Quark-Streuungen ist. Während bei niedrigen Energien ($E_\nu \lesssim 20$ GeV) das Wirkungsquerschnittsverhältnis $R = \sigma(\nu N)/\sigma(\bar\nu N) \approx 3$ beträgt [Die91], wie vom *einfachen* QPM *ohne* Seequarks vorausgesagt (siehe unten), ist für höhere Energien nach (5.15) $R \approx 2$. Dies ist ein direkter Hinweis auf den Beitrag von Seequarks zur νN-Streuung (Kap. 5.1.5).

Die totalen Wirkungsquerschnitte für CC-Reaktionen (5.1a) an Protonen und Neutronen wurden u.a. in der Blasenkammer BEBC (Kap. 3.3) gemessen, die mit flüssigem Wasserstoff [Ade86] bzw. Deuterium [All84] gefüllt war. Die Ergebnisse lauten:

$$\text{In [Ade86]:} \quad \sigma(\nu p) = (0.474 \pm 0.030) \cdot 10^{-38}\ \text{cm}^2 \cdot E_\nu/\text{GeV}$$
$$\sigma(\bar\nu p) = (0.500 \pm 0.032) \cdot 10^{-38}\ \text{cm}^2 \cdot E_\nu/\text{GeV}$$
$$\text{In [All84]:} \quad \sigma(\nu n) = (0.84 \pm 0.07) \cdot 10^{-38}\ \text{cm}^2 \cdot E_\nu/\text{GeV} \tag{5.16}$$
$$\sigma(\bar\nu n) = (0.22 \pm 0.02) \cdot 10^{-38}\ \text{cm}^2 \cdot E_\nu/\text{GeV}\,.$$

Aus (5.16) erhält man durch Mittelung über p und n innerhalb der Fehler die Werte (5.15).

Das einfache QPM ohne Seequarks (weitere Annahme: gleiche Form der Verteilungsfunktionen $u(x)$ und $d(x)$, Kap. 5.1.4) macht die folgenden Vorhersagen: Das ν reagiert quasielastisch mit dem d-Quark ($\nu + d \to \mu^- + u$ oder c), das $\bar\nu$ mit dem u-Quark ($\bar\nu + u \to \mu^+ + d$ oder s) mit $\sigma(\bar\nu u) = \frac{1}{3}\sigma(\nu d)$, wobei der Faktor $\frac{1}{3}$ aus der Integration von $(1-y)^2$ im $\bar\nu u$-Wirkungsquerschnitt stammt (Kap. 5.1.4). Damit erhält man wegen der Zusammensetzung $p = (uud)$ und $n = (udd)$:

$$\sigma(\nu p) = \frac{3}{2}\sigma(\bar\nu p) = \frac{1}{2}\sigma(\nu n) = 3\sigma(\bar\nu n) = \frac{2}{3}\sigma(\nu N) = 2\sigma(\bar\nu N)\,. \tag{5.17}$$

[§]Bei sehr hohen Energien ($E_\nu \gtrsim 10$ TeV) steigen $\sigma(\nu N)$ und $\sigma(\bar\nu N)$ wegen des Propagatoreffekts schwächer als $\propto E_\nu$ an (Abb. 7.32) [Gan96].

Wie der Vergleich mit (5.16) zeigt, sind diese Vorhersagen auch bei Berücksichtigung der relativ großen Meßfehler nicht gut erfüllt, was u.a. wiederum auf die Vernachlässigung der Seequarks zurückzuführen ist.

5.1.3 Strukturfunktionen der Nukleonen; Skaleninvarianz

Der doppelt differentielle Wirkungsquerschnitt für die CC-Reaktionen (5.1a) mit $N = p$[¶] ist mit den in Kap. 5.1.1 eingeführten Ereignisvariablen gegeben durch (Herleitung z.B. in [Bil94][†]):

$$
\begin{aligned}
\frac{d\sigma^{\nu,\bar{\nu}}}{dQ^2 d\nu} &= \frac{G_F^2}{2\pi} \frac{E'}{E} \left\{ 2W_1^{\nu,\bar{\nu}}(Q^2,\nu) \cdot \sin^2\frac{\theta}{2} + W_2^{\nu,\bar{\nu}}(Q^2,\nu) \cdot \cos^2\frac{\theta}{2} \right. \\
&\qquad \left. \pm W_3^{\nu,\bar{\nu}}(Q^2,\nu) \, \frac{E+E'}{M} \sin^2\frac{\theta}{2} \right\} \\
&= \frac{G_F^2}{8\pi} \frac{1}{E^2} \left\{ 2W_1^{\nu,\bar{\nu}}(Q^2,\nu) \cdot Q^2 + W_2^{\nu,\bar{\nu}}(Q^2,\nu) \cdot (4E^2 - 4E\nu - Q^2) \right. \\
&\qquad \left. \pm W_3^{\nu,\bar{\nu}}(Q^2,\nu) \cdot \frac{2E-\nu}{M} Q^2 \right\} \\
&= \frac{G_F^2}{2\pi} \left\{ xy^2 \cdot \frac{M}{\nu} W_1^{\nu,\bar{\nu}}(x,y) + \left(1 - y - \frac{Mxy}{2E} \right) \cdot W_2^{\nu,\bar{\nu}}(x,y) \right. \\
&\qquad \left. \pm xy \left(1 - \frac{y}{2} \right) \cdot W_3^{\nu,\bar{\nu}}(x,y) \right\},
\end{aligned}
\tag{5.18}
$$

wobei das obere (untere) Vorzeichen für die νp ($\bar{\nu} p$)-Streuung gilt. Für die Umformungen in (5.18) wurden die Formeln aus Kap. 5.1.1 benutzt. Mit ihnen erhält man auch die differentiellen Wirkungsquerschnitte in den anderen Variablen-Paaren:

$$
\frac{d\sigma}{dxdy} = 2ME\nu \cdot \frac{d\sigma}{dQ^2 d\nu} = \frac{M\nu}{E'} \cdot \frac{d\sigma}{dE'd\cos\theta} = 2MEx \cdot \frac{d\sigma}{dxdQ^2} ,
\tag{5.19}
$$

also z.B.

$$
\begin{aligned}
\frac{d\sigma^{\nu,\bar{\nu}}}{dxdy} &= \frac{G_F^2 ME}{\pi} \left\{ xy^2 \cdot MW_1^{\nu,\bar{\nu}}(x,y) + \left(1 - y - \frac{Mxy}{2E} \right) \cdot \nu W_2^{\nu,\bar{\nu}}(x,y) \right. \\
&\qquad \left. \pm xy \left(1 - \frac{y}{2} \right) \cdot \nu W_3^{\nu,\bar{\nu}}(x,y) \right\},
\end{aligned}
\tag{5.20}
$$

[¶]Wir behandeln als konkreten Fall zunächst die inelastische Streuung am Proton; auf die Streuung am Neutron kommen wir später zurück.

[†]Eine teilweise Herleitung von (5.18) im QPM wird in Kap. 5.1.4 durchgeführt.

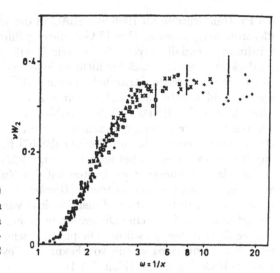

Abb. 5.4
Strukturfunktion $\nu W_2(x, Q^2)$ aus der ep-Streuung beim SLAC in Abhängigkeit von $\omega = 1/x$ für verschiedene Q^2-Intervalle zwischen 1 und 12 GeV^2. Aus [Per77].

wobei der Term $Mxy/2E$ bei höheren Energien ($E \gg M$) vernachlässigt werden kann. Die Funktionen $W_i(Q^2, \nu)$ in (5.18) sind die *Strukturfunktionen*, die die *innere Struktur* des räumlich ausgedehnten Protons beschreiben, so wie sie sich in der νp bzw. $\overline{\nu} p$-Streuung manifestiert (Abb. 5.1a). Bei sehr hohen Energien, bei denen der W-Propagator nicht mehr vernachlässigt werden kann (Kap. 5.1.2), ist in (5.18) und (5.20)

$$G_F^2 \quad \text{durch} \quad G_F^2 \bigg/ \left(1 + \frac{Q^2}{m_W^2}\right)^2 \tag{5.21}$$

zu ersetzen (siehe Kap. 5.3.3).

Der Vollständigkeit halber sei auch die zu (5.20) analoge Formel für die inelastische $ep/\mu p$-Streuung (5.2) durch Photonaustausch[¶] angegeben:

$$\frac{d\sigma^e}{dx dy} = \frac{8\pi\alpha^2}{Q^4} M E \left\{ xy^2 \cdot MW_1^e(x, y) + \left(1 - y - \frac{Mxy}{2E}\right) \cdot \nu W_2^e(x, y) \right\}. \tag{5.22}$$

Während in der eN-Streuung wegen der Paritätserhaltung nur zwei Strukturfunktionen auftreten, kommt in der νN-Streuung, in der die Parität nicht erhalten ist, eine dritte Strukturfunktion $W_3^{\nu, \overline{\nu}}$ hinzu (siehe Kap. 5.1.4).

Die ersten Experimente zur Messung des differentiellen Wirkungsquerschnitts $d\sigma/dQ^2 d\nu$ und damit zur Bestimmung der Strukturfunktionen $W_i^{ep}(Q^2, \nu)$

[¶]Erst bei den hohen HERA-Energien ist auch der Z^0-Austausch zu berücksichtigen, siehe Kap. 5.3.2.

des Protons wurden ab 1966 am SLAC in der inelastischen ep-Streuung bei Elektronenenergien bis zu $E = 17$ GeV durchgeführt. Dabei wurde 1968/69 von Friedman, Kendall, Taylor (Nobelpreis 1990) und Mitarbeitern [Bre69] die Entdeckung gemacht, daß für nicht zu kleine Q^2 und ν ($Q^2 \gtrsim 2$ GeV^2, $\nu \gtrsim 2$ GeV) die gemessenen Strukturfunktionen $W_i^{ep}(Q^2, \nu)$ näherungsweise nicht von Q^2 und ν getrennt, sondern nur von $einer$ dimensionslosen Variablen, nämlich von der Bjorken-Skalenvariablen $x = Q^2/2M\nu$ (5.11) abhängen, d.h. bei festem x ungefähr unabhängig von Q^2 sind (Abb. 5.4, siehe (5.23)). Dieses Verhalten wurde von Bjorken [Bjo67] für die tief-inelastische Streuung ($Q^2 \to \infty$, $\nu \to \infty$ bei festem $x = Q^2/2M\nu$), bei der ein hoher Betrag an Impuls und Energie vom Lepton auf das Nukleon übertragen wird, vorausgesagt; es wird $Skaleninvarianz$ ($Bjorken$-$Scaling$) genannt: In den Strukturfunktionen treten nur die dimensionslose Variable x, nicht jedoch Größen wie Q^2 oder ν auf, die eine Dimension besitzen, durch die eine Massen- oder Längenskala festgelegt würde. Die physikalische Interpretation der beobachteten Skaleninvarianz wurde von Feynman [Fey69] mit der Einführung des $Parton$-$Modells$ gegeben (Kap. 5.1.4).

Statt Elektronen wurden in späteren Experimenten [Per77, Fis82, Dre83, Slo88] Myonen als Sonden zur Untersuchung der elektromagnetischen Struktur der Nukleonen benutzt. Während Elektronen wegen der hohen Energieverluste durch Synchrotronstrahlung ($\Delta E \propto (E/m_e)^4$) in einem Ringbeschleuniger sich in praxi nur schwer über ~ 30 GeV beschleunigen lassen, können mit Myonen Strahlen von wesentlich höheren Energien (280 GeV entsprechend $\sqrt{s} = 23$ GeV am CERN-SPS, ~ 500 GeV entsprechend $\sqrt{s} = 31$ GeV am Fermilab-Tevatron) hergestellt und damit die Substrukturen der Nukleonen noch genauer aufgelöst werden. Die höchsten Energien ($\sqrt{s} \lesssim 314$ GeV) und damit die feinste Auflösung (bis $\sim 10^{-16}$ cm) werden zur Zeit am ep-Collider HERA am DESY (Hamburg) erreicht (Kap. 5.3).

Die schwachen Strukturfunktionen in (5.18) wurden in zahlreichen Experimenten mit hochenergetischen $\nu_\mu/\overline{\nu}_\mu$-Strahlen (Kap. 3.2) am CERN und am Fermilab gemessen (Kap. 5.1.5, 5.1.6) [Per77, Eis86] ; auch hier wurde annäherndes Skalenverhalten beobachtet. Für die Strukturfunktionen in (5.18), (5.20) und (5.22) bedeutet dies:

$$MW_1(Q^2, \nu) = F_1(x)$$
$$\nu W_2(Q^2, \nu) = F_2(x) \tag{5.23}$$
$$\nu W_3(Q^2, \nu) = F_3(x) \,.$$

Mit den hochenergetischen Myon- und Neutrino-Strahlen konnten die Strukturfunktionen über wesentlich größere Q^2-Bereiche (siehe (5.10)) gemessen werden als mit Elektronen beim SLAC. Dabei wurden Abweichungen von der strikten Skaleninvarianz beobachtet, die ungefähr wie $\log Q^2$ gehen und auf gluonischen QCD-Effekten beruhen, so daß $F_i(x) \to F_i(x, Q^2)$ übergeht. Diese Q^2-Abhängigkeit wird in Kap. 5.1.6 besprochen.

Die Strukturfunktionen F_1 und F_2 können durch die Wirkungsquerschnitte σ_L und σ_T für die Absorption eines longitudinal bzw. transversal polarisierten virtuellen Bosons (γ für $e/\mu N$, W für CC-$\overset{(-)}{\nu}N$) durch das Nukleon (unterer Vertex in Abb. 5.1a) ausgedrückt werden [Slo88, Ber91]:

$$2xF_1 = \frac{2Mxk}{\kappa\pi}\sigma_T, \quad F_2 = \frac{2Mxk}{\kappa\pi}\frac{1}{1 + Q^2/\nu^2}(\sigma_T + \sigma_L)$$

$$\text{mit } k = \frac{W^2 - M^2}{2M} = \nu - \frac{Q^2}{2M} = \nu(1 - x).$$

(5.24)

$\kappa = 4\pi\alpha$ für $e/\mu N$, $\kappa = \sqrt{2}G_F$ für $\overset{(-)}{\nu}N$-Streuung. k ist der Laborimpuls eines masselosen Bosons, das mit dem Targetnukleon ein Hadronensystem X mit der effektiven Masse W erzeugt: $(k + M)^2 - k^2 = W^{2\S}$. Die *longitudinale Strukturfunktion* F_L ist definiert als

$$F_L = \frac{2Mxk}{\kappa\pi}\sigma_L = \left(1 + \frac{Q^2}{\nu^2}\right)F_2 - 2xF_1 = \left(1 + \frac{4M^2x^2}{Q^2}\right)F_2 - 2xF_1$$

(5.25)

$$\approx F_2 - 2xF_1 \quad \text{für} \quad Q^2 \gg M^2.$$

Für das Verhältnis $R \equiv \sigma_L/\sigma_T$ von longitudinalem zu transversalem Wirkungsquerschnitt erhält man aus (5.24) und (5.25):

$$R \equiv \frac{\sigma_L}{\sigma_T} = \frac{F_L}{2xF_1} = \left(1 + \frac{4M^2x^2}{Q^2}\right)\frac{F_2}{2xF_1} - 1 \approx \frac{F_2}{2xF_1} - 1 \quad \text{für} \quad Q^2 \gg M^2,$$

(5.26)

$$\text{so daß} \quad \frac{F_2}{2xF_1} = \frac{1 + R}{1 + 4M^2x^2/Q^2} \approx 1 + R \quad \text{für} \quad Q^2 \gg M^2.$$

In (5.24) und (5.25) wurden die kinematischen Formeln (5.8) und (5.11) benutzt. Die Größen σ_L, σ_T, R und F_L sind, wie $F_{1,2}$, Funktionen von x (und Q^2, Kap. 5.1.6).

5.1.4 Quark-Parton-Modell; Parton-Verteilungsfunktionen

Die physikalische Grundidee des Parton-Modells [Fey69] ist die folgende: In der *elastischen* elektromagnetischen Streuung eines punktförmigen Strahl-

---

$\S$Diese Definition von k ist die sogenannte *Hand-Konvention*. In der auch verwendeten *Gilman-Konvention* ist k der Laborimpuls des virtuellen Bosons mit der imaginären Masse $\sqrt{-Q^2}$: $k = \sqrt{\nu^2 + Q^2}$.

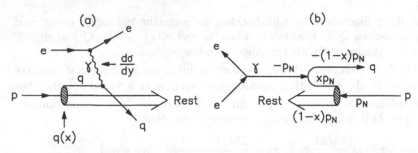

Abb. 5.5 Tief-inelastische ep-Streuung durch γ-Austausch im Quark-Parton-Modell, (a) Feynman-Graph, (b) im Photon-Proton-Schwerpunktsystem mit den Impulsanteilen x, $-(1-x)$ bzw. $(1-x)$ für einlaufendes Parton, auslaufendes Parton bzw. Protonrest.

teilchens an einem ausgedehnten Targetteilchen (z.B. elastische ep-Streuung) wird die räumliche Ausdehnung des Targetteilchens durch Q^2-abhängige *Formfaktoren* $G(Q^2)$ im differentiellen Wirkungsquerschnitt $d\sigma/dQ^2$ (*Rosenbluth-Formel*) [Lea96, Sche96] beschrieben. Diese Formfaktoren können als die Fourier-Transformierten der räumlichen Verteilung der Ladung bzw. des magnetischen Moments des Targetteilchens (Protons) angesehen werden. Sie fallen umso stärker mit wachsendem Q^2 ab und unterdrücken dadurch umso stärker das Auftreten großer Q^2-Werte, d.h. großer Streuwinkel θ (siehe (5.6)), je ausgedehnter das Targetteilchen ist. Anschaulich heißt dies, daß die Streuung umso *weicher* ist, d.h. kleine Streuwinkel umso stärker bevorzugt sind, je *ausgedehnter* das Targetteilchen ist. Umgekehrt bedeuten konstante, Q^2-unabhängige Formfaktoren *harte* elastische Streuung an *punktförmigen* Targetteilchen ohne Unterdrückung großer Streuwinkel.

In Anlehnung an diesen Sachverhalt wurde nun im Parton-Modell aus der beobachteten Q^2-Unabhängigkeit der Strukturfunktionen bei festem x (Skaleninvarianz) in der *tief-inelastischen* Elektron-Proton-Streuung[§] der folgende Schluß gezogen: Im Proton, das sich in der *elastischen* ep-Streuung (Hofstadter-Experiment [Hof57], Nobelpreis 1961) durch seine Q^2-abhängigen Formfaktoren als ausgedehntes Gebilde mit einem Radius von etwa 0.8 fm erwiesen hatte, sind Ladung und magnetisches Moment nicht diffus über seine Ausdehnung verschmiert. Das Proton besitzt vielmehr eine körnige (granulare) Struktur; es besteht aus punktförmigen Konstituenten, die von Feynman *Partonen* genannt wurden. Eine tief-inelastische ep-Streuung (5.2) besteht, wie im Graphen der Abb. 5.5a dargestellt, in einer harten, elastischen Elektron-Parton (eq)-Streuung $e + q \rightarrow e + q$ (über γ-Austausch mit (Q^2, ν));

[§]Wir nehmen hier vorläufig die ep-Streuung als Beispiel.

bei ihr wird das Parton q aus dem Proton herausgeschlagen, während die übrigen Partonen (*Protonrest*) als „*Zuschauer*" am elastischen Streuprozess unbeteiligt sind. Das Elektron reagiert also bei genügend großem Q^2 (d.h. genügend feiner räumlicher Auflösung) nicht mehr mit dem Proton als Ganzem, sondern streut elastisch an einem seiner punktförmigen Konstituenten. In Abb. 5.5b ist entsprechend Abb. 5.1c dieser Vorgang kinematisch im hadronischen Schwerpunktsystem (= Schwerpunktsystem von γ und p) dargestellt. Später gehen gestreutes Parton und Protonrest in die Hadronen über (*Fragmentation, Hadronisation*, Kap. 5.1.7), die in der Reaktion $e + p \to e+$ Hadronen (5.2) beobachtet werden.

Im Parton-Modell hat die Bjorken-Variable x (5.11) eine anschauliche physikalische Bedeutung: Habe in Abb. 5.5b das einlaufende Proton den Viererimpuls $p_N = (E_N, \boldsymbol{p}_N)$, dann hat das reagierende Parton vor der Streuung den Viererimpuls $xp_N = (xE_N, x\boldsymbol{p}_N)$; x ist also der Bruchteil ($0 \leq x \leq 1$) der Proton-Energie und des Proton-Impulses, der auf das streuende Parton im Proton entfällt. Dies soll nun bewiesen werden:

In einem Bezugssystem, in dem das einlaufende Proton einen großen Impuls besitzt, können die Transversalimpulse und Massen vernachlässigt werden. Am unteren Vertex des Graphen der Abb. 5.5a findet der Prozess $\gamma + q \to q'$ statt mit den Viererimpulsen q für das γ, $p_q = xp_N$ für das q und (wegen Impulserhaltung) $q + xp_N$ für das q'. Für die Masse $m_q \approx 0$ des auslaufenden Partons q' gilt ($p_N^2 = M^2$, $q^2 = -Q^2$):

$$m_q^2 = (q + xp_N)^2 = -Q^2 + 2xq \cdot p_N + x^2 M^2 \approx 0 \,. \qquad (5.27)$$

Bei Vernachlässigung des Masseterms:

$$x = \frac{Q^2}{2q \cdot p_N} = \frac{Q^2}{2M\nu} \,, \qquad (5.28)$$

wobei die relativistische Invariante $q \cdot p_N$ im Laborsystem mit $q = (\nu, \boldsymbol{q})$ und $p_N = (M, 000)$ ausgewertet wurde. (5.28) ist aber genau die Definition (5.11) der Bjorken-Variablen, was zu beweisen war.

Multipliziert man die kinematische Beziehung $M^2 = p_N^2 = E_N^2 - \boldsymbol{p}_N^2$ für das Proton mit x^2, so gilt $x^2 M^2 = x^2 p_N^2 = p_q^2 = m_q^2$; das heißt, daß dem einlaufenden Parton q kinematisch die „effektive" Masse

$$m_q = xM \qquad (5.29)$$

zuzuordnen ist. Damit erhält man aus (5.28):

$$\frac{Q^2}{2xM\nu} = \frac{Q^2}{2m_q\nu} = 1 \,. \qquad (5.30)$$

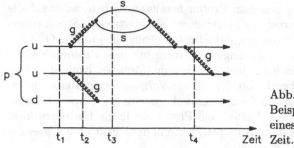

Abb. 5.6
Beispiel für mögliche Zustände
eines Protons im Laufe der
Zeit.

Dies ist, analog zu (5.10) für *elastische ep*-Streuung, genau die kinematische Beziehung für *elastische Elektron-Parton-Streuung* an einem ruhenden Parton im Proton. Die beobachtete Skaleninvarianz der Strukturfunktionen, d.h. ihre annähernde Unabhängigkeit von Q^2 bei festem x bedeutet, daß die Partonen punktförmig sind (siehe unten).

Aus den zahlreichen Experimenten zur tief-inelastischen Lepton-Nukleon (ℓN)-Streuung mit $\ell = e, \mu, \nu, \overline{\nu}$ und $N = p, n$ bzw. isoskalares Nukleon ergab sich, daß die Partonen identisch sind mit den 1964 von Gell-Mann [Gel64] und Zweig zur SU(3)-Klassifikation der Hadronen eingeführten *Quarks* (Kap. 2.1.1): Sie haben Spin $\frac{1}{2}$ (siehe unten) und drittelzahlige Ladung (Kap. 5.1.5); das Proton besteht im wesentlichen aus (uud), das Neutron aus (udd). Neben diesen immer vorhandenen *Valenzquarks* machen sich auch die zwischen ihnen ausgetauschten *Gluonen* (Kap. 2.1.2) bemerkbar. Darüber hinaus kann ein Gluon g für kurze Zeit in ein Quark-Antiquark($q\overline{q}$)-Paar materialisieren, so daß eine Lepton-Parton-Streuung auch an einem dieser *Seequarks* bzw. Antiquarks stattfinden kann. Abb. 5.6 zeigt als Beispiel mögliche Zustände eines Protons im Laufe der Zeit t: Zu den verschiedenen Zeitpunkten t_i besteht das Proton aus uud (t_1), $uudgg$ (t_2), $uuds\overline{s}$ (t_3), $uudg$ (t_4) usw. Da große Q^2-Werte kurze „Beobachtungszeiten" bedeuten, liefert die tief-inelastische Lepton-Proton-Streuung stroboskopische, instantane „Bilder" von der inneren Partonstruktur des Protons. Damit ist aus dem Feynman'schen Parton-Modell das *Quark-Parton-Modell* (QPM) [Lea96] geworden, das heute die Grundlage zur Beschreibung der tief-inelastischen ℓN-Streuung darstellt.

Die Tatsache, daß die Partonen den Spin $J = \frac{1}{2}$ besitzen, ergibt sich folgendermaßen: Für die Streuung an Partonen mit $J = \frac{1}{2}$ gilt bei großen Q^2 die *Callan-Gross-Beziehung* [Cal69]

$$2xF_1(x) = F_2(x) \tag{5.31}$$

zwischen der ersten und der zweiten Strukturfunktion; für Spin 0-Partonen wäre $F_1(x) = 0$. Die Beziehung (5.31) impliziert nach (5.26) das Verschwinden von R und damit der longitudinalen Größen σ_L und F_L für große Q^2. Die Messungen von R [Ber91, Tao96] ergaben $R(x) \approx 0$ für große Q^2 (Abb. 5.9)[‡], sowohl in der $eN/\mu N$-Streuung als auch in der $\nu N/\bar{\nu} N$-Streuung, so daß die Beziehung (5.31) relativ gut erfüllt ist, die Partonen also Spin $\frac{1}{2}$ besitzen. Die Callan-Gross-Relation, die ursprünglich aus der Stromalgebra hergeleitet wurde, wird unten im Rahmen des QPM bewiesen (siehe (5.40)) und im folgenden als gültig angenommen.

Tab. 5.1 Übersicht über die (quasi)elastischen ℓq und $\ell\bar{q}$-Streuungen über γ und W-Austausch mit Kopplungsstärken $g_{qq'}^2$ (in Einheiten von e^2 bzw. $g_{\rm CC}^2$).

$eq, e\bar{q}$ (ebenso $\mu q, \bar{\mu} q$) (γ-Austausch, $e \to e\gamma$		$\nu q, \nu\bar{q}$ (W^+-Austausch, $\nu \to \mu^- W^+$)		$\bar{\nu} q, \bar{\nu}\,\bar{q}$ (W^--Austausch, $\bar{\nu} \to \mu^+ W^-$)	
$eq \to eq$ ($q = u, d, s, c$)	Q_q^2	$\nu d \to \mu^- u$ $\nu d \to \mu^- c$	$\left.\begin{array}{l}\cos^2\theta_C\\\sin^2\theta_C\end{array}\right\}1$	$\bar{\nu} u \to \mu^+ d$ $\bar{\nu} u \to \mu^+ s$	$\left.\begin{array}{l}\cos^2\theta_C\\\sin^2\theta_C\end{array}\right\}1$
$e\bar{q} \to e\bar{q}$ ($\bar{q} = \bar{u}, \bar{d}, \bar{s}, \bar{c}$)	Q_q^2	$(\nu s \to \mu^- u)$ $\nu s \to \mu^- c$	$\left.\begin{array}{l}\sin^2\theta_C\\\cos^2\theta_C\end{array}\right\}1$	$(\bar{\nu} c \to \mu^+ d)$ $(\bar{\nu} c \to \mu^+ s)$	$\left.\begin{array}{l}\sin^2\theta_C\\\cos^2\theta_C\end{array}\right\}1$
		$\nu\bar{u} \to \mu^- \bar{d}$ $(\nu\bar{u} \to \mu^- \bar{s})$	$\left.\begin{array}{l}\cos^2\theta_C\\\sin^2\theta_C\end{array}\right\}1$	$\bar{\nu}\bar{d} \to \mu^+ \bar{u}$ $(\bar{\nu}\bar{d} \to \mu^+ \bar{c})$	$\left.\begin{array}{l}\cos^2\theta_C\\\sin^2\theta_C\end{array}\right\}1$
		$(\nu\bar{c} \to \mu^- \bar{d})$ $(\nu\bar{c} \to \mu^- \bar{s})$	$\left.\begin{array}{l}\sin^2\theta_C\\\cos^2\theta_C\end{array}\right\}1$	$(\bar{\nu}\bar{s} \to \mu^+ \bar{u})$ $\bar{\nu}\bar{s} \to \mu^+ \bar{c}$	$\left.\begin{array}{l}\sin^2\theta_C\\\cos^2\theta_C\end{array}\right\}1$

unterstrichen: Valenz-Quark *und* Cabibbo-favorisiert ($\propto \cos^2\theta_C = 0.952$)
in Klammern: See-Quark *und* Cabibbo-unterdrückt ($\propto \sin^2\theta_C = 0.048$), c oder $\bar{c}$-See-Quark

Wir gehen nun daran, die bisher mehr qualitativ dargelegten Vorstellungen des QPM quantitativ zu formulieren, um Formeln für die differentiellen Wirkungsquerschnitte $d\sigma/dxdy$ ((5.20) und (5.22)) zu gewinnen. Die im Nukleon möglichen (quasi)elastischen Lepton-Quark-Streuungen $\ell q \to \ell' q'$ sind mit den zugehörigen Kopplungsstärken $g_{qq'}^2$ in Tab. 5.1 zusammengestellt, wobei wir uns auf die ersten beiden Quarkfamilien (2.2) beschränken. Die elasti-

---

[‡]Wie Abb. 5.9 zeigt, ist bei kleinem x ($x \lesssim 0.2$) eine geringe Abweichung von der Callan-Gross-Beziehung gemessen worden [Die91, Ber91]. Sie wird von der perturbativen QCD (Kap. 5.1.6) vorhergesagt [Mac84, Zij92].

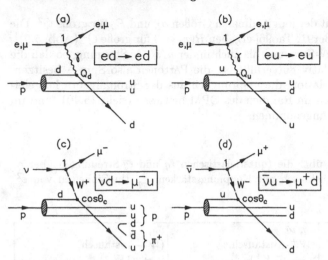

Abb. 5.7 Graphen für die dominierenden Prozesse in der tief-inelastischen $ep/\mu p$-
 Streuung (a,b), νp-Streuung (c) und $\bar{\nu} p$-Streuung (d). An den Vertizes sind die Kopplungskonstanten angegeben (in Einheiten von e
 bzw. g_{CC}).

schen Streuungen $e\,\overset{(-)}{q} \to e\,\overset{(-)}{q}$ kommen zustande durch die Kopplung des elektromagnetischen Elektronstromes an den elektromagnetischen Quarkstrom
in (2.16) über γ-Austausch mit $g_{qq}^2 = Q_q^2$; erst bei sehr hohen Energien
ist auch der Z^0-Austausch zu berücksichtigen (Kap. 5.3.2). Die quasielasti-
schen schwachen CC-Streuungen $\nu\,\overset{(-)}{q} \to \mu^{-\,(-)\prime}_{}\overset{(-)}{q}{}'$ und $\bar{\nu}\,\overset{(-)}{q} \to \mu^{+\,(-)}_{}\overset{(-)}{q}{}'$ ergeben sich
durch die Kopplung des geladenen Myonstromes in (2.21) an den geladenen
Quarkstrom (2.39) über W-Austausch mit $g_{qq'}^2 = \cos^2\theta_C$ bzw. $\sin^2\theta_C$. Die in
der inelastischen ℓp-Streuung dominierenden Prozesse (Streuung an Valenzquarks, Cabibbo-favorisiert) sind in Abb. 5.7 im QPM dargestellt, mit den
Kopplungskonstanten (in Einheiten von e bzw. g_{CC}, vergl. (2.17) bzw. (2.22),
(2.36)) an den Vertices.

a) Tief-inelastische Lepton-Proton (ℓp)-Streuung

Zunächst werden die *(Anti-)Quark-Verteilungsfunktionen (Dichteverteilun-*
gen) $q(x)$ bzw. $\bar{q}(x)$ im Proton eingeführt, die folgendermaßen definiert sind,
z.B. $u(x)$:

$$u(x)dx = \quad \text{Anzahl der } u\text{-Quarks im Proton mit} \atop \text{Impulsanteil zwischen } x \text{ und } x + dx, \qquad (5.32)$$

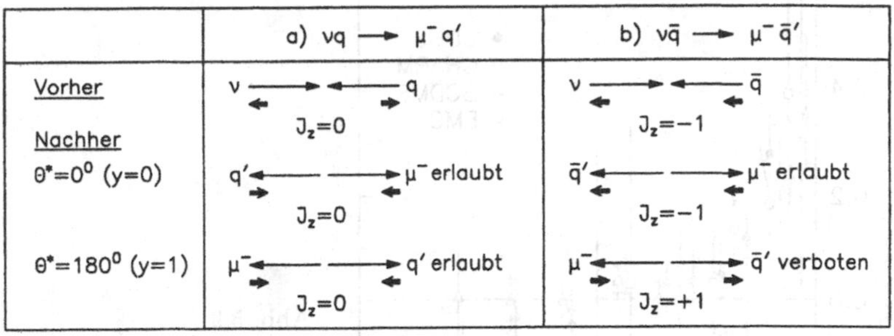

	a) $\nu q \longrightarrow \mu^- q'$	b) $\nu \bar{q} \longrightarrow \mu^- \bar{q}'$
Vorher	$\nu \longrightarrow \; \longleftarrow q$	$\nu \longrightarrow \; \longleftarrow \bar{q}$
Nachher	$J_z = 0$	$J_z = -1$
$\theta^* = 0^0$ (y=0)	$q' \longleftarrow \; \longrightarrow \mu^-$ erlaubt	$\bar{q}' \longleftarrow \; \longrightarrow \mu^-$ erlaubt
	$J_z = 0$	$J_z = -1$
$\theta^* = 180^0$ (y=1)	$\mu^- \longleftarrow \; \longrightarrow q'$ erlaubt	$\mu^- \longleftarrow \; \longrightarrow \bar{q}'$ verboten
	$J_z = 0$	$J_z = +1$

Abb. 5.8 Flugrichtungen (dünne Pfeile) und Spinstellungen (dicke Pfeile) bei der (a) νq-Streuung und (b) $\nu \bar{q}$-Streuung unter $\theta^* = 0^\circ$ und $\theta^* = 180^\circ$. In der (V–A)-Theorie sind im Falle (a) beide Streuwinkel erlaubt und gleich häufig, während im Falle (b) $\theta^* = 180^\circ$ wegen Drehimpulserhaltung verboten ist.

entsprechend für die anderen Quarkarten und die Antiquarks im Proton. $u(x)$ und $d(x)$ können in den Valenz- und Seeanteil zerlegt werden:

$$u(x) = u_V(x) + u_S(x), \quad d(x) = d_V(x) + d_S(x). \tag{5.33}$$

Wegen der Symmetrie des $q\bar{q}$-Sees im Proton gilt:

$$\begin{aligned} u_S(x) &= \bar{u}(x) & s(x) &= \bar{s}(x) \\ d_S(x) &= \bar{d}(x) & c(x) &= \bar{c}(x). \end{aligned} \tag{5.34}$$

Da das Proton zwei Valenz-u-Quarks und ein Valenz-d-Quark besitzt, gilt

$$\begin{aligned} \int_0^1 u_V(x)dx &= \int_0^1 \left[u(x) - \bar{u}(x)\right]dx = 2 \\ \int_0^1 d_V(x)dx &= \int_0^1 \left[d(x) - \bar{d}(x)\right]dx = 1. \end{aligned} \tag{5.35}$$

Wie unten gezeigt wird, können die Strukturfunktionen als Linearkombinationen von Quark-Verteilungsfunktionen ausgedrückt werden.
Der Grundgedanke des QPM (Abb. 5.5, 5.7) besagt, daß die tief-inelastische ℓp-Streuung eine inkohärente Summe von (quasi)elastischen ℓq bzw. $\ell \bar{q}$-Streuungen im Proton ist. Dies läßt sich mit Hilfe der Verteilungsfunktionen in

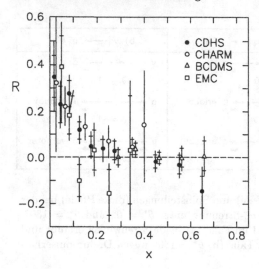

Abb. 5.9
Kompilation
von Messungen des Verhältnisses
$R \approx (F_2 - 2xF_1)/2xF_1$ bei hohen Q^2 aus verschiedenen Experimenten in Abhängigkeit von x.
Nach [Ber91].

der folgenden fundamentalen, äußerst einfachen und plausiblen Formel für $d\sigma/dxdy$ ausdrücken:

$$\frac{d\sigma}{dxdy}(\ell p \rightarrow \ell'X) = \sum_{q,q'} q(x)\frac{d\sigma}{dy}(\ell q \rightarrow \ell'q') + \sum_{\overline{q},\overline{q}'} \overline{q}(x)\frac{d\sigma}{dy}(\ell\overline{q} \rightarrow \ell'\overline{q}'), \qquad (5.36)$$

wobei über die beitragenden Quarks und Antiquarks entsprechend Tab. 5.1 zu summieren ist. $d\sigma/dy$ sind die differentiellen Wirkungsquerschnitte für die in Tab. 5.1 aufgeführten ℓq bzw. $\ell\overline{q}$-Streuungen, wobei y (definiert durch (5.13)) mit dem Streuwinkel θ^* im ℓq-Schwerpunktsystem nach (A.14) zusammenhängt:

$$y = 1 - \frac{E'}{E} = \frac{1}{2}(1 - \cos\theta^*). \qquad (5.37)$$

Mit Hilfe der Feynman-Regeln erhält man für die elementaren Wirkungsquerschnitte $d\sigma/dy$ die folgenden Formeln [Per87, Bil94]:

(a) $\quad \dfrac{d\sigma}{dy}(eq \rightarrow eq) = \dfrac{d\sigma}{dy}(e\overline{q} \rightarrow e\overline{q}) = \dfrac{8\pi\alpha^2}{Q^4} m_q E Q_q^2 (1 - y + \dfrac{y^2}{2})$

(b) $\quad \dfrac{d\sigma}{dy}(\nu q \rightarrow \mu^- q') = \dfrac{d\sigma}{dy}(\overline{\nu}\overline{q} \rightarrow \mu^+\overline{q}') = \dfrac{2G_F^2}{\pi} m_q E g_{qq'}^2 \qquad (5.38)$

(c) $\quad \dfrac{d\sigma}{dy}(\nu\overline{q} \rightarrow \mu^-\overline{q}') = \dfrac{d\sigma}{dy}(\overline{\nu}q \rightarrow \mu^+q') = \dfrac{2G_F^2}{\pi} m_q E g_{qq'}^2 (1 - y)^2 .$

Diese Formeln gelten für die Streuung punktförmiger Teilchen mit Spin $\frac{1}{2}$. Die Formel (a) gilt für Ein-Photon-Austausch. Die Formeln (b) und (c) folgen aus der (V–A)-Theorie bei nicht zu hohen Energien (Vernachlässigung des W-Propagators, Kap. 5.1.2); man erhält sie formal aus den Formeln (4.12) für die $\nu_e e$ bzw. $\bar{\nu}_e e$-Streuung mit $G_L = 1$, $G_R = 0$, d.h. nach (4.9) $g_V = g_A = 0^\ddagger$. Analog zu Abb. 4.2 für die νe-Streuung zeigt Abb. 5.8, warum in der (V–A)-Theorie wegen Drehimpulserhaltung für die $\nu\bar{q}$ bzw. $\bar{\nu}q$-Streuung mit $J_z = -1$ der Streuwinkel $\theta^* = 180°$ ($y = 1$) verboten ist, d.h. in (5.38c) der Faktor $(1 - y)^2$ auftritt.

Einsetzen von (5.38a) in (5.36) ergibt für die tief-inelastische ep-Streuung die QPM-Formel ($m_q = xM$ nach (5.29); $q = q'$, $\bar{q} = \bar{q}'$):

$$\frac{d\sigma}{dxdy}(ep) = \frac{8\pi\alpha^2}{Q^4} ME \cdot \left(1 - y + \frac{y^2}{2}\right) \cdot x \sum_q Q_q^2 \big[q(x) + \bar{q}(x)\big] \quad (5.39)$$

$$\text{mit } Q^2 = 2MExy = (s - M^2)xy.$$

Diese Formel ist zu vergleichen mit Formel (5.22), die nach Einsetzen von (5.23) und (5.31) lautet (ohne den Term $Mxy/2E$):

$$\frac{d\sigma}{dxdy}(ep) = \frac{8\pi\alpha^2}{Q^4} ME \left\{xy^2 \cdot F_1^{ep}(x) + (1 - y) \cdot F_2^{ep}(x)\right\} \quad (5.40)$$

$$= \frac{8\pi\alpha^2}{Q^4} ME \cdot \left(1 - y + \frac{y^2}{2}\right) \cdot F_2^{ep}(x).$$

Der Vergleich von (5.39) mit dem ersten Teil von (5.40) liefert:

$$F_2^{ep}(x) = 2xF_1^{ep}(x) = x \sum_q Q_q^2 \big[q(x) + \bar{q}(x)\big] \quad (5.41)$$

$$= \frac{4}{9}x\big[u(x) + \bar{u}(x) + c(x) + \bar{c}(x)\big] + \frac{1}{9}x\big[d(x) + \bar{d}(x) + s(x) + \bar{s}(x)\big].$$

Die erste Gleichung ist die Callan-Gross-Beziehung (5.31), die hiermit bewiesen ist. Die zweite Beziehung drückt die elektromagnetische Strukturfunktion durch die Verteilungsfunktionen der beteiligten Quarks und Antiquarks aus. In der inelastischen $\nu p/\bar{\nu}p$-Streuung kann man in (5.36) und (5.38b,c) oberhalb der Schwelle für Charm-Erzeugung ($W \gtrsim 2.5$ GeV für $\nu p \to \mu^- \Sigma_c^{++}$) über die beiden Möglichkeiten für q' bzw. $\bar{q}'$ (Klammern in Tab. 5.1) summieren, so daß $g_{qq'}^2$ wegen $\cos^2\theta_C + \sin^2\theta_C = 1$ durch 1 zu ersetzen ist. Damit ergeben sich durch Einsetzen von (5.38b,c) in (5.36) für die beitragenden $q, \bar{q}$

$\ddagger$Die y-Abhängigkeit in (5.38a) ergibt sich formal aus (4.12) mit $G_L = \pm G_R$, d.h. $G_A = 0$ oder $G_V = 0$.

entsprechend Tab. 5.1 die QPM-Formeln:

$$\frac{d\sigma}{dxdy}(\nu p) = \sigma_0 \cdot 2x \left\{ \left[d(x) + s(x) \right] + \left[\overline{u}(x) + \overline{c}(x) \right] (1-y)^2 \right\}$$

$$\frac{d\sigma}{dxdy}(\overline{\nu} p) = \sigma_0 \cdot 2x \left\{ \left[u(x) + c(x) \right] (1-y)^2 + \left[\overline{d}(x) + \overline{s}(x) \right] \right\}$$ (5.42)

$$\text{mit}\quad \sigma_0 = \frac{G_F^2 ME}{\pi} = \frac{G_F^2 s}{2\pi} = 1.583 \cdot 10^{-38} \text{cm}^2 \cdot E/\text{GeV} .$$ (5.43)

Diese Formeln sind zu vergleichen mit Formel (5.20), die unter Berücksichtigung der Skaleninvarianz (5.23) und der Callan-Gross-Relation (5.31) lautet[†]:

$$\frac{d\sigma}{dxdy}(\nu p, \overline{\nu} p) = \sigma_0 \cdot \left\{ \left(1 - y + \frac{y^2}{2} \right) \cdot F_2^{\nu p, \overline{\nu} p}(x) \pm y \left(1 - \frac{y}{2} \right) \cdot xF_3^{\nu p, \overline{\nu} p}(x) \right\}$$

$$= \sigma_0 \cdot \frac{1}{2} \left\{ \left(1 + (1-y)^2 \right) \cdot F_2^{\nu p, \overline{\nu} p}(x) \pm \left(1 - (1-y)^2 \right) \cdot xF_3^{\nu p, \overline{\nu} p}(x) \right\}$$ (5.44)

$$= \sigma_0 \cdot \frac{1}{2} \left\{ \left(F_2^{\nu p, \overline{\nu} p}(x) \pm xF_3^{\nu p, \overline{\nu} p}(x) \right) + \left(F_2^{\nu p, \overline{\nu} p}(x) \mp xF_3^{\nu p, \overline{\nu} p}(x) \right) \left(1 - y \right)^2 \right\} .$$

Der Vergleich von (5.42) mit (5.44) ergibt:

$$F_2^{\nu p}(x) = 2x \left[d(x) + s(x) + \overline{u}(x) + \overline{c}(x) \right]$$

$$xF_3^{\nu p}(x) = 2x \left[d(x) + s(x) - \overline{u}(x) - \overline{c}(x) \right]$$

$$F_2^{\overline{\nu} p}(x) = 2x \left[u(x) + c(x) + \overline{d}(x) + \overline{s}(x) \right]$$

$$xF_3^{\overline{\nu} p}(x) = 2x \left[u(x) + c(x) - \overline{d}(x) - \overline{s}(x) \right] .$$ (5.45)

Mit (5.41) und (5.45) sind die Strukturfunktionen für die inelastische $ep, \nu p$ und $\overline{\nu} p$-Streuung durch die Verteilungsfunktionen ausgedrückt. Unterhalb der Charm-Schwelle lauten die entsprechenden Formeln (siehe Tab. 5.1):

$$F_2^{\nu p}(x) = 2x \left[d(x) \cos^2 \theta_C + s(x) \sin^2 \theta_C + \overline{u}(x) + \overline{c}(x) \right]$$

$$xF_3^{\nu p}(x) = 2x \left[d(x) \cos^2 \theta_C + s(x) \sin^2 \theta_C - \overline{u}(x) - \overline{c}(x) \right]$$

$$F_2^{\overline{\nu} p}(x) = 2x \left[u(x) + c(x) + \overline{d}(x) \cos^2 \theta_C + \overline{s}(x) \sin^2 \theta_C \right]$$

$$xF_3^{\overline{\nu} p}(x) = 2x \left[u(x) + c(x) - \overline{d}(x) \cos^2 \theta_C - \overline{s}(x) \sin^2 \theta_C \right] .$$ (5.46)

Wir beschränken uns im folgenden jedoch auf den für Hochenergie-Experimente realistischeren Fall der νN-Streuung *oberhalb* der Charm-Erzeugungsschwelle.

[†]Auch hier kann man, entsprechend (5.41), vor Einsetzen von (5.31) die Callan-Gross-Beziehung für die νp und $\overline{\nu} p$-Streuung beweisen.

b) Tief-inelastische Lepton-Neutron (ℓn)-Streuung

Für die ℓn-Streuung gelten im QPM dieselben Formeln wie für die ℓp-Streuung, wobei jedoch die Verteilungsfunktionen $q(x) = q_p(x)$, $\overline{q}(x) = \overline{q}_p(x)$ im Proton durch die Verteilungsfunktionen $q_n(x), \overline{q}_n(x)$ im Neutron zu ersetzen sind. Zwischen den $q_p(x)$ und $q_n(x)$ bestehen wegen der Isospin-Symmetrie $(I_z \leftrightarrow -I_z$, d.h. $p \leftrightarrow n$, $u \leftrightarrow d$, $s \leftrightarrow s$, $c \leftrightarrow c)$ die folgenden Beziehungen:

$$
\begin{aligned}
u_n(x) &= d_p(x) \equiv d(x) \\
d_n(x) &= u_p(x) \equiv u(x) \\
s_n(x) &= s_p(x) \equiv s(x) \\
c_n(x) &= c_p(x) \equiv c(x)
\end{aligned}
\tag{5.47}
$$

und entsprechend für die $\overline{q}_n(x)$. Damit erhält man aus (5.41) und (5.45) für die Strukturfunktionen der $en, \nu n$ und $\overline{\nu} n$-Streuung[¶]:

$$
\begin{aligned}
F_2^{en} &= \frac{4}{9}x\left[d + \overline{d} + c + \overline{c}\right] + \frac{1}{9}x\left[u + \overline{u} + s + \overline{s}\right] \\
F_2^{\nu n} &= 2x\left[u + s + \overline{d} + \overline{c}\right], \quad xF_3^{\nu n} = 2x\left[u + s - \overline{d} - \overline{c}\right] \\
F_2^{\overline{\nu} n} &= 2x\left[d + c + \overline{u} + \overline{s}\right], \quad xF_3^{\overline{\nu} n} = 2x\left[d + c - \overline{u} - \overline{s}\right].
\end{aligned}
\tag{5.48}
$$

Die (5.42) entsprechenden QPM-Formeln lauten mit (5.47)

$$
\frac{d\sigma}{dxdy}(\nu n) = \sigma_0 \cdot 2x\left\{\left[u + s\right] + \left[\overline{d} + \overline{c}\right](1-y)^2\right\}
$$

$$
\frac{d\sigma}{dxdy}(\overline{\nu} n) = \sigma_0 \cdot 2x\left\{\left[d + c\right](1-y)^2 + \left[\overline{u} + \overline{s}\right]\right\}.
\tag{5.49}
$$

c) Tief-inelastische Lepton-Streuung am isoskalaren Nukleon

Die Formeln für die Streuung am isoskalaren Nukleon N (Kap. 5.1.2) werden gewonnen durch Mittelung der Streuungen am Proton und am Neutron:

$$
\frac{d\sigma}{dxdy}(\ell N) = \frac{1}{2}\left(\frac{d\sigma}{dxdy}(\ell p) + \frac{d\sigma}{dxdy}(\ell n)\right), \quad F_i^{\ell N} = \frac{1}{2}\left(F_i^{\ell p} + F_i^{\ell n}\right).
\tag{5.50}
$$

[¶]Zur Vereinfachung der Schreibweise wird ab hier das Argument x der Struktur- und Verteilungsfunktionen weggelassen, also $u \equiv u(x)$ etc.

Mit (5.41), (5.45) und (5.48) folgt also unter Verwendung von (5.34) ($s = \bar{s}, c = \bar{c}$):

$$F_2^{eN} = \frac{5}{18}x\left[u + \bar{u} + d + \bar{d}\right] + \frac{4}{9}x\left[c + \bar{c}\right] + \frac{1}{9}x\left[s + \bar{s}\right]$$

$$F_2^{\nu N} = F_2^{\bar{\nu} N} = x\left[u + d + s + c + \bar{u} + \bar{d} + \bar{s} + \bar{c}\right] = x\left[q + \bar{q}\right]$$

$$xF_3^{\nu N} = x\left[u + d + 2s - \bar{u} - \bar{d} - 2\bar{c}\right] = x\left[q - \bar{q} + 2(s - c)\right] \qquad (5.51)$$

$$xF_3^{\bar{\nu} N} = x\left[u + d + 2c - \bar{u} - \bar{d} - 2\bar{s}\right] = x\left[q - \bar{q} - 2(s - c)\right]$$

$$\text{mit} \quad q = u + d + s + c, \quad \bar{q} = \bar{u} + \bar{d} + \bar{s} + \bar{c},$$

wobei $q(x)$ bzw. $\bar{q}(x)$ hier die Verteilungsfunktion *aller* Quarks bzw. Antiquarks im Proton ist. Es gilt also

$$\frac{1}{x}F_2^{\nu N} = \frac{1}{x}F_2^{\bar{\nu} N} = q + \bar{q}$$

$$\overline{F}_3 \equiv \frac{1}{2}\left(F_3^{\nu N} + F_3^{\bar{\nu} N}\right) = q - \bar{q} = q_V, \quad \frac{1}{2}\left(F_3^{\nu N} - F_3^{\bar{\nu} N}\right) = 2\left[s - c\right]. \qquad (5.52)$$

Die Strukturfunktion $F_2^{\nu N}$ mißt demnach die Dichteverteilung aller Quarks und Antiquarks im Proton, während die über ν und $\bar{\nu}$ gemittelte Strukturfunktion $\overline{F}_3$ die Dichteverteilung der Valenzquarks liefert. Auflösung nach q und $\bar{q}$ ergibt:

$$xq = \frac{1}{2}\left(F_2^{\nu N} + x\overline{F}_3\right), x\bar{q} = \frac{1}{2}\left(F_2^{\nu N} - x\overline{F}_3\right). \qquad (5.53)$$

Außerdem ist $\overline{F}_3 \approx F_3^{\nu N} \approx F_3^{\bar{\nu} N}$, da $[s - c]$ klein ist (Kap. 5.1.5). Aus (5.42) und (5.49) ergibt sich mit (5.50) [Gro79, Abr83]:

$$\frac{d\sigma}{dxdy}(\nu N) = \sigma_0 \cdot x\left\{\left[u + d + 2s\right] + \left[\bar{u} + \bar{d} + 2\bar{c}\right](1 - y)^2\right\}$$

$$= \sigma_0 \cdot x\left\{\left[q + s - c\right] + \left[\bar{q} + \bar{c} - \bar{s}\right](1 - y)^2\right\} \qquad (5.54)$$

$$\frac{d\sigma}{dxdy}(\bar{\nu} N) = \sigma_0 \cdot x\left\{\left[u + d + 2c\right](1 - y)^2 + \left[\bar{u} + \bar{d} + 2\bar{s}\right]\right\}$$

$$= \sigma_0 \cdot x\left\{\left[q + c - s\right](1 - y)^2 + \left[\bar{q} + \bar{s} - \bar{c}\right]\right\}.$$

Für die Summe bzw. Differenz gilt mit Hilfe von (5.44) und (5.52):

$$\frac{d\sigma}{dxdy}(\nu N) + \frac{d\sigma}{dxdy}(\bar{\nu} N) = \sigma_0 \cdot \left\{\left(1 - y + \frac{y^2}{2}\right)\left(F_2^{\nu N} + F_2^{\bar{\nu} N}\right)\right.$$

$$\left. + y\left(1 - \frac{y}{2}\right)\left(xF_3^{\nu N} - xF_3^{\bar{\nu} N}\right)\right\}$$

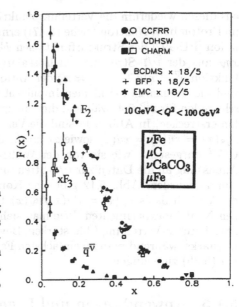

Abb. 5.10
Kompilation der Strukturfunktionen $F_2^{\nu N}$ und $xF_3^{\nu N}$ aus der $\nu/\bar\nu$-Streuung und der Strukturfunktion $\frac{18}{5}F_2^{\mu N}$ aus der μ-Streuung am isoskalaren Nukleon sowie der Verteilungsfunktion $\bar{q}^{\bar\nu} \equiv x\,[\bar{q} + \bar{s} - \bar{c}]$. Aus: Particle Data Group, Review of Particle Properties, Phys. Rev. **D45** (1992) part II.

$$= 2\sigma_0 \cdot \left\{ \left(1 - y + \frac{y^2}{2}\right) \cdot F_2^{\nu N} + 2y\left(1 - \frac{y}{2}\right) x\,[s - c] \right\}$$

$$\approx 2\sigma_0 \cdot \left(1 - y + \frac{y^2}{2}\right) \cdot F_2^{\nu N} \tag{5.55}$$

$$\frac{d\sigma}{dxdy}(\nu N) - \frac{d\sigma}{dxdy}(\bar\nu N) = \sigma_0 \cdot \left\{ \left(1 - y + \frac{y^2}{2}\right)\left(F_2^{\nu N} - F_2^{\bar\nu N}\right) \right.$$

$$\left. + y\left(1 - \frac{y}{2}\right)\left(xF_3^{\nu N} + xF_3^{\bar\nu N}\right) \right\}$$

$$= 2\sigma_0 \cdot y\left(1 - \frac{y}{2}\right) \cdot x\overline{F}_3 \,.$$

Die Strukturfunktionen F_2 bzw. F_3 in der $\nu N/\bar\nu N$-Streuung lassen sich also im wesentlichen aus der Summe bzw. Differenz der differentiellen Wirkungsquerschnitte bestimmen (wegen Einzelheiten zum Verfahren siehe z.B. [Abr83, Die91]).

Bei der Analyse der Experimente zur tiefinelastischen ℓN-Streuung wird folgendermaßen vorgegangen: Unter Anwendung der in diesem Kapitel angegebenen Formeln werden aus den gemessenen differentiellen Wirkungsquerschnitten die Strukturfunktionen für die einzelnen Reaktionen bestimmt und aus diesen wiederum die Verteilungsfunktionen für die einzelnen Quarkarten im Proton bzw. Neutron (siehe (5.47)) ermittelt. Abb. 5.10 zeigt eine Kompilation [PDG92] der Strukturfunktionen $F_2 = x\,[q + \bar{q}]$ und $xF_3 \approx x\,[q - \bar{q}] = xq_V$ aus der $\nu/\bar{\nu}$-Streuung am isoskalaren Nukleon sowie die Verteilungsfunktion $\bar{q}^{\bar{\nu}} \equiv x\,[\bar{q} + \bar{s} - \bar{c}] \approx x\bar{q}$ der Antiquarks (Seequarks). Wie man sieht, sind die Seequarks bei kleinen Impulsanteilen $x \lesssim 0.4$ konzentriert und verschwinden für $x \gtrsim 0.4$, während die Valenzquarks sich bis zu großen x-Werten hin erstrecken. In Abb. 5.11 sind die Verteilungsfunktionen $xu_V(x)$, $xd_V(x)$, $xq_S(x) = x\bar{u}(x) = x\bar{d}(x)$ sowie $xg(x)$ für die Gluonen im Proton bei $Q^2 = 5$ GeV^2 dargestellt, wie sie von der WA21-Kollaboration [Jon94] durch eine Anpassung an die Daten zur $\nu/\bar{\nu}$-Streuung an Protonen und Deuteronen bestimmt wurden. Abb. 5.12 gibt eine Kompilation [Jon94a] von Messungen des Verhältnisses $r_V(x) = d_V(x)/u_V(x)$ bei $Q^2 = 15$ GeV^2 aus verschiedenen Neutrinoexperimenten. Wie man sieht, haben die Valenz-d-Quarks eine „weichere" x-Verteilung (d.h. stärkere Bevorzugung kleiner x) als die Valenz-u-Quarks, während man im einfachsten Fall $u_V(x) = 2d_V(x)$ erwarten würde, um (5.35) zu genügen.

5.1.5   Anwendungen und Ergebnisse

In diesem Kapitel werden einige Anwendungen der in Kap. 5.1.4 angegebenen Formeln besprochen und die wichtigsten Ergebnisse zusammengestellt.

a) y-Verteilungen und totale Wirkungsquerschnitte

Entsprechend der Definition (5.32) für $u(x)$ gibt das Integral

$$U \equiv \int_0^1 xu(x)dx \tag{5.56}$$

den Bruchteil des Protonimpulses an, der auf die u-Quarks entfällt, entsprechend für die anderen Quark- und Antiquarkarten. Mit dieser Notation ergibt die Integration der Formeln (5.54) die *y-Verteilungen*:

$$\frac{d\sigma}{dy}(\nu N) = \sigma_0 \cdot \left\{ \left[Q + S \right] + \left[\overline{Q} - S \right](1-y)^2 \right\} \approx \sigma_0 \cdot \left\{ Q + \overline{Q}(1-y)^2 \right\}$$

$$\tag{5.57}$$

$$\frac{d\sigma}{dy}(\bar{\nu} N) = \sigma_0 \cdot \left\{ \left[Q - S \right](1-y)^2 + \left[\overline{Q} + S \right] \right\} \approx \sigma_0 \cdot \left\{ Q(1-y)^2 + \overline{Q} \right\},$$

$$\text{mit } \frac{d\sigma}{dy}(\bar{\nu} N) \Big/ \frac{d\sigma}{dy}(\nu N) \approx \frac{\overline{Q} + Q(1-y)^2}{Q + \overline{Q}(1-y)^2} = 1 \text{ für } y = 0.$$

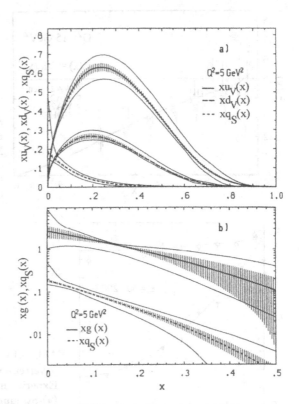

Abb. 5.11 Verteilungsfunktionen $xu_V(x)$, $xd_V(x)$, $xq_S(x) = x\overline{u}(x) = x\overline{d}(x)$ sowie $xg(x)$ im Proton bei $Q^2 = 5$ GeV^2 aus einer Anpassung an die Daten zur $\nu/\overline{\nu}$-Streuung an Protonen und Deuteronen. Die schraffierten Flächen geben die statistischen Fehler, die durch dünne Kurven eingegrenzten Flächen die systematischen Fehler an. Nach [Jon94].

Dabei sind die sehr kleinen Beiträge von c-Quarks und bei der ungefähren Gleichheit auch die der s-Quarks vernachlässigt worden. Nach (5.57) lassen sich aus den gemessenen differentiellen Wirkungsquerschnitten in y die Beiträge $Q, \overline{Q}$ und $S = \overline{S}$ zum Protonimpuls bestimmen. Abb. 5.13 zeigt die von der CDHS-Kollaboration [Gro79] gemessenen y-Verteilungen mit den angepaßten Kurven der Form $a + b(1 - y)^2$ entsprechend (5.57). Wie vom QPM vorausgesagt, sind die beiden Verteilungen für $y = 0$ ungefähr gleich. Es

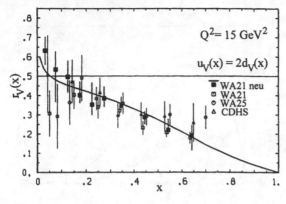

Abb. 5.12
Kompilation von Messungen des Verhältnisses $r_V(x) = d_V(x)/u_V(x)$ bei $Q^2 = 15$ GeV^2. Nach [Jon94a].

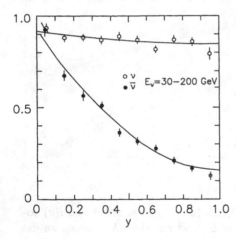

Abb. 5.13
y-Verteilungen aus dem CDHS-Experiment für die νN ($\circ$) und $\bar{\nu} N$ ($\bullet$)-Streuung. Die Kurven sind Anpassungen der Form $a + b(1 - y)^2$. Nach [Gro79].

ergab sich nach Berücksichtigung der Strahlungskorrekturen:

$$\frac{\overline{Q}}{Q + \overline{Q}} = 0.15 \pm 0.03 \ , \quad \frac{S}{Q + \overline{Q}} = 0.00 \pm 0.03 \ , \quad \frac{\overline{Q} + S}{Q + \overline{Q}} = 0.16 \pm 0.01 \,. \tag{5.58}$$

Integriert man (5.57) über y, so erhält man die QPM-Formeln für die *totalen Wirkungsquerschnitte* (Kap. 5.1.2):

$$\sigma(\nu N) = \frac{\sigma_0}{3} \cdot \left[3Q + \overline{Q} + 2S \right] \approx \frac{\sigma_0}{3} \cdot \left[3Q + \overline{Q} \right]$$

$$\sigma(\bar{\nu} N) = \frac{\sigma_0}{3} \cdot \left[Q + 3\overline{Q} + 2S \right] \approx \frac{\sigma_0}{3} \cdot \left[Q + 3\overline{Q} \right] . \tag{5.59}$$

Tab. 5.2 Ungefähre Impulsanteile der einzelnen Quarkarten im Proton.

Quarkart	U_V	D_V	$\overline{U} = U_S$	$\overline{D} = D_S$	$\overline{S} = S$	$\overline{C} = C$
Impulsanteil	0.24	0.10	0.03	0.03	0.01	~ 0

Hieraus folgt:

$$Q = \frac{3}{8\sigma_0} \cdot \left\{ 3\sigma(\nu N) - \sigma(\overline{\nu}N) \right\} \;,\quad \overline{Q} = \frac{3}{8\sigma_0} \cdot \left\{ 3\sigma(\overline{\nu}N) - \sigma(\nu N) \right\}$$

(5.60)

$$\text{und}\;\; \frac{\overline{Q}}{Q} = \frac{3 - R}{3R - 1} \;\; \text{mit}\;\; R = \sigma(\nu N)/\sigma(\overline{\nu}N)\,.$$

Ein Wert $R < 3$ ist also ein direkter Hinweis auf einen Impulsanteil $\overline{Q}$ der Seequarks. Mit den Meßwerten (5.15) für die Wirkungsquerschnitte ($R = 2.02$) und dem Zahlenwert (5.43) für σ_0 ergibt sich:

$$Q \approx 0.41 \;\text{und}\; \overline{Q} \approx 0.08\,,\;\; \text{also (siehe (5.52)):}$$

$$\int_0^1 F_2^{\nu N}(x)dx = Q + \overline{Q} \approx 0.49\,,\;\; Q_V = Q - \overline{Q} \approx 0.33\,,\;\; Q_S = \overline{Q}_S = \overline{Q} \approx 0.08$$

$$\overline{Q}/\left[Q + \overline{Q}\right] \approx 0.16\,,\;\; \overline{Q}/Q \approx 0.19\,.$$

(5.61)

Das heißt: Auf Quarks und Antiquarks zusammen entfallen ca. 49% des Protonimpulses und zwar ca. 33% auf die Valenzquarks und ca. 16% auf die Seequarks. Der restliche Anteil, also ungefähr die Hälfte, entfällt auf die Gluonen, für deren Existenz das Ergebnis (5.61) einen starken Hinweis darstellt.

Bisher wurde die Auswertung der $\nu/\overline{\nu}$-Streuung am isoskalaren Nukleon besprochen. Um die Impulsanteile U und D von u und d-Quarks getrennt zu ermitteln, müssen in analoger Weise die Ergebnisse aus der $\nu/\overline{\nu}$-Streuung (und der e/μ-Streuung) am Proton bzw. Neutron (siehe (5.45), (5.48)) herangezogen werden (siehe auch Abb. 5.11). Insgesamt ergaben sich die in Tab. 5.2 angegebenen ungefähren Impulsanteile, die annähernd konsistent mit (5.61) sind. (Wie in Kap. 5.1.6 dargestellt, hängen die Verteilungsfunktionen und damit die Impulsanteile von Q^2 ab !).

b) Beziehungen zwischen Strukturfunktionen

Aus den QPM-Formeln in Kap. 5.1.4 folgen einige interessante Beziehungen zwischen Strukturfunktionen, von denen zwei hier erwähnt werden.

Aus (5.51) ergibt sich die folgende Beziehung zwischen der elektromagnetischen und der schwachen Strukturfunktion des isoskalaren Nukleons:

$$F_2^{eN,\mu N} = \frac{5}{18} F_2^{\nu N} - \frac{1}{6} x \left[s + \bar{s} - c - \bar{c} \right] \approx \frac{5}{18} F_2^{\nu N} - \frac{1}{6} x \left[s + \bar{s} \right] \approx \frac{5}{18} F_2^{\nu N} \, , (5.62)$$

d.h. mit (5.52):

$$\frac{F_2^{eN,\mu N}}{F_2^{\nu N}} = \frac{5}{18} \left(1 - \frac{3}{5} \cdot \frac{\left[s + \bar{s} - c - \bar{c} \right]}{\left[q + \bar{q} \right]} \right) \approx \frac{5}{18} \, , \tag{5.63}$$

wobei die ungefähre Gleichheit gilt, wenn man $c(x)$ als sehr klein und $s(x)$ als klein (bei größeren x) vernachlässigt. Die Beziehung stellt einen wichtigen Test für das QPM, insbesondere für die Drittelzahligkeit der Quarkladungen dar, da der Faktor $\frac{5}{18}$ den Mittelwert der Quadrate der Quarkladungen (Mittelwert von $\frac{1}{9}$ und $\frac{4}{9}$) angibt. Die in Abb. 5.10 eingezeichneten Meßwerte $\frac{18}{5} F_2^{\mu N}$ stimmen mit den $F_2^{\nu N}$-Werten gut überein, so daß (5.62) erfüllt ist (siehe auch Abb. 5.20).

Aus (5.45) und (5.48) erhält man mit (5.34) die *Ladungssymmetrie-Beziehungen*

$$\begin{aligned} F_2^{\nu p} = F_2^{\bar{\nu} n} \approx 2x \left[d + \bar{u} \right], \ xF_3^{\nu p} \approx xF_3^{\bar{\nu} n} \approx 2x \left[d - \bar{u} \right] \\ F_2^{\bar{\nu} p} = F_2^{\nu n} \approx 2x \left[u + \bar{d} \right], \ xF_3^{\bar{\nu} p} \approx xF_3^{\nu n} \approx 2x \left[u - \bar{d} \right], \end{aligned} \tag{5.64}$$

wobei wiederum die ungefähre Gleichheit bei Vernachlässigung von $s(x)$ und $c(x)$ gilt.

c) Summenregeln

Mit den QPM-Beziehungen in Kap. 5.1.4 zwischen den Strukturfunktionen und den Verteilungsfunktionen lassen sich wichtige, experimentell nachprüfbare *Summenregeln* (Integrale über Strukturfunktionen) auf einfache Weise herleiten [Hai88, Slo88, Ste95, Blu96].

Aus (5.45), (5.48) oder (5.51) folgt:

$$\frac{1}{2} \int_0^1 \frac{1}{x} \left(F_2^{\nu}(x) + F_2^{\bar{\nu}}(x) \right) dx = \int_0^1 \left[q(x) + \bar{q}(x) \right] dx \tag{5.65}$$

$$= \left\{ \begin{array}{l} \text{Anzahl aller Quarks und} \\ \text{Antiquarks im Nukleon} \end{array} \right.$$

$$\frac{1}{2} \int_0^1 \left(F_3^\nu(x) + F_3^{\overline{\nu}}(x) \right) dx = \int_0^1 \overline{F}_3(x) dx = \int_0^1 \left[q(x) - \overline{q}(x) \right] dx$$

$$= 3 = \left\{ \begin{array}{l} \text{Anzahl der Valenzquarks} \\ \text{im Nukleon.} \end{array} \right.$$

Die zweite Gleichung ist die *Gross-Llewellyn Smith-Summenregel* [Gro69]; sie gilt unabhängig davon, ob das Target ein Proton (5.45), Neutron (5.48) oder isoskalares Nukleon (5.51) ist. Einschließlich der QCD-Korrekturen 1. Ordnung (Kap. 5.1.6) gilt:

$$S_{GLS} \equiv \int_0^1 \overline{F}_3(x, Q^2) dx = 3 \cdot \left(1 - \frac{\alpha_s(Q^2)}{\pi} \right) , \qquad (5.66)$$

wobei $g_s(Q^2)$ mit

$$\frac{g_s^2(Q^2)}{4\pi} = \alpha_s(Q^2) = \frac{12\pi}{(33 - 2N_f) \ln(Q^2/\Lambda^2)} \quad \text{mit } N_f = 4 \qquad (5.67)$$

die starke Kopplungskonstante (in niedrigster Ordnung) ist. Die experimentelle Bestimmung von S_{GLS} ist schwierig, weil $\overline{F}_3$ bei sehr kleinen x gemessen werden muß, da von dort der größte Beitrag zum Integral S_{GLS} kommt (siehe Abb. 5.10, wo $xF_3(x)$ gezeigt ist). Ein Mittelwert für S_{GLS} aus mehreren Experimenten (siehe Fig. 3 in [Leu93]) ist

$$S_{GLS} = 2.61 \pm 0.06 \quad \text{bei } \langle Q^2 \rangle \approx 3 \text{ GeV}^2 . \qquad (5.68)$$

Dies ist in guter Übereinstimmung mit dem theoretischen Wert 2.66 ± 0.04, den man mit $\Lambda = (210 \pm 50)$ MeV [Leu93] aus (5.66) und (5.67) bei $Q^2 = 3$ GeV^2 erhält (siehe auch [Kat94, Ste95]).

Eine weitere wichtige Summenregel ist die *Adler-Summenregel* [Adl66], die bei hohen Energien lautet (in allen Ordnungen der QCD!):

$$S_A \equiv \frac{1}{2} \int_0^1 \frac{1}{x} \left(F_2^{\nu n}(x) - F_2^{\nu p}(x) \right) dx = \int_0^1 \left[u_V(x) - d_V(x) \right] dx = 1 . \qquad (5.69)$$

Sie folgt direkt aus den QPM-Formeln (5.45) und (5.48) für die Strukturfunktionen mit Hilfe von (5.35). Auch hier ist die experimentelle Bestimmung des Integrals (5.69) schwierig wegen der Beiträge bei sehr kleinen x. Abb. 5.14 der WA25-Kollaboration [All85a] mit BEBC zeigt, daß die Adler-Summenregel innerhalb der relativ großen experimentellen Fehler bei allen Q^2 gut erfüllt ist.

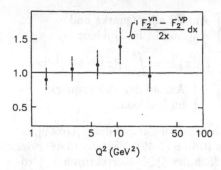

Abb. 5.14
Adler-Summe S_A in Abhängigkeit von Q^2 aus dem WA25-Experiment. Nach [All85a].

Der Vollständigkeit halber sei noch die *Bjorken-Summenregel* [Bjo67, Blu96]

$$S_B \equiv \int_0^1 \left(F_1^{\bar{\nu}p}(x, Q^2) - F_1^{\nu p}(x, Q^2) \right) dx = 1 - \frac{2\alpha_s(Q^2)}{3\pi} \tag{5.70}$$

und die *Gottfried-Summenregel* [Got67],

$$S_G \equiv \int_0^1 \frac{1}{x} \left(F_2^{ep}(x) - F_2^{en}(x) \right) dx = \frac{1}{3} \int_0^1 \left[u(x) + \bar{u}(x) - d(x) - \bar{d}(x) \right] dx$$

$$= \frac{1}{3} \left(1 + 2 \int_0^1 \left[\bar{u}(x) - \bar{d}(x) \right] dx \right) = \frac{1}{3} \tag{5.71}$$

erwähnt. Letztere folgt aus (5.41) und (5.48) mit (5.35), wobei die letzte Beziehung sich aus der Annahme eines isospin-symmetrischen Sees, d.h. $\bar{u}(x) = \bar{d}(x)$, ergibt. Die Gottfried-Summenregel kann in der e/μ-Streuung getestet werden [Slo88, Arn94, Ste95]. Der experimentelle Wert $S_G = 0.235 \pm 0.026$ [Arn94] weicht signifikant von 0.333 ab. Eine mögliche Erklärung für diese Abweichung ist eine Isospin-Asymmetrie des Sees, d.h. $\bar{u}(x) \neq \bar{d}(x)$.

5.1.6   QCD-Effekte

Wie schon in Kap. 5.1.3 kurz erwähnt, wurde bei Messungen der Strukturfunktionen über einen größeren Q^2-Bereich eine Abweichung von der Skaleninvarianz, d.h. eine Q^2-Abhängigkeit bei festem x festgestellt:

$$F_i(x) \to F_i(x, Q^2) \; ; \tag{5.72}$$

und zwar wird $F_i(x, Q^2)$ als Funktion von x mit zunehmendem Q^2 schmaler (Abb. 5.15a), d.h. für kleine x steigt $F_i(x, Q^2)$ mit wachsendem Q^2 an, während es für große x abfällt (Abb. 5.15b); bei $x \approx 0.25$ ist $F_i(x, Q^2)$ ungefähr unabhängig von Q^2 [Eis86, Now86, Die91, PDG94, Ste95] (siehe auch Abb. 5.19). Entsprechend den in Kap. 5.1.4 besprochenen Verknüpfungen

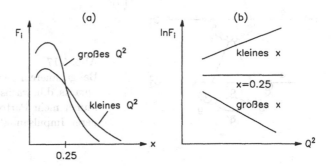

Abb. 5.15 Die Skizze zeigt qualitativ die von der QCD vorhergesagte Q^2-Abhängigkeit der Strukturfunktionen, (a) $F_i(x, Q^2)$ als Funktion von x für kleines und großes Q^2, (b) $\ln F_i(x, Q^2)$ als Funktion von Q^2 für festes x.

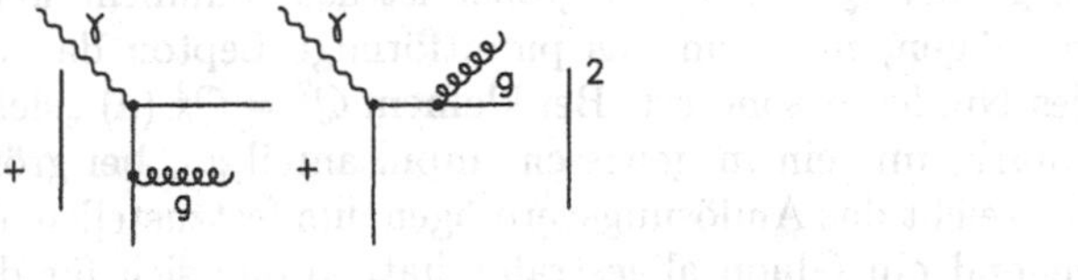

Abb. 5.16 Graphen der gluonischen Prozesse, die zur eN-Streuung beitragen. Obere Zeile: Beitrag des Prozesses $q + \gamma \to q$ einschließlich der Korrekturen durch ein virtuelles Gluon; untere Zeile: Beitrag des Prozesses $q + \gamma \to q + g$ mit Abstrahlung eines reellen Gluons.

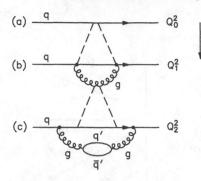

Q^2

Abb. 5.17
Bei genauerem „Anschauen" eines
Quarks, d.h. wachsendem Q^2, sieht man
immer mehr Partonen mit immer kleineren Impulsanteilen.

der Strukturfunktionen mit den Parton-Verteilungsfunktionen zeigen auch
die Verteilungsfunktionen $q(x, Q^2)$ das in Abb. 5.15 skizzierte Q^2-Verhalten.
Die Verletzung (Brechung) der Skaleninvarianz in der tief-inelastischen ℓN-
Streuung kommt durch die starke Wechselwirkung zustande, d.h. nach der
Quantenchromodynamik (QCD) [Bur80, Eis86, Now86, Die91, Gre95, Ste95,
Hin96, Lea96, Sche96] durch die Emission und Absorption von Gluonen durch
das an der Streuung beteiligte (Anti-)Quark. Dementsprechend treten z.B.
in der ep-Streuung zusätzlich zu dem einfachen $q\gamma q$-Vertex des ursprünglichen QPM in Abb. 5.5a in der niedrigsten Ordnung der perturbativen QCD
weitere gluonische Terme auf, die in Abb. 5.16 [Sak79] dargestellt sind: In
der oberen Zeile steht der Beitrag, den der Prozess $q + \gamma \to q$ einschließlich seiner perturbativen Korrekturen infolge eines virtuellen Gluons zum
Wirkungsquerschnitt leistet; die untere Zeile gibt den Beitrag des Prozesses
$q + \gamma \to q + g$ mit einem reellen Gluon an.

Intuitiv-anschaulich läßt sich die in Abb. 5.15 skizzierte Q^2-Abhängigkeit
der Verteilungsfunktionen folgendermaßen verstehen [Now86] (Abb. 5.17).
Je größer Q^2 ist, umso größer ist das räumliche und zeitliche Auflösungsvermögen, mit dem das punktförmige Lepton das wechselwirkende Quark
des Nukleons sondiert. Bei kleinem $Q^2 = Q_0^2$ (a) „sieht" das Lepton nur das
Quark, mit einem gewissen Impulsanteil x_0; bei größerem $Q^2 = Q_1^2 \gg Q_0^2$
(b) reicht das Auflösungsvermögen, um festzustellen, daß das Quark vorübergehend ein Gluon abgestrahlt hat, so daß sich für diese kurze Zeit der ursprüngliche Impulsanteil x_0 auf Quark und Gluon aufgeteilt hat und das
Quark einen kleineren Impulsanteil $x_1 < x_0$ besitzt; bei noch genauerem Hin-
sehen, $Q^2 = Q_2^2 \gg Q_1^2$ (c), erscheint das Gluon als Quark-Antiquark-Paar,
so daß der Impulsanteil des Gluons weiter aufgeteilt ist und die Partonenan-
zahl sich weiter erhöht hat; usw. (siehe auch Abb. 5.6). Mit anderen Worten:
Mit wachsendem Q^2 erscheinen immer mehr See-Partonen $(q, \bar{q}, g)$ mit immer kleineren Impulsanteilen, d.h. ihre Verteilungsfunktionen werden immer

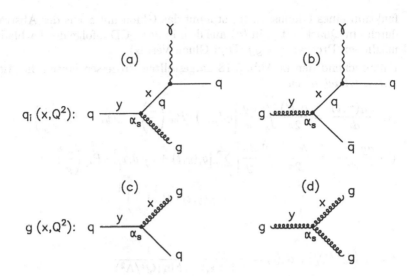

Abb. 5.18 Graphen, welche die durch die Altarelli-Parisi-Gleichungen beschriebene Q^2-Abhängigkeit der Verteilungsfunktionen verursachen.

steiler und enger; gleichzeitig besitzen die Valenzquarks im Mittel immer kleinere Impulsanteile, so daß auch ihre Verteilungen – bei konstanten Integralen (5.35) – immer steiler und enger werden, wie in Abb. 5.15 skizziert.

Quantitativ kann die Verletzung der Skaleninvarianz in der führenden Ordnung ($\propto \alpha_s$) der perturbativen QCD durch die *Altarelli-Parisi-Gleichungen* [Alt77, Bur80, Now86, Die91, Gre95, Blu96, Lea96][‡] beschrieben werden. Die QCD-Prozesse, die in dieser Näherung die Q^2-Abhängigkeit der Verteilungsfunktion eines Quarks, $q(x, Q^2)$, bzw. eines Gluons, $g(x, Q^2)$, verursachen, sind in Abb. 5.18 (a,b bzw. c,d) dargestellt: In (a) strahlt ein Quark q mit dem Impulsanteil y im Nukleon ein Gluon ab, bevor es mit dem Impulsanteil x ($x < y$) vom sondierenden Lepton (z.B. über γ-Austausch) „gesehen" wird. Bei der Wechselwirkung mit dem Lepton trägt das Quark also den Bruchteil $z = x/y$ seines ursprünglichen Impulses. (Das Gluon trägt den Bruchteil $1 - z$). In (b) stammt das wechselwirkende Quark mit Impulsanteil x aus der Paarerzeugung $g \to q\bar{q}$ durch ein Gluon mit Impulsanteil y im Nukleon. Die Graphen (c) und (d) zeigen entsprechend die Modifikation der Verteilungs-

---

[‡]Die Gleichungen, die die Q^2-Abhängigkeit (Q^2-*Evolution*) der Strukturfunktionen beschreiben, werden auch als DGLAP-Gleichungen bezeichnet, nach den Autoren Dokshitzer [Dok77], Gribov, Lipatov [Gri72], Altarelli und Parisi [Alt77].

funktion eines Gluons: In (c) stammt das Gluon mit x aus der Abstrahlung durch ein Quark mit y, in (d) aus dem in der QCD infolge der Farbladungen möglichen Prozess $g \to gg$ (Drei-Gluon-Vertex).

Entsprechend den in Abb. 5.18 dargestellten Prozessen lauten die *Altarelli-Parisi-Gleichungen*:

(a) $$\frac{dq_i(x,t)}{dt} = \frac{\alpha_s(t)}{2\pi} \int_x^1 \frac{dy}{y} \left[q_i(y,t) \cdot P_{qq}\left(\frac{x}{y}\right) + g(y,t) \cdot P_{qg}\left(\frac{x}{y}\right) \right] \qquad (5.73)$$

(b) $$\frac{dg(x,t)}{dt} = \frac{\alpha_s(t)}{2\pi} \int_x^1 \frac{dy}{y} \left[\sum_{j=1}^{N_f} \left[q_j(y,t) + \overline{q}_j(y,t) \right] \cdot P_{gq}\left(\frac{x}{y}\right) \right.$$
$$\left. + g(y,t) \cdot P_{gg}\left(\frac{x}{y}\right) \right],$$

wobei

$$t = \ln\left(Q^2/Q_0^2\right), \quad \alpha_s(t) = \frac{\alpha_s}{1 + b\alpha_s t} = \frac{1}{b\ln\left(Q^2/\Lambda^2\right)} \qquad (5.74)$$

$$\text{mit } b = \frac{33 - 2N_f}{12\pi} \text{ (vergl. (5.67)), } \ln\Lambda^2 = \ln Q_0^2 - \frac{1}{b\alpha_s}, \quad \alpha_s = \alpha_s(0).$$

Q_0^2 ist ein passender Normierungsparameter. Die $P_{ba}(z)$ sind die *Altarelli-Parisi-Partitionsfunktionen* (*splitting functions*), die nach den Feynman-Regeln der QCD berechnet werden können [Alt77, Die91, Blu96]; $P_{ba}(z)$ gibt die Wahrscheinlichkeit dafür an, daß ein Parton a mit Impuls p_a in ein Parton b mit Impuls $p_b = z p_a$ und ein weiteres Parton aufspaltet. Die Funktionen $P_{ba}(z)$ sind gleich für Quarks und Antiquarks; sie hängen nicht von der Quarkart (Flavour) ab, da die starken Farbkräfte flavour-neutral sind. Im ersten Term von (5.73b) ist über alle Quarks und Antiquarks summiert (N_f = Anzahl der Quarkarten), da sie alle zum Gluon in Abb. 5.18c beitragen.

Das Gleichungssystem (5.73) vereinfacht sich und wird lösbar durch Momentenbildung [Alt77], wenn man gewisse Linearkombinationen von Quarkverteilungsfunktionen einführt: Die Summe

$$F_S(x,Q^2) \equiv \sum_{j=1}^{N_f} \left[q_j(x,Q^2) + \overline{q}_j(x,Q^2) \right] = q(x,Q^2) + \overline{q}(x,Q^2) \quad (5.75)$$

(vergl. (5.52)) heißt *Singlett-Strukturfunktion*; jede Differenz

$$F_{NS}(x,Q^2) \equiv q_i(x,Q^2) - q_j(x,Q^2) \quad \text{oder} \quad q_i(x,Q^2) - \overline{q}_i(x,Q^2) \, (5.76)$$

oder eine Summe solcher Differenzen (z.B. $q - \overline{q}$, vergl. (5.52)) ist eine *Non-Singlett-Strukturfunktion*. Mit diesen Definitionen und (5.73) ergeben sich direkt die Altarelli-Parisi-Gleichungen für F_S und F_{NS}:

$$\frac{dF_S(x,t)}{dt} = \frac{\alpha_s(t)}{2\pi} \int_x^1 \frac{dy}{y} \left[F_S(y,t) \cdot P_{qq}\left(\frac{x}{y}\right) + g(y,t) \cdot 2N_f P_{qg}\left(\frac{x}{y}\right) \right]$$

$$\frac{dg(x,t)}{dt} = \frac{\alpha_s(t)}{2\pi} \int_x^1 \frac{dy}{y} \left[F_S(y,t) \cdot P_{gq}\left(\frac{x}{y}\right) + g(y,t) \cdot P_{gg}\left(\frac{x}{y}\right) \right] \qquad (5.77)$$

$$\frac{dF_{NS}(x,t)}{dt} = \frac{\alpha_s(t)}{2\pi} \int_x^1 \frac{dy}{y} F_{NS}(y,t) \cdot P_{qq}\left(\frac{x}{y}\right) .$$

In Kurzschreibweise:

$$\frac{d}{dt}\begin{pmatrix} F_S \\ g \end{pmatrix} = \frac{\alpha_s(t)}{2\pi} \begin{pmatrix} P_{qq} & 2N_f P_{qg} \\ P_{gq} & P_{gg} \end{pmatrix} \otimes \begin{pmatrix} F_S \\ g \end{pmatrix}, \quad \frac{dF_{NS}}{dt} = \frac{\alpha_s(t)}{2\pi} P_{qq} \otimes F_{NS}$$

$$\text{mit } f \otimes g \equiv \int_x^1 \frac{dy}{y} f(y) \cdot g\left(\frac{x}{y}\right) = \int_x^1 \frac{dy}{y} f\left(\frac{x}{y}\right) \cdot g(y) . \qquad (5.78)$$

Durch Lösen der Altarelli-Parisi-Gleichungen (z.B. mit Hilfe geeigneter Parametrisierungen) kann die Q^2-Abhängigkeit der Struktur- bzw. Verteilungsfunktionen berechnet werden. Wie man sieht, ist die Gleichung, die die Q^2-Entwicklung der NS-Strukturfunktion beschreibt, besonders einfach, da sich in ihr der Gluonbeitrag weghebt. Andererseits kann aus der Q^2-Abhängigkeit von F_S die *Gluon-Verteilungsfunktion* $g(x, Q^2)$ mit Hilfe von (5.77) bestimmt werden.

Die QCD-Korrekturen höherer Ordnung werden hier nicht besprochen [Bur80, Die91, Ste95, Blu96].

Die Verletzung der Skaleninvarianz (d.h. die Q^2-Abhängigkeit) der Strukturfunktionen ist in mehreren Leptoproduktionsexperimenten gemessen und mit den QCD-Vorhersagen verglichen worden [Eis86, Ste95]. In der Neutrino-Nukleon-Streuung sind u.a. drei Zählerexperimente (CDHSW [Abr83, Ber91], CCFRR [Mac84], CHARM [Ber83]) und zwei Blasenkammerexperimente mit BEBC (WA21 [Jon94], WA25 [All85a]) zu erwähnen. Abb. 5.19 zeigt als Beispiel eine Kompilation [PDG92] von $F_2^{\nu N}$ und $xF_3^{\nu N}$ aus den drei genannten Zählerexperimenten; das in Abb. 5.15 skizzierte Q^2-Verhalten ist klar zu erkennen. Abb. 5.20 stellt eine Kompilation [PDG94] von F_2-Messungen aus Elektron-, Myon- und Neutrinoexperimenten dar, wobei die Neutrino-Werte um den Quarkladungsfaktor 5/18 und den Überschuß an See-s-Quarks (siehe (5.62)) korrigiert wurden. Die Kurven zeigen eine QCD-Anpassung (mit „higher twists") an die Datenpunkte. Wie man sieht, wird die beobachtete Q^2-Abhängigkeit gut durch die perturbative QCD wiedergegeben.

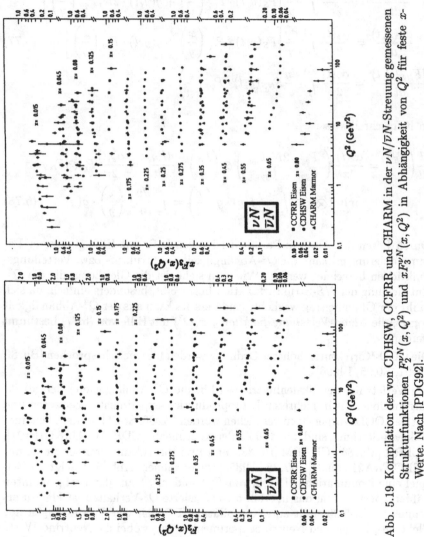

Abb. 5.19 Kompilation der von CDHSW, CCFRR und CHARM in der $\nu N/\bar{\nu}N$-Streuung gemessenen Strukturfunktionen $F_2^{\nu N}(x, Q^2)$ und $xF_3^{\nu N}(x, Q^2)$ in Abhängigkeit von Q^2 für feste x-Werte. Nach [PDG92].

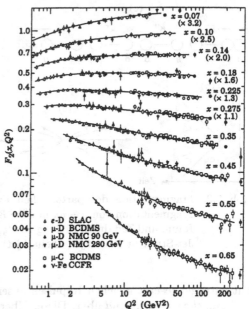

Abb. 5.20
Kompilation der Strukturfunktion $F_2(x, Q^2)$ aus Elektron-, Myon- und Neutrinoexperimenten. Die Neutrino-Messungen sind um den Quarkladungsfaktor 5/18 und den Überschuß an See-s-Quarks korrigiert. Die Kurven zeigen eine QCD-Anpassung. Aus: Particle Data Group, Review of Particle Properties, Phys. Rev. **D50** (1994) part I.

5.1.7 Hadronischer Endzustand

Bisher wurden in Kap. 5 die differentiellen Wirkungsquerschnitte in den Ereignisvariablen (z.B. x, Q^2) besprochen, ohne daß nähere Einzelheiten der in (5.1) bzw. (5.2) (Abb. 5.1) erzeugten Hadronensysteme X interessierten. Wir wenden uns nun diesen hadronischen Endzuständen zu, deren Erzeugungsmechanismen und Eigenschaften in zahlreichen Experimenten zur Myon- und Neutrino-Streuung untersucht wurden [Ren81, Schm88, Schm93]. Dabei geben wir, nach einer phänomenologischen Einführung, aus der großen Fülle der gewonnenen Ergebnisse nur einige Beispiele zu den Themen Multiplizität, Fragmentationsfunktionen und Transversalimpuls. Andere Themen wie Ein-Pion-Erzeugung, Erzeugung seltsamer Teilchen, Charmerzeugung, diffraktive Produktion von Hadronen, Hadronproduktion an Kernen, Bose-Einstein-Korrelationen, Test der PCAC-Hypothese etc. werden nicht behandelt.

a) Phänomenologie

Nach Abb. 5.5 besteht im QPM der *partonische Endzustand* aus einem Quark (*Stromquark*) und dem *Protonrest*, der im einfachsten Fall der Streuung an einem Valenzquark ein *Diquark qq* ist. Quark und Diquark haben die Schwerpunktsenergie W (5.8); sie fliegen im Schwerpunktsystem (Abb. 5.1c, 5.5b)

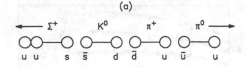

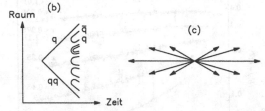

Abb. 5.21 Fragmentation des partonischen Endzustandes Quark-Diquark: (a) Fragmentation von $u - uu$ in $\pi^0\pi^+K^0\Sigma^+$, (b) Fragmentationskette in Raum und Zeit durch Bildung von $(q\bar{q})$ bzw. $(qq-\bar{q}q)$-Paaren, (c) Zwei-Jet-Struktur (Quarkjet, Diquarkjet) des hadronischen Endzustandes.

mit entgegengesetzt gleichen Impulsen auseinander und gehen dabei in den *hadronischen Endzustand* über. Dieser Übergang wird *Hadronisation (Fragmentation)* genannt; er kann nicht mit der perturbativen QCD behandelt werden, da bei größer werdenden Abständen die Farbkräfte zwischen den Partonen anwachsen (*Confinement*), die Partonen daher nicht mehr als quasi-frei (*asymptotische Freiheit*) angesehen werden können und somit eine Störungsrechnung nicht anwendbar ist. Statt dessen hat man verschiedene *Fragmentationsmodelle* [Sjo88] entwickelt, die die Fragmentation phänomenologisch beschreiben.

Qualitativ und vereinfacht dargestellt läuft die Hadronisation folgendermaßen ab (Abb. 5.21): Zwischen auseinanderstrebendem Quark und Diquark spannt sich ein Band (*String*) von Farbkräften. Bei hinreichender Spannung bricht der String, wobei an der Bruchstelle aus der im String vorhandenen Energie ein Quark-Antiquark $(q\bar{q})$-Paar gebildet wird. Dadurch sind aus dem ursprünglichen String zwei Strings geworden. Diese Strings können, falls noch genug Energie vorhanden ist, wieder brechen und so fort, bis ein Großteil der ursprünglich vorhandenen Energie durch $q\bar{q}$-Paarbildungen aufgebraucht ist. Am Ende ist auf diese Weise ein System von nicht mehr brechenden Strings, d.h. von Hadronen entstanden. Als Beispiel zeigt Abb. 5.21a den hadronischen Endzustand der (etwas ungewöhnlichen) Reaktion

$$\nu p \to \mu^-\Sigma^+K^0\pi^+\pi^0 : \tag{5.79}$$

Der partonische Endzustand der νp-Streuung ist $u - uu$ (Abb. 5.7c). Durch

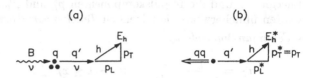

Abb. 5.22 Kinematik eines auslaufenden Hadrons h, (a) im Laborsystem, (b) im hadronischen Schwerpunktsystem.

drei Stringbrüche unter Bildung der Paare $s\bar{s}$, $d\bar{d}$ und $u\bar{u}$ entsteht der hadronische Endzustand (5.79). Ein weiteres Beispiel zeigt Abb. 5.7c, wo durch Bildung eines $d\bar{d}$-Paares der hadronische Endzustand $p\pi^+$ erzeugt wird. Allgemein entsteht eine kontinuierliche *Fragmentationskette* von Hadronen (Mesonen M, Baryonen B), wie sie in Abb. 5.21b im Raum-Zeit-Diagramm dargestellt ist. Statt eines $q\bar{q}$-Paares kann auch ein Diquark-Antidiquark $(qq$-$\bar{q}\bar{q})$-Paar gebildet werden, was zu Baryon-Antibaryon-Erzeugung führt (Abb. 5.21b).

Die aus der Partonfragmentation entstandenen Hadronen behalten bei hohen hadronischen Schwerpunktsenergien W bevorzugt die Richtung des ursprünglichen Partons bei und zwar im Mittel umso stärker und mit umso größerem Impulsanteil x_F (siehe unten), je näher ein Hadron in der Fragmentationskette (Abb. 5.21b) dem fragmentierenden Parton ist. Dies gilt insbesondere für dasjenige Hadron („führendes Hadron"), das das fragmentierende Parton enthält. Auf diese Weise entstehen aus der $(q - qq)$-Fragmentation zwei kollineare Hadronenbündel (*Jets*) (Abb. 5.21c), wobei die Bündelung umso stärker, d.h. der mittlere Öffnungswinkel der Jets umso kleiner ist, je größer W ist. Der eine Jet (*Quarkjet, Stromjet*) enthält im wesentlichen die Hadronen aus der Quarkfragmentation (*Quarkfragmente*, auch *Stromfragmente* genannt), der andere Jet (*Diquarkjet, Targetjet, Zuschauerjet*) die Hadronen aus der Diquarkfragmentation (*Diquarkfragmente, Targetfragmente*), wobei jedoch, wie Abb. 5.21b zeigt, eine saubere Trennung der beiden Jets nicht möglich ist, sondern ein kontinuierlicher Übergang in der Mitte der Fragmentationskette, d.h. bei den Hadronen mit kleinen Impulsanteilen besteht.

Die Kinematik eines Hadrons h des Hadronensystems X ist in Abb. 5.22 dargestellt. Im Laborsystem (Abb. 5.22a) wird das ausgetauschte virtuelle Boson B mit der Energie ν (5.7) vom ruhenden Quark q absorbiert ($B + q \rightarrow q'$), das dabei die Energie ν übernimmt. Ein Hadron h aus der Fragmentation von q' erhält die Energie E_h und einen Impuls mit den Komponenten p_L in B-Richtung (*Longitudinalimpuls*) und p_T senkrecht dazu (*Transversalimpuls*). Im hadronischen Schwerpunktsystem (Abb. 5.22b) hat das Hadron die

Energie E_h^* und die Impulskomponenten p_L^* und $p_T^* = p_T$. Für das Hadron werden üblicherweise die folgenden *Teilchenvariablen* verwendet:

- *Feynman-Variable x_F*:

$$x_F = \frac{p_L^*}{p_{L\max}^*} \approx \frac{2p_L^*}{W} \quad \text{mit} \quad -1 \leq x_F \leq 1. \tag{5.80}$$

x_F gibt den Anteil des Longitudinalimpulses p_L^* des Hadrons am Impuls $p_{L\max}^* \approx W/2$ des fragmentierenden Quarks bzw. Diquarks im hadronischen Schwerpunktsystem an. Für $x_F > 0$ fliegt das Hadron in die Hemisphäre des fragmentierenden Quarks („vorwärts"), für $x_F < 0$ in die Hemisphäre des fragmentierenden Diquarks („rückwärts") (Abb. 5.22b). Man betrachtet daher in der Praxis die Hadronen mit $x_F > 0$ als Quarkfragmente und diejenigen mit $x_F < 0$ als Diquarkfragmente, obwohl eine klare Trennung nicht möglich ist (siehe oben).

- *Rapidität y^** im Schwerpunktsystem:

$$y^* = \frac{1}{2} \ln \frac{E_h^* + p_L^*}{E_h^* - p_L^*}. \tag{5.81}$$

- *Energieanteil z* im Laborsystem (siehe (5.4)):

$$z = \frac{p_h \cdot p_N}{q \cdot p_N} = \frac{E_h}{\nu} \quad \text{mit} \quad 0 \leq z \leq 1. \tag{5.82}$$

z ist der Anteil der Hadronenergie E_h an der Energie ν des virtuellen Bosons, d.h. an der Energie des fragmentierenden Quarks.

- *Transversalimpuls p_T*.

Quantitativ kann die Fragmentation von Partonen ($q, \bar{q}, g, qq$ etc.) in Hadronen (π^+, π^-, p etc.) durch *Fragmentationsfunktionen* $D(z)$ oder $D(x_F)$ beschrieben werden, die ähnlich wie die Verteilungsfunktionen (5.32) definiert sind, z.B.

$$D_u^{\pi^-}(z)dz = \text{mittlere Anzahl der } \pi^- \text{ aus der Fragmentation eines} \tag{5.83}$$
$$u\text{-Quarks mit Energieanteil zwischen } z \text{ und } z + dz.$$

Die Normierung dieser Fragmentationsfunktion lautet daher:

$$\int_0^1 D_u^{\pi^-}(z)dz = \langle n_u^{\pi^-} \rangle, \tag{5.84}$$

wobei $\langle n_u^{\pi^-} \rangle$ die mittlere Multiplizität (siehe unten) der π^- aus der Fragmentation eines u-Quarks ist. Entsprechendes gilt für die anderen Parton- und Hadronarten.

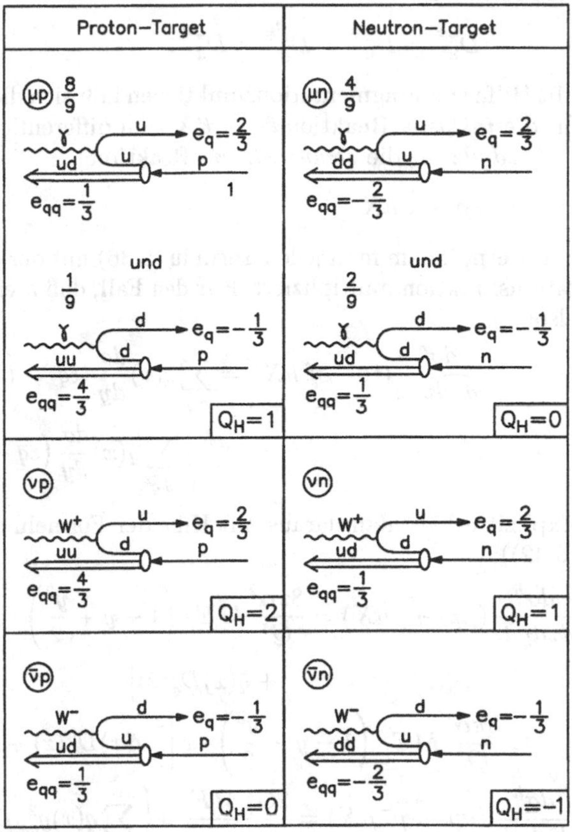

Abb. 5.23 Die dominierenden Graphen in der μN, νN und $\bar{\nu}N$-Streuung ($N = p,n$). e_q und e_{qq} sind die Ladungen der Quarks bzw. Diquarks; Q_H ist die hadronische Gesamtladung.

Aus der Isospin-Symmetrie der starken Wechselwirkung erhält man zahlreiche Beziehungen zwischen Fragmentationsfunktionen, z.B.

(a) $\qquad D_u^{\pi^\pm} = D_d^{\pi^\mp}$

(b) $\qquad D_{ud}^{\pi^+} = D_{ud}^{\pi^-}$, $\qquad\qquad\qquad\qquad\qquad\qquad$ (5.85)

die experimentell getestet werden können (siehe unten). Zusätzliche Beziehungen ergeben sich, wenn man Symmetrie unter Ladungskonjugation hinzunimmt, z.B.

$$D_u^{\pi^\pm} = D_{\bar{u}}^{\pi^\mp} = D_{\bar{d}}^{\pi^\pm} = D_d^{\pi^\mp}.$$ (5.86)

Mit Hilfe von Fragmentationsfunktionen läßt sich die allgemeine Formel (5.36) für die *inklusive* Reaktion $\ell p \to \ell' X$ zum differentiellen Wirkungsquerschnitt $d\sigma/dxdydz$ für die *semi-inklusive* Reaktion

$$\ell p \to \ell' h X$$ (5.87)

erweitern, indem man jeden Term in (5.36) mit der entsprechenden Fragmentationsfunktion multipliziert. Für den Fall, daß h ein Quarkfragment ist, gilt also:

$$\frac{d\sigma^h}{dxdydz}(\ell p \to \ell' h X) = \sum_{q,q'} q(x) \frac{d\sigma}{dy}(\ell q \to \ell' q')\, D_{q'}^h(z)$$ (5.88)

$$+ \sum_{\bar{q},q'} \bar{q}(x) \frac{d\sigma}{dy}\left(\ell \bar{q} \to \ell' \overline{q'}\right) D_{\overline{q'}}^h(z).$$

Explizit erhält man daraus mit Hilfe der Formeln (5.38) (vergl. auch (5.39), (5.42)):

$$\frac{d\sigma^h}{dxdydz}(\mu p \to \mu h X) = \frac{8\pi\alpha^2}{Q^4} ME \cdot \left(1 - y + \frac{y^2}{2}\right) \cdot x \sum_q Q_q^2 \left[q(x) D_q^h(z)\right.$$

$$\left. + \bar{q}(x) D_{\bar{q}}^h(z)\right]$$

$$\approx \frac{8\pi\alpha^2}{Q^4} ME \cdot \left(1 - y - \frac{y^2}{2}\right) \cdot x \left[\frac{4}{9} u(x) D_u^h(z) + \frac{1}{9} d(x) D_d^h(z)\right]$$

$$\frac{d\sigma^h}{dxdydz}(\nu p \to \mu^- h X) = \frac{2G_F^2 ME}{\pi} \cdot x \left\{ \sum_{q,q'} q(x) g_{qq'}^2 D_{q'}^h(z)\right.$$

$$\left. + (1-y)^2 \sum_{\bar{q},\overline{q'}} \bar{q}(x) g_{qq'}^2 D_{\overline{q'}}^h(z)\right\}$$

$$\approx \frac{2G_F^2 ME}{\pi} \cdot xd(x) \cdot D_u^h(z) \approx \frac{d\sigma}{dxdy}(\nu p) \cdot D_u^h(z)$$ (5.89)

$$\frac{d\sigma^h}{dxdydz}(\bar{\nu} p \to \mu^+ h X) = \frac{2G_F^2 ME}{\pi} \cdot x \left\{ (1-y)^2 \sum_{q,q'} q(x) g_{qq'}^2 D_{q'}^h(z)\right.$$

$$\left. + \sum_{\bar{q},\overline{q'}} \bar{q}(x) g_{qq'}^2 D_{\overline{q'}}^h(z)\right\}$$

$$\approx \frac{2G_F^2 ME}{\pi} \cdot (1-y)^2 \cdot xu(x) \cdot D_d^h(z) \approx \frac{d\sigma}{dxdy}(\bar{\nu} p) \cdot D_d^h(z).$$

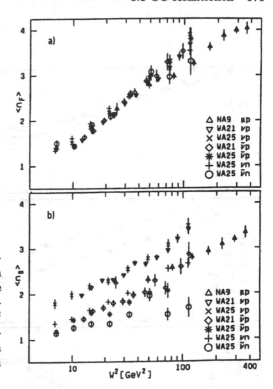

Abb. 5.24
Kompilation der mittleren Multiplizität geladener Hadronen in (a) der Vorwärtshemisphäre und (b) der Rückwärtshemisphäre in Abhängigkeit von W^2 aus verschiedenen Experimenten zur μ, ν und $\bar{\nu}$-Streuung an Protonen und Neutronen. Nach [Schm88].

Hierbei sind die Kopplungsstärken $g_{qq'}^2$ in Tab. 5.1 gegeben; die ungefähre Gleichheit gilt in der Näherung, daß man sich auf die Valenzquarks beschränkt und $\theta_C \approx 0$ setzt. Abb. 5.23 zeigt für diese Näherung alle Graphen der μN, νN und $\bar{\nu} N$-Streuung ($N = p, n$).

Gemessen wird im Experiment die *normierte Hadronverteilung*

$$D^h(z, x, Q^2) = \frac{d\sigma^h}{dx dQ^2 dz} \bigg/ \frac{d\sigma}{dx dQ^2} = \frac{1}{N_{ev}(x, Q^2)} \frac{dN^h}{dz}(z, x, Q^2), \qquad (5.90)$$

z.B. bei festem (x, Q^2) oder über diese Ereignisvariablen integriert. Hierbei ist N_{ev} die Zahl der Ereignisse und N^h die Zahl der Hadronen h in diesen Ereignissen. Nach (5.89) und Abb. 5.23 gilt in der obigen Näherung für die Vorwärtshemisphäre ($x_F > 0$), wo sich hauptsächlich Quarkfragmente befin-

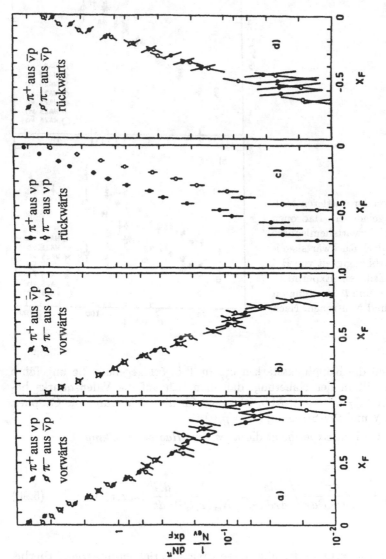

Abb. 5.25 Normierte x_F-Verteilungen aus dem WA21-Experiment für π^+ und π^- aus der νp und $\bar{\nu}p$-Streuung in der Vorwärts ($x_F > 0$)- und Rückwärts ($x_F < 0$)-Hemisphäre. Nach [All83].

den, die QPM-Vorhersage:

$$D^h(\nu p, x_F > 0) = D^h(\nu n, x_F > 0) = D_u^h$$
$$D^h(\overline{\nu} p, x_F > 0) = D^h(\overline{\nu} n, x_F > 0) = D_d^h \qquad (5.91)$$
$$D^h(\mu p, x_F > 0) = \left(a D_u^h + b D_d^h\right)/(a + b)$$

(für $u(x) = 2d(x)$ ist $a = \frac{8}{9}$ und $b = \frac{1}{9}$). Entsprechend gilt nach Abb. 5.23 in der Rückwärtshemisphäre $(x_F < 0)$, die überwiegend von Diquarkfragmenten bevölkert ist, die QPM-Vorhersage:

$$D^h(\nu p, x_F < 0) = D_{uu}^h, \quad D^h(\overline{\nu} n, x_F < 0) = D_{dd}^h$$
$$D^h(\overline{\nu} p, x_F < 0) = D^h(\nu n, x_F < 0) = D_{ud}^h \qquad (5.92)$$
$$D^h(\mu p, x_F < 0) = \left(a D_{ud}^h + b D_{uu}^h\right)/(a + b).$$

Im Falle der Neutrino-Reaktionen ergeben also (im Gegensatz zur Myon-Streuung) in der angewandten Näherung die gemessenen Hadronverteilungen direkt die Fragmentationsfunktionen von u und d-Quarks sowie von uu, ud und dd-Diquarks, da jeweils nur ein Term aus (5.88) beiträgt.

Wie bei den Strukturfunktionen (Kap. 5.1.6), so wird auch bei den Fragmentationsfunktionen $D_q^h(z)$ die Skaleninvarianz durch gluonische Prozesse verletzt [Owe78, Uem78, Alt79, Sak79], d.h. die $D_q^h(z)$ erhalten durch die QCD eine Q^2-Abhängigkeit, $D_q^h(z) \to D_q^h(z, Q^2)$, analog zu (5.72).

b) Mittlere Multiplizität

Die *Multiplizität* n ist die Anzahl der erzeugten Teilchen einer bestimmten Sorte in einem Streuereignis; ihr Mittelwert über viele Ereignisse ist die *mittlere Multiplizität* $\langle n \rangle$, deren Messung Aufschluß gibt über den Erzeugungsmechanismus. Abb. 5.24 zeigt eine Kompilation [Schm88] der mittleren Multiplizitäten geladener Hadronen (überwiegend $\pi^{\pm}$) aus verschiedenen Myon- und Neutrino-Experimenten als Funktion von W^2, und zwar getrennt für die Vorwärts $(x_F > 0)$- und Rückwärts $(x_F < 0)$-Hemisphäre. In beiden Hemisphären steigt $\langle n \rangle$ ungefähr proportional zu $\ln W^2$ an. In der Vorwärtshemisphäre (Abb. 5.24a), wo sich die Quarkfragmente befinden, sind bei festem W die $\langle n_F \rangle$-Werte aus den fünf verschiedenen Reaktionen ungefähr gleich. Dies erwartet man im QPM, da die geladenen Hadronen überwiegend Pionen $(\pi^{\pm})$ sind: Nach (5.85a) gilt:

$$D_u^{\pi} \equiv D_u^{\pi^+} + D_u^{\pi^-} = D_d^{\pi^-} + D_d^{\pi^+} \equiv D_d^{\pi}. \qquad (5.93)$$

Hieraus folgt mit Hilfe von (5.91), daß für $x_F > 0$ die Verteilungen D^π geladener Pionen für alle fünf Reaktionen $(\nu p, \overline{\nu} p, \nu n, \overline{\nu} n, \mu p)$ und damit nach (5.84) auch die mittleren Vorwärtsmultiplizitäten gleich sind. In der Rückwärtshemisphäre (Abb. 5.24b, $x_F < 0$, Gebiet der Diquark-Fragmente) sind nur die $\langle n_B \rangle$-Werte für $\overline{\nu} p$ und νn bei festem W ungefähr gleich, wie nach (5.92) für die ud-Diquarkfragmentation zu erwarten ist. Die Ergebnisse in Abb. 5.24 stellen also eine schöne Bestätigung des QPM dar.

c) Fragmentationsfunktionen

Die in Abb. 5.24 beobachtete Übereinstimmung mit dem QPM wird noch detaillierter und eindrucksvoller durch Abb. 5.25 bestätigt. Die Abbildung zeigt die normierten Pionverteilungen

$$D^{\pi^\pm}(x_F) = \frac{1}{N_{ev}} \frac{dN^{\pi^\pm}}{dx_F} \tag{5.94}$$

für die Reaktionen $\nu p \to \mu^- \pi^\pm X$ und $\overline{\nu} p \to \mu^+ \pi^\pm X$ [All83], getrennt für π^+ und π^-, für νp und $\overline{\nu} p$ sowie für die Vorwärts- und Rückwärtshemisphäre. Dabei wurden nur Ereignisse mit einem Bjorken-$x > 0.1$ verwandt, so daß der Beitrag der Seequarks reduziert war (Abb. 5.10, 5.11) und dadurch die in (5.91) und (5.92) gemachten Näherungen annähernd gültig waren.

Für die Vorwärtshemisphäre $(x_F > 0)$ sagt das QPM nach (5.85a) und (5.91) voraus:

$$\begin{aligned}
D^{\pi^+}(\nu p) &= D_u^{\pi^+} = D_d^{\pi^-} = D^{\pi^-}(\overline{\nu} p) \\
D^{\pi^-}(\nu p) &= D_u^{\pi^-} = D_d^{\pi^+} = D^{\pi^+}(\overline{\nu} p).
\end{aligned} \tag{5.95}$$

Beide Beziehungen sind sehr gut erfüllt (Abb. 5.25a,b). Außerdem ist

$$D^{\pi^+}(\nu p) > D^{\pi^-}(\nu p) \tag{5.96}$$

(umgekehrt für $\overline{\nu} p$); dies ist zu erwarten, da das $\pi^+ = (u\overline{d})$ das in der νp-Streuung erzeugte u-Quark (Abb. 5.23) enthalten kann, während das $\pi^- = (d\overline{u})$ später in der Fragmentation entsteht.

In der Rückwärtshemisphäre $(x_F < 0)$ ist die aus (5.85b) und (5.92) folgende Beziehung

$$D^{\pi^-}(\overline{\nu} p) = D_{ud}^{\pi^-} = D_{ud}^{\pi^+} = D^{\pi^+}(\overline{\nu} p) \tag{5.97}$$

gut erfüllt (Abb. 5.25d). Außerdem beobachtet man (Abb. 5.25c,d), daß

$$D^{\pi^+}(\nu p) > D^{\pi^\pm}(\overline{\nu} p) > D^{\pi^-}(\nu p) \tag{5.98}$$

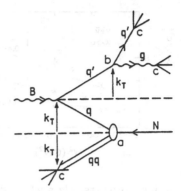

Abb. 5.26
Beiträge zum Transversalimpuls eines auslaufenden Hadrons in der Leptoproduktion: (a) primordiales k_T, (b) Gluonabstrahlung, (c) Fragmentation.

ist; dies ist mit (5.92) nach dem QPM zu erwarten, da wegen $\pi^+ = (u\bar{d})$ und $\pi^- = (d\bar{u})$ die Fragmentation $uu \to \pi^+$ doppelt favorisiert, $ud \to \pi^\pm$ einfach favorisiert und $uu \to \pi^-$ nicht favorisiert ist.

d) Transversalimpuls

Zum Transversalimpuls p_T eines Hadrons bezüglich der Bosonrichtung (Abb. 5.22) können die folgenden drei Effekte vektoriell beitragen (Abb. 5.26):

• Aufgrund seiner Fermi-Bewegung im Nukleon besitzt das wechselwirkende Quark einen sich vor der Reaktion ständig ändernden Transversalimpuls k_T („*primordiales* k_T"), der vom Protonrest (Diquark) kompensiert wird und sich wegen Transversalimpulserhaltung auf das auslaufende Quark q' überträgt (Abb. 5.26). Dadurch wird die Jet-Achse $(q' - qq)$ (*Ereignisachse*) gegenüber der ursprünglichen Richtung $(B - N)$ ein wenig gedreht. (Diese Drehung ist in den Abb. 5.5b, 5.22 und 5.23 nicht eingezeichnet).

• Das auslaufende q' kann vor seiner Fragmentation ein Gluon g abstrahlen (QCD-Effekt), so daß in der Vorwärtshemisphäre zwei Jets (q'-Jet, g-Jet) entstehen (Abb. 5.26), die i.a. jedoch nur bei genügend starker Bündelung, d.h. bei genügend hoher Energie W ($W \gtrsim 30$ GeV) als zwei getrennte Jets erscheinen können („*Drei-Jet-Ereignisse*": $q', g, qq)$[†]. Bei kleineren W sind sie zu einem verbreiterten Vorwärtsjet verschmolzen. In jedem Fall führt die Gluonabstrahlung für die Vorwärtshadronen zu einer Verbreiterung der p_T-Verteilung und damit zu einem vergrößerten mittleren $\langle p_T^2 \rangle$, das mit wachsendem W ansteigt.

• Schließlich erhalten die Hadronen in der Fragmentation einen Transversalimpuls relativ zur Richtung des fragmentierenden Partons; er trägt sowohl

---

[†]Zwei weitere Voraussetzungen: Nur bei genügend hoher Gluonenergie *und* genügend großem Abstrahlwinkel kann der Gluonjet isoliert nachgewiesen werden.

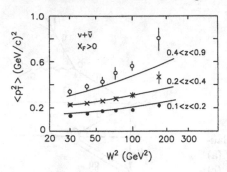

Abb. 5.27
Mittleres $\langle p_T^2 \rangle$ eines auslaufenden geladenen Hadrons in der $\nu N/\bar{\nu}N$-Streuung in Abhängigkeit von W^2 für drei verschiedene Intervalle des Energieanteils z aus dem WA25-Experiment. Die Kurven geben die Vorhersagen eines Drei-Jet-Modells mit weicher Gluonabstrahlung wieder. Nach [All85].

in der Vorwärts- als auch in der Rückwärtshemisphäre zum mittleren $\langle p_T^2 \rangle$ eines Hadrons bei.

Als Beispiel aus den zahlreichen p_T-Untersuchungen in der Leptoproduktion [Schm88] zeigt Abb. 5.27 $\langle p_T^2 \rangle$ als Funktion von W^2 für Vorwärtshadronen aus der $\nu/\bar{\nu}$-Deuteron-Streuung [All85] in drei verschiedenen z-Intervallen. Der von der QCD (Gluonabstrahlung) zu erwartende Anstieg ist deutlich zu erkennen, insbesondere für große z. Die Kurven geben die Vorhersagen eines Drei-Jet-Modells mit weicher Gluonabstrahlung wieder; sie stimmen ungefähr mit den Meßpunkten überein.

5.2   NC-Reaktionen

Die inelastischen NC-Reaktionen (5.1b), $\overset{(-)}{\nu}N \to \overset{(-)}{\nu}X$ [Bil82, Mya82, Pul84, Seh85, Eis86, Hai88, Die91, Win91a, Bil94, Per95], beruhen nach dem QPM (Kap. 5.1.4, Abb. 5.5) auf den elastischen NC-Streuungen

$$\begin{aligned} \nu q \to \nu q && \nu \bar{q} \to \nu \bar{q} \\ \bar{\nu} q \to \bar{\nu} q && \bar{\nu} \bar{q} \to \bar{\nu} \bar{q} \end{aligned} \tag{5.99}$$

des ν bzw. $\bar{\nu}$ an einem Quark bzw. Antiquark im Nukleon. Diese NC-Reaktionen werden bei nicht zu hohen Energien durch die effektive Lagrangedichte $\mathcal{L}_{\nu q}^{\text{eff}}$ beschrieben, in der der neutrale Neutrinostrom (2.27) direkt an den neutralen Quarkstrom (2.45) gekoppelt ist[†]:

$$\mathcal{L}_{\nu q}^{\text{eff}} = -\frac{G_F}{\sqrt{2}} \left[\bar{\nu}_\mu \gamma_\alpha (1 + \gamma_5) \nu_\mu \right] \cdot \left[(\bar{u}, \bar{c}) \gamma_\alpha (g_V + g_A \gamma_5) \begin{pmatrix} u \\ c \end{pmatrix} \right. \tag{5.100}$$

$$\left. + (\bar{d}, \bar{s}) \gamma_\alpha (g_V' + g_A' \gamma_5) \begin{pmatrix} d \\ s \end{pmatrix} \right]$$

[†]Wir beschränken uns auf die ersten beiden Quarkfamilien.

$$\text{mit } g_{V,A} = \frac{1}{2}C_{V,A}, \quad g'_{V,A} = \frac{1}{2}C'_{V,A}.$$

Diese Formel entspricht der Formel (4.3) für die νe-Streuung (Kap. 4). Die differentiellen Wirkungsquerschnitte für die Reaktionen (5.99) erhält man aus (5.100) mit Hilfe der Feynman-Regeln (analog zu (4.11) und (4.12) für die νe-Streuung):

$$\frac{d\sigma_{\text{NC}}}{dy}(\nu q) = \frac{d\sigma_{\text{NC}}}{dy}(\bar{\nu}\bar{q}) = \frac{G_F^2 m_q}{2\pi} E_\nu \left[(g_V + g_A)^2 + (g_V - g_A)^2 (1 - y)^2 \right.$$
$$\left. + \frac{m_q}{E_\nu} \left(g_A^2 - g_V^2 \right) y \right]$$
$$= \frac{2G_F^2 m_q}{\pi} E_\nu \left[g_L^2 + g_R^2 (1 - y)^2 - \frac{m_q}{E_\nu} g_L g_R y \right] \tag{5.101}$$

$$\frac{d\sigma_{\text{NC}}}{dy}(\bar{\nu}q) = \frac{d\sigma_{\text{NC}}}{dy}(\nu\bar{q}) = \frac{G_F^2 m_q}{2\pi} E_\nu \left[(g_V - g_A)^2 + (g_V + g_A)^2 (1 - y)^2 \right.$$
$$\left. + \frac{m_q}{E_\nu} \left(g_A^2 - g_V^2 \right) y \right]$$
$$= \frac{2G_F^2 m_q}{\pi} E_\nu \left[g_R^2 + g_L^2 (1 - y)^2 - \frac{m_q}{E_\nu} g_L g_R y \right].$$

Der letzte Term wird im folgenden wegen $E_\nu \gg m_q$ weggelassen. Die Vorhersagen der GWS-Theorie für die Kopplungsstärken lauten nach (2.91) und (2.92) (ohne Berücksichtigung von kleinen radiativen Korrekturen [PDG94]):

$$\begin{aligned}
g_V &= \frac{1}{2} - \frac{4}{3}s_W^2 \ , & g_A &= \frac{1}{2} & \text{für } q_1 = u, c \\
g'_V &= -\frac{1}{2} + \frac{2}{3}s_W^2, & g'_A &= -\frac{1}{2} & \text{für } q_2 = d, s
\end{aligned} \tag{5.102}$$

und

$$\begin{aligned}
g_L &= \frac{1}{2} - \frac{2}{3}s_W^2 \ , & g_R &= -\frac{2}{3}s_W^2 & \text{für } q_1 = u, c \\
g'_L &= -\frac{1}{2} + \frac{1}{3}s_W^2, & g'_R &= \frac{1}{3}s_W^2 & \text{für } q_2 = d, s
\end{aligned} \tag{5.103}$$

mit $s_W^2 \equiv \sin^2 \theta_W$. Die fundamentale Formel des QPM für die inelastische NC-Streuung am Proton lautet (entsprechend (5.36) für die CC-Streuung):

$$\frac{d\sigma_{\text{NC}}}{dxdy}(\overset{(-)}{\nu}p \to \overset{(-)}{\nu}X) = \sum_q q(x)\frac{d\sigma_{\text{NC}}}{dy}(\overset{(-)}{\nu}q) + \sum_{\bar{q}} \bar{q}(x)\frac{d\sigma_{\text{NC}}}{dy}(\overset{(-)}{\nu}\bar{q}) \,, \tag{5.104}$$

wobei $q(x)$ und $\bar{q}(x)$ wieder die in Kap. 5.1.4 eingeführten Verteilungsfunktionen im Proton sind[‡]. Setzt man (5.101) in (5.104) ein, so erhält man mit $m_q = xM$ (5.29) (oberhalb der Charmschwelle):

$$\frac{d\sigma_{NC}}{dxdy}(\overset{(-)}{\nu}p) = \sigma_0 \cdot 2x\Big\{ \big(g_{L,R}^2 + g_{R,L}^2(1-y)^2\big)\Big[u+c\Big] \tag{5.105}$$

$$+ \big(g_{L,R}'^2 + g_{R,L}'^2(1-y)^2\big)\Big[d+s\Big] + \big(g_{L,R}^2(1-y)^2 + g_{R,L}^2\big)\Big[\bar{u}+\bar{c}\Big]$$

$$+ \big(g_{L,R}'^2(1-y)^2 + g_{R,L}'^2\big)\Big[\bar{d}+\bar{s}\Big]\Big\},$$

wobei der erste untere Index für die νp, der zweite für die $\bar{\nu}p$-Streuung gilt. σ_0 ist durch (5.43) gegeben. Um die Strukturfunktionen $\tilde{F}_i(x)$ für die NC-Streuung zu gewinnen, ist (5.105) mit der Formel

$$\frac{d\sigma_{NC}}{dxdy}(\overset{(-)}{\nu}p) = \sigma_0 \cdot \frac{1}{2}\Big\{ \big(\tilde{F}_2^{\nu p,\bar{\nu}p} \pm x\tilde{F}_3^{\nu p,\bar{\nu}p}\big) + \big(\tilde{F}_2^{\nu p,\bar{\nu}p} \mp x\tilde{F}_3^{\nu p,\bar{\nu}p}\big)(1-y)^2\Big\} \tag{5.106}$$

(siehe (5.44)) zu vergleichen. Der Vergleich ergibt:

$$\tilde{F}_2^{\nu p,\bar{\nu}p} = 2x\Big\{ \big(g_L^2 + g_R^2\big)\Big[u+c+\bar{u}+\bar{c}\Big] + \big(g_L'^2 + g_R'^2\big)\Big[d+s+\bar{d}+\bar{s}\Big]\Big\}$$

$$= x\Big\{ \big(g_V^2 + g_A^2\big)\Big[u+c+\bar{u}+\bar{c}\Big] + \big(g_V'^2 + g_A'^2\big)\Big[d+s+\bar{d}+\bar{s}\Big]\Big\} \tag{5.107}$$

$$x\tilde{F}_3^{\nu p,\bar{\nu}p} = 2x\Big\{ \big(g_L^2 - g_R^2\big)\Big[u+c-\bar{u}-\bar{c}\Big] + \big(g_L'^2 - g_R'^2\big)\Big[d+s-\bar{d}-\bar{s}\Big]\Big\}$$

$$= 2x\Big\{ g_V g_A\Big[u+c-\bar{u}-\bar{c}\Big] + g_V'g_A'\Big[d+s-\bar{d}-\bar{s}\Big]\Big\}.$$

Die Strukturfunktionen für die NC-Streuung am Neutron erhält man mit Hilfe der Ersetzung (5.47), also:

$$\tilde{F}_2^{\nu n,\bar{\nu}n} = 2x\Big\{ \big(g_L^2 + g_R^2\big)\Big[d+c+\bar{d}+\bar{c}\Big] + \big(g_L'^2 + g_R'^2\big)\Big[u+s+\bar{u}+\bar{s}\Big]\Big\} \tag{5.108}$$

$$x\tilde{F}_3^{\nu n,\bar{\nu}n} = 2x\Big\{ \big(g_L^2 - g_R^2\big)\Big[d+c-\bar{d}-\bar{c}\Big] + \big(g_L'^2 - g_R'^2\big)\Big[u+s-\bar{u}-\bar{s}\Big]\Big\}.$$

Die Mittelung (5.50) über Proton und Neutron liefert die Strukturfunktionen für die NC-Streuung am isoskalaren Nukleon:

$$\tilde{F}_2^{\nu N,\bar{\nu}N} = x\Big\{ \big(g_L^2 + g_R^2\big)\Big[u+d+2c+\bar{u}+\bar{d}+2\bar{c}\Big] \tag{5.109}$$

[‡]Das Argument x wird im folgenden weggelassen.

$$+\left(g_L'^2 + g_R'^2\right)\left[u + d + 2s + \overline{u} + \overline{d} + 2\overline{s}\right]\Big\}$$

$$x\tilde{F}_3^{\nu N, \overline{\nu} N} = x\left\{\left(g_L^2 - g_R^2\right)\left[u + d + 2c - \overline{u} - \overline{d} - 2\overline{c}\right]\right.$$

$$\left. + \left(g_L'^2 - g_R'^2\right)\left[u + d + 2s - \overline{u} - \overline{d} - 2\overline{s}\right]\right\} \, .$$

Hieraus folgt mit Hilfe von (5.106) und der Symmetrie (5.34) der Seequarks:

$$\frac{d\sigma_{\rm NC}}{dxdy}(\nu N) = \sigma_0 \cdot x\left\{\left(f + f'\right)\left[u + d\right] + \left(\overline{f} + \overline{f'}\right)\left[\overline{u} + \overline{d}\right]\right. \tag{5.110}$$

$$\left. + 2\left(f + \overline{f}\right)c + 2\left(f' + \overline{f'}\right)s\right\}$$

$$\frac{d\sigma_{\rm NC}}{dxdy}(\overline{\nu} N) = \sigma_0 \cdot x\left\{\left(\overline{f} + \overline{f'}\right)\left[u + d\right] + \left(f + f'\right)\left[\overline{u} + \overline{d}\right]\right.$$

$$\left. + 2\left(f + \overline{f}\right)c + 2\left(f' + \overline{f'}\right)s\right\}$$

mit

$$f = g_L^2 + g_R^2(1 - y)^2, \quad f' = g_L'^2 + g_R'^2(1 - y)^2$$

$$\overline{f} = g_R^2 + g_L^2(1 - y)^2, \quad \overline{f'} = g_R'^2 + g_L'^2(1 - y)^2 \, . \tag{5.111}$$

Bei Vernachlässigung der s und c-Seequarks erhält man, zusammen mit den entsprechenden Formeln (5.54) für die CC-Reaktionen:

$$\frac{d\sigma_{\rm CC}}{dxdy}(\nu N) = \sigma_0 \cdot x\left\{q + \overline{q}(1 - y)^2\right\}, \quad \frac{d\sigma_{\rm CC}}{dxdy}(\overline{\nu} N) = \sigma_0 \cdot x\left\{\overline{q} + q(1 - y)^2\right\}$$

$$\frac{d\sigma_{\rm NC}}{dxdy}(\nu N) = \sigma_0 \cdot x\left\{\left(g_L^2 + g_L'^2\right)\left[q + \overline{q}(1 - y)^2\right]\right.$$

$$\left. + \left(g_R^2 + g_R'^2\right)\left[\overline{q} + q(1 - y)^2\right]\right\}$$

$$\frac{d\sigma_{\rm NC}}{dxdy}(\overline{\nu} N) = \sigma_0 \cdot x\left\{\left(g_R^2 + g_R'^2\right)\left[q + \overline{q}(1 - y)^2\right]\right.$$

$$\left. + \left(g_L^2 + g_L'^2\right)\left[\overline{q} + q(1 - y)^2\right]\right\}$$

$$\text{mit } q = u + d, \quad \overline{q} = \overline{u} + \overline{d} \, . \tag{5.112}$$

Damit gelten näherungsweise die folgenden Beziehungen zwischen den NC und CC-Wirkungsquerschnitten:

$$\frac{d\sigma_{\rm NC}}{dxdy}(\nu N) = \left(g_L^2 + g_L'^2\right)\frac{d\sigma_{\rm CC}}{dxdy}(\nu N) + \left(g_R^2 + g_R'^2\right)\frac{d\sigma_{\rm CC}}{dxdy}(\overline{\nu} N)$$

$$\tag{5.113}$$

$$\frac{d\sigma_{\rm NC}}{dxdy}(\overline{\nu} N) = \left(g_R^2 + g_R'^2\right)\frac{d\sigma_{\rm CC}}{dxdy}(\nu N) + \left(g_L^2 + g_L'^2\right)\frac{d\sigma_{\rm CC}}{dxdy}(\overline{\nu} N) \, .$$

Integration über x und y sowie Auflösung nach den Kopplungen ergibt:

$$g_L^2 + g_L'^2 = \frac{R_\nu^N - r^2 R_{\bar\nu}^N}{1 - r^2} \quad , \quad g_R^2 + g_R'^2 = \frac{r\left(R_{\bar\nu}^N - R_\nu^N\right)}{1 - r^2}$$

(5.114)

$$\text{mit } R_\nu^N = \frac{\sigma_{\mathrm{NC}}(\nu N)}{\sigma_{\mathrm{CC}}(\nu N)} \quad , \quad R_{\bar\nu}^N = \frac{\sigma_{\mathrm{NC}}(\bar\nu N)}{\sigma_{\mathrm{CC}}(\bar\nu N)} \text{ und } r = \frac{\sigma_{\mathrm{CC}}(\bar\nu N)}{\sigma_{\mathrm{CC}}(\nu N)}.$$

Die Verhältnisse R_ν^N, $R_{\bar\nu}^N$ und r können gemessen und daraus die Kopplungsstärken bestimmt werden ($r = 0.50$ mit den Werten (5.15)). Die GWS-Vorhersagen lauten nach (5.103):

$$g_L^2 + g_L'^2 = \frac{1}{2} - \sin^2\theta_W + \frac{5}{9}\sin^4\theta_W \, , \; g_R^2 + g_R'^2 = \frac{5}{9}\sin^4\theta_W \, . \quad (5.115)$$

Die Auflösung von (5.114) nach R_ν^N und $R_{\bar\nu}^N$ ergibt, mit den GWS-Vorhersagen:

$$R_\nu^N = \left(g_L^2 + g_L'^2\right) + r\left(g_R^2 + g_R'^2\right) = \frac{1}{2} - \sin^2\theta_W + (1 + r)\frac{5}{9}\sin^4\theta_W$$

(5.116)

$$R_{\bar\nu}^N = \left(g_L^2 + g_L'^2\right) + \frac{1}{r}\left(g_R^2 + g_R'^2\right) = \frac{1}{2} - \sin^2\theta_W + \left(1 + \frac{1}{r}\right)\frac{5}{9}\sin^4\theta_W \, .$$

Aus (5.114) bzw. (5.116) sieht man, daß $R_\nu^N = R_{\bar\nu}^N$ wäre, wenn die NC-νq-Wechselwirkung eine reine (V–A)-Struktur hätte, d.h. $g_R = g_R' = 0$ wären. Bei praktischen Anwendungen der Formeln (5.113) bis (5.116) sind noch kleine, hier nicht behandelte Korrekturen anzubringen, u.a. wegen Vernachlässigung der s und c-Seequarks, Charmschwelle, Nicht-Isoskalarität des Targetkerns (Neutronenüberschuß), Unterschied zwischen W und Z-Propagator (aufgrund der verschiedenen Massen), radiativen Korrekturen sowie Unterschied zwischen den Energiespektren des ν bzw. $\bar\nu$-Strahls. Solche Korrekturen sind dann notwendig, wenn die Messungen genau genug sind, um eine präzise Bestimmung der Kopplungsstärken (5.114) und des Weinberg-Winkels (5.116) zu ermöglichen.

Die Verhältnisse R_ν^N und $R_{\bar\nu}^N$ der NC und CC-Wirkungsquerschnitte wurden in mehreren Experimenten gemessen [Hai88]; die genauesten Messungen stammen von den Kollaborationen CHARM [All87], CDHSW [Blo90] und CCFR [Arr94]. Die Unterscheidung zwischen NC und CC-Ereignissen geschieht durch Nachweis des im Falle einer CC-Reaktion auslaufenden Myons; dieses Myon hinterläßt im Detektor eine Spur, die i.a. weit über den Bereich des von den auslaufenden Hadronen erzeugten hadronischen Schauers hinausreicht. Abb. 5.28 zeigt ein CC und NC-Ereignis im CHARM-Detektor; die lange Myonspur ist eindeutig zu erkennen.

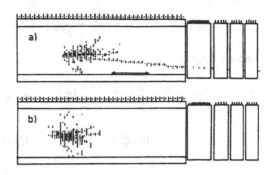

Abb. 5.28
Ein typisches (a) CC-Ereignis (mit langer Myonspur) und (b) NC-Ereignis im CHARM-Detektor. Der Pfeil in (a) gibt die Reichweite eines Myons von 1 GeV an. Aus: J.V. Allaby et al. (CHARM), Z. Phys. **C36** (1987) 611.

Die CDHSW-Kollaboration [Blo90] erhielt für die Verhältnisse der Wirkungsquerschnitte die Werte

$$R_\nu^N = 0.3072 \pm 0.0033 , \quad R_{\bar\nu}^N = 0.382 \pm 0.016 . \tag{5.117}$$

(vergl. hiermit die ersten Gargamelle-Messungen (1.79)). Die experimentellen Werte für die Kopplungsstärken und den Weinberg-Winkel aus der jüngsten Kompilation [Lan96] lauten (nach Durchführung der Korrekturen):

$$g_L^2 + g_L'^2 = 0.3017 \pm 0.0033 , \quad g_R^2 + g_R'^2 = 0.0326 \pm 0.0033$$
$$\sin^2 \theta_W \equiv 1 - m_W^2/m_Z^2 = 0.226 \pm 0.004 . \tag{5.118}$$

Dieser Wert für $\sin^2 \theta_W$ ist in Übereinstimmung mit dem Wert (4.25) aus der νe-Streuung. Die drei oben genannten Experimente erhielten für $\sin^2 \theta_W$ die Werte 0.236 ± 0.006 (für $m_c = 1.5$ GeV) [All87], 0.228 ± 0.006 (für $m_c = 1.5$ GeV) [Blo90] und 0.2218 ± 0.0059 (für $m_c = 1.3$ GeV) [Arr94].

Aus der $\nu/\bar\nu$-Streuung am isoskalaren Nukleon lassen sich also nach (5.114) die beiden Linearkombinationen $(g_L^2 + g_L'^2)$ und $(g_R^2 + g_R'^2)$ der vier Kopplungsstärken bestimmen. Andere Linearkombinationen, die im folgenden *näherungsweise* hergeleitet werden, ergeben sich aus der $\nu/\bar\nu$-Streuung am Proton bzw. Neutron. Daher lassen sich aus den Messungen an mindestens zwei der drei möglichen Targets (p, n, N) die vier Kopplungsstärken einzeln bestimmen.

Vernachlässigt man alle Seequarks, so ergibt sich aus (5.42) und (5.105) nach Integration über x (mit der Definition (5.56)) und y für die Streuung am Proton:

$$\sigma_{CC}(\nu p) = 2\sigma_0 \cdot D , \quad \sigma_{CC}(\bar\nu p) = \frac{2}{3}\sigma_0 \cdot U$$
$$\sigma_{NC}(\nu p) = 2\sigma_0 \cdot \left\{ \left(g_L^2 + \frac{1}{3}g_R^2 \right) \cdot U + \left(g_L'^2 + \frac{1}{3}g_R'^2 \right) \cdot D \right\} \tag{5.119}$$

$$\sigma_{NC}(\overline{\nu}p) = 2\sigma_0 \cdot \left\{ \left(g_R^2 + \frac{1}{3}g_L^2 \right) \cdot U + \left(g_R'^2 + \frac{1}{3}g_L'^2 \right) \cdot D \right\}.$$

Hieraus folgt:

$$g_L^2 + \eta g_L'^2 = \frac{9}{8} \left(\eta R_\nu^p - \frac{1}{9}R_{\overline{\nu}}^p \right) \quad , \quad g_R^2 + \eta g_R'^2 = \frac{3}{8} \left(R_{\overline{\nu}}^p - \eta R_\nu^p \right)$$

$$\text{(5.120)}$$

$$\text{mit } R_\nu^p = \frac{\sigma_{NC}(\nu p)}{\sigma_{CC}(\nu p)} \quad , \quad R_{\overline{\nu}}^p = \frac{\sigma_{NC}(\overline{\nu}p)}{\sigma_{CC}(\overline{\nu}p)} \text{ und } \eta = \frac{D}{U} \approx 0.43 .$$

Die Streuung am Neutron erhält man nach (5.47) durch die Ersetzung $U \leftrightarrow D$, so daß sich zwei weitere Linearkombinationen ergeben:

$$\eta g_L^2 + g_L'^2 = \frac{9}{8} \left(R_\nu^n - \frac{\eta}{9}R_{\overline{\nu}}^n \right) , \quad \eta g_R^2 + g_R'^2 = \frac{3}{8} \left(\eta R_{\overline{\nu}}^n - R_\nu^n \right) . \quad \text{(5.121)}$$

Zur genauen Bestimmung der Kopplungsstärken aus den Meßgrößen R_ν und $R_{\overline{\nu}}$ [Hai88] können die Seequarks nicht vernachlässigt werden; vielmehr werden die differentiellen Wirkungsquerschnitte $d\sigma/dxdy$ über x,y und Energiespektrum von ν bzw. $\overline{\nu}$ numerisch integriert, wobei man für die bekannten Verteilungsfunktionen $u(x)$, $d(x)$ etc. geeignete Parametrisierungen verwendet. Die letzten genauen Messungen stammen von den beiden BEBC-Experimenten WA21 (mit Wasserstoff) [Jon86] und WA25 (mit Deuterium) [All88a]. Die WA25-Ergebnisse lauten:

$$R_\nu^p = 0.405 \pm 0.032, \quad R_\nu^n = 0.243 \pm 0.021$$

$$R_{\overline{\nu}}^p = 0.301 \pm 0.036, \quad R_{\overline{\nu}}^n = 0.490 \pm 0.062 . \quad \text{(5.122)}$$

Ein umfassender, alle Experimente einbeziehender Fit zur Bestimmung der Kopplungsstärken wurde in [Fog88] durchgeführt. Die neuesten Werte [Lan96] lauten:

$$g_L^2 = 0.110 \pm 0.011, \quad g_R^2 = 0.032 \pm 0.005$$

$$g_L'^2 = 0.192 \pm 0.011, \quad g_R'^2 = 0.001 \pm 0.003 . \quad \text{(5.123)}$$

5.3   Tief-inelastische ep-Streuung bei HERA

Im ep-Collider HERA [Pec87, Buc91, Vos94] des Deutschen Elektronen-Synchrotrons DESY (Hamburg) treffen Elektronen (oder Positronen) mit einer Maximalenergie $E_e = 30$ GeV und Protonen mit einer Maximalenergie $E_p =$

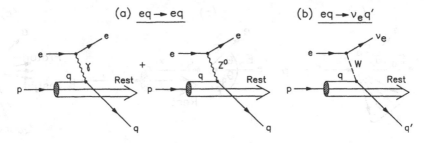

Abb. 5.29 Graphen der beiden wichtigsten HERA-Reaktionen im Quark-Parton-Modell, (a) $ep \to eX$ mit γ und Z^0-Austausch, (b) $ep \to \nu_e X$ mit W-Austausch.

820 GeV kollinear aufeinander. Die beiden wichtigsten dabei auftretenden Reaktionen sind die tief-inelastischen Streuungen (Abb. 5.29)

$$\text{(a)} \quad e^{\mp} + p \to e^{\mp} + X \quad \text{(NC-Reaktion)}^{\dagger}$$
$$\text{(b)} \quad e^{\mp} + p \to \overset{(-)}{\nu_e} + X \quad \text{(CC-Reaktion)} . \tag{5.124}$$

Die NC-Reaktion (a) ist die normale tief-inelastische *ep*-Streuung (5.2), Abb. 5.5, durch $eq \to eq$; allerdings kann bei den hohen HERA-Energien außer dem Photonaustausch (Verbindung des elektromagnetischen Elektronstromes mit dem elektromagnetischen Quarkstrom in (2.16)) auch der Z^0-Austausch (Verbindung des neutralen schwachen Elektronstromes in (2.27) mit dem neutralen schwachen Quarkstrom (2.45)) wesentlich beitragen (siehe Kap. 5.3.2). Die CC-Reaktion (b), die im Rahmen der Neutrinophysik von besonderem Interesse ist, ist physikalisch äquivalent der Reaktion (5.1a), wobei die Myonfamilie durch die Elektronfamilie ersetzt sowie ein- und auslaufendes Lepton vertauscht wurden. Sie kommt also zustande durch die Verbindung des geladenen schwachen Elektronstromes in (2.21) mit dem geladenen schwachen Quarkstrom (2.33) über W-Austausch.

Die $e^{\pm}p$-Reaktionen werden bei HERA von zwei großen Detektorsystemen, H1 und ZEUS, untersucht.

5.3.1 Kinematik bei HERA

In Abb. 5.30a ist die Reaktion (5.124a) im HERA-Bezugssystem dargestellt; Abb. 5.30b zeigt die Reaktion auf dem Parton-Niveau; Abb. 5.30c skizziert

---

†In „NC" wird in diesem Kapitel der elektromagnetische Strom, der ja auch ein neutraler Strom ist, mit einbezogen.

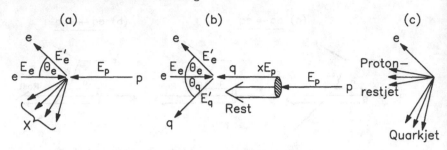

Abb. 5.30 Reaktion $ep \to eX$: (a) im HERA-System, (b) auf dem Parton-Niveau, (c) Endzustand mit Quarkjet und Protonrestjet.

den hadronischen Endzustand. Dabei bilden die Hadronen des Systems X entsprechend Abb. 5.30b einen Quarkjet (Quarkfragmente) und einen Protonrestjet (Protonrestfragmente) mit einem kontinuierlichen Übergang durch weitere Hadronen zwischen den beiden Jets infolge des Farb-Strings zwischen gestreutem Quark und Protonrest, wie in Kap. 5.1.7 (Abb. 5.21b) dargelegt. Die Protonrestfragmente behalten als Zuschauer (Kap. 5.1.4) überwiegend die ursprüngliche Richtung des Protons bei, verlaufen also vorwiegend im Strahlrohr und sind daher zum großen Teil nicht nachweisbar. Wie Abb. 5.30c zeigt, bevölkern die auslaufenden Teilchen wegen der starken Asymmetrie $E_p > E_e$ bevorzugt die Protonhemisphäre ($\theta < 90°$).

Gemessen werden, bei bekannten Anfangsenergien E_e und E_p, die Energie E'_e und der Streuwinkel θ_e (relativ zum einlaufenden Proton definiert !) des auslaufenden Elektrons sowie die Energie und der Streuwinkel des meßbaren Teils des Hadronensystems X, insbesondere, wenn möglich, die Energie E'_q und der Streuwinkel θ_q des Quarkjets durch Messung der Quarkfragmente (Abb. 5.30). Im Falle der CC-Reaktion (5.124b) ist das auslaufende ν_e wegen des kleinen Wirkungsquerschnitts nicht nachweisbar, so daß (E'_ν, θ_ν) nicht meßbar sind und nur die Messung der auslaufenden Hadronen übrig bleibt.

Um die Formeln zur Berechnung der *Ereignisvariablen* (Kap. 5.1.1) aus den Meßgrößen im HERA-System zu gewinnen, benutzen wir die in (5.5) bis (5.13) eingeführten relativistisch invarianten Skalarprodukte. Die Viererimpulse p, p', p_N, p_q und p'_q des einlaufenden e, auslaufenden e (bzw. ν_e), einlaufenden p, einlaufenden Quarks q und des auslaufenden Quarkjets seien im HERA-System gegeben durch:

$$p = (E_e, \boldsymbol{p}_e), \quad p' = (E'_e, \boldsymbol{p}'_e)$$
$$p_N = (E_p, \boldsymbol{p}_p), \quad p_q = x p_N, \quad p'_q = (E'_q, \boldsymbol{p}'_q) \tag{5.125}$$
$$\text{mit } p + p_q = p' + p'_q, \quad q = p - p'.$$

Hiermit ergeben sich die Ereignisvariablen, wenn man die Massen gegen die hohen HERA-Energien vernachlässigt:

- $$s = (p + p_N)^2 = 2p \cdot p_N = 4E_e E_p \,. \tag{5.126}$$

  Mit $E_e = 30$ GeV, $E_p = 820$ GeV ergibt sich für HERA die Schwerpunktsenergie $\sqrt{s} = 314$ GeV.

- $$Q^2 = -(p - p')^2 = 2p \cdot p' = 4E_e E_e' \cos^2 \frac{\theta_e}{2} \tag{5.127}$$

  mit $Q_{max}^2 = s$

- $$y = \frac{q \cdot p_N}{p \cdot p_N} = 1 - \frac{p' \cdot p_N}{p \cdot p_N} = 1 - \frac{E_e'}{E_e} \sin^2 \frac{\theta_e}{2} = \frac{\nu}{\nu_{max}} \tag{5.128}$$

- $$x = \frac{Q^2}{2q \cdot p_N} = \frac{Q^2}{sy} = \frac{E_e E_e'}{E_p} \cdot \frac{\cos^2(\theta_e/2)}{E_e - E_e' \sin^2(\theta_e/2)} \tag{5.129}$$

- $$\nu = \frac{Q^2}{2Mx} = \frac{s}{2M} y = \frac{2E_p}{M} \left(E_e - E_e' \sin^2 \frac{\theta_e}{2} \right) \tag{5.130}$$

  mit $\nu_{max} = \dfrac{2E_e E_p}{M} = \dfrac{s}{2M}$

- $$W^2 = 2M\nu - Q^2 = 4E_e E_p - 4E_e' \left(E_p \sin^2 \frac{\theta_e}{2} + E_e \cos^2 \frac{\theta_e}{2} \right)$$

  mit $W_{max}^2 = 4E_e E_p = s \,. \tag{5.131}$

Aus (E_e', θ_e) können also alle anderen Ereignisvariablen, insbesondere (x, Q^2), bestimmt werden.

Die Ereignisvariablen lassen sich auch aus der Messung der auslaufenden Hadronen bestimmen, wobei sich zeigt, daß die unmeßbaren Hadronen im Strahlrohr praktisch nicht beitragen (*Jacquet-Blondel-Methode*) [Fel87]. Auch brauchen die Hadronen nicht in Quarkfragmente und Protonrestfragmente unterteilt zu werden. Es seien $p_h = (E_h, \boldsymbol{p}_h)$ und $p_X = (E_X, \boldsymbol{p}_X) = \sum_h p_h$ der Viererimpuls eines auslaufenden Hadrons bzw. des Hadronensystems X im HERA-Bezugssystem. Die Impulse $\boldsymbol{p} = (p_L, \boldsymbol{p}_T)$ lassen sich in Longitudinalkomponente p_L und Transversalkomponente $\boldsymbol{p}_T$ bezüglich der Strahlrichtung zerlegen. Dann gilt:

$$q = p - p' = p_X - p_N \quad \text{wegen} \quad p + p_N = p' + p_X \,. \tag{5.132}$$

Mit dem zweiten Ausdruck für q berechnen wir y durch Einsetzen in (5.128), wobei weiterhin masselose Teilchen angenommen werden (z.B. $p_N^2 = M^2 \approx 0$):

$$y = \frac{(p_X - p_N) \cdot p_N}{p \cdot p_N} = \frac{E_X E_p - p_{XL} E_p}{2E_e E_p} = \frac{1}{2E_e} \sum_h (E_h - p_{hL}) \,. \tag{5.133}$$

Aus (5.127) und (5.128) folgt:

$$4 \sin^2 \frac{\theta_e}{2} \cos^2 \frac{\theta_e}{2} \equiv \sin^2 \theta_e = \frac{Q^2}{E_e'^2} (1 - y), \tag{5.134}$$

so daß

$$Q^2 = \frac{(E_e' \sin \theta_e)^2}{1 - y} = \frac{p_{XT}^2}{1 - y} = \frac{1}{1 - y} \left(\sum_h p_{hT} \right)^2, \tag{5.135}$$

wobei Transversalimpulskompensation $E_e' \sin \theta_e = |p_{eT}'| = |p_{XT}|$ benutzt wurde. Mit (y, Q^2) lassen sich die übrigen Ereignisvariablen berechnen, z.B. $x = Q^2/(sy)$ etc. Die Formeln (5.133) und (5.135) sind exakt, wenn alle auslaufenden Hadronen gemessen werden könnten. Dies ist nicht der Fall. Jedoch haben die unmeßbaren Vorwärts-Hadronen im Strahlrohr kleine $|p_{hT}|$, so daß für sie $p_{hL} \approx |p_h| = E_h$ ist. Sie tragen also zu den obigen Summen für y und Q^2 praktisch nicht bei, so daß die beiden Formeln (5.133) und (5.135) in guter Näherung auch noch gelten, wenn man nur über die *meßbaren* Hadronen summiert. Auf diese Weise lassen sich auch für CC-Ereignisse, für die (E_ν', θ_ν) nicht meßbar und daher (5.127) und (5.128) nicht anwendbar sind, die Ereignisvariablen mit Hilfe der meßbaren Hadronen bestimmen.

Bei gegebenem (x, Q^2) sind die vier Meßgrößen (E_e', θ_e) und (E_q', θ_q) gegeben durch (Abb. 5.30b):

$$E_e' = E_e + \frac{Q^2}{4E_e} \left(1 - \frac{E_e}{xE_p} \right), \quad \cos^2 \frac{\theta_e}{2} = \frac{Q^2}{4E_e E_e'}$$
$$E_q' = E_e + xE_p - E_e', \quad \sin \theta_q = \frac{E_e'}{E_q'} \sin \theta_e. \tag{5.136}$$

Abb. 5.31 stellt für $E_e = 30$ GeV, $E_p = 820$ GeV ein kinematisches Diagramm für die Streuung $eq \to eq$ dar, in dem Kurven zu konstanten Werten von x und Q^2 eingezeichnet sind. Der Vektor vom Ursprung zum Schnittpunkt (x, Q^2) gibt mit Hilfe des eingezeichneten Energiemaßstabs die zugehörige Energie und Richtung (E_e', θ_e) des auslaufenden Elektrons (obere Hälfte) bzw. (E_q', θ_q) des auslaufenden Quarkjets (untere Hälfte) an. Als Zahlenbeispiel ist eingezeichnet $(x, Q^2) = (0.3, 10^4 \text{ GeV}^2)$, so daß man abliest (in Übereinstimmung mit (5.136)): $(E_e', \theta_e) = (103 \text{ GeV}, 52°)$ und $(E_q', \theta_q) = (173 \text{ GeV}, 28°)$.

Durch den HERA-Collider wurde der experimentell zugängliche kinematische Bereich wesentlich erweitert; mit $\sqrt{s} = 314$ GeV haben bei HERA die oberen Grenzen in (5.127), (5.130) und (5.131) die Werte: $Q^2_{\max} = 9.9 \cdot 10^4$ GeV^2, $\nu_{\max} = 5.2 \cdot 10^4$ GeV und $W_{\max} = 314$ GeV. Im Vergleich dazu waren in den bisherigen Experimenten mit stationärem Target (*"Fixed-Target-Experimente"*, Kap. 5.1, 5.2) bei Leptonstrahlenergien von maximal $E \approx 500$

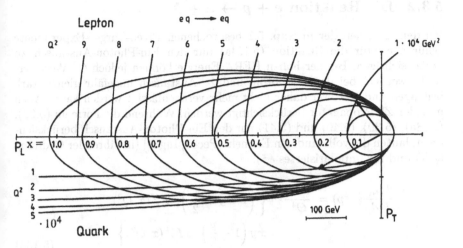

Abb. 5.31 Polardiagramm (p_L, p_T) für die Streuung $e + q \to e + q$ mit masselosen Teilchen im HERA-System mit Kurven zu konstanten x und Q^2; obere Hälfte: (E'_e, θ_e), untere Hälfte: (E'_q, θ_q). Als Beispiel sind (E'_e, θ_e) und (E'_q, θ_q) für $(x, Q^2) = (0.3, 10^4 \text{ GeV}^2)$ eingetragen. Nach [Pec87].

GeV, d.h. $\sqrt{s} = \sqrt{2ME} \approx 30$ GeV, diese Grenzen bedeutend niedriger: $Q^2_{\max} \approx 900$ GeV^2, $\nu_{\max} \approx 500$ GeV und $W_{\max} \approx 30$ GeV. Anders ausgedrückt: Man bräuchte in einem Fixed-Target-Experiment einen Elektronstrahl mit der (völlig unrealistischen) Energie $E = s/2M \approx 50$ TeV, um dieselbe Schwerpunktsenergie $\sqrt{s} = 314$ GeV wie bei HERA zu erreichen. Allerdings kann man bei HERA wegen des mit Q^2 abfallenden Wirkungsquerschnitts nur bis etwa $Q^2 \approx 4 \cdot 10^4$ GeV^2 mit brauchbaren Ereignisraten rechnen. Die räumliche Auflösung Δ beträgt nach der Formel

$$\Delta = 0.2 \cdot \frac{\text{GeV}}{\sqrt{Q^2_{\max}}} \cdot \text{fm} \qquad (5.137)$$

(vergl. (2.3)) bei HERA $\Delta \sim 10^{-16}$ cm, während sie in bisherigen Fixed-Target-Experimenten ungefähr eine Größenordnung schlechter war ($\Delta \sim 10^{-15}$ cm). Außerdem ist wegen der großen erreichbaren ν-Werte bei HERA das physikalisch sehr interessante, in bisherigen Experimenten mit $x \gtrsim 10^{-2}$ unerforschte Gebiet sehr kleiner Werte von $x = Q^2/2M\nu$ ($x \gtrsim 10^{-4}$) bei nicht zu kleinen Q^2-Werten ($Q^2 \gtrsim 4$ GeV^2) zugänglich.

5.3.2   Die Reaktion $e + p \to e + X$

Bei den Energien der in Kap. 5.1 besprochenen Fixed-Target-Experimente genügte es, für die Reaktion (5.124a) nur den Ein-Photon-Austausch zu berücksichtigen. Bei der hohen HERA-Energie können jedoch Q^2-Werte erreicht werden, bei denen Photon- und Z^0-Austausch ungefähr gleich stark beitragen und letzterer daher nicht mehr vernachlässigt werden kann. Auch muß der Z^0-Propagator berücksichtigt werden. Während die Formeln (5.22), (5.38a), (5.39), (5.40) und (5.41) nur den Ein-Photon-Austausch berücksichtigen, lauten die vollständigen Formeln [Pec87, Ing88] (in führender Ordnung QCD und für unpolarisiertes $e^{\pm}$):

$$\frac{d\sigma_{NC}}{dxdy}(e^{\mp}p) = \frac{4\pi\alpha^2}{Q^4}s \cdot \left\{ \left(1 - y + \frac{y^2}{2}\right) \cdot F_2^{ep}(x, Q^2) \right.$$

$$\pm y\left(1 - \frac{y}{2}\right) \cdot xF_3^{ep}(x, Q^2) \Bigg\}$$

$$\text{mit } F_2^{ep}(x, Q^2) = x\sum_q A_q(Q^2)\left[q(x, Q^2) + \bar{q}(x, Q^2)\right]$$

$$xF_3^{ep}(x, Q^2) = x\sum_q B_q(Q^2)\left[q(x, Q^2) - \bar{q}(x, Q^2)\right],$$

(5.138)

wobei

$$A_q(Q^2) = Q_q^2 - 2Q_q C_V^q C_V^e P_Z(Q^2) + \left(C_V^{q2} + C_A^{q2}\right)\left(C_V^{e2} + C_A^{e2}\right)P_Z^2(Q^2)$$

$$B_q(Q^2) = \qquad -2Q_q C_A^q C_A^e P_Z(Q^2) + 4C_V^q C_A^q C_V^e C_A^e P_Z^2(Q^2)$$

(5.139)

$$\text{mit dem Propagatorfaktor}^{\ddagger} \quad P_Z(Q^2) = \frac{1}{(2\sin 2\theta_W)^2} \cdot \frac{Q^2}{Q^2 + m_Z^2} \, . \quad (5.140)$$

Die Konstanten $C_{V,A}^e$ und $C_{V,A}^q$ sind durch die neutralen schwachen Ströme (2.27) bzw. (2.45) definiert mit der GWS-Vorhersage (2.93).

Wir wollen die Formel (5.138) kurz diskutieren. Entsprechend den drei Termen in (5.139) setzt sich $d\sigma_{NC}/dxdy$ aus drei Beiträgen zusammen: Beitrag der elektromagnetischen Wechselwirkung (γ-Austausch), Beitrag der neutralen schwachen Wechselwirkung (Z^0-Austausch) und γZ^0-Interferenzterm, d.h. (in Kurzschreibweise):

$$\frac{d\sigma_{NC}}{dxdy}(ep) = \sigma(\gamma) + \sigma(Z^0) + \sigma(\gamma Z^0) \, . \quad (5.141)$$

---

‡Der zweite Faktor in (5.140) ist das Verhältnis von Z^0 und γ-Propagator.

Hierbei ist $\sigma(\gamma)$ gegeben durch $A_q(\gamma) = Q_q^2$, $B_q(\gamma) = 0$, also

$$F_2^{ep}(\gamma) = x \sum_q Q_q^2 [q + \bar{q}], \quad x F_3^{ep}(\gamma) = 0 \tag{5.142}$$

(vergl. (5.41)), so daß

$$\sigma(\gamma) = \frac{4\pi\alpha^2}{Q^4} s \cdot \left(1 - y + \frac{y^2}{2}\right) \cdot x \sum_q Q_q^2 [q + \bar{q}] \tag{5.143}$$

(vergl. (5.39) mit $2ME = s$). $\sigma(Z^0)$ ist gegeben durch

$$\begin{aligned}
A_q(Z^0) &= \frac{1}{(2\sin 2\theta_W)^4} \left(C_V^{q2} + C_A^{q2}\right)\left(C_V^{e2} + C_A^{e2}\right) \frac{Q^4}{(Q^2 + m_Z^2)^2} \\
B_q(Z^0) &= \frac{4}{(2\sin 2\theta_W)^4} C_V^q C_A^q C_V^e C_A^e \frac{Q^4}{(Q^2 + m_Z^2)^2},
\end{aligned} \tag{5.144}$$

wobei nach (2.90) und (2.95) gilt:

$$\frac{1}{(2\sin 2\theta_W)^2} = \frac{g_{\text{NC}}^2}{e^2} = \frac{g_{\text{NC}}^2}{4\pi\alpha} = \frac{m_Z^2}{8\pi\alpha} \frac{G_F}{\sqrt{2}}. \tag{5.145}$$

Einsetzen von (5.144) mit (5.145) in (5.138) ergibt für den Beitrag des Z^0-Austauschs:

$$\begin{aligned}
\sigma(Z^0) &= \frac{G_F^2 s}{64\pi} \left(1 + \frac{Q^2}{m_Z^2}\right)^{-2} \cdot x \sum_q \left\{ \left(1 + (1-y)^2\right)\left(C_V^{q2} + C_A^{q2}\right)\left(C_V^{e2}\right.\right. \\
&\qquad \left.\left. + C_A^{e2}\right)[q + \bar{q}] \pm 4\left(1 - (1-y)^2\right) C_V^q C_A^q C_V^e C_A^e [q - \bar{q}] \right\} \\
&= \frac{G_F^2 s}{\pi} \left(1 + \frac{Q^2}{m_Z^2}\right)^{-2} x \sum_q \left\{ \left(1 + (1-y)^2\right)\left(g_L^{q2} + g_R^{q2}\right)\left(g_L^{e2} + g_R^{e2}\right)[q + \bar{q}] \right. \\
&\qquad \left. \pm \left(1 - (1-y)^2\right)\left(g_L^{q2} - g_R^{q2}\right)\left(g_L^{e2} - g_R^{e2}\right)[q - \bar{q}] \right\}.
\end{aligned} \tag{5.146}$$

Hierbei wurde (2.26) und $C = 2g$ benutzt. Die Formel (5.146) für die ep-Streuung durch Z^0-Austausch ist das Analogon zur Formel (5.105) für die NC-νp-Streuung mit $2\sigma_0 = G_F^2 s / \pi$.

Das Verhältnis $\sigma(Z^0)/\sigma(\gamma)$ hängt von Q^2 ab und ist im wesentlichen durch das Verhältnis der beiden Propagatoren bestimmt. Größenordnungsmäßig erhält man mit (5.139) und (5.140):

$$\frac{\sigma(Z^0)}{\sigma(\gamma)} \sim \frac{A_q(Z^0)}{A_q(\gamma)} \sim \frac{Q^4}{(Q^2 + m_Z^2)^2}. \tag{5.147}$$

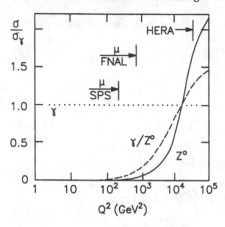

Abb. 5.32
Verhältnisse $\sigma(Z^0)/\sigma(\gamma)$ (durchgezogene Kurve) und $\sigma(\gamma Z^0)/\sigma(\gamma)$ (gestrichelte Kurve) aus (5.141) in Abhängigkeit von Q^2. Eingezeichnet sind auch die erreichbaren oberen Q^2-Grenzen am CERN-SPS, Fermilab-Tevatron und HERA. Nach [Pec87].

Bei bisherigen Fixed-Target-Experimenten mit $Q^2_{max} \lesssim 900$ GeV^2 konnte also der Z^0-Austausch vernachlässigt werden. Erst für $Q^2 \gtrsim m^2_Z \approx 8000$ GeV^2 tragen Z^0-Austausch und γ-Austausch ungefähr gleich stark bei, d.h. werden schwache und elektromagnetische Wechselwirkung vergleichbar stark. Abb. 5.32 zeigt die Beiträge in (5.141) in Abhängigkeit von Q^2; eingezeichnet sind auch die am CERN-SPS, am Fermilab-Tevatron und am HERA-Collider erreichbaren oberen Q^2-Grenzen. Bei HERA mit $Q^2_{max} \approx 10^5$ GeV^2 (siehe oben) können also Q^2-Werte erreicht werden, bei denen alle drei Terme in (5.141) zu berücksichtigen sind.

Einige wichtige Ergebnisse [Roe95], die bisher zur Reaktion $ep \to eX$ bei HERA erzielt wurden, sollen hier nur kurz und qualitativ zusammengefaßt werden:

• Es wurden Ereignisse mit einer großen, hadronenfreien Rapiditätslücke zwischen Protonrest und dem System der übrigen Hadronen gefunden [Der93, Ahm94a]. Ein solches Ereignis mit zwei im Phasenraum deutlich voneinander getrennten hadronischen Systemen kann wegen der Farbneutralität der Hadronen nicht, wie ein normales Ereignis, durch die Streckung und Brechung eines Farb-Strings zwischen gestreutem Quark und Protonrest (Abb. 5.21b) zustande kommen. Es stellt vielmehr die Hadronerzeugung in einer diffraktiven Streuung des virtuellen Photons am Proton dar, die durch den Austausch eines farblosen, neutralen Objekts – *Pomeron* genannt – beschrieben werden kann. Die quantitative Analyse dieser neuartigen Ereignisse, insbesondere die Unabhängigkeit ihrer relativen Rate von Q^2, führte zu folgender möglichen physikalischen Interpretation: Das Proton besteht nicht nur aus farbigen Quarks, Antiquarks und Gluonen (Abb. 5.6), sondern enthält auch farblose, neutrale Pomeronen. Ein Pomeron seinerseits besteht wiederum aus

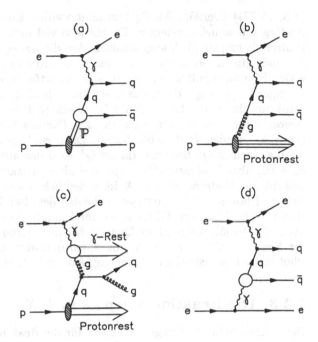

Abb. 5.33 (a) Graph zur Messung der Partonstruktur des Pomerons $\mathcal{P}$; (b) Graph
für die Photon-Gluon-Fusion in Quark-Antiquark; (c) Graph zur Mes-
sung der Gluondichte des Photons in der *ep*-Streuung; (d) Graph zur
Messung der Quarkdichte des Photons in der e^+e^--Streuung.

punktförmigen partonischen Konstituenten; es ist z.B. im infachsten Fall ein
farbneutraler Bindungszustand aus zwei Gluonen. Diese *Partonstruktur des
Pomerons* kann, analog zur Nukleonstruktur, in der *ep*-Streuung anhand von
Ereignissen mit großer Rapiditätslücke untersucht werden, wobei das Proton
als „Quelle" für das Pomeron fungiert (Abb. 5.33a).

• Die Strukturfunktion $F_2^{ep}(x, Q^2)$ wurde bis hinunter zu sehr kleinen x
($x \gtrsim 3 \cdot 10^{-5}$) gemessen [Aid96, Der96] mit einem überraschenden Ergebnis:
Während man aus einer Extrapolation der bisherigen Messungen in Fixed-
Target-Experimenten mit Myonen bei $x \gtrsim 10^{-2}$ ein Abflachen erwartet hatte,
steigen $F_2^{ep}(x, Q^2)$ und damit auch die Partondichteverteilungen $q(x, Q^2)$ zu
kleinen x hin stark an. Auch die Gluondichte $g(x, Q^2)$, die entweder durch
Messung der *Photon-Gluon-Fusion* (Abb. 5.33b) [Aid95a] oder aus der Q^2-
Abhängigkeit von $F_2(x, Q^2)$ mit Hilfe von QCD-Entwicklungsgleichungen

(z.B. (5.77)) [Der95a, Aid95] bestimmt werden kann, zeigt diesen starken Anstieg mit abnehmendem x. Es gibt also viel mehr „weiche" Partonen im Proton als ursprünglich angenommen. Auf die weitere Analyse dieses Befundes und seine interessanten Konsequenzen wird hier nicht eingegangen.

• Das Photon manifestiert sich teils als punktförmiges Teilchen mit punktförmiger Kopplung z.B. an das Elektron, teils als Gebilde mit einer inneren Struktur, da es für kurze Zeit z.B. in ein $q\bar{q}$-Paar ($\gamma \to q\bar{q} \to \gamma$) fluktuieren kann. Diese *Partonstruktur des Photons* kann in der *ep*-Streuung gemessen werden (z.B. Abb. 5.33c). Dazu sind *ep*-Ereignisse zu nehmen, die u.a. kleines Q^2 besitzen, da für $Q^2 \to 0$ das ausgetauschte Photon reell wird, also *Photoproduktion* $\gamma p \to$ Hadronen stattfindet[§]. In Abb. 5.33c besteht das Hadronensystem X im wesentlichen aus vier Anteilen: Protonrestjet, Photonrestjet, Quarkjet und Gluonjet. Bei HERA wurde entsprechend Abb. 5.33c die Gluondichte im Photon zum ersten Mal gemessen [Ahm95, Der95], während die Quarkdichte im Photon schon aus der Analyse der Reaktion $e^+e^- \to e^+e^-X$ mit einem quasireellen und einem virtuellen Photon (tief-inelastische $e\gamma$-Streuung, Abb. 5.33d) bekannt war.

5.3.3   Die Reaktion $e + p \to \nu_e + X$

Der differentielle Wirkungsquerschnitt für die Reaktion (5.124b), $e^\pm + p \to \overset{(-)}{\nu_e} + X$, lautet unter Berücksichtigung des bei HERA nicht mehr vernachlässigbaren W-Propagators [Pec87, Ing88] (für unpolarisierte $e^\pm$):

$$\frac{d\sigma_{\text{CC}}}{dxdy}(e^-p) = \frac{G_F^2 s}{2\pi}\left(1 + \frac{Q^2}{m_W^2}\right)^{-2} \cdot x\left\{\left[u(x,Q^2) + c(x,Q^2)\right]\right. \tag{5.148}$$

$$\left. + \left[\bar{d}(x,Q^2) + \bar{s}(x,Q^2)\right](1-y)^2\right\}$$

$$\frac{d\sigma_{\text{CC}}}{dxdy}(e^+p) = \frac{G_F^2 s}{2\pi}\left(1 + \frac{Q^2}{m_W^2}\right)^{-2} \cdot x\left\{\left[\bar{u}(x,Q^2) + \bar{c}(x,Q^2)\right]\right.$$

$$\left. + \left[d(x,Q^2) + s(x,Q^2)\right](1-y)^2\right\},$$

wobei G_F^2 mit Hilfe von (2.87) oft auch als

$$G_F^2 = \frac{\pi^2\alpha^2}{2m_W^4 \sin^4\theta_W} \tag{5.149}$$

[§]Da wegen des Photonpropagators $1/Q^4$ der Wirkungsquerschnitt zu kleinen Q^2 stark ansteigt, ist Photoproduktion bei HERA der dominierende Prozess.

Abb. 5.34
Seitenansicht eines typischen
CC-Ereignisses im H1-Detektor
mit den rekonstruierten Spuren
in den Spurendetektoren (Drahtkammern) und den Energiede-
positionen (Rechtecke) im Kalorimeter. Aus: T. Ahmed et
al. (H1), Phys. Lett. **B348**
(1995) 681.

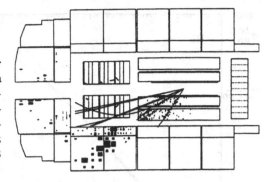

geschrieben wird. In (5.148) ist die Unitarität der Kobayashi-Maskawa-Matrix
(Kap. 2.3.3) benutzt, so daß z.B. die Reaktionen $e^-u \to \nu_e d, \nu_e s, \nu_e b$ insge-
samt den Faktor 1 erhalten. Die Formeln (5.148) sind das Analogon zu den
Formeln (5.42) für die CC-νp-Streuung[‡] mit $2\sigma_0 = G_F^2 s/\pi$.

Den totalen Wirkungsquerschnitt σ_{CC} für die Reaktion (5.124b) erhält man
durch Integration von (5.148) über (x, y) bzw. (x, Q^2). Ohne Propagator in
(5.148) $(m_W = \infty)$ würde sich, wie bei niedrigen Energien (vergl. (5.15),
(5.16), (5.59)), eine lineare Abhängigkeit $\sigma_{CC} \propto s = 2ME$ ergeben, wobei E
die Leptonstrahlenergie in einem äquivalenten Fixed-Target-Experiment ist.
Mit Propagator ($m_W = 80$ GeV) wird diese Energieabhängigkeit gedämpft,
d.h. σ_{CC} wird reduziert, und zwar bei Energien, bei denen Q^2 vergleichbar mit
m_W^2 werden kann. Diese Abweichung von der Linearität (*Propagator-Effekt*)
ist also bei HERA zu erwarten und wurde tatsächlich auch zum ersten Mal
von der H1-Kollaboration [Ahm94] beobachtet.

Von der H1-Kollaboration wurden 14 Ereignisse mit großen Q^2-Werten registriert, die den Auswahlkriterien für CC-Ereignisse (5.124b) genügten. Dabei
gelingt die Trennung von CC und NC-Ereignissen auf folgende Weise: Ein
Ereignis ist ein CC-Ereignis, wenn kein gestreutes Elektron identifiziert wird
und die Vektorsumme $|\sum \boldsymbol{p}_T|$ aller gemessenen Transversalimpulse verschie-
den von Null ist, da ja der im allgemeinen hohe Transversalimpuls des aus-
laufenden ν_e nicht meßbar ist (*„fehlender Transversalimpuls"*). ($|\sum \boldsymbol{p}_T| \approx 0$
für ein NC-Ereignis; zusätzlich läßt sich in vielen NC-Ereignissen das aus-
laufende e identifizieren). Ein typisches CC-Ereignis ohne sichtbares Lepton
und mit fehlendem p_T ist in Abb. 5.34 abgebildet.

[‡]Die Formeln (5.148) und (5.42) unterscheiden sich, abgesehen vom Unterschied in den
beteiligten Quarkflavours, um einen Faktor $\frac{1}{2}$. Dieser rührt daher, daß in (5.148) wegen
der (V–A)-Wechselwirkung nur die linkshändigen e^- bzw. rechtshändigen e^+ – also nur
die Hälfte des unpolarisierten Strahls – beitragen.

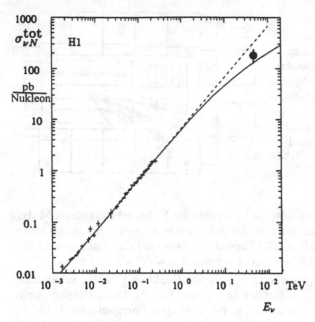

Abb. 5.35 Kompilation von Meßwerten $\sigma_{\nu N}(E_\nu)$ für νN-Streuung aus verschiedenen Neutrinoexperimenten (Kreuze) und aus dem H1-Experiment (dicker Punkt). Die gestrichelte Gerade ist die Vorhersage ohne W-Propagator ($m_W = \infty$), die durchgezogene Kurve die Vorhersage mit W-Propagator ($m_W = 80$ GeV). Nach [Ahm94].

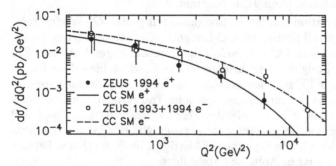

Abb. 5.36 Differentielle Wirkungsquerschnitte $d\sigma/dQ^2$ gegen Q^2 für die Reaktionen $e^+p \to \overline{\nu}_e X$ (volle Punkte) und $e^-p \to \nu_e X$ (offene Kreise) aus dem ZEUS-Experiment. Die Kurven sind die Vorhersagen des Standardmodells. Nach [Der96a].

Aus den gefundenen CC-Ereignissen wurde der Wirkungsquerschnitt σ_{CC} bei der HERA-Energie bestimmt. Dieser σ_{CC}-Wert läßt sich umwandeln, durch Vergleich der Formeln (5.54) und (5.148), in den Wirkungsquerschnitt $\sigma(\nu N)$ für die äquivalente Reaktion $\nu N \rightarrow \mu^- X$ bei der zur HERA-Energie entsprechenden Laborenergie $E_\nu \approx 50$ TeV (siehe oben) eines Fixed-Target-Experiments. Abb. 5.35 zeigt den H1-Punkt zusammen mit $\sigma(\nu N)$-Meßwerten aus Neutrinoexperimenten bei niedrigeren Energien E_ν. Die gestrichelte Gerade ist die Vorhersage ohne Propagator ($m_W = \infty$), die durchgezogene Kurve die Vorhersage mit Propagator ($m_W = 80$ GeV). Der H1-Punkt weicht deutlich von der Geraden ab und zeigt damit den Effekt des W-Propagators, während sich unterhalb von $E_\nu \approx 1$ TeV der Propagator nicht auswirkt.

Mit größeren Ereigniszahlen[||] wurden von den beiden HERA-Kollaborationen H1 [Aid96a] und ZEUS [Der96a] bei $\sqrt{s} \approx 300$ GeV die differentiellen Wirkungsquerschnitte $d\sigma/dQ^2$ für die beiden CC-Reaktionen (5.124b) gemessen. Abb. 5.36 zeigt $d\sigma/dQ^2$ gegen Q^2 von ZEUS. Die Kurven stellen die Vorhersagen des Standardmodells (5.148) dar; sie geben die Meßpunkte gut wieder. Für die über $Q^2 > 200$ GeV^2 integrierten Wirkungsquerschnitte erhielt ZEUS die Werte

$$\sigma(e^+ p \rightarrow \overline{\nu}_e X \; ; \; Q^2 > 200 \text{ GeV}^2) = \left(30.3 \pm^{5.7}_{4.9}\right) \text{pb}$$
$$\sigma(e^- p \rightarrow \nu_e X \; ; \; Q^2 > 200 \text{ GeV}^2) = \left(54.7 \pm^{16.1}_{10.4}\right) \text{pb}. \tag{5.150}$$

Durch Anpassung von (5.148) an die gemessenen $d\sigma/dQ^2$ wurde die im Propagator auftretende W-Masse zu

$$m_W = \left(79 \pm^9_8\right) \text{ GeV} \tag{5.151}$$

bestimmt. In ähnlicher Weise erhielt H1:

$$m_W = \left(84 \pm^{10}_7\right) \text{ GeV}. \tag{5.152}$$

Der PDG-Wert beträgt $m_W = (80.33 \pm 0.15)$ GeV [PDG96].

5.4 Quasielastische Neutrino-Nukleon-Streuung

In diesem Kapitel werden als einfachste Beispiele von exklusiven νN-Reaktionen die quasielastischen CC-Reaktionen (5.9)

$$\begin{array}{lll} \text{(a)} & \nu_\mu + n \rightarrow \mu^- + p & E_S = 110 \text{ MeV} \\ \text{(b)} & \overline{\nu}_\mu + p \rightarrow \mu^+ + n & E_S = 113 \text{ MeV} \end{array} \tag{5.153}$$

[||]H1: 25 $e^- p$, 47 $e^+ p$-Ereignisse; ZEUS: 30 $e^- p$, 56 $e^+ p$-Ereignisse.

mit den angegebenen Schwellenenergien E_S und die elastischen NC-Reaktionen[†]

$$\overset{(-)}{\nu_\mu} + p \to \overset{(-)}{\nu_\mu} + p \tag{5.154}$$

behandelt. *Exklusiv* nennt man eine Reaktion, wenn alle auslaufenden Teilchen einzeln angegeben sind; bei einer *inklusiven* Reaktion dagegen ist nur *ein* auslaufendes Teilchen spezifiziert, während die übrigen Sekundärteilchen ein System von beliebigen, verschieden vielen Teilchen darstellen. Nach dieser Bezeichnungsweise ist z.B. die Reaktion (5.79) eine exklusive Reaktion, während die Reaktionen (5.1) und (5.2) mit beliebigem Teilchensystem X inklusiv sind.

Die Reaktionen (5.153) und (5.154) sind, wenn man für $E_\nu \gg m_\mu$ die μ-Masse vernachlässigt und $m_p \approx m_n = M$ setzt, kinematisch vom Typ $a + b \to a + b$, für den die kinematischen Formeln in Anhang A.3 gelten.

a) Quasielastische CC-Reaktionen

In der (V–A)-Theorie lautet das Matrixelement für die Reaktion (5.153a) in seiner allgemeinsten (V–A)-Form (vergl. (2.53) bis (2.59)) [Mar69, Lle72, Com83, Bel85]:

$$ME = \frac{G_F}{\sqrt{2}} \cdot \bar{u}_\mu(p')\gamma_\alpha(1+\gamma_5)u_\nu(p) \cdot \langle p(P')|J_\alpha^{CC}|n(P)\rangle \quad \text{mit}^{\S}$$

$$\langle p(P')|J_\alpha^{CC}|n(P)\rangle = \cos\theta_C \cdot \bar{u}_p(P')\Gamma_\alpha^{CC}(Q^2)u_n(P)\,, \quad \text{wobei}$$

$$\Gamma_\alpha^{CC} = \gamma_\alpha F_V + \frac{i\sigma_{\alpha\beta}q_\beta}{2M}F_M + \frac{q_\alpha}{M}F_S + \left[\gamma_\alpha F_A + \frac{i\sigma_{\alpha\beta}q_\beta}{2M}F_T + \frac{q_\alpha}{M}F_P\right]\gamma_5 \tag{5.155}$$

$$q = P' - P = p - p'\,, \quad Q^2 = -q^2\,, \quad \sigma_{\alpha\beta} = \frac{1}{2i}(\gamma_\alpha\gamma_\beta - \gamma_\beta\gamma_\alpha)\,.$$

J_α^{CC} ist der schwache CC-Nukleonstrom, der den Übergang $n \to p$ beschreibt (Kap. 2.3); p, p', P und P' sind die Viererimpulse von ν, μ, n und p. Die $F(Q^2)$ sind die sechs *schwachen Formfaktoren* (FF) des Nukleons, und zwar: F_V = Vektor-FF, F_A = Axialvektor-FF, F_M = FF des schwachen Magnetismus, F_T = Tensor-FF (FF des schwachen Axialmagnetismus), F_S = Skalar-FF und F_P = Pseudoskalar-FF. Die Terme mit F_S und F_T in (5.155) werden *Ströme 2. Art*, die übrigen Terme *Ströme 1. Art* genannt.

[†]Die entsprechenden Reaktionen am Neutron sind praktisch unmeßbar.

[§]Zur Vereinfachung der Schreibweise wird das Argument Q^2 bei den Formfaktoren bis auf weiteres weggelassen.

Die bisherigen experimentellen Daten (siehe unten) erlauben es nicht, die a priori unbekannten komplexen Formfaktoren experimentell einzeln zu bestimmen. Es werden deshalb mehrere Annahmen gemacht:

Bei T-Invarianz (T = Zeitumkehr) sind alle sechs Formfaktoren reell; bei Ladungssymmetrie sind F_V, F_A, F_M und F_P reell, F_S und F_T dagegen rein imaginär. Zusammen folgt daraus:

$$F_S = F_T = 0 \qquad (5.156)$$

(keine Ströme 2. Art). Außerdem treten Terme mit F_P im Wirkungsquerschnitt nur multipliziert mit m_μ^2 auf [Mar69, Lle72], so daß sie für $E_\nu \gg m_\mu$ vernachlässigt werden können (z.B. ist für $E_\nu > 5$ GeV ihr Beitrag kleiner als 0.1% [Kit83]). Damit bleiben nur die drei Formfaktoren F_V, F_A und F_M übrig, so daß $\Gamma_\alpha^{CC}(Q^2)$ lautet:

$$\Gamma_\alpha^{CC} = \gamma_\alpha(F_V + F_A\gamma_5) + i\sigma_{\alpha\beta}q_\beta\frac{F_M}{2M}. \qquad (5.157)$$

Die *CVC-Hypothese* vom „erhaltenen Vektorstrom" (CVC = conserved vector current) [Mar69] stellt eine Beziehung her zwischen den schwachen Formfaktoren (F_V, F_M) und den *elektromagnetischen Formfaktoren* (F_1, F_2) oder (G_E, G_M) der Nukleonen, die in der *Rosenbluth-Formel* für den differentiellen Wirkungsquerschnitt der elastischen eN-Streuung ($eN \to eN$, $N = p, n$) auftreten [Lea96, Sche96]:

$$F_V = F_1^V = F_1^p - F_1^n$$
$$F_M = \xi F_2^V = \kappa_p F_2^p - \kappa_n F_2^n \qquad (5.158)$$
$$\text{mit } \kappa_p = \mu_p - 1 = 1.793, \quad \kappa_n = \mu_n = -1.913,$$
$$\xi = \kappa_p - \kappa_n = 3.706.$$

μ_p und μ_n sind die magnetischen Momente, κ_p und κ_n die *anomalen magnetischen Momente* von Proton und Neutron, in Einheiten des *Kernmagnetons* $\mu_N = e/2M = 3.15 \cdot 10^{-18}$ MeV/G $= 1.05 \cdot 10^{-14} e$ cm. $F_1^{p,n}$ und $F_2^{p,n}$ sind die elektromagnetischen *Dirac*- bzw. *Pauli-Formfaktoren* von p und n; F_1^V und F_2^V ist der elektromagnetische Dirac- bzw. Pauli-Isovektorformfaktor. Die Dirac (F_1)- und Pauli (F_2)-Formfaktoren können durch die elektrischen (G_E) und magnetischen (G_M) Formfaktoren (*Sachs-Formfaktoren*) ausgedrückt werden nach:

$$F_1^N = \frac{G_E^N + \tau G_M^N}{1+\tau}, \quad \kappa_N F_2^N = \frac{G_M^N - G_E^N}{1+\tau} \quad (N=p,n)$$
$$F_1^V = \frac{G_E^V + \tau G_M^V}{1+\tau}, \quad \xi F_2^V = \frac{G_M^V - G_E^V}{1+\tau} \quad \text{mit } \tau = \frac{Q^2}{4M^2}. \qquad (5.159)$$

Die Umkehrungen lauten:

$$G_E^N = F_1^N - \tau \kappa_N F_2^N\,, \qquad G_M^N = F_1^N + \kappa_N F_2^N \qquad (5.160)$$
$$G_E^V = G_E^p - G_E^n = F_1^V - \tau \xi F_2^V\,, \qquad G_M^V = G_M^p - G_M^n = F_1^V + \xi F_2^V\,.$$

Bei $Q^2 = 0$ sind die Formfaktoren folgendermaßen normiert:

$$F_1^p(0) = F_2^p(0) = F_2^n(0) = 1\,, \quad F_1^n(0) = 0\,; \; F_1^V(0) = F_2^V(0) = 1$$
$$G_E^p(0) = 1\,, \; G_E^n(0) = 0\,, \; G_M^N(0) = \mu_N\,; \qquad\qquad (5.161)$$
$$G_E^V(0) = 1\,, \; G_M^V(0) = \mu_p - \mu_n = 1 + \xi = 4.706\,.$$

Aus zahlreichen Experimenten zur elastischen eN-Streuung ergab sich empirisch, daß innerhalb einer Genauigkeit von $\sim 5\%$ die Formfaktoren $G_{E,M}(Q^2)$ der Nukleonen eine *Dipolform* haben, d.h.

$$G_{E,M}(Q^2) = \frac{G_{E,M}(0)}{\left(1 + Q^2/M_V^2\right)^2} \quad \text{mit} \quad M_V = 0.84\ \text{GeV}\,. \qquad (5.162)$$

Der Parameter M_V wird *Vektormasse* genannt. Mit den Formeln (5.158) bis (5.162) sind die Formfaktoren F_V und F_M in (5.157) bestimmt.

Als einzige unbekannte Funktion in (5.157) bleibt der Axialvektor-Formfaktor F_A. Er wird ebenfalls als Dipolformfaktor

$$F_A(Q^2) = \frac{F_A(0)}{\left(1 + Q^2/M_A^2\right)^2} \qquad (5.163)$$

parametrisiert mit $F_A(0) = g_A/g_V = -1.2601 \pm 0.0025$ [PDG96] aus dem Neutronzerfall. Der einzige dann noch unbekannte Parameter M_A (*Axialvektormasse*) wird aus Messungen zur quasielastischen νN-Streuung (5.153) bestimmt (siehe unten).

Der differentielle Wirkungsquerschnitt für die Reaktionen (5.153) ist mit (5.157) gegeben durch [Mar69, Lle72, Bel85]:

$$\frac{d\sigma}{dQ^2}\left(\begin{array}{c} \nu_\mu n \to \mu^- p \\ \overline{\nu}_\mu p \to \mu^+ n \end{array}\right) = \frac{M^2 (G_F \cos\theta_C)^2}{8\pi E_\nu^2}\left[A(Q^2) \pm B(Q^2)\frac{s-u}{M^2}\right.$$
$$\left. + C(Q^2)\left(\frac{s-u}{M^2}\right)^2\right] \qquad (5.164)$$
$$\text{mit} \; s - u = 4E_\nu M - Q^2\,,$$

wobei[†]

$$A = 4\tau\left[(1+\tau)F_A^2 - (1-\tau)F_V^2 + \tau(1-\tau)F_M^2 + 4\tau F_V F_M\right]$$

[†]Die allgemeinsten Formeln für A, B und C mit allen sechs Formfaktoren sind in [Mar69] angegeben.

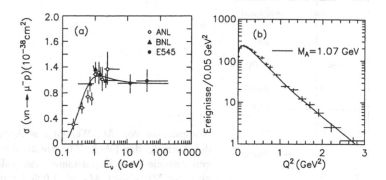

Abb. 5.37 (a) Kompilation von Meßwerten für $\sigma(\nu_\mu n \to \mu^- p)$ aus verschiedenen Experimenten. Die Kurve zeigt die Vorhersage der (V–A)-Theorie mit $M_A = 1.05$ GeV (siehe Text); (b) $d\sigma/dQ^2$ gegen Q^2 für $\nu_\mu n \to \mu^- p$ aus einem Experiment mit der 7-Fuß-Blasenkammer (D$_2$-Füllung) des BNL. Die Kurve zeigt die (V–A)-Vorhersage mit $M_A = 1.07$ GeV. Nach (a) [Kit83], (b) [Kit90].

$$B = -4\tau F_A(F_V + F_M) \ \text{ mit } \ F_A < 0 \qquad (5.165)$$

$$C = \frac{1}{4}\left[F_A^2 + F_V^2 + \tau F_M^2\right] \ \text{ mit } \ \tau = \frac{Q^2}{4M^2}.$$

Die Formel (5.164) ist das Analogon zur Rosenbluth-Formel für die elastische eN-Streuung. Wir geben drei Anwendungen von (5.164) und (5.165):

• Für $Q^2 = 0$ ($\tau = 0$, Vorwärtsstreuung):

$$\left.\frac{d\sigma}{dQ^2}\right|_0(\nu_\mu n) = \left.\frac{d\sigma}{dQ^2}\right|_0(\overline{\nu}_\mu p) = \frac{G_F^2 \cos^2\theta_C}{2\pi}\left[F_V(0)^2 + F_A(0)^2\right] \quad (5.166)$$

$$= 2.07 \cdot 10^{-38} \ \text{cm}^2/\text{GeV}^2.$$

• Für große E_ν (und nicht zu große Q^2, so daß $s - u \approx 4E_\nu M$):

$$\frac{d\sigma}{dQ^2}(\nu_\mu n) = \frac{d\sigma}{dQ^2}(\overline{\nu}_\mu p) = \frac{G_F^2 \cos^2\theta_C}{2\pi}\left[F_A^2 + F_V^2 + \frac{Q^2}{4M^2}F_M^2\right]. \ (5.167)$$

• Für kleine $E_\nu < M$ (Vereinfachung des A und C-Terms, Vernachlässigung des B-Terms) liefert die Integration von $Q^2_{\min} = 0$ bis $Q^2_{\max} \approx 4E_\nu^2$ (siehe (5.10)):

$$\sigma(\nu_\mu n \to \mu^- p) = \sigma(\overline{\nu}_\mu p \to \mu^+ n) \approx \frac{G_F^2 \cos^2\theta_C}{\pi}\left[F_V(0)^2 + 3F_A(0)^2\right] \cdot E_\nu^2$$

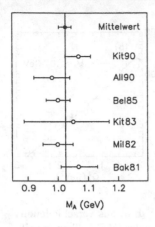

Abb. 5.38
Kompilation von M_A-Werten aus Anpassungen der Formeln der (V–A)-Theorie an die Messungen verschiedener Experimente; der volle Punkt gibt den Mittelwert $M_A = (1.025 \pm 0.021)$ GeV an.

$$= 9.23 \cdot 10^{-44} \frac{E_\nu^2}{\text{MeV}^2} \cdot \text{cm}^2 \,. \tag{5.168}$$

Die Wirkungsquerschnitte für die Reaktionen (5.153) sind in mehreren Beschleunigerexperimenten gemessen worden, u.a. in [Bak81, Mil82, Kit83] [Bel85, All90, Kit90]. Abb. 5.37a zeigt einige Messungen von $\sigma(\nu_\mu n \to \mu^- p)$ in Abhängigkeit von E_ν. Die Kurve ergibt sich aus den obigen theoretischen Formeln mit $M_A = 1.05$ GeV; sie gibt die Meßpunkte recht gut wieder. Auch die Q^2-Abhängigkeit wird durch die Theorie gut beschrieben (Abb. 5.37b). Die angepaßten M_A-Werte aus den einzelnen Experimenten sind in Abb. 5.38 zusammengestellt; ihr Mittelwert ist

$$M_A = (1.025 \pm 0.021) \text{ GeV} \,. \tag{5.169}$$

Die Reaktion $\bar\nu_e p \to n e^+$ wurde bei sehr niedrigen Energien am Bugey-Reaktor untersucht [Dec94].

b) Elastische NC-Reaktionen

Für die elastischen NC-Reaktionen (5.154) [Seh85, Hai88, Man95] ist das Matrixelement des NC-Nukleonstroms J_α^{NC} analog zu (5.157) gegeben durch:

$$\Gamma_\alpha^{\text{NC}} = \gamma_\alpha \left(F_V^{\text{NC}} + F_A^{\text{NC}} \gamma_5 \right) + i\sigma_{\alpha\beta} q_\beta \frac{F_M^{\text{NC}}}{2M} \,, \tag{5.170}$$

wenn wiederum die S, P und T-Terme gleich null gesetzt werden. Für die Wirkungsquerschnitte $d\sigma/dQ^2(\nu p, \bar\nu p)$ gelten die Formeln (5.164) und (5.165)[¶],

¶Äquivalente Formeln für $d\sigma/dy$ ($Q^2 = 2M E_\nu y$, siehe (5.13) mit $x = 1$) und $d\sigma/d\Omega$ können in [Seh85] bzw. [Kim93] gefunden werden.

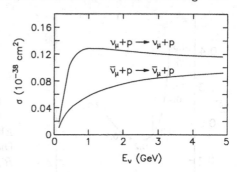

Abb. 5.39
Vorhersagen der GWS-Theorie für die Wirkungsquerschnitte $\sigma(\nu_\mu p \rightarrow \nu_\mu p)$ und $\sigma(\overline{\nu}_\mu p \rightarrow \overline{\nu}_\mu p)$ gegen E_ν mit $M_A = 1.00$ GeV und $\sin^2\theta_W = 0.232$. Nach [Hor82].

wobei die CC-Formfaktoren $F_{V,A,M}$ durch die entsprechenden NC-Formfaktoren $F_{V,A,M}^{\mathrm{NC}}$ zu ersetzen sind.

In der GWS-Theorie (Kap. 2.5) sind die NC-Formfaktoren gegeben durch

$$F_V^{\mathrm{NC}} = \tfrac{1}{2}F_V - 2\sin^2\theta_W \cdot F_1^p, \quad F_M^{\mathrm{NC}} = \tfrac{1}{2}F_M - 2\sin^2\theta_W \cdot \kappa_p F_2^p$$
$$F_A^{\mathrm{NC}} = \tfrac{1}{2}F_A, \tag{5.171}$$

wobei die CC-Formfaktoren $F_{V,M,A}$ und die elektromagnetischen Formfaktoren $F_{1,2}^p$ durch (5.158) bis (5.163) bestimmt sind. Die Normierungen bei $Q^2 = 0$ lauten nach (5.158), (5.161) und (5.171):

$$F_V^{\mathrm{NC}}(0) = \tfrac{1}{2} - 2\sin^2\theta_W = 0.040$$
$$F_M^{\mathrm{NC}}(0) = \tfrac{1}{2}(\kappa_p - \kappa_n) - 2\sin^2\theta_W \cdot \kappa_p = 1.028 \tag{5.172}$$
$$F_A^{\mathrm{NC}}(0) = -0.630$$

für $\sin^2\theta_W = 0.23$. Damit sind alle theoretischen Formeln für die Wirkungsquerschnitte der Reaktionen (5.154) gegeben, wobei M_A und $\sin^2\theta_W$ als freie, an die experimentellen Daten anzupassende Parameter angesehen werden können. Abb. 5.39 zeigt $\sigma(\nu_\mu p \rightarrow \nu_\mu p)$ und $\sigma(\overline{\nu}_\mu p \rightarrow \overline{\nu}_\mu p)$ in Abhängigkeit von E_ν für $M_A = 1.00$ GeV und $\sin^2\theta_W = 0.232$.

Mehrere Experimente [Cot81, Hor82, Ahr87, Hai88, Man95] haben $d\sigma/dQ^2$ und die über den Q^2-Bereich des jeweiligen Experiments integrierten Wirkungsquerschnitte für die Reaktionen (5.153) und (5.154) gemessen. Bestimmt wurden daraus die Verhältnisse

$$R_{\nu p}^{el} = \frac{\sigma(\nu_\mu p \rightarrow \nu_\mu p)}{\sigma(\nu_\mu n \rightarrow \mu^- p)}, \quad R_{\overline{\nu} p}^{el} = \frac{\sigma(\overline{\nu}_\mu p \rightarrow \overline{\nu}_\mu p)}{\sigma(\overline{\nu}_\mu p \rightarrow \mu^+ n)} \tag{5.173}$$
$$r_{\mathrm{NC}}^{el} = \frac{\sigma(\overline{\nu}_\mu p \rightarrow \overline{\nu}_\mu p)}{\sigma(\nu_\mu p \rightarrow \nu_\mu p)}.$$

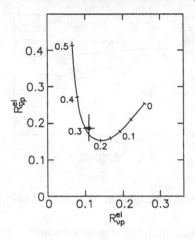

Abb. 5.40
Die Kurve stellt die Beziehung zwischen $R_{\nu p}^{el}$ und $R_{\bar{\nu} p}^{el}$ nach der GWS-Theorie mit $\sin^2 \theta_W$ als Parameter (Zahlen entlang der Kurve) für ein BNL-Experiment dar. Der Punkt gibt die beiden Meßwerte des Experiments an (Tab. 5.3). Nach [Hor82].

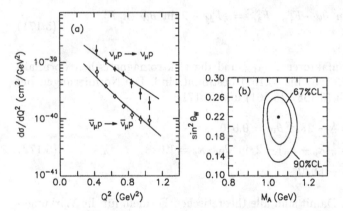

Abb. 5.41 (a) Über das ν-Spektrum gemitteltes $d\sigma/dQ^2$ gegen Q^2 für $\nu_\mu p \to \nu_\mu p$ und $\bar{\nu}_\mu p \to \bar{\nu}_\mu p$ aus dem BNL-Experiment E734 mit den angepaßten Kurven nach der GWS-Theorie; (b) Konturen mit konstantem Konfidenzniveau (CL) und Punkt (5.174) der besten Anpassung in der $(M_A, \sin^2 \theta_W)$-Ebene. Nach [Ahr87].

Da eine NC-Reaktion und die zugehörige CC-Reaktion jeweils gleichzeitig im selben ν_μ bzw. $\bar{\nu}_\mu$-Strahl gemessen wurden, fallen in den Verhältnissen $R_{\nu p}^{el}$ und $R_{\bar{\nu}_p}^{el}$ Unsicherheiten im Flußspektrum des Strahls (Kap. 3.2) heraus. In Tab. 5.3 sind die Meßwerte aus den jüngeren Experimenten zusammengestellt.

Tab. 5.3 Gemessene Werte für $R^{el}_{\nu p}$, $R^{el}_{\bar{\nu} p}$ und r^{el}_{NC} (siehe (5.173)) aus verschiedenen Experimenten.

Experiment	$R^{el}_{\nu p}$	$R^{el}_{\bar{\nu} p}$	r^{el}_{NC}	Q^2-Bereich (GeV^2)
[Cot81]	0.11 ± 0.03		0.44 ± 0.13	
[Hor82]	0.11 ± 0.02	0.19 ± 0.05	0.41 ± 0.13	$0.4 < Q^2 < 0.9$
[Ahr87]	0.153 ± 0.018	0.218 ± 0.026	0.302 ± 0.042	$0.5 < Q^2 < 1.0$

Durch Anpassung der theoretischen Formeln an die Meßergebnisse wurden Werte für die Parameter M_A und $\sin^2 \theta_W$ gewonnen. Z.B. erhielt ein Brookhaven (BNL)-Experiment [Hor82] aus der Anpassung an $d\sigma/dQ^2$ für $\nu_\mu p$ und $\bar{\nu}_\mu p$-Streuung (5.154) den Wert $\sin^2 \theta_W = 0.28 \pm 0.03$, wobei $M_A = (1.00 \pm 0.05)$ GeV angenommen wurde. Die Kurve in Abb. 5.40 stellt für dieses Experiment die Beziehung zwischen $R^{el}_{\nu p}$ und $R^{el}_{\bar{\nu} p}$ mit $\sin^2 \theta_W$ als Parameter, der Punkt das gemessene Wertepaar (Tab. 5.3) dar. Abb. 5.41a zeigt $d\sigma/dQ^2$ für die Reaktionen (5.154) aus dem BNL-Experiment E734 [Ahr87] mit den angepaßten theoretischen Kurven; die Parameterwerte ergaben sich zu

$$M_A = (1.06 \pm 0.05) \text{ GeV}, \sin^2 \theta_W = 0.218 \pm^{0.039}_{0.047} . \qquad (5.174)$$

In Abb. 5.41b werden zwei Kurven mit konstantem Konfidenzniveau (CL) um den Punkt bester Anpassung in der $(M_A, \sin^2 \theta_W)$-Ebene gezeigt.

Zusammenfassend läßt sich sagen, daß die GWS-Theorie die experimentellen Ergebnisse zu den Reaktionen (5.153) und (5.154) gut wiedergibt.

6 Eigenschaften der Neutrinos

Da Neutrinos eine zentrale Rolle in der Teilchenphysik sowie in der Astrophysik und Kosmologie spielen, sind ihre Eigenschaften (Tab. 6.1) [PDG96] von fundamentalem Interesse. Allerdings sind mehrere Fragen hinsichtlich dieser Eigenschaften bis heute immer noch unbeantwortet, so daß trotz zahlreicher Experimente noch relativ wenig über die Neutrinos bekannt ist. Diese offenen Fragen sind u.a.:

• Besitzen die Neutrinos ν_e, ν_μ und ν_τ eine wenn auch kleine, so doch von Null verschiedene Masse (*massive Neutrinos*) oder sind sie masselose Teilchen, wie das Photon, mit $m_\nu = 0$? Während die Masselosigkeit des Photons aus der Eichinvarianz der elektromagnetischen Wechselwirkung folgt, existiert für die Neutrinos kein derartiges Invarianzprinzip.

• Warum ist, falls $m_\nu \neq 0$ ist, diese Masse, zumindest für das ν_e, so extrem klein? Warum sind Neutrinomassen so viel kleiner als die Massen der zugehörigen Leptonen e, μ und τ?

• Sind Neutrino und Antineutrino identische Teilchen (Majorana-Neutrino) oder voneinander verschiedene Teilchen (Dirac-Neutrino) (Kap. 1.3)?

• Können sich die Neutrinoarten z.b in Neutrino-Oszillationen unter Nichterhaltung der Leptonflavourzahlen L_e, L_μ, L_τ (Kap. 1.5) ineinander umwandeln oder sind die Leptonflavourzahlen streng erhalten?

• Sind die Neutrinos stabile Teilchen oder haben sie eine endliche Lebensdauer?

• Haben die Neutrinos elektromagnetische Eigenschaften, z.B. ein magnetisches Moment?

Unter diesen ungelösten Problemen ist die Frage nach den Neutrinomassen von besonderer Wichtigkeit, und zwar u.a. aus den folgenden Gründen:

• Im Standard-Modell der Teilchenphysik treten die Neutrinos immer mit einer festen Helizität ($H = -1$ für ν, $H = +1$ für $\overline{\nu}$; Kap. 1.4) auf. Wie in Kap. 1.3 (Abb. 1.4) und 1.4.7 dargelegt, ist dies nur möglich mit $m_\nu = 0$. Ein Meßergebnis $m_\nu \neq 0$ würde daher eine Abweichung vom einfachen Standard-Modell bedeuten.

• Das von der theoretischen Vorhersage abweichende ν_e/ν_μ-Verhältnis bei den atmosphärischen Neutrinos (Kap. 7.1) und/oder das beobachtete Defizit an solaren Neutrinos (Kap. 7.2) könnte auf Neutrino-Oszillationen (Kap. 6.3,

Tab. 6.1 Eigenschaften der Neutrinos [PDG94, PDG96] (CL = Konfidenz-niveau).

Größe	ν_e	ν_μ	ν_τ
Masse (m)	< 5.1 eV aus H^3-Zerfall (95% CL) < 0.56 eV aus $0\nu\beta\beta$-Zerfall	< 0.17 MeV (90% CL)	< 24 MeV (95% CL)
Lebensdauer/Masse (τ/m) (90% CL)	> 300 sec/eV	> 15.4 sec/eV	
Spin $(J/\hbar)$	$\frac{1}{2}$	$\frac{1}{2}$	$\frac{1}{2}$
magn. Moment (μ/μ_B) (90% CL)	$< 1.8 \cdot 10^{-10}$	$< 7.4 \cdot 10^{-10}$	$< 5.4 \cdot 10^{-7}$

6.6) zurückzuführen sein. Diese wiederum sind nur möglich, wenn nicht alle Neutrinos masselos sind.

• Da das Weltall angefüllt ist mit kosmologischen Neutrinos als Überbleibsel aus dem Urknall (kosmische Neutrino-Hintergrundstrahlung, Kap. 7.4), wird die Materiedichte im Universum wesentlich durch die Neutrinomassen bestimmt. Diese Materiedichte wiederum bestimmt die Evolution des Universums und entscheidet darüber, ob es geschlossen, flach oder offen ist. Damit zusammenhängend sind massive Neutrinos gute Kandidaten für einen Teil der fehlenden, nicht-baryonischen Dunklen Materie („heiße Dunkle Materie", Kap. 7.4.4) im Universum.

Auskunft über die Neutrinomassen [Bul83, Vui86, Sut92, Boe92, Kim93, Rob94, Ade95, Gel95, Kla95, Mor95, Ott95, Ros95, Sar95, Win96] erhält man aus drei verschiedenen Typen von Experimenten:

• Direkte Bestimmung der Neutrinomassen aus der Kinematik (Energie- und Impulserhaltung) in geeigneten schwachen Zerfällen (Kap. 6.2, 6.4).
• Neutrino-Oszillationen (Kap. 6.3, 6.6).
• Neutrinolose Doppel-β-Zerfälle (Kap. 1.3, 6.8).

Abgesehen von den oben erwähnten sowie in einem Los Alamos-Experiment (Kap. 6.3.3) gefundenen möglichen Hinweisen auf ν-Oszillationen, hat keines der zahlreichen bisherigen Experimente mit hinreichender Zuverlässigkeit eine von Null verschiedene Neutrinomasse entdecken können; es konnten nur

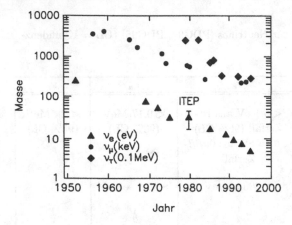

Abb. 6.1
Obergrenzen (bis auf ITEP-Messung) für die Neutrino-massen in Abhängigkeit von der Zeit. In Klammern hinter ν_e, ν_μ, ν_τ ist die Dimension angegeben, mit der der Wert auf der vertikalen Skala zu multiplizieren ist. Nach [Mor95].

obere Grenzen gemessen werden, die sich im Laufe der Zeit ständig verbessert haben (Abb. 6.1). Daher sind leistungsfähigere Experimente, die für noch kleinere Neutrinomassen empfindlich sind, im Gange bzw. in Vorbereitung. Grenzen für Neutrinomassen konnten auch aus der Supernovaphysik (Kap. 7.3.2) und Kosmologie (Kap. 7.4.4) gewonnen werden [PDG96].

6.1   Theoretische Grundlagen

Während man lange Zeit davon ausging, daß die Neutrinos exakt masselos seien und daher zwischen Dirac-Neutrino und Majorana-Neutrino grundsätzlich nicht unterschieden werden könne (Kap. 1.3), werden durch die GUT-Theorien[†] [Ell82, Ros84, Lan85, Moh91, Val91, Boe94] massive Neutrinos mit $m_\nu > 0$ als natürlich vorausgesagt. Damit hat die Unterscheidung zwischen Dirac-ν und Majorana-ν wieder an Interesse und Bedeutung gewonnen. Heute wird es als die näherliegende Variante angesehen, daß die Neutrinos Majorana-Teilchen sind. Die endgültige Entscheidung zwischen Dirac-ν und Majorana-ν erwartet man von Experimenten zum neutrinolosen Doppel-Beta-Zerfall (Kap. 6.8).

6.1.1   Dirac-Neutrino und Majorana-Neutrino

Der Unterschied zwischen einem Dirac-Neutrino ($\nu^D \neq \overline{\nu^D}$) und einem Majorana-Neutrino ($\nu^M = \overline{\nu^M}$) sowie die Verknüpfung mit der in der (V–A)-Theorie auftretenden ν-Helizität wurde schon in Kap. 1.3 dargelegt. In diesem Kapitel wird dieser Unterschied noch ausführlicher behandelt [Doi85,

---

[†]GUT = Grand Unified Theory

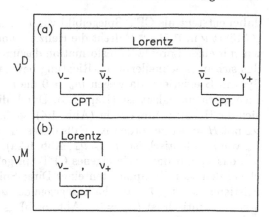

Abb. 6.2
(a) Die vier unterschiedlichen Zustände ν_-, $\overline{\nu}_+$; ν_+, $\overline{\nu}_-$ eines Dirac-Neutrinos ν^D; (b) die beiden unterschiedlichen Zustände $\nu_- = \overline{\nu}_-$, $\nu_+ = \overline{\nu}_+$ eines Majorana-Neutrinos ν^M. Nach [Kay85].

Kay85, Bil87, Lan88, Mut88, Gro89, Kay89, Bil91, Moh91, Val91, Boe92, Kim93, Gel95, Kla95].

Allgemein gilt: Ein Fermion f mit $J = \frac{1}{2}$ wird ein *Dirac-Teilchen* genannt, wenn Teilchen und Antiteilchen verschieden sind ($f \neq \overline{f}$, z.B. $e^- \neq e^+$); es ist ein *Majorana-Teilchen*[‡], wenn Teilchen und Antiteilchen identisch sind ($f = \overline{f}$), was voraussetzt, daß es in allen additiven Quantenzahlen (Ladung, Seltsamkeit, Baryonzahl etc.) neutral ist. Die Operation, die ein Teilchen in sein Antiteilchen transformiert, ist die *Ladungskonjugation* C:

$$C|f(\boldsymbol{x},t)\rangle = \eta_c|\overline{f}(\boldsymbol{x},t)\rangle. \tag{6.1}$$

Da jedoch in der schwachen Wechselwirkung – der einzigen Wechselwirkung, an der die Neutrinos teilnehmen – C nicht erhalten ist (Kap. 1.4.4), wird i.a. statt C die Operation CPT (P = räumliche Spiegelung, T = Zeitumkehr) angewendet, gegen die auch die schwache Wechselwirkung invariant ist. Dies führt zu einer verallgemeinerten Definition eines Majorana-Teilchens.

Falls Neutrinos exakt die Masse null besitzen *und* entsprechend der (V–A)-Theorie mit fester Helizität H an der schwachen Wechselwirkung teilnehmen ($H = -1$ bei $\nu \to e^-$, $H = +1$ bei $\overline{\nu} \to e^+$, Kap. 1.4), ist die Unterscheidung zwischen ν^D und ν^M aufgehoben, wie in Kap. 1.3 dargelegt. Für ein massives ν ($m_\nu > 0$) dagegen kann der Unterschied nach [Kay85, Boe92] folgendermaßen veranschaulicht werden (Abb. 6.2): Wir wenden auf ein Neutrino ν_- mit $H = -1$[‖] im Bezugssystem A einerseits die Operation CPT (oder CP) an;

[‡]Majorana [Maj37] behandelte zum ersten Mal in einer symmetrischen Theorie den Fall, daß ein Teilchen mit seinem Antiteilchen identisch ist.

[‖]Wir verwenden hier entsprechend [Kay85] wegen ihrer größeren Anschaulichkeit die Helizitätszustände $\nu_\pm$, $\overline{\nu}_\pm$ anstatt der Chiralitätszustände $\nu_{L,R}$, $\overline{\nu}_{L,R}$ (Kap. 1.4.7). Für

dabei entsteht als CPT-Spiegelbild von ν_- ein Antineutrino $\overline{\nu}_+$ mit $H = +1$ (C führt ν in $\overline{\nu}$ über, P dreht die Helizität um). Andererseits transformieren wir mit einer Lorentz-Transformation das ursprüngliche ν_- in ein System B, das sich in A schneller in ν_--Richtung bewegt als das ν_- selbst. Ein solches System B existiert, da wegen $m_\nu > 0$ die ν-Geschwindigkeit kleiner als die Lichtgeschwindigkeit ist (Kap. 1.3). Durch die Lorentz-Transformation hat sich die Helizität umgedreht (Abb. 1.4), so daß aus dem ν_- mit $H = -1$ ein ν_+ mit $H = +1$ geworden ist. Falls dieses ν_+ *nicht* mit dem CPT-Spiegelbild $\overline{\nu}_+$ von ν_- identisch ist ($\nu_+ \neq \overline{\nu}_+$, Abb. 6.2a), ist unser ν ein Dirac-Neutrino ν^D; das ν_+ hat dann sein eigenes CPT-Spiegelbild $\overline{\nu}_- \neq \nu_-$, so daß, entsprechend den vier Komponenten eines Dirac-Spinors, insgesamt vier Zustände existieren: ν_-, ν_+, $\overline{\nu}_-$, $\overline{\nu}_+$. Falls dagegen das ν_+ mit dem CPT-Spiegelbild $\overline{\nu}_+$ von ν_- identisch ist ($\nu_+ = \overline{\nu}_+$, Abb. 6.2b), ist das ν ein Majorana-Neutrino ν^M mit zwei Zuständen $\nu_- = \overline{\nu}_-$, $\nu_+ = \overline{\nu}_+$, entsprechend den zwei Komponenten eines Weyl-Spinors (Kap. 1.4.7).

Ein Dirac-ν mit $m_\nu > 0$ kann ein magnetisches Dipolmoment und, wenn CP-Invarianz verletzt ist, auch ein elektrisches Dipolmoment besitzen. Dagegen müssen wegen CPT-Invarianz für ein Majorana-ν beide Dipolmomente verschwinden, da für Teilchen und Antiteilchen die Momente entgegengesetzt gleich sind und damit verschwinden, wenn Teilchen und Antiteilchen identisch sind. Dies wird in Kap. 6.7.1 näher ausgeführt.

Für $m_\nu = 0$ gibt es die Lorentz-Transformation $\nu_- \rightarrow \nu_+$, $\overline{\nu}_+ \rightarrow \overline{\nu}_-$ nicht. Deshalb sind in diesem Falle in Abb. 6.2a die beiden Zustände $(\nu_-^D, \overline{\nu}_+^D)$, die an der schwachen Wechselwirkung teilnehmen, vollständig getrennt von den beiden Zuständen $(\nu_+^D, \overline{\nu}_-^D)$, die im Standardmodell nicht vorkommen (*sterile Neutrinos*), ja nicht einmal zu existieren brauchen. Für die wechselwirkenden Neutrinos ist damit, wie schon in Kap. 1.3 beschrieben, die Unterscheidung zwischen ν^D und ν^M aufgehoben, wobei diese Unterscheidung nicht abrupt, sondern mit $m_\nu \rightarrow 0$ kontinuierlich verschwindet. Je kleiner m_ν, umso schwieriger ist es also, einen Unterschied zwischen ν^D und ν^M festzustellen. Da $m(\nu_e)$ sehr klein ist (Kap. 6.2.1), sind nur die sehr empfindlichen Experimente zum neutrinolosen $\beta\beta$-Zerfall (Kap. 1.3, 6.8) möglicherweise in der Lage, die Frage zu klären, ob das ν ein ν^D oder ein ν^M ist.

Zur feldtheoretischen Behandlung knüpfen wir an Kap. 1.4.7 an und verweisen z.B. auf [Kal64, Sak64, Gas66, Doi85, Lan85, Boe92, Kim93, Gel95]. $\psi(x)$ sei das Spinorfeld eines freien Neutrinos, das der Dirac-Gleichung (1.47)

$m_\nu = 0$ fallen Helizität und Chiralität zusammen.

genügt. Das dazu ladungskonjugierte Feld ψ^c ist definiert durch[§]

$$\psi \xrightarrow{C} \psi^c \equiv C\psi C^{-1} = \eta_c \mathcal{C}\overline{\psi}^T \quad \left[\overline{\psi}^T = (\psi^+ \gamma_4)^T = \gamma_4^T \psi^{+T}\right] \text{ mit}$$

$$\mathcal{C}^{-1}\gamma_\alpha \mathcal{C} = -\gamma_\alpha^T, \quad \mathcal{C}^{-1}\gamma_5 \mathcal{C} = \gamma_5^T, \quad \mathcal{C}^+ = \mathcal{C}^{-1} = \mathcal{C}^T = -\mathcal{C}. \tag{6.2}$$

η_c ist ein Phasenfaktor mit $|\eta_c| = 1$, hochgestelltes T bedeutet Transposition; $\mathcal{C}$ ist die unitäre 4×4-Ladungskonjugationsmatrix, die in der Dirac-Pauli-Darstellung (Kap. 1.4.7) durch $\mathcal{C} = \gamma_4 \gamma_2$ gegeben ist.

Anwendung der Projektionsoperatoren (1.59) $P_{R,L}$ auf die rechte und linke Seite von (6.2) ergibt:

$$P_{R,L}\psi = \psi_{R,L} \xrightarrow{C} P_{R,L}\psi^c = (\psi^c)_{R,L} = (\psi_{L,R})^c. \tag{6.3}$$

Beweis des letzten Teils von (6.3) für ψ_L (entsprechend für ψ_R) mit Hilfe von (6.2) und der Vertauschungsrelation (1.52)[¶]:

$$(\psi_L)^c = (P_L\psi)^c = \eta_c \mathcal{C}\overline{P_L\psi}^T = \eta_c P_R \mathcal{C}\overline{\psi}^T = P_R\psi^c = (\psi^c)_R, \tag{6.4}$$

wobei $\overline{P_L\psi} = (P_L\psi)^+\gamma_4 = \psi^+ P_L \gamma_4 = \overline{\psi}P_R$, d.h. $\overline{P_L\psi}^T = P_R^T \overline{\psi}^T$ benutzt wurde. Die Beziehung (6.3) zeigt:

• Einerseits: Die Ladungskonjugation C verwandelt, wie zu erwarten, ein rechts(links)-händiges Teilchen in ein rechts(links)-händiges Antiteilchen, $\psi_{R,L} \to (\psi^c)_{R,L}$, läßt also die Helizität (Chiralität) unverändert. Erst die zusätzliche Anwendung der Raumspiegelung dreht auch die Helizität um.

• Andererseits: Die Operation (6.2) verwandelt ein links(rechts)-händiges Teilchen in ein rechts(links)-händiges Antiteilchen, $(\psi_{L,R})^c = (\psi^c)_{R,L}$, dreht also auch die Helizität (Chiralität) um.

Da $\psi_{L,R}$ und $(\psi_{L,R})^c$ also entgegengesetzte Helizität haben, vermeidet man [Gel95], $(\psi_{L,R})^c$ das Ladungskonjugierte von $\psi_{L,R}$ zu nennen. Statt dessen wird $(\psi_{L,R})^c$ der CP (bzw. CPT)-Partner [Lan88] oder das CP (bzw. CPT)-Konjugierte [Blu92] zu $\psi_{L,R}$ genannt. In diesem Sinne bezeichnen wir in Kap. 6.1.2 mit ψ^c den zum Spinor ψ CP bzw. CPT-konjugierten Spinor, unter der Annahme von CP bzw. CPT-Invarianz.

Wir besprechen noch kurz die Paritätsoperation P; sie ist definiert durch

$$\psi(\boldsymbol{x}, t) \xrightarrow{P} P\psi(\boldsymbol{x}, t)P^{-1} = \eta_P \gamma_4 \psi(-\boldsymbol{x}, t). \tag{6.5}$$

[§]ψ ist in der Quantenfeldtheorie ein Feldoperator, der sich nach $\psi \to C\psi C^{-1}$ transformiert, siehe auch (1.23).

[¶]Es ist leicht zu zeigen: Wenn ψ ein Chiralitätseigenzustand mit Chiralität λ ist, d.h. $\gamma_5 \psi = \lambda\psi$, dann ist ψ^c ein Eigenzustand mit Chiralität $-\lambda$, d.h. $\gamma_5 \psi^c = -\lambda\psi^c$.

Der Phasenfaktor η_P mit $|\eta_P| = 1$ ist für reelle $\eta_P = \pm 1$ die innere Parität. Mit (6.2) ergibt sich hieraus für das ladungskonjugierte Feld:

$$\psi^c = \eta_c \mathcal{C}\overline{\psi}^T \xrightarrow{P} \eta_c \eta_P^* \mathcal{C}\gamma_4^T \overline{\psi}^T = -\eta_P^* \gamma_4 \psi^c \,, \tag{6.6}$$

da $\psi^+ \xrightarrow{P} \eta_P^* \psi^+ \gamma_4 = \eta_P^* \overline{\psi}$, d.h. $\overline{\psi} = \psi^+ \gamma_4 \xrightarrow{P} \eta_P^* \overline{\psi}\gamma_4$. Aus (6.6) folgt:

• Wenn ein Fermion die innere Parität $\eta_P = \pm 1$ hat, dann hat das Antifermion die entgegengesetzte Parität $\eta_P^c = \mp 1$.
• Für ein Majorana-Teilchen ist $\psi_M^c = \pm\psi_M$, siehe (6.9), so daß $\eta_P = -\eta_P^*$. Die innere Parität eines Majorana-Teilchens ist also imaginär, $\eta_P = \pm i$.

Ein *Majorana-Feld* kann geschrieben werden als

$$\tilde{\psi}_M = \frac{1}{\sqrt{2}} \left(\tilde{\psi} + \eta_c \tilde{\psi}^c \right) \quad \text{mit} \quad \eta_c = \lambda_c e^{2i\varphi}, \ \lambda_c = \pm 1 \,. \tag{6.7}$$

Durch die Phasentransformation

$$\tilde{\psi}_M \to \tilde{\psi}_M e^{-i\varphi} = \frac{1}{\sqrt{2}} \left(\tilde{\psi}e^{-i\varphi} + \lambda_c \tilde{\psi}^c e^{i\varphi} \right) = \frac{1}{\sqrt{2}} \left(\psi + \lambda_c \psi^c \right) \equiv \psi_M \tag{6.8}$$

erreicht man, daß das Feld ψ_M Eigenzustand der Ladungskonjugation C zum Eigenwert $\lambda_c = \pm 1$ ist ($\psi^{cc} = \psi$):

$$\psi_M^c = \frac{1}{\sqrt{2}} \left(\psi^c + \lambda_c \psi \right) = \lambda_c \psi_M \,, \tag{6.9}$$

d.h. das Majorana-Teilchen ist mit seinem Antiteilchen identisch; ψ_M und ψ_M^c sind nicht unterscheidbar. Außerdem hat ψ_M die CP-Phase $+i$ (gerader CP-Zustand) oder $-i$ (ungerader CP-Zustand):

$$\psi_M(\boldsymbol{x}, t) \xrightarrow{C} \psi_M^c = \lambda_c \psi_M \xrightarrow{P} \frac{\lambda_c}{\sqrt{2}} \left(\eta_P \gamma_4 \psi - \lambda_c \eta_P^* \gamma_4 \psi^c \right) = \lambda_c \eta_P \gamma_4 \psi_M \tag{6.10}$$

$$= \pm i\gamma_4 \psi_M(-\boldsymbol{x}, t) \,,$$

da $\eta_P^* = -\eta_P$ ist. Ein Majorana-Teilchen hat also $\eta_{CP} = \pm i$, wenn $\lambda_c = \pm 1$ ist. Schließlich ergibt sich aus (6.8):

$$(\gamma_5 \psi_M)^c = \eta_c \mathcal{C}\overline{\gamma_5 \psi_M}^T = -\eta_c \mathcal{C}\gamma_5^T \overline{\psi}_M^T = -\gamma_5 \psi_M^c = -\lambda_c \gamma_5 \psi_M \,, \tag{6.11}$$

da $\overline{\gamma_5 \psi_M} = (\gamma_5 \psi_M)^+ \gamma_4 = \psi_M^+ \gamma_5 \gamma_4 = -\overline{\psi}_M \gamma_5$. Aus (6.11) oder (6.3) folgt, daß ein Eigenzustand zu C nicht gleichzeitig ein Chiralitätseigenzustand sein kann, ein Majorana-ν also keine feste Chiralität besitzt.

Da mit ψ auch ψ^c, wie man leicht sieht, der Dirac-Gleichung (1.47) genügt, genügt auch ψ_M in (6.8) der Dirac-Gleichung. Eine ausführlichere Beschreibung der Operationen C, CP und CPT findet sich z.B. in [Kay85, Moh91, Kim93, Gel95].

6.1.2 Dirac-Masse und Majorana-Masse

a) Eine Neutrinoart

Wir betrachten in diesem Kapitel freie Teilchen ohne Wechselwirkung und beginnen mit der Dirac-Masse. Die Dirac-Gleichung (1.47) für ein freies Fermion leitet sich mit Hilfe der Euler-Lagrange-Gleichung aus der Lagrange-Dichte

$$-\mathcal{L} = \overline{\psi}\left(\gamma_\alpha \frac{\partial}{\partial x_\alpha} + m_D\right)\psi \tag{6.12}$$

her, in der der 1. Term die kinetische Energie, der 2. Term die Massenenergie wiedergibt. Nur der *Dirac-Massenterm* mit der *Dirac-Masse* m_D ist hier von Interesse:

$$-\mathcal{L}_D = m_D\overline{\psi}\psi = -m_D\overline{(\gamma_5\psi)}(\gamma_5\psi)\,, \tag{6.13}$$

wobei $\overline{\psi}\psi$ Lorentz-invariant und hermitisch ist. Damit auch $\mathcal{L}_D$ hermitisch ist, muß m_D reell sein $(m_D^* = m_D)$:

$$-\mathcal{L}_D^+ = m_D^*\left(\psi^+\gamma_4\psi\right)^+ = m_D^*\psi^+\gamma_4\psi = m_D^*\overline{\psi}\psi = -\mathcal{L}_D\,. \tag{6.14}$$

Der Dirac-Term $\mathcal{L}_D$ kann mit der Zerlegung (1.62) in chirale Komponenten (Weyl-Spinoren) geschrieben werden als

$$-\mathcal{L}_D = m_D\left(\overline{\psi_L}\psi_R + \overline{\psi_R}\psi_L\right)\;\; \text{mit}\;\; \overline{\psi_R}\psi_L = \left(\overline{\psi_L}\psi_R\right)^+\,, \tag{6.15}$$

da nach (1.59), (1.60) für beliebige Spinoren ψ und φ gilt[§]:

$$\overline{\psi_L}\varphi_L = \overline{\psi}P_R P_L\varphi = 0\,, \;\; \overline{\psi_R}\varphi_R = 0\,, \text{so daß}$$
$$\overline{\psi}\varphi = \left(\overline{\psi_L} + \overline{\psi_R}\right)(\varphi_L + \varphi_R) = \overline{\psi_L}\varphi_R + \overline{\psi_R}\varphi_L\,. \tag{6.16}$$

Wie man sieht, werden für einen Dirac-Massenterm sowohl linkshändige als auch rechtshändige Dirac-ν benötigt. Da jedoch im Standardmodell nur linkshändige ν vorkommen, muß in ihm $m_D = 0$ sein [Gel95]; der Fall $m_D > 0$ geht über das einfache Standardmodell hinaus.

Wir geben nun die Beschränkung auf den Dirac-Fall auf. Wenn wir das Spinorfeld ψ^c hinzunehmen, gibt es außer $\overline{\psi}\psi$ drei weitere Lorentz-Skalare, nämlich $\overline{\psi^c}\psi^c$, $\overline{\psi}\psi^c$ und $\overline{\psi^c}\psi$. $\overline{\psi^c}\psi^c$ ist wie $\overline{\psi}\psi$ hermitisch und äquivalent zu

---

[§] $\overline{\psi_{L,R}} = \overline{P_{L,R}\psi} = (P_{L,R}\psi)^+\gamma_4 = \psi^+ P_{L,R}\gamma_4 = \psi^+\gamma_4 P_{R,L} = \overline{\psi}P_{R,L}$.

$\overline{\psi}\psi$; $\overline{\psi}\psi^c$ und $\overline{\psi^c}\psi$ sind hermitisch konjugiert zueinander, da für beliebige Spinoren ψ und φ gilt:

$$\left(\overline{\psi}\varphi\right)^+ = \left(\psi^+\gamma_4\varphi\right)^+ = \varphi^+\gamma_4\psi = \overline{\varphi}\psi. \tag{6.17}$$

Damit erhält man zusätzlich zu $\mathcal{L}_D$ einen hermitischen *Majorana-Massenterm* $\mathcal{L}_M$ mit

$$-\mathcal{L}_M = \frac{1}{2}\left(m_M\overline{\psi}\psi^c + m_M^*\overline{\psi^c}\psi\right) = \frac{1}{2}m_M\overline{\psi}\psi^c + \text{H.K.} \tag{6.18}$$

(H.K. = hermitisch konjugierter Term). m_M ist die *Majorana-Masse*. Wir betrachten die vier Lorentz-Skalare unter einer globalen, d.h. von $(\boldsymbol{x}, t)$ unabhängigen Phasentransformation $e^{i\alpha}$:

$$\psi \to e^{i\alpha}\psi, \quad \overline{\psi} \to e^{-i\alpha}\overline{\psi}, \quad \text{so daß } \overline{\psi}\psi \to \overline{\psi}\psi$$

$$\psi^c \to (e^{i\alpha}\psi)^c = \eta_c\mathcal{C}\overline{e^{i\alpha}\psi}^T = e^{-i\alpha}\psi^c, \quad \overline{\psi^c} \to e^{i\alpha}\overline{\psi^c}. \tag{6.19}$$

$\overline{\psi}\psi$ und $\overline{\psi^c}\psi^c$ und damit $\mathcal{L}_D$ sind unter der Transformation (6.19) invariant, so daß $\mathcal{L}_D$ mit einer erhaltenen Quantenzahl, und zwar der Leptonzahl L verbunden ist: ψ vernichtet ein Lepton oder erzeugt ein Antilepton, $\overline{\psi}$ wirkt umgekehrt; $\overline{\psi}\psi$ und das äquivalente $\overline{\psi^c}\psi^c$ bewirken also die Übergänge $\ell \to \ell$ bzw. $\overline{\ell} \to \overline{\ell}$ mit $\Delta L = 0$. Die beiden anderen Lorentz-Skalare, $\overline{\psi}\psi^c$ und $\overline{\psi^c}\psi$, und damit $\mathcal{L}_M$ sind *nicht* invariant unter (6.19), verletzen also die L-Erhaltung: Sie bewirken die Übergänge $\ell \to \overline{\ell}$ bzw. $\overline{\ell} \to \ell$ mit $\Delta L = \pm 2$, wenn man die übliche L-Zuordnung (Tab. 1.1) vornimmt. Für *geladene* Leptonen sind solche Übergänge (z.B. $e^- \to e^+$) verboten, so daß ein Massenterm $\mathcal{L}_M$ (6.18) nicht auftreten darf; geladene Leptonen sind Dirac-Teilchen mit $\mathcal{L}_D$. Anders für Neutrinos; für sie erhält man jenseits des Standardmodells die beiden neuen Massenterme (6.18).

Wir verwenden, entsprechend z.B. [Kim93, Gel95, Kla95], die Zerlegung (1.62) in die chiralen Projektionen (Weyl-Spinoren; $\psi = \psi_L + \psi_R$, $\psi^c = \psi_L^c + \psi_R^c$) mit der Notation (siehe (6.3))[‡]:

$$\psi_{L,R}^c \equiv (\psi^c)_{L,R} = (\psi_{R,L})^c. \tag{6.20}$$

(ψ_L^c beschreibt also ein linkshändiges $\overline{\nu}$). Damit erhält man zwei hermitische Majorana-Massenterme:

$$\mathcal{L}_M = \mathcal{L}_M^L + \mathcal{L}_M^R \text{ mit}$$

[‡]In [Kim93] ist die Notation umgekehrt: $\nu_{L,R}^c \equiv (\nu_{L,R})^c$.

$$-\mathcal{L}_M^L = \frac{1}{2}m_L\left(\overline{\psi_L}\psi_R^c + \overline{\psi_R^c}\psi_L\right) = \frac{1}{2}m_L\overline{\psi_L}\psi_R^c + \text{H.K.}$$
(6.21)
$$-\mathcal{L}_M^R = \frac{1}{2}m_R\left(\overline{\psi_R^c}\psi_R + \overline{\psi_R}\psi_L^c\right) = \frac{1}{2}m_R\overline{\psi_L^c}\psi_R + \text{H.K.},$$

wobei in jeder Klammer der 2. Term nach (6.17) das hermitisch Konjugierte des 1. Terms ist, so daß die Majorana-Massen $m_{L,R}$ reell sind.

Wir führen die beiden zusammengesetzten Felder

$$\varphi_1 = \psi_L + \psi_R^c, \quad \varphi_2 = \psi_R + \psi_L^c$$
(6.22)

ein, die *Majorana-Felder* (Majorana-ν, siehe (6.9) mit $\lambda_c = 1$) sind mit $\varphi_{1,2}^c = \varphi_{1,2}$ wegen (6.20). Mit ihnen erhält man aus (6.21) wegen (6.16):

$$-\mathcal{L}_M^L = \frac{1}{2}m_L\overline{\varphi}_1\varphi_1, \quad -\mathcal{L}_M^R = \frac{1}{2}m_R\overline{\varphi}_2\varphi_2.$$
(6.23)

Während die $\psi_{L,R}$ Wechselwirkungseigenzustände sind, sind $\varphi_{1,2}$ Masseneigenzustände zu den Massen $m_{L,R}$.

Der allgemeinste Massenterm (*Dirac-Majorana-Massenterm*) für *freie* Neutrinos mit den Feldern ψ_L, ψ_R^c; ψ_R, ψ_L^c ist eine Kombination von (6.15) und (6.21) und lautet ($\overline{\psi_L^c}\psi_R^c = \overline{\psi_L}\psi_R$):

$$-2\mathcal{L}_{DM} = m_D\left(\overline{\psi_L}\psi_R + \overline{\psi_L^c}\psi_R^c\right) + m_L\overline{\psi_L}\psi_R^c + m_R\overline{\psi_L^c}\psi_R + \text{H.K.}$$
(6.24)

$$= \left(\overline{\psi_L},\overline{\psi_L^c}\right)\begin{pmatrix} m_L & m_D \\ m_D & m_R \end{pmatrix}\begin{pmatrix} \psi_R^c \\ \psi_R \end{pmatrix} + \text{H.K} = \overline{\Psi_L}M\Psi_R^c + \overline{\Psi_R^c}M\Psi_L$$

$$\text{mit } M = \begin{pmatrix} m_L & m_D \\ m_D & m_R \end{pmatrix}, \quad \Psi_L = \begin{pmatrix} \psi_L \\ \psi_L^c \end{pmatrix} = \begin{pmatrix} \psi_L \\ (\psi_R)^c \end{pmatrix},$$

$$\text{so daß } (\Psi_L)^c = \begin{pmatrix} (\psi_L)^c \\ \psi_R \end{pmatrix} = \begin{pmatrix} \psi_R^c \\ \psi_R \end{pmatrix} = \Psi_R^c.$$

Die Elemente der *Massenmatrix M* sind bei CP-Erhaltung reell. In der Wechselwirkung des Standardmodells (Kap. 2.5) treten die Felder ψ_L (ν_L) und ψ_R^c ($\overline{\nu}_R$) (aktive Neutrinos), nicht jedoch die Felder ψ_R (ν_R) und ψ_L^c ($\overline{\nu}_L$) (sterile Neutrinos) auf. In der Literatur wird deshalb oft zwischen diesen beiden Arten von Feldern durch die Notation unterschieden, z.B. [Lan88]: $\psi_L = \nu_L$, $\psi_R^c = \nu_R^c$; $\psi_R = N_R$, $\psi_L^c = N_L^c$. In dieser Notation lautet (6.24):

$$-2\mathcal{L}_{DM} = m_D\left(\overline{\nu_L}N_R + \overline{N_L^c}\nu_R^c\right) + m_L\overline{\nu_L}\nu_R^c + m_R\overline{N_L^c}N_R + \text{H.K.}$$
(6.25)

$$= \left(\overline{\nu_L},\overline{N_L^c}\right)\begin{pmatrix} m_L & m_D \\ m_D & m_R \end{pmatrix}\begin{pmatrix} \nu_R^c \\ N_R \end{pmatrix} + \text{H.K.}$$

Um die zu (6.24) gehörigen Masseneigenwerte und Masseneigenzustände zu finden, wird die Matrix M nach dem im Anhang A.4 angegebenen Verfahren mit der Transformationsmatrix T $(TT^+ = 1)$ diagonalisiert:

$$-2\mathcal{L}_{DM} = \overline{\Psi_L}TT^+MTT^+\Psi_R^c + \overline{\Psi_R^c}TT^+MTT^+\Psi_L \qquad (6.26)$$
$$= \overline{\tilde{\Psi}}_L \tilde{M} \tilde{\Psi}_R^c + \overline{\tilde{\Psi}_R^c}\tilde{M}\tilde{\Psi}_L$$

mit

$$\tilde{M} = T^+MT = \begin{pmatrix} \tilde{m}_1 & 0 \\ 0 & \tilde{m}_2 \end{pmatrix}, \qquad (6.27)$$

$$\tilde{\Psi}_L = T^+\Psi_L = \begin{pmatrix} \psi_{1L} \\ \psi_{2L} \end{pmatrix}, \quad \tilde{\Psi}_R^c = T^+\Psi_R^c = \begin{pmatrix} \psi_{1R}^c \\ \psi_{2R}^c \end{pmatrix} = \left(\tilde{\Psi}_L\right)^c.$$

Hiermit lautet $\mathcal{L}_{DM}$:

$$-2\mathcal{L}_{DM} = \tilde{m}_1 \left(\overline{\psi_{1L}}\psi_{1R}^c + \overline{\psi_{1R}^c}\psi_{1L}\right) + \tilde{m}_2 \left(\overline{\psi_{2L}}\psi_{2R}^c + \overline{\psi_{2R}^c}\psi_{2L}\right). \quad (6.28)$$

Damit ist $\mathcal{L}_{DM}$ auf die Majorana-Form (6.21) zurückgeführt.

Wir berechnen nun die Eigenwerte und Eigenzustände. Bei reellem M ist T eine orthogonale Matrix $(T^+ = T^T)$ und durch (A.38) und (A.45) gegeben. Damit lauten die Masseneigenzustände in (6.27):

$$\psi_{1L} = \cos\theta \cdot \psi_L - \sin\theta \cdot \psi_L^c, \quad \psi_{1R}^c = \cos\theta \cdot \psi_R^c - \sin\theta \cdot \psi_R$$
$$\psi_{2L} = \sin\theta \cdot \psi_L + \cos\theta \cdot \psi_L^c, \quad \psi_{2R}^c = \sin\theta \cdot \psi_R^c + \cos\theta \cdot \psi_R \qquad (6.29)$$

$$\text{mit } \operatorname{tg}2\theta = \frac{2m_D}{m_R - m_L}.$$

Die aus $\operatorname{Det}(M - m) = 0$ folgenden Masseneigenwerte ergeben sich nach (A.42) zu

$$\tilde{m}_{1,2} = \frac{1}{2}\left[(m_L + m_R) \pm \sqrt{(m_L - m_R)^2 + 4m_D^2}\right]. \qquad (6.30)$$

Diese Eigenwerte können jeweils positiv oder negativ sein. Um positive Massen zu erhalten, schreiben wir [Gro89, Bil91][§]:

$$\tilde{m}_k = \varepsilon_k m_k \text{ mit } m_k = |\tilde{m}_k| \text{ und } \varepsilon_k = \pm 1 \quad (k = 1,2). \qquad (6.31)$$

[§]Ein äquivalentes Verfahren bei $\tilde{m}_k < 0$ ist die Durchführung einer Phasentransformation $\psi_k \rightarrow i\psi_k = \psi_k'$ ($e^{i\alpha} = i$ in (6.19)), so daß $\overline{\psi_k^c}\psi_k = -\overline{\psi_k'^c}\psi_k'$ etc. in (6.28). Mit $m_k = -\tilde{m}_k > 0$ erhält man dann einen positiven m_k-Term in (6.28).

Um (6.28) weiter zu vereinfachen, führen wir entsprechend (6.22) die aus den chiralen Komponenten $\tilde{\Psi}_L$ und $\tilde{\Psi}_R^c$ zusammengesetzten Felder ein: $\varphi_k = \psi_{kL} + \varepsilon_k \psi_{kR}^c$, d.h.

$$\begin{aligned}
\varphi_1 &= \psi_{1L} + \varepsilon_1 \psi_{1R}^c = \cos\theta \cdot (\psi_L + \varepsilon_1 \psi_R^c) - \sin\theta \cdot (\psi_L^c + \varepsilon_1 \psi_R) \\
\varphi_2 &= \psi_{2L} + \varepsilon_2 \psi_{2R}^c = \sin\theta \cdot (\psi_L + \varepsilon_2 \psi_R^c) + \cos\theta \cdot (\psi_L^c + \varepsilon_2 \psi_R) \,.
\end{aligned} \tag{6.32}$$

φ_1 und φ_2 sind zwei unabhängige *Majorana-Felder* mit den Massen m_1 bzw. m_2 (mit $m_k \geq 0$); denn es gilt:

$$\varphi_k^c = (\psi_{kL})^c + \varepsilon_k \psi_{kL} = \varepsilon_k \left(\varepsilon_k \psi_{kR}^c + \psi_{kL} \right) = \varepsilon_k \varphi_k \,. \tag{6.33}$$

(ε_k ist also der CP-Eigenwert des Majorana-Neutrinos φ_k.) Hiermit erhält man den endgültigen, zu (6.23) entsprechenden Ausdruck:

$$-2\mathcal{L}_{DM} = m_1 \overline{\varphi_1} \varphi_1 + m_2 \overline{\varphi_2} \varphi_2 \,, \tag{0.34}$$

wie man leicht durch Einsetzen von (6.32) und (6.31), Verwendung von (6.16) und Vergleich mit (6.28) verifiziert.

Wir betrachten einige interessante Sonderfälle:

• Für $m_L = m_R = 0$ ($\theta = 45°$) erhält man $m_{1,2} = m_D$ und $\varepsilon_{1,2} = \mp 1^{**}$ mit den beiden entarteten Majorana-Zuständen

$$\begin{aligned}
\varphi_1 &= \frac{1}{\sqrt{2}} \left(\psi_L - \psi_R^c - \psi_L^c + \psi_R \right) = \frac{1}{\sqrt{2}} (\psi - \psi^c) \\
\varphi_2 &= \frac{1}{\sqrt{2}} \left(\psi_L + \psi_R^c + \psi_L^c + \psi_R \right) = \frac{1}{\sqrt{2}} (\psi + \psi^c) \,.
\end{aligned} \tag{6.35}$$

Hieraus läßt sich ein *Dirac-Feld* ψ aufbauen:

$$\frac{1}{\sqrt{2}} \left(\varphi_1 + \varphi_2 \right) = \psi_L + \psi_R = \psi \,. \tag{6.36}$$

Der Massenterm (6.34) lautet wegen $\overline{\varphi_1} \varphi_2 + \overline{\varphi_2} \varphi_1 = 0$:

$$\mathcal{L}_{DM} = -\frac{1}{2} m_D \left(\overline{\varphi}_1 + \overline{\varphi}_2 \right) (\varphi_1 + \varphi_2) = -m_D \overline{\psi} \psi = \mathcal{L}_D \,. \tag{6.37}$$

Ein Dirac-Feld setzt sich nach (6.36) also aus zwei entarteten Majorana-Feldern zusammen, d.h. ein Dirac-ν kann als ein Paar zweier entarteter Majorana-ν angesehen werden; der Dirac-Fall ist ein Spezialfall des allgemeineren Majorana-Falles [Shr96].

**Mit $T = \frac{1}{\sqrt{2}} \begin{pmatrix} 1 & 1 \\ -1 & 1 \end{pmatrix}$ und $M = \begin{pmatrix} 0 & m_D \\ m_D & 0 \end{pmatrix}$ ist $\tilde{M} = T^+ M T = \begin{pmatrix} -m_D & 0 \\ 0 & m_D \end{pmatrix}$.

- Für $m_D \gg m_L, m_R$ ($\theta \approx 45°$) sind die beiden Zustände $\varphi_{1,2}$ fast entartet mit $m_{1,2} \approx m_D$. Man spricht von einem *Pseudo-Dirac-Neutrino*.
- Für $m_D = 0$ ($\theta = 0$) ist $m_{1,2} = m_{L,R}$ und $\varepsilon_{1,2} = 1$, so daß $\varphi_1 = \psi_L + \psi_R^c$ und $\varphi_2 = \psi_R + \psi_L^c$. Dies ist der reine Majorana-Fall (6.22).
- Für $m_R \gg m_D$, $m_L = 0$ ($\theta = m_D/m_R \ll 1$) erhält man die Masseneigenwerte

$$m_1 = \frac{m_D^2}{m_R}, \; m_2 = m_R \left(1 + \frac{m_D^2}{m_R^2}\right) \approx m_R \text{ mit } \varepsilon_{1,2} = \mp 1. \tag{6.38}$$

Die zugehörigen Majorana-Felder lauten: $\varphi_1 \approx \psi_L - \psi_R^c$, $\varphi_2 \approx \psi_L^c + \psi_R$.

b) Seesaw-Modell

Der zuletzt genannte Sonderfall entspricht dem sogenannten *Seesaw-Modell* [Gel79, Yan80, Doi85, Blu92, Boe92, Kim93, Ber94, Gel95, Kla95]. Dieses Modell, das über das Standardmodell hinausgeht, liefert eine natürliche Erklärung dafür, daß die Neutrinomassen so viel kleiner sind als die Massen der zugehörigen geladenen Leptonen. Für jede Leptonfamilie wird neben dem leichten linkshändigen Neutrino ν_L ($m_L \approx 0$) ein superschweres rechtshändiges Majorana-Neutrino[**] N_R ($m_R \gg m_D$) eingeführt. Mit den Entsprechungen $\psi_L \rightarrow \nu_L$, $\psi_R \rightarrow N_R$ lautet die Langrange-Dichte (6.24) im Seesaw-Modell:

$$-\mathcal{L}_{DM} = -(\mathcal{L}_D + \mathcal{L}_M) = m_D \overline{\nu_L} N_R + \frac{1}{2} m_R \overline{N_L^c} N_R + \text{H.K.} \tag{6.39}$$

$$= \frac{1}{2} \left(\overline{\nu_L}, \overline{N_L^c}\right) \begin{pmatrix} 0 & m_D \\ m_D & m_R \end{pmatrix} \begin{pmatrix} \nu_R^c \\ N_R \end{pmatrix} + \text{H.K.}.$$

In GUT-Modellen [Ell82, Ros84, Lan85, Moh91, Moh91a, Val91, Boe94, Gre96] kann die Dirac-Masse $m_D \approx m_f$ mit der Masse eines geladenen Fermions f (Quark oder Lepton) und die Majorana-Masse $m_R \approx m_{GUT}$ mit der GUT-Massenskala identifiziert werden. Dabei gibt $m_{GUT} \sim 10^{14}$ - 10^{16} GeV die Energie an, bei der die Große Vereinigung der Wechselwirkungen stattfindet, d.h. die drei den Wechselwirkungsgruppen SU(3), SU(2) und U(1) entsprechenden energieabhängigen („laufenden") Kopplungskonstanten gleich werden.

Die Diagonalisierung der Massenmatrix in (6.39) liefert als Masseneigenzustände ein leichtes Neutrino ν und ein schweres Majorana-Neutrino N mit den Massen (6.38)

$$m_\nu = \frac{m_D^2}{m_R} \ll m_D \quad \text{bzw.} \quad m_N \approx m_R. \tag{6.40}$$

[**]Dieses zusätzliche Neutrino muß sehr schwer sein, da man es sonst schon beobachtet hätte.

Wie man sieht, ist m_ν um den Faktor $m_D/m_R \ll 1$ gegenüber der Fermion-masse m_D reduziert; das leichte Neutrino ist bei festem m_D umso leichter, je schwerer das (hypothetische) schwere Neutrino ist (*Seesaw-Mechanismus*; daher der Name „seesaw" = Wippe). Man sagt auch, die Masse m_ν des leichten ν werde durch den Seesaw-Mechanismus „erzeugt".

Um (6.40) auf die *drei* Fermionfamilien (2.1) und (2.2) anwenden zu können, kann man die von GUT-Modellen nahegelegten Annahmen machen, daß m_R für alle drei Familien gleich ist ($m_R \approx m_{GUT}$, siehe oben) und daß $m_D = m_{up}$ mit $up = u, c, t$ ist. Dann erhält man die *quadratische* Seesaw-Vorhersage:

$$m_1 : m_2 : m_3 = m_u^2 : m_c^2 : m_t^2 \,, \tag{6.41}$$

wobei m_i ($i = 1, 2, 3$) die Massen der Masseneigenzustände ν_i sind, mit $m_i \approx m(\nu_\ell)$ ($\ell = e, \mu, \tau$) bei schwacher Mischung. Identifiziert man m_D nicht mit den Massen der $Q = \frac{2}{3}$-Quarks, sondern mit den Massen der geladenen Leptonen ($m_D = m_\ell$), so gilt statt (6.41)

$$m_1 : m_2 : m_3 = m_e^2 : m_\mu^2 : m_\tau^2 \,. \tag{6.42}$$

In einer alternativen Version des Modells wird m_R als proportional zu m_D angenommen [Blu92], so daß man statt (6.41) die *lineare* Seesaw-Vorhersage

$$m_1 : m_2 : m_3 = m_u : m_c : m_t \tag{6.43}$$

erhält. Zwei weitere Vorhersagen für zwei spezifische GUT-Modelle werden (nach radiativen Korrekturen) in [Blu92] gegeben:

$$m_1 : m_2 : m_3 = \begin{cases} 0.05 m_u^2 : 0.09 m_c^2 : 0.38 m_t^2 & \text{für SUSY-GUT} \\ 0.05 m_u^2 : 0.07 m_c^2 : 0.18 m_t^2 & \text{für SO(10)-GUT.} \end{cases} \tag{6.44}$$

Wie man sieht, sind die Seesaw-Vorhersagen sehr modellabhängig. Eine Anwendung des Seesaw-Modells wird in Kap. 7.2.4 besprochen.

Eine Alternative zum Seesaw-Modell ist das Zee-Modell [Zee80], das ebenfalls die Kleinheit der ν-Massen erklärt. Weitere spezielle Modelle für Neutrinomassen, die hier nicht besprochen werden, können u.a. in [Bil87, Lan88, Moh91, Val91, Boe92, Kim93, Gel95] gefunden werden.

c) Mehrere Neutrinoarten

Bisher wurde unter a) der Fall einer einzigen Neutrinoart behandelt. Die Verallgemeinerung auf n Neutrinoflavours [Vui86, Bil87, Lan88, Bil91, Boe92, Kim93, Gel95, Shr96] wird hier nicht im einzelnen behandelt. Sie besteht darin, daß jeder der Weyl-Spinoren $\psi_L, \psi_R^c; \psi_R, \psi_L^c$ ein n-komponentiger Spaltenvektor im Flavourraum wird, also in der Notation von (6.25) z.B.

$$\nu_L = \begin{pmatrix} \nu_{1L} \\ \vdots \\ \nu_{nL} \end{pmatrix}, \; N_R = \begin{pmatrix} N_{1R} \\ \vdots \\ N_{nR} \end{pmatrix}, \tag{6.45}$$

wobei jedes ν_{iL} bzw. N_{iR} ein normaler Weyl-Spinor mit festem Flavour i ist. Entsprechend werden aus den Massen m_D, m_L, m_R die $n \times n$-Matrizen M_D, M_L, M_R mit komplexen Elementen und $M_L = M_L^T$, $M_R = M_R^T$. Die allgemeine symmetrische $2n \times 2n$-Massenmatrix lautet dann analog zu (6.24):

$$M = \begin{pmatrix} M_L & M_D \\ M_D^T & M_R \end{pmatrix}. \tag{6.46}$$

Der allgemeinste Dirac-Majorana-Massenterm ist entsprechend (6.25) gegeben durch

$$-2\mathcal{L}_{DM} = \overline{\Psi_L} M \Psi_R^c + \overline{\Psi_R^c} M^+ \Psi_L \; \text{ mit } \; \Psi_L = \begin{pmatrix} \nu_L \\ N_L^c \end{pmatrix}, \; \Psi_R^c = \begin{pmatrix} \nu_R^c \\ N_R \end{pmatrix}$$

$$= \overline{\nu_L} M_D N_R + \overline{N_L^c} M_D^T \nu_R^c + \overline{\nu_L} M_L \nu_R^c + \overline{N_L^c} M_R N_R + \text{H.K.} \tag{6.47}$$

$$= \sum_{i,j=1}^{n} \left[\overline{\nu_{iL}} M_{Dij} N_{jR} + \overline{N_{iL}^c} M_{Dij}^T \nu_{jR}^c + \overline{\nu_{iL}} M_{Lij} \nu_{jR}^c + \overline{N_{iL}^c} M_{Rij} N_{jR} \right] + \text{H.K.} .$$

Auf die Diagonalisierung der Matrix M in (6.46), aus der sich die $2n$ Majorana-Masseneigenzustände und zugehörigen Eigenwerte $\varepsilon_i m_i$ ($\varepsilon_i = \pm 1$, $m_i \geq 0$; siehe (6.31)) ergeben, wird hier nicht eingegangen; sie wird bezüglich der Flavours in Kap. 6.3.1 kurz behandelt.

In (6.45) und (6.47) wurde angenommen, daß die Anzahl n_a der aktiven Neutrinoarten (ν_{iL}, ν_{iR}^c) und die Anzahl n_s der sterilen Neutrinoarten (N_{iR}, N_{iL}^c) gleich sind: $n_a = n_s = n$. Im allgemeinen Fall $n_a \neq n_s$ ist M_D eine $n_a \times n_s$-Matrix, M_L eine $n_a \times n_a$-Matrix und M_R eine $n_s \times n_s$-Matrix, so daß die volle Matrix M eine $(n_a + n_s) \times (n_a + n_s)$-Matrix ist. Ihre Diagonalisierung liefert $n_a + n_s$ Masseneigenwerte und Masseneigenzustände.

Im Seesaw-Modell besitzen die leichten Neutrinos ν_L die (noch zu diagonalisierende) Massenmatrix

$$M_\nu = M_D M_R^{-1} M_D^T, \tag{6.48}$$

analog zu m_ν in (6.40).

6.2   Direkte Bestimmung der Neutrinomassen

In diesem Kapitel wird angenommen, daß die *schwachen Eigenzustände (Flavoureigenzustände)* ν_e, ν_μ und ν_τ im wesentlichen gleich den *Masseneigenzuständen* ν_1, ν_2 bzw. ν_3 sind, d.h. die Mischungsmatrix U (Kap. 6.3.1) die Einheitsmatrix ist. Die Neutrinos ν_e, ν_μ, ν_τ haben dann wohldefinierte Massen. Andernfalls sind die gemessenen Massen $m(\nu_\alpha)$ gewichtete Mittelwerte der Masseneigenwerte m_i (siehe (6.118)):

$$m(\nu_\alpha) = \sum_{i=1}^{3} |U_{\alpha i}|^2 m_i \quad \text{mit} \quad \alpha = e, \mu, \tau. \tag{6.49}$$

Die Effekte einer Neutrino-Mischung werden in Kap. 6.4 besprochen.

6.2.1 Masse des Elektronneutrinos

Die Masse $m(\nu_e)$ des Elektronneutrinos[†] wurde in Experimenten zum β^--Zerfall des Tritiums (H³) und zum radiativen Elektron-Einfang (radiativer inverser β-Zerfall) in Holmium (Ho¹⁶³) gemessen [Chi84, Ver86, Kun91, Hol92a, Ohs94].

a) $m(\nu_e)$ aus dem β^--Zerfall des Tritiums

Die Masse $m(\nu_e) = m_\nu$ des Antielektronneutrinos $\overline{\nu}_e$ kann in Kern-β^--Zerfällen in Ruhe (Kap. 1.1)

$$B(Z) \to C(Z+1) + e^- + \overline{\nu}_e \tag{6.50}$$

aus einer genauen Untersuchung des Elektron-Energiespektrums $N(E)$ (β-*Spektrum*) in der Nähe des Endpunktes $E = E_{\max}$ bestimmt werden. Dabei wurde aus Gründen, die unten erläutert werden, in allen bisherigen Experimenten der β^--Zerfall des Tritiums ($\frac{1}{2} \to \frac{1}{2}$ Übergang) benutzt:

$$\text{H}^3 \to \text{He}^3 + e^- + \overline{\nu}_e. \tag{6.51}$$

Wir behandeln zunächst die Kinematik des β^--Zerfalls (6.50) in größerer Ausführlichkeit (siehe auch Kap. 1.1), wobei wir den Zerfall (6.51) als quantitatives Beispiel nehmen. Es seien (E, p) und (E_ν, p_ν) Laborenergie und Laborimpuls von e^- bzw. $\overline{\nu}_e$. Zu Beginn nehmen wir der Einfachheit halber an, daß wir es mit nackten Kernen B und C mit den Kernmassen m_B bzw.

[†]Wir nehmen an, daß ν_e und $\overline{\nu}_e$ infolge der CPT-Invarianz dieselbe Masse haben.

m_C zu tun haben, vernachlässigen also die Hüllenelektronen und deren Bindungsenergien. Der Energiesatz lautet dann einfach:

$$m_B = E_C + E + E_\nu \quad \text{mit} \quad E_C = m_C + T_C, \tag{6.52}$$

wobei T_C die kinetische *Rückstoßenergie* ist. Es soll gezeigt werden, daß T_C extrem klein ist. Die Maximalenergien $E_{C\text{max}}$ und E_{max} des Tochterkerns C bzw. des e^- sind gegeben durch (siehe (A.31))

$$
\begin{aligned}
E_{C\text{max}} &= \frac{m_B^2 + m_C^2 - (m_e + m_\nu)^2}{2m_B} \\
E_{\text{max}} &= \frac{m_B^2 + m_e^2 - (m_C + m_\nu)^2}{2m_B}.
\end{aligned}
\tag{6.53}
$$

Die maximalen kinetischen Energien betragen damit für den Fall $m_\nu = 0$:

$$T_{C\text{max}} = E_{C\text{max}} - m_C = \frac{\Delta^2 - m_e^2}{2m_B} \tag{6.54}$$

$$T_{\text{max}} = E_{\text{max}} - m_e = \Delta - m_e - \frac{\Delta^2 - m_e^2}{2m_B} = \Delta - m_e - T_{C\text{max}} \approx \Delta - m_e,$$

wobei $\Delta = m_B - m_C$ die Differenz der Kernmassen ist. Für den H^3-Zerfall (6.51) betragen die Kernmassen $m_B = m_{H^3} = 2809$ MeV und $m_C = m_{He^3} = m_{H^3} - \Delta$ mit $\Delta = 0.5296$ MeV [Ber72]. Mit $m_e = 0.510999$ MeV erhält man damit für $m_\nu = 0$:

$$T_{C\text{max}} = 3.4 \text{ eV}. \tag{6.55}$$

$T_{C\text{max}}$ ist also extrem klein.

In Wirklichkeit geht in (6.50) im allgemeinsten Fall ein in einem Molekül R-B (R = Molekülrest) gebundenes Atom B über in ein im Molekül R-C^+ gebundenes Ion C^+ mit gleichen Anzahlen von Elektronen in den Hüllen, aber mit verschiedenen atomaren und molekularen Bindungsenergien $B_{R\text{-}B}$ und $B_{R\text{-}C^+}$ mit $B_{R\text{-}B}$, $B_{R\text{-}C^+} < 0^\dagger$. Die Energieerhaltung lautet dann statt (6.52):

$$m_B + B_{R\text{-}B} = m_C + B_{R\text{-}C^+} + T_C + E + E_\nu, \tag{6.56}$$

nachdem auf beiden Seiten die Ruhemassen $Z m_e$ der gleichen Anzahl Z der Hüllenelektronen in B und C^+ subtrahiert wurden. Gleichung (6.56) unterscheidet sich von (6.52) lediglich dadurch, daß zu den Kernmassen die

---

†Wir nehmen hier zunächst den Übergang in den atomaren und molekularen Grundzustand von R-C^+ an, siehe unten.

negativen Bindungsenergien hinzuzufügen sind. Für $m_\nu = 0$ ergibt sich aus (6.56) entsprechend (6.54) die maximale Energie zu

$$E_{max}(m_\nu = 0) \equiv E_0 = Q + m_e = \Delta + (B_{R\text{-}B} - B_{R\text{-}C^+}) - T_{rec}, \quad (6.57)$$

wobei T_{rec} die maximale Rückstoßenergie von $R\text{-}C^+$ ist. Die Maximalenergie E_0 bzw. maximale kinetische Energie Q für $m_\nu = 0$ wird *Endpunktsenergie* genannt. Vernachlässigt man T_{rec}, so ist E_0 nach (6.56) und (6.57) die für die beiden Leptonen e^- und $\bar{\nu}_e$ zur Verfügung stehende Gesamtenergie, d.h. die im Zerfall frei werdende Energie:

$$E_0 = E + E_\nu. \quad (6.58)$$

Daher sind für $m_\nu \geq 0$ Energie und Impuls des $\bar{\nu}_e$ gegeben durch:

$$E_\nu = E_0 - E, \quad p_\nu = \sqrt{(E_0 - E)^2 - m_\nu^2}. \quad (6.59)$$

Für $m_\nu \geq 0$ liegt der Endpunkt des β-Spektrums also bei ($p_\nu = 0$)

$$E_{max} = E_0 - m_\nu, \quad T_{max} = E_{max} - m_e = Q - m_\nu. \quad (6.60)$$

Die Endpunktsenergie E_0 bzw. Q kann in Beziehung gesetzt werden zur Differenz $\Delta M = M_B - M_C$ der Massen der *neutralen* Atome B und C; es gilt:

$$\begin{aligned} M_B &= m_B + Z m_e + B_B \\ M_C &= m_C + (Z+1) m_e + B_C, \end{aligned} \quad (6.61)$$

wobei B_B und B_C mit B_B, $B_C < 0$ die *atomaren* Bindungsenergien der Hüllenelektronen sind. Aus (6.61) erhält man mit $\Delta = m_B - m_C$:

$$\Delta M = M_B - M_C = \Delta - m_e + (B_B - B_C). \quad (6.62)$$

Elimination von Δ aus (6.57) und (6.62) ergibt:

$$\Delta M = Q + (B_B - B_C) - (B_{R\text{-}B} - B_{R\text{-}C^+}) + T_{rec}. \quad (6.63)$$

Für den Tritiumzerfall (6.51) ($B = \text{H}^3$, $C = \text{He}^3$) ist $\Delta M = (18.5901 \pm 0.0017)$ keV [Dyc93] und $B_{\text{H}^3} - B_{\text{He}^3} = 65.3$ eV [Hol92a, Ohs94]. Für atomares H^3 ist $B_{\text{H}^3} - B_{\text{He}^{3+}} = 40.8$ eV, $T_{rec} = 3.4$ eV (6.55), so daß $Q = 18.562$ ist. Für molekulares H_2^3 ist $B_{\text{H}_2^3} - B_{\text{H}^3\text{-He}^{3+}} = 49.1$ eV [Hol92a, Kun94], $T_{rec} = 1.6$ eV, so daß die Bindungsenergiekorrektur in (6.63) insgesamt $+16.2$ eV beträgt und $Q = 18.572$ keV ist. Dieser Wert stimmt mit den Meßwerten in Tab. 6.2 gut überein.

Das β-Spektrum ist gegeben durch [Per87, Kun94, Kla95]

$$N(E) \equiv \frac{dN}{dE} = cK \cdot F(E,Z) \cdot pE \cdot p_\nu E_\nu = \frac{E}{c^2 p} \frac{dN}{dp} \equiv \frac{E}{c^2 p} N(p)$$

$$(6.64)$$

$$= K \cdot F(E,Z) \cdot pE \cdot \sqrt{(E_0 - E)^2 - m_\nu^2} \, (E_0 - E),$$

wobei

$$K = \frac{1}{2\pi^3 c^5 \hbar^7} \left[g_V^2 |M_F|^2 + g_A^2 |M_{GT}|^2 \right] = \frac{g_V^2}{2\pi^3 c^5 \hbar^7} |M|^2$$

$$\text{mit } |M|^2 = |M_F|^2 + \left(\frac{g_A}{g_V} \right)^2 |M_{GT}|^2 , \qquad (6.65)$$

$$g_V = G_F \cdot \cos\theta_C , g_A/g_V = -1.2601 \pm 0.0025 .$$

G_F ist die Fermi-Konstante und θ_C der Cabibbo-Winkel (Kap. 2.3, 2.4). Die einzelnen Größen haben die folgende Bedeutung:

• $F(E,Z)$ ist die bekannte *Fermi-Funktion* (*Coulomb-Funktion*) [Hol92a, Kun94, Kla95], durch die die Coulomb-Wechselwirkung zwischen auslaufendem e^- und Tochterkern C einschließlich der Abschirmung der Kernladung von C durch die Hüllenelektronen berücksichtigt wird. $F(E,Z)$ bewirkt eine Korrektur des β-Spektrums und zwar weicht $F(E,Z)$ umso stärker von eins ab, je größer Z ist. Für β^--Zerfälle ist $F(E,Z) > 1$, da wegen der Coulombanziehung zwischen e^- und C die Energie des e^- beim β-Zerfall größer ist als seine gemessene Energie E, so daß der wahre Phasenraum größer ist als der durch E gegebene Phasenraum und dadurch die e^--Rate erhöht wird. In nicht-relativistischer Näherung ist $F(E,Z)$ gegeben durch [Kim93, Kla95]

$$F(E,Z) = \frac{x}{1 - e^{-x}} \quad \text{mit} \quad x = \pm \frac{2\pi(Z+1)\alpha}{\beta} \quad \text{für } \beta^\mp\text{-Zerfall}, \quad (6.66)$$

wobei $\beta = p/E$ die Elektrongeschwindigkeit ist ($Z = 1$ für den H^3-Zerfall).
• M_F und M_{GT} sind die *Kernmatrixelemente* für einen Fermi- bzw. Gamov-Teller-Übergang. Für sogenannte erlaubte β-Übergänge[§] sind die Kernmatrixelemente energieunabhängig, so daß das β-Spektrum (6.64) im wesentlichen durch den *Phasenraumfaktor* $pE \cdot p_\nu E_\nu$ gegeben ist.

[§]Erlaubte β-Übergänge sind Zerfälle, in denen das $(e\bar\nu)$-System den Bahndrehimpuls $\ell = 0$ zum Tochterkern C besitzt. Hat $(e\bar\nu)$ den Gesamtspin $S = 0$ (Singlett-Zustand mit antiparalleler Spinstellung), so heißt der Übergang *Fermi-Übergang* mit $\Delta J = J_C - J_B = 0$ für die Kernspinänderung; hat $(e\bar\nu)$ den Gesamtspin $S = 1$ (Triplett-Zustand mit paralleler Spinstellung), so heißt der Übergang *Gamov-Teller-Übergang* mit $\Delta J = 0, \pm 1$ (außer $0 \rightarrow 0$).

• g_V und g_A sind die zu M_F bzw. M_{GT} gehörigen Vektor- und Axialvektor-Kopplungskonstanten (Kap. 2.3, 2.4).

Das β-Spektrum (6.64) verschwindet bei $p_\nu = 0$, d.h. beim Endpunkt $E_{max} = E_0 - m_\nu$.

Im Falle, daß ν_e eine Linearkombination von drei verschiedenen Masseneigenzuständen ν_i mit Massen m_i ist (Kap. 6.3.1, $U \neq 1$), ist entsprechend (6.49) $N(E)$ gegeben durch [Vui86]

$$N(E) = K \cdot F(E, Z) \cdot pE(E_0 - E) \cdot \sum_{i=1}^{3} \sqrt{(E_0 - E)^2 - m_i^2} \, |U_{ei}|^2 \,, (6.67)$$

wobei jedes der drei zu $N(E)$ beitragenden Teilspektren seinen eigenen Endpunkt $E_{max,i} = E_0 - m_i$ besitzt. Dieser Fall wird ausführlicher in Kap. 6.4 behandelt. Wir werden jedoch im folgenden unter der Annahme $U = 1$ weiterhin (6.64) zugrunde legen.

Oft wird statt E die dimensionslose Energievariable $\varepsilon = E/m_e c^2$ verwandt. Aus (6.64) und (6.65) ergibt sich dann für das Spektrum von ε:

$$N(\varepsilon) \equiv \frac{dN}{d\varepsilon} = K' \cdot F(\varepsilon, Z) \cdot \varepsilon\sqrt{\varepsilon^2 - 1} \, (\varepsilon_0 - \varepsilon)^2 \sqrt{1 - \frac{m_\nu^2}{m_e^2(\varepsilon_0 - \varepsilon)^2}}$$

$$(6.68)$$

$$\text{mit} \qquad K' = m_e^5 c^9 K = \frac{m_e^5 c^4}{2\pi^3 \hbar^7} G_F^2 \cos^2\theta_C |M|^2 \,.$$

Benutzt man statt der Elektronenergie E die kinetische Energie $T = E - m_e$ mit $E_0 - E = Q - T$, so erhält man statt (6.64):

$$N(T) = K \cdot F(E, Z) \cdot pE \cdot \sqrt{(Q - T)^2 - m_\nu^2} \, (Q - T) \,. \qquad (6.69)$$

Zur Darstellung des β-Spektrums in der Nähe des Endpunktes ist es zweckmäßig, das β-Spektrum in Form eines *Kurie-Plots* aufzutragen; er ist definiert durch

$$K(E) \equiv \sqrt{\frac{N(E)}{K \cdot F(E, Z) \cdot pE}} = \left[\sqrt{(E_0 - E)^2 - m_\nu^2} \, (E_0 - E)\right]^{\frac{1}{2}} \text{ oder}$$

$$(6.70)$$

$$K(T) \equiv \sqrt{\frac{N(T)}{K \cdot F(E, Z) \cdot pE}} = \left[\sqrt{(Q - T)^2 - m_\nu^2} \, (Q - T)\right]^{\frac{1}{2}} \,.$$

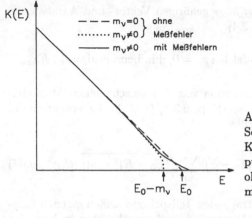

Abb. 6.3
Schematische Darstellung eines
Kurie-Plots in der Nähe des End-
punktes E_0, für $m_\nu = 0$ und $m_\nu \neq 0$
ohne Verschmierung sowie $m_\nu \neq 0$
mit Verschmierung.

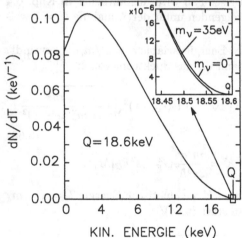

Abb. 6.4
β-Spektrum des Tritiums als
Funktion der kinetischen Energie T. Der Einsatz zeigt die Endpunktsgegend mit 2500 mal ex-
pandierter vertikaler Skala. Nach
[Kun91].

Für $m_\nu = 0$ ist der Kurie-Plot also eine Gerade, $K(E) = E_0 - E$, mit dem
Endpunkt $E_{\max} = E_0$ (Abb. 6.3). Für $m_\nu > 0$ ist der Kurie-Plot immer noch
nahezu eine Gerade für große E_ν, d.h. genügend weit vom Endpunkt entfernt.
In der Nähe des Endpunktes jedoch, wo E_ν klein ist und sich m_ν bemerkbar
macht, biegt der Kurie-Plot nach unten ab und endet mit senkrechter Nei-
gung, $dK(E)/dE = \infty$, bei $E_{\max} = E_0 - m_\nu$ (Abb. 6.3). Eine genaue Messung
des Kurie-Plots in der Nähe seines Endpunktes $E_{\max}$ ermöglicht deshalb eine
Bestimmung von m_ν. In der Praxis ist diese Messung und ihre Interpretation
jedoch schwierig, und zwar aus den folgenden Gründen:

• Das β-Spektrum (Abb. 6.4) fällt zum Endpunkt hin stark ab, so daß dort die Anzahl der Elektronen (Zählrate) extrem klein ist (z.B. Bruchteil 10^{-9} innerhalb der letzten 20 eV beim H^3-Spektrum). Dadurch sind in diesem Teil des Kurie-Plots die statistischen Fehler relativ groß und der Untergrund besonders störend.

• Als Folge der endlichen instrumentellen (geometrischen) Auflösung der Energiemessung (Spektrometerauflösung) ist der Kurie-Plot verschmiert und erhält so einen hochenergetischen Schwanz, der sich möglicherweise noch jenseits von E_0 erstreckt (Abb. 6.3). Dieser Schwanz kommt dadurch zustande, daß wegen des starken Abfalls des β-Spektrums mehr Elektronen im Kurie-Plot nach rechts als nach links verschmiert werden. Wenn die *instrumentelle (geometrische) Auflösungsfunktion (Spektrometer-Auflösungsfunktion)* bekannt ist, kann die Energieverschmierung bis zu einem gewissen Grade in der Analyse herausgefaltet werden.

• Elektronen ändern auf ihrem Wege aus der radioaktiven Quelle heraus ihre Energie (Energieverluste in der Quelle) durch Streuung und Strahlung in der Quelle sowie durch Oberflächenpotentiale. Dies führt zu einer Verschiebung und weiteren Energieverschmierung in der Nähe des Endpunktes, die durch eine *Energieverlustfunktion* beschrieben werden kann. Um diesen Effekt möglichst gering zu halten, benötigt man extrem dünne Quellen, was zu Kosten der Zählrate geht. Die gesamte *Energieauflösungsfunktion* setzt sich zusammen aus der instrumentellen Auflösungsfunktion und der Energieverlustfunktion.

• Die Tochterionen C^+ bzw. Tochtermoleküle R-C^+ brauchen sich unmittelbar nach dem β-Zerfall nicht alle im Grundzustand zu befinden, sondern können auch verschiedene angeregte Zustände mit verschiedenen Bindungsenergien einnehmen. Die Änderung der Bindungsenergie ist besonders groß für Kerne mit kleinem Z, für die die relative Änderung der Kernladung ($\Delta Z/Z = 1/Z$) groß ist. Nach der oben behandelten Kinematik (siehe (6.57)) führt jeder atomare bzw. molekulare Zustand von C^+ zu einem eigenen Kurie-Plot mit eigenem Endpunkt, wie in Abb. 6.5 schematisch dargestellt. Dies hat zur Folge, daß der gemessene gesamte Kurie-Plot, der eine Summe von einzelnen Kurie-Plots ist (siehe auch (6.71)), in der Endpunktsgegend verzerrt ist. Im Zerfall (6.51) des atomaren Tritiums z.B. gehen 70% der Zerfälle zum 1s-Grundzustand des He^{3+}-Ions, 25% zum angeregten 2s-Zustand, der 40.5 eV über dem Grundzustand liegt, und 5% zu noch höheren s-Zuständen [Ber72].

Man kann die in Abb. 6.5 skizzierte Aufspaltung des Kurie-Plots vermeiden, indem man nicht *spektrometrisch* nur die Elektronenenergie, sondern *kalorimetrisch* die gesamte freiwerdende Energie, einschließlich der beim Übergang in den C^+-Grundzustand freiwerdenden atomaren bzw. molekularen Anregungsenergie, mißt. Allerdings haben Kalorimeterexperimente eine wesent-

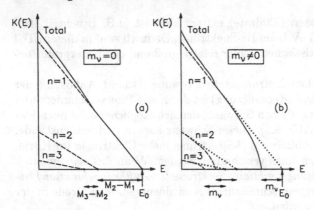

Abb. 6.5 Schematische Darstellung von Kurie-Plots in der Endpunktsgegend für (a) $m_\nu = 0$ und (b) $m_\nu \neq 0$. Gezeigt werden die Kurie-Plots für drei verschiedene atomare Zustände $n = 1, 2, 3$ des Tochterions C^+ mit Abständen $M_2 - M_1$ und $M_3 - M_2$ (gestrichelte Kurven) sowie der gesamte Kurie-Plot (durchgezogene Kurve).

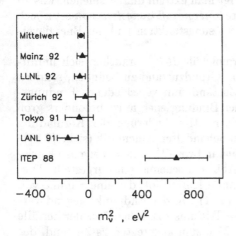

Abb. 6.6
Kompilation neuerer Messungen von $m(\nu_e)^2$ (siehe auch Tab. 6.2). Nach [Wil93].

lich schlechtere Energieauflösung als Spektrometerexperimente.

Aus all diesen Gründen sind die experimentellen Anforderungen sehr hoch. Insbesondere muß die Apparatur, die neben der β-Quelle meistens aus einem *Magnetspektrometer* zur Messung des Elektronimpulses besteht, eine möglichst große Quellenfläche – da die Quellendicke limitiert ist – und eine möglichst große Raumwinkelakzeptanz besitzen (Luminosität $\propto$ Quellenfläche · Raumwinkel), um dadurch eine möglichst hohe Zählrate zu erreichen. Sie muß andererseits eine hohe Energieauflösung (vergleichbar mit der angestrebten m_ν-Obergrenze, Abb. 6.3) haben. Auch muß die Auflösungsfunktion, mit der das theoretische β-Spektrum gefaltet wird, genau bekannt sein. Dies wird am besten mit einer kleinen Quelle und einem kleinen Raumwinkel erreicht, im Konflikt mit der Forderung hoher Luminosität. Schließlich muß der Untergrund möglichst niedrig sein, um ein gutes Signal/Untergrund-Verhältnis zu erzielen.

In praktisch allen bisherigen Experimenten wurde Tritium verwendet, das u.a. aus folgenden Gründen am besten zur Messung von m_ν geeignet ist:

• Der Tritiumzerfall (6.51) besitzt einen kleinen Phasenraum und damit eine ungewöhnlich niedrige Zerfallsenergie: $Q = 18.57$ keV (siehe oben). Wegen dieses kurzen Spektralbereichs entfallen relativ viele Zerfallsereignisse auf ein vorgegebenes, m_ν-empfindliches Energieintervall um den Endpunkt.

• Wegen des kleinen Phasenraums ist die Halbwertszeit des H^3 relativ lang: $T_H = 12.3$ Jahre. Dieser Wert ist jedoch noch niedrig genug, um eine genügend hohe Zerfallsrate zu ergeben.

• Wegen des kleinen Q-Wertes ist die relative Veränderung m_ν/Q (siehe (6.60)) des Kurie-Plots durch die $\bar\nu_e$-Masse groß.

• Wegen $Z = 1$ für H^3 ist die Fermi-Funktion $F(E, Z) \approx 1$ (6.66) und damit die Verzerrung des β-Spektrums durch die Coulomb-Wechselwirkung gering.

In zahlreichen Tritium-Experimenten ist seit vielen Jahren die $\bar\nu_e$-Masse gemessen worden (siehe Tabellen in [Bul83, Ohs94, PDG94, Kla95, PDG96]). Dabei hat das ITEP-Experiment [Bor87] lange Zeit für Aufregung gesorgt, da es als einziges Experiment eine von Null verschiedene $\bar\nu_e$-Masse ($17 < m(\nu_e) < 40$ eV) ergab. Inzwischen ist dieses Ergebnis jedoch durch genauere Experimente mit niedrigeren oberen Grenzen widerlegt worden (siehe z.B. Abb. 6.10) Wir stellen hier nur diese neueren Experimente vor; ihre Ergebnisse sind in Tab. 6.2 und z.T. in Abb. 6.6 zusammengefaßt.

Wir beschreiben einige Experimente in Tab. 6.2 etwas ausführlicher, um die zur $m(\nu_e)$-Messung notwendige hohe Experimentierkunst zu demonstrieren. Das *Zürich-Experiment* [Kun91, Hol92, Hol92a, Kun94] benutzte zur Messung der Elektronenenergie ein *Magnetspektrometer* (*Tretyakov-Spektrometer*) (Abb. 6.7). Das toroidale Magnetfeld wurde von 36 rechteckigen Stromschleifen erzeugt, von denen zwei in Abb. 6.7 dargestellt sind. Die zylinderförmige Quelle (5 cm Durchmesser) war von einem zylindrischen Gitter (Quellengitter, 11.6 cm Durchmesser) mit einer angelegten Spannung umgeben, durch die die aus der Quelle austretenden Zerfallselektronen verlangsamt wurden. Dadurch verbesserte sich die Auflösung des Spektrometers ($\Delta E \propto E$). Die verlangsamten Elektronen durchliefen das Magnetfeld viermal (Abb. 6.7) und

Tab. 6.2 Neuere Tritium-Experimente zur Messung von $m(\nu_e)$. Der erste
Fehler von $m(\nu_e)^2$ ist statistisch, der zweite systematisch. Die
$m(\nu_e)$-Obergrenzen haben 95% CL.

Experiment	$m(\nu_e)^2$ (eV²)	$E_{00} = Q$ (eV)	$m(\nu_e)$ (eV)	Ref.
(a) Tokyo (INS)	$-65 \pm 85 \pm 65$	18572.1 ± 3.0	< 13	[Kaw91]
(b) Los Alamos (LANL)	$-147 \pm 68 \pm 41$	18570.5 ± 2.0	< 9.3	[Rob91]
(c) Zürich	$-24 \pm 48 \pm 61$	18573.3 ± 0.2	< 11.7	[Hol92]
(d) Mainz	$-39 \pm 34 \pm 15$	18574.8 ± 0.6	< 7.2	[Wei93]
(e) Livermore (LLNL)	$-130 \pm 20 \pm 15$	18568.5 ± 2.0	< 7.0	[Sto95]
(f) Moskau (INR)	-22 ± 4.8		< 4.4	[Bel95a]
Mittelwert aus (a) bis (d)	-54 ± 30		< 5.1	[PDG94]
Mittelwert	-27 ± 20			[PDG96]

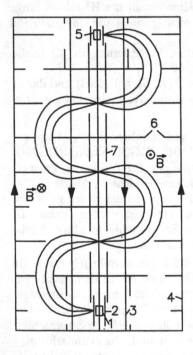

Abb. 6.7
Längsschnitt durch das Magnetspektrometer des Zürich-Experiments. Die Apparatur ist rotationssymmetisch um die Längsachse. 1: Quelle, 2: Gitter, 3 und 4: Stromschleife (die Pfeile geben die Stromrichtung an), 5: Detektor, 6 und 7: Blenden. Einige Elektronenbahnen sind eingezeichnet. Nach [Hol92a].

traten dann – bei richtiger Einstellung des Magnetfeldes – in den Detektor ein. Der *Detektor* war ein Proportionalzähler (5 cm Durchmesser) mit einem 10 cm langen Eintrittsfenster (1.5 μm dicke Mylarfolie). Vor dem Eintritt in den Detektor wurden die Elektronen durch ein Gitter um den Detektor

(Detektorgitter) wieder beschleunigt, so daß sie das Detektorfenster durchdringen konnten. Die Feinmessung der Energie eines Elektrons geschah durch Messung seiner Position im Proportionalzähler aus der Ladungsteilung. Der Abstand zwischen Quelle und Detektor betrug 2648 mm. Durch Blenden wurden der Raumwinkel und die Elektrontrajektorien begrenzt, so daß nur solche Elektronen den Detektor erreichten, die ungefähr senkrecht aus der Quelle ausgetreten waren. Die Spektrometer-Auflösefunktion wurde mit einer Au^{195}-Quelle gemessen.

Als *β-Quelle* wurde in einer früheren Phase des Experiments molekulares Tritium (H_2^3) verwendet, das in einer dünnen Oberschicht ($\sim$ 100 Å) eines Kohlenstoff-Films ($\sim$ 2000 Å) implantiert war, der auf eine Al-Folie aufgedampft war. Später wurde eine wesentlich verbesserte, sehr dünne Quelle benutzt, die aus einer sich selbst anordnenden Mono-Schicht bestand und folgendermaßen angefertigt wurde: Es wurden mit Tritium angereicherte Moleküle hergestellt, die aus einer Hydrocarbonkette mit 18 C-Atomen und einer reaktiven $SiCl_3$-Endgruppe (OTS) bestanden. Es wurde weiterhin ein Substrat hergestellt, dessen Oberfläche aus SiO_2 bestand, das dicht mit OH-Gruppen bedeckt war. Bei kurzem Eintauchen dieses Substrats in eine verdünnte OTS-Lösung reagierten die $SiCl_3$-Gruppen des OTS mit den OH-Gruppen an der Substratoberfläche, so daß eine dichte Mono-Schicht mit einer mittleren Dicke der Tritiumquelle von $\sim$ 9 Å zustande kam.

Die *Datenanalyse* verlief, ähnlich wie bei den anderen neueren Experimenten, folgendermaßen: Die theoretische Form des β-Spektrums ist entsprechend (6.64) gegeben durch[¶]:

$$N(E) \propto F(E,Z)pW \sum_i w_i \varepsilon_i \sqrt{\varepsilon_i^2 - m_\nu^2} \qquad (6.71)$$

$$\text{mit den } \bar{\nu}_e\text{-Energien } \varepsilon_i = E_{0i} - E = E_{00} - V_i - E \,,$$

wobei die Summe über alle elektronischen Anregungszustände der Moleküle R-He^{3+} geht. $E_{00} = Q$ ist die Endpunktsenergie für den Übergang vom R-H^3-Molekül in den elektronischen Grundzustand ($i = 0$) des R-He^{3+}-Moleküls (R = Molekülrest). V_i mit $V_0 = 0$ sind die Anregungsenergien und w_i die zugehörigen Übergangswahrscheinlichkeiten (Verzweigungsverhältnisse) für die Übergänge von R-H^3 in die molekularen Endzustände R-He^{3+}. Die V_i und w_i können theoretisch berechnet werden [Hol92a]. $E_{0i} = E_{00} - V_i$ sind die Endpunkte für die einzelnen elektronischen Anregungszustände (siehe Abb. 6.5). Die an das gemessene β-Spektrum anzupassende *Fitfunktion* erhält man durch Faltung von (6.71) mit der Spektrometer-Auflösungsfunktion und

---

[¶]Wir benutzen in (6.71) ausnahmsweise die in der neueren Literatur üblichen Bezeichnungen W, E, E_0; ε für die oben verwendeten Bezeichnungen E, T, Q; E_ν.

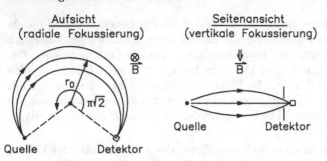

Abb. 6.8 Wirkungsweise eines $\pi\sqrt{2}$-Spektrometers in Aufsicht (radiale Fokussierung) und Seitenansicht (vertikale Fokussierung). Die Linien stellen je drei Teilchenbahnen dar.

der Energieverlustverteilung sowie durch Hinzufügen eines energieunabhängigen Untergrundterms. Die Fitfunktion enthält fünf anpaßbare Parameter, darunter m_ν^2 und E_{00} in (6.71). Das Ergebnis des Zürich-Experiments für m_ν^2 und E_{00} [Hol92] ist in Tab. 6.2 eingetragen.

Das *Tokyo-Experiment* [Kaw91, Hol92a] benutzte ein $\pi\sqrt{2}$-Spektrometer mit einer Proportionalkammer als Detektor. Ein solches (von Siegbahn erfundenes) Spektrometer arbeitet nach folgendem Prinzip (Abb. 6.8): Von Kreisbeschleunigern ist bekannt, daß man gleichzeitig radiale (in r-Richtung) und vertikale (in z-Richtung) Fokussierung der Teilchen um die Sollbahn mit Radius r_0 ($r_0 = 75$ cm bei der Tokyo-Apparatur) erzielt, wenn der Feldindex n des Magnetfeldes B die Bedingung $0 < n < 1$ erfüllt, wobei n definiert ist durch

$$B(r) = B_0 \left(\frac{r_0}{r}\right)^n \tag{6.72}$$

in der Ebene $z = 0$. Das Feld muß also zu größeren Radien hin abnehmen ($n > 0$ zur vertikalen Fokussierung), jedoch darf die Abnahme nicht zu stark sein ($n < 1$ zur radialen Fokussierung). Die radialen und vertikalen Schwingungen eines Teilchens um die Sollbahn (Betatronschwingungen) haben die Frequenzen

$$\nu_r = \sqrt{1-n}\,\nu_0\,,\ \nu_z = \sqrt{n}\,\nu_0\,,$$
$$\text{wobei } \nu_0 = \frac{v}{2\pi r_0} \tag{6.73}$$

die Umlauffrequenz des Teilchens mit der Geschwindigkeit v auf der Sollbahn ist. Für $n = \frac{1}{2}$ erhält man:

$$\nu_r = \nu_z = \frac{\nu_0}{\sqrt{2}}. \tag{6.74}$$

In einem solchen Magnetfeld trifft also ein Teilchen, das auf der Sollbahn startete, nach einer halben Schwingung radial und vertikal *im selben Zeitpunkt* wieder auf die Sollbahn. Teilchen mit einheitlicher Energie aus einer Punktquelle werden also in einem Knotenpunkt (d.h. radial und vertikal) fokussiert und können dort in einem Detektor nachgewiesen werden, nachdem sie einen Winkel von

$$\pi \frac{\nu_0}{\nu_{r,z}} = \pi\sqrt{2} = 254.6° \tag{6.75}$$

durchlaufen haben (Abb. 6.8).

Die *β-Quelle* des Tokyo-Experiments war das Kadmium-Salz einer mit Tritium dotierten organischen Säure ($C_{20}H_{40}O_2$). Die gesamte Responsfunktion der Apparatur wurde mit Hilfe einer Vergleichsquelle gemessen, die dieselbe chemische Zusammensetzung wie die β-Quelle besaß mit dem Unterschied, daß die H^3-Atome durch normale H^1-Atome und das natürliche Cd durch radioaktives Cd^{109} ersetzt waren. Dabei hatten die Elektronen aus beiden Quellen, H^3 und Cd^{109}, die gleiche Responsfunktion.

Der *Detektor* war eine (zur Feinmessung der Energie) positionsempfindliche Proportionalkammer, die aus 7 Zellen bestand, so daß 7 unabhängige β-Spektren gleichzeitig aufgenommen werden konnten. Abb. 6.9 zeigt die Kurie-Plots aus 5 dieser Zellen zusammen mit ihren Fits. Die aus den 5 Fits gewonnenen gewichteten Mittelwerte des Tokyo-Experiments für m_ν^2 und E_{00} [Kaw91] sind in Tab. 6.2 eingetragen.

Das *Los Alamos-Experiment* [Rob91, Hol92a] war das erste Experiment, das als β-Quelle *gasförmiges* molekulares Tritium H_2^3 ($= T_2$) verwendete mit den folgenden Vorteilen: Die Energieverluste in der Quelle waren sehr klein; die elektronischen Endzustände des aus dem β-Zerfall entstandenen He^{3+} waren genau bekannt. Die Quelle bestand aus einem 3.86 m langen Aluminium-Rohr (Durchmesser 3.8 cm), in das in der Mitte H_2^3-Gas einströmte, das an den beiden Enden wieder abgepumpt und rezykliert wurde. Das Rohr befand sich in einem supraleitenden Solenoidmagneten, in dessen axialem Feld die im Rohr entstehenden Zerfallselektronen auf Spiralbahnen um die Feldlinien ohne Energieverlust und ohne Kontakt mit den Rohrwänden zu den beiden Rohrenden geleitet wurden. An dem einen Ende wurden sie magnetisch reflektiert, an dem anderen Ende schließlich auf den Eintritt in ein Magnetspektrometer vom Tretyakov-Typ (vergl. Abb. 6.7) kollimiert. Der Detektor war anfangs ein positionsempfindlicher Proportionalzähler, später ein

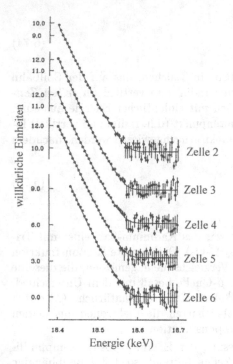

Abb. 6.9
Tokyo-Experiment: Kurie-Plots aus fünf verschiedenen Zellen in Endpunktsnähe mit den Anpassungen der Fitfunktion (Kurven). Nach [Kaw91].

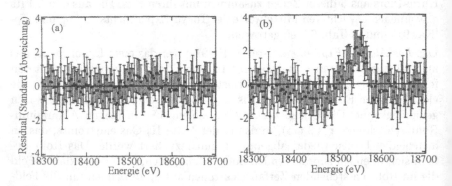

Abb. 6.10 Los Alamos-Experiment: Abweichungen der Meßpunkte mit ihren Fehlern von der angepaßten Fitkurve für (a) $m_\nu = 0$ und (b) $m_\nu = 30$ eV in Endpunktsnähe. Nach [Rob91].

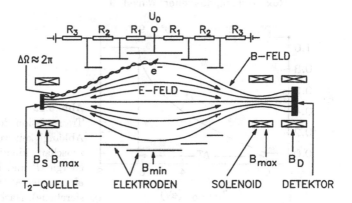

Abb. 6.11 Schematische Darstellung des Solenoid-Retardierungsspektrometers (SRS) des Mainz-Experiments. Die Linien mit Pfeilen stellen das E-Feld, die Linien ohne Pfeil das B-Feld dar. Nach [Ott94].

Siliziumstreifen-Detektor mit noch höherer Zählrate und besserer Auflösung. Die Spektrometerauflösung wurde mit Hilfe eines Kr^{83}-Gases im Quellenrohr gemessen. Das letzte Ergebnis des Los Alamos-Experiments [Rob91] für m_ν^2 und E_{00} ist in Tab. 6.2 eingetragen. Abb. 6.10 zeigt die Abweichungen der Meßpunkte mit ihren Fehlern von der angepaßten Fitkurve für $m_\nu = 0$ bzw. $m_\nu = 30$ eV in der Nähe des Endpunktes. Wie man sieht, sind die Messungen mit $m_\nu = 0$ verträglich, während der ITEP-Wert $m_\nu \approx 30$ eV ausgeschlossen ist.

Das *Mainz-Experiment* [Wei93, Ott94, Ott95] konnte die bisher niedrigste veröffentlichte 95% CL-Obergrenze für m_ν liefern (Tab. 6.2). Dies gelang mit einem neuartigen Spektrometertypen, einem sogenannten *Solenoid-Retardierungsspektrometer* (SRS), das ein elektrostatisches Spektrometer mit einem inhomogenen magnetischen Führungsfeld darstellt. Es zeichnet sich aus durch große Akzeptanz und hohe Energieauflösung. Der Aufbau und die Wirkungsweise des SRS werden hier nur qualitativ anhand von Abb. 6.11 kurz beschrieben: Die β-Quelle und der Detektor sind im Zentrum von zwei Solenoidmagneten aufgestellt, die im Zwischenraum ein inhomogenes Magnetfeld B erzeugen. Dieses Magnetfeld nimmt von $B_S \approx 2.4$ T an der Quelle auf $B_{min} \approx 8 \cdot 10^{-4}$ T in der Mittelebene zwischen den beiden Solenoiden (Analysierebene) ab, also um einen Faktor $B_S/B_{min} = 3000$. Zerfallselektronen aus der Quelle spiralen um die magnetischen Feldlinien auf „Zyklotronbahnen", werden also entlang den Feldlinien geführt. Durch eine Reihe von Elektroden

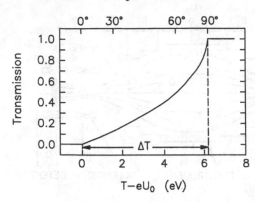

Abb. 6.12
Transmission des Mainz-SRS in Abhängigkeit von der Differenz zwischen kinetischer Elektronenenergie T und Potentialbarriere eU_0 in der Mittelebene (Analysierebene). Nach [Ott94].

wird im Magnetfeld ein retardierendes elektrostatisches Potential hergestellt, das sein Maximum (Barriere eU_0 mit $U_0 > 0$) in der Analysierebene, wo B minimal ist, erreicht. Elektronen aus der Quelle werden durch dieses Potential bis zur Analysierebene verlangsamt; diejenigen, deren Energie ausreicht zur Überwindung der Potentialbarriere (elektrostatische Filterung), werden jenseits der Barriere durch das elektrische Feld wieder beschleunigt und durch das magnetische Führungsfeld auf den Detektor fokussiert.

Der entscheidende Vorteil des SRS kommt folgendermaßen zustande: Ein Zerfallselektron verläßt die β-Quelle mit einer kinetischen Energie $T = m_e v^2 / 2$ unter einem Winkel θ mit $0° < \theta < 90°$ zur Oberflächennormalen, d.h. zum B-Feld an der Quelle. Es besitzt also eine longitudinale kinetische Energie T_L entlang seiner Führungsfeldlinie und (bei $\theta \neq 0°$) eine transversale kinetische Energie (Zyklotronenergie) T_T auf seiner Spiralbahn, entsprechend $v^2 = v_L^2 + v_T^2$. Während T_L vom Spektrometer elektrostatisch analysiert wird, wird T_T von ihm nicht erfaßt. Für T_T gilt:

$$T_T = -\boldsymbol{\mu} \cdot \boldsymbol{B},$$
$$\text{wobei } \boldsymbol{\mu} = \frac{e}{2m_e} \boldsymbol{L} \tag{6.76}$$

das zur Zyklotronbahn gehörige magnetische Moment ist. Wegen Erhaltung des Bahndrehimpulses $\boldsymbol{L}$ ist μ eine Konstante der Bewegung, so daß sich in einem *inhomogenen* $\boldsymbol{B}$-Feld T_T proportional zu B ändert und dabei wegen Energieerhaltung Energie von der Zyklotronbewegung auf die longitudinale Bewegung ($T_T \to T_L$ bei abnehmendem $\boldsymbol{B}$-Feld) bzw. umgekehrt ($T_L \to T_T$ bei zunehmendem $\boldsymbol{B}$-Feld)[‡] übertragen wird. In der Analysierebene des SRS

[‡]Der letztere Effekt wird zur magnetischen Spiegelung ausgenutzt.

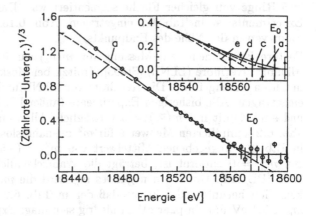

Abb. 6.13 Mainz-Experiment: Meßpunkte und verschiedene Fitkurven; (a) bester
Fit, (b) linearer Fit in den letzten 50 eV, (c-e) Fits bei festem m_ν =
0, 10, 20 eV. Nach [Ott94].

(Abb. 6.11) hat sich also die gesamte ursprünglich vorhandene Zyklotronenergie T_T in analysierbare longitudinale Energie umgewandelt, bis auf einen
kleinen Rest, der zwischen Null (für Emission unter $\theta = 0°$, d.h. $T_T = 0$) und
dem Maximalwert

$$\Delta T = \frac{B_{min}}{B_S} \cdot T = \frac{1}{3000} \cdot T = 6 \text{ eV} \quad (\text{für } T \approx 18 \text{ keV}) \tag{6.77}$$

(für Emission unter $\theta \approx 90°$, d.h. $T_T \approx T$) liegt. Das elektrostatische Spektrometer mit der Barriere eU_0 analysiert also Elektronen aus dem gesamten
Vorwärtsraumwinkel ($\theta < 90°$, $\Delta\Omega \approx 2\pi$)[§] mit einer Filterbreite ΔT von
nur 6 eV: Die Transmission des Filters ist $Tr = 0$ für $T \leq eU_0$ (selbst die
unter $0°$ emittierten Elektronen überwinden die Barriere nicht) und $Tr = 1$
für $T - \Delta T \geq eU_0$ (auch die unter $\sim 90°$ emittierten Elektronen überwinden
die Barriere). Dazwischen ($0 \leq T - eU_0 \leq \Delta T$) steigt Tr von 0 auf 1 an
(Abb. 6.12). Das SRS besitzt also eine große Winkelakzeptanz und durch
sein scharfes Filter eine hohe Energieauflösung.

Die Quelle des Mainz-Experiments bestand aus molekularem Tritium (T_2),
das in 40 Monoschichten auf ein 2.8 K kaltes Aluminiumsubstrat aufgefroren
war. Als Detektor diente ein Siliziumzähler von 25 mm Durchmesser, der

---

[§]In Wirklichkeit nimmt das Magnetfeld vor der Quelle von B_S auf B_{max} leicht zu
(Abb. 6.11), so daß Elektronen mit $\theta > 80°$ magnetisch reflektiert werden [Ott94].

in 5 Ringe von gleicher Fläche segmentiert war. Das Ergebnis des Mainz-Experiments ist in Tab. 6.2 eingetragen. Abb. 6.13 zeigt Meßpunkte und Fitkurven in der Nähe des Endpunkts.

Weitere Experimente zur Messung von $m(\overline{\nu}_e)$ wurden in München (TUM) [Hid95], Livermore (LLNL) [Sto95], Troitzk bei Moskau (INR) [Bel95a] und in China durchgeführt. Die Resultate von LLNL und INR sind in Tab. 6.2 eingetragen. Alle bisherigen Experimente (außer ITEP) liefern Obergrenzen und sind damit mit $m(\overline{\nu}_e) = 0$ verträglich. Allerdings fällt auf, daß die in Tab. 6.2 kompilierten Meßwerte für m_ν^2 ausnahmslos negativ sind; bei dem in Tab. 6.2 angegebenen Mittelwert von $m_\nu^2 = (-54 \pm 30)$ eV^2, der 1.8σ von $m_\nu^2 = 0$ entfernt ist, beträgt die Wahrscheinlichkeit für $m_\nu^2 \geq 0$ nur 3.5% [PDG94]. Durch ein negatives m_ν^2 wird die m_ν-Obergrenze natürlich künstlich heruntergedrückt, so daß der in Tab. 6.2 angegebene Wert von $m_\nu < 5.1$ eV um ein paar eV zu niedrig sein mag. Experimentell äußert sich ein negativer m_ν^2-Wert in einem Überschuß von Ereignissen beim Endpunkt im Vergleich zur theoretischen Formel für das β-Spektrum. Die Schwierigkeit der negativen m_ν^2-Werte ist noch nicht verstanden; es kommen verschiedene Erklärungsmöglichkeiten in Frage [Wil93, Ott94, Rob94, Ade95]:

• Eine statistische Schwankung. Diese Erklärung wird jedoch wegen ihrer geringen Wahrscheinlichkeit praktisch ausgeschlossen.

• Ein systematischer Fehler in einem oder mehreren, wenn nicht in allen Experimenten, der noch nicht bekannt bzw. verstanden ist.

• Ein systematischer Fehler in der Theorie, z.B. in der Berechnung der elektronischen Endzustände. Es könnten beispielsweise bei den Experimenten mit molekularem Tritium H_2^3 die Endzustände des entstehenden molekularen $(H^3\text{-}He^3)^+$-Ions noch nicht genau und zuverlässig genug berechnet worden sein.

• Eine Anomalie in der Endpunktsgegend [Bel95a].

• Eine Ungenauigkeit in der theoretischen Formel für das β-Spektrum [Chi95].

• Beiträge von anderen physikalischen Effekten, die zu einem Elektronenüberschuß in der Nähe des Endpunktes führen. Man hat z.B. die Hypothese untersucht, daß Neutrinos der kosmischen Hintergrundstrahlung (Kap. 7.4.2) durch die Reaktion

$$\nu_e + H^3 \rightarrow He^3 + e^- + 18.5 \text{ keV} \tag{6.78}$$

einen solchen Elektronenüberschuß verursachen. Jedoch müßte zur Erklärung des Untergrundes die Dichte der Hintergrund-Neutrinos $\sim 10^{17}$ cm^{-3} betragen [Sar95]. Diese Dichte liegt jedoch um einen Faktor von $\sim 10^{15}$ über der aus der Urknall-Theorie berechneten Neutrinodichte von $\sim 10^2$ cm^{-3} (siehe (7.99)).

Zur Zeit gibt es also noch keine plausible Erklärung für die negativen m_ν^2-Werte, so daß weitere experimentelle und theoretische Untersuchungen notwendig sind.

b) $m(\nu_e)$ aus dem radiativen Elektron-Einfang in Holmium

Eine (andere) Methode, die Masse $m(\nu_e) = m_\nu$ des Elektronneutrinos zu bestimmen, wurde von De Rujula [Ruj81] vorgeschlagen. Sie besteht in der Messung des kontinuierlichen Energiespektrums $N(k)$ der Photonen, die beim *radiativen Elektron-Einfang*

$$B(Z) + e^- \rightarrow C(Z-1) + \nu_e + \gamma \tag{6.79}$$

durch *innere Bremsstrahlung* emittiert werden [Bul83, Chi84, Kun91]. Als günstigster e^--Einfang wurde der „Zerfall"

$$\text{Ho}^{163} + e^- \rightarrow \text{Dy}^{163} + \nu_e + \gamma \tag{6.80}$$

des Holmium-Isotops Ho^{163} in das Dysprosium-Isotop Dy^{163} verwendet. Normalerweise findet der *Elektron-Einfang*

$$B(Z) + e^- \rightarrow C(Z-1) + \nu_e \tag{6.81}$$

ohne Bremsstrahlung statt: Ein neutronenarmer Kern $B(Z)$ fängt aus einer durch die üblichen Quantenzahlen $[n, \ell, j]$ gekennzeichneten atomaren Schale in der Elektronenhülle ein e^- ein, und ein ν_e wird emittiert. Der Einfang erfolgt normalerweise aus einem s-Zustand (z.B. Einfang aus der K-Schale $[1s]$), da für $\ell = 0$ die Wellenfunktion des e^- am Kernort nicht verschwindet und daher ein Einfang möglich ist. Da (6.81) ein Zwei-Körper-Prozeß ist, besitzen die ν_e ein diskretes Energiespektrum mit scharfen „Linien" bei

$$E_\nu = Q - E(n, \ell, j). \tag{6.82}$$

Hierbei ist $Q = m_B - m_C$ die Massendifferenz der Atome B und C in ihren Grundzuständen (Q-Wert) und $E(n, \ell, j)$ die *positive* Bindungsenergie (Ionisationsenergie) eines Elektrons in der Schale $[n, \ell, j]$ des Tochteratoms C; $m_C + E(n, \ell, j)$ ist also die Masse des *angeregten* Tochteratoms C mit dem durch den Einfang entstandenen Loch $[n, \ell, j]$ in der Hülle. Dieses Loch wird von einem höher gelegenen Elektron, möglicherweise in einem Kaskadenprozeß, unter Aussendung von diskreter Röntgenstrahlung (oder eines Auger-Elektrons) aufgefüllt. Im Prinzip ließe sich m_ν aus einer Messung der Elektron-Einfangsrate bestimmen [Spr87], die von der Energie E_ν und dem Impuls p_ν des Neutrinos und damit von m_ν abhängt. In praxi gelänge dies jedoch nur, wenn p_ν extrem klein wäre, so daß sich m_ν bemerkbar macht. Für die diskreten p_ν-Werte aus (6.82) ist dies jedoch nicht der Fall. Aussichtsreicher als der *normale* e^--Einfang (6.81) ist daher der *radiative* e^--Einfang (6.79), ein Drei-Körper-Prozeß. In ihm wird vom Elektron während des Einfangs ein Bremsstrahlungsphoton der Energie k emittiert. Das Energiespektrum $N(k)$ ist, in Analogie zum β-Spektrum (6.64) beim β-Zerfall[§], für den Einfang aus einem s-Zustand gegeben durch

$$N(k) \propto k(k_0 - k)\sqrt{(k_0 - k)^2 - m_\nu^2} = kE_\nu p_\nu \,, \tag{6.83}$$

d.h. im wesentlichen durch den Phasenraumfaktor. Hierbei ist $k_0 = k + E_\nu$, entsprechend (6.58), die in (6.79) zur Verfügung stehende Endpunktsenergie, wenn man die extrem kleine Rückstoßenergie von C vernachlässigt; es ist also $k_0 = k_{max}$ die maximale Photonenergie für $m_\nu = 0$ (vergl. (6.57)). Für k_0 gilt:

$$k_0 = Q - E(n, \ell, j) = k + E_\nu \,. \tag{6.84}$$

Durch Messung von $N(k)$ in der Nähe von $k_{max} = k_0 - m_\nu$ kann m_ν im Prinzip bestimmt werden.

Zwei Schwierigkeiten, die die e^--Einfangsmethode neben einigen Vorteilen besitzt, sollen nur kurz erwähnt werden:

• Zu jedem Zustand $[n, \ell, j]$, aus dem heraus ein e^- eingefangen werden kann, gehört nach (6.83) und (6.84) ein eigenes Spektrum $N(k)$. Das gemessene Spektrum ist also eine Superposition dieser einzelnen Spektren und ist daher in der Endpunktsgegend verschmiert.

• Die Einfangsrate ist normalerweise extrem klein; hier hilft jedoch ein Resonanzeffekt: Beim e^--Einfang aus einem Zustand mit $\ell \neq 0$ (z.B. p-Zustand) muß das Elektron zunächst virtuell unter Emission eines Bremsstrahlungsphotons in einen Zwischenzustand mit $\ell = 0$, d.h. mit nicht-verschwindender Wellenfunktion am Kernort, übergehen, von dem aus es dann vom Kern eingefangen wird. Wenn die Energie dieses Übergangs, d.h. die Photonenergie, in der Nähe von charakteristischer Röntgenstrahlung liegt, tritt ein Resonanzeffekt ein, durch den die Einfangsrate enorm gesteigert wird.

Der Q-Wert für den Ho^{163}-Zerfall (6.80) ist sehr klein: $Q = (2.561 \pm 0.020)$ keV [Spr87]. Dieser Wert ist so niedrig, daß Elektroneinfang aus den K- und L-Schalen (mit großer Ionisierungsenergie $E(n, \ell, j)$) nach (6.84) energetisch

---

[§]$N(k)$ hat im Vergleich zu (6.64) einen Faktor k weniger als Folge der Form dk/k des Bremsstrahlungsspektrums.

verboten und nur der Einfang aus der M-Schale und aus höheren Schalen erlaubt ist. Von mehreren bisherigen Experimenten [PDG96] zum Ho^{163}-Zerfall hat das Experiment [Spr87] die niedrigste Obergrenze für $m(\nu_e)$ geliefert:

$$m(\nu_e) < 225 \text{ eV (95\% CL)}. \tag{6.85}$$

Diese Grenze ist zwar bedeutend schlechter als die Grenze $m(\overline{\nu}_e) < 5.1$ eV (Tab. 6.2) aus dem β-Zerfall des Tritiums. Sie ist jedoch die z.Zt. beste Obergrenze für die ν_e-Masse, wenn man CPT-Invarianz *nicht* voraussetzt.

6.2.2 Masse des Myonneutrinos

Die bisher genaueste Methode, die Masse $m(\nu_\mu) = m_\nu$ des Myonneutrinos zu bestimmen [Bul83, PDG94, Ott95], benutzt den π^+-Zerfall $\pi^+ \to \mu^+\nu_\mu$ in Ruhe. Aus Energie-Impuls-Erhaltung

$$m_\pi = \sqrt{m_\mu^2 + p_\mu^2} + \sqrt{m_\nu^2 + p_\mu^2} \tag{6.86}$$

im π^+-Ruhesystem ($\boldsymbol{p}_\nu = -\boldsymbol{p}_\mu$) folgt:

$$m_\nu^2 = m_\pi^2 + m_\mu^2 - 2m_\pi\sqrt{m_\mu^2 + p_\mu^2}. \tag{6.87}$$

Die Masse m_ν ergibt sich also aus sehr präzisen Messungen von m_π, m_μ und p_μ; die dabei erreichten Genauigkeiten haben sich mit der Zeit immer weiter erhöht.

● π-Masse m_π

Eine genaue Bestimmung der π^--Masse m_π [PDG94] basiert auf der Messung der Energie der Röntgenstrahlung aus Übergängen in *pionischen Atomen*, d.h. in Atomen, in denen ein Hüllenelektron durch ein π^- ersetzt ist. Diese Übergangsenergien hängen über die Theorie (Klein-Gordon-Gleichung für ein π^- im Coulomb-Feld eines punktförmigen Kerns mit Korrekturen für Vakuumpolarisation, Elektronenabschirmung und starke Wechselwirkung) von m_π ab, so daß sich m_π aus den gemessenen Röntgen-Energien bestimmen läßt.

Das jüngste und genaueste Experiment [Jec94] wurde an der ETH Zürich durchgeführt. Es benutzte zur Messung der Wellenlänge der pionischen Röntgen-Strahlung ein Kristallspektrometer mit hoher Auflösung. Gemessen wurde der (4f-3d)-Übergang in pionischem Magnesium Mg^{24}. Bei der Bestimmung von m_π ergaben sich leider zwei Lösungen, nämlich:

Lösung A : $m(\pi^-) = (139.56782 \pm 0.00037)$ MeV $\qquad$ (6.88)

Lösung B : $m(\pi^-) = (139.56995 \pm 0.00035)$ MeV (~ 2.5 *ppm*).[§]

[§]*ppm* = parts per million (10^{-6}).

Eine unabhängige m_π-Bestimmung, nämlich aus dem π^+-Zerfall in Ruhe durch Messung von p_μ [Ass96] zusammen mit der Annahme $m_\nu = 0$ (siehe (6.86)), ist nur mit der Lösung B verträglich. Außerdem liefert Lösung A ein negatives m_ν^2, das $\sim 6\sigma$ von Null entfernt ist, während der m_ν^2-Wert aus Lösung B nur um 0.7σ von Null abweicht (siehe (6.93)). Daher wird Lösung B gegenüber Lösung A bevorzugt. Man hofft, die Ambiguität (6.88) demnächst durch weitere Experimente endgültig auflösen zu können.

Der Meßwert für $m(\pi^-)$ kann infolge des CPT-Theorems für die π^+-Masse in (6.87) benutzt werden: $m(\pi^-) = m(\pi^+) = m_\pi$.

• μ-Masse m_μ

Die genaueste Bestimmung der μ^+-Masse m_μ [PDG96] beruht auf hochpräzisen Messungen des Verhältnisses μ_μ/μ_p der magnetischen Momente von Myon und Proton [Kle82]. Auf diese Messungen wird hier nicht eingegangen. Das magnetische Moment μ eines Spin-$\frac{1}{2}$-Teilchens hängt mit seiner Masse m zusammen:

$$\mu = \frac{g}{2} \cdot \frac{e\hbar}{2m}, \tag{6.89}$$

wobei g der *Landé-Faktor* und $\dfrac{e\hbar}{2m}$ das *intrinsische Magneton* ist; $\dfrac{e\hbar}{2m_e} = \mu_B$ ist das *Bohrsche Magneton*. Es gilt also:

$$\frac{m_\mu}{m_e} = \frac{g_\mu}{g_e} \cdot \frac{\mu_e}{\mu_p} \cdot \frac{\mu_p}{\mu_\mu} = \frac{g_\mu}{2} \cdot \frac{\mu_B}{\mu_p} \cdot \frac{\mu_p}{\mu_\mu}. \tag{6.90}$$

Die Landé-Faktoren g_e und g_μ wurden extrem genau gemessen ($\sim 10^{-5}$ *ppm* für g_e, $\sim 10^{-2}$ *ppm* für g_μ [PDG96]) in den berühmten $(g-2)$-Experimenten zum Test der Quantenelektrodynamik. Auch μ_B/μ_p ist sehr genau ($\sim 2 \cdot 10^{-2}$ *ppm*) bekannt. Aus der Messung von μ_μ/μ_p (~ 0.16 *ppm*) und der genau bekannten Elektronmasse m_e (~ 0.3 *ppm*) läßt sich dann m_μ nach (6.90) berechnen. Der jüngste Wert ist [PDG96]

$$m_\mu = (105.658389 \pm 0.000034)\ \text{MeV} \quad (\sim 0.3\ ppm). \tag{6.91}$$

• μ-Impuls p_μ

Der μ-Impuls beim π-Zerfall in Ruhe wurde jüngst am Paul-Scherrer-Institut (PSI) bei Zürich mit Hilfe eines Magnetspektrometers zu

$$p_\mu = (29.79200 \pm 0.00011)\ \text{MeV}/c \quad (\sim 4\ ppm) \tag{6.92}$$

gemessen [Ass96].

Mit den Werten für m_π (Lösung B in (6.88)), m_μ und p_μ, von denen, wie man aus (6.88), (6.91) und (6.92) sieht, p_μ die größte relative Ungenauigkeit besitzt, ergab sich aus (6.87) [Ass96, PDG96]:

$$m(\nu_\mu)^2 = (-0.016 \pm 0.023) \text{ MeV}^2, \quad m(\nu_\mu) < 0.17 \text{ MeV (90\% CL)} . \quad (6.93)$$

6.2.3 Masse des Tauonneutrinos

Die Masse $m(\nu_\tau) = m_\nu$ des Tauonneutrinos kann bestimmt werden durch Messung der fehlenden Masse in semihadronischen τ-Zerfällen im Fluge,

$$\tau \to \nu_\tau + \text{Hadronen} , \qquad (6.94)$$

wobei die τ-Leptonen in der Rekation $e^+e^- \to \tau^+\tau^-$ an e^+e^--Collidern mit fester Energie $E_\tau = \sqrt{s}/2$ erzeugt werden. Gemessen wird die effektive Masse m_H (Anhang A.3) des Systems H der (sichtbaren) Zerfallshadronen. Der kinematische Maximalwert $m_{H\max}$ von m_H, d.h. der Endpunkt der m_H-Verteilung, ist entsprechend (A.32) gegeben durch

$$m_{H\max} = m_\tau - m_\nu . \qquad (6.95)$$

In diesem Fall hat das ν_τ im Ruhesystem des τ den Impuls $p_\nu = 0$. Dasjenige Zerfallsereignis vom Typ (6.94), das den größten m_H-Wert besitzt, liefert also eine Untergrenze für $m_{H\max}$ in (6.95) und damit eine Obergrenze für m_ν; dazu muß natürlich auch die τ-Masse m_τ möglichst genau bekannt sein.

In der Praxis sind folgende Gesichtspunkte zu berücksichtigen:

• Die Hadronenmultiplizität (= Anzahl der Hadronen) in (6.94) sollte möglichst groß sein, damit dem ν_τ im τ-Ruhesystem nach (A.31) möglichst wenig Energie zur Verfügung steht und damit das m_H-Spektrum möglichst kurz ist. Es wurden daher in fast allen Experimenten[‡] Zerfälle

$$\tau \to \nu_\tau + 5\pi^\pm(\pi^0) \quad (BR \approx 10^{-3}) \qquad (6.96)$$

in fünf geladene Pionen (z.B. $\tau^- \to \nu_\tau + 3\pi^- + 2\pi^+$) benutzt. OPAL [Ale96] hat auch den Zerfallskanal $\tau \to \nu_\tau + 3h^\pm$ ($h = \pi$ oder K) verwendet, für den die Ereigniszahl wesentlich größer ist (Tab. 6.3).

• Die e^+e^--Schwerpunktsenergie $\sqrt{s}$ des Colliders sollte einerseits möglichst niedrig sein, so daß τ^+ und τ^- niedrigen Impuls besitzen und sich dadurch die Masseneffekte relativ stärker bemerkbar machen.

[‡]CLEO [Cin93] benutzt auch die Zerfallsart $\tau \to \nu_\tau + 3\pi^\pm + 2\pi^0$ mit kalorimetrischer π^0-Messung.

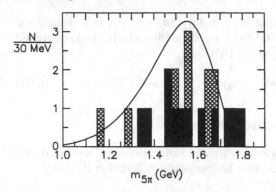

Abb. 6.14 Verteilung der effektiven Masse $m_{5\pi}$ der fünf Pionen in τ-Zerfällen
der Art $\tau^+ \to \bar{\nu}_\tau + 3\pi^+ + 2\pi^-$ bzw. $\tau^- \to \nu_\tau + 3\pi^- + 2\pi^+$ aus zwei
Teilen des ARGUS-Experiments (helle und dunkle Schraffierung). Die
Kurve zeigt die Form der Phasenraumverteilung, gewichtet mit einem
Matrixelement (nicht auf das Histogramm normiert). Nach [Alb92].

• Andererseits läßt sich bei größerem $\sqrt{s}$ ein echtes Ereignis $e^+e^- \to \tau^+\tau^-$
mit einem semihadronischen τ-Zerfall leichter von einem Untergrundereignis $e^+e^- \to$ Hadronen unterscheiden. Diese Signal-Untergrund-Trennung ist
äußerst wichtig, da ein einziges Untergrundereignis in der Nähe von $m_{H\mathrm{max}}$
einen falschen (zu niedrigen) m_ν-Wert vortäuschen kann.

Obergrenzen für $m(\nu_\tau)$ wurden in mehreren Experimenten ermittelt [Wei93a,
PDG96]. Die niedrigsten Werte [Gen96] stammen von den Experimenten AR-
GUS [Alb92] am DORIS II-Speicherring ($\sqrt{s} = 9.4$ und 10.6 GeV) von DE-
SY, CLEO [Cin93] am Cornell-e^+e^--Speicherring CESR ($\sqrt{s} = 10.6$ GeV),
ALEPH [Bus95] und OPAL [Ake95, Ale96], beide am e^+e^--Collider LEP
($\sqrt{s} = 91$ GeV) des CERN. Dabei wurde von ARGUS und CLEO eine
eindimensionale Analyse (Messung von m_H), von ALEPH und OPAL ei-
ne zweidimensionale Analyse (Messung von m_H und $E_H =$ Energie des
Hadronensystems H) durchgeführt. In der zweidimensionalen Analyse wird
außer der Beziehung $m_\nu \le m_\tau - m_H$ (vergl. (6.95)) auch die Beziehung
$m_\nu \le E_\nu = E_\tau - E_H$ mit $E_\tau = \sqrt{s}/2$ benutzt, aus der folgt

$$m_\nu = E_{\nu\mathrm{min}} = E_\tau - E_{H\mathrm{max}}. \tag{6.97}$$

Es läßt sich m_ν also nicht nur nach (6.95) aus dem Endpunkt $m_{H\mathrm{max}}$ des
m_H-Spektrums, sondern im Prinzip auch nach (6.97) aus dem kinematischen
Endpunkt $E_{H\mathrm{max}}$ des E_H-Spektrums bestimmen.

Tab. 6.3 95% CL-Obergrenzen für $m(\nu_\tau)$ und Anzahl der τ-Zerfälle.

Experiment	$m(\nu_\tau)$-Obergrenze (MeV)		Anzahl der τ-Zerfälle	Ref.
ARGUS	31		20	[Alb92]
CLEO	32.6		113	[Cin93]
ALEPH	24		25	[Bus95]
OPAL	74 35.3	} 29.9	5 2514*	[Ake95] [Ale96]

* $\tau \rightarrow \nu_\tau + 3h^\pm$

Die gewonnenen 95% CL-Obergrenzen sowie die jeweils benutzten Anzahlen der τ-Zerfälle sind in Tab. 6.3 zusammengestellt. Abb. 6.14 zeigt als Beispiel die $m_{5\pi}$-Verteilung von ARGUS. Das Spektrum geht bis zum Endpunkt $m_\tau = 1777$ MeV für $m_\nu = 0$. Bei der Bestimmung der m_ν-Obergrenze wurde das Ereignis mit dem höchsten $m_{5\pi}$ vorsichtshalber verworfen für den Fall, daß es ein Untergrundereignis ist. Die Kurve in Abb. 6.14 zeigt die Form der Phasenraumverteilung, gewichtet mit einem Matrixelement, für $m_\nu = 0$.

Eine Obergrenze für $m(\nu_\tau)$ wurde auch aus einem Vergleich des gemessenen Verzweigungsverhältnisses für den Zerfall $\tau^- \rightarrow e^- \bar{\nu}_e \nu_\tau$ mit der von $m(\nu_\tau)$ abhängigen Vorhersage des Standardmodells ermittelt [Sob96]; es ergab sich: $m(\nu_\tau) < 71$ MeV (95% CL).

6.3 Neutrino-Oszillationen im Vakuum

Unter *Neutrino-Oszillationen* [Bil78, Bul83, Vui86, Ver86, Bil91, Boe92] [Obe92, Kim93, Kla95, Gel95, Raf96] versteht man oszillierende Übergänge $\nu_\alpha \longleftrightarrow \nu_\beta$ $(\alpha, \beta = e, \mu, \tau)$, in denen sich eine Neutrinoart in eine andere mit verschiedenen Leptonflavourzahlen $L_\alpha \neq L_\beta$ (Kap. 1.5) umwandeln kann. Zwei notwendige Bedingungen für das Auftreten solcher flavour-ändernden Oszillationen sind:

• Nicht alle Neutrinos haben die gleiche Masse, d.h. insbesondere: nicht alle Neutrinos sind masselos.

• Die Leptonflavourzahlen L_α sind nicht streng erhalten, d.h. die Neutrinoarten mischen miteinander.

Im Standardmodell (SM) sind (mehr oder weniger per Annahme) die Neutrinos masselos und die L_α erhalten, so daß dort ν-Oszillationen nicht auftreten. Andererseits ist keine der beiden obigen Voraussetzungen im Konflikt mit einem fundamentalen physikalischen Prinzip; es gibt z.b. kein Eichprinzip, das der lokalen Eichinvarianz der elektromagnetischen Wechselwirkung entsprechen würde. ν-Oszillationen gehen deshalb zwar über das einfache SM hinaus, sind aber keineswegs grundsätzlich ausgeschlossen.

Die in den Prozessen der schwachen Wechselwirkung (Kap. 2) auftretenden Neutrinoarten ν_α mit festem L_α (siehe (2.21)) werden *Flavoureigenzustände* (*schwache Eigenzustände, Wechselwirkungseigenzustände*) $|\nu_\alpha\rangle$ genannt mit

$$L_\alpha|\nu_\beta\rangle = \delta_{\alpha\beta}|\nu_\beta\rangle \, , L_\alpha|\overline{\nu}_\beta\rangle = -\delta_{\alpha\beta}|\overline{\nu}_\beta\rangle \, . \tag{6.98}$$

Im allgemeinen haben diese Zustände keine scharfe Masse, d.h. sind nicht Eigenzustände zum *Massenoperator* M: $\langle\nu_\alpha|M|\nu_\beta\rangle \neq 0$ für $\alpha \neq \beta$. Sie sind vielmehr Linearkombinationen (Mischungen) von i.a. nicht-entarteten *Masseneigenzuständen* $|\nu_i\rangle$ mit festen Massen m_i:

$$\langle\nu_i|M|\nu_j\rangle = m_i\delta_{ij} \ \text{und} \ m_i - m_j \neq 0 \ \text{für} \ i \neq j \, . \tag{6.99}$$

Die $|\nu_i\rangle$ entwickeln sich deshalb in der Zeit mit unterschiedlichen Phasen. Dies hat zur Folge (Kap. 6.3.1), daß ein am Anfang reiner Flavourzustand $|\nu_\alpha\rangle$ eine zeitabhängige Mischung von verschiedenen Flavourzuständen wird und dadurch im Experiment mit einer gewissen (oszillierenden) Wahrscheinlichkeit eine andere Neutrinoart $|\nu_\beta\rangle$ mit $\beta \neq \alpha$ angetroffen wird.

Auf die mögliche Existenz von ν-Oszillationen hat als erster Pontecorvo [Pon57] hingewiesen. Man hat nach ihnen im Laboratorium (Reaktor, Beschleuniger) und in der Natur (Atmosphäre, Sonne) gesucht, bisher jedoch noch keine eindeutige Evidenz für sie entdeckt. Allerdings können das beobachtete anomale ν_μ/ν_e-Verhältnis bei den atmosphärischen Neutrinos (Kap. 7.1) bzw. das beobachtete Defizit an solaren Neutrinos (Kap. 7.2) möglicherweise mit ν-Oszillationen erklärt werden. Außerdem glaubt eine Los Alamos-Gruppe, Evidenz für ν-Oszillationen gefunden zu haben (Kap. 6.3.3).

Im folgenden werden zunächst die theoretisch-phänomenologischen Grundlagen behandelt (Kap. 6.3.1). Sodann werden einige Reaktorexperimente (Kap. 6.3.2) und Beschleunigerexperimente (Kap. 6.3.3) zu ν-Oszillationen besprochen. ν-Oszillationen in Materie werden in Kap. 6.6 behandelt. Die möglichen Oszillationen von atmosphärischen und solaren Neutrinos werden in Kap. 7.1 bzw. 7.2.4 erörtert.

6.3.1   Phänomenologische Grundlagen

a) Allgemeiner Fall

Wir behandeln zunächst den allgemeinen Fall einer beliebigen Anzahl n von orthonormierten Eigenzuständen. Die n Flavoureigenzustände $|\nu_\alpha\rangle$ (i.e. $\nu_e, \nu_\mu, \nu_\tau \ldots$) mit $\langle \nu_\beta | \nu_\alpha \rangle = \delta_{\alpha\beta}$ und die n Masseneigenzustände $|\nu_i\rangle$ (i.e. $\nu_1, \nu_2, \nu_3 \ldots$) mit $\langle \nu_j | \nu_i \rangle = \delta_{ij}$ hängen über eine unitäre Transformation U (*Mischungsmatrix* U) miteinander zusammen:

$$|\nu_\alpha\rangle = \sum_i U_{\alpha i} |\nu_i\rangle \,, \quad |\nu_i\rangle = \sum_\alpha (U^+)_{i\alpha} |\nu_\alpha\rangle = \sum_\alpha U^*_{\alpha i} |\nu_\alpha\rangle \tag{6.100}$$

mit

$$U^+ U = 1 \,, \text{ d.h. } \sum_i U_{\alpha i} U^*_{\beta i} = \delta_{\alpha\beta} \,, \quad \sum_\alpha U_{\alpha i} U^*_{\alpha j} = \delta_{ij} \,. \tag{6.101}$$

Für die Antineutrinos ist $U_{\alpha i}$ durch $U^*_{\alpha i}$ zu ersetzen:

$$|\bar{\nu}_\alpha\rangle = \sum_i U^*_{\alpha i} |\bar{\nu}_i\rangle \,. \tag{6.102}$$

Die Anzahl der Parameter einer unitären $n \times n$ Matrix beträgt n^2. Die $2n - 1$ relativen Phasen der $2n$ Neutrinozustände können so festgelegt werden, daß $(n-1)^2$ unabhängige Parameter übrigbleiben. Es ist üblich, für sie die $\frac{1}{2}n(n-1)$ „*schwachen Mischungswinkel*" einer n-dimensionalen Rotationsmatrix und die $\frac{1}{2}(n-1)(n-2)$ „*CP-verletzenden Phasen*" zu nehmen (siehe unten). Die Zustände $|\nu_i\rangle$ sind als Eigenzustände der Massenmatrix (6.99) stationäre Zustände mit der Zeitabhängigkeit

$$|\nu_i(t)\rangle = e^{-iE_i t} |\nu_i\rangle \tag{6.103}$$

mit

$$E_i = \sqrt{p^2 + m_i^2} \approx p + \frac{m_i^2}{2p} \approx E + \frac{m_i^2}{2E} \tag{6.104}$$

für $p \gg m_i$, wobei $E \approx p$ die Neutrinoenergie ist[†]. Ein zur Zeit $t = 0$ reiner Flavourzustand $|\nu_\alpha\rangle = \sum_i U_{\alpha i} |\nu_i\rangle$ entwickelt sich also mit der Zeit in einen Zustand

$$|\nu(t)\rangle = \sum_i U_{\alpha i} e^{-iE_i t} |\nu_i\rangle = \sum_{i,\beta} U_{\alpha i} U^*_{\beta i} e^{-iE_i t} |\nu_\beta\rangle \,. \tag{6.105}$$

[†]In (6.103) ist angenommen, daß die Neutrinos stabil, d.h. die E_i reell sind.

Die zeitabhängige *Übergangsamplitude* für den Flavourübergang $\nu_\alpha \to \nu_\beta$ lautet demnach (wegen $\langle \nu_\beta | \nu_\gamma \rangle = \delta_{\beta\gamma}$):

$$A(\alpha \to \beta; t) \equiv \langle \nu_\beta | \nu(t) \rangle = \sum_i U_{\alpha i} U_{\beta i}^* e^{-iE_i t} = (UDU^+)_{\alpha\beta}$$

$$\text{mit } D_{ij} = \delta_{ij} e^{-iE_i t} \text{ (Diagonalmatrix)}. \tag{6.106}$$

Einsetzen von (6.104) und Herausnahme eines gesamten Phasenfaktors[‡] e^{-iEt} ergibt

$$A(\alpha \to \beta; t) = \sum_i U_{\alpha i} U_{\beta i}^* e^{-i\frac{m_i^2}{2} \cdot \frac{L}{E}} = A(\alpha \to \beta; L), \tag{6.107}$$

wobei $L = ct$ ($c = 1$) der Abstand zwischen der ν_α-Quelle und dem Detektor ist, in dem ν_β beobachtet wird.

Mit (6.102) erhält man die Amplituden für Übergänge zwischen Antineutrinos:

$$A(\overline{\alpha} \to \overline{\beta}; t) = \sum_i U_{\alpha i}^* U_{\beta i} e^{-iE_i t}. \tag{6.108}$$

Der Vergleich von (6.106) und (6.108) ergibt die Beziehung

$$A(\overline{\alpha} \to \overline{\beta}) = A(\beta \to \alpha) \neq A(\alpha \to \beta) \tag{6.109}$$

für Übergänge zwischen Neutrinos und zwischen Antineutrinos. Diese Beziehung folgt auch direkt aus dem CPT-Theorem, wobei die Ladungskonjugation C Teilchen in Antiteilchen umwandelt, die Raumspiegelung P den Helizitätsflip von linkshändigem Neutrino zu rechtshändigem Antineutrino (und umgekehrt) bewirkt und die Zeitumkehr T den Pfeil umdreht, der den Übergang anzeigt. Wenn CP-Invarianz (d.h. T-Invarianz) gilt, gibt es in U keine CP-verletzenden Phasen, d.h. $U_{\alpha i}$ und $U_{\beta i}$ in (6.106) und (6.108) sind reell, so daß

$$A(\overline{\alpha} \to \overline{\beta}) = A(\alpha \to \beta) = A(\overline{\beta} \to \overline{\alpha}) = A(\beta \to \alpha). \tag{6.110}$$

Es kann also nach einer CP-Verletzung gesucht werden, indem man die Oszillationen $\nu_\alpha \to \nu_\beta$ und $\nu_\beta \to \nu_\alpha$ miteinander vergleicht.

[‡]Dieser Phasenfaktor hebt sich mit der nicht explizit mitgeschriebenen Ortsabhängigkeit e^{ipx} von $|\nu_i(t)\rangle$ wegen $E \approx p$ und $x \approx t$ auf, da die Neutrinos praktisch Lichtgeschwindigkeit besitzen.

Die *Übergangswahrscheinlichkeiten* $P(\alpha \to \beta; t)$ ergeben sich aus den Übergangsamplituden $A(\alpha \to \beta; t)$ (6.106):

$$P(\alpha \to \beta; t) = |A(\alpha \to \beta; t)|^2 = \left| \sum_i U_{\alpha i} U_{\beta i}^* e^{-iE_i t} \right|^2$$

$$= \sum_{i,j} U_{\alpha i} U_{\alpha j}^* U_{\beta i}^* U_{\beta j} e^{-i(E_i - E_j)t} \qquad (6.111)$$

$$= \sum_i |U_{\alpha i} U_{\beta i}^*|^2 + 2\text{Re} \sum_{j>i} U_{\alpha i} U_{\alpha j}^* U_{\beta i}^* U_{\beta j} e^{-i\Delta_{ij}}$$

mit der *Phasendifferenz* (siehe (6.104))

$$\Delta_{ij} = (E_i - E_j)t = \frac{\delta m_{ij}^2}{2} \cdot \frac{L}{E}, \text{ wobei } \delta m_{ij}^2 = m_i^2 - m_j^2. \qquad (6.112)$$

Der zweite Term in (6.111) beschreibt die von der Zeit t (vom Abstand L) abhängigen *Neutrino-Oszillationen*. Der erste Term stellt eine *mittlere* Übergangswahrscheinlichkeit dar, wenn man über die Zeit t (den Abstand L) oder über die Energie E in Δ_{ij} mittelt:

$$\langle P(\alpha \to \beta) \rangle = \sum_i |U_{\alpha i} U_{\beta i}^*|^2 = \sum_i |U_{\alpha i}^* U_{\beta i}|^2 = \langle P(\beta \to \alpha) \rangle. \qquad (6.113)$$

Durch Messung von mittleren Übergangswahrscheinlichkeiten erhält man demnach zwar Auskunft über die Parameter der Mischungsmatrix, nicht jedoch über die Differenzen δm_{ij}^2 der Massenquadrate („*Massendifferenz*"). Mit der Unitaritätsbeziehung $\sum_i |U_{\alpha i}|^2 = 1$ läßt sich leicht zeigen [Bah89], daß die mittlere „Überlebenswahrscheinlichkeit" $\langle P(\alpha \to \alpha) \rangle = \sum_i |U_{\alpha i}|^4$ minimal ist, wenn alle $|U_{\alpha i}| = |U_\alpha|$ gleich sind (*maximale Mischung*), so daß $|U_{\alpha i}|^2 = \dfrac{1}{n}$ und

$$\langle P(\alpha \to \alpha) \rangle_{\min} = n \cdot \frac{1}{n^2} = \frac{1}{n} \qquad (6.114)$$

ist.

Mit Hilfe der Unitaritätsrelation (6.101) läßt sich (6.111) auch schreiben als

$$P(\alpha \to \beta; t) = \delta_{\alpha\beta} - 2\text{Re} \sum_{j>i} U_{\alpha i} U_{\alpha j}^* U_{\beta i}^* U_{\beta j} \left[1 - e^{-i\Delta_{ij}} \right]. \qquad (6.115)$$

Für $t = 0$, d.h. $\Delta_{ij} = 0$, erhält man natürlich $P(\alpha \to \beta; 0) = \delta_{\alpha\beta}$. Außerdem gilt $\sum_\beta P(\alpha \to \beta; t) = 1$. Schließlich finden Oszillationen nur statt, wenn nicht alle $\delta m_{ij}^2 = 0$ sind.

Bei *CP-Invarianz* ($U_{\alpha i}$ reell) vereinfachen sich (6.111) und (6.115) zu

$$P(\alpha \to \beta; t) = \sum_i U_{\alpha i}^2 U_{\beta i}^2 + 2 \sum_{j>i} U_{\alpha i} U_{\alpha j} U_{\beta i} U_{\beta j} \cos \Delta_{ij}$$

$$= \delta_{\alpha\beta} - 4 \sum_{j>i} U_{\alpha i} U_{\alpha j} U_{\beta i} U_{\beta j} \sin^2 \frac{\Delta_{ij}}{2}.$$

(6.116)

Wir besprechen noch kurz die oben eingeführte *Massenmatrix* (6.99), die in der $|\nu_i\rangle$-Darstellung diagonal ist. In der $|\nu_\alpha\rangle$-Darstellung (Flavourdarstellung) hat die Massenmatrix die Elemente

$$m_{\alpha\beta} \equiv \langle \nu_\beta | M | \nu_\alpha \rangle = \sum_{i,j} \underbrace{\langle \nu_\beta | \nu_i \rangle}_{U_{\beta i}^*} \underbrace{\langle \nu_i | M | \nu_j \rangle}_{m_i \delta_{ij}} \underbrace{\langle \nu_j | \nu_\alpha \rangle}_{U_{\alpha j}} = \sum_i m_i U_{\alpha i} U_{\beta i}^*. \quad (6.117)$$

Die Massenmatrix ist also i.a. nicht diagonal. Nur wenn alle Massen m_i gleich sind ($m_i = m$, vollständige Entartung), gilt wegen (6.101) $\langle \nu_\beta | M | \nu_\alpha \rangle = m \delta_{\alpha\beta}$ und Übergänge $\nu_\alpha \longleftrightarrow \nu_\beta$ sind wegen $\Delta_{ij} = 0$ in (6.115) nicht möglich. Die Massen $m(\nu_\alpha) = m_{\alpha\alpha}$ der Flavoureigenzustände $|\nu_\alpha\rangle$ sind die Erwartungswerte des Massenoperators, d.h. gewichtete Mittelwerte der Massen m_i:

$$m_\alpha \equiv m_{\alpha\alpha} = m(\nu_\alpha) = \langle \nu_\alpha | M | \nu_\alpha \rangle = \sum_i |U_{\alpha i}|^2 m_i$$

$$\text{mit} \ \sum_i m_i = \sum_\alpha m_\alpha$$

(6.118)

wegen der Unitarität (6.101) (Invarianz der Spur). Dabei ist $|U_{\alpha i}|^2$ nach (6.100) die Wahrscheinlichkeit, den Zustand $|\nu_i\rangle$ im Zustand $|\nu_\alpha\rangle$ anzutreffen. Für numerische Berechnungen ist es zweckmäßig, die Größen Δ_{ij} (6.112), die die Frequenzen der ν-Oszillationen bestimmen (siehe (6.111), (6.116)), in normalen Einheiten auszudrücken ($L = ct$, $\hbar c = 1.973 \cdot 10^{-13}$ MeV $\cdot$ m):

$$\Delta_{ij} = \frac{E_i - E_j}{\hbar} t = \frac{1}{2\hbar c} \underbrace{(m_i^2 c^4 - m_j^2 c^4)}_{\delta m_{ij}^2} \frac{L}{E} = 2.534 \, \frac{\delta m_{ij}^2}{\text{eV}^2} \cdot \frac{L/\text{m}}{E/\text{MeV}}. \quad (6.119)$$

Damit ist der oszillatorische Term in (6.116) proportional zu

$$\sin^2 \frac{\Delta}{2} = \sin^2 \left[\frac{\delta m^2}{4} \cdot \frac{L}{E} \right] = \sin^2 \left[1.267 \cdot \frac{\delta m^2}{\text{eV}^2} \cdot \frac{L/\text{m}}{E/\text{MeV}} \right]. \quad (6.120)$$

Dies kann mit Hilfe einer *Oszillationslänge* L_0 (Abb. 6.15) geschrieben werden als

$$\sin^2 \frac{\Delta}{2} = \sin^2 \pi \frac{L}{L_0} \quad \text{mit} \quad L_0 = 4\pi\hbar c \cdot \frac{E}{|\delta m^2|} = 2.480 \cdot \frac{E/\text{MeV}}{|\delta m^2|/\text{eV}^2} \, \text{m}. \quad (6.121)$$

Die Oszillationslänge ist also umso größer, je größer E und je kleiner $|\delta m^2|$ ist.

b) Die Fälle $n = 2$ und $n = 3$

Wir diskutieren nun zur Veranschaulichung zunächst den einfachsten Fall $n = 2$ von Oszillationen $\nu_a \longleftrightarrow \nu_b$ (z.B. $\nu_e \longleftrightarrow \nu_\mu$, *Zwei-Flavour-Formalismus*). In diesem Fall gibt es *einen* Mischungswinkel θ mit $0 \le \theta \le \dfrac{\pi}{2}$, keine CP-verletzende Phase (d.h. CP ist erhalten) und *eine* Massendifferenz $\delta m^2 = m_2^2 - m_1^2$. Die unitäre Transformation (6.100) lautet:

$$\begin{pmatrix} \nu_a \\ \nu_b \end{pmatrix} = \begin{pmatrix} \cos\theta & \sin\theta \\ -\sin\theta & \cos\theta \end{pmatrix} \cdot \begin{pmatrix} \nu_1 \\ \nu_2 \end{pmatrix}, \tag{6.122}$$

analog zur Cabibbo-Matrix (2.38) für die Quark-Mischung. Für die Übergangswahrscheinlichkeiten (6.116) erhält man:

$$P(\nu_a \to \nu_a) = P(\nu_b \to \nu_b) = P(\overline{\nu}_a \to \overline{\nu}_a) = P(\overline{\nu}_b \to \overline{\nu}_b)$$
$$= 1 - 4\cos^2\theta \sin^2\theta \cdot \sin^2\frac{\Delta}{2} = 1 - \sin^2 2\theta \cdot \sin^2\frac{\Delta}{2}$$
$$P(\nu_a \to \nu_b) = P(\nu_b \to \nu_a) = P(\overline{\nu}_a \to \overline{\nu}_b) = P(\overline{\nu}_b \to \overline{\nu}_a) \tag{6.123}$$
$$= \sin^2 2\theta \cdot \sin^2\frac{\Delta}{2} = 1 - P(\nu_a \to \nu_a)$$

$$\text{mit } \quad \Delta = \frac{\delta m^2}{2} \cdot \frac{L}{E} = 2\pi \frac{L}{L_0}.$$

Diese Formeln zeigen explizit, daß Oszillationen nur auftreten, wenn der Mischungswinkel $\theta \neq 0$ *und* die Massendifferenz $\delta m^2 \neq 0$ ist. Dabei bestimmt der Mischungswinkel die Amplitude, die Massendifferenz die Frequenz der Oszillationen. Die Oszillationsamplitude $\sin^2 2\theta$ ist maximal für $\theta = 45°$ (maximale Mischung). Eine Mittelung über viele Oszillationen liefert entsprechend (6.113) $\left(\langle \sin^2\frac{\Delta}{2}\rangle = \frac{1}{2}\right)$:

$$\langle P(\nu_\alpha \to \nu_\alpha)\rangle = 1 - \frac{1}{2}\sin^2 2\theta \ge \frac{1}{2}, \ \langle P(\nu_\alpha \to \nu_\beta)\rangle = \frac{1}{2}\sin^2 2\theta. \tag{6.124}$$

Hieraus kann der Mischungswinkel bestimmt werden. Als Beispiel sind die Oszillationen (6.123) und ihre Mittelwerte (6.124) in Abb. 6.15 für den Fall $\sin^2 2\theta = 0.4$ dargestellt.

Die Elemente (6.117) und (6.118) der Massenmatrix sind für $n = 2$ gegeben durch

$$m_a = m_1 \cos^2\theta + m_2 \sin^2\theta, \ \ m_b = m_1 \sin^2\theta + m_2 \cos^2\theta$$
$$m_{ab} = (m_2 - m_1)\sin\theta\cos\theta, \tag{6.125}$$

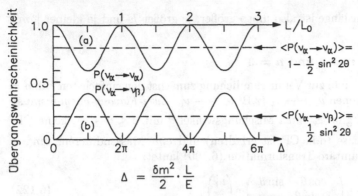

Abb. 6.15 Beispiel von Neutrino-Oszillationen für den einfachen Fall $n = 2$.
Obere Kurve (a): $P(\nu_\alpha \to \nu_\alpha)$ (disappearance von ν_α); untere Kurve (b): $P(\nu_\alpha \to \nu_\beta)$ (appearance von ν_β) in Abhängigkeit von Δ bzw. $L/L_0 = \Delta/2\pi$ für $\sin^2 2\theta = 0.4$ (Formel (6.123)). Die gestrichelten Geraden zeigen die mittleren Oszillationswahrscheinlichkeiten (Formel (6.124)).

wobei hier $m_a \equiv m(\nu_a)$ und $m_b \equiv m(\nu_b)$ ist. Auflösung nach m_1, m_2 und θ ergibt (vergl. auch (A.42), (A.45)):

$$m_{1,2} = \frac{1}{2}\left[m_a + m_b \mp \sqrt{(m_b - m_a)^2 + 4m_{ab}^2}\,\right] \,, \quad \mathrm{tg}2\theta = \frac{2m_{ab}}{m_b - m_a}\,. \quad (6.126)$$

Für den realistischen Fall $n = 3$ (d.h. ν_e, ν_μ, ν_τ, *Drei-Flavour-Formalismus*) ist die 3×3-Mischungsmatrix U durch 3 Mischungswinkel $\theta_1, \theta_2, \theta_3$ mit $0 \leq \theta_i \leq \frac{\pi}{2}$ und eine CP-verletzende Phase δ mit $-\pi \leq \delta \leq \pi$ gegeben; es gibt zwei unabhängige Massendifferenzen δm_{ij}^2. Nimmt man als Mischungswinkel die drei Euler-Winkel einer Rotation im dreidimensionalen Raum, dann läßt sich U folgendermaßen parametrisieren:

$$U = \begin{pmatrix} 1 & 0 & 0 \\ 0 & c_2 & s_2 \\ 0 & -s_2 & c_2 \end{pmatrix} \cdot \begin{pmatrix} c_1 & s_1 & 0 \\ -s_1 & c_1 & 0 \\ 0 & 0 & 1 \end{pmatrix} \cdot \begin{pmatrix} 1 & 0 & 0 \\ 0 & 1 & 0 \\ 0 & 0 & e^{i\delta} \end{pmatrix} \cdot \begin{pmatrix} 1 & 0 & 0 \\ 0 & c_3 & s_3 \\ 0 & -s_3 & c_3 \end{pmatrix}$$

$$= \begin{pmatrix} c_1 & s_1 c_3 & s_1 s_3 \\ -s_1 c_2 & c_1 c_2 c_3 - s_2 s_3 e^{i\delta} & c_1 c_2 s_3 + s_2 c_3 e^{i\delta} \\ s_1 s_2 & -c_1 s_2 c_3 - c_2 s_3 e^{i\delta} & -c_1 s_2 s_3 + c_2 c_3 e^{i\delta} \end{pmatrix} \qquad (6.127)$$

mit $s_i = \sin\theta_i$, $c_i = \cos\theta_i$.

Diese Matrix ist das Analogon zur Kobayashi-Maskawa-Matrix (siehe (2.41)) für die Quark-Mischung[¶]. Nimmt man an, daß die Matrixelemente außerhalb der Diagonalen klein im Vergleich zu den Diagonalelementen sind (wie es bei der KM-Matrix der Fall ist), so dominiert ν_1 in ν_e, ν_2 in ν_μ und ν_3 in ν_τ, d.h. nach (6.118) $m(\nu_e) \approx m_1$, $m(\nu_\mu) \approx m_2$ und $m(\nu_\tau) \approx m_3$ (*dominante Masseneigenzustände* mit $|U_{\alpha i}| \approx 1$). Die Formeln für die Übergangswahrscheinlichkeiten erhält man durch Einsetzen von (6.127) in (6.111) oder (6.115). Sie sind recht kompliziert, da sich $P(\alpha \to \beta)$ nun i.a. aus drei Oszillationen $((i,j) = (1,2),(1,3)$ und $(2,3))$ zusammensetzt, und werden deshalb hier nicht explizit aufgeführt. Sie vereinfachen sich erheblich für Sonderfälle wie $m_1 \approx m_2 \ll m_3$, d.h. $|\delta m_{12}^2| \ll |\delta m_{13}^2| \approx |\delta m_{23}|^2 = \delta m^2$. Für diesen Fall erhält man aus (6.116) mit (6.101) für kleinere L/E (so daß $\Delta_{12} \approx 0$):

$$P(\nu_e \to \nu_\mu) \approx 4U_{e3}^2 U_{\mu 3}^2 \sin^2 \frac{\Delta}{2} \text{ mit } \Delta = \frac{\delta m^2}{2} \cdot \frac{L}{E}. \tag{6.128}$$

Hier findet also der Übergang $\nu_e \to \nu_\mu$ durch die Mischung mit dem dritten Masseneigenzustand statt (*indirekte ν-Oszillation*). Mit nur zwei Flavours ist diese Art von Übergang natürlich nicht möglich.

c) Experimentelle Gesichtspunkte

Ziel der Experimente zu Neutrino-Oszillationen ist es, diese Oszillationen zu entdecken und die relevanten Parameter (Mischungswinkel θ, Massendifferenz δm^2) zu bestimmen. Fast alle bisherigen Experimente haben ν-Oszillationen nicht nachweisen und daher nur obere Grenzen für θ und δm^2 angeben können.

Wie man z.B. aus (6.116) sieht, kommen ν-Oszillationen zustande durch Faktoren der Form

$$S = \sin^2 \frac{\Delta}{2} = \sin^2 \left[\frac{\delta m^2}{4} \cdot \frac{L}{E} \right]. \tag{6.129}$$

Die ausschlaggebende experimentelle Variable ist daher das Verhältnis L/E; ein Experiment, in dem L/E gemessen und variiert werden kann, ist im Prinzip empfindlich für ν-Oszillationen. Wenn jedoch im zugänglichen L/E-Bereich $L/E \ll 4/\delta m^2$ (d.h. $L \ll L_0$) ist, dann ist $S \approx 0$ und Oszillationen können sich nicht ausbilden. Eine notwendige Bedingung für die Beobachtbarkeit von Oszillationen ist daher

$$\frac{L}{E} \gtrsim \frac{4}{\delta m^2}, \text{ d.h. } \frac{L/\mathrm{m}}{E/\mathrm{MeV}} \gtrsim \frac{1}{\delta m^2/\mathrm{eV}^2} \tag{6.130}$$

[¶]Man erhält die KM-Matrix in ihrer ursprünglichen Form [Kob73] aus (6.127) durch die Ersetzungen $s_1 \to -s_1$, $s_2 \to -s_2$, $\delta \to \pi + \delta$.

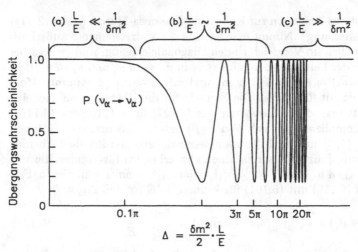

$$\Delta = \frac{\delta m^2}{2} \cdot \frac{L}{E}$$

Abb. 6.16 Neutrino-Oszillation $P(\nu_\alpha \to \nu_\alpha)$ (6.123) gegen Δ für $\sin^2 2\theta = 0.83$ mit logarithmischer Skala für Δ. Die Klammern geben die drei möglichen Fälle an: (a) keine Oszillation für $L/E \ll 1/\delta m^2$ (d.h. $L \ll L_0$); (b) Oszillationen für $L/E \sim 1/\delta m^2$; (c) Mittelung über Oszillationen für $L/E \gg 1/\delta m^2$ (d.h. $L \gg L_0$).

(siehe (6.120)). Je größer der Abstand L zwischen ν_α-Quelle und ν_β-Detektor ist und je kleiner die ν-Energie E ist, umso wahrscheinlicher ist es, ν-Oszillationen zu beobachten. Mit anderen Worten: Ein Experiment mit einem vorgegebenen L/E-Bereich ist nach (6.130) sensitiv für Massendifferenzen

$$\delta m^2 \gtrsim \delta m^2_{\text{min}} \approx \frac{E/\text{MeV}}{L/\text{m}} \text{eV}^2 . \tag{6.131}$$

Wenn $L/E \gg 4/\delta m^2$ (d.h. $L \gg L_0$) ist, dann haben viele Oszillationen zwischen der Quelle und dem Detektor stattgefunden. Wenn in diesem Falle L/E nicht genau genug bestimmt werden kann, ist das Experiment nicht in der Lage, die Oszillationen aufzulösen, und mißt nur mittlere Übergangswahrscheinlichkeiten (6.113). Das Verhältnis L/E kann u.a. aus zwei Gründen unscharf sein:

• L ist nicht scharf. Dies ist z.B. der Fall, wenn die ν_α-Quelle ausgedehnt ist (Atmosphäre, Sonne) oder wenn im Detektor das Neutrinoereignis zum Nachweis von ν_β nicht genau genug lokalisiert werden kann.

• E ist nicht scharf. Dies ist z.B. der Fall, wenn die Neutrinos ein Energiespektrum $N(E)$ besitzen und E nicht im Detektor gemessen wird.

Die drei gerade besprochenen Fälle (keine Oszillationen, Oszillationen, Mittelwerte) sind in Abb. 6.16 veranschaulicht, wobei die horizontale Achse logarithmisch gewählt wurde, um alle drei Fälle in einer Abbildung darstellen zu können.

In einem Oszillationsexperiment muß die Neutrinoart ν_α (bzw. die Zusammensetzung aus mehreren Arten) an der Quelle bekannt sein und die Neutrinoart nach Durchlaufen der Wegstrecke L im Detektor bestimmt werden, z.B. durch eine CC-Reaktion am Nukleon (Nachweis eines e, μ oder τ). Dabei gibt es zwei Möglichkeiten:

• *Disappearance-Experiment*: Im Detektor wird *dieselbe* Neutrinoart ν_α wie an der Quelle nachgewiesen. Man mißt die Wahrscheinlichkeit $P(\nu_\alpha \to \nu_\alpha)$ dafür, daß ein ursprüngliches ν_α am Detektor noch vorhanden ist (Überlebenswahrscheinlichkeit), bzw. die Wahrscheinlichkeit $P(\nu_\alpha \to \nu_X) = 1 - P(\nu_\alpha \to \nu_\alpha)$ dafür, daß ein ursprüngliches ν_α durch Umwandlung in eine beliebige andere Neutrinoart ν_X verschwunden ist. In einem solchen Experiment muß daher entweder der ursprüngliche ν_α-Fluß an der Quelle genau bekannt sein oder man mißt die ν_α-Flüsse bei zwei (oder mehreren) verschiedenen Abständen von der Quelle und vergleicht die Spektren.

• *Appearance-Experiment*: Im Detektor wird eine *andere* Neutrinoart $\nu_\beta \neq \nu_\alpha$ als die aus der Quelle nachgewiesen. Man mißt die Wahrscheinlichkeit $P(\nu_\alpha \to \nu_\beta)$ dafür, daß eine andere Neutrinoart erscheint. In einem solchen Experiment ist es wichtig, eine mögliche Verunreinigung des ν_α-Strahls durch ν_β an der Quelle genau zu kennen.

Um nach ν-Oszillationen zu suchen, hat man die folgenden Quellen benutzt:

• Neutrinos aus einem Reaktor
• Neutrinos von einem Hochenergiebeschleuniger
• Neutrinos von einem Niederenergiebeschleuniger („Mesonenfabrik")
• Neutrinos aus der Atmosphäre
• Neutrinos aus der Sonne.

In Tab. 6.4 sind für die einzelnen Quellen die Neutrinoarten ν_α, die ungefähren Bereiche der Neutrinoenergie E und des Abstandes L sowie die Empfindlichkeitsgrenzen $\delta m^2_{\min}$ nach (6.131) zusammengestellt. Man sieht z.B.: Wenn δm^2 extrem klein und damit L_0 nach (6.121) extrem groß ist, dann ist nur für Sonnenneutrinos L/E genügend groß, um mögliche Oszillationseffekte auf der Erde beobachten zu können. Außerdem zeigt Tab. 6.4, daß man mit Neutrino-Oszillationen noch Massen bestimmen kann, die für eine direkte Messung (Kap. 6.2) viel zu klein sind.

Tab. 6.4 Ungefähre Bereiche der Neutrinoenergie E, des Abstandes L und des Verhältnisses L/E sowie Empfindlichkeitsgrenzen $\delta m^2_{\min}$ für die verschiedenen Neutrinoquellen in Oszillationsexperimenten.

ν-Quelle	ν-Arten der Quelle	E-Bereich [MeV]	L-Bereich [m]	L/E-Bereich [m/MeV]	$\delta m^2_{\min}$ [eV^2]
Reaktor	$\overline{\nu}_e$	1-10	10-10^2	1-10^2	10^{-2}
Hochenergie-Beschleuniger	$\nu_\mu, \overline{\nu}_\mu$	10^3-10^5	(a) 10^2-10^3 (b) 10^4-10^7	10^{-3} - 1 10^{-1} - 10^4	1 10^{-4}
Niederenergie-Beschleuniger	$\nu_\mu, \overline{\nu}_\mu$	10-10^2	10-10^2	10^{-1} - 10	10^{-1}
Atmosphäre	$\nu_\mu, \overline{\nu}_\mu, \nu_e, \overline{\nu}_e$	10^2-10^4	10^4-10^7	1 - 10^5	10^{-5}
Sonne	ν_e	10^{-1}-10	10^{11}	10^{10} - 10^{12}	10^{-12}

(a) kurze Grundlinie, (b) lange Grundlinie

6.3.2 Experimente an Reaktoren

Neutrinos ($\overline{\nu}_e$) aus Kernreaktoren, d.h. aus den β^--Zerfällen (1.1) der neutronenreichen Spaltprodukte (Kap. 1.2), sind für die Untersuchung von ν-Oszillationen aus zwei Gründen besonders geeignet:

• Sie sind wegen ihrer geringen Energie ($\lesssim 10$ MeV) nach (6.131) auf relativ kleine Massenunterschiede δm^2 empfindlich (Tab. 6.4).

• Sie haben einen extrem hohen Fluß; Reaktoren sind die intensivsten terrestrischen Neutrinoquellen. Pro Spaltung werden im Mittel ca. 6 Neutrinos freigesetzt. Die $\overline{\nu}_e$-Flußdichte ist gegeben durch [Fra82]

$$\phi_\nu = 1.5 \cdot 10^{12} \frac{P/\text{MW}}{L^2/\text{m}^2} \text{ cm}^{-2}\text{sec}^{-1}, \tag{6.132}$$

wobei P die thermische Leistung (in MW) des Reaktors und L (in m) der Abstand vom Reaktorkern ist. Der Gesamtfluß der isotrop emittierten $\overline{\nu}_e$ beträgt demnach ($F = 4\pi L^2$)

$$F\phi_\nu = 1.9 \cdot 10^{17} \frac{P}{\text{MW}} \text{ sec}^{-1}. \tag{6.133}$$

Z.B. liefert der Gösgen-Reaktor (siehe unten) mit $P = 2800$ MW einen Fluß von $\sim 5 \cdot 10^{20}$ $\overline{\nu}_e$ pro sec.

Oszillationsexperimente an Reaktoren [Fra82, Bul83, Ver86, Obe92, Boe92, Fei94, Kla95, PDG96] sind *Disappearance-Experimente*, da die Energien der möglicherweise erzeugten $\overline{\nu}_\mu$ oder $\overline{\nu}_\tau$ unterhalb der Schwelle für μ bzw. τ-Produktion liegen (siehe z.B. (5.153)) und sie deshalb nicht nachgewiesen werden können. In einem solchen Experiment wird untersucht, ob und wie sich das ursprüngliche $\overline{\nu}_e$-Energiespektrum $\phi_\nu(E_\nu)$ am Reaktor infolge von energieabhängigen Oszillationen (siehe z.B. (6.123)) in einem Abstand L von der Quelle in seiner Form verändert hat; ohne Oszillationen würde das Spektrum, bis auf den geometrischen Abschwächungsfaktor $1/4\pi L^2$, unverändert bleiben. Für diese Untersuchung muß das Spektrum $\phi_\nu(E_\nu)$ bekannt sein. Wegen der komplexen Prozesse in einem Reaktor und der großen Anzahl der radioaktiven Spaltprodukte (~ 700) ist seine Bestimmung jedoch nicht einfach. Es wurden zwei Methoden angewandt:

• *Methode A*: Man mißt für ein bestimmtes spaltbares Isotop I, z.B. U^{235}, das zusammengesetzte β-Spektrum $\phi_e^I(E)$ der Elektronen, die aus den β^--Zerfällen der Spaltprodukte dieses Isotops stammen. Dazu bestrahlt man ein mit dem Isotop I angereichertes Target mit Neutronen aus einem Reaktor und mißt mit einem Spektrometer das Spektrum $\phi_e^I(E)$. Dieses gesamte β-Spektrum wird zerlegt in die β-Spektren $\phi_i^I(E, E_{0i})$ der einzelnen Spaltprodukte mit den Endpunktsenergien E_{0i}; jedes Einzelspektrum wird mit Hilfe der Beziehung $E_\nu + E = E_{0i}$ (6.58) in das entsprechende $\overline{\nu}_e$-Spektrum konvertiert; diese Einzelspektren werden dann wieder zum gesamten $\overline{\nu}_e$-Spektrum zusammengesetzt:

$$\phi_e^I(E) = \sum_i a_i \phi_i^I(E, E_{0i}) \Rightarrow \phi_\nu^I(E_\nu) = \sum_i a_i \phi_i^I(E_{0i} - E_\nu, E_{0i}) . (6.134)$$

Mit dieser Methode wurden am Hochflußreaktor des Institut Laue-Langevin (ILL) in Grenoble die $\overline{\nu}_e$-Spektren der spaltbaren Isotope U^{235}, Pu^{239} und Pu^{241} gemessen [Fei82, Schr85, Hah89], während man für das Isotop U^{238} auf das berechnete Spektrum (siehe unten) angewiesen ist. Aus der bekannten Brennstoffzusammensetzung eines Reaktors (vorwiegend U^{235}, U^{238}, Pu^{239}, P^{241}) ergibt sich aus den Spektren $\phi_\nu^I(E_\nu)$ das Gesamtspektrum $\phi_\nu(E_\nu)$.

• *Methode B*: Man berechnet die $\overline{\nu}_e$-Spektren $\phi_\nu^I(E_\nu)$ für die einzelnen spaltbaren Kerne, indem man u.a. empirische Information über die verschiedenen Spaltprodukte und ihre β-Spektren verwendet. Solche Berechnungen, die wegen der Vielzahl und Komplexität der Prozesse mit Ungenauigkeiten behaftet sind, wurden u.a. in [Vog81, Kla82] durchgeführt.

Um die Ungenauigkeiten in der Bestimmung des Spektrums $\phi_\nu(E_\nu)$ am Reaktor zu umgehen, kann man die $\overline{\nu}_e$-Ereignisraten (siehe unten) bei zwei (oder mehreren) verschiedenen Abständen L_1 und L_2 mit demselben Detektor messen und miteinander vergleichen. Falls keine Oszillationen stattfinden, hebt sich im Verhältnis dieser beiden Raten das ursprüngliche Spektrum $\phi_\nu(E_\nu)$

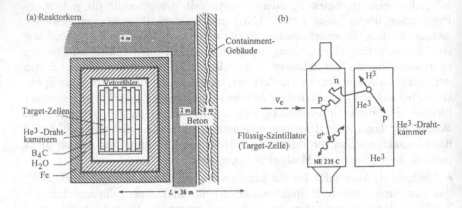

Abb. 6.17 (a) Gösgen-Detektor (Target-Szintillator-Zellen, He^3-Drahtkammern) mit umgebender Abschirmung (Beton, Eisen, Wasser, Vetozähler), (b) Skizze der Prozesse in Szintillator und Drahtkammer zum Nachweis der Reaktion $\bar{\nu}_e p \to e^+ n$ (siehe Text). Nach [Boe92].

heraus, und das Verhältnis ist einfach gegeben durch den geometrischen Faktor L_1^2/L_2^2.

Zum Nachweis der $\bar{\nu}_e$ im Detektor beim Abstand L wurden die folgenden Reaktionen verwendet:

$$
\begin{aligned}
&\text{(a)} & \bar{\nu}_e + p &\to e^+ + n & (E_S = 1.8 \text{ MeV}) \\
&\text{(b)} & \bar{\nu}_e + D &\to e^+ + n + n & (E_S = 4.0 \text{ MeV}) \\
&\text{(c)} & \bar{\nu}_e + D &\to \bar{\nu}_e + p + n & (E_S = 2.2 \text{ MeV}).
\end{aligned}
\qquad (6.135)
$$

In Klammern sind die $\bar{\nu}_e$-Schwellenenergien E_S (siehe (A.35)) angegeben. Die meisten Experimente benutzten die Reaktion (6.135a) (inverser β-Zerfall), mit deren Hilfe das $\bar{\nu}_e$ ja entdeckt wurde (Kap. 1.2). Dabei wurde für jedes $\bar{\nu}_e p$-Ereignis die e^+-Energie E_e gemessen. E_ν ergibt sich dann direkt aus dem Energiesatz:

$$
E_\nu = E_e + m_n - m_p = E_e + 1.293 \text{ MeV} = T_e + 1.804 \text{ MeV}, \quad (6.136)
$$

wobei die kleine Rückstoßenergie des Neutrons (~ 20 keV) vernachlässigt wurde.

Als Beispiel von mehreren Reaktorexperimenten (siehe z.B. Tab. 7.2 in [Kla95]) beschreiben wir nun die Experimente am *Leistungsreaktor in Gösgen*

(Schweiz) [Zac86, Boe92] etwas ausführlicher. Die thermische Leistung betrug $P = 2800$ MW. Der Brennstoff bestand aus den spaltbaren Kernen U^{235} (69%), U^{238} (7%), Pu^{239} (21%) und P^{241} (3%), wobei in Klammern die Anteile an den Spaltungen zu Beginn eines Reaktorzyklus angegeben sind. Diese Anteile ändern sich in Abhängigkeit von der Brenndauer. Gemessen wurden $\bar{\nu}_e p$-Reaktionen (6.135a) bei den Detektorabständen $L = 37.9$ m, 45.9 m und 64.7 m. Der Detektor arbeitete nach dem in Kap. 1.2 beschriebenen Nachweisprinzip (Abb. 1.2, 6.17b). Er bestand aus (Abb. 6.17)

• Zellen von Flüssig-Szintillatoren mit angeschlossenen Photomultipliern; sie dienten als Target (insgesamt $2.4 \cdot 10^{28}$ Protonen), zum Nachweis und zur Energiemessung der e^+ mittels der prompten Paarvernichtung $e^+ e^- \rightarrow \gamma\gamma$ sowie zur Thermalisierung der Neutronen (auf ~ 10 meV).

• Vieldrahtproportionalkammern mit He^3 als Kammergas; sie dienten zum Nachweis der verzögerten Neutronen mittels der Reaktion $n + He^3 \rightarrow H^3 + p$ (Wirkungsquerschnitt ~ 5500 b für thermische Neutronen).

Zur Beseitigung von Untergrund aus der Kosmischen Strahlung (Kap 7.1) mußte der Detektor gut abgeschirmt und von Vetozählern umgeben sein (Abb. 6.17).

Gemessen wurde bei jeder Detektorposition L die $\bar{\nu}_e p$-Ereignisrate (yield) $Y_{\exp}(E_e, L)$ als Funktion der e^+-Energie. Die erwartete Rate ist gegeben durch

$$Y(E_e, L, \delta m^2, \theta) = Y_0(E_e, L) \cdot P(E_\nu, L, \delta m^2, \theta), \qquad (6.137)$$

wobei

$$P(E_\nu, L, \delta m^2, \theta) = 1 - \sin^2 2\theta \cdot \sin^2 \left[1.267 \frac{\delta m^2}{\mathrm{eV}^2} \cdot \frac{L/\mathrm{m}}{E_\nu/\mathrm{MeV}} \right] \qquad (6.138)$$

die Oszillationswahrscheinlichkeit (6.123) mit (6.120) für $\bar{\nu}_e \rightarrow \bar{\nu}_e$ (Überlebenswahrscheinlichkeit) im Zwei-Flavour-Formalismus ($n = 2$) ist. $Y_0(E_e, L)$ ist die Ereignisrate bei Abwesenheit von Oszillationen ($P = 1$):

$$Y_0(E_e, L) = n_p \cdot \phi_\nu(E_\nu) \cdot \varepsilon(E_e) \cdot \sigma(E_\nu) \cdot \frac{1}{4\pi L^2} \qquad (6.139)$$

mit $E_\nu = E_e + 1.293$ MeV (6.136). Hierbei ist n_p die Zahl der Protonen im Target, $\phi_\nu(E_\nu)$ das $\bar{\nu}_e$-Spektrum am Reaktor (siehe oben), $\varepsilon(E_e)$ die Detektoreffizienz, $\sigma(E_\nu)$ der Wirkungsquerschnitt für die Reaktion (6.135a) und $1/4\pi L^2$ der geometrische Faktor. $\sigma(E_\nu)$ ist gegeben durch

$$\sigma(E_\nu) = K \cdot (E_\nu - m_n + m_p)\sqrt{(E_\nu - m_n + m_p)^2 - m_e^2} = cK \cdot E_e p_e \qquad (6.140)$$

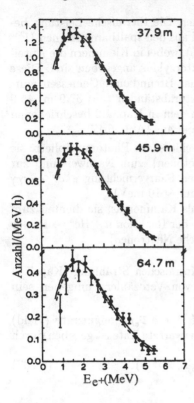

Abb. 6.18
Gösgen-Experimente: Gemessene Positron-Energiespektren $Y_{\exp}(E_e, L)$ bei den drei Abständen $L = 37.9$, 45.9 und 64.7 m. Die Kurven zeigen die Vorhersagen *ohne* ν-Oszillationen. Bei den durchgezogenen Kurven wurden das $\bar{\nu}_e$-Spektrum $\phi_\nu(E_\nu)$ parametrisiert und die Parameter durch eine beste Anpassung an die Meßpunkte $Y_{\exp}(E_e, L)$ bestimmt. Bei den gestrichelten Kurven wurde für $\phi_\nu(E_\nu)$ das in unabhängigen Messungen (Methode A im Text) bestimmte $\bar{\nu}_e$-Spektrum verwandt. Nach [Zac86].

mit

$$K = \frac{2\pi^2(\hbar c)^3}{(m_e c^2)^5 c\tau_n \cdot f} = (9.55 \pm 0.02) \cdot 10^{-44} \frac{\text{cm}^2}{\text{MeV}^2} \cdot \quad (6.141)$$

Hierbei ist $f = 1.715$ der Phasenraumfaktor des Neutronzerfalls und $\tau_n = (887 \pm 2)$ sec [PDG96] die mittlere Neutronlebensdauer.

Die bei den drei Abständen gemessenen Spektren $Y_{\exp}(E_e, L)$ sind in Abb. 6.18 dargestellt, nach Abzug des Untergrundes, der bei abgeschaltetem Reaktor gemessen wurde. An diese Spektren wurden die theoretischen Spektren (6.137) nach Faltung mit der Energie-Responsfunktion des Detektors sowie der endlichen Ausdehnung von Reaktor und Detektor in einem gemeinsamen Fit angepaßt und so die beiden Oszillationsparameter $(\theta, \delta m^2)$ bestimmt. Die Messungen sind mit Abwesenheit von Oszillationen (Kurven in Abb. 6.18) gut verträglich. Damit ergaben sich obere Grenzen für $(\theta, \delta m^2)$, die miteinander korreliert sind und üblicherweise durch eine *Konturlinie* in

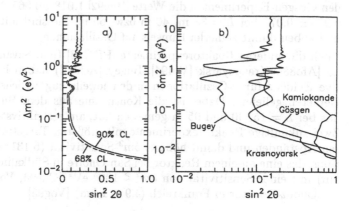

Abb. 6.19 Ausschlußkonturen für $\bar{\nu}_e \to \bar{\nu}_X$ (disappearance) aus Reaktorexperimenten; das $(\sin^2 2\theta, \delta m^2)$-Gebiet rechts-oberhalb einer Konturlinie ist ausgeschlossen: (a) 90% und 68% CL-Grenzkonturen aus den Gösgen-Experimenten; (b) 90% CL-Grenzkonturen aus drei Reaktorexperimenten (Bugey, Gösgen, Krasnoyarsk) sowie das nach Kamiokande [Fuk94a] *erlaubte* Gebiet (vergl. Abb. 7.5). Nach [Zac86, Ach95].

der $(\sin^2 2\theta, \delta m^2)$-Ebene (*Ausschlußdiagramm*) dargestellt werden. Eine solche Konturlinie ergibt sich im wesentlichen aus (6.123) bzw. (6.124) mit einer gemessenen Grenze $\langle P \rangle$ für die Oszillationswahrscheinlichkeit, also z.B. für Appearance aus

$$\sin^2 2\theta \cdot \sin^2 \left(\frac{\delta m^2}{4} \left\langle \frac{L}{E} \right\rangle \right) = \langle P \rangle \text{ bzw. } \sin^2 2\theta = 2\langle P \rangle \,. \qquad (6.142)$$

Abb. 6.19a zeigt die 90% und 68% CL-Konturen aus den Gösgen-Experimenten; das $(\sin^2 2\theta, \delta m^2)$-Gebiet rechts einer Kurve ist mit dem angegebenen Konfidenzniveau ausgeschlossen, während das Gebiet links davon (kleine $\sin^2 2\theta$ und/oder δm^2) noch erlaubt ist. Für $\delta m^2 \lesssim 0.02$ eV^2 lassen sich Oszillationen auch bei maximaler Mischung ($\theta = 45°$) nicht mehr beobachten (Tab. 6.4), so daß die Ausschlußkurve dort ziemlich flach verläuft. Für $\delta m^2 \gtrsim 3$ eV^2 mittelt die Messung über mehrere Oszillationslängen, so daß sich eine von δm^2 unabhängige obere Grenze für θ ergibt ($\sin^2 2\theta \lesssim 0.2$), siehe (6.124). Man erhält also: $\delta m^2 < 0.02$ eV^2 für $\sin^2 2\theta = 1$, $\sin^2 2\theta < 0.2$ für „große" δm^2.

Für das Verhältnis $\int Y_{\exp} / \int Y_0$ der über E_e integrierten experimentellen und ohne Oszillationen nach (6.139) berechneten Gesamtraten ergaben sich aus den Gösgen-Experimenten die Werte [Boe92] 1.018 ± 0.065, 1.045 ± 0.065 und 0.975 ± 0.072 bei $L = 38$ m, 46 m bzw. 65 m. Sie sind mit eins verträglich und geben damit keinerlei Hinweis auf Oszillationen.

Auch die anderen Reaktorexperimente [PDG96] (u.a. Savannah River, Rovno [Afo88], Krasnoyarsk [Vid94], Bugey [Ach95]) haben bisher keine positive Evidenz für ν-Oszillationen in den jeweils zugänglichen $(\sin^2 2\theta, \delta m^2)$-Gebieten geliefert. Dabei ist die Konturlinie aus dem Bugey-Experiment, das bei $L = 15$, 40 und 95 m gemessen hat, am restriktivsten (Abb. 6.19b). Zwei zukünftige Reaktorexperimente mit größeren Targetmassen und größeren Abständen und damit höherer δm^2-Sensitivität (6.131) sind in Vorbereitung, das eine an einem Reaktor bei San Onofre in Südkalifornien (12 t, 0.65 km) mit einer Sensitivität von $\delta m^2 \gtrsim 10^{-3}$ eV^2 [Che94, Vog95], das andere am Chooz-Reaktor in Frankreich (4.9 t, 1 km) [Vog95].

6.3.3 Experimente an Beschleunigern

a) Hochenergetische Neutrinos

In zahlreichen Experimenten [Bul83, Hai88, Boe92, Obe92, Kla95, PDG96] sind hochenergetische $\nu_\mu/\overline{\nu}_\mu$-Strahlen (Kap. 3.2) an den großen Protonsynchrotrons (Brookhaven, CERN, Fermilab, Serpukhov) dazu benutzt worden, um nach Neutrino-Oszillationen zu suchen, die auf der Strecke L zwischen Zerfallsort im Zerfallstunnel und Detektor stattfinden können. Da der Zerfallsort nicht genau bekannt ist, kann L/E_ν nur ungenau bestimmt werden, selbst wenn E_ν im Detektor gemessen wird. Deshalb findet eine gewisse Verschmierung der Oszillationen statt, falls sie existieren. Die Bestimmung der Neutrinoart im Detektor geschieht mit Hilfe der CC-Reaktionen

$$\text{(a)} \qquad \overset{(-)}{\nu_e} + N \to e^\pm + X$$

$$\text{(b)} \qquad \overset{(-)}{\nu_\mu} + N \to \mu^\pm + X \quad (E_S \approx 110 \text{ MeV}) \qquad (6.143)$$

$$\text{(c)} \qquad \overset{(-)}{\nu_\tau} + N \to \tau^\pm + X \quad (E_S \approx 3460 \text{ MeV}),$$

wobei das geladene Lepton als e, μ oder τ identifiziert werden muß (siehe Kap. 3.3 für e und μ, Kap. 1.7.2 für τ).

Es wurden die folgenden Arten von Appearance- und Disappearance-Untersuchungen durchgeführt (entsprechend für Antineutrinos):

• *Verschwinden von* ν_μ ($\nu_\mu \to \nu_X$ *Oszillationen*). Man prüft (in Abhängigkeit von E_ν), ob die Anzahl der ν_μ-Ereignisse (6.143b) im Detektor gleich der Anzahl ist, die man ohne Oszillationen erwartet, oder ob sie geringer ist. Ein solches Experiment ist schwierig, da das ν_μ-Flußspektrum $\phi_\nu(E_\nu)$ (Kap. 3.2.2) an der Quelle sowie der Wirkungsquerschnitt für (6.143b) sehr genau bekannt sein müssen. Außerdem benötigt man eine hohe Statistik (große Ereigniszahl).

• *Verschwinden von ν_e ($\nu_e \to \nu_X$ Oszillationen)*. Man prüft, ob die Anzahl der ν_e-Ereignisse (6.143a) übereinstimmt mit der Anzahl, die aus der bekannten ν_e-Verunreinigung des ν_μ-Strahls (Kap. 3.2.2) zu erwarten ist, oder ob sie niedriger ist.

• *Erscheinen von ν_e ($\nu_\mu \to \nu_e$ Oszillationen)*. Man sucht nach ν_e-Ereignissen (6.143a) im Detektor. Wenn ihre Anzahl die aus der ν_e-Verunreinigung des ν_μ-Strahls erwartete Anzahl übersteigt, ist dies ein Hinweis auf $\nu_\mu \to \nu_e$ Übergänge.

• *Erscheinen von ν_τ ($\nu_\mu, \nu_e \to \nu_\tau$ Oszillationen)*. Man sucht nach ν_τ-Ereignissen (6.143c) im Detektor.

In den bisherigen Experimenten dieser Art sind keine ν-Oszillationen entdeckt worden.

Außer in Experimenten mit normalen $\nu_\mu/\overline{\nu}_\mu$-Strahlen wurde nach ν-Oszillationen auch in *Beam-Dump-Experimenten* gesucht. In einem solchen Experiment (Kap. 1.7.2) ist der Neutrino-Strahl stark mit *prompten* Neutrinos aus den semileptonischen Zerfällen von kurzlebigen Charm-Hadronen angereichert, z.B. $D^+ \to \ell^+ \nu_\ell \overline{K^0}$, $D_s^+ \to \ell^+ \nu_\ell \phi$ etc. mit $\ell = e, \mu$. Wegen der $e\mu$-Universalität und da der Massenunterschied zwischen e und μ klein gegen die Massen der Charm-Hadronen ist, sind die elektronischen und myonischen Zerfälle gleich wahrscheinlich, so daß die prompten Flüsse von ν_e und ν_μ bzw. $\overline{\nu}_e$ und $\overline{\nu}_\mu$ gleich sind:

$$\phi_{\mathrm{pr}}(\nu_e, E_\nu) = \phi_{\mathrm{pr}}(\nu_\mu, E_\nu) \text{ und } \phi_{\mathrm{pr}}(\overline{\nu}_e, E_\nu) = \phi_{\mathrm{pr}}(\overline{\nu}_\mu, E_\nu). \qquad (6.144)$$

Im Detektor sollten also ohne Oszillationen gleich viele $e^\pm$-Ereignisse (6.143a) und $\mu^\pm$-Ereignisse (6.143b) auftreten:

$$R_{\mathrm{pr}} = \frac{N_{\mathrm{pr}}(e^+) + N_{\mathrm{pr}}(e^-)}{N_{\mathrm{pr}}(\mu^+) + N_{\mathrm{pr}}(\mu^-)} = 1, \qquad (6.145)$$

wobei N_{pr} die auf unendliche Dumpdichte, d.h. auf einen rein-prompten Strahl extrapolierten (Kap. 1.7.2) Ereigniszahlen sind. $R_{\mathrm{pr}} = 1$ gilt auch dann noch, wenn es Oszillationen nur zwischen ν_e und ν_μ ($n = 2$) gibt, da dann die Wahrscheinlichkeiten für $\overset{(-)}{\nu_e} \to \overset{(-)}{\nu_\mu}$ und $\overset{(-)}{\nu_\mu} \to \overset{(-)}{\nu_e}$ nach (6.123) gleich sind. Dies gilt nicht mehr für $n = 3$, so daß aus einer Messung $R_{\mathrm{pr}} \neq 1$ auf $\nu_e, \nu_\mu \to \nu_\tau$ Oszillationen geschlossen werden kann.

Auch in Beam-Dump-Experimenten wurden bisher keine Hinweise auf ν-Oszillationen gefunden. Abb. 6.20 zeigt als Beispiel die Grenzkonturen aus

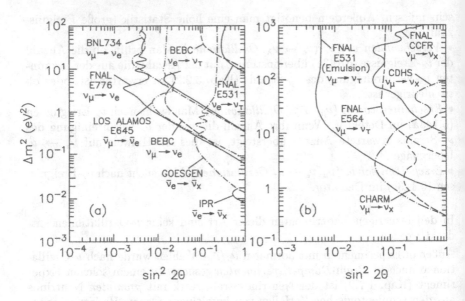

Abb. 6.20 Ausschlußkonturen nach dem Zwei-Flavour-Formalismus aus einigen Beschleunigerexperimenten; (a) Kopplungen an ν_e, (b) Kopplungen an ν_μ. Nach [Obe92].

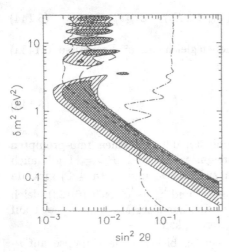

Abb. 6.21
Ergebnis des LSND-Experiments bei LAMPF: Gezeigt sind die für $\bar\nu_\mu \to \bar\nu_e$ erlaubten $(\sin^2 2\theta, \delta m^2)$-Gebiete. Einfach schraffiert: ungefähres 99% CL-Gebiet; doppelt schraffiert: ungefähres 90% CL-Gebiet. Die Kurven zeigen die 90% CL-Obergrenzen aus drei anderen Experimenten (KARMEN, BNL-E776, Bugey). Nach [Ath96].

Tab. 6.5 Niedrigste Obergrenzen von δm^2 bei $\sin^2 2\theta = 1$ und von $\sin^2 2\theta$ bei „großen" δm^2 für Übergänge $\nu_\alpha \to \nu_\beta$ aus Appearance-Experimenten an Hochenergiebeschleunigern. Nach [PDG96].

Übergang	Laboratorium	δm^2 (eV^2)	$\sin^2 2\theta$	Detektor
$\nu_e \to \nu_\tau$	Fermilab	< 9	< 0.25	Emulsion
$\nu_\mu \to \nu_e$	CERN	< 0.09	$< 2 \cdot 10^{-2}$	HLBC
	Serpukhov	< 1.3	$< 2.5 \cdot 10^{-3}$	HLBC
$\overline{\nu}_\mu \to \overline{\nu}_e$	CERN	< 1	$< 4 \cdot 10^{-3}$	HLBC
$\nu_\mu(\overline{\nu}_\mu) \to \nu_e(\overline{\nu}_e)$	BNL	< 0.075	$< 3 \cdot 10^{-3}$	Zähler
$\nu_\mu \to \nu_\tau$	Fermilab	< 0.9	$< 4 \cdot 10^{-3}$	Emulsion
$\overline{\nu}_\mu \to \overline{\nu}_\tau$	Fermilab	< 2.2	$< 4.4 \cdot 10^{-2}$	HLBC
$\nu_\mu(\overline{\nu}_\mu) \to \nu_\tau(\overline{\nu}_\tau)$	CERN	< 1.5	$< 8 \cdot 10^{-3}$	CHARM II

HLBC = Heavy Liquid Bubble Chamber

einigen Beschleunigerexperimenten, wobei die Analysen für jede Übergangsart $\nu_\alpha \to \nu_\beta$ im Zwei-Flavour-Formalismus durchgeführt wurden. In Tab. 6.5 sind die bisher niedrigsten Obergrenzen von δm^2 bei $\sin^2 2\theta = 1$ (maximale Mischung) und von $\sin^2 2\theta$ bei „großen" δm^2 (6.142) aus Appearance-Experimenten an Hochenergiebeschleunigern kompiliert.

b) Niederenergetische Neutrinos

Oszillationsexperimente mit niederenergetischen Neutrinos wurden an der Los Alamos Meson Physics Facility (LAMPF) [Fre93] und am Protonenbeschleuniger ISIS (800 MeV) des Rutherford Appleton Laboratory (KARMEN-Kollaboration [Arm95]) durchgeführt. Während bisher nur obere Grenzen gemessen wurden, hat eine LAMPF-Kollaboration vor kurzem positive Evidenz für $\overline{\nu}_\mu \to \overline{\nu}_e$ Oszillationen mitgeteilt [Ath96]. Das Experiment verlief folgendermaßen:

Ein hochintensiver Protonenstrahl von 780 MeV erzeugte $\pi^\pm$, die in einem Kupferblock gestoppt wurden. Während die π^- praktisch alle vor ihrem Zerfall von den Kernen eingefangen wurden ($\pi^- p \to \pi^0 n$), zerfielen die π^+ in Ruhe mit anschließendem Zerfall auch des zur Ruhe gekommenen μ^+:

$$\pi^+_{\text{Ruhe}} \to \mu^+ + \nu_\mu \quad \text{mit} \quad \mu^+_{\text{Ruhe}} \to e^+ + \nu_e + \overline{\nu}_\mu. \tag{6.146}$$

Es entstanden also (in gleicher Anzahl) ν_μ, $\overline{\nu}_\mu$ und ν_e, jedoch keine $\overline{\nu}_e$ (relativer Untergrund $\sim 7.5 \cdot 10^{-4}$ aus π^--μ^--Zerfällen). In einem Liquid Scintillator Neutrino Detector (LSND), der 30 m von der Quelle entfernt war,

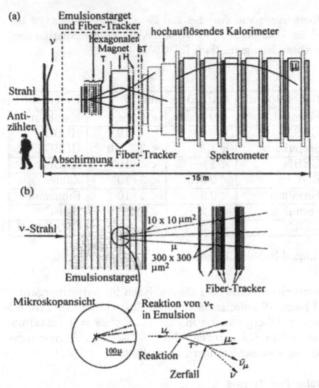

Abb. 6.22 (a) Seitenansicht des CHORUS-Detektors; (b) Detailskizze des Targetteils mit einem Ereignis. Nach [Gen96].

wurde mit Hilfe der Reaktion $\bar{\nu}_e p \to e^+ n$ (vergl. Kap. 1.2, 6.3.2) nach $\bar{\nu}_e$ gesucht, die nur aus $\bar{\nu}_\mu \to \bar{\nu}_e$ Oszillationen (appearance) stammen können. Dabei wurde das Neutron durch das 2.2 MeV Photon aus der Reaktion $n + p \to D + \gamma$ nachgewiesen. Es wurden nach strengen Schnitten 22 Ereignisse im e^+-Energieintervall $36 < E_e < 60$ MeV gefunden, während nur 4.6 ± 0.6 Untergrundereignisse zu erwarten waren. Für die Oszillationswahrscheinlichkeit $P(\bar{\nu}_\mu \to \bar{\nu}_e)$ (6.123) ergab sich der Wert $(0.31 \pm 0.12 \pm 0.05)\%$ (erster Fehler statistisch, zweiter Fehler systematisch). Abb. 6.21 zeigt das erlaubte Gebiet in der $(\sin^2 2\theta, \delta m^2)$-Ebene, zusammen mit den 90% CL-Obergrenzen aus drei anderen Experimenten.

c) CHORUS und NOMAD

Während in früheren Neutrinoexperimenten an Hochenergiebeschleunigern die Suche nach ν-Oszillationen ein „Nebenprodukt" war, laufen z.Zt. beim CERN zwei Experimente, CHORUS und NOMAD[†] [Van93, Win95, Gen96], die gezielt der Suche nach dem Auftreten von ν_τ in einem normalen ν_μ-Breitbandstrahl (Kap. 3.2.2) am 450 GeV-SPS gewidmet sind ($\nu_\mu \to \nu_\tau$ appearance). Die mittlere Strahlenergie beträgt 27 GeV. Die Verunreinigung des Strahls durch andere Neutrinos ist gering (6% $\bar\nu_\mu$, 0.7% ν_e, 0.2% $\bar\nu_e$, $\sim 10^{-6}$ - $10^{-7}\nu_\tau$ aus D_s-Zerfällen (1.85) [Gon97]). Der mittlere Abstand der beiden Detektoren von der Quelle (Zerfallstunnel) beträgt $L \approx 800$ m. Damit sind die Experimente nach (6.131) empfindlich für $\delta m^2 \gtrsim 35$ eV^2, d.h. $m(\nu_\tau) \gtrsim 6$ eV, wenn man $m_1, m_2 \ll m_3 \approx m(\nu_\tau)$ annimmt. Beide Detektoren weisen ein ν_τ durch die CC-Reaktion (6.143c) $\nu_\tau N \to \tau^- X$ nach, indem sie das τ^- identifizieren.

Das CHORUS-Experiment [Ros95a] sucht nach den folgenden τ^--Zerfällen:

$$\tau^- \to \nu_\tau \mu^- \bar\nu_\mu \,, \ \nu_\tau \pi^- (n\pi^0) \,, \ \nu_\tau \pi^- \pi^- \pi^+ (n\pi^0) \tag{6.147}$$

mit den Verzweigungsverhältnissen 17% , 50% bzw. 15% . Dabei wird ein τ an seiner endlichen, im Mittel sehr kurzen ($\lesssim 1$ mm) Flugstrecke vor seinem Zerfall, d.h. an seiner Zerfallstopologie (z.B. Spur mit Knick) erkannt. Zu diesem Zweck besitzt der CHORUS-Detektor (Abb. 6.22) ein spurempfindliches (aktives) Target mit hoher Ortsauflösung, das aus vier Blöcken von Kernemulsionen (insgesamt 800 kg) mit Ebenen von Szintillatorfibern dazwischen besteht, mit denen Spuren gemessen und in die Emulsionsschichten zurückverfolgt werden können [Niw94]. In den hochauflösenden Emulsionen wird dann unter dem Mikroskop nach τ^--Topologien gesucht. An den Targetteil schließt sich ein hexagonaler Spektrometermagnet mit toroidalem Feld (0.12 T, zur Impulsmessung), ein Kalorimeter mit hoher Auflösung (zur Messung von Energie und Richtung eines Hadronschauers) sowie ein Myonspektrometer an. Mögliche τ^--Kandidaten-Ereignisse werden aufgrund kinematischer Kriterien (z.B. fehlender Transversalimpuls) vorselektiert zur näheren Untersuchung in den Emulsionen.

Das NOMAD-Experiment [Rub95] sucht nach den folgenden τ^--Zerfällen:

$$\tau^- \to \nu_\tau e^- \bar\nu_e \,, \ \nu_\tau \mu^- \bar\nu_\mu \,, \ \nu_\tau \pi^- (n\pi^0) \,, \ \nu_\tau \pi^- \pi^- \pi^+ (n\pi^0) \,. \tag{6.148}$$

Dabei werden τ^--Ereignisse (6.143c) von Untergrundereignissen mit Hilfe kinematischer Kriterien (z.B. fehlender Transversalimpuls in einem Ereignis mit dem Zerfall $\tau \to \nu_\tau \mu \bar\nu_\mu$) getrennt, wie in Kap. 1.7.2 beschrieben.

[†]CHORUS für CERN Hybrid Oscillation Research Apparatus; NOMAD für Neutrino Oscillation Magnetic Detector.

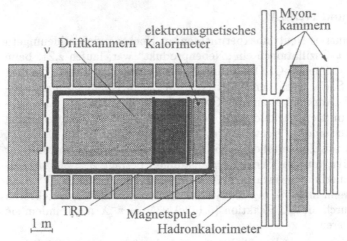

Abb. 6.23 Seitenansicht des NOMAD-Detektors. Der Neutrino-Strahl kommt von links. Nach [Gen96].

Um eine hohe Nachweiswahrscheinlichkeit für τ^--Ereignisse zu erreichen, muß der Detektor eine gute Energie-, Impuls- und Winkelauflösung sowie gute Identifikation von e, μ und γ (aus π^0-Zerfällen) besitzen. Der NOMAD-Detektor (Abb. 6.23) besteht im wesentlichen aus Driftkammern (zur Spurmessung), einem Übergangsstrahlungsdetektor (Transition Radiation Detector (TRD) zur e-Identifizierung), einem elektromagnetischen Kalorimeter aus Bleiglas (zur Messung von e und γ) [Aut96], einem Hadronkalorimeter sowie aus Myonkammern (zur Messung von μ) hinter einer Eisenabschirmung. Die Driftkammern, der TRD und das elektromagnetische Kalorimeter stehen in einem Magnetfeld von 0.4 T, senkrecht zur Strahlrichtung. Als Target für die Reaktion (6.143c) dienen die Wände der Driftkammern.

Bisher liegen noch keine Ergebnisse aus CHORUS und NOMAD vor. Am Fermilab ist ein dem CHORUS-Experiment ähnliches Experiment (E803) mit $L \sim 470$ m genehmigt worden, das 1999 mit der Datennahme beginnen soll. Abb. 6.24 zeigt die Ausschlußkonturen, die von CHORUS, NOMAD und E803 im Zwei-Flavour-Formalismus für $\nu_e \to \nu_\tau$ und $\nu_\mu \to \nu_\tau$ erwartet werden, zusammen mit 90% CL-Ausschlußkurven aus früheren Beschleunigerexperimenten. Die schraffierten Flächen sind die für CHORUS und NOMAD neu zugänglichen ($\sin^2 2\theta, \delta m^2$)-Gebiete.

d) Zukunftspläne

Während bei allen bisherigen Oszillationsexperimenten an Beschleunigern

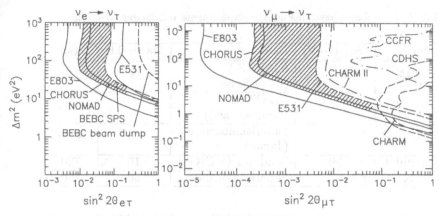

Abb. 6.24 Ausschlußkonturen, die von CHORUS, NOMAD und Fermilab E803 zu erwarten sind. Schraffiert sind die mit CHORUS und NOMAD erstmalig zugänglichen ($\sin^2 2\theta, \delta m^2$)-Gebiete, für (a) $\nu_e \to \nu_\tau$ und (b) $\nu_\mu \to \nu_\tau$. Nach [Gen96].

der Abstand L zwischen Quelle und Detektor relativ kurz war ($L \lesssim 1$ km, short baseline), sind zukünftige Experimente mit langer Grundlinie (long baseline) in der Diskussion [Ber91c, Kif94, Mich95, Mor95, Schn95, Win95, Bal96a, Car96, Rub96], die hinab bis zu $\delta m^2 \approx 10^{-3}\text{-}10^{-4}$ eV^2 empfindlich sind (Tab. 6.4). Tab. 6.6 gibt einen Überblick. Bei diesen Experimenten ist ein am Beschleuniger hergestellter ν-Strahl durch die Erde hindurch auf einen weit entfernt stehenden Detektor gerichtet. Der Zerfallstunnel (Kap. 3.2) und in ihm der Mesonenstrahl müssen daher in die Erde hinein geneigt sein. Da der ν-Strahl divergiert, können genügend hohe Ereignisraten nur erreicht werden, wenn der Strahl sehr intensiv und die Masse des Detektors sehr groß ist. Es kommen deshalb u.a. die großen Neutrino-Detektoren in Frage, die z.Zt. unter der Erde bzw. im Wasser installiert werden (Kap. 7.6).

6.4   Neutrino-Mischung in schwachen Zerfällen

Bei der Besprechung der direkten Bestimmung der Neutrinomassen $m(\nu_e)$, $m(\nu_\mu)$ und $m(\nu_\tau)$ in Kap. 6.2 wurde angenommen, daß die Flavoureigenzustände ν_e, ν_μ und ν_τ im wesentlichen gleich den Masseneigenzuständen ν_1, ν_2 und ν_3 sind. Die in Kap. 6.3.1 mit (6.100) eingeführte Mischungsmatrix U wurde also annähernd als Einheitsmatrix angenommen, d.h. es wurden die möglichen Beimischungen der anderen Masseneigenzustände zu einem Flavoureigenzustand vernachlässigt. Diese Einschränkung soll nun aufgegeben

Tab. 6.6 Geplante bzw. diskutierte Experimente mit langer Grundlinie.

Quelle	$\langle E_\nu \rangle$ (GeV)	Detektor	Masse (kt)	L (km)
CERN	7 - 20	ICARUS (Gran Sasso)	5	730
CERN	7 - 20	NESTOR (Griechenland)		1630
CERN		Superkamiokande (Japan)	50	8750
Fermilab	10 - 20	Soudan 2 (MINOS)	10	720
KEK	1.4	Superkamiokande	50	250

werden, so daß $m(\nu_e)$, $m(\nu_\mu)$ und $m(\nu_\tau)$ nach (6.118) Mittelwerte sind.

Als konkretes Beispiel betrachten wir den folgenden Fall: ν_1 sei in ν_e, ν_2 in ν_μ dominant (d.h. $|U_{e1}| \approx 1$, $|U_{\mu 2}| \approx 1$), wobei die Massen $m(\nu_e) \approx m_1$ und $m(\nu_\mu) \approx m_2$ klein sind (Tab. 6.1) und im folgenden vernachlässigt werden. Außerdem soll dem ν_e und ν_μ ein *schweres Neutrino* ν_H mit Masse m_H entsprechend (6.100) subdominant (d.h. $|U_{eH}|$, $|U_{\mu H}| \ll 1$) beigemischt sein[‡]. Eine solche Beimischung hat, wie im folgenden besprochen wird, kinematische Peaks in schwachen Zwei-Körper-Zerfällen und Knicke in Drei-Körper-Zerfällen zur Folge, deren Stärke proportional zu $|U_{\ell H}|^2$ ($\ell = e, \mu$) ist [Shr81, Yam85, Vui86, Fei88, Boe92, Obe92]. Nach solchen Peaks und Knicken ist in zahlreichen Experimenten vergeblich gesucht worden, so daß bisher nur obere Grenzen für die Mischungselemente $|U_{\ell H}|^2$ in Abhängigkeit von m_H bestimmt werden konnten [PDG94, PDG96].

a) Zwei-Körper-Zerfälle

Wir betrachten Zwei-Körper-Zerfälle

$$M \to \ell + \nu \tag{6.149}$$

eines geladenen Mesons $M = \pi, K$ in ein geladenes Lepton $\ell = e, \mu$ und ein Neutrino ν ($M_{\ell 2}$-Zerfälle). Aus Energie-Impuls-Erhaltung

$$m_M = \sqrt{m_\ell^2 + p_\ell^2} + \sqrt{m_\nu^2 + p_\ell^2} \tag{6.150}$$

ergeben sich feste Werte für Energie E_ℓ, kinetische Energie T_ℓ und Impuls p_ℓ

[‡]Ein solches ν_H könnte z.B. dominant zu ν_τ beitragen ($\nu_H = \nu_3$), so daß $m_H \approx m(\nu_\tau)$ wäre.

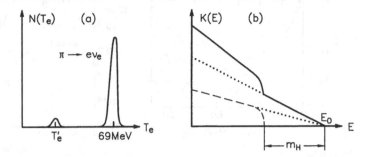

Abb. 6.25 Schematische Darstellung (a) des Energiespektrums des Elektrons in $\pi \to e\nu_e$ mit dem Hauptpeak bei $T_e = 69.3$ MeV und einem Nebenpeak bei T_e' aus $\pi \to e\nu_H$; (b) des Kurie-Plots mit einem Knick bei $E = E_0 - m_H$; der Beitrag des ν_H-Terms in (6.160) ist gestrichelt eingezeichnet.

des Leptons im M-Ruhesystem:

$$E_\ell = \frac{m_M^2 + m_\ell^2 - m_\nu^2}{2m_M}, \quad T_\ell = \frac{(m_M - m_\ell)^2 - m_\nu^2}{2m_M}$$

$$p_\ell = \sqrt{E_\ell^2 - m_\ell^2} = \frac{m_M}{2}\sqrt{1 + x_\ell^2 + x_\nu^2 - 2(x_\ell + x_\nu + x_\ell x_\nu)} \quad (6.151)$$

$$\text{mit} \quad x_\ell = \left(\frac{m_\ell}{m_M}\right)^2, \quad x_\nu = \left(\frac{m_\nu}{m_M}\right)^2.$$

Dabei ist

$$m_\nu < m_M - m_\ell. \tag{6.152}$$

Im Falle einer ν_H-Beimischung zu ν_e bzw. ν_μ kommen neben den *dominanten* *Zerfällen* $\pi, K \to e\nu_1, \mu\nu_2$ mit $m_\nu \approx 0$ auch *subdominante Zerfälle*

$$\pi \to e + \nu_H , \mu + \nu_H \quad \text{bzw.} \quad K \to e + \nu_H , \mu + \nu_H \tag{6.153}$$

mit $m_H > 0$ mit einer zu $|U_{\ell H}|^2$ proportionalen Wahrscheinlichkeit vor, falls m_H die kinematische Bedingung (6.152) erfüllt. Im T_ℓ-Spektrum sollte also zusätzlich zum dominanten Peak ($m_\nu \approx 0$ in (6.151)) bei

$$T_\ell = \frac{(m_M - m_\ell)^2}{2m_M} = 69.3; 4.1; 246; 152 \text{ MeV} \tag{6.154}$$

$$\text{für} \quad (M, \ell) = (\pi, e); (\pi, \mu); (K, e); (K, \mu)$$

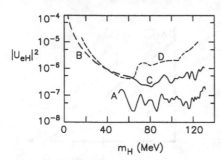

Abb. 6.26
Obergrenzen (90% CL) für $|U_{eH}|^2$ in Abhängigkeit von m_H. A und B: von TRIUMF (siehe Text); C und D: aus früheren Experimenten. Nach [Bri92].

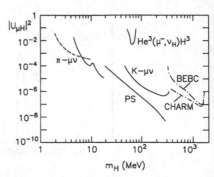

Abb. 6.27
Obergrenzen für $|U_{\mu H}|^2$ in Abhängigkeit von m_H aus verschiedenen Experimenten. Nach [Boe92].

ein *subdominanter Peak* bei

$$T'_\ell = \frac{(m_M - m_\ell)^2 - m_H^2}{2m_M} \tag{6.155}$$

unterhalb von T_ℓ auftreten, wie in Abb. 6.25a für den Fall $\pi \to e\nu_e$ skizziert. (Mehrere Peaks im Falle der Beimischung mehrerer schwerer Neutrinos.) Quantitativ gilt für das Verhältnis der Zerfallsraten (Verhältnis der Peakflächen) [Shr81, Boe92]:

$$R_{\ell H} = \frac{\Gamma(M \to \ell \nu_H)}{\Gamma(M \to \ell \nu_\ell)} = \rho \cdot |U_{\ell H}|^2 \tag{6.156}$$

mit dem kinematischen Faktor (einschließlich Phasenraum)

$$\rho = \frac{\sqrt{1 + x_\ell^2 + x_H^2 - 2(x_\ell + x_H + x_\ell x_H)} \cdot [x_\ell + x_H - (x_\ell - x_H)^2]}{x_\ell(1 - x_\ell)^2} \tag{6.157}$$

$$\approx \frac{x_H}{x_\ell}(1 - x_H)^2 \text{ für } x_\ell \ll 1, \text{ d.h. für } \pi, K \to e\nu_H \text{ und } K \to \mu\nu_H.$$

Durch den ρ-Faktor werden also Zerfälle (6.153) in $e\nu_H$ verstärkt; z.B. ist $\rho \approx 10^4$ für $\pi \to e\nu_H$ mit $x_H = 0.4$.

In mehreren Experimenten ist bisher vergeblich nach zusätzlichen Peaks im Leptonspektrum von $M_{\ell 2}$-Zerfällen (6.149) geladener Pionen bzw. Kaonen gesucht worden [PDG94, PDG96]. Wir geben einige Beispiele.

In [Bri92] (siehe auch [DeL91]) wurde bei TRIUMF (Vancouver, Canada) das Energiespektrum von e^+ aus Zerfällen $\pi^+ \to e^+\nu_e$ gestoppter π^+ (nach

Unterdrückung des e^+-Untergrundes aus Zerfällen $\pi^+ \to \mu^+ \to e^+$, siehe (6.146)) mit einem NaI(Tl)-Kristall gemessen. Der kinematisch zugängliche m_H-Bereich ist $m_H < m_\pi - m_e = 139$ MeV. Es wurde kein zusätzlicher Peak gefunden; Abb. 6.26 zeigt die mit (6.156) gewonnene Obergrenze für $|U_{eH}|^2$ in Abhängigkeit von m_H (Kurve A), zusammen mit Grenzen aus früheren Experimenten (Kurven C, D). Auch das Verhältnis $\Gamma(\pi \to e\nu)/\Gamma(\pi \to \mu\nu)$ sollte im Falle einer ν_H-Beimischung vom theoretischen Wert $1.234 \cdot 10^{-4}$ ohne Beimischung (Kap. 1.4.6) *nach oben* abweichen. Der TRIUMF-Meßwert von $(1.2265 \pm 0.0056) \cdot 10^{-4}$ [Bri92] zeigt keine signifikante Abweichung vom theoretischen Wert, woraus sich wiederum eine Obergrenze für $|U_{eH}|^2$ ergab (Kurve B in Abb. 6.26).

In [Dau87] wurde am Paul Scherrer-Institut (PSI, früher SIN, Villigen, Schweiz) nach zusätzlichen Peaks im Energiespektrum von μ^+ aus Zerfällen $\pi^+ \to \mu^+\nu_\mu$ gestoppter π^+ vergeblich gesucht (kinematisch zugänglicher Bereich: $m_H < m_\pi - m_\mu = 33.9$ MeV). Auch bei TRIUMF [Bry96] gab es keinen Hinweis auf ein schweres ν im $\pi^+ \to \mu^+$-Zerfall. Ebenso wurden im Impulsspektrum der μ^+ aus Zerfällen $K^+ \to \mu^+\nu_\mu$ gestoppter K^+, das mit einem magnetischen Spektrographen hoher Auflösung bei KEK (Japan) gemessen wurde, keine zusätzlichen Peaks gefunden [Hay82]. Der Zerfall $K^+ \to \mu^+\nu_\mu$ hat den Vorteil eines relativ großen kinematisch zugänglichen m_H-Bereichs: $m_H < m_K - m_\mu = 388$ MeV. Abb. 6.27 zeigt eine Kompilation [Boe92] oberer Grenzen für $|U_{\mu H}|^2$ in Abhängigkeit von m_H.

Ein weiterer „Zwei-Körper-Zerfall", in dem nach einer ν_H-Beimischung gesucht wurde, ist der μ^--Einfang

$$\mu^- + (A, Z) \to (A, Z - 1) + \nu_\mu \qquad (6.158)$$

durch einen Kern (A, Z). Gemessen wird der Impuls des Rückstoßkerns $(A, Z - 1)$. In einem Experiment mit He^3 ($\mu^-\text{He}^3 \to \text{H}^3\nu_\mu$) wurde im H^3-Impulsspektrum kein zusätzlicher Peak gefunden [Deu83]; die resultierende Obergrenze für $|U_{\mu H}|^2$ ist in Abb. 6.27 eingetragen.

b) Drei-Körper-Zerfälle

Wie schon in Kap. 6.2.1 erwähnt, ist im Falle von Neutrino-Mischung beim β-Zerfall das β-Spektrum entsprechend (6.67) zu modifizieren. Für das hier diskutierte Fallbeispiel ($|U_{e1}| \approx 1$, $|U_{eH}| \ll 1$) folgt aus (6.67):

$$N(E) = \qquad (6.159)$$

$$KF(E, Z)pE \cdot (E_0 - E)^2 \left[1 + \sqrt{1 - \frac{m_H^2}{(E_0 - E)^2}} |U_{eH}|^2 \Theta(E_0 - E - m_H) \right],$$

wobei $\Theta(x) = 1(0)$ für $x > 0$ ($x < 0$) die Stufenfunktion ist. Für die *Kurie-Funktion* (6.70) ergibt sich aus (6.159) näherungsweise:

$$K(E) = (E_0 - E) + \frac{1}{2}\sqrt{(E_0 - E)^2 - m_H^2}|U_{eH}|^2 \Theta(E_0 - E - m_H) \,. \quad (6.160)$$

Diese Funktion ist schematisch in Abb. 6.25b dargestellt; sie ist für $E > E_0 - m_H$ linear (falls $m(\nu_e) = 0$ angenommen wird) und hat bei $E = E_0 - m_H$ einen *Knick* durch den zusätzlichen Beitrag des 2. Terms in (6.160) für $E < E_0 - m_H$.

Nach Knicken in β-Spektren als Hinweis für eine ν_H-Beimischung ist in zahlreichen Experimenten mit verschiedenen β-instabilen Kernen vergeblich gesucht worden [PDG94, PDG96], wobei m_H-Bereiche zwischen ~ 100 eV und ~ 500 keV erfaßt wurden. Zwar glaubte man eine Zeitlang, ein schweres Neutrino mit $m_H = 17$ keV (*17 keV-Neutrino*) [Sim85] gefunden zu haben, das lange und ausführlich experimentell und theoretisch in der Fachwelt diskutiert wurde. Inzwischen sind jedoch die Experimente mit positiver Indikation widerlegt und ihre Fehler verstanden [Fra95, Wie96], so daß das 17 keV-Neutrino „gestorben" ist.

Weitere Drei-Körper-Zerfälle, die für eine ν_H-Beimischung in Frage kommen, sind die rein-leptonischen Zerfälle $\mu \to e\nu_e\nu_\mu$ und $\tau \to e\nu_e\nu_\tau$, $\mu\nu_\mu\nu_\tau$ von Myon und Tauon sowie der radiative π-Zerfall $\pi \to \mu\nu_\mu\gamma$ [Boe92].

6.5 Neutrino-Zerfälle

Bei der Behandlung der Neutrino-Oszillationen in Kap. 6.3.1 wurde angenommen, daß die Masseneigenzustände ν_i mit Massen m_i stabile Neutrinos sind. Die Existenz subdominant gekoppelter schwerer Neutrinos ν_H (Kap. 6.4) hat jedoch *Neutrino-Zerfälle* [Fei88, Boe92, Obe92, Kim93, Kla95] zur Folge, d.h. ein schweres Neutrino kann in ein leichteres zerfallen. Für ein instabiles ν_i ist E_i in (6.103) zu ersetzen durch $E_i - i\lambda_i(E_i)/2$,

$$E_i \to E_i - i\frac{\lambda_i(E_i)}{2} \quad \text{mit} \quad \lambda_i(E_i) = \frac{m_i}{E_i}\frac{1}{\tau_{i0}}\,, \quad (6.161)$$

wobei τ_{i0} die mittlere Lebensdauer von ν_i und der Lorentz-Faktor $\gamma_i = E_i/m_i$ die relativistische Zeitdilatation ist. Für die Oszillationswahrscheinlichkeit $P(\alpha \to \beta; t)$ erhält man dann statt (6.111):

$$P(\alpha \to \beta; t) = \left|\sum_i U_{\alpha i}U_{\beta i}^* e^{-\frac{\lambda_i}{2}t}e^{-iE_i t}\right|^2$$

$$(6.162)$$

$$= \sum_i \left|U_{\alpha i}U_{\beta i}^*\right|^2 e^{-\lambda_i t} + 2Re\sum_{j>i} U_{\alpha i}U_{\alpha j}^* U_{\beta i}^* U_{\beta j} e^{-\frac{1}{2}(\lambda_i+\lambda_j)t}e^{-i\Delta_{ij}} .$$

Als konkretes Anwendungsbeispiel von (6.162) betrachten wir im Zwei-Flavour-Formalismus ν_e als Mischung von ν_1 und ν_2, wobei das dominante ν_1 stabil und das subdominante ν_2 instabil sein soll (z.B. $\nu_2 \to \nu_1 + \gamma$, siehe unten). Es gilt dann bei Mittelung über mehrere Oszillationen statt (6.124) [Ack94]:

$$\langle P(\nu_e \to \nu_e; t)\rangle = \left(1 - |U_{e2}|^2\right)^2 + |U_{e2}|^4 e^{-\lambda_2 t}$$

$$\langle P(\nu_e \to \nu_\mu; t)\rangle = |U_{e2}|^2 \left(1 - |U_{e2}|^2\right)\left(1 + e^{-\lambda_2 t}\right)$$

(6.163)

$$\text{mit} \quad U_{e2} = \sin\theta \,,$$

wobei angenommen wurde, daß die Oszillationslänge klein gegenüber der Zerfallslänge ist. Für $\lambda_2 = 0$ geht (6.163) in (6.124) über.

Folgende experimentell zugängliche Zerfälle eines schweren ν_H mit Masse m_H in ein leichtes (stabiles) ν_a mit Masse m_a sind denkbar:

(a) $\nu_H \to \nu_a + \gamma$, $\nu_a + \gamma + \gamma$ (radiativerZerfall)

(b) $\nu_H \to \nu_a + \ell_1^+ + \ell_2^-$ mit $\ell_{1,2} = e, \mu\ldots$,

(6.164)

falls ν_H schwer genug ist, d.h. $m_H > m_a$ für (a) bzw. $m_H > m_a + m_1 + m_2$ für (b). Solche Zerfälle liefern Auskunft über Neutrinomassen und Neutrino-Mischung. Jedoch sind bisher keine Neutrino-Zerfälle beobachtet worden (siehe unten).

a) Radiativer Zerfall $\nu_H \to \nu_a + \gamma$

Die beiden einfachsten Graphen für den radiativen ν_H-Zerfall sind in Abb. 6.28 dargestellt[§]. Für die Zerfallsrate gilt im Standardmodell [Sat77, Fei88, Boe92]:

$$\Gamma(\nu_H \to \nu_a \gamma) = \frac{1}{8\pi}\left[\frac{m_H^2 - m_a^2}{m_H}\right]^3 \left(|a|^2 + |b|^2\right),$$

(6.165)

[§]Am linken Vertex z.B. ist $U_{\ell H}$ die Amplitude, mit der ν_ℓ, das den Übergang $\nu_\ell \to \ell^- W^+$ bewirkt, in ν_H enthalten ist.

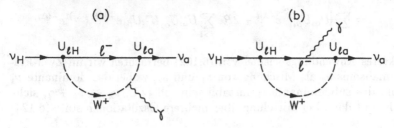

Abb. 6.28 Graphen für den radiativen Zerfall $\nu_H \to \nu_a + \gamma$.

wobei für Dirac-Neutrinos die Amplituden a, b gegeben sind durch

$$a_D = -\frac{eG_F}{8\sqrt{2}\pi^2}(m_H + m_a)\sum_\ell U_{\ell H}U_{\ell a}^* F(r_\ell)$$

$$b_D = -\frac{eG_F}{8\sqrt{2}\pi^2}(m_H - m_a)\sum_\ell U_{\ell H}U_{\ell a}^* F(r_\ell)\,.$$

(6.166)

$F(r_\ell)$ ist eine glatte Funktion von $r_\ell = (m_\ell/m_W)^2$: $F(r) \approx 3r/4$ für $r \ll 1$. Für Majorana-Neutrinos gilt: $a_M = 0$, $b_M = 2b_D$ oder $a_M = 2a_D$, $b_M = 0$, abhängig von der relativen CP-Phase der Neutrinos ν_H und ν_a. Nimmt man in der Summe nur das Tauon, für das r_ℓ am größten ist, so erhält man zahlenmäßig für $m_a \ll m_H$ [Sat77, Boe92]:

$$\Gamma \approx \left(\frac{m_H}{30\ \text{eV}}\right)^5 |U_{\tau H}U_{\tau a}^*|^2 \cdot 10^{-29}\,\text{J}^{-1}\,,$$

(6.167)

also $\tau \gtrsim 10^{29}$ Jahre für $m_H \approx 30$ eV und $|U_{\tau H}| \approx 1$, $|U_{\tau a}| < 1$. Es sind jedoch verschiedene theoretische Möglichkeiten diskutiert worden, wie diese extrem lange Lebensdauer verkürzt werden kann.

Im Ruhesystem des ν_H ist die Winkelverteilung des γ gegeben durch

$$\frac{dN_\gamma}{d\cos\theta} = \frac{1}{2}(1 + a\cdot\cos\theta)\,,$$

(6.168)

wobei θ der Winkel zwischen ν_H-Richtung im Laborsystem (parallel bzw. antiparallel zur ν_H-Polarisation) und γ-Richtung ist; $a = 0$ für Majorana-Neutrinos (Kap. 1.3, 6.1), $a = \mp 1$ für links(rechts)-händige Dirac-Neutrinos und $m_a = 0$ [Li82, Boe92]. Mit Hilfe von (6.168) läßt sich die E_γ-Verteilung im Laborsystem berechnen.

Mehrere Versuche sind unternommen worden, radiative Zerfälle eines möglichen ν_H zu finden [PDG96]; von ihnen seien beispielhaft die folgenden erwähnt:

• An Reaktoren, wo ν_H als Beimischung zu $\overline{\nu}_e$, d.h. proportional zu $|U_{eH}|^2$ erzeugt würde, wurde mit den Flüssig-Szintillationszählern eines Neutrino-Detektors (Kap. 1.2, 6.3.2) nach Photonen aus (6.164a) gesucht [Rei74], [Obe87]. Am Gösgen-Reaktor (Kap. 6.3.2) wurde zwischen den γ-Zählraten bei eingeschaltetem und bei abgeschaltetem Reaktor kein Unterschied festgestellt. Als untere Grenze ergab sich (68% CL) [Obe87]:

$$\frac{\tau_H}{m_H} > 22 \ (59) \ \frac{\sec}{\text{eV}} \quad \text{für} \quad a = -1 \ (+1) \,. \tag{6.169}$$

• Am LAMPF, wo $\nu_\mu/\overline{\nu}_\mu$ aus π^+ und μ^+-Zerfällen in Ruhe erzeugt wurden (Kap. 6.3.3, ν_H als Beimischung zu $\nu_\mu/\overline{\nu}_\mu$ proportional zu $|U_{\mu H}|^2$), wurde vergeblich nach radiativen Neutrino-Zerfällen gesucht [Kra91], mit dem Ergebnis (90% CL):

$$\frac{\tau_H}{m_H} > 15.4 \ \frac{\sec}{\text{eV}} \,. \tag{6.170}$$

• Aus den experimentellen Grenzen zum solaren Röntgen- und γ-Fluß wurde in [Raf85] die astrophysikalische Untergrenze [PDG96]

$$\frac{\tau_H}{m_H} > 7 \cdot 10^9 \ \frac{\sec}{\text{eV}} \tag{6.171}$$

hergeleitet (ν_H als Beimischung zu ν_e).

• Die strengste astrophysikalische Grenze für den radiativen Neutrino-Zerfall ergab sich aus der Beobachtung, daß während der Ankunft des Neutrino-Pulses (Dauer ~ 10 sec) von der Supernova SN1987A (Kap. 7.3.2) der prompte γ-Fluß aus Richtung der Supernova nicht erhöht war, also keine radiativen Zerfälle zwischen Supernova und Erde stattgefunden hatten [Blu92a, Obe93]. Dieser γ-Fluß war vom Gamma Ray Spectrometer (GRS) des Solar Maximum Mission (SMM)-Satelliten gemessen worden [Chu89]. Die in [Blu92a] ermittelten Untergrenzen lauten:

$$\begin{aligned}
\tau_H &> 2.8 \cdot 10^{15} B_\gamma \frac{m_H}{\text{eV}} \ \sec \quad &\text{für } m_H < 50 \text{ eV} \\
\tau_H &> 1.4 \cdot 10^{17} B_\gamma \ \sec \quad &\text{für } 50 < m_H < 250 \text{ eV} \\
\tau_H &> 6.0 \cdot 10^{18} B_\gamma \frac{\text{eV}}{m_H} \ \sec \quad &\text{für } m_H > 250 \text{ eV},
\end{aligned} \tag{6.172}$$

wobei B_γ das Verzweigungsverhältnis für den radiativen Zerfall ist.

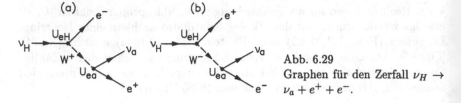

Abb. 6.29
Graphen für den Zerfall $\nu_H \to$
$\nu_a + e^+ + e^-$.

b) Zerfall $\nu_H \to \nu_a + e^+ + e^-$

Die Graphen für den Zerfall

$$\nu_H \to \nu_a + e^+ + e^- \tag{6.173}$$

((6.164b) mit $\ell_1^+ = e^+$, $\ell_2^- = e^-$) sind in Abb. 6.29 dargestellt, wobei ν_a ein leichtes, in ν_e dominantes ($|U_{ea}| \approx 1$) Neutrino mit $m_a \approx 0$ ist. Für Dirac-Neutrinos kommt nur der Graph (a) vor. Für Majorana-Neutrinos dagegen sind beide Graphen inkohärent zu addieren; sie interferieren nicht, da das ν_a in (a) linkshändig, in (b) rechtshändig ist. Der e^+e^--Zerfall (6.173) ist nur möglich, wenn $m_H > 2m_e = 1$ MeV ist, und überwiegt dann stark gegenüber dem seltenen radiativen Zerfall (6.164a), vergleiche (6.167) und (6.174).

Wegen $m(\nu_e) < 5$ eV und $m(\nu_\mu) < 0.17$ MeV (Tab. 6.1) kann ein ν_H mit $m_H > 1$ MeV nach (6.49) nicht dominant zu ν_e und ν_μ beitragen, d.h. U_{eH} und $U_{\mu H}$ sind klein. Dagegen könnte ein solches ν_H dominant in ν_τ ($|U_{\tau H}| \approx 1$) mit $m_H \approx m(\nu_\tau) < 24$ MeV (Tab. 6.1) enthalten sein. Die Beobachtung des e^+e^--Zerfalls würde daher genauere Auskunft über die ν_τ-Masse liefern, die man durch *direkte* Messung (Kap. 6.2.3) nicht wesentlich besser als in Tab. 6.1 angegeben wird bestimmen können.

Die Zerfallsrate für (6.173) ist gegeben durch [Vui86, Boe92]:

$$\Gamma(\nu_H \to \nu_a e^+ e^-) = \frac{G_F^2 m_H^5}{192\pi^3} |U_{eH}|^2 f\left(\frac{m_e^2}{m_H^2}\right) \tag{6.174}$$

$$= 2.7 \left(\frac{m_H}{30\,\text{eV}}\right)^5 |U_{eH}|^2 f\left(\frac{m_e^2}{m_H^2}\right) \cdot 10^{-20}\text{J}^{-1}$$

mit $f(\frac{1}{4}) = 0$ ($m_H = 2m_e$) und $f(0) = 1$ ($m_H \gg m_e$). Die Zerfallsrate ist die gleiche für Dirac-Neutrinos und Majorana-Neutrinos; jedoch können diese beiden Fälle durch die e^--Winkelverteilung bezüglich der ν_H-Polarisationsrichtung unterschieden werden.

Wir erwähnen einige typische Experimente zur Suche nach e^+e^--Zerfällen eines möglichen ν_H:

- An einem Reaktor mit $E_\nu \lesssim 8$ MeV können ν_H mit $m_H < 8$ MeV erzeugt werden ($\propto |U_{eH}|^2$, so daß mit (6.174) die e^+e^--Gesamtrate proportional zu

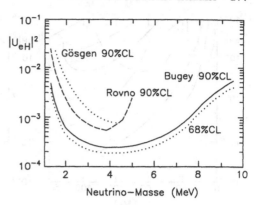

Abb. 6.30
Obergrenzen
für $|U_{eH}|^2$ in Abhängigkeit von
m_H aus drei Reaktorexperimenten. Nach [Hag95].

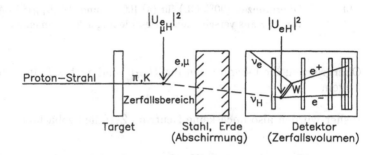

Abb. 6.31 Schematische Darstellung des CHARM-Detektors mit einem eingezeichneten ν_H-Ereignis (ν_H-Erzeugung in π oder $K \to e\nu_H$ oder $\mu\nu_H$;
ν_H-Zerfall $\nu_H \to \nu_e e^+ e^-$). Nach [Boe92].

$|U_{eH}|^4$ ist [Boe92]). An den Reaktoren von Gösgen (Kap. 6.3.2, siehe oben)
[Obe87], Rovno [Kop90] und Bugey [Hag95] wurde jedoch vergeblich nach
e^+e^--Paaren gesucht; Abb. 6.30 zeigt die Obergrenzen in der ($m_H, |U_{eH}|^2$)-
Ebene. Das Gebiet oberhalb einer Kurve ist ausgeschlossen.
• An einem Beschleuniger können ν_H aus den Zerfällen $\pi, K \to e\nu_H$ ($\propto$
$|U_{eH}|^2$) bzw. $\pi, K \to \mu\nu_H$ ($\propto |U_{\mu H}|^2$) im Zerfallstunnel eines Neutrino-Strahls
(Kap. 3.2) oder in einem Beam-Dump-Experiment (Kap. 1.7.2, 6.3.3) aus
den Zerfällen von Charm-Teilchen (z.B. $D_s \to \tau\nu_H$, $\propto |U_{\tau H}|^2$) entstehen. Die
CHARM-Kollaboration [Ber83a, Dor86] hat vergeblich nach $\ell^+\ell^-$-Zerfällen
($\ell = e, \mu$) in ihrem Detektor (Abb. 6.31) gesucht und Obergrenzen für
$|U_{eH}|^2$ und $|U_{\mu H}|^2$ in Abhängigkeit von m_H gewonnen. Ähnliches gilt für ein
BEBC-Experiment [Coo85] und ein Zählerexperiment [Ber86] beim CERN.
Abb. 6.32 zeigt die in verschiedenen Beschleunigerexperimenten gemessenen

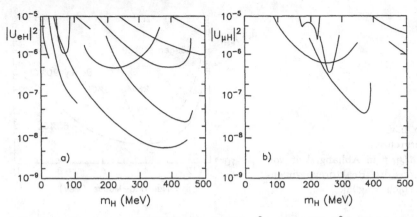

Abb. 6.32 Obergrenzen (90% CL) für (a) $|U_{eH}|^2$ und (b) $|U_{\mu H}|^2$ in Abhängigkeit von m_H aus verschiedenen Beschleuniger-Experimenten. Nach [Fei88].

Obergrenzen; die Obergrenzen für $|U_{\mu H}|^2$ sind auch z.T. in Abb. 6.27 eingetragen.

Bisher wurden also noch keine Neutrino-Zerfälle beobachtet.

6.6   Neutrino-Oszillationen in Materie

Wenn Neutrinos sich nicht im Vakuum (Kap. 6.3), sondern in Materie fortbewegen, so ist durch ihre Wechselwirkung mit den Elektronen der Materie ihr Oszillationsverhalten gegenüber der Situation im Vakuum wesentlich verändert. Neutrino-Oszillationen in Materie wurden zuerst von Wolfenstein [Wol78] untersucht. Im Jahre 1985 entdeckten Mikheyev und Smirnov [Mik85] einen Resonanzeffekt in Materie, durch den die Wahrscheinlichkeiten für Flavourübergänge beträchtlich, ja maximal verstärkt werden können, selbst dann, wenn im Vakuum die Mischungswinkel und damit die Übergangswahrscheinlichkeiten (siehe z.B. (6.123)) klein sind. Dieser Effekt wird nach seinen Entdeckern *Mikheyev-Smirnov-Wolfenstein-Effekt* (*MSW-Effekt, MSW-Mechanismus*) genannt [Mik89, Bah89, Kuo89, Boe92, Obe92, Pal92, Pul92, Kim93, Gel95, Hax95, Kla95, Raf96] . Er kann auftreten, wenn die Neutrinos Materiegebiete mit variabler Elektronendichte durchqueren. Dies trifft insbesondere für die solaren Neutrinos (Kap. 7.2) zu, die im Zentrum der Sonne bei hoher Elektronendichte erzeugt werden, sowie für die Neutrinos aus Supernovae (Kap. 7.3) zu. Der MSW-Effekt ist nur für Neutrinos, nicht jedoch für Antineutrinos möglich (oder umgekehrt).

6.6.1 Vom Vakuum zur Materie

Wir beginnen mit der Fortbewegung im Vakuum (Kap. 6.3.1). Die Zeitabhängigkeit der Masseneigenzustände* $\nu_i(t)$ ist gegeben durch (siehe (6.103) und (6.104))

$$\nu_i(t) = e^{-iE_i t}\nu_i \ \ \text{mit} \ \ E_i \approx E + \frac{m_i^2}{2E} \approx p + \frac{m_i^2}{2p}. \tag{6.175}$$

Im folgenden wird der allen Zuständen gemeinsame Phasenfaktor e^{-iEt} weggelassen. Durch Differentiation von (6.175) ergibt sich die Bewegungsgleichung (Schrödinger-Gleichung)

$$i\frac{d\nu_i(t)}{dt} = \frac{m_i^2}{2p}\nu_i(t). \tag{6.176}$$

In Matrixnotation:

$$i\frac{d\boldsymbol{\nu}(t)}{dt} = H^i\boldsymbol{\nu}(t) \ \ \text{mit} \ \ \boldsymbol{\nu} = \begin{pmatrix} \nu_1 \\ \vdots \\ \nu_n \end{pmatrix}, \ H^i_{ij} = \frac{m_i^2}{2p}\delta_{ij}. \tag{6.177}$$

H^i ist die Hamilton-Matrix („Massenmatrix") in der ν_i-Darstellung; sie ist diagonal, d.h. die Masseneigenzustände sind im Vakuum Eigenzustände zum Hamilton-Operator H. Durch die unitäre Transformation (6.100)

$$\boldsymbol{\nu} = U^+\boldsymbol{\nu}' \ \ \text{mit} \ \ \boldsymbol{\nu}' = \begin{pmatrix} \nu_\alpha \\ \vdots \end{pmatrix} \tag{6.178}$$

mit der Mischungsmatrix U erhält man die Bewegungsgleichung und Hamilton-Matrix H^α in der ν_α-Darstellung mit Flavoureigenzuständen ν_α:

$$i\frac{d\boldsymbol{\nu}'(t)}{dt} = H^\alpha\boldsymbol{\nu}'(t) \ \ \text{mit} \ \ H^\alpha = UH^iU^+ \tag{6.179}$$

(vergl. auch (6.117)). Wir behandeln im folgenden den einfachsten Fall $n = 2$ mit (ν_e, ν_μ) (oder (ν_e, ν_τ)) und (ν_1, ν_2) als Zustände und (6.122) für U:

$$\begin{pmatrix} \nu_e \\ \nu_\mu \end{pmatrix} = \begin{pmatrix} \cos\theta & \sin\theta \\ -\sin\theta & \cos\theta \end{pmatrix}\begin{pmatrix} \nu_1 \\ \nu_2 \end{pmatrix}. \tag{6.180}$$

---

*Wir lassen zur Vereinfachung der Schreibweise das Zustandssymbol $|\rangle$ weg.

Die Hamilton-Matrix lautet dann in den beiden Darstellungen (vergl. auch (6.125) und (6.126)):

$$H^i = \frac{1}{2p} \begin{pmatrix} m_1^2 & 0 \\ 0 & m_2^2 \end{pmatrix} \tag{6.181}$$

$$H^\alpha = \frac{1}{2p} \begin{pmatrix} m_{ee}^2 & m_{e\mu}^2 \\ m_{e\mu}^2 & m_{\mu\mu}^2 \end{pmatrix}$$

$$= \frac{1}{2p} \begin{pmatrix} m_1^2 \cos^2\theta + m_2^2 \sin^2\theta & (m_2^2 - m_1^2)\sin\theta\cos\theta \\ (m_2^2 - m_1^2)\sin\theta\cos\theta & m_1^2 \sin^2\theta + m_2^2 \cos^2\theta \end{pmatrix}$$

$$= \frac{1}{4p}\Sigma \begin{pmatrix} 1 & 0 \\ 0 & 1 \end{pmatrix} + \frac{1}{4p}D \begin{pmatrix} -\cos 2\theta & \sin 2\theta \\ \sin 2\theta & \cos 2\theta \end{pmatrix} \tag{6.182}$$

$$\text{mit } \Sigma = m_1^2 + m_2^2, \ D \equiv \delta m^2 = m_2^2 - m_1^2.$$

Der erste Term in (6.182) liefert, wie man leicht mit (6.179) sieht, wegen der Einheitsmatrix nur einen gemeinsamen Phasenfaktor $\exp[-i\Sigma t/4p]$, ist also physikalisch unbedeutend und wird deshalb in manchen Veröffentlichungen weggelassen.

Bewegen sich die Neutrinos nicht im Vakuum, sondern in *Materie* (Quarks, Elektronen), so ergeben sich signifikante Änderungen durch den Unterschied in der Wechselwirkung der Neutrinos ν_e und (ν_μ, ν_τ) mit den Elektronen der Materie; sie wurden zuerst von Wolfenstein [Wol78] untersucht, siehe auch [Bar80]. Wenn die Ausdehnung der Materie klein gegen die sehr große ν-Wechselwirkungslänge ist und die ν-Energie nicht zu groß ist ($s \ll G_F^{-1}$), kommt der wesentliche Effekt von der kohärenten elastischen Vorwärtsstreuung ($\theta = 0$) der Neutrinos [Mik89]. Die elastische Neutrino-Quark-Streuung $\nu q \to \nu q$ ist eine reine NC-Wechselwirkung (nur Z^0-Austausch, Kap. 2.3, 2.4, 5.2); sie ist für alle drei Neutrinoarten ν_e, ν_μ und ν_τ gleich ($e\mu\tau$-*Universalität*), erzeugt also nur einen gemeinsamen Phasenfaktor und hat somit keine physikalische Auswirkung. Anders verhält es sich mit der elastischen Neutrino-Elektron-Streuung $\nu e \to \nu e$ (Kap. 4, Abb. 4.1): Während die $\nu_\mu e$ und $\nu_\tau e$-Streuung eine reine NC-Wechselwirkung ist, trägt zur $\nu_e e$-Streuung zusätzlich der CC-Term (4.5) (W-Austausch) bei, so daß $\nu_e e$ und $\nu_\mu e$-Streuung verschieden sind (siehe z.B. (4.11) mit $y = 0$). Für die Differenz der Vorwärtsstreuamplituden $f_\alpha(0)$ liefert der CC-Term (4.5) [Wol78, Wol91]:

$$f_e(0) - f_\mu(0) = -\frac{G_F p}{\sqrt{2}\pi}. \tag{6.183}$$

Für $\bar{\nu}$ ist das entgegengesetzte Vorzeichen zu nehmen.

Der Effekt der kohärenten νe-Streuung auf die Bewegungsgleichung (6.179) läßt sich durch Brechungsindizes n mit $n_e \neq n_{\mu,\tau}$ ausdrücken [Kim93]: In der Wellenfunktion $\exp[i(px - Et)]$ des Neutrinos ist beim Übergang vom Vakuum zu Materie (Index m) p durch np zu ersetzen, da die de Broglie-Wellenlänge $\lambda = h/p$ in $\lambda_m = \lambda/n$ übergeht. Es tritt also zur Phase $-m^2 t/2p$ die *zusätzliche* Phase $(n-1)px$ hinzu, mit $x = t$ für Neutrinos. Dies hat in H^α (6.182) die folgende Ersetzung zur Folge:

$$\frac{m_{\alpha\alpha}^2}{2p} \to \frac{m_{\alpha\alpha}^2}{2p} - (n_\alpha - 1)p \quad \text{mit} \quad \alpha = e, \mu. \tag{6.184}$$

Sie ist äquivalent mit der Ersetzung

$$m_{ee}^2 \to m_{eem}^2 = m_{ee}^2 - 2p^2(n_e - n_\mu) \tag{6.185}$$

in H^α, wenn man den gemeinsamen Phasenfaktor $\exp[i(n_\mu - 1)px]$ heraus-nimmt. Über das optische Theorem ist der Brechungsindex mit der Vorwärts-streuamplitude verknüpft [Wol78, Wol91]:

$$n_\alpha - 1 = \frac{2\pi N_e}{p^2} f_\alpha(0) \quad \text{mit} \quad N_e = \frac{Y_e \rho}{m_N} \quad \left(Y_e \approx \frac{1}{2}\right), \tag{6.186}$$

wobei N_e die Teilchendichte der Elektronen und Y_e die Zahl der Elektronen pro Nukleon in der durchquerten Materie der Dichte ρ ist. Mit (6.183) erhält man also

$$n_e - n_\mu = \frac{2\pi N_e}{p^2}[f_e(0) - f_\mu(0)] = -\frac{\sqrt{2}G_F N_e}{p}, \tag{6.187}$$

so daß beim Übergang vom Vakuum zur Materie gemäß (6.185) die Ersetzung

$$m_{ee}^2 \to m_{eem}^2 = m_{ee}^2 + A \quad \text{mit} \quad A = 2\sqrt{2}G_F N_e p \tag{6.188}$$

vorzunehmen ist. Die Hamilton-Matrix H_m^α für die Bewegungsgleichung (6.179) in Materie lautet also in der (ν_e, ν_μ)-Darstellung statt (6.182):

$$H_m^\alpha = H^\alpha + \frac{1}{2p}\begin{pmatrix} A & 0 \\ 0 & 0 \end{pmatrix} = \frac{1}{2p}\begin{pmatrix} m_{ee}^2 + A & m_{e\mu}^2 \\ m_{e\mu}^2 & m_{\mu\mu}^2 \end{pmatrix}$$

$$\tag{6.189}$$

$$= \frac{1}{4p}(\Sigma + A)\begin{pmatrix} 1 & 0 \\ 0 & 1 \end{pmatrix} + \frac{1}{4p}\begin{pmatrix} A - D\cos 2\theta & D\sin 2\theta \\ D\sin 2\theta & -A + D\cos 2\theta \end{pmatrix}$$

$(A \to -A$ für $\bar\nu)$.

Eine etwas modifizierte Herleitung von (6.188) unter Verwendung eines Potentials hat Bethe [Bet86] gegeben. Für ruhende Elektronen ist die zusätzliche CC-Lagrange-Dichte (4.5) in der $\nu_e e$-Streuung äquivalent einem zusätzlich auf das ν_e wirkenden effektiven Potential [Hal86, Kim93][‡]

$$V = \langle \nu_e e | \mathcal{L}_{CC}^{eff} | \nu_e e \rangle = \sqrt{2} G_F N_e \, . \tag{6.190}$$

Zwischen Energie E und Impuls p des ν_e besteht dann die Beziehung (für $V \ll E$)

$$p^2 + m_{ee}^2 = (E - V)^2 \approx E^2 - 2EV \quad \text{mit} \quad E^2 = p^2 + m_{eem}^2 \, , \tag{6.191}$$

woraus sich mit (6.190) und $p \approx E$ die Ersetzung (6.188) ergibt. Transformiert man (6.189) zurück in die (ν_1, ν_2)-Darstellung, so erhält man statt (6.181):

$$H_m^i = U^+ H_m^\alpha U = U^+ H^\alpha U + \frac{1}{2p} U^+ \begin{pmatrix} A & 0 \\ 0 & 0 \end{pmatrix} U = H^i + \frac{1}{2p} U^+ \begin{pmatrix} A & 0 \\ 0 & 0 \end{pmatrix} U$$

$$= \frac{1}{2p} \begin{pmatrix} m_1^2 + A \cos^2 \theta & A \cos \theta \sin \theta \\ A \cos \theta \sin \theta & m_2^2 + A \sin^2 \theta \end{pmatrix} \, . \tag{6.192}$$

Die Hamilton-Matrix in der (ν_1, ν_2)-Darstellung ist also in Materie nicht mehr diagonal, so daß die Masseneigenzustände (ν_1, ν_2) im Vakuum nicht mehr Masseneigenzustände in Materie sind, sondern wie zwischen ν_e und ν_μ auch zwischen ν_1 und ν_2 Übergänge $\nu_1 \longleftrightarrow \nu_2$ möglich sind. Um die Masseneigenzustände (ν_{1m}, ν_{2m}) in Materie (*Materieeigenzustände*) und die zugehörigen Eigenwerte (m_{1m}^2, m_{2m}^2) (effektive Massen) zu finden, muß H_m^α mit dem üblichen Diagonalisierungsverfahren (Anhang A.4) diagonalisiert werden. Die Masseneigenwerte ergeben sich aus

$$\text{Det} \left[2p H_m^\alpha - \begin{pmatrix} m_m^2 & 0 \\ 0 & m_m^2 \end{pmatrix} \right] = 0 \tag{6.193}$$

mit dem Ergebnis (siehe (A.42)):

$$m_{1,2m}^2 = \frac{1}{2} \left[(\Sigma + A) \mp \sqrt{(A - D \cos 2\theta)^2 + D^2 \sin^2 2\theta} \right] \, . \tag{6.194}$$

Damit erhält man für die Massendifferenz (Massenaufspaltung) D_m in Materie:

$$D_m \equiv m_{2m}^2 - m_{1m}^2 = D \sqrt{\left(\frac{A}{D} - \cos 2\theta \right)^2 + \sin^2 2\theta} \, . \tag{6.195}$$

[‡]Numerisch: $V = 7.6 \cdot 10^{-14} Y_e \rho / \text{g cm}^{-3} \cdot$ eV.

Für $A \to 0$ geht $m^2_{1,2m} \to m^2_{1,2}$ und $D_m \to D$. Die Mischungsmatrix U_m mit dem Mischungswinkel θ_m in Materie, die definiert ist durch

$$\begin{pmatrix} \nu_e \\ \nu_\mu \end{pmatrix} = \begin{pmatrix} \cos\theta_m & \sin\theta_m \\ -\sin\theta_m & \cos\theta_m \end{pmatrix} \begin{pmatrix} \nu_{1m} \\ \nu_{2m} \end{pmatrix}$$

Umkehrung : $\qquad\qquad$ (6.196)

$$\begin{pmatrix} \nu_{1m} \\ \nu_{2m} \end{pmatrix} = \begin{pmatrix} \cos\theta_m & -\sin\theta_m \\ \sin\theta_m & \cos\theta_m \end{pmatrix} \begin{pmatrix} \nu_e \\ \nu_\mu \end{pmatrix}$$

(statt (6.180)), ist gegeben durch (siehe (A.45)):

$$\text{tg}2\theta_m = \frac{\sin 2\theta}{\cos 2\theta - \dfrac{A}{D}} \,, \sin 2\theta_m = \frac{\sin 2\theta}{\sqrt{\left(\dfrac{A}{D} - \cos 2\theta\right)^2 + \sin^2 2\theta}}\,. \quad (6.197)$$

Für $A \to 0$ geht $\theta_m \to \theta$. Mit den Formeln (6.195) und (6.197) für D_m bzw. θ_m erhält man schließlich die Oszillationswahrscheinlichkeiten in Materie, die den Formeln (6.123) und (6.124) im Vakuum entsprechen, z.B.

$$P_m(\nu_e \to \nu_\mu) = \sin^2 2\theta_m \cdot \sin^2 \frac{\Delta_m}{2} \quad \text{mit} \quad \Delta_m = \frac{D_m}{2} \cdot \frac{L}{p} \qquad (6.198)$$

$$P_m(\nu_e \to \nu_e) = 1 - P_m(\nu_e \to \nu_\mu)\,.$$

Entsprechend (6.121) für die Oszillationslänge $L_0 = 4\pi p/D$ im Vakuum erhält man für die Oszillationslänge L_m in Materie:

$$L_m = \frac{4\pi p}{D_m} = \frac{L_0}{\sqrt{\left(\dfrac{A}{D} - \cos 2\theta\right)^2 + \sin^2 2\theta}} = \frac{\sin 2\theta_m}{\sin 2\theta} \cdot L_0\,, \qquad (6.199)$$

wobei (6.195) eingesetzt wurde.

Das Verhältnis A/D in (6.195), (6.197) und (6.199) wird oft geschrieben als

$$\frac{A}{D} = \frac{L_0}{L_c} \quad \text{mit } L_0 = \frac{4\pi p}{D} \text{ und } L_c = \frac{4\pi p}{A} = \frac{\sqrt{2}\pi}{G_F N_e} = \frac{\sqrt{2}\pi m_N}{G_F Y_e \rho}\,. \quad (6.200)$$

L_c ist die *Streulänge* für kohärente Vorwärtsstreuung. Numerisch gilt (siehe (6.121), $p \approx E$):

$$L_0 = 2.48 \cdot \frac{E/\text{MeV}}{D/\text{eV}^2}\,\text{m}\,, \qquad\qquad (6.201)$$

$$L_c = 1.64 \cdot 10^7 \frac{N_A}{N_e/\text{cm}^{-3}}\,\text{m} = \frac{1.64 \cdot 10^7}{Y_e \rho/\text{g cm}^{-3}}\,\text{m}$$

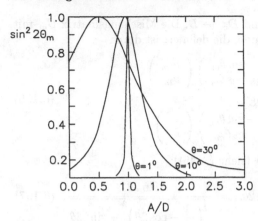

Abb. 6.33
Abhängigkeit der Oszillationsamplitude in Materie vom Verhältnis A/D (siehe Text) für verschiedene Werte des Vakuummischungswinkels θ ($\theta = 1°, 10°, 30°$).

mit $Y_e \approx \frac{1}{2}$, wobei $N_A = 6.022 \cdot 10^{23}$ die Avogadro-Zahl ist. Daher ist

$$\frac{A}{D} = \frac{L_0}{L_c} = \frac{2\sqrt{2}G_F}{Dm_N} \cdot Y_e \rho E = 1.52 \cdot 10^{-7} \cdot \frac{E/\text{MeV} \cdot Y_e \rho / \text{g cm}^{-3}}{D/\text{eV}^2} . \quad (6.202)$$

6.6.2 MSW-Effekt

Aus (6.197) ergibt sich die *Oszillationsamplitude* $\sin^2 2\theta_m$ der Übergangswahrscheinlichkeiten (6.198) in Materie:

$$\sin^2 2\theta_m = \frac{\sin^2 2\theta}{\left(\dfrac{A}{D} - \cos 2\theta\right)^2 + \sin^2 2\theta} . \quad (6.203)$$

Dieser Ausdruck hat als Funktion von A/D, d.h. nach (6.188) des Produkts $E \cdot N_e$ aus Neutrinoenergie und Elektronendichte[§], die Form einer Breit-Wigner-Resonanzformel, siehe (A.3). Der resonante Verlauf von $\sin^2 2\theta_m$ in Abhängigkeit von $A/D = L_0/L_c$ ist in Abb. 6.33 für verschiedene Werte des Vakuummischungswinkels θ dargestellt. Aus (6.203) sieht man:

• Für $A/D = 0$ (Vakuum) erhält man, wie erwartet, die Oszillationsamplitude $\sin^2 2\theta$ im Vakuum. Ebenso erhält man für $m_{1,2m}^2$ (6.194), D_m (6.195) und L_m (6.199) die Vakuumwerte $m_{1,2}^2$, $D = \delta m^2$ bzw. L_0. Für $A/D \ll 1$

[§]Die beiden anderen in A/D auftretenden Größen, nämlich $D = \delta m^2$ und G_F, sind Naturkonstanten.

(geringe Elektronendichte) hat die Materie praktisch keinen Einfluß.

• Für $A/D \gg 1$ (hohe Elektronendichte) gilt nach den angegebenen Formeln:

$$\sin^2 2\theta_m \approx \frac{\sin^2 2\theta}{(A/D)^2} \approx 0 \quad (\text{d.h. } \theta_m \approx 90°)\,, \tag{6.204}$$

$$L_m \approx \frac{L_0}{A/D} = L_c \approx 0\,, \quad D_m \approx A\,.$$

Die Oszillationsamplitude und Oszillationslänge sind also im Vergleich zum Vakuum um den Faktor $(A/D)^2$ bzw. A/D unterdrückt.

• Für $A/D \approx \cos 2\theta$ befinden wir uns im Gebiet der Resonanz: An der Resonanzstelle

$$A = A_R = D \cos 2\theta \tag{6.205}$$

(*Resonanzbedingung* für $A \propto E \cdot N_e$) erreicht die Oszillationsamplitude ihr resonantes Maximum von

$$\sin^2 2\theta_{mR} = 1\,, \quad \text{d.h. } \theta_{mR} = 45°\,; \tag{6.206}$$

sie nimmt also den größt-möglichen Wert 1 an, d.h. die Wahrscheinlichkeit (6.198) für ν_e bzw. ν_μ oszilliert zwischen den Extremwerten 0 und 1, *unabhängig* vom Vakuummischungswinkel θ; auch eine schwache Vakuumoszillation mit einer kleinen Amplitude $\sin^2 2\theta$ wird um den Faktor $\sin^{-2} 2\theta$ maximal auf 1 verstärkt, wenn die Resonanzbedingung (6.205) erfüllt ist. Die Oszillationslänge L_m (6.199) erreicht an der Resonanz ebenfalls ihr Maximum von

$$L_{mR} = \frac{L_0}{\sin 2\theta} = \frac{1.64 \cdot 10^7 \text{ m}}{\text{tg}2\theta \cdot Y_e \rho / \text{g cm}^{-3}} \tag{6.207}$$

($L_0 = L_c \cos 2\theta$ an der Resonanz), also eine Verlängerung gegenüber dem Vakuum um den Faktor $\sin^{-1} 2\theta$. Die Breite (FWHM) der Resonanz ergibt sich aus dem Vergleich von (6.203) mit (A.3) zu

$$\Gamma_A = 2D \sin 2\theta\,. \tag{6.208}$$

Die Resonanz ist also umso breiter, je größer θ ist, siehe Abb. 6.33. Schließlich ist es wichtig zu betonen, daß für Antineutrinos ($A \to -A$) keine Resonanz auftritt, da $A/D + \cos 2\theta$ nicht verschwinden kann ($0 < \theta < \pi/4$ für $D > 0$).

Wir betrachten nun die Abhängigkeit der Masseneigenwerte $m^2_{1,2m}$ (6.194) von $A \propto N_e$. Sie ist in Abb. 6.34 für den einfachen (realistischen) Fall skizziert, daß $m_1^2 \approx 0$ und $m_2^2 > 0$ ist, d.h. $\Sigma \approx D \approx m_2^2$. Für $\theta = 0$, d.h. nach (6.203) $\theta_m = 0$ für alle A, gilt mit (6.196)

$$\nu_{1m} = \nu_1 = \nu_e \text{ mit } m^2_{1m} = A\,, \quad \nu_{2m} = \nu_2 = \nu_\mu \text{ mit } m^2_{2m} = m_2^2\,. \tag{6.209}$$

Dies sind die beiden Geraden in Abb. 6.34, die sich bei der Resonanz $A_R = m_2^2$ schneiden. Für kleines $\theta > 0$ ist die Situation vollkommen verschieden; die effektiven Massen $m_{1,2m}^2$ von $\nu_{1,2m}$ sind nun durch die beiden Kurven in Abb. 6.34 dargestellt: Für $A = 0$ ist $\theta_m = \theta$ (klein), so daß nach (6.194) und (6.196) gilt:

$$\nu_{1m} = \nu_1 \approx \nu_e \text{ mit } m_{1m}^2 = 0\,, \ \nu_{2m} = \nu_2 \approx \nu_\mu \text{ mit } m_{2m}^2 = m_2^2\,. \quad (6.210)$$

Für große A dagegen ist $\theta_m \approx 90°$, so daß, wie sich leicht durch Entwicklung der Wurzel herleiten läßt, nach (6.194) und (6.196) gilt:

$$\nu_{1m} \approx -\nu_\mu \text{ mit } m_{1m}^2 \approx m_2^2\,, \ \nu_{2m} \approx \nu_e \text{ mit } m_{2m}^2 \approx A\,, \quad (6.211)$$

also umgekehrt wie für $\theta = 0$, siehe (6.209). Der Vergleich von (6.210) und (6.211) zeigt, daß eine Inversion der Neutrinoart stattgefunden hat: Wenn im Vakuum $\nu_{1m} \approx \nu_e$ ist, so ist bei hoher Elektronendichte $\nu_{1m} \approx \nu_\mu$ (und umgekehrt für ν_{2m}). Dieser *Flavourflip* kommt durch die Resonanz zustande; bei der Resonanz $A_R = D\cos 2\theta$ ist $\theta_{mR} = 45°$, so daß in (6.196) maximale Mischung von ν_e und ν_μ vorliegt. Die Massenaufspaltung D_m (6.195) hat bei der Resonanz ein Minimum von

$$D_{mR} = D\sin 2\theta\,, \quad (6.212)$$

siehe Abb. 6.34. Die beschriebene resonante Verstärkung der Neutrino-Oszillationen und die damit verbundene Flavourinversion ist der *MSW-Effekt* (*MSW-Mechanismus*).

In einem Medium mit *konstanter* Elektronendichte N_e ist, bei festem E, A konstant und erfüllt i.a. nicht die Resonanzbedingung (6.205), so daß die beschriebenen Resonanzeffekte nicht auftreten. Die Lage ist anders, wenn Neutrinos auf ihrer Flugbahn im Laufe der Zeit t ein Medium mit *variablem* $N_e(x)$ (mit $x = t$) und dabei auch eine Materieschicht durchqueren, in der die Resonanzbedingung erfüllt ist (*Resonanzschicht*). Dann tritt der *MSW-Mechanismus* in Aktion, wie im folgenden für das realistische Beispiel der Sonne anhand der Abb. 6.34 und 6.35 für kleines θ beschrieben werden soll.

Die *solaren Neutrinos* (Kap. 7.2) werden im Innern der Sonne bei hoher Dichte $\rho \approx 150$ g/cm^3 (Tab. 7.2) als ν_e erzeugt. Wir nehmen $A/D \gg 1$ (d.h. $\theta_m \approx 90°$) bei der Erzeugung an – die Bedingung dafür wird unten quantifiziert, siehe (6.218) –, so daß die Oszillationen gemäß (6.204) unterdrückt sind. Nach (6.196) ist

$$\nu_e = \nu_{1m}\cos\theta_m + \nu_{2m}\sin\theta_m \approx \nu_{2m}\,; \quad (6.213)$$

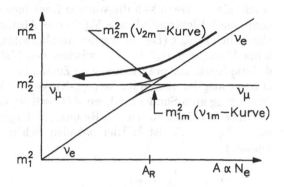

Abb. 6.34 Masseneigenwerte $m_{1,2m}^2$ der Materieeigenzustände $\nu_{1,2m}$ in Abhängigkeit von A (proportional zur Elektronendichte) für $m_1^2 = 0$, $m_2^2 > 0$. Für $\theta = 0$ gelten die sich kreuzenden Geraden, für $\theta > 0$ die durchgezogenen Kurven. Für kleine $\theta > 0$ findet bei der Resonanzstelle $A_R \approx m_2^2$ ein Flavourflip ($\nu_e \to \nu_\mu$, $\nu_\mu \to \nu_e$) statt. Der Pfeil zeigt den Weg an, den die Sonnenneutrinos mit passender Energie, Gleichung (6.218), im adiabatischen Falle entlang der oberen Kurve (ν_{2m}-Kurve) nehmen.

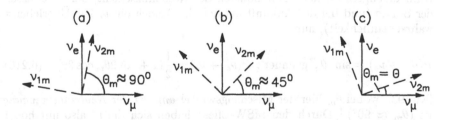

Abb. 6.35 Darstellung der Gleichung (6.196) für solare Neutrinos in der (ν_e, ν_μ)-Ebene für drei Stadien des MSW-Mechanismus: (a) $\theta_m \approx 90°$ im Sonneninnern, (b) $\theta_m \approx 45°$ in der Resonanzschicht, (c) $\theta_m = \theta$ am Sonnenrand.

die Neutrinos befinden sich also im wesentlichen im Materieeigenzustand ν_{2m}. Diese Situation bei der Erzeugung ist in Abb. 6.35a in der (ν_e, ν_μ)-Ebene veranschaulicht. Wenn sich die von den Neutrinos auf ihrer Flugbahn „wahrgenommene" Elektronendichte $N_e(r)$ (r = Abstand vom Sonnenzentrum) nur allmählich ändert (Bedingung der Adiabatizität, siehe unten (6.222)), finden keine Übergänge $\nu_{2m} \leftrightarrow \nu_{1m}$ zwischen den Materieeigenzuständen statt, so daß die Neutrinos praktisch alle im Zustand ν_{2m} verbleiben. Sie bewegen sich also entlang der oberen Kurve (ν_{2m}-Kurve) in Abb. 6.34 in Pfeilrichtung. Auf ihrem Weg zum Sonnenrand, wo $A/D = 0$ ist, durchqueren die Neutrinos eine Materieschicht, in der die Resonanzbedingung (6.205) erfüllt ist, so daß $\theta_m = \theta_{mR} = 45°$ ist [¶]. Hier befinden sich die Neutrinos nach (6.196) im Zustand

$$\nu_{2m} = \frac{1}{\sqrt{2}}(\nu_e + \nu_\mu), \qquad (6.214)$$

wie in Abb. 6.35b dargestellt. Es liegt also maximale (ν_e, ν_μ)-Mischung vor; es finden die oben beschriebenen resonanten (ν_e, ν_μ)-Oszillationen mit maximaler Übergangswahrscheinlichkeit und Oszillationslänge statt. Wenn die Neutrinos den Rand der Sonne erreichen, wo $A/D = 0$ und $\theta_m = \theta$ (klein) ist[†], befinden sie sich nach (6.196) im Zustand

$$\nu_{2m} = \nu_e \sin\theta + \nu_\mu \cos\theta \qquad (6.215)$$

(Abb. 6.35c), so daß sich der Neutrinozustand ν_{2m} in der (ν_e, ν_μ)-Ebene insgesamt um fast 90° im Uhrzeigersinn gedreht hat (Flavourflip; Abb. 6.35). Nach (6.215) beträgt die mittlere Wahrscheinlichkeit dafür, daß ein im Sonnenzentrum erzeugtes ν_e, nach Durchqueren der Resonanzschicht, beim Verlassen der Sonne (und bei der Ankunft auf der Erde) noch ein ν_e ist (Überlebenswahrscheinlichkeit), nur

$$P(\nu_e \to \nu_e) = \sin^2\theta, \text{ genauer}: P(\nu_e \to \nu_e) = \frac{1}{2}(1 + \cos 2\theta_m \cos 2\theta) \quad (6.216)$$

[Kim93], wobei θ_m hier der Mischungswinkel *am Ort der Neutrinoerzeugung* ist ($\theta_m \approx 90°$).[‡] Durch den MSW-Effekt haben sich die ν_e also mit hoher Wahrscheinlichkeit,

$$P(\nu_e \to \nu_\mu) = \frac{1}{2}(1 - \cos 2\theta_m \cos 2\theta) \approx \cos^2\theta, \qquad (6.217)$$

[¶]In Abb. 6.33 wird die Resonanz von rechts nach links durchlaufen.
[†]Die Oszillationsamplitude ist wieder klein (Abb. 6.33).
[‡](6.216) ist zu vergleichen mit (6.124) für Neutrinos im Vakuum.

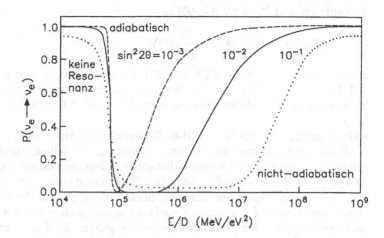

Abb. 6.36 Überlebenswahrscheinlichkeit $P(\nu_e \to \nu_e)$ dafür, daß ein im Sonneninnern erzeugtes ν_e sich auf dem Weg bis zum Sonnenrand *nicht* in eine
andere Neutrinoart (ν_μ, ν_τ) umgewandelt hat, in Abhängigkeit vom
Verhältnis aus ν-Energie und Massendifferenz im Vakuum, für drei
Werte des Vakuummischungswinkels θ. Wenn keine Resonanzdurch-
querung stattfindet, ist $P(\nu_e \to \nu_e) \approx 1$; im adiabatischen Fall ist
$P(\nu_e \to \nu_e) \approx 0$; im nicht-adiabatischen Fall ist $0 < P(\nu_e \to \nu_e) < 1$.
Nach [Obe92].

in ν_μ (oder ν_τ) umgewandelt (Flavourflip, Pfeil in Abb. 6.34). Je kleiner der
Vakuummischungswinkel ist, umso größer ist die Flavourflip-Wahrscheinlichkeit.

Damit der MSW-Mechanismus in der beschriebenen Weise abläuft, müssen
zwei wichtige Bedingungen erfüllt sein:

• **Bedingung für das Auftreten der MSW-Resonanz.** Damit eine Resonanzschicht in der Sonne durchquert wird, muß bei der Neutrinoerzeugung
der Wert von A *oberhalb* der Resonanz liegen: $A > A_R = D \cos 2\theta$. Dies
bedeutet nach (6.202), daß die Neutrinoenergie die Bedingung

$$E > E_0 = \frac{D \cos 2\theta}{2\sqrt{2} G_F N_e} = 6.6 \cdot 10^6 \frac{D/\mathrm{eV}^2}{Y_e \rho / \mathrm{gcm}^{-3}} \cos 2\theta \cdot \mathrm{MeV} \qquad (6.218)$$

erfüllen muß, wobei N_e bzw. $Y_e \rho$ am Erzeugungsort zu nehmen sind. Für
$E \ll E_0$ hat die Materie keinen Effekt, d.h. $P(\nu_e \to \nu_e)$ ist durch die Vaku-
umsformel (6.124) gegeben (Abb. 6.36). Für die Sonne mit $\rho = 150 \, \mathrm{gcm}^{-3}$

im Zentrum und $Y_e \approx 0.7$ [Gel95] ist

$$E_0 = 6.3 \cdot 10^4 \cos 2\theta \cdot \frac{D}{\mathrm{eV}^2} \mathrm{MeV} \tag{6.219}$$

mit $\cos 2\theta \approx 1$ für kleine θ (Abb. 6.36). Solare Neutrinos mit $E = 10$ MeV (0.1 MeV) (siehe Abb. 7.8) durchqueren also eine Resonanzschicht, d.h. unterliegen dem MSW-Mechanismus, wenn $D = \delta m^2 < 1.6 \cdot 10^{-4}$ eV^2 ($1.6 \cdot 10^{-6}$ eV^2) ist.

● **Bedingung der Adiabatizität.** Damit die Neutrinos beim Durchqueren der Sonne im ursprünglichen Materiezustand ν_{2m} verbleiben, also keine Übergänge $\nu_{2m} \longleftrightarrow \nu_{1m}$ stattfinden (adiabatische Neutrinoausbreitung), muß die *Adiabatizitätsbedingung* erfüllt sein: Die Elektronendichte $N_e(r)$ darf sich entlang der Neutrinoflugbahn nur allmählich ändern, so daß sie über mehrere Oszillationslängen L_m praktisch als konstant angesehen werden kann. Dies muß insbesondere für die Resonanzschicht gelten, wo L_m ja maximal ist. Quantitativ läßt sich diese Bedingung mit Hilfe des *Adiabatizitätsparameters* γ formulieren [Kuo89, Kim93, Gel95], der definiert ist als[¶]

$$\gamma \equiv \frac{D}{2Eh_R} \cdot \frac{\sin^2 2\theta}{\cos 2\theta} = 2.53 \cdot \frac{D/\mathrm{eV}^2}{E/\mathrm{MeV} \cdot h_R/\mathrm{m}^{-1}} \cdot \frac{\sin^2 2\theta}{\cos 2\theta} \tag{6.220}$$

$$\mathrm{mit}\ \ h_R = \left| \frac{1}{N_e} \frac{dN_e}{dr} \right|_R = \left| \frac{d \ln N_e}{dr} \right|_R.$$

h_R ist also die relative Dichteänderung pro Längeneinheit in der Resonanzschicht R. Über weite Bereiche der Sonne gilt in guter Näherung [Bah89] $N_e \propto \exp(-10.5 r/R_\odot)$, so daß $h_R = 10.5/R_\odot = 1.50 \cdot 10^{-8}$ m^{-1} ist ($R_\odot = 7 \cdot 10^8$ m, Tab. 7.2). Der γ-Parameter beträgt also für die Sonne:

$$\gamma = 1.69 \cdot 10^8 \cdot \frac{D/\mathrm{eV}^2}{E/\mathrm{MeV}} \cdot \frac{\sin^2 2\theta}{\cos 2\theta}. \tag{6.221}$$

Die Bedingung für Adiabatizität, d.h. nicht zu großes h_R, lautet: $\gamma \gg 1$. Insgesamt können drei Fälle unterschieden werden:

$$\gamma \gg 1 \quad ,\mathrm{d.h.}\ E \ll \frac{D}{2h_R} \cdot \frac{\sin^2 2\theta}{\cos 2\theta} \ : \ \mathrm{adiabatisch}$$

$$\gamma \lesssim 1 \quad ,\mathrm{d.h.}\ E \gtrsim \frac{D}{2h_R} \cdot \frac{\sin^2 2\theta}{\cos 2\theta} \ : \ \mathrm{nicht\text{-}adiabatisch} \tag{6.222}$$

$$\gamma \ll 1 \quad ,\mathrm{d.h.}\ E \gg \frac{D}{2h_R} \cdot \frac{\sin^2 2\theta}{\cos 2\theta} \ : \ \mathrm{extrem\ nicht\text{-}adiabatisch}.$$

[¶]Die numerische Form ergibt sich nach Division durch $\hbar c$.

Der Übergang von adiabatisch zu nicht-adiabatisch findet im Bereich einer kritischen Energie E_c statt, die definiert werden kann durch [Kuo89]

$$\frac{\pi}{2}\gamma_c = 1, \text{ d.h. } E_c = \frac{\pi D}{4h_R} \cdot \frac{\sin^2 2\theta}{\cos 2\theta} = 3.98 \cdot \frac{D/\mathrm{eV}^2}{h_R/\mathrm{m}^{-1}} \cdot \frac{\sin^2 2\theta}{\cos 2\theta}\mathrm{MeV}$$
(6.223)

$$= 2.65 \cdot 10^8 \cdot \frac{D}{\mathrm{eV}^2} \cdot \frac{\sin^2 2\theta}{\cos 2\theta}\mathrm{MeV} \text{ für die Sonne.}$$

Wie man aus (6.219) und (6.222), (6.223) sieht, ist der Energiebereich für den adiabatischen MSW-Mechanismus in der Sonne nach unten durch E_0, nach oben durch E_c begrenzt (Abb. 6.36). Damit es überhaupt einen solchen adiabatischen Bereich gibt, muß natürlich $E_0 < E_c$ sein, d.h. $\sin^2 2\theta$ darf nicht zu klein sein: $\sin^2 2\theta \gtrsim 2.4 \cdot 10^{-4}$ aus Vergleich von (6.219) und (6.223).

Im allgemeinen Falle (weder rein adiabatisch noch extrem nicht-adiabatisch) besteht eine gewisse Wahrscheinlichkeit P_K (Kreuzungswahrscheinlichkeit) dafür, daß ein Neutrino in der Resonanzschicht vom Zustand ν_{2m} in den Zustand ν_{1m} übergeht. Für eine lineare Änderung der Elektronendichte gilt [Kim93]

$$P_K = \exp\left(-\frac{\pi}{2}\gamma\right)$$
(6.224)

(*Landau-Zener-Wahrscheinlichkeit*). P_K ist also umso größer, je kleiner γ ist, vergleiche die drei Fälle (6.222). Die ν_e-Überlebenswahrscheinlichkeit $P(\nu_e \to \nu_e)$ in der Sonne beträgt im allgemeinen Falle [Par86]:

$$P(\nu_e \to \nu_e) = \frac{1}{2}[1 + (1 - 2P_K)\cos 2\theta_m \cos 2\theta] \text{ mit } \cos 2\theta_m \approx -1$$
(6.225)

$$\approx \sin^2 \theta + P_K \cos 2\theta$$

(*Parke-Formel*). Für den adiabatischen Grenzfall ($\gamma \gg 1$, $P_K = 0$) erhält man die adiabatische Formel (6.216). Bei Abweichung von der Adiabatizität ($P_K > 0$) ist $P(\nu_e \to \nu_e)$ größer, die Flavourflip-Wahrscheinlichkeit also kleiner als im adiabatischen Fall. Für den extrem nicht-adiabatischen Grenzfall ($\gamma \ll 1$, $P_K = 1$) ist

$$P(\nu_e \to \nu_e) = \frac{1}{2}[1 - \cos 2\theta_m \cos 2\theta] \approx \cos^2 \theta \approx 1,$$
(6.226)

d.h. es findet überhaupt keine Flavour-Umwandlung mehr statt. In Abb. 6.36 ist $P(\nu_e \to \nu_e)$ für die Sonne in Abhängigkeit von E/D ($\propto \gamma^{-1}$) für drei Werte von $\sin^2 2\theta$ dargestellt. Die Grenze zwischen „keine Resonanz" und

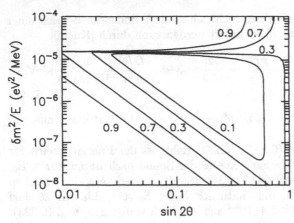

Abb. 6.37 Konturen konstanter Überlebenswahrscheinlichkeit $P(\nu_e \to \nu_e)$ in der $(\sin 2\theta, \delta m^2/E)$-Ebene aufgrund des MSW-Effekts für die Sonne. Der ungefähr horizontale Kurvenverlauf (adiabatische Lösung) entspricht dem ungefähr vertikalen Kurvenverlauf in Abb. 6.36 (festes $\delta m^2/E_0$, Gleich. (6.219), für alle $P(\nu_e \to \nu_e)$ und nicht zu großes $\sin 2\theta$); der vertikale Kurvenverlauf (adiabatische Lösung mit großem Mischungswinkel) entspricht dem horizontalen adiabatischen Tal, Gleich. (6.216), in Abb. 6.36; der geneigte Kurvenverlauf (nicht-adiabatische Lösung) entspricht dem nicht-adiabatischen Kurvenverlauf in Abb. 6.36. Nach [Par86].

„adiabatisch" ist ungefähr durch (6.219) gegeben; die aufsteigenden Kurven im Grenzbereich um E_c (6.223) zwischen dem adiabatischen und nicht-adiabatischen Grenzfall sind durch (6.225) mit (6.224) und (6.221) gegeben; im adiabatischen Bereich ist $P(\nu_e \to \nu_e)$ durch (6.216) gegeben. Man sieht, daß der adiabatische Bereich nach (6.223) umso breiter ist, je größer $\sin^2 2\theta$ ist.

Anstatt wie in Abb. 6.36 $P(\nu_e \to \nu_e)$ gegen $E/\delta m^2$ bei festem $\sin^2 2\theta$ darzustellen, kann man $\delta m^2/E$ gegen $\sin^2 2\theta$ (oder $\sin 2\theta$) bei festem $P(\nu_e \to \nu_e)$ auftragen, so daß man in der $(\sin^2 2\theta, \delta m^2/E)$-Ebene Kurven konstanter Wahrscheinlichkeit $P(\nu_e \to \nu_e)$ erhält. Abb. 6.37 zeigt solche $P(\nu_e \to \nu_e)$-Konturen für die Sonne. Wie man sich leicht überzeugt, sind die beiden Abb. 6.36 und 6.37 einander völlig äquivalent. Die Darstellungsform der Abb. 6.37 ist besonders für den Vergleich mit Experimenten geeignet: Mit einem experimentellen Meßwert für $P(\nu_e \to \nu_e)$ kann in der Abbildung direkt der erlaubte Parameterbereich $(\sin^2 2\theta, \delta m^2)$ bestimmt werden, wenn die ν-Energie E bekannt ist (Kap. 7.2.4). Wie in Abb. 6.37 angegeben, unterschei-

Abb. 6.38
Ein-Photon-Austauschgraphen,
die einen elektromagnetischen
Beitrag (Strahlungskorrekturen)
zur elastischen νe-Streuung liefern.

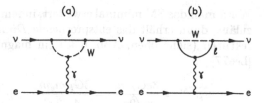

det man drei Lösungsbereiche: adiabatische Lösung, adiabatische Lösung mit großem Mischungswinkel und nicht-adiabatische Lösung.

Es sei noch erwähnt, daß der Zwei-Flavour-Formalismus für ν-Oszillationen formal analog ist der Präzession eines Polarisationsvektors um eine Magnetfeldachse. Dabei entsprechen ν-Oszillationen in Materie mit variabler Dichte der Präzession um eine zeitlich sich ändernde Achse [Sto87, Mik89].

Wir haben in diesem Kapitel der Einfachheit halber den MSW-Effekt für $n = 2$ Neutrinoarten, (ν_e, ν_μ) oder (ν_e, ν_τ), besprochen. Die Verallgemeinerung auf $n = 3$ ist z.B. in [Kuo89, Kim93] zu finden. Die Anwendung des MSW-Effekts bei der Analyse der Meßergebnisse aus vier Experimenten mit solaren Neutrinos und zur Lösung des Problems der Sonnenneutrinos wird in Kap. 7.2.4 behandelt.

6.7 Elektromagnetische Eigenschaften der Neutrinos

Obwohl die Neutrinos elektrisch neutral sind, können sie im Prinzip dennoch elektromagnetische Eigenschaften besitzen und an der elektromagnetischen Wechselwirkung teilnehmen, d.h. an ein Photon ankoppeln [Mar91, Moh91, Obe92, Pal92, Kim93, Fuk94b, Kla95, Ros95, Sar95, Raf96]. Dies ist indirekt möglich aufgrund des schwachen Prozesses $\overset{(-)}{\nu} \rightarrow \ell^\mp W^\pm \rightarrow \overset{(-)}{\nu}$, wobei ein γ an das $\ell^\mp$ oder $W^\pm$ koppelt (radiative Korrektur durch Schleifendiagramme, siehe oberen Teil der Graphen in Abb. 6.38). Dadurch könnten die Neutrinos ein magnetisches Dipolmoment μ_ν (Kap. 6.7.1), ein elektrisches Dipolmoment d_ν und einen sogenannten mittleren Ladungsradius $\langle r^2 \rangle$ (Kap. 6.7.2) erlangen. Darüber hinaus könnten elektromagnetische Übergangsdipolmomente auftreten, die Flavourübergänge ermöglichen (Kap. 6.7.3).

6.7.1 Magnetisches Dipolmoment

Im Standardmodell (SM) sind die Neutrinos masselose, linkshändige Dirac-Neutrinos, die kein elektromagnetisches Dipolmoment besitzen können[§].

[§]Der Grund dafür ist anschaulich der folgende: Wenn $m_\nu = 0$ ist, hat das ν im SM die feste Helizität $H = -1$ ($H = +1$ für $\bar\nu$). Wenn es ein magnetisches Moment hätte, könnte

Wenn man das SM minimal erweitert, indem man eine kleine Dirac-Masse m_ν zuläßt, dann erhält das entsprechende *Dirac-Neutrino* durch radiative Korrekturen (siehe oben, Abb. 6.38) ein magnetisches Dipolmoment μ_ν^{SM} von [Lee77]

$$\mu_\nu^{SM} = \frac{3eG_F m_\nu}{8\sqrt{2}\pi^2} = \frac{3G_F m_e m_\nu}{4\sqrt{2}\pi^2} \cdot \mu_B = 3.20 \cdot 10^{-19} \frac{m_\nu}{\text{eV}} \mu_B, \qquad (6.227)$$

$$\text{wobei } \mu_B = \frac{e}{2m_e} = 5.79 \cdot 10^{-15} \frac{\text{MeV}}{\text{G}} = 1.93 \cdot 10^{-11} e \text{ cm} \qquad (6.228)$$

das *Bohrsche Magneton* ist. Mit den experimentellen Obergrenzen für m_ν in Tab. 6.1 erhält man die extrem niedrigen Grenzen:

$$\begin{aligned}
\mu^{SM}(\nu_e) &< 1.6 \cdot 10^{-18} \mu_B, \\
\mu^{SM}(\nu_\mu) &< 5.4 \cdot 10^{-14} \mu_B, \\
\mu^{SM}(\nu_\tau) &< 7.7 \cdot 10^{-12} \mu_B.
\end{aligned} \qquad (6.229)$$

Es gibt jedoch Eichtheorien, die wesentlich über das SM hinausgehen und in denen μ_ν um mehrere Größenordnungen größer als (6.227) sein kann (z.B. GUT-Modelle mit Rechts-Links-Symmetrie) [Mar91, Pal92, Kim93].

Im Gegensatz zum Dirac-Neutrino kann ein *Majorana-Neutrino* kein magnetisches (μ_ν) oder elektrisches (d_ν) Dipolmoment besitzen, wie man leicht mit Hilfe einer CPT-Transformation sehen kann [Kay85, Boe92, Kim93]: In einem Magnetfeld B und elektrischen Feld E hat ein ν mit Spinrichtung σ aufgrund seiner Dipolmomente die elektromagnetische Energie

$$E_{\text{elm}} = -\mu_\nu \sigma \cdot B - d_\nu \sigma \cdot E. \qquad (6.230)$$

Unter CPT gilt: $B \to B$, $E \to E$ und $\sigma \to -\sigma$, so daß $E_{\text{elm}} \to -E_{\text{elm}}$. Da aber ein Majorana-Neutrino unter CPT in sich selbst übergeht ($\bar{\nu} \equiv \nu$), darf sich E_{elm} nicht ändern, woraus folgt, daß $E_{\text{elm}} = 0$ und damit $\mu_\nu = 0$, $d_\nu = 0$ sein müssen. Etwas salopp mit Worten ausgedrückt: Die elektromagnetischen Momente sind für Teilchen und Antiteilchen nach dem CPT-Theorem entgegengesetzt gleich; da aber für ein Majorana-ν Teilchen und Antiteilchen identisch sind, müssen die Momente verschwinden.

Die elektromagnetische Wechselwirkung eines Dirac-ν mit $\mu_\nu \neq 0$ wird beschrieben durch eine zusätzliche Lagrange-Dichte der Form [Kyu84]

$$\mathcal{L} = \frac{1}{2}\mu_\nu \cdot \bar{\nu}\sigma_{\alpha\beta}\nu \cdot F_{\alpha\beta} \text{ mit } \sigma_{\alpha\beta} = \frac{1}{2i}(\gamma_\alpha\gamma_\beta - \gamma_\beta\gamma_\alpha), F_{\alpha\beta} = \frac{\partial A_\beta}{\partial x_\alpha} - \frac{\partial A_\alpha}{\partial x_\beta}, (6.231)$$

---

in einem äußeren Magnetfeld sein Spin und damit seine Helizität in $H = +1$ umgedreht werden. Dies würde jedoch dem SM widersprechen.

wobei $A_\alpha(x)$ das elektromagnetische Feld und $F_{\alpha\beta}$ der elektromagnetische Feldtensor ist (Kap. 2.2, 2.5) .

Experimentelle Obergrenzen für μ_ν sind im Laboratorium durch Untersuchung der elastischen νe-Streuung (Kap. 4) gemessen worden. Wir betrachten als Beispiel die $\nu_e e$-Streuung $\nu_e e \to \nu_e e$ zur Messung von $\mu_\nu = \mu(\nu_e)$. Der differentielle Wirkungsquerschnitt ist unter Berücksichtigung des μ_ν-Beitrags gegeben durch [Dom71, Kyu84, Vog89]:

$$\frac{d\sigma}{dy}(\nu_e e) = \frac{d\sigma_{\text{schw}}}{dy}(\nu_e e) + \frac{d\sigma_{\text{elm}}}{dy}(\nu_e e) \tag{6.232}$$

$$= \frac{2G_F^2 m_e}{\pi} E_\nu \left[G_L^2 + G_R^2(1-y)^2 - \frac{m_e}{E_\nu} G_L G_R y \right] + \pi r_e^2 \left(\frac{1}{y} - 1 \right) \left(\frac{\mu_\nu}{\mu_B} \right)^2$$

$$\text{mit } y = \frac{T_e}{E_\nu}, \ r_e = \frac{c^2}{4\pi m_e} = \frac{\alpha}{m_e} = 2.82 \text{ fm}, \ \left(\frac{r_e}{\mu_B} \right)^2 = \frac{\alpha}{\pi}.$$

r_e ist der *klassische Elektronradius*. Der erste Term in (6.232) ist der konventionelle Beitrag (4.12) der schwachen Wechselwirkung (Abb. 4.1c). Zum zweiten Term (μ_ν-Beitrag) tragen die Ein-Photon-Austauschgraphen in Abb. 6.38 bei. Dieser Ein-Photon-Austausch bewirkt einen Spinflip der auslaufenden Leptonen, so daß der schwache Beitrag und der elektromagnetische Beitrag nicht interferieren, sondern sich die Wirkungsquerschnitte in (6.232) einfach addieren. Das magnetische Moment macht sich also durch eine *Vergrößerung* des $\nu_e e$-Wirkungsquerschnitts bemerkbar. Da

$$\frac{2G_F^2 m_e}{\pi} E_\nu = 1.72 \cdot 10^{-41} \frac{E_\nu}{\text{GeV}} \text{ cm}^2 \text{ und } \pi r_e^2 = 2.50 \cdot 10^{-25} \text{ cm}^2 \tag{6.233}$$

ist, ist der Wirkungsquerschnitt (6.232) sehr empfindlich auch für kleine μ_ν/μ_B-Werte; für $\mu_\nu \sim 10^{-8}\mu_B$ werden σ_{schw} und σ_{elm} ungefähr vergleichbar (bei $E_\nu \approx 1$ GeV).

Im Experiment werden gestreute e mit kinetischen Energien T_e oberhalb einer unteren, vom Detektor abhängigen Nachweisgrenze T_0 gemessen. Integriert man $d\sigma_{\text{elm}}/dT_e = d\sigma_{\text{elm}}/E_\nu dy$ von T_0 bis $T_{\text{max}} = 2E_\nu^2/(2E_\nu + m_e) \approx E_\nu$, so erhält man mit (6.232) für den μ_ν-Beitrag (bei $E_\nu \gg m_e$):

$$\sigma_{\text{elm}}(\nu_e e, T_e > T_0) = \pi r_e^2 \left(\ln \frac{E_\nu}{T_0} + \frac{T_0}{E_\nu} - 1 \right) \cdot \left(\frac{\mu_\nu}{\mu_B} \right)^2. \tag{6.234}$$

σ_{elm} ist also proportional zu $\ln E_\nu$, während σ_{schw} proportional zu E_ν ansteigt. Somit ist der relative Anteil von σ_{elm} am gesamten Wirkungsquerschnitt umso größer, je kleiner E_ν und je niedriger die Nachweisschwelle T_0 ist. Für die $\bar{\nu}_e e$-Streuung sind in (6.232) $G_{L,R}$ durch $G_{R,L}$ zu ersetzen; für die $\nu_\mu e$-Streuung sind $G_{L,R}$ durch $g_{L,R}$ zu ersetzen, siehe (4.12).

Beim LAMPF (Kap. 4.2.2, 6.3.3, 6.5) wurde in einem Experiment [Kra90, All93] mit Neutrinos aus den Zerfällen gestoppter π^+ und μ^+ (siehe (6.146)) die νe-Streuung gemessen; es wurden 274 ± 37 elastische νe-Ereignisse (nach Untergrundabzug) gefunden, während nach dem SM *ohne* μ_ν (siehe z.B. (4.17) mit $s_W^2 = 0.227$) 285 ± 26 Ereignisse zu erwarten waren. Hieraus ergab sich eine 90% CL-Obergrenze von $\mu(\nu_e)^2 + 2.1\mu(\nu_\mu)^2 < 1.16 \cdot 10^{-18}\mu_B^2$, also:

$$\begin{aligned} \mu(\nu_e) &< 10.8 \cdot 10^{-10}\mu_B \quad &&(\text{für } \mu(\nu_\mu) = 0) \\ \mu(\nu_\mu) &< 7.4 \cdot 10^{-10}\mu_B \quad &&(\text{für } \mu(\nu_e) = 0), \end{aligned} \tag{6.235}$$

(siehe auch [Dor89]: $\mu(\nu_\mu) < 1.0 \cdot 10^{-8}\mu_B$ (95% CL); [Ahr90]: $\mu(\nu_\mu) < 8.5 \cdot 10^{-10}\mu_B$ (90% CL); [Vil95]: $\mu(\nu_\mu) < 3 \cdot 10^{-9}\mu_B$ (90% CL)). In ähnlicher Weise wurden Obergrenzen für $\mu(\bar{\nu}_e)$ aus Reaktorexperimenten [Kyu84, Vid92, Der93a] ($\bar{\nu}_e e \to \bar{\nu}_e e$) bestimmt, z.B.:

$$\mu(\bar{\nu}_e) < 1.9 \cdot 10^{-10}\mu_B \quad (95\% \text{ CL}) \tag{6.236}$$

am Rovno-Reaktor [Der93a]. Eine Obergrenze für $\mu(\nu_\tau)$ ergab sich aus einem *Beam-Dump-Experiment* (WA66) [Coo92] beim CERN, dessen Neutrino-Strahl durch $\nu_\tau/\bar{\nu}_\tau$ aus D_s-Zerfällen (1.85) angereichert sein könnte (Kap. 1.7.2, 6.3.3). Es wurde vergeblich nach $\nu_\tau e$-Ereignissen gesucht mit dem Ergebnis:

$$\mu(\nu_\tau) < 5.4 \cdot 10^{-7}\mu_B \quad (90\% \text{ CL}). \tag{6.237}$$

Dieses Ergebnis hängt jedoch von Annahmen über den noch nicht gemessenen Wirkungsquerschnitt für D_s-Erzeugung sowie über das unbekannte Verzweigungsverhältnis für den Zerfall $D_s \to \tau\nu_\tau$ ab. Eine unabhängige, allerdings schwächere Obergrenze wurde bei LEP bestimmt [Acc95]: Ein magnetisches Neutrinomoment liefert einen anomalen Beitrag zur Reaktion $e^+e^- \to \nu\bar{\nu}\gamma$, der in Abb. 6.39 dargestellt ist und zum normalen Beitrag (Abb. 1.24) hinzukommt. Die Untersuchung von Ereignissen mit nur einem einzelnen Photon ergab:

$$\mu(\nu_\tau) < 4.1 \cdot 10^{-6}\mu_B \quad (90\% \text{ CL}). \tag{6.238}$$

Wie man sieht, liegen die bisherigen experimentellen Obergrenzen (6.235) bis (6.238) noch um mehrere Größenordnungen oberhalb der Obergrenzen (6.229) nach dem SM.

Abb. 6.39
Graphen für den Beitrag
des magnetischen Mo-
ments μ_ν des Neutrinos
zur Reaktion $e^+e^- \to$
$\nu\bar\nu\gamma$.

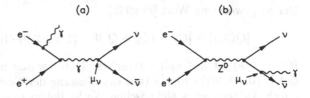

Eine bedeutende Rolle kann ein mögliches magnetisches Moment der Neutrinos in der Astrophysik spielen. Z.B. hat man versucht, das beobachtete
Defizit solarer Neutrinos (Kap. 7.2.4) durch ein magnetisches Moment zu
erklären [Vol86, Mar91, Pal92, Pul92, Shi93]: Mit $\mu(\nu_e) \gtrsim 10^{-11}\mu_B$ könnte
ein beträchtlicher Teil der linkshändigen Sonnen-ν_{eL} durch das starke Magnetfeld (10^3 - 10^4 G) in der Konvektionszone der Sonne in rechtshändige,
sterile ν_{eR} umgedreht werden (Spinflip), die an der schwachen Wechselwirkung nicht teilnehmen und dadurch dem Nachweis auf der Erde entgehen.
Auch eine mögliche Antikorrelation zwischen gemessenem ν_e-Fluß und Sonnenfleckenaktivität (Kap. 7.2.3) könnte erklärt werden: Zur Zeit des Sonnen-
fleckenmaximums ist das Magnetfeld besonders stark, so daß ein besonders
großer Teil der ν_e „sterilisiert" würde.

Aus verschiedenen kosmologischen und astrophysikalischen Überlegungen
wurden Obergrenzen für μ_ν hergeleitet [Mar91, Kim93, Mal93, Fuk94b, Gra96,
PDG96, Raf96, Sar96]. Diese Grenzen sind zwar wesentlich schärfer als die
obigen Werte aus Laboratoriumsexperimenten; jedoch sind sie z.T. stark
modellabhängig und daher weniger zuverlässig. Einige dieser Werte sind
[PDG96]:

$$\mu_\nu < (1 - 2) \cdot 10^{-11}\mu_B \quad \text{aus der Nukleosynthese im Frühen Universum, He}^4\text{-Menge [Mor81]}$$

$$\mu_\nu < 1.1 \cdot 10^{-11}\mu_B \quad \text{aus der Abkühlung von He-Sternen [Fuk87]}$$

$$\mu_\nu < 2 \cdot 10^{-12}\mu_B \quad \text{aus der Leuchtkraft von Roten Riesen [Raf90]} \tag{6.239}$$

$$\mu_\nu < (0.1 - 2) \cdot 10^{-12}\mu_B \quad \text{aus der Supernova SN1987A (siehe Kap. 7.3.2) [Gol88, PDG96]}$$

Die SN1987A-Obergrenze für $\mu_\nu = \mu(\bar\nu_e) = \mu(\nu_e)$ ist zu niedrig, um mit
einem magnetischen Moment des ν_e das beobachtete Defizit solarer Neutrinos
erklären zu können (siehe auch (7.60)).

6.7.2 Elektrische Ladung, elektrisches Dipolmoment

Eine Bestimmung der *elektrischen Ladung* $Q(\bar\nu_e)$ des $\bar\nu_e$ ergibt sich aus dem
β-Zerfall des Neutrons $n \to pe^-\bar\nu_e$, wenn man Ladungserhaltung voraussetzt.

Der so gewonnene Wert [Fuk94b]

$$|Q(\overline{\nu}_e)| = |Q_n - (Q_p + Q_e)| = (1.3 \pm 2.9) \cdot 10^{-21} e \qquad (6.240)$$

$(Q_e = -e)$ ist mit null verträglich. Dabei wurde benutzt [PDG94]: $|Q_p + Q_e| = (0.9 \pm 2.7) \cdot 10^{-21} e$ (aus der Messung der Neutralität eines SF_6-Gases durch Anlegen eines elektrischen Wechselfeldes in einer Kavität) und $Q_n = (-0.4 \pm 1.1) \cdot 10^{-21} e$ (aus der Nicht-Ablenkung eines Strahls kalter Neutronen in einem starken elektrischen Feld).
Obergrenzen für $Q(\nu_e)$ wurden auch aus der Supernova SN1987A hergeleitet (Kap. 7.3.2) [Bar87]:

$$\begin{aligned} &\text{(a)} \quad Q(\overline{\nu}_e) < 2 \cdot 10^{-15} e \text{ oder} \\ &\text{(b)} \quad Q(\overline{\nu}_e) < 2 \cdot 10^{-17} e \,. \end{aligned} \qquad (6.241)$$

Diese Grenzen ergaben sich aus der Kamiokande-Beobachtung [Hir87], daß die 11 registrierten Neutrinos aus SN1987A mit Energien zwischen 7.5 und 36 MeV alle innerhalb von ca. 10 sec auf der Erde ankamen. Wäre $Q(\nu_e)$ größer als die Grenzen (6.241), dann hätte ein Magnetfeld $\boldsymbol{B}$ im Weltraum durch die Lorentz-Kraft $Q \cdot \boldsymbol{v} \times \boldsymbol{B}$ die Neutrinobahnen in Abhängigkeit von der Neutrinoenergie gekrümmt und damit verlängert, so daß Neutrinos mit verschiedenen Energien nicht ungefähr gleichzeitig (innerhalb von $\sim$ 10 sec) auf der Erde hätten ankommen können. Für die Grenze (a) wurde ein intergalaktisches Magnetfeld zwischen Supernova und Erde (50 kparsec) von 10^{-9} G, für die Grenze (b) ein galaktisches (10 kparsec) Magnetfeld von 10^{-6} G angenommen.

Wie bei anderen Teilchen (Proton, Neutron, Pion etc.) können auch bei den Neutrinos die elektromagnetischen Eigenschaften durch *Formfaktoren* ausgedrückt werden [Mar91, Kim93, Fuk94b]. Es gibt die vier unabhängigen Formfaktoren $F(Q^2)$, $G(Q^2)$, $M(Q^2)$ und $D(Q^2)$, die vom Viererimpulsübertrag Q^2 abhängen. $F(Q^2)$ und $G(Q^2)$ sind die Ladungsformfaktoren mit $F(0) = G(0) = 0$ (Neutralität der Neutrinos); $M(Q^2)$ und $D(Q^2)$ sind der magnetische bzw. elektrische Dipolmoment-Formfaktor mit $M(0) = \mu_\nu/\mu_B$ und $D(0) = d_\nu/e$. Die Fourier-Transformierten der Formfaktoren können als räumliche Verteilungen von Ladung und Dipolmomenten angesehen werden. Zur Quantifizierung der möglichen räumlichen Ausdehnung eines Neutrinos wird der *mittlere Ladungsradius* $\langle r^2 \rangle$ („effektive Größe des Neutrinos") verwandt; er ist gegeben durch[‡]

$$\langle r^2 \rangle = 6 \frac{df(Q^2)}{dQ^2}\bigg|_{Q^2=0} \quad \text{mit} \quad f(Q^2) = F(Q^2) + G(Q^2)\,. \qquad (6.242)$$

[‡]Im allgemeinen kann $\langle r^2 \rangle$ auch negativ sein.

Die räumliche Ausdehnung ist also umso geringer, je flacher die Formfaktoren mit Q^2 verlaufen; für ein punktförmiges Neutrino ($r = 0$) sind die Formfaktoren von Q^2 unabhängige Konstanten mit den oben für $Q^2 = 0$ angegebenen Werten.

Der mittlere Ladungsradius der Neutrinos kann in der elastischen νe-Streuung (Kap. 4) gemessen werden dadurch, daß in (4.11) die Ersetzung $G_V, g_V \to G_V + 2\delta, g_V + 2\delta$ (d.h. in (4.4), (4.8) $\sin^2 \theta_W \to \sin^2 \theta_W + \delta$) mit

$$\delta = \frac{\sqrt{2}\pi\alpha}{3G_F}\langle r^2 \rangle = 2.38 \cdot 10^{30} \text{ cm}^{-2} \langle r^2 \rangle \tag{6.243}$$

vorzunehmen ist. Mit Hilfe von $\sin^2 \theta_W$ aus einem Nicht-Neutrino-Experiment (z.B. $\sin^2 \theta_W = 1 - m_W^2/m_Z^2$) läßt sich also δ und damit $\langle r^2 \rangle$ bestimmen. Neuere Ergebnisse sind (90% CL):

$$
\begin{aligned}
\langle r^2 \rangle(\nu_e) &< 5.4 \cdot 10^{-32} \text{ cm}^2 &\quad \text{(LAMPF [All93])} \\
\langle r^2 \rangle(\nu_\mu) &< 1.0 \cdot 10^{-32} \text{ cm}^2 &\quad \text{(CHARM [Dor89])} \\
\langle r^2 \rangle(\nu_\mu) &< 2.4 \cdot 10^{-33} \text{ cm}^2 &\quad \text{(E734 [Ahr90])} \\
\langle r^2 \rangle(\nu_\mu) &< 6.0 \cdot 10^{-33} \text{ cm}^2 &\quad \text{(CHARM II [Vil95])}.
\end{aligned}
\tag{6.244}
$$

Das *elektrische Dipolmoment* d_ν für ein Majorana-Neutrino verschwindet, wie oben (6.230) gezeigt wurde. Auch ein Dirac-Neutrino hat $d_\nu = 0$, wenn CP-Invarianz, d.h. T-Invarianz[‡] erfüllt ist (wie beim Neutron). Um dies zu sehen, betrachten wir ein ν mit d_ν und Spinrichtung σ im elektrischen Feld E; es besitzt die Energie

$$E_{\text{elm}} = -d_\nu \sigma \cdot E. \tag{6.245}$$

Unter Zeitumkehr T gilt: $E \to E$, $\sigma \to -\sigma$, so daß $E_{\text{elm}} \to -E_{\text{elm}}$. Da aber die elektromagnetische Wechselwirkung T-invariant sein soll, darf sich E_{elm} nicht ändern, d.h. es muß $E_{\text{elm}} = 0$ und damit $d_\nu = 0$ sein.

Experimentell macht sich bei nicht zu kleinen Energien ein elektrisches Dipolmoment in derselben Weise in der νe-Streuung bemerkbar wie ein magnetisches Dipolmoment [Fuk94b, Gen96][¶], so daß z.B. die Grenzen (6.235) und (6.237) für μ_ν auch als Obergrenzen für d_ν angesehen werden können, also mit (6.228):

$$
\begin{aligned}
d(\nu_e) &< 2 \cdot 10^{-20} e \text{ cm} \\
d(\nu_\mu) &< 1.4 \cdot 10^{-20} e \text{ cm} \\
d(\nu_\tau) &< 1 \cdot 10^{-17} e \text{ cm}.
\end{aligned}
\tag{6.246}
$$

[‡]Wir nehmen CPT-Invarianz an, so daß aus CP-Invarianz T-Invarianz folgt.
[¶]In der Lagrange-Dichte tritt $\sqrt{\mu_\nu^2 + d_\nu^2}$ auf.

6.7.3 Übergangsdipolmomente

Die normalen (statischen) elektromagnetischen Momente μ_ν und d_ν lassen die Neutrinoart unverändert; sie sind *diagonale Dipolmomente* im Flavourraum. Darüberhinaus könnten (komplexe) elektrische und magnetische *Übergangsdipolmomente* $(d_{\alpha\beta}, \mu_{\alpha\beta})$ [Mar91, Kim93] auftreten; durch sie kann in einem E bzw. B-Feld nicht nur die Helizität umgedreht, sondern auch die Neutrinoart geändert werden (Übergänge im Flavourraum), z.B. $\nu_\mu \to \overline{\nu}_e$. Die Übergangsmomente sind daher nicht-diagonale Momente im Flavourraum. Während für ein Majorana-ν die diagonalen Momente wegen CPT-Invarianz verschwinden (Kap. 6.7.1), kann ein Majorana-ν, wie ein Dirac-ν, nicht-verschwindende Übergangsdipolmomente besitzen.

Übergangsdipolmomente würden u.a. die folgenden Prozesse für Majorana-ν ermöglichen:

- Reaktionen wie $\nu_\mu e \to \overline{\nu}_e e$ und $\overline{\nu}_e e \to \nu_\mu e$. Für sie gilt Formel (6.232) mit der Ersetzung $\mu_\nu \to |\mu_{e\mu}|$.
- Radiative Zerfälle wie $\nu_\mu \to \overline{\nu}_e + \gamma$ mit der Zerfallsrate

$$\Gamma(\nu_\mu \to \overline{\nu}_e \gamma) = \frac{\alpha}{4m_e^2} \left|\frac{\mu_{e\mu}}{\mu_B}\right|^2 \left(\frac{m(\nu_\mu)^2 - m(\nu_e)^2}{m(\nu_\mu)}\right)^3 . \tag{6.247}$$

- Übergänge $\nu_e \to \overline{\nu}_\mu$ (*Spin-Flavour-Präzession*, *Spin-Flavour-Flip*) in starken Magnetfeldern, wie sie im Innern der Sonne (10^3 - 10^4 G) oder in einer Supernova (10^{12} - 10^{15} G) vorliegen. In einem Medium mit variabler Dichte (Sonne, Supernova) ist bei hinreichend großem $\mu_{e\mu}$ mit einem Resonanzeffekt, ähnlich dem MSW-Effekt (Kap. 6.6.2), zu rechnen [Akh88, Lim88, Mar91, Kim93].

Die bisherigen Obergrenzen für $|\mu_{e\mu}|$ liegen bei $\sim 10^{-11} \mu_B$.

Zusammenfassend ist festzustellen, daß bisher keine experimentellen Anzeichen für elektromagnetische Eigenschaften der Neutrinos gefunden wurden, sondern nur obere Grenzen für die elektromagnetischen Größen bestimmt werden konnten.

6.8   Doppel-Beta-Zerfall

Der neutrinolose Doppel-Beta-Zerfall, der in Kap. 1.3 (Abb. 1.3) eingeführt wurde, kann mit hoher Empfindlichkeit Aufschluß geben u.a. über die drei folgenden miteinander verknüpften Fragen:

- Ist das Neutrino ν_e ein Dirac-Teilchen oder ein Majorana-Teilchen (Kap. 6.1)?
- Hat das Neutrino ν_e eine Masse?
- Gibt es rechtshändige Neutrinoströme?

6.8.1 Grundlagen

Unter Doppel-Beta-Zerfall [Chi84, Hax84, Doi85, Ver86, Avi88, Mut88] [Gro89, Kay89, Moe89, Cal91, Moh91, Tom91, Boe92, Sut92, Kim93, Eji94, Moe94, Kla95, Fio96], einem Niederenergieprozeß, versteht man im wesentlichen[‡] den *gleichzeitigen* radioaktiven Zerfall zweier Neutronen in einem instabilen Kern (A, Z) mit A Nukleonen, Z Protonen und $A - Z$ Neutronen. Dabei unterscheidet man vor allem zwei Möglichkeiten:

- Normaler Doppel-Beta-Zerfall ($2\nu\beta\beta$-Zerfall, Abb. 6.40a):

$$(A, Z) \to (A, Z + 2) + 2e^- + 2\bar{\nu}_e \,, \text{ also} \tag{6.248}$$
$$2n \to 2p + 2e^- + 2\bar{\nu}_e \text{ auf dem Hadronniveau}$$
$$2d \to 2u + 2e^- + 2\bar{\nu}_e \text{ auf dem Quarkniveau} \,.$$

In diesem Zerfall ist die Leptonzahl L mit der Zuordnung nach Tab. 1.1 erhalten: $\Delta L = 0$.
- Neutrinoloser Doppel-Beta-Zerfall ($0\nu\beta\beta$-Zerfall, Abb. 6.40b):

$$(A, Z) \to (A, Z + 2) + 2e^- \,, \text{ also}$$
$$2n \to 2p + 2e^- \text{ auf dem Hadronniveau} \tag{6.249}$$
$$2d \to 2u + 2e^- \text{ auf dem Quarkniveau} \,.$$

In ihm wird ein Neutrino am Vertex I emittiert und am Vertex II wieder absorbiert (Austausch eines virtuellen ν, *Racah-Sequenz*, Kap. 1.3, siehe (1.16)). In diesem Zerfall ist die Leptonzahl L mit der Zuordnung nach Tab. 1.1 nicht erhalten: $\Delta L = 2$.

Experimentell lassen sich die beiden Zerfallstypen relativ leicht durch ihre verschiedene Kinematik voneinander unterscheiden (Abb. 6.40c): Während für (6.248) die Gesamtenergie $E = E_1 + E_2$ der beiden e^- eine breite spektrale Verteilung (Maximum bei $\sim 0.32 \cdot E_0$) zwischen $E_{min} = 2m_e$ und der frei werdenden Energie $E_{max} = E_0$ mit

$$E_0 = m(A, Z) - m(A, Z + 2)^{§} \tag{6.250}$$

[‡]Andere Zerfallsmechanismen außer dem dominierenden $2n$-Mechanismus (Abb. 6.40) werden weiter unten (Abb. 6.43) erwähnt.

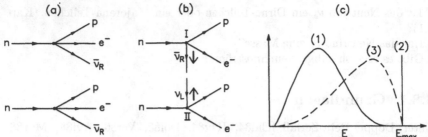

Abb. 6.40 $2n$-Graphen für (a) den $2\nu\beta\beta$-Zerfall, (b) den $0\nu\beta\beta$-Zerfall; (c) Verteilung der Gesamtenergie der beiden e^- aus (1) dem $2\nu\beta\beta$-Zerfall, (2) dem $0\nu\beta\beta$-Zerfall, (3) dem $0\nu\beta\beta M^0$-Zerfall mit einem Majoron M^0.

besitzt, die durch die Phasenraumverteilung der auslaufenden Leptonen gegeben ist, hat diese Energie für (6.249) den scharfen Wert $E = E_0$; die Energie E_1 jedes der beiden Elektronen hat die durch den Phasenraum gegebene Verteilung [Boe92]

$$\frac{dN}{dE_1} \propto p_1 E_1 \cdot p_2 E_2 \approx E_1^2 E_2^2 = E_1^2 (E_0 - E_1)^2 \qquad (6.251)$$

(vergl. (6.64)). Vom Phasenraum her ist der $0\nu\beta\beta$-Zerfall mit nur zwei Leptonen im Endzustand gegenüber dem $2\nu\beta\beta$-Zerfall mit vier Leptonen bevorzugt; wenn $m_\nu \approx m_e$ wäre, wäre der $0\nu\beta\beta$-Zerfall ca. 10^5 mal „schneller" als der $2\nu\beta\beta$-Zerfall [Boe92].

Der $\beta\beta$-Zerfall ist im Vergleich zum einfachen β-Zerfall $n \to pe^-\bar{\nu}_e$ ein sehr seltener Prozess 2. Ordnung (Amplitude $\propto G_F^2$) der schwachen Wechselwirkung, der schon 1935 von Goeppert-Mayer [Goe35] vorgeschlagen wurde. Während der $2\nu\beta\beta$-Zerfall erst 1987 zum ersten mal direkt in einem Zählerexperiment beobachtet wurde [Ell87], ist der $0\nu\beta\beta$-Zerfall, auf den zuerst Furry 1939 [Fur39] hingewiesen hat, bis heute noch nicht entdeckt worden. Der $\beta\beta$-Zerfall ist insbesondere bei einem β-instabilen Mutterkern (A, Z) zu erwarten, wenn (a) der Grundzustand des nächstgelegenen Tochterkerns $(A, Z+1)$ energetisch höher liegt, d.h. eine größere Masse hat als der Grundzustand des Mutterkerns, $m(A, Z+1) > m(A, Z)$, so daß ein einfacher β-Zerfall energetisch nicht möglich ist, und wenn (b) der Grundzustand (oder ein angeregter Zustand) des übernächsten Tochterkerns $(A, Z+2)$ energetisch niedriger liegt als der des Mutterkerns, $m(A, Z+2) < m(A, Z)$, wie im Termschema der Abb. 6.41a dargestellt. Die Aufeinanderfolge von zwei einfachen

---

§Die Rückstoßenergie des Tochterkerns $(A, Z + 2)$ kann in allen praktischen Fällen vernachlässigt werden.

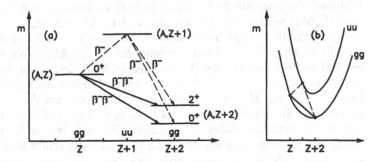

Abb. 6.41 (a) Termschema für den $\beta\beta$-Zerfall eines gg-Kerns (A, Z) in einen gg-Kern $(A, Z+2)$ mit Grundzustand 0^+ und angeregtem Zustand 2^+. Die Aufeinanderfolge von zwei einfachen β-Zerfällen über den Zwischenkern $(A, Z + 1)$ ist energetisch verboten. (b) Massenparabeln $m(Z)$ der gg-Kerne und uu-Kerne mit festem geraden A. Der $\beta\beta$-Übergang $(A, Z) \rightarrow (A, Z + 2)$ ist eingezeichnet.

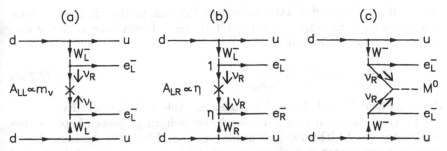

Abb. 6.42 Graphen für den $0\nu\beta\beta$-Zerfall auf dem Quarkniveau: (a) m_ν-Mechanismus, (b) RHC-Mechanismus, (c) Majoronerzeugung.

β-Zerfällen ist also durch die Energiebarriere bei $(A, Z + 1)$ verboten; durch den $\beta\beta$-Zerfall wird diese Barriere quantenmechanisch untertunnelt. Die in Abb. 6.41a dargestellte Situation kann vorliegen, wenn (A, Z) ein gg-Kern (= Kern mit gerader Protonenzahl und gerader Neutronenzahl, $J^P = 0^+$ im Grundzustand) ist, so daß $(A, Z + 1)$ ein uu-Kern (= Kern mit ungerader Protonenzahl und ungerader Neutronenzahl) und $(A, Z + 2)$ wieder ein gg-Kern ist; denn die (negative) Bindungsenergie eines uu-Kerns ist i.a. dem Betrag nach kleiner als die der benachbarten gg-Kerne (Paarungsenergie in gg-Kernen), wie die beiden Massenparabeln für uu und gg-Kerne mit festem *geraden* A in Abb. 6.41b zeigen.

Während der normale $2\nu\beta\beta$-Zerfall (6.248) vollkommen mit dem Standard-modell (SM) verträglich (Dirac-ν mit $\nu \neq \overline{\nu}$, $\Delta L = 0$, $m_\nu = 0$) und für die Neutrinophysik weniger interessant ist, bedeutet das Vorkommen des $0\nu\beta\beta$-Zerfalls (6.249) „Neue Physik" jenseits des SM [Moh91a]: Nach der experimentell vielfach bestätigten (V–A)-Theorie des β-Zerfalls ist das zusammen mit e^- am Vertex I in Abb. 6.40b emittierte Teilchen ein rechtshändiges $\overline{\nu}_R$ (d.h. $n \rightarrow pe^-\overline{\nu}_R$; $H = +1$ für $m_\nu = 0$), während das am Vertex II absorbierte Teilchen ein linkshändiges ν_L ist (d.h. $\nu_L n \rightarrow pe^-$; $H = -1$ für $m_\nu = 0$). Der $0\nu\beta\beta$-Zerfall ist daher im normalen SM verboten; er ist nur möglich, wenn zwei Bedingungen jenseits des SM gleichzeitig erfüllt sind:

• Die beiden Teilchen ν und $\overline{\nu}$ müssen identisch sein, d.h. das Neutrino muß ein *Majorana-Neutrino* (Kap. 1.3, 6.1) sein: $\nu = \overline{\nu} = \nu^M$ mit den beiden Chiralitätszuständen $\nu_L \equiv \overline{\nu}_L$, $\nu_R \equiv \overline{\nu}_R$. Damit ist nach Kap. 6.1.2 eine Verletzung der Leptonzahlerhaltung um $\Delta L = 2$ verbunden.

• Es muß zwischen den beiden Vertizes I und II eine *Helizitätsanpassung* (*Helizitätsumkehr*) stattfinden; ohne sie ist der $0\nu\beta\beta$-Zerfall selbst im Majorana-Fall nicht möglich. Diese Anpassung kann vor allem auf zwei Weisen geschehen:

(a) Es ist $m_\nu > 0$, so daß das ν keine feste Helizität besitzt (H ist keine gute Quantenzahl; siehe Kap. 1.3, 1.4.6, 1.4.7), die Helizität eines *reellen* ν also mit der Wahrscheinlichkeit (1.38)

$$W = \frac{1}{2}\left(1 - \frac{v}{c}\right) \approx \left(\frac{m_\nu}{2E_\nu}\right)^2 \tag{6.252}$$

den „falschen" Wert hat (m_ν-Mechanismus, Abb. 6.42a), und/oder:

(b) Es gibt zusätzlich zum normalen linkshändigen geladenen Leptonstrom (2.19) der (V–A)-Theorie (left-handed current LHC, W_L-Austausch) den kleinen Beitrag eines rechtshändigen geladenen Leptonstroms (right-handed current RHC, (V+A)-Beitrag, W_R-Austausch), so daß auch Neutrinos mit der „falschen" Helizität an den Vertizes I und II auftreten können (RHC-Mechanismus, Abb. 6.42b). Die Kopplungsstärke dieser neuartigen schwachen RHC-Wechselwirkung, relativ zur normalen LHC-Wechselwirkung, sei η mit $|\eta| \ll 1$.

Im allgemeinen tragen die Effekte (a) und (b), die über das SM hinausgehen, beide bei (siehe unten).

Theoretisch kann man die effektive Lagrange-Dichte (Kap. 2.4.1) für den einfachen β-Zerfall des d-Quarks, $d \rightarrow ue^-\overline{\nu}_e$, unter Einschluß eines RHC-Beitrags schreiben als (vergl. Kap. 2.3)

$$\mathcal{L}_{\text{eff}} = \frac{G_F \cos\theta_C}{\sqrt{2}}\left\{j_{L\alpha}\left[J_{L\alpha}^+ + \kappa J_{R\alpha}^+\right] + j_{R\alpha}\left[\eta J_{L\alpha}^+ + \lambda J_{R\alpha}^+\right] + \text{H.K.}\right\} \tag{6.253}$$

mit $j_{L,R\alpha} = \bar{e}\gamma_\alpha(1 \pm \gamma_5)\nu_e = \bar{e}\gamma_\alpha(1 \pm \gamma_5)\nu_{eL,R}$ (Leptonströme)

$J^+_{L,R\alpha} = \bar{u}\gamma_\alpha(1 \pm \gamma_5)d$ (Quarkströme),

mit $G_F = 1.166 \cdot 10^{-5}$ GeV^{-2}, $\cos\theta_C = 0.975$. Die Kopplungsparameter κ, η und λ mit $\kappa, \eta, \lambda \ll 1$ geben die RHC-Beiträge an. In der normalen (V–A)-Theorie mit linkshändigen geladenen Strömen ist $\kappa = \eta = \lambda = 0$. Beim Übergang von Quarks zu Nukleonen ist die Ersetzung

$$\bar{u}\gamma_\alpha(1 \pm \gamma_5)d \to \bar{p}\gamma_\alpha(g_V \mp g_A\gamma_5)n \tag{6.254}$$

mit $g_V = 1$, $g_A = -1.26$ vorzunehmen. Die beiden Weyl-Spinoren ν_{eL} und ν'_{eR}[‡] stellen die ersten Komponenten der beiden Vektoren (6.45) im n-dimensionalen Flavourraum dar. Sie können gemäß Kap. 6.1.2 und 6.3.1 nach den $2n$ Majorana-Masseneigenzuständen $N_j = N_{jL} + N_{jR}$ mit den Massen m_j ($\varepsilon_j m_j$ mit $m_j \geq 0$, $\varepsilon_j = \pm 1$ sind die Eigenwerte der $2n \times 2n$-Massenmatrix (6.46), siehe auch (6.31)) entwickelt werden [Hax84, Doi85, Mut88, Tom91, Boe92, Moe94, Kla95]:

$$\nu_{eL} = \sum_{j=1}^{2n} U_{ej}N_{jL}, \quad \nu'_{eR} = \sum_{j=1}^{2n} V_{ej}N_{jR}, \tag{6.255}$$

wobei die aus den beiden $n \times 2n$-Matrizen U und V bestehende unitäre $2n \times 2n$-Transformationsmatrix (Mischungsmatrix) die Massenmatrix (6.46) diagonalisiert. U und V genügen den Unitaritätsbedingungen

$$\sum_{j=1}^{2n} U^*_{\ell j}U_{\ell' j} = \delta_{\ell\ell'}, \quad \sum_{j=1}^{2n} V^*_{\ell j}V_{\ell' j} = \delta_{\ell\ell'}, \quad \sum_{j=1}^{2n} U^*_{\ell j}V_{\ell' j} = 0 \quad (\ell = e, \mu, \tau \ldots). \tag{6.256}$$

Die Zerfallsrate $\Gamma_{0\nu}$ bzw. Halbwertszeit $T^{0\nu}_{\frac{1}{2}}$ für den $0\nu\beta\beta$-Zerfall[§] ist für $0^+ \to 0^+$-Übergänge bei CP-Invarianz (keine Phasenwinkel) gegeben durch:

$$\Gamma_{0\nu}/\ln 2 = \left[T^{0\nu}_{\frac{1}{2}}(0^+ \to 0^+)\right]^{-1} = C_1\left(\frac{\langle m_\nu\rangle}{m_e}\right)^2 + C_2\langle\lambda\rangle^2 + C_3\langle\eta\rangle^2 \tag{6.257}$$

$$+ \; C_4\frac{\langle m_\nu\rangle}{m_e}\langle\lambda\rangle + C_5\frac{\langle m_\nu\rangle}{m_e}\langle\eta\rangle + C_6\langle\lambda\rangle\langle\eta\rangle$$

[‡]Der Strich an ν'_{eR} soll andeuten, daß ν_{eL} und ν'_{eR} verschiedene Teilchen sind.

[§]Selbstverständlich hat ein instabiles Teilchen (Kern) nur eine einzige mittlere Lebensdauer τ bzw. Halbwertszeit $T_{\frac{1}{2}} = \tau \cdot \ln 2$ mit $\tau = (\sum_i \Gamma_i)^{-1}$ ($\hbar = 1$, siehe Anhang A.1). Gemessen werden in einem Experiment die Zerfallsraten Γ_i für die einzelnen Zerfallsarten i. Irreführenderweise wird in der Literatur die Größe $\tau_i \equiv 1/\Gamma_i$ oft als „Lebensdauer für die Zerfallsart i" bezeichnet. Diese Bezeichnungsweise ist nur sinnvoll, wenn die anderen Zerfallsarten vernachlässigt werden können, d.h. für $\Gamma_{j\neq i} \ll \Gamma_i$.

mit den effektiven „Mittelwerten"

$$\langle m_\nu \rangle = \sum\nolimits_j' m_j U_{ej}^2 \, , \ \ \langle \lambda \rangle = \lambda \sum\nolimits_j' U_{ej} V_{ej} \, , \ \ \langle \eta \rangle = \eta \sum\nolimits_j' U_{ej} V_{ej} \, . \ \ (6.258)$$

Die Summen $\sum_j'$ erstrecken sich über die leichten Neutrinos ($m_j < 10$ MeV), für die das *Neutrino-Potential*, das die ν-Propagation zwischen den Vertizes I und II in Abb. 6.40b (Austausch eines virtuellen ν) beschreibt, nahezu unabhängig von m_j ist. Für größere m_j werden die Kernmatrixelemente (siehe unten) m_j-abhängig [Mut88, Tom91]. Bei CP-Invarianz sind λ und η reell; U_{ej} und V_{ej} sind entweder beide reell (für $\varepsilon_j = +1$) oder beide imaginär (für $\varepsilon_j = -1$), so daß $\langle \lambda \rangle$ und $\langle \eta \rangle$ reell sind**. Der Beitrag des κ-Terms in (6.253) zu (6.257) kann vernachlässigt werden. Der Term mit C_1 in (6.257) stellt den m_ν-Beitrag (Abb. 6.42a), die Terme mit C_2 und C_3 stellen den RHC-Beitrag (Abb. 6.42b) dar; die restlichen drei Terme sind die Interferenzterme.

Aus (6.257) und (6.258) ergeben sich zwei wichtige Schlußfolgerungen:

• Da U_{ej}^2 in (6.258) auch negativ sein kann (für $\varepsilon_j = -1$), können sich die Beiträge zu $\langle m_\nu \rangle$ teilweise oder ganz gegenseitig aufheben. Eine gemessene Obergrenze für $\langle m_\nu \rangle$ stellt deshalb nicht notwendigerweise auch eine Obergrenze für alle m_j dar; es können sogar alle $m_j > \langle m_\nu \rangle$ sein. Ein gemessener $\langle m_\nu \rangle$-Wert bedeutet, wie sich leicht zeigen läßt, daß zumindest ein Majorana-ν eine Masse m_j hat, die größer als $\langle m_\nu \rangle$ ist [Boe92].

• Wenn *alle* Neutrinos N_j masselos ($m_j = 0$) oder leicht ($m_j < 10$ MeV) sind, ist $\langle \lambda \rangle = \langle \eta \rangle = 0$; denn dann erstreckt sich die Summe $\sum_j U_{ej} V_{ej}$ in (6.258) über alle $j = 1 \ldots 2n$ und verschwindet somit wegen der Orthogonalitätsbeziehung (6.256). Nach (6.258) ist $\langle \lambda \rangle = \langle \eta \rangle = 0$ auch für den Fall, daß keine Massenmischung vorliegt, die aus U und V zusammengesetzte Mischungsmatrix also diagonal ist. Für $\langle \lambda \rangle = \langle \eta \rangle = 0$ verschwinden die RHC-Beiträge in (6.257), auch wenn κ, λ und η in (6.253) von null verschieden sind, d.h. RHCs existieren. Außerdem ist nach (6.258) $\langle m_\nu \rangle = 0$, wenn alle $m_j = 0$ sind. Zusammengefaßt ergibt sich somit aus (6.257): Der $0\nu\beta\beta$-Zerfall ist nur möglich, wenn wenigstens ein Majorana-Neutrino mit $m_j \neq 0$ existiert.

Die zu berechnenden Konstanten C_i in (6.257) sind proportional zu $(G_F \cos \theta_C)^4$; sie bestehen aus Produkten von $2e^-$-*Phasenraumintegralen*, die durch $E_0 = T_0 + 2m_e$ (6.250) gegeben sind, und *Kernmatrixelementen* $M_k^{0\nu}$ [Mut88, Boe92], u.a. den Matrixelementen $M_F^{0\nu}$ und $M_{GT}^{0\nu}$ für Fermi- bzw. Gamov-Teller-Übergänge (vergl. (6.65)). Z.B. gilt bei Abwesenheit von RHC,

---

**Man kann die Matrizen U und V auch so definieren, daß bei CP-Invarianz *alle* $U_{\ell j}$ und $V_{\ell j}$ reell sind [Boe92]. Dann gilt z.B. $\langle m_\nu \rangle = \sum_j' \varepsilon_j m_j U_{ej}^2$.

d.h. für $\lambda = \eta = 0$ (nur m_ν-Beitrag):

$$\left[T_{\frac{1}{2}}^{0\nu}(0^+ \to 0^+)\right]^{-1} = \left| M_{GT}^{0\nu} - \frac{g_V^2}{g_A^2} M_F^{0\nu} \right|^2 \left(\frac{\langle m_\nu \rangle}{m_e}\right)^2 G_1^{0\nu} \qquad (6.259)$$

mit dem Phasenraumintegral

$$G_1^{0\nu}(T_0) \quad \propto \quad (G_F \cos\theta_C)^4 \cdot \int_{m_e}^{T_0+m_e} F(E_1, Z_f) F(E_2, Z_f) p_1 p_2 E_1 E_2 dE_1$$

$$\text{mit } T_0 = E_1 + E_2 - 2m_e, \qquad (6.260)$$

wobei

$$F(E, Z) = \frac{E}{p} \frac{2\pi Z\alpha}{1 - \exp(-2\pi Z\alpha)} \qquad (6.261)$$

die *Fermi-Funktion* (Kap. 6.2.1) in der sogenannten *Primakoff-Rosen-Nähe-rung* (vergl. (6.66)) und Z_f die Ladung des Tochterkerns ist. Damit erhält man näherungsweise [Boe92, Kla95][†]:

$$G_1^{0\nu}(T_0) \propto (G_F \cos\theta_C)^4 \cdot \left[\frac{T_0^5}{30} - \frac{2T_0^2}{3} + T_0 - \frac{2}{5}\right] \propto T_0^5. \qquad (6.262)$$

Die quadratische Form (6.257) ergibt für festes gemessenes $T_{\frac{1}{2}}^{0\nu}$ ein Ellipsoid im Raum der Koordinaten ($\langle m_\nu \rangle$, $\langle \lambda \rangle$, $\langle \eta \rangle$), das die erlaubten Wertetripel darstellt. Falls nur eine untere Grenze $T_{\frac{1}{2}\,\mathrm{min}}^{0\nu}$ für $T_{\frac{1}{2}}^{0\nu}$ gemessen werden konnte, gibt das Ellipsoid die oberen Grenzen für ($\langle m_\nu \rangle$, $\langle \lambda \rangle$, $\langle \eta \rangle$) an.

Während die Berechnung der in den Konstanten C_i enthaltenen Phasen-raumintegrale eindeutig und relativ einfach ist, ist die von verschiedenen Gruppen (u.a. Heidelberg, Tübingen, Caltech) durchgeführte Berechnung der Kernmatrixelemente $M_k^{2\nu}$ für $2\nu\beta\beta$-Zerfälle und $M_k^{0\nu}$ für $0\nu\beta\beta$-Zerfälle schwierig und mit Unsicherheiten behaftet; sie hängt vom zugrunde gelegten Kernmodell und dem angewandten Rechenverfahren ab. Sie soll hier nicht behandelt werden; statt dessen verweisen wir auf ausführliche Darstellungen u.a. in [Hax84, Doi85, Mut88, Gro89, Tom91, Boe92, Moe94]. Die Spanne zwischen den verschiedenen Berechnungen ist ein Maß für die theoretische Unsicherheit; für die $0\nu\beta\beta$-Zerfallsrate von schweren Kernen macht sie typi-scherweise einen Faktor von ca. 3 aus [Moe94]. Für den $2\nu\beta\beta$-Zerfall kann die Zuverlässigkeit eines benutzten Kernmodells und Rechenverfahrens getestet werden, indem man die nach ihm berechneten Halbwertszeiten $T_{\frac{1}{2}}^{2\nu}$ mit den

---

[†]Während $G^{0\nu} \propto T_0^5$ ist, ist $G^{2\nu} \propto T_0^{11}$ und $G^{0\nu,M} \propto T_0^7$ (siehe (6.266)).

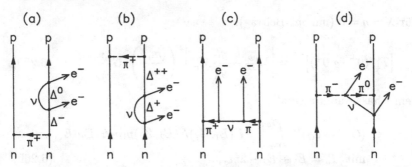

Abb. 6.43 Zusätzliche Graphen für den $0\nu\beta\beta$-Zerfall: (a) und (b) Δ-Mechanismus, (c) und (d) π-Austauschmechanismus.

gemessenen Halbwertszeiten vergleicht. Ein erfolgreiches Modell kann dann zur Berechnung der C_i in (6.257) benutzt werden.

Die Formel (6.257) gilt für einen $0^+ \to 0^+$-Übergang. Zum $0\nu\beta\beta$-Zerfall mit $0^+ \to 2^+$ (Abb. 6.41a) trägt wegen Drehimpulserhaltung [Cal91] nur der RHC-Mechanismus, nicht jedoch der m_ν-Mechanismus bei, so daß die zu (6.257) analoge Formel lautet

$$\left[T_{\frac{1}{2}}^{0\nu}(0^+ \to 2^+)\right]^{-1} = C_1'\langle\lambda\rangle^2 + C_2'\langle\eta\rangle^2 + C_3'\langle\lambda\rangle\langle\eta\rangle \tag{6.263}$$

mit eigenen Phasenraumintegralen und Matrixelementen [Mut88].

Außer den in Abb. 6.40a,b dargestellten Zwei-Nukleon-Prozessen (6.248) und (6.249) existieren noch andere $\beta\beta$-Zerfallsmechanismen, von denen hier einige für den $0\nu\beta\beta$-Zerfall kurz erwähnt werden [Mut88, Eji94]:

• **Δ-Mechanismus**: Er ist dadurch gekennzeichnet, daß *dasselbe* Teilchen zwei sukzessive β-Zerfälle erfährt, wobei durch π-Austausch das Δ-Baryon als Zwischenzustand auftritt:

$$\text{Abb. 6.43a} \; : \; n \to \Delta^-\pi^+, \; \Delta^- \to \Delta^0 e^-\overline{\nu}, \; \Delta^0\nu \to pe^- \tag{6.264}$$
$$\text{Abb. 6.43b} \; : \; n \to \Delta^+e^-\overline{\nu}, \; \Delta^+\nu \to \Delta^{++}e^-, \; \Delta^{++} \to p\pi^+$$
$$\text{also insgesamt} \; : \; n \to p + \pi^+ + 2e^-.$$

Für die wichtigsten $0^+ \to 0^+$-Übergänge sind diese Prozesse jedoch durch Drehimpulsauswahlregeln verboten [Boe92].

• **π-Austauschmechanismus**: Ein zwischen zwei Nukleonen ausgetauschtes Pion erfährt einen $\beta\beta$-Übergang ($\pi^- \to \pi^+ + 2e^-$, Abb. 6.43c) oder einen einfachen β-Zerfall ($\pi^- \to \pi^0 e^-\overline{\nu}$), wobei den zweiten β-Zerfall das am Austausch beteiligte Nukleon beiträgt (Abb. 6.43d). Insgesamt findet wiederum der Prozess $n \rightarrow p + \pi^+ + 2e^-$ statt.

• **Majoron-Erzeugung**: Das *Majoron* M^0 ist ein hypothetisches leichtes (masseloses) pseudoskalares Goldstone-Boson, dessen Existenz sich für den Fall einer spontanen Brechung der globalen $(B - L)$-Symmetrie ergibt (siehe z.B. [Kla95]). Es könnte im $0\nu\beta\beta$-Zerfall

$$2n \rightarrow 2p + 2e^- + M^0 \tag{6.265}$$

auftreten (Abb. 6.42c), in dem die beiden ν sich zu einem M^0 verbinden (Kopplungskonstante $g_{M\nu}$), und wäre mit einem kontinuierlichen $2e^-$-Spektrum assoziiert, das gegenüber dem $2e^-$-Spektrum aus $2\nu\beta\beta$-Zerfällen zu höheren Energien hin verschoben wäre (Abb. 6.40c, Maximum bei $\sim 0.76 \cdot E_0$). Die Zerfallsrate für (6.265) ist analog zu (6.259) gegeben durch [Doi85]

$$\left(T_{\frac{1}{2}}^{0\nu,M} \right)^{-1} = \left| M_{GT}^{0\nu} - \frac{g_V^2}{g_A^2} M_F^{0\nu} \right|^2 \langle g_{M\nu} \rangle^2 G^{0\nu,M} \tag{6.266}$$

mit dem $2e^- M$-Phasenraumintegral $G^{0\nu,M} \propto T_0^7$ und denselben Matrixelementen wie in (6.259). Bisher ist vergeblich nach dem Majoron im $0\nu\beta\beta$-Zerfall gesucht worden ($T_{\frac{1}{2}} > 7.2 \cdot 10^{24}$ J [PDG96]).

Andere denkbare $\beta\beta$-Mechanismen (Zerfall in mehrere M^0, Austausch eines superschweren Neutrinos, Austausch von Susy-Teilchen etc.) werden hier nicht besprochen.

6.8.2 Experimente und Ergebnisse

Die von den Matrixelementen und vom Phasenraum abhängigen Halbwertszeiten $T_{\frac{1}{2}}^{2\nu}$ für $2\nu\beta\beta$-Zerfälle liegen im Bereich von ca. 10^{19} bis 10^{24} J und sind damit sehr groß selbst im Vergleich zur Lebensdauer des Universums ($\sim 10^{10}$ J). Die Zerfallsraten sind also äußerst klein. Z.B. finden nach der Formel

$$Z = \ln 2 \cdot \frac{M}{m_A} \cdot \frac{T}{T_{\frac{1}{2}}} \tag{6.267}$$

(Z = Zahl der Zerfälle, M = beobachtete Masse des $\beta\beta$-Emitters, m_A = Kernmasse, T = Beobachtungszeit)[†] in 1 kg Ge^{76} ($T_{\frac{1}{2}}^{2\nu} \approx 1.4 \cdot 10^{21}$ J, $m_A \approx$

[†]Die Größe MT/m_A ist die (über die Zeit) *integrierte Luminosität*. Sie ist ein Maß für die „Meßleistung" eines Experiments, d.h. für die im Experiment angesammelte Datenmenge.

Tab. 6.7   Bisher beobachtete $2\nu\beta\beta$-Zerfälle [Moe94, PDG96] mit frei werdender Energie $T_0 = E_0 - 2m_e$ und natürlicher Isotopenkonzentration in % [Tom91]. (Ab = Abundanz, A = angereichert, HR = hoch-rein).

Zerfall Übergang	T_0 (MeV)	Ab (%)	$T_{\frac{1}{2}}^{2\nu}$ (J)	Technik	Ref.
$Ge_{32}^{76} \to Se_{34}^{76}$	2.04	7.8	$(1.42 \pm 0.13) \cdot 10^{21}$	AHR Ge	Bal94
			$(0.92_{-0.04}^{+0.07}) \cdot 10^{21}$	AHR Ge	Avi91
			$(1.12_{-0.26}^{+0.48}) \cdot 10^{21}$	HR Ge	Mil90
			$(0.9 \pm 0.1) \cdot 10^{21}$	A Ge(Li)	Vas90
$Se_{34}^{82} \to Kr_{36}^{82}$	3.00	9.2	$(1.08_{-0.06}^{+0.26}) \cdot 10^{20}$	TPC	Ell92
			$(1.2 \pm 0.1) \cdot 10^{20}$	geochem.	Lin88
$Zr_{40}^{96} \to Mo_{42}^{96}$	3.35	2.8	$(3.9 \pm 0.9) \cdot 10^{19}$	geochem.	Kaw93
$Mo_{42}^{100} \to Ru_{44}^{100}$	3.03	9.6	$(6.1_{-1.1}^{+1.8}) \cdot 10^{20}$	γ in HR Ge	Bar95
			$(9.5 \pm 1.0) \cdot 10^{18}$	NEMO 2	Das95
			$(1.15_{-0.20}^{+0.30}) \cdot 10^{19}$	Spektrom.	Eji91
			$(1.16_{-0.08}^{+0.34}) \cdot 10^{19}$	TPC	Ell91
$Cd_{48}^{116} \to Sn_{50}^{116}$	2.80	7.5	$(3.75 \pm 0.41) \cdot 10^{19}$	NEMO	Arn96
			$(2.7_{-0.7}^{+1.9}) \cdot 10^{19}$	Szintillator	Dan95
			$(2.6_{-0.5}^{+0.9}) \cdot 10^{19}$	ELEGANT IV	Eji95
$Te_{52}^{128} \to Xe_{54}^{128}$	0.87	31.7	$(7.2 \pm 0.4) \cdot 10^{24}$	geochem.	Ber92
			$(1.8 \pm 0.7) \cdot 10^{24}$	geochem.	Lin88
$Te_{52}^{130} \to Xe_{54}^{130}$	2.53	34.5	$(2.7 \pm 0.1) \cdot 10^{21}$	geochem.	Ber92
			$(7.5 \pm 0.3) \cdot 10^{20}$	geochem.	Lin88
			$(2.6 \pm 0.3) \cdot 10^{21}$	geochem.	Kir83
$Nd_{60}^{150} \to Sm_{62}^{150}$	3.37	5.6	$(1.88_{-0.43}^{+0.69}) \cdot 10^{19}$	TPC	Art95
$U_{92}^{238} \to Pu_{94}^{238}$	1.15	99.3	$(2.0 \pm 0.6) \cdot 10^{21}$	radiochem.	Tur91

Arn96: Z. Phys. **C72** (1996) 239; Art95: Phys. Lett. **B345** (1995) 564; Avi91: Phys. Lett. **B256** (1991) 559; Bal94: Phys. Lett. **B322** (1994) 176; Bar95: Phys. Lett. **B345** (1995) 408; Ber92: Phys. Rev. Lett. **69** (1992) 2341; Dan95: Phys. Lett. **B344** (1995) 72; Das95: Phys. Rev. **D51** (1995) 2090; Eji91: Phys. Lett. **B258** (1991) 17; Eji95: J. Phys. Soc. Jap. Lett. **64** (1995) 339; Ell91: J. Phys. G: Nucl. Part. Phys. **17** (1991) S145; Ell92: Phys. Rev. **C46** (1992) 1535; Kaw93: Phys. Rev. **C47** (1993) R2452; Kir83: Phys. Rev. Lett. **50** (1983) 474; Lin88: Nucl Phys. **A481** (1988) 477; 484; Mil90: Phys. Rev. Lett. **65** (1990) 3092; Tur91: Phys. Rev. Lett. **67** (1991) 3211; Vas90: Mod. Phys. Lett. **A5** (1990) 1299

$1.3 \cdot 10^{-25}$ kg) in 1 Jahr ca. $4 \cdot 10^3$ $2\nu\beta\beta$-Zerfälle statt. Für $0\nu\beta\beta$-Zerfälle sind die Zerfallsraten noch um ca. 3 Größenordnungen niedriger (für $\langle m_\nu \rangle = 1$ eV). $\beta\beta$-Zerfallsexperimente [Hax84, Avi88, Cal91, Boe92, Eji94, Moe94, Kla95, Fio96] sind deshalb extrem schwierig und erfordern insbesondere eine äußerst gute Unterdrückung des radioaktiven Untergrunds (vor allem von U^{238} und Th^{232} mit ihren Zerfallsketten) [Boe92]. Zur Reduktion des atmosphärischen Myonenflusses (Kap. 7.1, Abb. 7.3) werden sie meistens in unterirdischen Laboratorien durchgeführt. Gute Kandidaten für $\beta\beta$-Experimente sind $\beta\beta$-instabile Kerne ohne einfachen β-Zerfall und mit großem E_0, d.h. großem Phasenraum, die mit hoher isotopischer Konzentration im beobachteten Material vorkommen. Dieses sollte hohe chemische Reinheit und somit geringe intrinsische radioaktive Verunreinigung aufweisen.

Die bisher beobachteten $2\nu\beta\beta$-Zerfälle sind mit den neuesten Werten für $T_{\frac{1}{2}}^{2\nu}$ [Moe94, PDG96] in Tab. 6.7 zusammengestellt. Von zahlreichen weiteren Nukliden wurden nur Untergrenzen $T_{\frac{1}{2}\mathrm{min}}^{2\nu}$ gemessen [PDG96]. Tab. 6.8 kompiliert die besten gemessenen Untergrenzen $T_{\frac{1}{2}\mathrm{min}}^{0\nu}$ für $0\nu\beta\beta$-Zerfälle, von denen bisher noch keiner mit Sicherheit entdeckt wurde, zusammen mit den Obergrenzen für $\langle m_\nu \rangle$. Die Untergrenzen für $T_{\frac{1}{2}}^{0\nu}$ und $1/\langle m_\nu \rangle$ aus den einzelnen Experimenten sind auch in Abb. 6.44 dargestellt [Kla96], zusammen mit den für die Zukunft noch zu erwartenden Verbesserungen.

Man unterscheidet zwei Arten von $\beta\beta$-Experimenten:

• Geochemische/radiochemische Experimente.
• Direkte Zählerexperimente.

In einem *geochemischen* Experiment werden die Tochteratome $(A, Z+2)$ aus $\beta\beta$-Zerfällen durch chemische Extraktion mit anschließender Massenspektrometrie zur Messung der Isotopenzusammensetzung nachgewiesen. Als Ausgangsmaterial wird ein Erz bekannten Alters mit hohem, bekanntem Gehalt (M in (6.267)) an $\beta\beta$-instabilen Nukliden (A, Z) verwendet, in dem sich die Tochterkerne über geologisch lange Zeiträume ($\sim 10^9$ J) zu einer meßbaren Menge (Z in (6.267)) akkumulieren konnten (Alter des Erzes = Akkumulationszeit T in (6.267)). Als Tochtersubstanz kommt vor allem ein im Erz eingeschlossenes, chemisch inertes Edelgas (z.B. Kr, Xe) in Frage, so daß die geochemische Methode bisher hauptsächlich auf Selen- und Tellurerze angewandt wurde: $Se^{82} \rightarrow Kr^{82}$, $Te^{128} \rightarrow Xe^{128}$, $Te^{130} \rightarrow Xe^{130}$ (Tab. 6.7). Mit dieser Methode wurde 1949 der erste Hinweis auf einen $\beta\beta$-Zerfall durch Messung eines Xe^{130}-Überschusses in $1.5 \cdot 10^9$ J altem Te-Erz gefunden [Ing49] und 1967 definitiv bestätigt [Kir67]. Bei der *radiochemischen* Methode („milking experiments") sind die Tochternuklide radioaktiv und werden mittels ihrer Radioaktivität nachgewiesen ($U^{238} \rightarrow Pu^{238}$ = α-Emitter mit $T_{\frac{1}{2}} = 87.7$ J

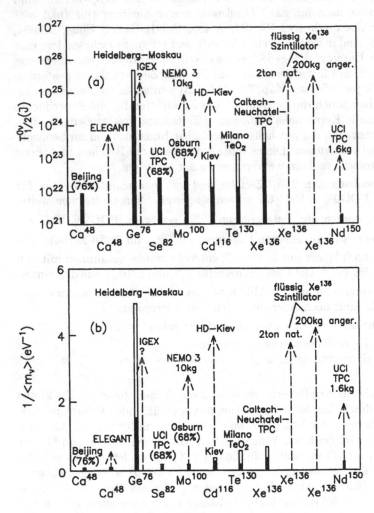

Abb. 6.44 Untergrenzen für (a) $T_{\frac{1}{2}}^{0\nu}$ und (b) $1/\langle m_\nu \rangle$ aus den einzelnen Experimenten zur Suche nach $0\nu\beta\beta$-Zerfällen verschiedener Isotope. Die vollen Balken geben den gegenwärtigen (1995) Stand, die offenen Balken die bis ~ 2000 erwarteten Verbesserungen und die gestrichelten Linien die längerfristigen Möglichkeiten an. Nach [Kla96].

und $T_\alpha = 5.51$ MeV, Tab. 6.7). Diese Methode ist daher wesentlich empfindlicher als die geochemische Methode; sie benötigt viel geringere Mengen der Tochtersubstanz und kürzere Akkumulationszeiten (einige Jahre). Beide Methoden haben den Nachteil, daß sie nicht daß $\beta\beta$-Spektrum (Abb. 6.40c) messen und daher nicht zwischen $2\nu\beta\beta$-Zerfällen und $0\nu\beta\beta$-Zerfällen unterscheiden können; sie sind deshalb heute nur noch von geringer Bedeutung.

In *direkten Zählerexperimenten* wird die Energie der beiden e^- eines $\beta\beta$-Zerfalls gemessen. Dadurch können diese Experimente entsprechend Abb. 6.40c zwischen $0\nu\beta\beta$- und $2\nu\beta\beta$-Zerfällen unterscheiden. Für die Suche nach $0\nu\beta\beta$-Zerfällen kommen deshalb wegen der viel kleineren Zerfallsraten, $\Gamma_{0\nu} \ll \Gamma_{2\nu}$, nur direkte Zählerexperimente in Frage. Z.Zt. sind weltweit etwa 40 solcher $0\nu\beta\beta$-Suchexperimente im Gange [Moe94].

Wir besprechen im folgenden die wichtigsten direkten Methoden und geben einige Experimente als Beispiele.

a) Germanium-Halbleiterzähler

Halbleiterzähler [Kle92, Gru93] aus großen, hochreinen Germaniumkristallen (Ge-Dioden) sind von mehreren Gruppen – zum ersten Mal 1967 [Fio67] – benutzt worden, um nach dem $0\nu\beta\beta$-Zerfall des Ge^{76} → Se^{76} zu suchen; sie haben die bisher besten Grenzen für $T_{\frac{1}{2}}^{0\nu}$ und damit für die effektive ν_e-Majorana-Masse $\langle m_\nu \rangle$ in (6.257) geliefert (Abb. 6.44). Ge-Detektoren, bei denen im hier besprochenen Fall $\beta\beta$-Quelle und Detektor identisch sind (Quelle = Detektor: aktive Quelle), besitzen neben weiteren Vorteilen eine sehr gute Energieauflösung von typischerweise $\Delta E/E \approx 0.15\%$ bei $T_0 = 2.039$ MeV [Bal95], wo die $0\nu\beta\beta$-Linie (Abb. 6.40c) des Ge^{76} zu erwarten wäre; entsprechend gut ist die Unterdrückung des Untergrunds. Die Detektoren werden als Kalorimeter mit totaler Absorption betrieben, d.h. die Zerfallselektronen kommen im Detektor zur Ruhe, so daß das gemessene Signal ihre kinetische Gesamtenergie $T = E_1 + E_2 - 2m_e$ ergibt.

Die ersten Experimente benutzten hochreines *natürliches* Germanium, das eine Ge^{76}-Konzentration von 7.8% enthält. Von ihnen seien als Beispiele für große Detektormassen zwei inzwischen abgeschlossene Experimente genannt, eines im Oroville-Damm in Kalifornien (Tiefe 600 m WÄ[¶], 6.9 kg Ge-Detektormasse, 8 Ge-Kristalle [Cal91a]), das andere im Gotthard-Untergrundlaboratorium (Tiefe 3000 m WÄ, 5.8 kg Ge-Detektormasse, 8 Ge-Kristalle [Reu92]). Diese Experimente lieferten die $0^+ \to 0^+$-Untergrenzen

$$T_{\frac{1}{2}}^{0\nu}(\text{Ge}^{76}) > 1.2 \cdot 10^{24} \text{ J} \quad \text{bzw.} \quad 3.3 \cdot 10^{23} \text{ J } (90\% \text{ CL}). \qquad (6.268)$$

[¶]m WÄ = Meter Wasseräquivalent, siehe Abb. 7.3. 1 m WÄ = 100 g/cm^2.

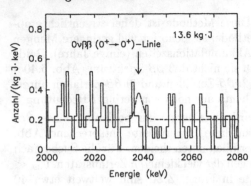

Abb. 6.45 Das im Heidelberg-Moskau-Experiment gemessene Energiespektrum in der Umgebung des Ge^{76}-Endpunkts $T_0 = 2.039$ MeV (Pfeil) nach einer „Meßleistung" von $MT = 13.6$ kg · J. Die gepunktete Kurve gibt die für den $0\nu\beta\beta$-Zerfall erwartete Linie bei T_0 an. Nach [Kla96].

Tab. 6.8 Die besten Untergrenzen $T^{0\nu}_{\frac{1}{2}\text{min}}$ für $T^{0\nu}_{\frac{1}{2}}$ für $0\nu\beta\beta$-Zerfälle und Obergrenzen für $\langle m_\nu \rangle$ [PDG96].

Quelle	T_0 (MeV)	$T^{0\nu}_{\frac{1}{2}\text{min}}$ (J)	$\langle m_\nu \rangle$ (eV)	CL (%)	Technik	Ref.
$Ca^{48} \to Ti^{48}$	4.27	$9.5 \cdot 10^{21}$	< 8.3	76	CaF_2-Szint.	[You91]
$Ge^{76} \to Se^{76}$	2.04	$7.4 \cdot 10^{24}$	< 0.56	90	AHR Ge	[Kla96]
$Se^{82} \to Kr^{82}$	3.00	$2.7 \cdot 10^{22}$	< 5	68	TPC	[Ell92]
$Mo^{100} \to Ru^{100}$	3.03	$4.4 \cdot 10^{22}$	< 6.6	68	Si(Li)	[Als93]
$Cd^{116} \to Sn^{116}$	2.80	$2.9 \cdot 10^{22}$	< 4.1	90	$CdWO_4$-Szint.	[Dan95]
$Te^{130} \to Xe^{130}$	2.53	$1.8 \cdot 10^{22}$	< 3-6	90	Bolometer	[Ale94]
$Xe^{134} \to Ba^{134}$	0.85	$8.2 \cdot 10^{19}$		68	Ion. Kammer	[Bar89]
$Xe^{136} \to Ba^{136}$	2.48	$3.4 \cdot 10^{23}$	< 2.8 - 4.3	90	TPC	[Vui93]
$Gd^{160} \to Dy^{160}$	1.73	$3.0 \cdot 10^{20}$		68	Gd_2SiO_5:Ce-Szintillator	[Kob95]

AHR = angereichert, hoch-rein

Einen großen Fortschritt, nämlich eine Verbesserung um ca. eine Größenordnung, bringt eine neue Generation von Ge-Experimenten, in denen statt des natürlichen Germaniums Ge-Kristalle verwendet werden, in denen das Isotop Ge^{76} auf 86% (statt 7.8 %) angereichert ist. Das wichtigste Experiment dieser Art mit den bisher schärfsten Grenzen ist das *Heidelberg-Moskau (HM)-Experiment* [Kla94, Bal95, Kla95] im Gran Sasso-Untergrundlaboratorium (Tiefe 3500 m WÄ, Kap. 7.2.3) [Zan91]. Das Experiment besteht aus fünf hochreinen, angereicherten Ge-Detektoren mit einer Gesamtmasse von 11.5 kg, entsprechend der Sensitivität eines 1.2 t-Detektors aus natürlichem Ge[‡]. Die Detektoren sind zur Abschirmung von 15 t Blei, Elektrolytkupfer und Silizium umgeben. Wegen Einzelheiten des Detektors wird auf [Kla94] verwiesen. Jüngste Ergebnisse aus dem HM-Experiment nach einer „Meßleistung" von $MT = 13.6$ kg $\cdot$ J (156 Mol $\cdot$ J Ge^{76}), siehe (6.267), finden sich in [Kla96]. Abb. 6.45 zeigt das gemessene Energiespektrum in der Umgebung von $T_0 = 2.039$ MeV, wo die $0\nu\beta\beta$-Linie von Ge^{76} zu erwarten wäre. Im Spektrum wird kein Hinweis auf diesen $0\nu\beta\beta$-Zerfall beobachtet; es ergab sich eine $0^+ \rightarrow 0^+$-Untergrenze von

$$T_{\frac{1}{2}}^{0\nu}(Ge^{76}) > 7.4 \cdot 10^{24} \text{ J} \quad (90\% \text{ CL}), \tag{6.269}$$

ungefähr eine Größenordnung besser als (6.268). Das durch (6.269) und die Matrixelemente nach [Sta90] festgelegte Ellipsoid (6.257)[§] ergab die Obergrenze

$$\langle m_\nu \rangle < 0.56 \text{ eV} \quad (90\% \text{ CL}) \tag{6.270}$$

für die effektive ν_e-Masse (Voraussetzung: ν_e ist ein Majorana-ν !), siehe Abb. 6.44. Weitere 90% CL-Grenzen aus dem HM-Experiment sind [Kla95, Kla96]:

$\langle \lambda \rangle < 1.2 \cdot 10^{-6}$, $\langle \eta \rangle < 0.7 \cdot 10^{-8}$ für RHC (siehe (6.257))

$\langle m_H \rangle > 5.1 \cdot 10^7$ GeV für ein superschweres ν

$m(W_R) > 1.1$ TeV für ein rechtshändiges W-Boson (Abb. 6.42b)   (6.271)

$T_{\frac{1}{2}}^{0\nu,M}(Ge^{76}) > 1.66 \cdot 10^{22}$ J, $\langle g_{M\nu} \rangle < 1.8 \cdot 10^{-4}$ (siehe (6.266))

$T_{\frac{1}{2}}^{0\nu}(Ge^{76}, 0^+ \rightarrow 2^+) > 9.6 \cdot 10^{23}$ J für $0^+ \rightarrow 2^+$ (siehe (6.263)) .

Ge-Halbleiterdetektoren wurden auch benutzt, um $T_{\frac{1}{2}}^{2\nu}(Ge^{76})$ zu messen (Tab. 6.7).

[‡]Die Sensitivität ist proportional zu $a\sqrt{M}$ (a = Anreicherungsgrad, M = Detektormasse) [Kla95].

[§]Wenn die Achsen des Ellipsoids mit den drei Koordinatenachsen zusammenfielen (d.h. $C_4 = C_5 = C_6 = 0$), so ergäbe sich der Maximalwert eines der drei Parameter $\langle m_\nu \rangle$, $\langle \lambda \rangle$, $\langle \eta \rangle$ einfach, indem man die beiden anderen Parameter gleich null setzt. Durch die Drehung des Ellipsoids liegt der Maximalwert z.B von $\langle m_\nu \rangle$ bei $\langle \lambda \rangle$, $\langle \eta \rangle \neq 0$.

b) Halbleiter-Sandwichdetektoren

Die beste $T_{\frac{1}{2}}^{0\nu}$-Untergrenze für den $0\nu\beta\beta$-Zerfall von $Mo^{100} \to Ru^{100}$ ($T_0 =$ 3.03 MeV), nämlich

$$T_{\frac{1}{2}}^{0\nu}(Mo^{100}) > 4.4 \cdot 10^{22} \text{ J (68\% CL)}, \tag{6.272}$$

wurde mit einem Sandwichdetektor (Quelle $\neq$ Detektor: passive Quelle) gemessen [Als93]; er bestand aus 71 scheibenförmigen Si(Li)-Halbleiterdetektoren (Scheibendicke 1.4 mm, Scheibendurchmesser 7.6 cm) mit dünnen Mo^{100}-haltigen Folien (Durchmesser 6 cm) zwischen je zwei Detektorscheiben. Jede Quellenfolie besaß eine Dicke von 34.4 mg Mo^{100}/cm^2. Der Detektor wurde in einem radioaktivitätsfreien Titankryostaten bei 120 K (Kühlung durch flüssigen Stickstoff) in einer stillgelegten Silbermine (Idaho, USA; Tiefe 3300 m WÄ) betrieben. Ein $\beta\beta$-Kandidat bestand in einem Koinzidenzsignal in zwei oder drei benachbarten Detektorscheiben. Die obige Grenze (6.272) wurde nach einer „Meßleistung" von 0.266 Mol $\cdot$ J Mo^{100} erzielt.

c) Gasdetektoren mit Spurerkennung

In diesen Experimenten wird mit möglichst guter räumlicher und zeitlicher Auflösung nach zwei gleichzeitig vom selben Ort ausgehenden e^--Spuren aus einem $\beta\beta$-Zerfall gesucht. Nach früheren Experimenten mit einer Nebelkammer bzw. einer Streamerkammer hat sich vor allem die *Zeitprojektionskammer* (*Time Projection Chamber*, TPC [Mad84, Kle92, Blu93, Gru93, Moe94a])[¶] als geeigneter Spurdetektor bewährt.

Der erste 1987 in einem direkten Zählerexperiment beobachtete $\beta\beta$-Zerfall war der $2\nu\beta\beta$-Zerfall $Se^{82} \to Kr^{82} + 2e^- + 2\overline{\nu}_e$ (36 $\beta\beta$-Ereignisse in 7960 Std) [Ell87]. Das Experiment benutzte eine zweiteilige, mit einem He-Gas (93% He, 7% C_3H_8) unter Atmosphärendruck gefüllte TPC (Abb. 6.46), deren Mittelelektrode von einer 7 mg/cm² dünnen Schicht aus Selen (14 g) mit einer Se^{82}-Anreicherung von 97% auf einer dünnen Mylarfolie gebildet wurde. Quelle und Spurdetektor waren also getrennt (Quelle $\neq$ Detektor). Aus der Krümmung einer Spur im Magnetfeld (700 G) ergab sich die Energie des e^-.

[¶]In einer TPC driften die von einem ionisierenden Teilchen entlang seiner Flugbahn im Kammergas erzeugten Elektronen infolge eines angelegten elektrischen Driftfeldes mit konstanter Geschwindigkeit in z-Richtung auf eine Ausleseebene (xy-Ebene) zu. Dort befindet sich eine flache Proportionalkammer mit Segmentierung in x und y-Richtung (Signaldrähte, Pads als Ausleseelemente) als Auslesekammer. In ihr erzeugen die ankommenden Driftelektronen (x,y)-Signale von Punkten (x,y,z) entlang der Teilchenbahn. Die z-Koordinaten dieser Punkte ergeben sich aus den an den einzelnen Ausleseelementen gemessenen Driftzeiten. Aus den so gemessenen Spurpunkten (x,y,z) kann die Teilchenspur räumlich rekonstruiert werden.

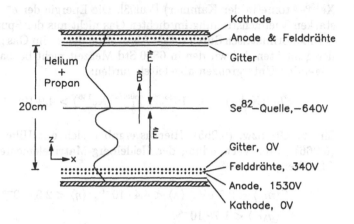

Abb. 6.46 Schematische Darstellung der in [Ell87] benutzten zweiteiligen Zeitprojektionskammer (TPC, e^--Driftgeschwindigkeit = 0.5 cm/μsec).
Gezeigt sind die mit Se^{82} beschichtete Mittelelektrode (Quellenebene)
sowie die beiden oben und unten befindlichen ebenen Auslesekammern
(Drahtkammern). Angedeutet sind die helixförmigen Verläufe zweier von einem Punkt der Quellenebene ausgehenden e^--Spuren. Nach
[Ell87].

Wie in Abb. 6.46 skizziert, waren zwei gleichzeitig vom selben Punkt auf der
Elektrode ausgehende e^--Spuren mit helixförmigem Verlauf gut zu messen.
Es ergab sich eine Halbwertszeit von

$$T_{\frac{1}{2}}^{2\nu}(Se^{82}) = \left(1.1 \pm_{0.3}^{0.8}\right) \cdot 10^{20} \text{ J}. \tag{6.273}$$

Mit einer neuen, untergrundärmeren und besser abgeschirmten TPC wurde
der Meßwert (6.273) inzwischen verbessert (Tab. 6.7) sowie nach 21924 Std
Meßzeit die Untergrenze

$$T_{\frac{1}{2}}^{0\nu}(Se^{82}) > 2.7 \cdot 10^{22} \text{ J (68\% CL)} \tag{6.274}$$

für den $0\nu\beta\beta$-Zerfall ermittelt [Ell92]. Mit derselben Technik wurde auch $T_{\frac{1}{2}}^{2\nu}$
von Mo^{100} gemessen (Tab. 6.7).
Eine mit 3.3 kg Xenon unter hohem Druck (5 atm) als Kammergas gefüll-
te TPC (aktives Volumen 180 l, Quelle = Detektor) wurde im Gotthard-
Untergrundlaboratorium eingesetzt, um nach dem $0\nu\beta\beta$-Zerfall des $Xe^{136} \rightarrow$
Ba^{136} ($T_0 = 2.48$ MeV) zu suchen (Xe^{136}-Anreicherung 62.5 % , $1.46 \cdot 10^{25}$

Xe^{136}-Atome in der Kammer) [Vui93]. Die Energie der e^- wurde wegen der starken Vielfachstreuung im dichten Gas nicht aus der Spurkrümmung, sondern kalorimetrisch durch totale Absorption der e^- im Gas gemessen. Zerfälle der gesuchten Art wurden in 6830 Std Meßzeit nicht beobachtet, woraus die folgenden Untergrenzen abgeleitet wurden:

$$T_{\frac{1}{2}}^{0\nu}(Xe^{136}) > 3.4 \cdot 10^{23} \text{ J}, \ T_{\frac{1}{2}}^{0\nu,M}(Xe^{136}) > 4.9 \cdot 10^{21} \text{ J} \ (90\% \text{ CL}) (6.275)$$

für (6.249) bzw. (6.265). Hieraus ergaben sich mit Hilfe von (6.257) bzw. (6.266) unter Verwendung der Heidelberg-Matrixelemente [Sta90] die 90% CL-Obergrenzen

$$\langle m_\nu \rangle < 2.5 \text{ eV}, \ \langle \lambda \rangle < 4.4 \cdot 10^{-6}, \ \langle \eta \rangle < 2.3 \cdot 10^{-8}$$
$$\langle g_{M\nu} \rangle < 1.7 \cdot 10^{-4}. \tag{6.276}$$

Eine TPC wurde auch benutzt, um im Baksan Neutrino-Observatorium (Kaukasus, Tiefe 850 m WÄ) $T_{\frac{1}{2}}^{2\nu}$ von Nd^{150} zu messen (Tab. 6.7) [Art95].

Eine komplexere Versuchsanordnung (Quelle $\neq$ Detektor) wurde in der Kamioka-Mine (Japan, Tiefe 2700 m WÄ, Kap. 7.2.3) eingesetzt, um den $\beta\beta$-Zerfall $Mo^{100} \rightarrow Ru^{100}$ zu untersuchen [Eji91, Eji94]. Die Apparatur bestand aus zwei Driftkammern (zur Messung der e^--Spuren) oberhalb und unterhalb der Quellenebene (70 cm $\times$ 70 cm) sowie Plastikszintillatoren (zur Messung der e^--Energie und der Zeit) und NaI-Zählern (zur Messung von Photonen). Der für $T_{\frac{1}{2}}^{2\nu}$ (Mo^{100}) gemessene Wert ist in Tab. 6.7 eingetragen; die Untergrenze für $T_{\frac{1}{2}}^{0\nu}$ (Mo^{100}) ist inzwischen durch den Wert (6.272) aus [Als93] übertroffen.

d) Gasdetektoren ohne Spurerkennung

Gaskammern [Kle92, Gru93] ohne Spurerkennung wurden benutzt, um nach $0\nu\beta\beta$- und $2\nu\beta\beta$-Zerfällen von Xe^{134} ($T_0 = 0.85$ MeV) und Xe^{136} ($T_0 = 2.48$ MeV) zu suchen. Als aktives Kammergas (Quelle = Detektor) wurde natürliches oder mit Ultrazentrifugen auf Xe^{136} angereichertes Xenon verwendet. Im Baksan Neutrino-Observatorium (siehe oben) wurden mit eine Ionisationskammer (3.7 l, 25 atm) u.a. untere Grenzen für $T_{\frac{1}{2}}^{0\nu}$ von Xe^{134},

$$T_{\frac{1}{2}}^{0\nu}(Xe^{134}) > 8.2 \cdot 10^{19} \text{ J} \ (68\% \text{ CL}), \tag{6.277}$$

und von Xe^{136} gemessen [Bar89]. Untergrenzen für $T_{\frac{1}{2}}^{0\nu}$ (Xe^{136}) lieferte auch ein Experiment mit einer Vielzellen-Proportionalkammer (aktives Volumen

79.4 l) mit einer Bienenwabenstruktur (61 hexagonale Zellen) im Gran Sasso-Untergrundlaboratorium (siehe oben) [Bel91a]. Diese gemessenen Xe^{136}-Untergrenzen sind jedoch inzwischen durch die TPC-Messung (6.275) [Vui93] übertroffen worden.

e) Szintillationszähler

Drei Experimente sollen erwähnt werden, die mit Szintillationszählern (Quelle = Detektor) durchgeführt wurden. Das erste [You91] benutzte vier zylindrische CaF_2-Kristalle (Gesamtgewicht 37.4 kg entsprechend 43.0 g Ca^{48}) als Szintillatoren mit je einem angeschlossenen Photomultiplier, um in einer Kohlenmine bei Beijing (China, Tiefe 1300 m WÄ) nach dem $0\nu\beta\beta$-Zerfall von $Ca^{48} \rightarrow Ti^{48}$ ($T_0 = 4.27$ MeV) zu suchen. Es wurden nach 7588 Std Meßzeit die Grenzen

$$T_{\frac{1}{2}}^{0\nu}(Ca^{48}) > 9.5 \cdot 10^{21} \text{ J (76\% CL)}$$
$$\langle m_\nu \rangle(\eta = 0) < 8.3 \text{ eV}, \ \eta(\langle m_\nu \rangle = 0) < 7.4 \cdot 10^{-6} \tag{6.278}$$

gemessen.

Das zweite Experiment [Dan95] verwendete zur Suche nach dem $0\nu\beta\beta$-Zerfall von $Cd^{116} \rightarrow Sn^{116}$ ($T_0 = 2.80$ MeV) in der Solotvina-Salzmine (Ukraine, Tiefe ca. 1000 m WÄ) $CdWO_4$-Kristalle mit einer Cd^{116}-Anreicherung von 83%. Nach einer „Meßleistung" von $1.08 \cdot 10^{23}$ Cd^{116}-Atome $\cdot$ J wurden die Grenzen

$$T_{\frac{1}{2}}^{0\nu}(Cd^{116}) > 2.9 \cdot 10^{22} \text{ J (90\% CL)}$$
$$\langle m_\nu \rangle < 4.1 \text{ eV}, \ \langle \lambda \rangle < 5.3 \cdot 10^{-6}, \ \langle \eta \rangle < 5.9 \cdot 10^{-8} \tag{6.279}$$

gewonnen. Der im selben Experiment für $T_{\frac{1}{2}}^{2\nu}(Cd^{116})$ gemessene Wert ist in Tab. 6.7 eingetragen.

Das dritte Experiment [Kob95] benutzte einen großen (353 cm³) ceriumdotierten Gadoliniumsilikat-Kristall (Gd_2SiO_5:Ce), um nach dem $0\nu\beta\beta$-Zerfall des $Gd^{160} \rightarrow Dy^{160}$ ($T_0 = 1.73$ MeV) zu suchen, mit dem Ergebnis

$$T_{\frac{1}{2}}^{0\nu}(Gd^{160}) > 3.0 \cdot 10^{20} \text{ J (68\% CL)} \tag{6.280}$$

nach einer „Meßleistung" von $MT \approx 4 \cdot 10^{10}$ g sec.

f) Kryodetektoren

Kryogenische Detektoren [Fei89, Smi90, Sto91, Mos93, Pre93, Ott95a, Twe96] sind höchst-empfindliche und meist hoch-auflösende Detektoren, die bei sehr tiefen Temperaturen (10 - 100 mK) betrieben werden. Sie sind in der Lage, sehr kleine, in Form von Ionisation (Elektronen, Photonen) oder Wärme (Phononen) deponierte Energiebeträge zu messen. Von den verschiedenen Detektortypen seien hier nur zwei erwähnt.

Es wurde ein Detektor vorgeschlagen [Dru84, Pre90, Ott95a], der aus einer großen Anzahl von Mikrokügelchen (Durchmesser ~ 10 μm) besteht, die sich in einem überhitzten supraleitenden Zustand innerhalb eines Magnetfelds befinden. Wird in einem der Kügelchen, z.b. durch die Elektronen eines $\beta\beta$-Zerfalls, die Energie ΔE deponiert, so erhöht sich die Temperatur T des Kügelchens um

$$\Delta T = \frac{\Delta E}{CM} \tag{6.281}$$

(C = spezifische Wärme, M = Masse des Kügelchens), wobei für dielektrische Kristalle und Supraleiter bei tiefen Temperaturen $C \propto (T/T_D)^3$ (T_D = Debye-Temperatur) ist. Bei gegebenem ΔE ist das Temperatursignal ΔT also umso größer, je kleiner M und je niedriger T ist. Durch die Temperaturerhöhung ΔT geht bei passender Wahl der Arbeitstemperatur T das Kügelchen vom supraleitenden in den normalleitenden Zustand über. Dieser Phasenübergang ist durch den Meißner-Effekt (Eindringen des Magnetfelds in das Kügelchen) mit einer Änderung des magnetischen Flusses verbunden, die durch eine Induktionsspule um die Kügelchen herum meßbar ist. Bisher ist mit dieser Methode, die im Prinzip auch für den Nachweis von Sonnenneutrinos (Kap. 7.2.2) und die Suche nach WIMPs (Kap. 7.4.4) geeignet ist, noch kein $\beta\beta$-Experiment durchgeführt worden.

Der zweite Detektortyp (Bolometer) [Fio84, Ale94] besteht aus einem den $\beta\beta$-Emitter enthaltenden Einkristall als Kalorimeter, dessen Masse M zur Erzielung einer hohen Zerfallsrate (siehe (6.267)) möglichst groß ist. Die durch einen $\beta\beta$-Zerfall verursachte Energiedeposition ΔE im Kristall führt nach (6.281) zu einer Erhöhung ΔT der Kristalltemperatur, die durch einen an der Kristalloberfläche angebrachten hoch-empfindlichen Temperatursensor gemessen wird. Als Temperatursensor kommt ein *Thermistor* (ein durch Bestrahlung mit Neutronen dotiertes Halbleiterthermometer) [Twe96] in Betracht. Um bei möglichst großem M ein möglichst großes ΔT zu erzielen, muß C und damit die Arbeitstemperatur T des Kristalls möglichst klein sein. Statt des Thermistors kann als Sensor auch ein kleines *Phasenübergangsthermometer* [Col95, Pro95, Twe96] verwendet werden. Es hat sich herausgestellt, daß in diesem Fall der wesentliche Teil der im Kristall deponierten Energie durch hochfrequente Phononen in das Thermometer selbst übertragen wird und dort die Temperaturerhöhung stattfindet.

In einem Experiment im Gran Sasso-Untergrundlaboratorium wurde ein grosser TeO_2-Einkristall (334 g) mit einem Thermistor als Temperatursensor eingesetzt [Ale94], um nach dem $0\nu\beta\beta$-Zerfall von $Te^{130} \rightarrow Xe^{130}$ ($T_0 = 2.53$ MeV) zu suchen. Der Kristall wurde in einem He^3/He^4-Entmischungskryostat (dilution refrigerator) aus möglichst radioaktivitätsarmen Materialien auf 10 mK abgekühlt. Nach einer Meßzeit von 9234 Std wurde eine Untergrenze von

$$T_{\frac{1}{2}}^{0\nu}(Te^{130}) > 1.8 \cdot 10^{22} \text{ J} \quad (90\% \text{ CL}) \tag{6.282}$$

erhalten.

Zusammenfassend ist festzustellen, daß ein $0\nu\beta\beta$-Zerfall bisher nicht beobachtet wurde. Die besten Grenzen (6.269), (6.270) und (6.271) lieferte das Heidelberg-Moskau-Experiment mit Ge^{76}. Die Grenze (6.270) $\langle m_\nu \rangle < 0.56$ eV für die effektive ν_e-Masse ist eine Größenordnung niedriger als die Grenze $m(\nu_e) < 5.1$ eV (Tab. 6.2) aus dem Tritiumzerfall (Kap. 6.2.1). Jedoch gilt die $\langle m_\nu \rangle$-Grenze nur, wenn ν_e ein Majorana-ν ist. Die für die Zukunft in den einzelnen Experimenten zu erwartenden Verbesserungen sind durch die offenen Balken in Abb. 6.44 angezeigt.

7 Neutrinos in der Astrophysik und Kosmologie

7.1 Atmosphärische Neutrinos

Atmosphärische Neutrinos [Vui86, Kos92, Obe92, Kim93, Kaj94, Rob94, Bar95, Fog95a, Gai95, Gel95, Ros95, Sar95, Sta96, Win96], die durch die Kosmische Strahlung (Kap. 7.5) in der Erdatmosphäre entstehen, haben in den letzten Jahren möglicherweise Hinweise auf *Neutrino-Oszillationen* (Kap. 6.3) geliefert. Wegen des großen Erddurchmessers ($L \approx 10^4$ km) sind mit ihnen kleine Massenunterschiede von $\delta m^2 \gtrsim 10^{-4}$ eV^2 zugänglich (Tab. 6.4).

Die primäre *Kosmische Strahlung* [Sok89, Ber90a, Gai90, Bat96, Gai96] [Gin96], die aus dem Weltall auf die Erde trifft, besteht zu $\sim 99\%$ aus Hadronen (überwiegend Protonen, aber auch schwerere Kerne bis Fe), zu $\sim 1\%$ aus Elektronen und zu $\sim 0.01\%$ aus Photonen (also zu $\sim 99.99\%$ aus geladenen Teilchen). Das Energiespektrum $N(E)$ folgt einem Potenzgesetz,

$$N(E) \propto E^{-\gamma}, \tag{7.1}$$

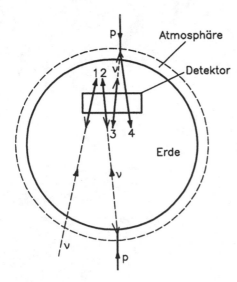

Abb. 7.1
Schematische Darstellung der verschiedenen Arten von Myonen in einem Untergrund-Neutrinodetektor. 1: μ von kosmischem ν (nach oben gehend); 2 und 3: μ von atmosphärischem ν (2 nach oben, 3 nach unten gehend; 3 kann mit einem atmosphärischen μ verwechselt werden); 4 atmosphärisches μ (Untergrund). p ist ein Proton der Kosmischen Strahlung, das in der Atmosphäre einen Schauer erzeugt.

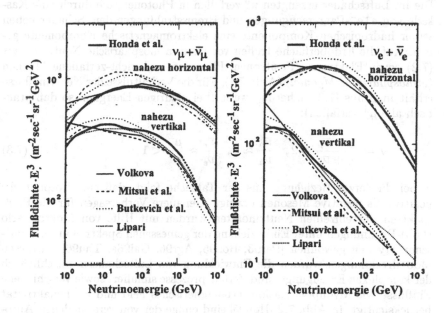

Abb. 7.2 $(\nu_\mu + \overline{\nu}_\mu)$ und $(\nu_e + \overline{\nu}_e)$-Flußspektren (multipliziert mit E_ν^3) für nahezu horizontal $(0 < \cos\theta_Z < 0.1)$ und nahezu vertikal $(0.9 < \cos\theta_Z < 1)$ einfallende atmosphärische Neutrinos, berechnet von verschiedenen Autoren. Nach [Hon95].

mit $\gamma = 2.7$ für $E \lesssim 10^{15}$ eV und $\gamma = 3.0$ für $E \gtrsim 10^{15}$ eV. Die höchsten beobachteten Energien (einige Ereignisse) liegen bei $E \approx 10^{20}$ eV.

Wenn ein Teilchen (z.B. ein Proton) der primären Kosmischen Strahlung auf einen Atomkern (N, O) in der oberen Atmosphäre trifft, entsteht in einer Kaskade von Sekundärreaktionen, in der die erzeugten Teilchen wiederum Teilchen erzeugen können, ein *Luftschauer* (*atmosphärische Kaskade*). Unter den erzeugten Schauerteilchen befinden sich vor allem geladene Pionen und Kaonen, welche, falls sie niedrige Energien besitzen und nicht ihrerseits wieder in der Atmosphäre wechselwirken, über den $\mu^\pm$-Zerfall letztendlich in $e^\pm$ und Neutrinos (*atmosphärische Neutrinos*) zerfallen können, also z.B.

$$p + N \rightarrow \pi^\pm, K^\pm + \dots$$
$$\pi^+, K^+ \rightarrow \mu^+ \nu_\mu; \qquad \pi^-, K^- \rightarrow \mu^- \overline{\nu}_\mu \qquad (7.2)$$
$$\hookrightarrow e^+ \nu_e \overline{\nu}_\mu \qquad\qquad \hookrightarrow e^- \overline{\nu}_e \nu_\mu .$$

Die im Luftschauer erzeugten π^0 zerfallen in Photonen, die durch eine Kaskade von e^+e^--Paarerzeugungen und Bremsstrahlungen dem Schauer neben seiner hadronischen Komponente eine elektromagnetische Komponente geben. Auf die Erdoberfläche treffen vor allem atmosphärische Neutrinos aus (7.2) sowie Elektronen/Positronen, Photonen und nicht-zerfallene Myonen (*atmosphärische Myonen*) (Abb. 7.1). Für die Verhältnisse der Neutrinoflüsse erhält man aus (7.2) näherungsweise (bei niedrigen Energien, so daß praktisch alle $\mu^\pm$ zerfallen):

$$r = \frac{\nu_\mu + \overline{\nu}_\mu}{\nu_e + \overline{\nu}_e} \approx 2, \quad \frac{\overline{\nu}_\mu}{\nu_\mu} \approx 1, \quad \frac{\overline{\nu}_e}{\nu_e} \approx \frac{\mu^-}{\mu^+} < 1, \tag{7.3}$$

wobei die letzte Beziehung aus der Tatsache folgt, daß ein Proton mehr positive als negative Mesonen erzeugt. Genauere Vorhersagen für die Flußspektren der einzelnen Neutrinoarten wurden mit Hilfe von Monte Carlo (MC)-Rechnungen unter Einbeziehung der gemessenen Spektren atmosphärischer Myonen gewonnen [Per93, Hon95, Agr96, Gai96a, Thu96]; in diesen Modellrechnungen wurden die Entwicklung von Luftschauern einschließlich der komplexen Erzeugungs- und Zerfallsprozesse simuliert sowie verschiedene Einflüsse wie Myonpolarisation, geomagnetisches Feld und Sonnenaktivität berücksichtigt. In Abb. 7.2 [Hon95] sind einige der von verschiedenen Autoren berechneten $(\nu_\mu + \overline{\nu}_\mu)$ und $(\nu_e + \overline{\nu}_e)$-Spektren für $E_\nu > 1$ GeV miteinander verglichen (siehe auch Abb. 7.33). Obwohl die absoluten Unterschiede zwischen den einzelnen Berechnungen beträchtlich sind, beträgt die für die *Verhältnisse* (7.3) der Flüsse erzielte Genauigkeit $\sim$ 5% für $E_\nu > 50$ MeV [Kos92, Rob94]. Das Energiespektrum der atmosphärischen $\nu_\mu + \overline{\nu}_\mu$ folgt für $E_\nu \lesssim 100$ GeV ungefähr einem Potenzgesetz (7.1) mit $\gamma \sim 2.7$, während für atmosphärische $\nu_e + \overline{\nu}_e$ der Abfall noch steiler ist [Gai95].

Atmosphärische Neutrinos sind von mehreren großen, tief in der Erde (Bergwerk, Tunnel) aufgestellten und gut abgeschirmten Detektoren gemessen worden, und zwar von Kamiokande (Kap. 7.2.3) [Hir92, Fuk94a], IMB (Irvine-Michigan-Brookhaven Detector, USA; Kap. 7.3.2) [Bec92], Soudan 2 (USA) [Goo95], Frejus (Frankreich) [Ber90] und NUSEX (Nucleon Stability Experiment, Mont Blanc-Tunnel) [Agl89]. Die beiden erstgenannten Detektoren (Kamiokande, IMB) sind große *Wasser-Cherenkov-Detektoren* (große Wassertanks mit zahlreichen großflächigen Photomultipliern auf den Oberflächen zur Messung des Cherenkov-Lichts); die drei letztgenannten Detektoren (Soudan 2, Frejus, NUSEX) sind *Kalorimeter* mit Spurvermessung (Energie, Richtung). Die Detektoren, die ursprünglich für die Suche nach Protonzerfällen gebaut wurden, sind möglichst tief im Untergrund aufgestellt, um sie möglichst gut gegen die Kosmische Strahlung, insbesondere gegen die nicht-zerfallenen atmosphärischen Myonen abzuschirmen. Letztere dringen

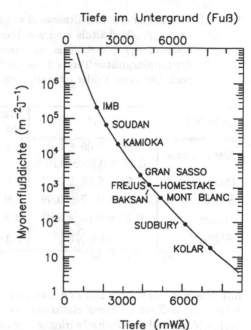

Abb. 7.3
Myonenflußdichte in Abhängigkeit von der Tiefe in der Erde (unten in m Wasseräquivalent WÄ, oben in Fuß) sowie Tiefen der Standorte einzelner Detektoren. Nach [Kos92].

entsprechend ihrer Energie-Reichweite-Beziehung $R(E_\mu)$[¶] umso tiefer in die Erde ein, je höher ihre Energie ist (z.B. $R(1\text{ TeV}) \approx 1$ km). Abb. 7.3 zeigt den Myonenfluß in Abhängigkeit von der Tiefe sowie die Standorttiefen der einzelnen Detektoren[†]. Auf der Erdoberfläche (Meereshöhe) beträgt die Myonenflußdichte $5 \cdot 10^9$ m^{-2} J^{-1} [Boe92]. Die verschiedenen Arten der von einem Untergrunddetektor registrierten Myonen sind in Abb. 7.1 dargestellt.

In den fünf Experimenten wurden CC-Ereignisse registriert, die von atmosphärischen $\nu_e, \bar{\nu}_e$ bzw. $\nu_\mu, \bar{\nu}_\mu$ im Detektor verursacht wurden und bei denen die Teilchenspuren ganz im Detektor enthalten waren („voll eingeschlossene" Ereignisse). Wegen der relativ niedrigen Energien ($\langle E_\nu \rangle \sim 0.6$ GeV, Sub-GeV-Bereich) handelte es sich dabei überwiegend um quasielastische Streuungen

$$\nu_e + n \rightarrow e^- + p \qquad \nu_\mu + n \rightarrow \mu^- + p$$
$$\bar{\nu}_e + p \rightarrow e^+ + n \qquad \bar{\nu}_\mu + p \rightarrow \mu^+ + n \tag{7.4}$$

[¶]$R(E_\mu) \propto E_\mu$ für $E_\mu \lesssim 1$ TeV; $R(E_\mu) \propto \log E_\mu$ für $E_\mu \gtrsim 1$ TeV [Lea93].

[†]Da die Gesteinsarten oberhalb der einzelnen unterirdischen Detektorstandorte voneinander verschieden sind, wird die Standorttiefe zum Vergleich auch in *Meter Wasseräquivalent* (m WÄ) angegeben (1 m WÄ $\hat{=}$ 1 Hektogramm/cm^2).

Tab. 7.1 Messungen des Verhältnisses $R = (\mu/e)_{mes}/(\mu/e)_{MC}$ von gemessenem ν_μ/ν_e-Verhältnis zum von Monte Carlo-Rechnungen vorhergesagten ν_μ/ν_e-Verhältnis, zusammen mit der Detektormasse und der Luminosität = Targetmasse (in kt) · Beobachtungszeit (in Jahren). Der erste Fehler ist statistisch, der zweite systematisch.

Detektor	R	Masse (kt)	Luminosität (kt · J)	Ref.
Kamiokande	$0.60 \pm 0.06 \pm 0.05$ $0.57 \pm 0.08 \pm 0.07^{a)}$	4.5	7.7	[Hir92] [Fuk94a]
IMB	$0.54 \pm 0.05 \pm 0.12$	8.0	7.7	[Bec92]
Soudan 2	$0.64 \pm 0.17 \pm 0.09$	1.0	1.0	[Goo95]
Frejus	$0.99 \pm 0.13 \pm 0.08$	0.9	2.0	[Ber90]
NUSEX	$0.96 \pm {}^{0.32}_{0.28}$	0.15	0.74	[Agl89]

a) $\langle E_\nu \rangle \approx 7$ GeV

mit einem $e^\pm$ bzw. $\mu^\pm$. Die e/μ-Unterscheidung gelingt dadurch (siehe auch Kap. 1.5), daß ein $e^\pm$ einen elektromagnetischen Schauer, ein $\mu^\pm$ eine durchlaufende Spur ohne Wechselwirkung erzeugt. Bei den H_2O-Cherenkov-Detektoren hat dies zur Folge, daß der Cherenkov-Ring von einem elektromagnetischen Schauer durch die stärkere Vielfachstreuung deutlich diffuser ist als der scharfe Ring eines Myons. Von jedem Experiment wurde das Verhältnis

$$R = \frac{r_{mes}}{r_{MC}} = \frac{(N_\mu/N_e)_{mes}}{(N_\mu/N_e)_{MC}} \tag{7.5}$$

des gemessenen ν_μ/ν_e-Verhältnisses r (7.3) zum MC-vorhergesagten Verhältnis r (siehe oben) bestimmt. Die Ergebnisse sind, zusammen mit den Detektormassen und Luminositäten, in Tab. 7.1 zusammengestellt. Während bei Frejus und NUSEX innerhalb der relativ großen Fehler Übereinstimmung zwischen Messung und MC-Rechnung besteht ($R \approx 1$), weichen bei den drei übrigen Experimenten – Kamiokande und IMB haben relativ kleine Fehler – Messung und Theorie signifikant voneinander ab ($R < 1$, „atmosphärische Neutrino-Anomalie"): Es wurde, zuerst von Kamiokande, ein Defizit an $\nu_\mu,\overline{\nu}_\mu$ oder ein Überschuß an $\nu_e,\overline{\nu}_e$ (oder beides) beobachtet. Welche der beiden Möglichkeiten zutrifft, ist noch nicht endgültig geklärt, wenn es sich auch eher um ein $\nu_\mu,\overline{\nu}_\mu$-Defizit zu handeln scheint[†]. Eine mögliche Erklärung ist der Übergang eines Teils der ursprünglich im Überschuß vorhandenen

---

[†]Der gemessene $(\nu_e + \overline{\nu}_e)$-Fluß stimmt ungefähr mit den berechneten $(\nu_e + \overline{\nu}_e)$-Flüssen überein, während der gemessene $(\nu_\mu + \overline{\nu}_\mu)$-Fluß niedriger als die berechneten Flüsse

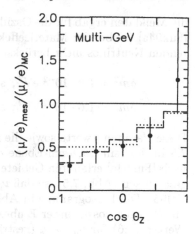

Abb. 7.4

Abhängigkeit des Verhältnisses $R = (\mu/e)_{\text{mes}}/(\mu/e)_{\text{MC}}$ (7.5) vom Zenitwinkel θ_Z aus den Multi-GeV-Daten von Kamiokande. Die Histogramme zeigen die Monte Carlo-Vorhersagen unter Einbeziehung von Neutrino-Oszillationen $\nu_\mu \leftrightarrow \nu_e$ (gestrichelt) bzw. $\nu_\mu \leftrightarrow \nu_\tau$ (gepunktet). Nach [Fuk94a].

$\nu_\mu, \bar\nu_\mu$ (Faktor 2 nach (7.3)) in $\nu_e, \bar\nu_e$ oder $\nu_\tau, \bar\nu_\tau$ durch *Neutrino-Oszillationen* (Kap. 6.3)[‡].

Die Kamiokande-Kollaboration hat das Verhältnis R auch für Neutrinos im Multi-GeV-Bereich ($\langle E_\nu \rangle \approx 7$ GeV) gemessen [Fuk94a], indem auch partiell eingeschlossene Ereignisse in die Analyse mit aufgenommen wurden. Das Ergebnis in Tab. 7.1 zeigt, daß die Anomalie im μ/e-Verhältnis auch bei höheren E_ν beobachtet wird. Um zu untersuchen, ob sie auf ν-Oszillationen ($\nu_\mu \leftrightarrow \nu_e$ oder $\nu_\mu \leftrightarrow \nu_\tau$) zurückgeführt werden kann, hat Kamiokande außerdem im Multi-GeV-Bereich die Abhängigkeit des Verhältnisses R vom *Zenitwinkel* θ_Z gemessen, unter dem ein Neutrino auf die Erde trifft. Bei höheren E_ν kann θ_Z dem meßbaren Winkel des aus der CC-Reaktion hervorgehenden $\ell^\pm$ ungefähr gleichgesetzt und dadurch gemessen werden. Für $\theta_Z \approx 0°$ kommt das Neutrino von oben; es hat zwischen Entstehungsort und Detektor eine Strecke von $L \lesssim 20$ km (Dicke der Atmosphäre) zurückgelegt. Ein Neutrino mit $\theta_Z \approx 180°$ dagegen, das von unten in den Detektor eintritt und ein nach oben gehendes $\ell^\pm$ erzeugt, hat die ganze Erde durchquert, also die Strecke $L \approx 10^4$ km (Erddurchmesser) zurückgelegt (siehe auch Abb. 7.1); auf dieser langen Flugstrecke könnte ein Teil der $\nu_\mu, \bar\nu_\mu$ in $\nu_e, \bar\nu_e$ oder $\nu_\tau, \bar\nu_\tau$ oszilliert sein. Tatsächlich ergab die Messung (Abb. 7.4) eine Abhängigkeit der μ/e-Anomalie von θ_Z; sie ist für $\theta_Z \approx 180°$ am größten, wie für ν-Oszillationen zu erwarten ist. Eine Anpassung des Zwei-Flavour-Formalismus (6.123) an

---

zu sein scheint. Allerdings gibt es erhebliche Unterschiede zwischen den verschiedenen Berechnungen.

[‡]Eine unkonventionelle Erklärung, die auch eine Zeitlang diskutiert wurde, wäre ein Überschuß an $e^\pm$-Ereignissen, der von Protonzerfällen $p \to e^+ \nu\nu$ im Detektor verursacht sein könnte.

die Meßdaten ergab für die Oszillationsparameter die folgenden besten Werte [Fuk94a] (wobei der Materieeffekt (Kap. 6.6) der Erde auf die sie durchquerenden Neutrinos nicht berücksichtigt wurde):

$$\delta m^2 = 1.8 \cdot 10^{-2} \text{ eV}^2, \ \sin^2 2\theta = 1.0 \quad \text{für } \nu_\mu \longleftrightarrow \nu_e$$
$$\delta m^2 = 1.6 \cdot 10^{-2} \text{ eV}^2, \ \sin^2 2\theta = 1.0 \quad \text{für } \nu_\mu \longleftrightarrow \nu_\tau.$$

(7.6)

Diese Parameterwerte sowie die mit 90% CL *erlaubten* Gebiete sind in Abb. 7.5 in der $(\sin^2 2\theta, \delta m^2)$-Ebene dargestellt. Allerdings sind für $\nu_\mu \leftrightarrow \nu_e$ die nach [Fuk94a] erlaubten Gebiete durch andere Experimente weitgehend ausgeschlossen (Abb. 7.5), so daß $\nu_\mu \leftrightarrow \nu_\tau$ als Möglichkeit übrig bleibt [Cal95a, Gel95]. Die Histogramme in Abb. 7.4 zeigen die theoretischen Vorhersagen für R gegen $\cos\theta_Z$ unter Einbeziehung von ν-Oszillationen mit den besten Werten (7.6) für $\nu_\mu \leftrightarrow \nu_e$ (gestrichelt) bzw. $\nu_\mu \leftrightarrow \nu_\tau$ (gepunktet); sie geben die gemessene $\cos\theta_Z$-Abhängigkeit von R (Meßpunkte) gut wieder.

Die IMB-Kollaboration [Bec92] hat nach oben gehende Myonen untersucht, die *von unten* in den Detektor eintraten und somit keine atmosphärischen Myonen waren, sondern von $\nu_\mu, \overline{\nu}_\mu$-CC-Reaktionen im Erdgestein *unterhalb* des Detektors stammten; dabei hatten die $\nu_\mu, \overline{\nu}_\mu$ die Strecke $L \approx 10^4$ km durch die Erde bis in Detektornähe zurückgelegt. Um nach ν-Oszillationen zu suchen, die ja von E_ν abhängen (siehe (6.123)), wurden die Ereignisse unterteilt in energieärmere Myonen, die im Detektor stoppten (von $\nu_\mu, \overline{\nu}_\mu$-Reaktionen mit E_ν zwischen ~ 3 und 30 GeV), und energiereichere Myonen, die durch den Detektor hindurch gingen (von $\nu_\mu, \overline{\nu}_\mu$-Reaktionen mit E_ν zwischen ~ 30 und 300 GeV). Vergleicht man das gemessene Verhältnis $r_{\mu\text{mes}} = (\mu_{\text{stop}}/\mu_{\text{durch}})_{\text{mes}}$ dieser beiden Anzahlen mit dem theoretischen Verhältnis $r_{\mu\text{MC}}$, das *ohne* ν-Oszillationen berechnet wurde, so ergibt sich:

$$R_\mu = \frac{r_{\mu\text{mes}}}{r_{\mu\text{MC}}} = \frac{(\mu_{\text{stop}}/\mu_{\text{durch}})_{\text{mes}}}{(\mu_{\text{stop}}/\mu_{\text{durch}})_{\text{MC}}} = 0.98 \pm 0.11 \pm 0.03.$$

(7.7)

Im Verhältnis $r_{\mu\text{MC}}$ hebt sich die nicht sehr genau bekannte absolute Normierung des theoretischen $(\nu_\mu + \overline{\nu}_\mu)$-Spektrums (vergl. Abb. 7.2) heraus. Das Ergebnis (7.7) bedeutet, daß keine Anzeichen für ν-Oszillationen gefunden wurden. Die entsprechende Ausschlußkontur für $\nu_\mu \to \nu_\tau$ in Abb. 7.5 schließt einen Teil des nach Kamiokande erlaubten Gebietes aus.

Der gegenwärtige Stand der Untersuchung atmosphärischer Neutrinos läßt sich folgendermaßen zusammenfassen:

• Ein Defizit an $\nu_\mu, \overline{\nu}_\mu$ (bzw. Überschuß an $\nu_e, \overline{\nu}_e$) scheint statistisch gesichert zu sein.

• Es ist noch unklar, ob dieses Defizit auf ν-Oszillationen zurückzuführen

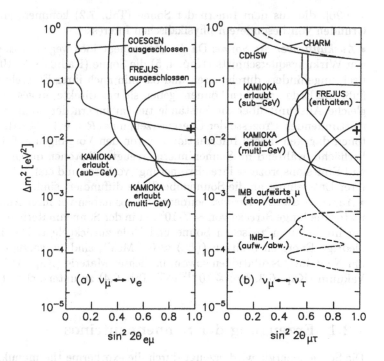

Abb. 7.5 Oszillationsparameter (7.6) (Kreuze) sowie Konturlinien für die nach Kamiokande *erlaubten Gebiete* (rechts der Linie) aus den Sub-GeV-Daten und Multi-GeV-Daten für (a) $\nu_\mu \leftrightarrow \nu_e$ und (b) $\nu_\mu \leftrightarrow \nu_\tau$. Gezeigt sind auch die *Ausschlußkonturen* aus anderen Experimenten. Nach [Gel95].

ist. Eine erste Messung atmosphärischer $\nu_\mu, \bar\nu_\mu$ durch MACRO (Kap. 7.6.1) [Ahl95] kommt ohne ν-Oszillationen aus.

Zur Zeit sind noch viele Fragen offen [Sta96]. Eine Klärung kann man u.a. von den großen zukünftigen *Neutrino-Detektoren* (Super-Kamiokande, AMAN-DA, Baikal-See, DUMAND, NESTOR; Kap. 7.6) erwarten.

7.2   Solare Neutrinos

Solare Neutrinos (ν_e) [Bah89, Dav89, Kir91, Moh91, Boe92, Kos92, Obe92, Pal92, Bow93, Cre93, Ber94, Fio94, Tot94, Hax95, Kir95, Kla95, Raf96,

Win96], die aus dem Innern der Sonne (Tab. 7.2) kommen, sind aus zwei Gründen von besonderem physikalischen Interesse:

• *Auskunft über die Sonne*: Da die Sonnenneutrinos wegen ihres extrem kleinen Wirkungsquerschnitts (Kap. 4, 5) die Sonne (Radius $\sim 7 \cdot 10^5$ km) praktisch ungehindert durchqueren und 8.3 min nach ihrer Entstehung unbeeinflußt die Erde erreichen können, geben sie uns direkte, ungestörte und zeitgleiche Auskunft über die Zustände tief im Innern der Sonne und die dort stattfindenden Prozesse der Energieerzeugung ($R < 0.3 \cdot R_\odot$; Abb. 7.9). Photonen dagegen liefern Information nur von den Vorgängen auf der Sonnenoberfläche, während im Sonneninnern erzeugte Photonen durch Absorptions- und Emissionsprozesse ihre „Erinnerung" verlieren und erst $\sim 10^6$ Jahre nach ihrer Entstehung an die Sonnenoberfläche diffundiert sind.

• *Auskunft über Neutrinos*: Sonnenneutrinos haben vor ihrer Ankunft im Detektor die lange Strecke von $\sim 7 \cdot 10^5$ km in der Sonnenmaterie und $\sim 1.5 \cdot 10^8$ km im Vakuum zwischen Sonne und Erde zurückgelegt. Da sie außerdem niedrige Energien besitzen ($\langle E_\nu \rangle \approx 0.3$ MeV), sind sie vorzüglich geeignet, um Neutrino-Oszillationen sowohl in dichter Materie (Kap. 6.6) als auch im Vakuum (Kap. 6.3, $\delta m^2 \gtrsim 10^{-12}$ eV^2, Tab. 6.4) zu untersuchen (Kap. 7.2.4).

7.2.1 Erzeugung der Sonnenneutrinos

Die Sonnenenergie wird erzeugt durch die exotherme thermonukleare Fusion von Wasserstoff zu Helium in der Reaktion

$$4p \rightarrow \text{He}^4 + 2e^+ + 2\nu_e \,. \tag{7.8}$$

Diese Fusion findet tief im Innern der Sonne bei einer Temperatur von $T_c \approx 15.6 \cdot 10^6$ K (Tab. 7.2) statt. Da die beiden e^+ anschließend mit zwei Elektronen annihilieren ($e^+ e^- \rightarrow \gamma\gamma$, $\gamma\gamma\gamma$), lautet die für die Energieerzeugung relevante Gesamtreaktion:

$$2e^- + 4p \rightarrow \text{He}^4 + 2\nu_e + 26.73 \text{ MeV} \,. \tag{7.9}$$

Pro He^4-Fusion wird also die Energie $Q = 2m_e + 4m_p - m_{\text{He}} = 26.73$ MeV frei. Von dieser Energie entfallen im Mittel nur $2\langle E_\nu \rangle = 0.59$ MeV ($\sim 2\%$) auf die beiden ν_e, d.h. 26.14 MeV (13 MeV pro erzeugtes ν_e) stehen als „thermische" Energie (Photonen, geladene Teilchen) zur Verfügung. Hieraus läßt sich mit Hilfe der *Solarkonstante* $S = 8.5 \cdot 10^{11}$ MeV cm^{-2} sec^{-1} der auf die Erde treffende ν_e-Fluß ϕ_ν ungefähr abschätzen:

$$\phi_\nu = \frac{S}{13 \text{ MeV}} = 6.5 \cdot 10^{10} \text{ cm}^{-2} \text{ sec}^{-1} \,. \tag{7.10}$$

Tab. 7.2 Einige wichtige Parameter der Sonne (heute), z.T. nach dem SSM.

Parameter	Wert
Alter	$4.6 \cdot 10^9$ J
Radius $R_\odot$	$6.96 \cdot 10^5$ km
Masse $M_\odot$	$1.99 \cdot 10^{30}$ kg
mittlere Dichte	1.41 g cm^{-3}
Dichte im Zentrum	148 g cm^{-3}
Temperatur T_c im Zentrum	$15.6 \cdot 10^6$ K
Oberflächentemperatur	$5.78 \cdot 10^3$ K
Luminosität (Leuchtkraft)	$3.85 \cdot 10^{33}$ erg sec^{-1} $= 2.41 \cdot 10^{39}$ MeV sec^{-1}
Zusammensetzung (Massen-%):	
Wasserstoff H (X)	34.1%
Helium He (Y)	63.9%
schwerere Kerne $(Z > 2)$ (Z)	1.96%
mittlerer Abstand Sonne–Erde (= 1 astronom. Einheit, AE)	$1.496 \cdot 10^8$ km
Beitrag zur Energieerzeugung:	
pp-Kette	98.4%
CNO-Zyklus	1.6%
frei werdende Energie pro He^4-Fusion	26.73 MeV
mittlere Energie der beiden Neutrinos	0.59 MeV
ν_e-Flußdichte ϕ_ν auf der Erde	$6.6 \cdot 10^{10}$ cm^{-2} sec^{-1}
gesamter ν_e-Fluß aus der Sonne	$1.87 \cdot 10^{38}$ sec^{-1}

Quantitativ und detailliert werden die Vorgänge in der Sonne durch das sogenannte *Standard-Sonnenmodell* (SSM) beschrieben, das vor allem von Bahcall [Bah88, Bah89, Bah92] entwickelt wurde und hier nicht näher beschrieben werden soll. Neben der Bahcall-Version des SSM existieren andere Versionen [Bah92], u.a. die von Turck-Chièze et al. [Tur93], die mit der ersteren ungefähr übereinstimmt. Das SSM nimmt u.a. thermonukleare Fusion sowie hydrostatisches und thermisches Gleichgewicht (Energieerzeugung = Energieabstrahlung) an; seine Zustandsgleichung, die die Sonne wie ein ideales Gas behandelt, verknüpft die Größen Druck $p(r)$, Dichte $\rho(r)$, Temperatur $T(r)$, Energieerzeugungsrate pro Masseneinheit $\varepsilon(r)$, Luminosität $L(r)$ und Opazität $\kappa(r)$ miteinander in Abhängigkeit vom Radius r in der Sonne; diese Zustandsgleichung hängt außerdem von den relativen Anteilen (Tab. 7.2) an Wasserstoff, Helium und schwereren Elementen ($Z > 2$, „Metalle") in der

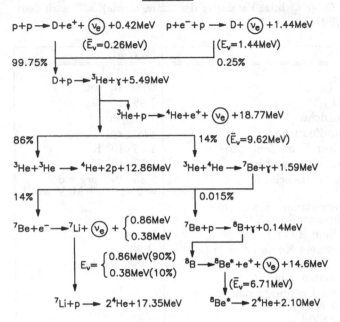

Abb. 7.6 Die *pp*-Kette in der Sonne. Die angegebenen (mittleren) E_ν gelten für die jeweils darüberstehenden Prozesse.

Sonne ab. Manche Versionen des SSM berücksichtigen auch die Diffusion der Elemente in der Sonne, insbesondere die He-Diffusion. Größen wie Radius, Leuchtkraft, Alter und ursprüngliche chemische Zusammensetzung der Sonne werden als bekannte Parameter vorgegeben. Schließlich gehen in das SSM die Wirkungsquerschnitte (S-Faktoren, siehe (7.36)) für die einzelnen in der Sonne ablaufenden Kernreaktionen (siehe unten, Abb. 7.6, 7.7) ein; diese z.T. stark energieabhängigen (d.h. temperaturabhängigen) Wirkungsquerschnitte sind nur bei höheren Energien gemessen worden und müssen daher zu den niedrigeren Energien (Temperaturen, 10^7 K $\hat{=}$ $8.62 \cdot 10^2$ eV $\approx$ 1 keV!) in der Sonne extrapoliert werden. Sie sind deshalb nicht sehr genau bekannt.

Das SSM macht u.a. Vorhersagen über die relativen Häufigkeiten (Verzweigungsverhältnisse) der einzelnen Kernreaktionen sowie die ν_e-Flüsse und Flußspektren $\phi_\nu(E_\nu)$ der aus ihnen hervorgehenden Sonnenneutrinos (siehe unten). Diese Vorhersagen können dann mit den Messungen (Kap. 7.2.2, 7.2.3) verglichen werden.

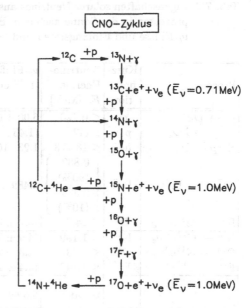

Abb. 7.7 Der CNO-Zyklus (Bethe-Weizsäcker-Zyklus) in der Sonne.

Auskünfte über den inneren Aufbau der Sonne erhält man auch aus der *Helioseismologie* [Lei85, Bah88, Bah89, Gou91, Tur93, Chr96]. Durch Prozesse im Sonneninnern entstehen Druckschwankungen, die sich als Schallwellen (pressure waves, p waves) in der Sonnenmaterie ausbreiten und die Sonne zum Schwingen (Pulsieren) bringen (typische Periode $\sim$ 5 min): Es bilden sich, wie in einem resonanten Hohlkörper (z.B. Glocke), stehende akustische Wellen zwischen der Sonnenoberfläche und tieferen Schichten (z.B. der Konvektionszone) in der Sonne. Da die Oszillationen in drei Dimensionen stattfinden, ist die Anzahl der sich überlagernden Resonanzmoden sehr groß ($\sim 10^7$). Die sich ergebenden Vibrationen der Sonnenoberfläche können von der Erde aus z.B. als periodische Doppler-Verschiebungen von Absorptionslinien, die von der Sonnenatmosphäre ausgehen, oder als kleine periodische Intensitätsschwankungen gemessen werden (Entdeckung 1962). Bisher sind einige 10^3 Eigenfrequenzen registriert worden. Die Helioseismologie liefert Information über das Sonneninnere, u.a. über die Schallgeschwindigkeit $v(r)$ und damit über den Druck $p(r)$, die Dichte $\rho(r)$ und die Temperatur $T(r)$ in der Sonne. Diese Informationen werden als Eingabedaten für das SSM bzw. zum Test des SSM benutzt; sie stimmen gut mit den Vorhersagen der

Tab. 7.3 Eigenschaften solarer Neutrinos aus den acht ν_e-erzeugenden Kernprozessen in der Sonne nach dem BP-SSM [Bah92]. Die Fehler der ν_e-Flüsse und Einfangsraten sind 3σ.

Prozess	Kurz-nota-tion	Neutrino-Energie E_ν [MeV]	ν_e-Fluß nach SSM $[10^{10}\ \mathrm{cm}^{-2}\ \mathrm{sec}^{-1}]$	Einfangsrate nach SSM [SNU]	
				Cl^{37}	Ga^{71}
$pp \to De^+\nu_e$	pp	≤ 0.420	6.00 ± 0.12	0	70.8
$pe^-p \to D\nu_e$	pep	1.442	$(1.43 \pm 0.06) \cdot 10^{-2}$	0.2	3.1
$\mathrm{He}^3 p \to \mathrm{He}^4 e^+ \nu_e$	hep	≤ 18.773	$1.23 \cdot 10^{-7}$	0.005	0.01
$\mathrm{Be}^7 e^- \to \mathrm{Li}^7 \nu_e$	Be^7	$\left\{\begin{array}{c} 0.862 \\ (90\%) \\ 0.384 \\ (10\%) \end{array}\right\}$	0.489 ± 0.088	1.2	35.8
$\mathrm{B}^8 \to \mathrm{Be}^8\, e^+\nu_e$	B^8	≤ 14.6	$(5.7 \pm 2.4) \cdot 10^{-4}$	6.2	13.8
$\mathrm{N}^{13} \to \mathrm{C}^{13} e^+\nu_e$	N^{13}	≤ 1.199	$(4.9 \pm 2.5) \cdot 10^{-2}$	0.1	3.0
$\mathrm{O}^{15} \to \mathrm{N}^{15} e^+\nu_e$	O^{15}	≤ 1.732	$(4.3 \pm 2.5) \cdot 10^{-2}$	0.3	4.9
$\mathrm{F}^{17} \to \mathrm{O}^{17} e^+\nu_e$	F^{17}	≤ 1.740	$(5.4 \pm 2.6) \cdot 10^{-4}$	0.004	0.06
		Gesamt:	6.60 ± 0.15	8.0 ± 3.0	$132 \pm \frac{21}{17}$

gängigen Versionen des SSM überein [Bah97]. Es ist bisher nicht gelungen, auch Schwerewellen (gravity waves, g waves), die durch Auftriebskräfte im Sonnenkern zustandekommen, durch ihre Auswirkungen an der Sonnenoberfläche zweifelsfrei nachzuweisen.

Wir besprechen nun die Energieerzeugung in der Sonne im einzelnen. Die Fusionsreaktion (7.8) kommt zustande durch die sogenannte pp-Kette (Abb. 7.6) oder den CNO-Zyklus (Abb. 7.7). Dabei liefert bei der für einen Stern relativ niedrigen Zentraltemperatur der Sonne ($T_c = 1.56 \cdot 10^7$ K) die pp-Kette den bei weitem größten Beitrag (98.4%) zur Energieerzeugung, während der CNO-Zyklus nur eine untergeordnete Rolle spielt. Jedoch würde wegen der hohen Temperaturempfindlichkeit schon bei $T_c \geq 1.8 \cdot 10^7$ K der CNO-Zyklus überwiegen [Kim93]. Die einzelnen Schritte und Zweige der pp-Kette sind in Abb. 7.6 dargestellt; sie beginnt mit den beiden Reaktionen

$$
\begin{aligned}
p + p &\to D + e^+ + \nu_e + 0.42 \text{ MeV} \quad (99.75\%, pp\text{-Reaktion}) \\
p + e + p &\to D + \nu_e + 1.44 \text{ MeV} \quad (0.25\%, pep\text{-Reaktion}),
\end{aligned}
\tag{7.11}
$$

wobei die pp-Reaktion bei weitem überwiegt. Die frei werdenden Energien betragen $Q_{pp} = 2m_p - (m_D + m_e) = 0.42$ MeV (wenn man die e^+-Annihilation nicht mitrechnet) bzw. $Q_{pep} = 2m_p + m_e - m_D = 1.44$ MeV. Im Falle der

pp-Reaktion[‡] (Drei-Körper-Endzustand) besitzen die ν_e ein kontinuierliches Energiespektrum mit $E_\nu \leq 0.42$ MeV, im Falle der pep-Reaktion (Zwei-Körper-Endzustand) eine scharfe Energie $E_\nu = 1.44$ MeV (diskrete Linie); beide sind in Abb. 7.8 eingezeichnet. Die pp-Kette endet in 86% mit der Reaktion $He^3 + He^3 \to He^4 + 2p$, in 14% mit der Reaktion $Li^7 + p \to 2He^4$ und in 0.015% ($= 0.14 \cdot 0.0011$) mit dem Be^{8*}-Zerfall in zwei He^4-Kerne. Dabei läuft in jedem Zweig insgesamt die Reaktion (7.8) ab. Diejenigen Prozesse der pp-Kette, die Neutrinos liefern, sind in Tab. 7.3 mit ihren Kurznotationen, den E_ν-Bereichen sowie den vom SSM nach Bahcall-Pinsonneault (BP) [Bah92] vorhergesagten Flüssen ϕ_ν auf der Erde (beim Abstand von 1 AE) und den Einfangsraten in Cl^{37} und Ga^{71} (Kap. 7.2.2) zusammengestellt. Abb. 7.8 zeigt die ν_e-Flußspektren auf der Erde (1 AE). Wie man aus Abb. 7.6, 7.8 und Tab. 7.3 sieht, trägt die pp-Kette drei kontinuierliche Spektren (aus pp-Reaktion, B^8-Zerfall und sehr seltener hep-Reaktion) und drei diskrete Linien (eine aus pep-Reaktion, zwei aus Be^7-Elektroneinfang) bei. Der dominierende Beitrag (~ 91%) zum gesamten ν_e-Fluß stammt von der pp-Reaktion. Der Fluß dieser pp-Neutrinos ist im wesentlichen durch die genau gemessene Leuchtkraft der Sonne sowie durch die Annahme einer Energieerzeugung durch Wasserstoff-Fusion (7.8) und eines thermischen Gleichgewichts in der Sonne festgelegt, wobei die Produktionsrate der pp-Neutrinos nur vergleichsweise schwach ($\propto T^{-1.2}$) von der Temperatur abhängt. Aus diesen Gründen ist der pp-Fluß relativ am besten bekannt ($\sigma \lesssim 1$%). Allerdings haben die pp-Neutrinos verhältnismäßig niedrige Energien ($E_\nu \leq 0.42$ MeV). Dagegen erreichen die B^8-Neutrinos, die aus einem seltenen Nebenzweig stammen und nur ganz geringfügig zum ν_e-Fluß beitragen (~ 0.01%), sowie die noch selteneren hep-Neutrinos die höchsten Energien ($E_\nu \leq 14.6$ MeV bzw. 18.8 MeV). Diese energetischen Unterschiede sind wichtig für den Neutrinonachweis, da verschiedene Nachweismethoden für verschiedene E_ν-Bereiche sensitiv sind (Kap. 7.2.2). Die Erzeugungsrate der B^8-Neutrinos hängt äußerst empfindlich von der Temperatur ab ($\propto T^{18}$), so daß ihr Fluß nur ungenau vorhergesagt werden kann. Abb. 7.9 zeigt die ν_e-Flüsse $d\phi_\nu/dr$ ($r = R/R_\odot$) für die Prozesse der pp-Kette in Abhängigkeit vom Radius R der ν_e-Erzeugung in der Sonne. Die B^8-Neutrinos werden wegen der hohen Temperaturempfindlichkeit am nächsten beim Sonnenzentrum ($r \sim 0.04$) erzeugt.

Der im Vergleich zur pp-Kette viel seltenere *CNO-Zyklus* (*Bethe-Weizsäcker-Zyklus*), der nur 1.6% zur Energieerzeugung beiträgt, ist in Abb. 7.7 dargestellt. An ihm sind die Kerne C, N, O und F beteiligt. Nach dem β^+-Zerfall des O^{15} in N^{15} sind zwei Reaktionen möglich, nämlich

$$N^{15} + p \to He^4 + C^{12} \quad \text{und} \quad N^{15} + p \to O^{16} + \gamma, \qquad (7.12)$$

[‡]Die pp-Reaktion kann aufgefaßt werden als β^+-Zerfall des instabilen Diprotons (pp) zum stabilen Deuteron $D = (pn)$.

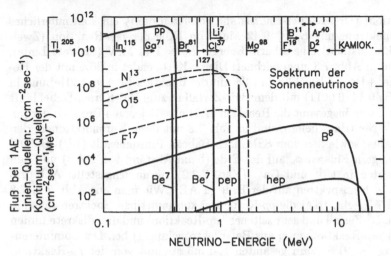

Abb. 7.8 Flußspektren der Sonnenneutrinos auf der Erde (1 AE) aus den einzelnen Quellen in Tab. 7.3 nach dem SSM [Bah88]. Die Flußeinheiten sind cm^{-2} sec^{-1} für Linienquellen und cm^{-2} sec^{-1} MeV^{-1} für Kontinuumquellen. Die Energieschwellen für die einzelnen Nachweisreaktionen (Tab. 7.4, 7.5) sind oben eingezeichnet. Nach [Kir91].

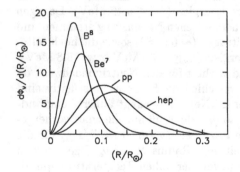

Abb. 7.9
ν_e-Erzeugung als Funktion des Radius. Gezeigt sind die (auf eins normierten) differentiellen ν_e-Flüsse $d\phi_\nu/dr$ ($r = R/R_\odot$) für die einzelnen Prozesse der pp-Kette (außer pep) in Abhängigkeit vom Radius R der ν_e-Erzeugung in der Sonne nach dem SSM. Nach [Bah88].

wobei die erste stark überwiegt. Es liegt also eine Verzweigung vor, durch die zwei ineinander greifende Zyklen zustande kommen (Abb. 7.7). Insgesamt findet wieder die Reaktion (7.8) statt, wobei C^{12} (und N^{14}) als Katalysator wirkt. Die drei ν_e liefernden β^+-Zerfälle von N^{13}, O^{15} und F^{17} sind in Tab. 7.3 mit ihren Beiträgen zum ν_e-Fluß eingetragen; die drei ν_e-Spektren sind in Abb. 7.8 gestrichelt eingezeichnet. Wie man sieht, ist der Anteil der F^{17}-Neutrinos sehr klein. Insgesamt trägt der CNO-Zyklus nur $\sim 1.4\%$ zum gesamten ν_e-Fluß von $\phi_\nu \approx 6.6 \cdot 10^{10}$ cm^{-2} sec^{-1} bei; der Grund dafür ist die relativ niedrige Sonnentemperatur: Die Protonen in der Sonne besitzen nur selten genügend Energie, um die relativ hohen Coulomb-Barrieren der Kerne C, N, O überwinden und damit die im CNO-Zyklus auftretenden Kernreaktionen auslösen zu können.

7.2.2 Nachweis der Sonnenneutrinos

Wegen ihres extrem kleinen Wirkungsquerschnitts sind die niederenergetischen Sonnenneutrinos nur sehr schwer nachzuweisen. In diesem Kapitel geben wir einen Überblick über die verschiedenen Nachweismethoden. Die möglichen Experimente können eingeteilt werden in [Bah88, Bah89, Kir91, Kos92]

- Radiochemische Experimente
- Geochemische Experimente
- Realzeitexperimente
- Kryogenische und bolometrische Experimente.

a) Radiochemische Experimente

In einem radiochemischen Experiment wird die Rate (Ereignisse pro Zeiteinheit) der endothermen Reaktion („inverser β-Zerfall")

$$\nu_e + B(Z) \rightarrow C(Z+1) + e^-$$

$$\text{Kurzschreibweise: } B(\nu_e, e^-)C \tag{7.13}$$

(ν_e-*Einfang*, ν_e-*Absorption* durch Kern B) gemessen. Dazu werden die erzeugten Tochterisotope C über ihre Radioaktivität nachgewiesen: Sie „zerfallen" mit einer bestimmten Halbwertszeit T_H durch Elektroneinfang (z.B. aus der K-Schale) entsprechend

$$C(Z+1) + e^- \rightarrow B(Z) + \nu_e \,, \tag{7.14}$$

also durch die zu (7.13) inverse Reaktion. Das durch Auffüllung des Lochs emittierte Röntgen-Photon oder Auger-Elektron wird gemessen, z.B. mit einem Proportionalzähler. Die Rate Y der ν_e-Einfänge (7.13) ist nach (1.74) gegeben durch

$$Y = N_T \sum_i \int \phi_i(E_\nu)\sigma(E_\nu)dE_\nu = N_T \sum_i \phi_i\sigma_i \,. \tag{7.15}$$

Hierbei ist $\phi_i(E_\nu)$ das in Abb. 7.8 dargestellte Flußspektrum der solaren ν_e aus dem i-ten Erzeugungsprozess („Quelle") in Tab. 7.3; $\sigma(E_\nu)$ der Wirkungsquerschnitt für den ν_e-Einfang (7.13); ϕ_i der integrierte Fluß (Tab. 7.3); σ_i

der über das Spektrum gemittelte ν_e-Einfangsquerschnitt und N_T die Anzahl der Isotope B im Target. Es ist üblich, als ν_e-*Einfangsrate* R die von der Targetmasse unabhängige Größe

$$R = \frac{Y}{N_T} = \sum_i \phi_i \sigma_i \qquad (7.16)$$

anzugeben; R wird gemessen in „*Solar Neutrino Units*" (SNU), wobei

$$\begin{aligned} 1\text{ SNU} &= 10^{-36}\ \nu_e\text{-Einfänge pro sec pro Targetkern} \\ &= \text{ein } \nu_e\text{-Einfang pro sec pro } 10^{36}\text{ Targetkerne.} \end{aligned} \qquad (7.17)$$

Zur Messung von Y wird ein Detektor-Target mit einer großen Anzahl von Kernen B tief im Untergrund (zur Abschirmung gegen die Kosmische Strahlung) und gut abgeschirmt gegen die niederenergetische Umgebungsradioaktivität installiert und den Sonnenneutrinos ausgesetzt. Innerhalb einer Meßperiode (Exposition) ist die Anzahl $N(t)$ der im Target erzeugten und noch nicht zerfallenen Tochterkerne C gegeben durch

$$N(t) = Y\tau \cdot \left(1 - e^{-t/\tau}\right) \quad \text{mit } T_H = \tau \cdot \ln 2 \,. \qquad (7.18)$$

(Lösung der Differentialgleichung $dN = Y dt - \lambda N dt$ mit $\lambda = 1/\tau$ und $N(0) = 0$). Der Sättigungswert beträgt $N(\infty) = Y\tau$ (ν_e-Einfangsrate $Y = $ Zerfallsrate λN). Am Ende einer Exposition, wenn nahezu Sättigung erreicht ist, werden die wenigen im Target vorhandenen Tochterkerne C chemisch aus dem Target extrahiert und ihre Anzahl mit Hilfe von (7.14) bestimmt, so daß sich Y und damit R ergibt.

In Tab. 7.4 sind die bisher in der Literatur diskutierten ν_e-Einfangsreaktionen vom Typ (7.13) zur radiochemischen Messung der Sonnenneutrinos zusammengestellt, zusammen mit den Anteilen der Isotope B im Target, den Schwellenenergien E_S, den Halbwertszeiten T_H der Tochterkerne C sowie den vom SSM nach (7.15) und (7.16) vorhergesagten [Bah88, Bah89, Bah92] ν_e-Einfangsraten R.

An eine Nachweisreaktion sind u.a. die folgenden Anforderungen zu stellen (Tab. 7.4):

• Die Schwelle E_S muß niedrig genug sein, um Teile des ν_e-Spektrums (Abb. 7.8) zu erfassen (unterhalb der Schwelle ist $\sigma(E_\nu) = 0$ in (7.15)). Die Schwellen für die einzelnen Reaktionen sind oben in Abb. 7.8 eingezeichnet. Wie man sieht, ist Ga^{71} wegen seiner niedrigen Schwelle als einziges Target für die dominierenden pp-Neutrinos (Kap. 7.2.1) empfindlich, während für Li^7, Cl^{37}, Br^{81} und I^{127} wegen der höheren Schwellenenergien die seltenen B^8-Neutrinos am stärksten beitragen [Bah88] (siehe auch Tab. 7.3 für Cl^{37} und Ga^{71}).

Tab. 7.4 Mögliche radiochemische und geochemische Experimente zum Nachweis solarer Neutrinos [Bah88, Bah89, Kir91, Bah92].

Reaktion	Isotopanteil im Target (%)	Schwellen-energie E_S (keV)	Halbwerts-zeit T_H (Tage)	ν_e-Einfangsrate R nach SSM, 3σ-Fehler (SNU)
a) *Radiochemische Experimente*				
Li^7 (ν_e, e^-) Be^7	92.5	862	53	52 ± 16
Cl^{37} (ν_e, e^-) Ar^{37}	24.2	814	35	8.0 ± 3.0
Ga^{71} (ν_e, e^-) Ge^{71}	39.9	233	11.4	132^{+21}_{-17}
Br^{81} (ν_e, e^-) Kr^{81}	49.5	471	$7.7 \cdot 10^7$	28^{+17}_{-11}
I^{127} (ν_e, e^-) Xe^{127}	100	664	36.4	~ 40
b) *Geochemische Experimente*				
Br^{81} (ν_e, e^-) Kr^{81}	49.5	471	$7.7 \cdot 10^7$	28^{+17}_{-11}
Mo^{98} (ν_e, e^-) Tc^{98}	24.1	1740	$1.5 \cdot 10^9$	17.4^{+17}_{-11}
Tl^{205} (ν_e, e^-) Pb^{205}	70.5	43	$5.5 \cdot 10^9$	$263\pm$ groß

• Die Halbwertszeit des Tochterkerns muß eine für den radiochemischen Nachweis günstige Größenordnung besitzen (nicht zu kurz und nicht zu lang, am günstigsten einige zig Tage).

• Um die ν_e-Einfangsrate R nach dem SSM berechnen zu können, muß der Einfangswirkungsquerschnitt $\sigma(E_\nu)$ in (7.15) als Funktion von E_ν möglichst genau bekannt sein. Dies ist leider nur selten der Fall, da auch angeregte Zustände von C zur ν_e-Absorption (7.13) beitragen. Diese Ungenauigkeit hat i.a. den größten Anteil am Fehler von R (Tab. 7.4).

• Es muß ein geeignetes chemisches Trennverfahren existieren, um die wenigen Tochteratome C aus dem Target zu extrahieren.

Bisher wurden Experimente mit Cl^{37} und Ga^{71}-Targets durchgeführt; sie werden mit ihren Ergebnissen in Kap. 7.2.3 besprochen. Bei den anderen Targets in Tab. 7.4 bestehen u.a. folgende Schwierigkeiten [Bah89, Kir91]:

• Bei Li^7 ist noch kein effizientes Verfahren entwickelt worden, um die sehr energiearmen Auger-Elektronen (50 eV) aus dem e^--Einfangszerfall des Be^7 nachzuweisen.

• Bei Br^{81} ist die relativ niedrige Einfangrate sowie die wegen der extrem langen Lebensdauer (Tab. 7.4) niedrige Kr^{81}-Zerfallsrate ein Problem, das spezielle Zähltechniken erfordert.

• Bei I^{127} kann die Einfangsrate nur mit großer Ungenauigkeit berechnet werden.

Ein Nachteil der radiochemischen Methode besteht darin, daß keine einzelnen Einfangsereignisse gemessen werden, so daß der genaue Zeitpunkt, die ν_e-Energie sowie die Richtung, aus der das ν_e auf das Detektor-Target trifft, nicht bekannt sind. Einige dieser Informationsdefizite treten bei den Realzeitexperimenten nicht auf.

b) Geochemische Experimente

Die geochemische Methode benutzt zum ν_e-Nachweis ebenfalls den ν_e-Einfang (7.13). Sie ist dadurch gekennzeichnet, daß Tochterkerne mit einer extrem langen Lebensdauer ($\sim 10^5$ bis 10^7 Jahre, Tab. 7.4) entstehen, so daß der über entsprechend lange Zeiträume ($\sim 3\tau$) gemittelte ν_e-Fluß gemessen wird; nach dem SSM sollte sich der ν_e-Fluß während dieser Zeiten praktisch nicht geändert haben. Zudem werden die Tochterkerne C nicht über ihren radioaktiven Zerfall, sondern direkt nachgewiesen, z.B. mittels Massenspektrometrie. Man extrahiert diese Kerne aus natürlichen Erzen oder Mineralien, die reich an Targetkernen B sind und die seit Millionen Jahren tief in der Erde gegen die Kosmische Strahlung abgeschirmt waren. Dazu muß die geologische Stabilität einer Fundstätte über geologische Zeiträume gewährleistet sein. Geeignete Reaktionen sind in Tab. 7.4 aufgeführt. Bisher liegen noch keine Meßergebnisse vor [Bah89, Kir91].

c) Realzeitexperimente

Diese *direkten* Experimente, die ebenfalls möglichst tief im Untergrund durchgeführt werden, haben den Vorteil, daß in ihnen die Neutrino-Ereignisse in Realzeit (Echtzeit) registriert sowie E_ν und möglicherweise auch die ungefähre ν-Richtung gemessen werden. Die in der Literatur diskutierten Reaktionen sind in Tab. 7.5 zusammengestellt. Es handelt sich um:

• *Elastische νe-Streuung* (Kap. 4) $\nu_X + e^- \rightarrow \nu_X + e^-$, bei der der Zeitpunkt eines Ereignisses sowie Energie und Richtung des e^- gemessen werden, die Neutrinoart jedoch nicht bestimmt werden kann ($X = e, \mu$ oder τ im Falle von ν-Oszillationen). Da in der νe-Streuung das Rückstoßelektron stark nach vorwärts gestreut wird (siehe (4.20)), ist die gemessene e^--Richtung nahezu gleich der ν-Richtung. Ein Nachteil der νe-Streuung ist ihr kleiner Wirkungsquerschnitt (siehe (4.17)). Ein erstes Experiment wurde von der Kamiokande-Kollaboration durchgeführt (Kap. 7.2.3). Weitere Experimente (Super-Kamiokande, SNO, Borexino) sind im Gange bzw. in Vorbereitung

Tab. 7.5 Mögliche Realzeitexperimente zum Nachweis solarer Neutrinos [Bah89, Kir91].

Reaktion	Effektive Schwellenenergie E_S(MeV)	ν-Einfangsrate R nach SSM, 3σ-Fehler (SNU)
$e^-(\nu_X,\nu_X)e^-$	~ 7	—
D $(\nu_e,e^-)pp$	~ 5	6.0 ± 2.3
D $(\nu_X,\nu_X)pn$		2.4 ± 0.9
$B^{11}(\nu_e,e^-)C^{11*} \to C^{11}\gamma$	~ 2 ?	abhängig
$B^{11}(\nu_X,\nu_X)B^{11*} \to B^{11}\gamma$		von E_S
$Ar^{40}(\nu_e,e^-)\,K^{40*} \to K^{40}\gamma$	~ 5	1.7 ± 0.7
$Ar^{40}(\nu_X,\nu_X)\,Ar^{40*} \to Ar^{40}\gamma$		
$In^{115}(\nu_e,e^-)\,Sn^{115*} \to Sn^{115}\gamma$	0.128	640^{+640}_{-320}

(Kap. 7.6.1).

• *Neutrino-Deuteron-Reaktionen*

$$
\begin{array}{llll}
\text{(CC)} & \nu_e + \text{D} \to e^- + 2p & E_S = 1.442 \text{ MeV} & \\
\text{(NC)} & \nu_X + \text{D} \to \nu_X + p + n & E_S = 2.226 \text{ MeV,} &
\end{array} \tag{7.19}
$$

wobei sich die beiden E_S-Werte aus (A.35) ergeben. Die CC-Reaktion ist die ν_e-Absorption durch D, die NC-Reaktion die D-Aufspaltung durch ein ν_X mit beliebigem Flavour. In (CC) kann E_e gemessen werden (mit einer Nachweisschwelle von ~ 5 MeV), so daß sich mit $E_\nu = T_e + 1.442$ MeV das ν_e-Spektrum bestimmen läßt. Die e^--Richtung ist nur schwach mit der ν_e-Richtung korreliert, im Gegensatz zur νe-Streuung (siehe oben). In (NC) kann das n über n-Einfang mit γ-Emission nachgewiesen werden (Kap. 7.6.1). Während (CC) den ν_e-Fluß mißt, liefert (NC) den Fluß *aller* Neutrinos, unabhängig vom Flavour. Falls die beiden Flüsse verschieden sind, die ν_X also nicht alle den Flavour ν_e haben, muß ein Teil der solaren ν_e sich durch ν-Oszillationen in eine andere Neutrinoart umgewandelt haben. Durch Vergleich der beiden Reaktionen (7.19) läßt sich also vermutlich das „Problem der solaren Neutrinos" (Kap. 7.2.4) lösen.

Ein großes Experiment mit einem Schwerwasser-Detektor (D_2O) von 1 kt ist am Sudbury Neutrino Observatory (SNO) in Canada in Vorbereitung [Bah89, Bel95, Bah96] (Kap. 7.6.1); es soll außer den beiden Reaktionen (7.19) auch die elastische νe-Streuung messen.

• *Neutrino-Einfangsreaktionen* vom Typ

$$\text{(CC)}\quad \nu_e + B(Z) \rightarrow C^*(Z+1) + e^- \quad \text{Nachweis: } \gamma e\text{-Koinzidenz}$$
$$\hookrightarrow C(Z+1) + \gamma \tag{7.20}$$
$$\text{(NC)}\quad \nu_X + B(Z) \rightarrow B^*(Z) + \nu_X \quad \text{Nachweis: } \gamma$$
$$\hookrightarrow B(Z) + \gamma$$

Bei diesen Reaktionen kann durch $e\gamma$ bzw. γ-Messung der Ereigniszeitpunkt bestimmt werden. Im Falle der CC-Reaktion ergibt sich aus einer E_e-Messung die Neutrinoenergie E_ν. I^{115} hat die niedrigste Schwelle (Abb. 7.8). Experimente dieser Art sind noch nicht durchgeführt worden.

d) Kryogenische Experimente

Sonnenneutrinos können auch mit empfindlichen *Tieftemperaturdetektoren* (*Kryodetektoren*), z.B. mit supraleitenden Mikrokügelchen (Kap. 6.8.2) [Dru84, Pre90, Ott95a] nachgewiesen werden. Dabei wird ein solares ν_e an einem Kern A (Z Protonen, N Neutronen, $A = Z + N$ Nukleonen) im Kügelchen in einer elastischen NC-Reaktion *kohärent*, d.h. am Kern als Ganzem, gestreut: $\nu_e A \rightarrow \nu_e A$. Die vom Streuwinkel abhängige kinetische Energie T_A des Rückstoßkerns (Anhang A.3) beträgt im Mittel:

$$\langle T_A \rangle = \frac{2}{3}\frac{E_\nu^2}{m_N A} \approx \frac{2}{3A}\left(\frac{E_\nu}{\text{MeV}}\right)^2 \text{ keV} . \tag{7.21}$$

Die im Kügelchen deponierte Rückstoßenergie T_A bewirkt einen meßbaren Flip des Kügelchens vom supraleitenden in den normalleitenden Zustand, wie in Kap. 6.8.2 beschrieben. Ein Problem ist der kleine ν_e-Wirkungsquerschnitt. Allerdings hilft hier die hohe Intensität des solaren ν-Flusses (Tab. 7.2) sowie die *Kohärenz* der Streuung: Es addieren sich nicht die Wirkungsquerschnitte, sondern die Amplituden für die Streuungen an den einzelnen Nukleonen des Kerns. Somit ist der differentielle Wirkungsquerschnitt für $\nu_e A \rightarrow \nu_e A$ gegeben durch [Dru84, Lei92]

$$\frac{d\sigma}{d\cos\theta} = \frac{G_F^2}{8\pi}\left[Z(4\sin^2\theta_W - 1) + N\right]^2 E_\nu^2 (1 + \cos\theta) \tag{7.22}$$
$$\approx \frac{G_F^2}{8\pi} N^2 E_\nu^2 (1 + \cos\theta) ,$$

da $\sin^2\theta_W = 0.23$. Integration über θ ergibt:

$$\sigma = \frac{G_F^2}{4\pi} N^2 E_\nu^2 = 4.2 \cdot 10^{-45} N^2 \left(\frac{E_\nu}{\text{MeV}}\right)^2 \text{ cm}^2 . \tag{7.23}$$

Tab. 7.6 Die vier bisherigen Experimente mit solaren Neutrinos. E_S = Schwellenenergie. Nach [Cre93].

Experiment	Standort	Tiefe (mWÄ)	Reaktion	E_S (MeV)	Hauptquelle	Target
Chlor (radioch.)	Homestake	4100	$Cl^{37}(\nu_e, e)Ar^{37}$	0.814	$\left\{ \begin{array}{l} Be^7\ (15\%) \\ B^8\ (78\%) \end{array} \right.$	615 t C_2Cl_4
GALLEX (radioch.)	Gran Sasso	3500	$Ga^{71}(\nu_e, e)Ge^{71}$	0.233	$\left\{ \begin{array}{l} pp\ (54\%) \\ Be^7\ (27\%) \end{array} \right.$	30 t Ga (GaCl$_3$)
SAGE (radioch.)	Baksan	4700	$Ga^{71}(\nu_e, e)Ge^{71}$	0.233	$\left. \begin{array}{l} B^8\ (10\%) \end{array} \right.$	30 (57) t Ga (metallisch)
Kamiokande	Kamioka	2700	νe-Streuung	~ 7.5	B^8	3000 t H_2O (680 t Target)

Der Wirkungsquerschnitt für kohärente Streuung am Kern ist also gegenüber dem Wirkungsquerschnitt für Streuung am Nukleon um den Faktor N^2 (nicht N) verstärkt. Bisher ist noch kein kryogenisches Experiment mit solaren Neutrinos durchgeführt worden.

7.2.3 Experimente und Ergebnisse

Bisher wurden vier Experimente (Tab. 7.6) [Kir95, Wol95, Vig96] mit solaren Neutrinos durchgeführt: Das Homestake-Experiment mit Cl^{37}, die beiden Experimente GALLEX und SAGE mit Ga^{71} sowie das Kamiokande-Experiment zur elastischen νe-Streuung. In allen vier Experimenten wurde ein Defizit solarer Neutrinos gegenüber dem Standard-Sonnenmodell (SSM) beobachtet.

a) Cl^{37}-Experiment (Homestake)

Seit etwa 1970 wird der solare Neutrinofluß in dem berühmten radiochemischen Cl^{37}-Experiment von einer Brookhaven-Gruppe um Davis [Dav94, Cle95, Dav96] in der Homestake Goldmine in South Dakota (USA) in einer Tiefe von 1480 m unter der Erdoberfläche (= 4100 m WÄ) gemessen. Die Neutrinos werden mit der *Cl-Ar-Methode*, d.h. mit der ν_e-Einfangsreaktion (siehe (1.13), (7.13) und Tab. 7.4)

$$\nu_e + Cl^{37} \rightarrow Ar^{37} + e^- \tag{7.24}$$

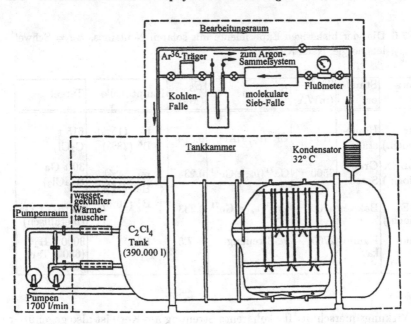

Abb. 7.10 Schematische Darstellung des Detektors des Cl^{37}-Experiments. Nach [Dav94].

mit einer Schwellenenergie von $E_S = 814$ keV nachgewiesen. Bei dieser Schwelle werden überwiegend die Be^7 und B^8-Neutrinos registriert (15% Be^7, 78% B^8; Tab. 7.3). Der Detektor ist unempfindlich für die dominierenden pp-Neutrinos (Abb. 7.8). Das erzeugte radioaktive Ar^{37} zerfällt mit einer Halbwertszeit von $T_H = 35.0$ Tagen durch Elektroneinfang (90% K-Einfang) nach

$$Ar^{37} + e^- \rightarrow Cl^{37} + \nu_e \tag{7.25}$$

mit einer bei K-Einfang freigesetzten Energie von 2.82 keV in Form von Röntgen-Strahlung oder Auger-Elektronen (im Mittel 3.5 Elektronen pro Zerfall).

Das Detektor-Target (Abb. 7.10) besteht aus 380 m^3 (615 t) von flüssigem Perchloräthylen (C_2Cl_4), entsprechend $2.2 \cdot 10^{30}$ Cl^{37}-Atomen (133 t), in einem zylindrischen Tank. Der Targetflüssigkeit wird eine kleine bekannte Menge von inaktivem (stabilem) Ar^{36} oder Ar^{38} als Trägergas beigegeben. Eine Exposition dauert im Durchschnitt 60-70 Tage, so daß annähernd Sättigung erreicht wird. Danach werden die wenigen entstandenen, im C_2Cl_4 gelösten Ar^{37}-Atome zusammen mit dem Träger-Argon aus dem Tank ausgespült,

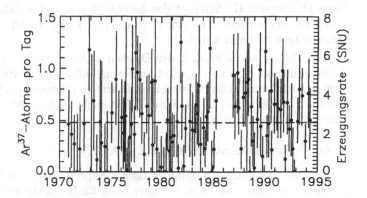

Abb. 7.11 Ar^{37}-Erzeugungsraten zwischen 1970 und 1994 aus dem Cl^{37}-Experiment. Die gestrichelte Linie zeigt den Mittelwert aus allen 108 Messungen an. Nach [Dav96].

indem man mit Pumpen Helium-Gas (~ 400 m^3) durch die Tankfüllung zirkulieren läßt. Anschließend wird das Argon (Gefrierpunkt $-189°$ C) vom Helium durch vollständige Adsorption an Holzkohle bei Flüssig-Stickstoff-Temperatur ($-196°$ C) getrennt und danach durch Aufwärmen von der Holzkohlenfalle entfernt. Der Prozentsatz des extrahierten Ar^{37} wird bestimmt, indem man die Menge des wiedergewonnenen Träger-Argons mit der ursprünglich beigegebenen Menge vergleicht. Die mittlere Ar-Extraktionseffizienz beträgt 95%. Schließlich wird das Argon in einen kleinen Proportionalzähler (0.3 - 0.7 cm^3) mit 7% Methan als Zählgas gegeben, um die Zerfälle des Ar^{37} zu zählen und somit die Anzahl der in (7.24) erzeugten Ar^{37}-Kerne zu bestimmen.

Abb. 7.11 zeigt die von der Brookhaven-Gruppe von 1970 bis 1994 in 108 einzelnen Meßläufen gemessenen Ar^{37}-Erzeugungsraten ($= \nu_e$-Einfangsraten) R [Dav96]. Nach einer Untergrundsubtraktion (~ 0.02 Atome pro Tag) ergab sich der Mittelwert

$$Y_{exp} = (0.482 \pm 0.042) \ Ar^{37}\text{-Atome pro Tag, entsprechend}$$
$$R_{exp} = (2.56 \pm 0.22) \ SNU .$$
(7.26)

Dieser experimentelle Wert liegt signifikant unter dem vom SSM [Bah88, Bah92] vorhergesagten Wert (Tab. 7.4) von

$$R_{SSM} = (8.0 \pm 3.0) \ SNU \quad (3\sigma) .$$
(7.27)

Diese Diskrepanz (Defizit) ist das berühmte, seit vielen Jahren diskutierte *„Problem der solaren Neutrinos"* (Kap. 7.2.4), das zuerst von Davis und Mitarbeitern bemerkt wurde.

Eine Zeitlang glaubte man, in den Daten des Chlorexperiments eine zeitliche Antikorrelation zwischen ν_e-Fluß und Sonnenfleckenaktivität (schwächerer Fluß bei stärkerer Aktivität und umgekehrt) zu erkennen (siehe z.B. [Boe92, Mor95a, Dav96]); jedoch ist dieser Effekt nicht mehr statistisch signifikant (siehe auch Abb. 7.15b).

b) Ga^{71}-Experimente (GALLEX, SAGE)

Ga^{71} ist als Target für ein radiochemisches Experiment mit solaren Neutrinos besonders geeignet, da es eine relativ hohe Einfangsrate besitzt und wegen seiner niedrigen Schwelle von $E_S = 233$ keV (Tab. 7.4, Abb. 7.8) empfindlich für die dominierenden pp-Neutrinos (54%, Tab. 7.3) ist, deren Fluß gegenüber Variationen des SSM ziemlich stabil und daher mit guter Sicherheit bekannt ist (siehe oben). Allerdings ist Gallium sehr teuer. Die Neutrinos werden in der Reaktion

$$\nu_e + Ga^{71} \rightarrow Ge^{71} + e^- \tag{7.28}$$

eingefangen; das Ge^{71} wird durch seinen „Zerfall" (Elektroneinfang)

$$Ge^{71} + e^- \rightarrow Ga^{71} + \nu_e \tag{7.29}$$

mit einer Halbwertszeit von $T_H = 11.4$ Tagen nachgewiesen (Röntgen-Photonen oder Auger-Elektronen mit 10.4 keV bei K-Einfang bzw. 1.2 keV bei L-Einfang).

Das *GALLEX-Experiment* [Kir92, Ans95, Hax95, Kir95, Kla95, Ham96] befindet sich im Gran Sasso-Untergrundlaboratorium (Laboratorio Nazionale del Gran Sasso, LNGS) [Zan91] in den Abbruzzen 120 km östlich von Rom in einer „Tiefe"[‡] von 1200 m (= 3500 m WÄ, Abb. 7.3). Der Targettank enthält 30.3 t Gallium (entsprechend $1.03 \cdot 10^{29}$ Ga^{71}-Atome) in einer stark salzsauren (HCl) Galliumchlorid ($GaCl_3$)-Lösung (101 t). Dem Target wird eine kleine bekannte Menge von inaktivem Ge (Ge^{72}, Ge^{74} oder Ge^{76}) als Träger beigefügt. Eine Exposition dauert ca. 4 Wochen und ergibt bei 132 SNU nach (7.18) ~ 16 Ge^{71}-Atome ($Y = 1.18$ Atome pro Tag, $T_H = 11.43$ Tage). Am Ende einer Exposition wird das Germanium in Form von flüchtigem Ge-Tetrachlorid ($GeCl_4$) mit Stickstoffgas (~ 2000 m^3) aus dem Target extrahiert (gesamte Ge-Extraktionseffizienz 99%). Schließlich wird das $GeCl_4$ in das Gas GeH_4 (German) umgewandelt und dieses, zusammen mit Xenon,

---

[‡]Unter „Tiefe" wird hier die Dicke des darüber liegenden Gesteins verstanden.

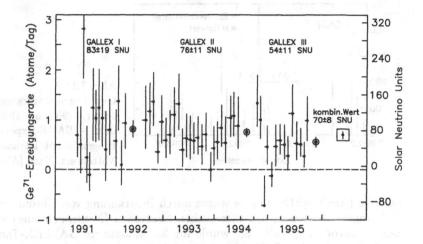

Abb. 7.12 Ge^{71}-Erzeugungsraten zwischen 1991 und 1995 aus dem GALLEX-Experiment. Die Mittelwerte aus 15 GALLEX I-Läufen (1-15), 24 GALLEX II-Läufen (16-39) und 14 GALLEX III-Läufen (40-53) sowie aus sämtlichen Läufen (1-53) sind ebenfalls eingezeichnet. Die vertikalen Fehlerbalken sind 1σ, die horizontalen Balken geben die Dauer der einzelnen Meßläufe an. Nach [Ham96].

in kleine Proportionalzähler gegeben, wo die Ge^{71}-Zerfälle über $\sim$ 6 Monate gezählt werden (K- und L-Peaks).

Abb. 7.12 zeigt die von GALLEX von 1991 bis 1995 in 53 einzelnen Meßläufen gemessenen Ge^{71}-Erzeugungsraten R [Ans95, Ham96], unterteilt in die Experimentphasen I, II und III. Als Mittelwert ergab sich

$$R_{exp} = \left(69.7^{+7.8}_{-8.1}\right) \text{ SNU } (1\sigma), \tag{7.30}$$

während nach dem SSM (Tab. 7.4)

$$R_{SSM} = \left(132^{+21}_{-17}\right) \text{ SNU } (3\sigma) \tag{7.31}$$

zu erwarten ist. Auch von GALLEX wird also ein Defizit an solaren Neutrinos gegenüber der SSM-Vorhersage beobachtet.

Um die Zuverlässigkeit des GALLEX-Experiments zu testen und den Detektor zu eichen, hat die GALLEX-Kollaboration eine intensive Cr^{51}-Neutrinoquelle mit bekannter Radioaktivität ((61.9 ± 1.2) PBq = (1.67 ± 0.03) MCi)

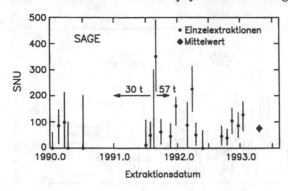

Abb. 7.13
Ge^{71}-Erzeugungsraten zwischen 1990 und 1993 aus dem SAGE-Experiment. Eingezeichnet ist auch der Mittelwert. Nach [Abd95].

benutzt [Ans95a]. Die Quelle wurde durch Bestrahlung von Chrom, in dem Cr^{50} angereichert war, mit thermischen Neutronen (Neutroneinfang) aus einem Reaktor hergestellt. Sie wurde für 3.5 Monate im GALLEX-Tank installiert, so daß das GaCl$_3$-Target einem bekannten ν_e-Fluß aus

$$Cr^{51} + e^- \rightarrow V^{51} + \nu_e \tag{7.32}$$

(Elektroneinfang, $T_H = 27.7$ Tage) mit $E_\nu = 751$ keV (90.1%) und 431 keV (9.9%) ausgesetzt war. Es wurde die Ge^{71}-Erzeugungsrate R_{mes} gemessen und mit der aus der bekannten Quellenaktivität berechneten Rate R_{th} verglichen. Der Vergleich ergab [Ham96] $R_{mes}/R_{th} = 0.92 \pm 0.08$. Damit war die Zuverlässigkeit des GALLEX-Resultats (7.30) (innerhalb 10%) bewiesen.

Das *SAGE-Experiment* (Soviet-American Gallium Experiment) [Abd95] ist im Baksan-Neutrino-Observatorium (Tunnel) im Nord-Kaukasus in einer „Tiefe" von 4700 m WÄ aufgestellt. Es benutzt als Target zunächst 30 t, später 57 t flüssigen, metallischen Galliums (Schmelzpunkt 29.8° C) in acht geheizten Behältern (chemische Reaktoren). Den Behältern wird natürliches Germanium (700 μg) als Träger zugegeben. Am Ende einer Exposition (3-4 Wochen) wird in einem komplizierten Verfahren das Ge chemisch mit Hilfe einer Mischung aus verdünnter Salzsäure (HCl) und Wasserstoffperoxid (H$_2$O$_2$) aus den Behältern extrahiert und später in Form von GeCl$_4$ aus der sauren Lösung heraussepariert, indem man Argon durch das Extrakt sprudeln läßt. Wie bei GALLEX wird GeCl$_4$ sodann in GeH$_4$ umgewandelt und dieses, zusammen mit Xenon, in kleine Proportionalzähler (0.75 cm^3) gegeben. Die Extraktionseffizienz beträgt $\sim$ 80%. Auch für das SAGE-Experiment wurde ein Test mit einer Cr^{51}-Quelle (517 kCi = 19.1 PBq) durchgeführt mit dem Ergebnis: $R_{mes}/R_{th} = 0.95^{+0.12}_{-0.14}$ [Abd96].

Abb. 7.13 zeigt die Ergebnisse der einzelnen Meßläufe von SAGE zwischen

1990 und 1993; das letzte kombinierte Resultat lautet [Abd95]:

$$R_{\text{exp}} = \left(74^{+13}_{-12}\,{}^{+5}_{-7}\right) \text{ SNU } (1\sigma),\tag{7.33}$$

wobei der erste Fehler statistisch, der zweite systematisch ist. SAGE ist also in Übereinstimmung mit GALLEX (7.30) und beobachtet im Vergleich zu (7.31) ebenfalls ein Defizit.

c) Kamiokande-Experiment

Kamiokande (Kamioka Nucleon Decay Experiment) [Kos92, Nak94] ist ein großer *Wasser-Cherenkov-Detektor*, der 1983 für die Suche nach Protonzerfällen gebaut (KAM I) und seitdem zweimal (KAM II, KAM III) ausgebaut wurde (u.a. Reduzierung des Untergrunds aus der Umgebung, Herabsetzung der e^--Energieschwelle, Verbesserung der Elektronik). Der Detektor befindet sich in der Kamioka-Mine 300 km westlich von Tokyo in einer Tiefe von 1000 m (= 2700 m WÄ, Abb. 7.3). Kamiokande II (Abb. 7.14) besteht im wesentlichen aus einem zylindrischen, mit reinem Wasser (3.0 kt) gefüllten Tank, wobei die Wasseroberflächen mit großflächigen Photomultiplierröhren (Durchmesser 51 cm, insgesamt 948 PMTs) zur Messung des Cherenkovlichts besetzt sind (20% Flächenüberdeckung, Abb. 7.14). Für das SonnenneutrinoExperiment wurden die inneren 680 t Wasser ($\hat{=} 2.27 \cdot 10^{32}$ Elektronen) als Targetvolumen benutzt.

Kamiokande hat elastische νe^--Streuereignisse $\nu e^- \rightarrow \nu e^-$ (Kap. 4, 7.2.2) in Realzeit durch Messung des vom Rückstoßelektron erzeugten Cherenkovlichts registriert [Hir91, Suz95, Fuk96]. Die e^--Energieschwelle betrug 9.3 MeV, später 7.5 MeV; darunter war der Untergrund zu hoch. Es wurde also im wesentlichen der höherenergetische Teil des B^8-Neutrinospektrums (Abb. 7.8) erfaßt. Für jedes Ereignis wurden die e^--Energie E_e und der Winkel θ_{sun} zwischen der e^--Richtung, die nahezu gleich der ν-Richtung ist (siehe (4.20)), und der jeweiligen Richtung der Sonne bestimmt. Abb. 7.15a zeigt die $\cos\theta_{\text{sun}}$-Verteilung aus den von Kamiokande III aufgenommenen Daten; sie besitzt einen deutlichen Peak bei $\theta_{\text{sun}} = 0°$ über einem isotropen Untergrund (390 ± 34 Sonnenneutrinos im Peak). Eine ähnliche Anhäufung wurde vorher schon von Kamiokande II beobachtet [Hir91]. Damit war zum ersten Mal direkt bewiesen, daß die im Cl^{37}-Experiment registrierten Neutrinos tatsächlich von der Sonne kommen. Die E_e-Verteilung stimmte *in ihrer Form* mit der Verteilung überein, die nach dem SSM für die Streuung von B^8-Neutrinos zu erwarten war. Jedoch betrug der von Kamiokande II und III zwischen 1987 und 1995 gemessene und auf das gesamte B^8-Neutrinospektrum korrigierte Fluß aller B^8 Neutrinos,

$$\phi_{\text{exp}} = (2.80 \pm 0.19 \pm 0.33) \cdot 10^6 \text{ cm}^{-2} \text{ sec}^{-1} \ (1\sigma),\tag{7.34}$$

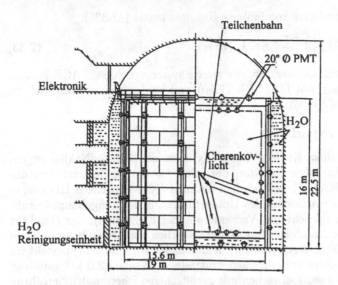

Abb. 7.14 Schematische Darstellung des Kamiokande II-Detektors. Eingezeichnet ist eine Teilchenbahn und das durch sie erzeugte Cherenkovlicht. Gemessen werden in einem Wasser-Cherenkov-Detektor die Ankunftszeiten und Pulshöhen der Cherenkovphotonen in den einzelnen Photomultipliern. Daraus wird die Teilchenbahn rekonstruiert. Nach [Kos92].

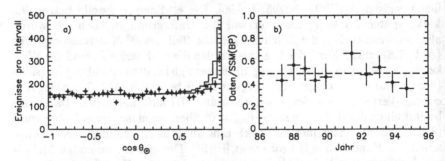

Abb. 7.15 (a) Winkelverteilung (relativ zur Sonnenrichtung) der von Kamiokande gemessenen νe-Streuereignisse mit $7 < E_e < 20$ MeV (Punkte), Vorhersage des SSM plus Untergrund (oberes Histogramm) und beste Anpassung an die Meßpunkte (unteres Histogramm); (b) Verhältnis $\phi_{\mathrm{exp}}/\phi_{\mathrm{SSM}}$ des korrigierten experimentellen B^8-Neutrinoflusses zum SSM-Fluß in Abhängigkeit von der Zeit. Nach [Fuk96].

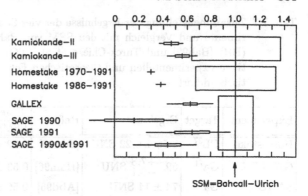

Abb. 7.16 Vergleich der experimentellen Ergebnisse mit den Vorhersagen des SSM von [Bah88] (normiert auf 1). Gezeigt sind auch die Unsicherheiten der theoretischen Vorhersagen (Kästen) sowie die systematischen (längliche Kästen) und statistischen (1σ) experimentellen Fehler. Nach [Nak94].

[Fuk96] nur 49% des vom SSM [Bah92] vorausgesagten Flusses (Tab. 7.3):

$$\frac{\phi_{\text{exp}}}{\phi_{\text{SSM}}} = 0.49 \pm 0.03 \pm 0.06 . \tag{7.35}$$

(Vergleiche auch Meßpunkte und oberes Histogramm in Abb. 7.15a). Kamiokande beobachtete also ebenfalls ein Defizit an solaren Neutrinos. Das Verhältnis $\phi_{\text{exp}}/\phi_{\text{SSM}}$ war unabhängig von der Zeit (Abb. 7.15b); es zeigte insbesondere keine Antikorrelation zur stark zeitabhängigen Sonnenfleckenaktivität (siehe oben) [Fuk96].

7.2.4 Problem der solaren Neutrinos

In Tab. 7.7 sind die neuesten Ergebnisse der vier in Kap. 7.2.3 besprochenen Experimente zusammengestellt und mit den Vorhersagen der beiden gängigen Versionen des SSM [Bah92, Tur93] verglichen. In allen vier Experimenten wird ein *Defizit* gegenüber der SSM-Vorhersage beobachtet, das auch noch einmal in Abb. 7.16 mit etwas älteren Daten veranschaulicht ist. Die zahlreichen Erklärungsversuche für dieses *Problem der solaren Neutrinos* können in zwei Klassen eingeteilt werden [Ber94, Mor94, Shi94, Hax95, Kir95, Kla95, Mor95a, Pet95, Sar95, Bah96a, Vig96]:

• Astrophysikalische Effekte
• Eigenschaften der Neutrinos, insbesondere Neutrino-Oszillationen.

Tab. 7.7 Zusammenstellung der Ergebnisse der vier Sonnenneutrinoexperimente und Vergleich mit den SSM von Bahcall-Pinsonneault (BP) [Bah92] und Turck-Chièze et al. (TC) [Tur93]. Die relativen experimentellen und theoretischen Fehler wurden quadratisch addiert.

Experiment	Target	Ergebnis	Ref.	$\dfrac{\text{Ergebnis}}{\text{SSM(BP)}}$	$\dfrac{\text{Ergebnis}}{\text{SSM(TC)}}$
Homestake	CL^{37}	2.56 ± 0.22 SNU	[Dav96]	0.32 ± 0.05	0.40 ± 0.09
GALLEX	Ga^{71}	$69.7^{+7.8}_{-8.1}$ SNU	[Ham96]	0.53 ± 0.07	0.57 ± 0.07
SAGE	Ga^{71}	74 ± 14 SNU	[Abd95]	0.56 ± 0.11	0.60 ± 0.12
Kamiokande	e^- (H_2O)	$(2.80 \pm 0.38) \cdot 10^6$ $\text{cm}^{-2}\ \text{sec}^{-1}$	[Fuk96]	0.49 ± 0.10	0.64 ± 0.17

a) Astrophysikalische Effekte

Zahlreiche Autoren haben darauf hingewiesen, daß die gängigen Versionen des SSM mit Unsicherheiten behaftet sind, da in ihnen mögliche Effekte [Bah89] (z.B. Turbulenzen, Rotation des Sonnenkerns, Magnetfelder, kollektive Plasmaeffekte [Tsy96], Verringerung der Opazität durch geringere „Metallizität" Z im Sonneninnern) nicht berücksichtigt wurden. Solche Nicht-Standardphänomene können die Zentraltemperatur T_c der Sonne und damit den vorhergesagten Neutrinofluß erniedrigen, ohne daß die vorgegebene Luminosität der Sonne sich dabei ändern darf. Weiter unten wird jedoch ein Argument besprochen, warum eine Erniedrigung von T_c das Problem nicht löst. Wegen der genannten Unsicherheiten sind die an den theoretischen Voraussagen angegebenen Fehler möglicherweise unterschätzt [Mor94].

Eine weitere Unsicherheit ergibt sich im B^8-Fluß (= Fluß der B^8-Neutrinos) durch den bisher nur ungenau gemessenen und extrapolierten Wirkungsquerschnitt (S_{17}-Faktor) der Reaktion $Be^7(p, \gamma)B^8$ für die B^8-Erzeugung (Abb. 7.6). Der *S-Faktor* S_0 einer niederenergetischen Kernreaktion mit Wirkungsquerschnitt $\sigma(E)$ ist gegeben durch die Beziehung [Bah89]

$$\sigma(E) \equiv \frac{S(E)}{E} e^{-2\pi\eta} \quad \text{mit} \quad S_0 = S(0),$$
$$\text{wobei} \quad \eta = Z_1 Z_2 (e^2/\hbar v) \tag{7.36}$$

ist[‡]. $\exp(-2\pi\eta)$ ist der *Gamov-Eindringfaktor* (Coulomb-Barriere); Z_1 und

---

[‡]Die S-Faktoren für die pp, pBe^7, He^3He^3 und He^3He^4-Reaktionen (Abb. 7.6) werden mit S_{11}, S_{17}, S_{33} bzw. S_{34} bezeichnet.

Z_2 sind die Ladungen der beiden reagierenden Kerne und v ihre Relativgeschwindigkeit. In (7.36) sind der geometrische Faktor und die Coulomb-Barriere herausgenommen, so daß $S(E)$ bei Abwesenheit von Resonanzen nur schwach von E abhängt. Der S_{17}-Faktor wurde inzwischen neu bestimmt [Mot94] und um ca. 30% nach unten korrigiert ($S_{17} = (16.7 \pm 3.2)$ eV·b statt (24.3 ± 1.8) eV·b in [Bah88]). Diese Bestimmung geschah durch Messung der zeitumgekehrten Reaktion $B^8(\gamma, p)Be^7$ mit einem virtuellen γ im Coulomb-Feld eines Bleikerns, d.h. der Reaktion $B^8 + Pb^{208} \to Be^7 + p + Pb^{208}$. Eine neuere SSM-Rechnung [Dar96], in der neben anderen Modifikationen auch ein niedrigerer S_{17}-Wert von 17 eV·b benutzt wurde, kommt zu einer wesentlich niedrigeren Ar^{37}-Erzeugungsrate von (4.1 ± 1.2) SNU, statt (8.0 ± 1.0) SNU in Tab. 7.3. Diese Rate ist nicht mehr so weit von der Homestake-Messung (7.26) entfernt. Auch in [Shi94, Kir95] wurden eine niedrigere Ar^{37}-Rate (4.5 SNU) und ein entsprechend niedrigerer B^8-Fluß von $3 \cdot 10^6$ cm^{-2} sec^{-1} [Ber94] (statt $5.7 \cdot 10^6$ cm^{-2} sec^{-1} in Tab. 7.3) berechnet, der gut mit der Kamiokande-Messung (7.34) übereinstimmt. Dagegen wurde die Ge^{71}-Erzeugungsrate nur relativ wenig verändert [Ber94], von 132 SNU (Tab. 7.3) auf (115 ± 6) SNU [Dar96] bzw. 114 SNU [Shi94].

Obwohl diese Korrekturen die SSM-Vorhersagen in Richtung auf die experimentellen Resultate modifizieren, sind zwei Argumente gegen eine astrophysikalische Lösung des Sonnenneutrinoproblems vorgebracht worden. Das erste macht auf einen Konflikt zwischen Homestake und Kamiokande aufmerksam [Bah90, Blu92, Bah95, Bah96a], der durch eine Erniedrigung der zentralen Sonnentemperatur nicht zu beseitigen ist. Vereinfacht (und ohne Berücksichtigung der Fehler) dargestellt: Zu Homestake tragen u.a. die B^8 (78%) und Be^7 (15%)-Flüsse bei, während zu Kamiokande nur der B^8-Fluß beiträgt (Tab. 7.6). Die beiden Flüsse haben nach dem SSM ungefähr die folgende Temperaturabhängigkeit [Bah89]:

$$\phi_\nu(B^8) \propto T^{18} , \quad \phi_\nu(Be^7) \propto T^8 . \tag{7.37}$$

Eine Temperaturerniedrigung gegenüber dem SSM reduziert also den B^8-Fluß stärker als den Be^7-Fluß, würde sich also bei Kamiokande stärker als bei Homestake auswirken. Beobachtet wird aber der umgekehrte Sachverhalt, nämlich eine Abweichung von der SSM-Vorhersage, die größer für Homestake als für Kamiokande ist (Faktor 0.32 gegenüber 0.49). Quantitativ: Um Übereinstimmung mit Kamiokande zu erzielen, müßte die Temperatur von T_c auf $0.961 \cdot T_c$ erniedrigt werden ($0.961^{18} = 0.49$). Dies würde die für Homestake vorausgesagte Ar^{37}-Erzeugungsrate von $R_0 = 8.0$ SNU auf ungefähr (Tab. 7.3)

$$R = \left[6.2 \cdot 0.961^{18} + 1.2 \cdot 0.961^8 + 0.6 \right] \text{ SNU } = 4.51 \text{ SNU} \tag{7.38}$$

reduzieren, also $R/R_0 = 0.56$, während 0.32 ± 0.05 (Tab. 7.7) beobachtet wird. Eine exaktere Monte Carlo-Rechnung [Bah90] kommt zum gleichen Ergebnis. Wahrscheinlich läßt sich der Homestake-Kamiokande-Konflikt nur mit Neutrino-Oszillationen lösen, die sich bei Homestake, das nur auf ν_e empfindlich ist, stärker auswirken als bei Kamiokande, das auch ν_μ und ν_τ mißt, wenn auch mit niedrigerem Wirkungsquerschnitt für $\nu_\mu e$ und $\nu_\tau e$-Streuung als für $\nu_e e$-Streuung (siehe (4.17)).

Ein weiteres, verwandtes Argument gegen eine astrophysikalische Lösung ist in der Frage ausgedrückt „Wo sind die Be^7-Neutrinos?" [Ber94, Bah95, Kir95, Pet95, Sar95, Bah96a] (Defizit an Be^7-Neutrinos). Diese Frage wird durch die folgende Überschlagsrechnung verdeutlicht: Übereinstimmung zwischen Vorhersage und Kamiokande-Ergebnis läßt sich herstellen, wenn man für den B^8-Fluß nur die Hälfte des SSM-Wertes nimmt. Für Homestake bedeutet dies einen B^8-Beitrag von 3.1 SNU, statt 6.2 SNU (Tab. 7.3). Dieser Wert liegt aber immer noch über dem gemessenen Gesamtwert (7.26) von 2.56 SNU, so daß für einen Be^7-Beitrag, der nach dem SSM 1.2 SNU betragen sollte, nichts mehr übrig bleibt. Ähnlich beim Gallium [Kir95]: Addiert man zum B^8-Beitrag (6.9 SNU = Hälfte des SSM-Wertes von 13.8 SNU) den pp-Beitrag von 70.8 SNU (Tab. 7.3), der als sicher angesehen werden kann, so erhält man 77.7 SNU („minimales Modell"), während 69.7 SNU von GALLEX und 74 SNU von SAGE gemessen wurden (Tab. 7.7). Auch hier bleibt also für einen Be^7-Beitrag, der nach dem SSM 35.8 SNU betragen sollte (Tab. 7.3), kein Platz. Da andererseits das B^8, dessen Zerfallsneutrinos ja beobachtet werden, aus einer Reaktion mit Be^7 entsteht (Abb. 7.6), müssen auch Be^7-Neutrinos vorhanden sein.

Umfassende quantitative Analysen, die unabhängig von Einzelheiten des SSM wie z.B. (7.37) sind, wurden u.a. in [Cas94, Hat94, Hee96] durchgeführt. In ihnen wurden die Neutrinoflüsse als freie Parameter aus den Ergebnissen der vier Experimente und der vorgegebenen Sonnenluminosität bestimmt. Es ergab sich jedoch keine akzeptable Lösung [Ber94, Sar95]; vielmehr war der ermittelte Be^7-Fluß viel zu klein bzw. sogar negativ. Damit konzentriert sich das Sonnenneutrinoproblem auf das Problem eines Defizits an Be^7-Neutrinos. Es wurde von vielen Autoren (siehe jedoch [Dar96]) der Schluß gezogen, daß eine astrophysikalische Lösung des Problems nicht existiert; als Ausweg bieten sich Neutrino-Oszillationen an (siehe unten). Die Frage nach dem Be^7-Fluß soll vom Borexino-Experiment (Kap. 7.6.1) durch eine direkte Messung geklärt werden.

Das zuerst vom Homestake-Experiment beobachtete ν_e-Defizit, die Inkompatibilität zwischen Homestake und Kamiokande sowie das Fehlen der Be^7-Neutrinos werden auch als die „drei Probleme der Sonnenneutrinos" bezeichnet [Bah96a].

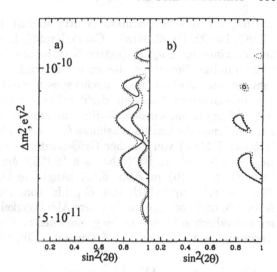

Abb. 7.17
Erlaubte Gebiete in der $(\sin^2 2\theta, \delta m^2)$-Ebene (durchgezogen: 90% CL, gestrichelt: 95% CL) aus zwei verschiedenen Analysen (a und b) der experimentellen Daten. Nach [Kra94].

b) Neutrino-Oszillationen im Vakuum

Es sind verschiedene Vorschläge gemacht worden, das Sonnenneutrinodefizit mit möglichen Eigenschaften der Neutrinos zu erklären; dazu zählen: Neutrino-Zerfall, Neutrino-Oszillationen im Vakuum oder in der Sonnenmaterie (MSW-Effekt), $\nu_e \longleftrightarrow \bar{\nu}_e$ Oszillationen, Spinflip durch ein magnetisches Moment der Neutrinos (Kap. 6.7.1) [Pul92, Shi93], Spin-Flavour-Flip (Kap. 6.7.3) [Lim88], Verletzung des Äquivalenzprinzips durch Neutrinos. Von diesen Erklärungsversuchen ist der MSW-Effekt der plausibelste.

Ein denkbarer Zerfall von Sonnenneutrinos auf ihrem Weg zur Erde (Kap. 6.5) scheidet als Erklärung aus [Ack94, Sar95]: Wegen der relativistischen Zeitdilatation wäre nämlich der Bruchteil der zerfallenden Neutrinos umso größer, je niedriger ihre Energie ist. Es müßte also das Ergebnis von GALLEX, das vor allem die energiearmen pp-Neutrinos mißt, stärker vom SSM abweichen als das Ergebnis von Homestake, das energiereichere Neutrinos mißt. Beobachtet wird jedoch der umgekehrte Sachverhalt (Tab. 7.7). Außerdem lieferte die Supernova SN1987A eine Untergrenze für die Lebensdauer solarer Neutrinos von $\gamma\tau(\nu_e) > 1.6 \cdot 10^4$ J (Kap. 7.3.2)[¶], so daß während der kurzen Flugzeit zur Erde ($\sim$ 8 min) keine meßbare Reduktion des ν_e-Flusses durch ν_e-Zerfälle stattfinden kann.

Neutrino-Oszillationen im Vakuum zwischen Sonne und Erde sind als Er-

---

[¶]Hierbei ist berücksichtigt, daß der γ-Faktor der solaren Neutrinos $\sim \frac{1}{10}$ des γ-Faktors von Supernova-Neutrinos ist.

klärung für das beobachtete Neutrinodefizit intensiv untersucht worden
[Gla87, Bar92, Pal92, Kra94, Cal95, Kra96]. Durch sie können sich die Sonnenneutrinos ν_e in ν_μ, ν_τ (aktive Neutrinos) oder ν_s (*sterile Neutrinos*, z.B.
rechtshändige Neutrinos, die an der schwachen Wechselwirkung nicht teil-
nehmen und deshalb nicht nachgewiesen werden können) umwandeln. In
den quantitativen Analysen, die den Zwei-Flavour-Formalismus (6.123) und
(6.124) benutzten, wurden *Oszillationen langer Wellenlänge* (LWO) betrachtet, bei denen die Oszillationslänge $L_0 = 4\pi E_\nu/\delta m^2$ (6.121) für B^8-Neutrinos
($\langle E_\nu \rangle \approx 7$ MeV) von gleicher Größenordnung wie der Abstand Sonne-Erde
$L_{SE} = 1.5 \cdot 10^{11}$ m ist (d.h. nach (6.121): $\delta m^2 \approx 10^{-10}$ eV^2). In diesem
Falle (Bereich (b) in Abb. 6.16) hängt die Oszillationswahrscheinlichkeit
$P(\nu_e \to \nu_e)$ empfindlich von E_ν, d.h. vom Neutrinoerzeugungsprozess in
Abb. 7.8, und von L_{SE} ab. Letztere Abhängigkeit führt zu einer beobachtba-
ren periodischen Variation des gemessenen ν_e-Flusses mit der jahreszeitlichen
Änderung von L_{SE} um $\pm 1.7\%$ durch die Elliptizität der Erdbahn:

$$L_{SE}(t) = 1 \text{ AE} \cdot \left(1 - \varepsilon \cdot \cos 2\pi \frac{t}{T}\right) \tag{7.39}$$

mit $\varepsilon = 0.0167$, $T = 365$ d ($\Delta L_{SE} = 2\varepsilon \cdot \text{AE} = 5.00 \cdot 10^6$ km). Die rein geome-
trisch bedingte, auch ohne Oszillationen auftretende jährliche Flußänderung
beträgt demnach 6.7%.

Für $L_0 \gg L_{SE}$ (Bereich (a) in Abb. 6.16) können sich keine Oszillationen
ausbilden; für $L_0 \ll L_{SE}$ (Bereich (c) in Abb. 6.16) wird über viele Oszillationen gemittelt (siehe (6.124)), so daß die Abhängigkeit von E_ν verloren
geht und daher nicht erklärt werden kann, warum die verschiedenen Experimente, die ja verschiedene E_ν-Bereiche erfassen (Tab. 7.6; insbesondere Cl^{37}
und Ga^{71}), unterschiedliche Defizite beobachten.

Die Analysen ergaben:

• Die experimentellen Ergebnisse aus den vier Experimenten (Tab. 7.7) können mit Vakuumoszillationen langer Wellenlänge erklärt werden, wobei die
Parameter ungefähr folgende Werte haben [Bar92, Kra94] (Abb. 7.17):

$$0.5 \cdot 10^{-10} \lesssim \delta m^2 \lesssim 1.1 \cdot 10^{-10} \text{ eV}^2 , \quad \sin^2 2\theta \gtrsim 0.7 \tag{7.40}$$

(abgesehen von zwei neu gefundenen Lösungen mit noch kleineren δm^2 [Pet95,
Kra96]). Bester Fit in [Cal95]: $\delta m^2 = 0.62 \cdot 10^{-10}$ eV^2, $\sin^2 2\theta = 0.86$.

• Eine für $L_0 \ll L_{SE}$ zu erwartende energieunabhängige Unterdrückung der
verschiedenen Komponenten des Sonnenneutrinoflusses kann mit $\sim 97\%$ CL
ausgeschlossen werden [Kra96].

• Oszillationen in sterile Neutrinos ($\nu_e \to \nu_s$) sind mit 98% CL ausgeschlossen
[Kra94].

Wenn auch die Vakuumoszillationen langer Wellenlänge eine gute Beschreibung des beobachteten Neutrinodefizits geben, so müßte es doch als unwahrscheinlicher Zufall angesehen werden, daß die Oszillationslänge für B^8-Neutrinos gerade von der Größenordnung des Abstands Sonne–Erde ist.

Die Daten zu den atmosphärischen und solaren Neutrinos (Tab. 7.1, 7.7) wurden, zusammen mit den Ergebnissen aus den Oszillationsexperimenten an Reaktoren (Kap. 6.3.2) und Beschleunigern (Kap. 6.3.3), auch im Drei-Flavour-Formalismus im Vakuum mit dreifacher maximaler Mischung und einem hierarchischen Neutrino-Massenspektrum ($m_1 \ll m_2 \ll m_3$) analysiert (ohne MSW-Effekt) [Giu95, Har95]. Ein guter Fit an alle Daten (außer LSND und Homestake) lieferte die Werte [Har95]:

$$m_3^2 \approx m_3^2 - m_2^2 = (0.72 \pm 0.18) \cdot 10^{-2} \text{ eV}^2$$
$$m_2^2 \approx m_2^2 - m_1^2 < 0.9 \cdot 10^{-11} \text{ eV}^2 \quad (90\% \text{ CL}),$$

$$(7.41)$$

so daß $m_3 \approx (85 \pm 10)$ meV; $m_1, m_2 < 3$ µeV.

c) Neutrino-Oszillationen in Materie (MSW-Effekt)

Der MSW-Effekt in der Sonne, der zu einer beträchtlichen, resonant verstärkten Umwandlung von ν_e in ν_X ($X = \mu$ oder τ) selbst bei kleinem Vakuummischungswinkel θ führen kann, wurde ausführlich in Kap. 6.6 behandelt (Abb. 6.36, 6.37). Dieser Effekt liefert die natürlichste und plausibelste Erklärung für das Problem der solaren Neutrinos [Mik89, Bah89, Boe92, Kim93, Gel95, Hax95, Kla95, Wol95]: Da die radiochemischen Experimente (Cl^{37}, Ga^{71}) nur für die Neutrinoart ν_e empfindlich sind, wird in ihnen ein gemessener Neutrinofluß erwartet, der durch den MSW-Effekt gegenüber den Vorhersagen des SSM *ohne* MSW-Effekt um den Faktor $P(\nu_e \to \nu_e)$ (6.225) reduziert ist. Da außerdem die ν_e-Überlebenswahrscheinlichkeit $P(\nu_e \to \nu_e)$ nach Abb. 6.37 von $\delta m^2/E_\nu$, d.h. bei gegebenem δm^2 von E_ν abhängt, werden für die Experimente mit Cl^{37} und Ga^{71}, die ja verschiedene E_ν-Bereiche erfassen (Abb. 7.8), *verschiedene* Flußreduktionsfaktoren „Meßergebnis/SSM" $\approx P(\nu_e \to \nu_e)$ erwartet. Diese Erwartungen sind qualitativ in Übereinstimmung mit den beiden letzten Spalten von Tab. 7.7. Auch für Kamiokande wird eine Flußreduktion erwartet, die jedoch nicht direkt durch $P(\nu_e \to \nu_e)$ gegeben ist: Zwar ist das Kamiokande-Experiment flavour-blind, d.h. es mißt nicht nur die $\nu_e e$, sondern auch die ν_μ und $\nu_\tau e$-Streuung. Da aber der $\nu_\mu e$ und $\nu_\tau e$-Wirkungsquerschnitt (4.17) um einen Faktor ~ 6 kleiner als der $\nu_e e$-Wirkungsquerschnitt ist, ist im Falle einer Umwandlung $\nu_e \to \nu_X$ durch den MSW-Effekt auch für Kamiokande eine scheinbare Flußreduktion gegenüber dem SSM ohne MSW-Effekt zu erwarten, in qualitativer Übereinstimmung mit der Beobachtung (Tab. 7.7).

Zur quantitativen Behandlung des MSW-Effekts in der Sonne (und in der Erde, siehe unten) und seiner Auswirkungen in den einzelnen Experimenten sind exakte numerische Rechnungen (Monte Carlo-Rechnungen) erforderlich. In mehreren derartigen Analysen (z.B. [Bah89a, Blu92, Ber94a, Fio94a, Fog94, Hat94a, Cal95]) wurden die Ergebnisse aus den vier Sonnenneutrinoexperimenten mit den Vorhersagen des SSM unter Einbeziehung des MSW-Effekts verglichen und aus den Fits die in den Formeln des Kapitels 6.6 auftretenden Parameter ($\sin^2 2\theta$, δm^2) für Vakuumoszillationen bestimmt. Dabei liefert jedes Experiment, das im wesentlichen $P(\nu_e \to \nu_e)$ mit seinen Fehlern mißt, entsprechend Abb. 6.37 in der ($\sin^2 2\theta$, δm^2)-Ebene ein dreieckförmiges Band (Iso-SNU-Band), das den erlaubten Parameterbereich des Experiments darstellt und aus den drei Teilen „adiabatisch", „adiabatisch mit großem Mischungswinkel" und „nicht-adiabatisch" besteht. Da $P(\nu_e \to \nu_e)$ von $\delta m^2 / E_\nu$ abhängt, liegt das erlaubte Band umso tiefer, d.h. bei umso kleineren δm^2, je niedriger der vom Experiment erfaßte E_ν-Bereich ist (für Ga^{71} also niedriger als für Cl^{37}). In den Anpassungsverfahren wird über die verschiedenen beitragenden ν_e-Quellen (Tab. 7.3) summiert und über die zugehörigen ν_e-Spektren (Abb. 7.8) integriert. Wichtig ist eine korrekte Behandlung der experimentellen *und* theoretischen (SSM) Fehler und der Fehlerkorrelationen [Hat94a].

Abb. 7.18 zeigt das Ergebnis einer der jüngsten Anpassungen [Hat94a]. Man erkennt die drei erlaubten Bänder für Homestake, Kamiokande und die beiden Ga^{71}-Experimente GALLEX und SAGE. In den beiden Überlappungsflächen aller drei Bänder liegen die aus dem gemeinsamen Fit sich ergebenden, mit 95% CL erlaubten Wertegebiete (schwarze Flächen); ihre zentralen Parameterwerte lauten:

$$\begin{aligned} \delta m^2 &\approx 6 \cdot 10^{-6} \text{ eV}^2, \quad \sin^2 2\theta \approx 0.007 \quad \text{(Lösung mit kleinem Winkel)} \\ \delta m^2 &\approx 9 \cdot 10^{-6} \text{ eV}^2, \quad \sin^2 2\theta \approx 0.6 \quad \text{(Lösung mit großem Winkel)}. \end{aligned} \tag{7.42}$$

Während die Lösung mit kleinem Winkel, auch nicht-adiabatische Lösung (für Homestake und Kamiokande) genannt, einen exzellenten Fit an die vier Experimente liefert, ist die Lösung mit großem Winkel nur marginal erlaubt. Die zu den beiden Lösungen gehörenden Vakuumoszillationslängen betragen nach (6.121) $L_0 \sim 4 \cdot 10^2$ km bzw. $3 \cdot 10^2$ km für $E_\nu = 1$ MeV.

Für die Klein-Winkellösung in (7.42) sind die in den einzelnen Experimenten infolge des MSW-Effekts zu erwartenden Reduktionen des ν_e-Flusses aus Abb. 7.19 ersichtlich. Sie wurde aus Abb. 6.36 gewonnen und zeigt die ν_e-Überlebenswahrscheinlichkeit $P(\nu_e \to \nu_e)$ gegen E_ν für die Klein-Winkellösung $D = \delta m^2 = 6 \cdot 10^{-6}$ eV^2, $\sin^2 2\theta = 0.007$. Gestrichelt eingezeichnet sind entsprechend Abb. 7.8 die einzelnen ν_e-Flußspektren. Wie man sieht, ist für die pp-Neutrinos mit $E_\nu \leq 0.42$ MeV $P(\nu_e \to \nu_e) \approx 1$, während

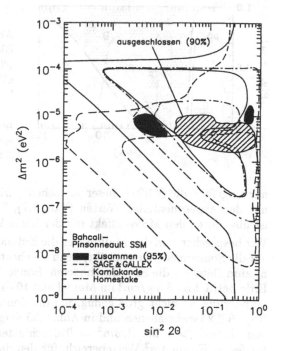

Abb. 7.18 Nach dem MSW-Effekt erlaubte Gebiete in der $(\sin^2 2\theta, \delta m^2)$-Ebene
für die Homestake, Kamiokande und Gallium-Experimente unter Ein-
schluß des Erde-Effekts, der Tag-Nacht-Messungen von Kamiokande
sowie der theoretischen und experimentellen Fehler. Es wurde das SSM
von [Bah92] benutzt. Die schwarzen Flächen entsprechen dem besten
Fit (95% CL) an alle Experimente. Die schraffierte Fläche ist wegen
der Nicht-Beobachtung des Tag-Nacht-Effekts durch Kamiokande ausgeschlossen (90% CL). Nach [Hat94a].

für die Be^7-Neutrinos mit $E_\nu = 0.86$ MeV (und für die *pep*-Neutrinos mit
$E_\nu = 1.44$ MeV) $P(\nu_e \rightarrow \nu_e) \approx 0$ ist. Die Ga^{71}-Experimente „sehen" daher
im wesentlichen nur den gesamten *pp*-Fluß mit 71 SNU (Tab. 7.3), in Übereinstimmung mit den experimentellen Werten (Tab. 7.7). Die Be^7-Neutrinos
können nicht „gesehen" werden, tragen also auch zur Rate von Homestake
nichts bei. Für die B^8-Neutrinos mit $\langle E_\nu \rangle \approx 6$ MeV ist $P(\nu_e \rightarrow \nu_e) \sim 0.4$
mit einer deutlichen E_ν-Abhängigkeit, so daß Homestake und Kamiokande

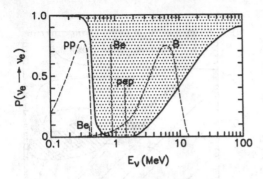

Abb. 7.19
Überlebenswahrscheinlichkeit
$P(\nu_e \rightarrow \nu_e)$ für $\delta m^2 = 6 \cdot 10^{-6}$
eV^2, $\sin^2 2\theta = 0.007$ in Abhängigkeit von E_ν. Gestrichelt eingezeichnet sind (mit beliebiger linearer vertikaler Skala) die Flußspektren der pp, Be^7, pep und Be^8-Neutrinos.

nur ungefähr die Hälfte[§] dieser ν_e „sehen", wiederum in Übereinstimmung mit den experimentellen Werten (Tab. 7.7). Das Fehlen der Be^7-Neutrinos ist also durch den MSW-Effekt mit der Klein-Winkellösung erklärt.

Wir besprechen nun den Einfluß, den die Erdmaterie infolge des MSW-Effekts auf die Sonnenneutrinos ausübt, wenn sie nachts auf ihrem Weg von der Sonne zum Detektor die Erde durchqueren [Bou86, Bal87, Bah89]. Die Dichte der Erde beträgt 3 - 5.5 g/cm^3 im Mantel und 10 - 13 g/cm^3 im Kern. Diese Dichteänderung ist nicht groß genug, um die Sonnenneutrinos den gesamten in Kap. 6.6.2 beschriebenen und in Abb. 6.35 dargestellten MSW-Mechanismus von $A/\delta m^2 \gg 1$ bis $A/\delta m^2 = 0$ durchlaufen zu lassen. Jedoch existiert für festes E_ν ein δm^2-Wertebereich, für den die Resonanzbedingung (6.205) $A_R/\delta m^2 = \cos 2\theta$ erfüllt ist. Z.B. liegt für die B^8-Neutrinos, die von Kamiokande gemessen werden, mit $E_\nu \sim 10$ MeV dieser Wertebereich nach (6.202) mit $\rho \sim 5$ g/cm^3 und $Y_e \approx 0.5$ bei $\delta m^2 \sim 4 \cdot 10^{-6}$ eV^2 für $\cos 2\theta \approx 1$. Wenn die MSW-Resonanzbedingung ungefähr erfüllt ist, finden starke Neutrino-Oszillationen statt, so daß sich in der Sonne aus ν_e entstandene ν_X ($X = \mu, \tau$) in der Erde wieder in ν_e umwandeln können (ν_e-*Regeneration*), bevor sie den Detektor auf der Nachtseite der Erde erreichen. Der Detektor sollte also des Nachts einen etwas größeren ν_e-Fluß messen als tagsüber (*Tag-Nacht-Effekt*). Aus demselben Grunde ist auch eine jahreszeitliche Modulation des ν_e-Flusses zu erwarten, da die vom Detektor erfaßten Neutrinos im Sommer eine kürzere Strecke in der Erde zurücklegen als im Winter. Allerdings ist der erwartete jahreszeitliche Effekt etwas schwächer als der Tag-Nacht-Effekt.

Damit der Tag-Nacht-Effekt zustandekommt, muß eine weitere Bedingung erfüllt sein: Die resonante Oszillationslänge L_{mR} (6.207) darf nicht groß gegen den Erddurchmesser sein; $\sin^2 2\theta$ darf also nicht zu klein sein. Z.B. folgt aus (6.207) mit $\rho \sim 5$ g/cm^3 und $Y_e \approx 0.5$, daß bei der Resonanz eine halbe

---

[§]Kamiokande sieht wegen seiner hohen Energieschwelle nach Korrektur auf das ganze B^8-Spektrum einen höheren Bruchteil als Homestake.

Oszillationslänge kleiner als der Erddurchmesser ($\sim$ 12 · 10^6 m) ist, wenn $\sin^2 2\theta \gtrsim 0.07$ ist.

Der Tag-Nacht-Effekt kann (bisher) nicht in radiochemischen Experimenten beobachtet werden, da bei ihnen ein Meßlauf mehrere Tage dauert und dabei der über diese Zeitdauer gemittelte ν_e-Fluß gemessen wird. Wohl aber würde sich der Effekt in Realzeitexperimenten bemerkbar machen. Die Kamiokande-Kollaboration [Hir91a, Fuk96] hat jedoch vergeblich nach einer Tag-Nacht-Variation des Flusses von B^8-Neutrinos gesucht. Mit diesem negativen Ergebnis kann ein Parametergebiet um die oben genannten Werte ($\delta m^2 \sim 4 \cdot 10^{-6}$ eV^2, $\sin^2 2\theta \gtrsim 0.07$; schraffiertes Gebiet in Abb. 7.18) ausgeschlossen werden. Der Einfluß der Erde auf den ν_e-Fluß sowie die Tag-Nacht-Messungen von Kamiokande sind auch in die Analyse von [Hat94a] (Abb. 7.18) mit einbezogen worden. Der Erde-Effekt führt zu einer gewissen Verformung der Iso-SNU-Linien in der ($\sin^2 2\theta$, δm^2)-Ebene.

Von mehreren Autoren wurde das Problem der solaren Neutrinos im Drei-Flavour-Formalismus behandelt. Wir erwähnen eine Analyse [Fog95], in der das solare Neutrinodefizit *und* die atmosphärische Neutrinoanomalie (Kap. 7.1) gemeinsam im Drei-Flavour-Formalismus unter Einbeziehung des MSW-Effekts in Sonne und Erde untersucht wurden. Die für die Massendifferenzen und Mischungswinkel gefundene Lösung war mit der Tatsache verträglich, daß in bisherigen Experimenten an Reaktoren (Kap. 6.3.2) und Hochenergiebeschleunigern (Kap. 6.3.3) keine Oszillationen beobachtet wurden.

Zusammenfassend läßt sich sagen, daß der MSW-Effekt die zur Zeit attraktivste Erklärung für das beobachtete Defizit an solaren Neutrinos liefert. Die Parameterwerte um (7.42) ergeben eine gute Beschreibung der experimentellen Daten in Tab. 7.7. Der δm^2-Wert ist so klein, daß er in erdgebundenen Oszillationsexperimenten (Tab. 6.4) nicht zugänglich ist. Weitere Experimente mit solaren Neutrinos sind in Vorbereitung (Kap. 7.6.1) und Antworten auf eine Reihe offener Fragen [Bah96a] in Bälde zu erwarten.

d) Seesaw-Modell und Massenhierarchie

Aus den MSW-Lösungen (7.42), insbesondere der Klein-Winkel-Lösung, ergeben sich mit Hilfe der Formeln (6.41) bzw. (6.42) des *Seesaw-Modells* (Kap. 6.1.2) [Gel79, Yan80, Blu92, Boe92, Kim93, Ber94, Gel95, Kla95] Konsequenzen für die Massenhierarchie der Neutrinos und damit für die Teilchenphysik und Kosmologie. Mit der naheliegenden Annahme $m_1 \ll m_2$ kann m_2 in (6.41) bzw. (6.42) aus der Klein-Winkel-Lösung (7.42) gewonnen werden:

$$\delta m^2 \equiv m_2^2 - m_1^2 \approx m_2^2 \approx 6 \cdot 10^{-6} \, eV^2 \,, \text{d.h. } m_2 \approx 2.4 \cdot 10^{-3} \, eV \,. \quad (7.43)$$

Hierbei wurde angenommen, daß es sich bei den Materieoszillationen in der Sonne um $\nu_e \longleftrightarrow \nu_\mu$-Übergänge und nicht um $\nu_e \longleftrightarrow \nu_\tau$-Übergänge handelt,

δm^2 also nicht $m_3^2 - m_1^2$ ist. Mit $m_u \approx 5$ MeV, $m_c \approx 1.3$ GeV [PDG96] und $m_t \approx 180$ GeV [Abe95, PDG96] erhält man – allerdings mit großen Unsicherheiten – aus (6.41) und (7.43) die folgende *Massenhierarchie*:

$$m_1 \approx m(\nu_e) \approx 4 \cdot 10^{-8} \text{ eV}, m_2 \approx m(\nu_\mu) \approx 2.4 \cdot 10^{-3} \text{ eV},$$
$$m_3 \approx m(\nu_\tau) \approx 46 \text{ eV}. \tag{7.44}$$

Diese Massenwerte sind so klein, daß wohl keine Hoffnung besteht, sie einmal direkt messen zu können. Für m_R ergibt sich aus (6.40) und (7.43) der Wert $m_R \approx 0.7 \cdot 10^{12}$ GeV. Benutzt man die weniger wahrscheinliche Alternative (6.42), so ergibt sich:

$$m(\nu_e) \approx 6 \cdot 10^{-8} \text{ eV}, m(\nu_\mu) \approx 2.4 \cdot 10^{-3} \text{ eV}, m(\nu_\tau) \approx 0.7 \text{ eV} \quad (7.45)$$

mit $m_R \approx 4.6 \cdot 10^9$ GeV.

7.3   Neutrinos aus Supernovae

Am 23.2.1987 wurde eine Supernova (SN)-Explosion in der Großen Magellanschen Wolke (GMW) beobachtet, die ca. 50 kparsec (kpc) $= 1.54 \cdot 10^{18}$ km $= 1.63 \cdot 10^5$ Lichtjahre (LJ) von der Erde entfernt ist. Das Ereignis selbst hat also vor $1.6 \cdot 10^5$ Jahren stattgefunden. Die Supernova, SN1987A getauft, wurde nicht nur aufgrund ihrer intensiven elektromagnetischen Strahlung entdeckt, sondern erzeugte auch einen Neutrino-Ausbruch, der von Neutrino-Detektoren registriert wurde. Damit wurden zum ersten Mal Neutrinos nachgewiesen, die nicht terrestrischen oder solaren Ursprungs waren, sondern aus einer extragalaktischen Quelle stammten; es war ein wichtiges Ereignis der experimentellen *Neutrino-Astronomie*. Trotz ihrer geringen Anzahl (insgesamt 19) konnten die gemessenen Neutrinos wesentlich zum Verständnis einer SN-Explosion beitragen und ermöglichten einige Tests von theoretischen SN-Modellen. Außerdem lieferten sie Auskunft über wichtige Neutrinoeigenschaften.

Das folgende Kap. 7.3.1 gibt eine Einführung in die SN-Physik und beschreibt – vereinfacht und qualitativ dargestellt – die dramatischen Vorgänge beim Gravitationskollaps eines massereichen Sterns sowie die dadurch ausgelöste SN-Explosion, ohne auf die komplizierten und z.T. noch nicht eindeutig geklärten Einzelheiten einzugehen. In Kap. 7.3.2 besprechen wir die SN1987A und die aus ihr gewonnenen Ergebnisse zur Neutrinophysik. Ausführliche bzw. zusammenfassende Darstellungen der SN-Physik im allgemeinen und der SN1987A im besonderen finden sich z.B. in [Mur85, Kra87, Mor87, Bro88, Tri88, Arn89, Bah89, Col89, Hil89, Bur90, Pet90, Schr90, Tot91, Kos92, Sut92, Kim93, Hil94, Suz94, Raf96, Vig96].

7.3.1 Supernovaphysik

Eine SN-Explosion bedeutet das Ende der aktiven Lebensdauer eines Sterns. Die mit diesem Ende verbundenen physikalischen Vorgänge hängen von der Masse M des Sterns ab, wobei $M_c \approx 8M_\odot$ ($M_\odot$ = Sonnenmasse, Tab. 7.2) eine kritische Grenze darstellt. Vereinfacht und schematisiert lassen sich zwei Sterntypen und SN-Typen unterscheiden:

• Die meisten Sterne, z.B. unsere Sonne, sind massearm mit $M < M_c$; es sind die normalen *Hauptreihensterne* mit einer typischen Lebensdauer[‡] von $\sim 10^{10}$ J und einer Zentraltemperatur von $\sim 10^7$ K (Werte der Sonne). Bei ihnen ist die Photonluminosität größer als die Neutrinoluminosität (bei der Sonne: 98% gegenüber 2%, Kap. 7.2.1); ein solcher Stern wird am Ende ein Weißer Zwerg, der u.U. in Form einer *Supernova vom Typ I* (keine sichtbaren Wasserstoff-Linien im Spektrum) explodieren kann (siehe unten). Für die Neutrinophysik sind diese Typ I-Supernovae weniger interessant.

• Massereiche Sterne mit $M > M_c$ kommen seltener vor; ihre Lebensdauer beträgt typischerweise nur $\sim 10^7$ J. Sie erreichen Zentraltemperaturen von $\gtrsim 10^8$ K und strahlen Energie hauptsächlich in Form von Neutrinos ab. Sie enden mit einem plötzlichen, dramatischen Gravitationskollaps ihres inneren Cores[§], verbunden mit einer *Supernova vom Typ II* (Wasserstoff im Spektrum). Zurück bleibt eine sich ständig ausbreitende Gaswolke und ein Neutronenstern (Pulsar) oder ein Schwarzes Loch. Für die Neutrinophysik sind Typ II-Supernovae von großem Interesse, da der Core-Kollaps mit einer gewaltigen Neutrinoemission verbunden ist (siehe unten). Typ II-Supernovae sind wahrscheinlich auch die Orte im Weltall, an denen die *astrophysikalische Nukleosynthese* eines großen Teils der schweren Kerne jenseits von Eisen ($A \gtrsim 60$) stattfindet [Mat90, Cow91, Mey94, Raf96]. Sie geschieht vor allem durch die Aufeinanderfolge von schnellen Neutroneneinfängen (*r-Prozesse*, rapid neutron captures) mit anschließenden β-Zerfällen.

Nach dieser einleitenden Klassifizierung besprechen wir die SN-Physik in größerer Ausführlichkeit und fragen zuerst: Wie häufig kommen SN-Explosionen vor?

a) Häufigkeit von Supernovae

Die Häufigkeit von SN-Ereignissen ist schwer zu bestimmen. Eine grobe und mit großen Unsicherheiten behaftete Abschätzung besagt, daß in einer Galaxie wie der unsrigen mit $\sim 2\cdot10^{10}$ Sonnen ein solches Ereignis im Mittel etwa

---

[‡]Die Lebensdauer eines Sterns ist umso kürzer, je größer seine Masse ist.
[§]Um eine Verwechslung von „Atomkern" (nucleus) und „Sternkern" (core) zu vermeiden, benutzen wir für letzteren das englische Wort „core".

alle 40 Jahre einmal vorkommt [Ber91d, Tot91, Sut92, Bem96]. Allerdings lassen sich nicht alle Supernovae in unserer Galaxis optisch beobachten, da die weiter entfernt liegenden vom Staub der galaktischen Scheibe (Milchstraße), in der die Erde sich befindet, verdeckt sind. Tatsächlich wurden in den letzten 1000 Jahren auch nur 5 Supernovae in unserer Galaxis gesehen, u.a. 1054 in China – aus ihr ist der Krebsnebel und Krebspulsar hervorgegangen –, 1572 von Tycho Brahe, 1604 von Kepler. Diese bisher niedrige Beobachtungsrate wird sich wahrscheinlich in Zukunft erhöhen, wenn eine SN vom Typ II schon alleine durch die von ihr emittierten Neutrinos entdeckt werden kann, für die die galaktische Scheibe praktisch transparent ist. Bei weitem die meisten der bisher registrierten Supernovae (mehrere 100) befanden sich in anderen, fernen Galaxien.

b) Vorläuferstern

Wir betrachten die zeitliche Entwicklung eines massereichen Sterns mit $M \approx 20 M_\odot$ als typischer Masse, der als Typ II-Supernova enden wird und deshalb den *Vorläufer* einer solchen SN darstellt. Wie jede Sternentwicklung so wird auch seine „Lebensgeschichte" bestimmt durch das ständige Gegenspiel und Quasigleichgewicht zwischen der nach innen gerichteten, die Sternmaterie kontrahierenden und verdichtenden Gravitation einerseits und dem nach außen gerichteten, die Sternmaterie expandierenden und verdünnenden thermischen Druck andererseits; dieser Druck wird durch die beim thermonuklearen Brennen (Kap. 7.2.1) im Innern entstehende Wärmeenergie erzeugt. Hinzu kommt, daß fortlaufend Energie in Form von (Teilchen-)Strahlung an die Außenwelt abgegeben wird. Am Anfang seines „Lebens" besteht unser Stern aus einer Wolke aus Wasserstoff, die sich durch die Schwerkraft immer weiter verdichtet. Die dabei frei werdende Gravitationsenergie führt zu einer Temperaturerhöhung, bis im Innern der Wolke die thermonukleare Fusion (7.8) von Wasserstoff zu Helium gezündet wird. Die durch die Fusion erzeugte Energie erhöht die Temperatur; es vergrößert sich der Gegendruck zur Gravitation, und der Stern bläht sich auf. Die Kugelschicht, in der das H-Brennen stattfindet, rückt entsprechend dem Verbrauch des Brennstoffs von innen nach außen vor; in ihrem Innern bleibt He-Gas als „Asche" des Brennens zurück. Durch die Gravitation verdichtet sich dieser He-Core, bis in seinem Innern die Fusion von He zu Kohlenstoff, Sauerstoff oder Neon gezündet wird (z.B. $He^4 + He^4 \rightarrow Be^8$, $Be^8 + He^4 \rightarrow C^{12}$); auch die Schicht des He-Brennens verschiebt sich mit der Zeit von innen nach außen. Dieser Vorgang des Verdichtens und Zündens im Core des massereichen Sterns wiederholt sich: Als weitere Stufe setzt die Fusion zu Silizium, Phosphor, Schwefel (z.B. $O^{16} + O^{16} \rightarrow Si^{28} + He^4$, $P^{31} + p$, $S^{31} + n$) und schließlich die Fusion zu den Schwermetallen Fe, Co, Ni ein. Hier endet die Kette von exothermen Fusionen, da diese Kerne im

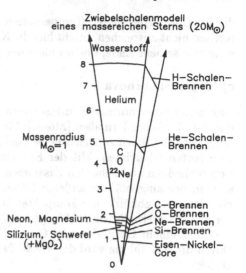

Abb. 7.20 Zwiebelschalenmodell eines massereichen Sterns. Dargestellt ist der Ausschnitt eines voll entwickelten Sterns (Masse $\sim 20 M_\odot$) mit den Schalen aus verschiedenen Elementen und dem thermonuklearen Brennen in den Trennschichten. Nach [Mor87].

Periodischen System die größte Stabilität mit einer maximalen Bindungsenergie von 8.8 MeV pro Nukleon besitzen und deshalb eine weitere Fusion keine Energie mehr freisetzen würde. Interessant sind die immer kürzer werdenden Zeitdauern der einzelnen Brennstufen; nach [Kim93] betragen sie für einen Stern mit 25 $M_\odot$ ungefähr: H-Brennen: $6 \cdot 10^6$ J; He-Brennen: $5 \cdot 10^5$ J; C-Brennen: $6 \cdot 10^2$ J; Ne-Brennen: 1 J; O-Brennen: 0.5 J; Si-Brennen: 1 Tag.

Im Stadium seiner vollen Entwicklung und kurz vor seinem Ende kann ein massereicher Stern vereinfacht durch das *Zwiebelschalenmodell* beschrieben werden, das schematisch in Abb. 7.20 dargestellt ist: Der Stern besteht aus Schalen verschiedener chemischer Zusammensetzung, von H in der Außenschale bis Fe im Core, wobei die Massenzahl A, die Dichte ρ und die Temperatur T von außen nach innen zunehmen. In der Trennschicht zweier Schalen findet das thermonukleare Brennen von leichteren zu schwereren Kernen statt, wobei die jeweils äußere Schale den Brennstoff und die innere Schale die Asche enthält. Diese Asche stellt den Brennstoff für den nächstfolgenden Brennvorgang dar. Entsprechend dem Verbrauch des Brennstoffs rücken die Brennschichten mit der Zeit von innen nach außen vor. Insgesamt hat der Stern nun einen typischen Radius von $\sim 10^8$ km, während der Radius des Fe-Cores nur $\sim 10^3$ km beträgt.

Bei einem normalen, masseärmeren Hauptreihenstern ($M < 8 M_\odot$) verläuft die Lebensgeschichte, wenn auch mit viel geringerer Geschwindigkeit, zu Beginn im Grunde wie beim massereichen Stern: Der Core des Sterns entwickelt sich von H zu He, dann von He zu C und O. Da wegen der geringeren Masse die im Core erreichbaren Temperaturen für die Fusion zu noch schwereren Kernen nicht ausreichen, bricht hier die Kette von Fusionen ab, und der Stern steht vor seinem Ende, das im nächsten Abschnitt beschrieben wird.

c) Typ I-Supernova

Das Ende eines normalen, massearmen Hauptreihensterns verläuft, knapp dargestellt, folgendermaßen [Mor87]: Mit fortschreitender H → He-Verbrennung wird der Stern zunächst heißer, dehnt sich aus und wird vorübergehend zum Roten Überriesen. Mit der Erschöpfung seines Brennvorrates kühlt er sich schließlich ab, zieht sich zusammen und verliert den restlichen Wasserstoff in der aufgeblähten äußeren Hülle. Übrig bleibt ein zuerst heißer, sich aber langsam abkühlender kompakter Stern, *Weißer Zwerg* genannt, mit einer Masse unterhalb von $1.4 M_\odot$ (siehe (7.46)), relativ kleinem Radius ($\sim 10^4$ km) und einem Core, der z.B. C und O, nicht jedoch Fe oder Ni enthält. Durch die Abkühlung wird der Weiße Zwerg am Ende zu einem unsichtbaren Objekt.

Viele massearme Sterne enden jedoch nicht in der beschriebenen Art und Weise, da sie, anders als unsere Sonne, Partner in einem Doppelsternsystem sind. In diesem Fall kann Materie vom Begleiter auf den Weißen Zwerg hinüberströmen, dessen Masse sich dadurch vergrößert, bis eine kritische, von Chandrasekhar angegebene Massengrenze M_{Ch} erreicht ist. Die *Chandrasekhar-Masse* beträgt [Shu82]

$$M_{Ch} = 5.72 \cdot Y_e^2 M_\odot \approx 1.4 \cdot M_\odot = 2.8 \cdot 10^{33} \text{ g},$$

$$\text{wobei } Y_e = \frac{Z}{A} \approx 0.5 \tag{7.46}$$

die Zahl der Elektronen pro Nukleon ist. Sobald die Masse des Weißen Zwerges diese Grenze M_{Ch} überschreitet, zieht sich der Stern durch die übermächtig gewordenen Gravitationskräfte abrupt zusammen (siehe unten); durch die freigewordene Gravitationsenergie erhöht sich die Temperatur, so daß thermonukleares Brennen einsetzt und infolgedessen der ganze Stern explodiert. Diese Explosion ist eine Supernova vom Typ I.

d) Typ II-Supernova

Ein massereicher Stern mit einer typischen Masse von $\sim 20 M_\odot$ und einem Fe-Core endet in einer Supernova vom Typ II, auch *Core-Kollaps-Supernova* genannt. Eine solche SN ist, kurz gesagt, gekennzeichnet durch einen plötzlichen *Gravitationskollaps* (*Implosion*) des Stern-Cores, der einen gewaltigen *Neutrino-Ausbruch* verursacht und eine *Stoßwelle* (*shock wave*) auslöst, durch die die äußeren Sternschichten explosionsartig weggesprengt werden (*Supernovaexplosion*). Für kurze Zeit leuchtet die SN heller als alle $\sim 10^{11}$ Sterne einer Galaxie zusammengerechnet. Übrig bleibt schließlich eine sich immer weiter in den Raum ausbreitende Gaswolke (z.B. Krebsnebel) sowie ein *Neutronenstern* (*Pulsar*, z.B. Krebspulsar) oder, falls der Neutronenstern weitere Materie aus der ihn umgebenden Sternhülle ansammeln kann und dabei eine Masse größer als $\sim 2.5 M_\odot$ erreicht, ein *Schwarzes Loch* am Ort des verschwundenen Sterns.

Wir beschreiben nun den komplizierten Ablauf der dramatischen Ereignisse. Wie oben dargelegt, wächst der Stern-Core aus Fe, Co, Ni durch das Si-Brennen und nimmt stetig an Masse und Dichte zu. Wenn im Core wegen der Erschöpfung des Brennstoffs keine thermonukleare Energieerzeugung mehr stattfinden kann und die Core-Masse die Chandrasekhar-Grenze (7.46) von $(1.4 \pm 0.2) M_\odot$ erreicht, kommt es unausweichlich zum Gravitationskollaps des Cores. Unmittelbar vor dem Kollaps besteht der Core aus einem Gemisch schwerer Kerne, Nukleonen, relativistischer Elektronen und Positronen sowie Photonen. Typische Werte für seine Eigenschaften sind [Bur90]: zentrale Dichte $\sim 10^{10}$ g/cm^3; Temperatur $\sim 5 \cdot 10^9$ K (0.5 MeV); Radius $\sim 10^3$ km im Zentrum des Sterns von insgesamt $\sim 10^7$ bis $\sim 10^9$ km Radius.

Die Einzelheiten des Kollapses selbst sind inzwischen ziemlich gut verstanden [Arn89, Hil89, Bur90, Schr90]; sie sind jedoch recht kompliziert, so daß wir uns hier relativ kurz fassen. Der Kollaps kommt dadurch zustande, daß der Core beim Erreichen der Chandrasekhar-Grenze plötzlich unstabil wird; der vom Elektronengas im Core erzeugte *Entartungsdruck*[†] kann der Gravitation nicht mehr standhalten; der Core kollabiert (implodiert) innerhalb von ~ 100 msec; dabei werden Elektronen beseitigt (und dadurch der Druck reduziert) durch die Umwandlung von (insgesamt $\sim 10^{57}$) Protonen in Neutronen (*Neutronisation, Deleptonisation*) in der e^--Einfangreaktion

$$e^- + p \rightarrow n + \nu_e , \tag{7.47}$$

woraus letzten Endes ein Neutronenstern entsteht. Da jedes ν_e eine mittlere Energie von ~ 10 MeV besitzt, wird also durch die Neutronisationsneutrinos insgesamt eine Energie von $\sim 10^{58}$ MeV $= 1.6 \cdot 10^{52}$ erg abtransportiert. Durch

---

[†]Der Entartungsdruck [Shu82], der in unserem Falle wesentlich größer ist als der thermische Druck, ist eine Folge der Fermi-Dirac-Statistik (Pauli-Prinzip), nach der ein Zustand im Phasenraum nur von zwei Elektronen (mit entgegengesetzten Spins) besetzt werden kann. Nach der Quantenmechanik ist der maximale Impuls p_F in einem Fermi-Gas im Grundzustand (p_F = Fermi-Impuls, Radius der Fermi-Kugel) gegeben durch $n = 8\pi p_F^3/(3h^3)$, n = Teilchenzahldichte, h = Planck-Konstante. Die Impulse p der Elektronen und damit der Entartungsdruck P des Elektronengases sind also umso größer, je größer ihre Dichte n ist: $P \sim nvp \propto n^{4/3}$ für ein relativistisches Gas ($v = c$).

den Core-Kollaps wird die Core-Dichte von $\rho \sim 10^{10}$ g/cm^3 auf die Dichte der Kernmaterie[†] von $\rho_K \approx 2.5 \cdot 10^{14}$ g/cm^3 erhöht; die Core-Temperatur steigt von $\sim 5 \cdot 10^9$ K auf $\sim 10^{11}$ K (~ 10 MeV); der Core-Radius schrumpft von $\sim 10^3$ km auf $\sim 10^2$ km. Es wird ein Teil der Fe-Kerne in Protonen, Neutronen und α-Teilchen zerlegt, z.B. Fe$^{56} \to 13$ He$^4 + 4n$.

Durch die enorme Heftigkeit des Kollapses wird die innere Core-Materie kurzzeitig auf eine Dichte von $\sim 5 \cdot 10^{14}$ g/cm^3 komprimiert, die größer als die Dichte der praktisch inkompressiblen Kernmaterie ist. Die Core-Materie prallt zurück gegen die einfallende äußere Core-Materie und erzeugt dadurch eine gewaltige Stoßwelle, die bei einem Radius von ~ 20 km im Core beginnt und sich mit einer Geschwindigkeit von $\sim 10^5$ km/sec ($\sim \frac{1}{3}c$) nach außen fortpflanzt. Diese Stoßwelle trifft auf die außerhalb des Cores gelegenen Materieschichten des Sterns und bringt sie zur Explosion (SN-Explosion). Bei massereichen Sternen ($M \gtrsim 16 M_\odot$) kann die Stoßwelle vor Erreichen der äußeren Sternschichten vorübergehend zum Stillstand kommen; sie wird dann wieder in Gang gesetzt durch Neutrinos aus dem heißen Core, die einen Teil ihrer Energie, z.B. über $\nu\bar{\nu} \to e^+e^-$, an die Materie hinter der Stoßwelle abgeben. Die Photonen, die direkt in der Stoßwelle erzeugt werden, haben in der dichten Sternmaterie eine extrem kurze freie Weglänge. Es dauert daher einige Stunden, bis sie die äußeren Schichten (Photosphäre) des explodierenden Sterns erreicht haben, von wo aus sie emittiert werden. In der Tat wurde bei SN1987A zuerst der ν-Ausbruch und erst ca. 3 Stunden später das erste optische Signal der SN-Explosion auf der Erde registriert. Aus demselben Grunde leuchtet eine Supernova im optischen Bereich noch für mehrere Monate, während der ν-Ausbruch nur ~ 10 sec dauert (siehe unten). Aus der durch die Explosion abgesprengten Sternhülle wird schließlich eine sich immer weiter ausbreitende Wolke von interstellarem Gas (z.B. Krebsnebel mit ~ 1000 km/sec), das noch für $\sim 10^4$ J Röntgen- und Radiostrahlung aussenden wird. Die Einzelheiten des Mechanismus, der die Absprengung der äußeren Sternhülle verursacht, sind im Gegensatz zum Core-Kollaps noch nicht so gut verstanden.

Wir kehren zum kollabierenden Core zurück; für die Neutrinophysik ist nur er interessant. Beim Kollaps wird die unvorstellbar große Energie von $\sim (2 - 3) \cdot 10^{53}$ erg (Bindungsenergie eines Neutronensterns, $E_B \approx G_N M_{\text{Core}}^2 / R_{\text{Core}}$ mit $M_{\text{Core}} \approx M_{Ch} \approx 1.4 M_\odot$) freigesetzt[†], die zunächst im Core konzentriert ist. Von dieser Energie gehen „nur" $\sim 10^{49}$ erg in die gesamte elektromagnetische

---

[†]Ein Kern mit A Nukleonen hat die Masse Am_N ($m_N = 1.67 \cdot 10^{-24}$ g, Bindungsenergie vernachlässigt) und das Volumen $\frac{4}{3}\pi r_0^3 A$ mit $r_0 = 1.2 \cdot 10^{-13}$ cm, also die Dichte $\rho_K = Am_N / \frac{4}{3}\pi r_0^3 A = 2.3 \cdot 10^{14}$ g/cm^3. ρ_K ist die von A unabhängige *Dichte der Kernmaterie*.

[†]Dies ist in etwa die Energie, die ~ 150 Sonnen im Laufe ihrer gesamten Lebensdauer von $\sim 10^{10}$ Jahren abstrahlen!

Strahlung der SN; $\sim 10^{51}$ erg ($\sim$ 1%) gehen in die SN-Explosion, d.h. sie werden kinetische Energie der Trümmer der Sternhülle. Die verbleibende Energie, also praktisch die Gesamtenergie ($\sim$ 99%, $\sim$ (0.1 - 0.2)$M_\odot$), wird durch Neutrinos abgeführt[‡], deren Ausbruch nur $\sim$ (10 - 20) sec dauert. Es sind vor allem zwei Prozesse im kollabierenden Core, in denen Neutrinos erzeugt werden:

• Aus der schon erwähnten Neutronisation (7.47) stammt ein Puls von ν_e, der jedoch den geringeren Teil der insgesamten Neutrinomenge ausmacht ($\sim 2 \cdot 10^{52}$ erg). Allerdings werden ν_e auch wieder im Core absorbiert durch die zu (7.47) umgekehrte Reaktion (siehe unten).

• Die meisten Neutrinos ($\sim$ 90%) stammen aus der thermischen Neutrino-paarerzeugung

$$e^+ + e^- \rightarrow \nu_\alpha + \overline{\nu}_\alpha \ \text{mit} \ \alpha = e, \mu, \tau, \tag{7.48}$$

durch die der Core abgekühlt wird (*Kelvin-Helmholtz-Neutrino-Kühlung*)[§]. In diesem zweiten ν-Puls ist die Energie ungefähr gleich auf die drei Neutrinoarten aufgeteilt; dabei ist die durchschnittliche Energie pro ν für die $\overset{(-)}{\nu_\mu}$ und $\overset{(-)}{\nu_\tau}$ wegen der für sie niedrigeren Opazität der Core-Materie (siehe unten) etwas höher als für die ν_e, so daß die $\overset{(-)}{\nu_\mu}$ und $\overset{(-)}{\nu_\tau}$-Flüsse entsprechend niedriger sind [Schr90]. Die Energieverteilung jeder einzelnen Neutrinoart folgt ungefähr einer *Fermi-Dirac-Verteilung* ($\langle E_\nu \rangle = 3.15 \cdot kT$, siehe (7.82)) mit den Temperaturen [Boe92] $T \approx 3$ MeV/k für ν_e, $T \approx 6$ MeV/k für $\overset{(-)}{\nu_\mu}$, $\overset{(-)}{\nu_\tau}$ und $T \approx 4.5$ MeV/k für $\overline{\nu}_e$ ($k = 8.617 \cdot 10^{-11}$ MeV K^{-1} ist die Boltzmann-Konstante). Auf die $\overline{\nu}_e$, die auf der Erde durch die Reaktion $\overline{\nu}_e p \rightarrow ne^+$ nachgewiesen werden (Kap. 7.3.2), entfällt $\sim \frac{1}{5}$ der Gesamtenergie, also $\sim 5 \cdot 10^{52}$ erg.

Die erzeugten Neutrinos können den Core wegen seiner ungeheuren Dichte nicht ungehindert verlassen; er bleibt für sie trotz ihres extrem kleinen Wirkungsquerschnitts nicht transparent, sondern wird sehr schnell opak, sobald die Dichte größer als $\sim 2 \cdot 10^{11}$ g/cm^3 geworden ist. Mit anderen Worten: Die mittlere freie Weglänge der Neutrinos wird kleiner als der Core-Durchmesser[¶]; sie kann im Core-Zentrum bis auf ~ 1 m schrumpfen, wenn

---

[‡]Bei einer mittleren ν-Energie von ~ 15 MeV bedeutet das die Emission von $\sim 10^{58}$ Neutrinos durch eine Typ II-SN (1 eV = $1.6 \cdot 10^{-12}$ erg). Es sind sogar die Strahlenschäden (kontrovers) diskutiert worden, die die intensive ν-Strahlung aus SN-Explosionen in unserer Galaxis in biologischem Gewebe auf der Erde verursachen könnte [Col96].

[§]Die e^+ und e^- stammen aus der e^+e^--Paarerzeugung durch energiereiche Photonen.

[¶]Quantitativ unter der vereinfachenden Annahme, daß der Core nur aus Fe besteht: Der Wirkungsquerschnitt für die Reaktion $\nu + \text{Fe} \rightarrow \nu + \text{Fe}$ ($A = 56$, $N = 30$) beträgt $\sigma \approx 4 \cdot 10^{-40}$ cm^2 bei $E_\nu \approx 10$ MeV, siehe (7.23). Hiermit ergibt sich die mittlere freie

dort Dichten bis zu $\sim 10^{15}$ g/cm^3 erreicht werden [Bur90]. Die wichtigsten Reaktionen der Neutrinos mit der Core-Materie sind:

(a) $\overset{(-)}{\nu} + A \to \overset{(-)}{\nu} + A$, $\overset{(-)}{\nu} + (p,n) \to \overset{(-)}{\nu} + (p,n)$

(b) $\overset{(-)}{\nu} + e \to \overset{(-)}{\nu} + e$, $\nu + \bar{\nu} \leftrightarrow e^+ + e^-$ (7.49)

(c) $\nu_e + n \to p + e^-$, $\bar{\nu}_e + p \to n + e^+$,

wobei die Wirkungsquerschnitte für (a) und (c) proportional zu E_ν^2 und für (b) proportional zu E_ν sind (zu (a) siehe [Lei92]). Die erste Reaktion (c) (ν_e-Einfang) ist die Umkehrung der Neutronisationsreaktion (7.47); beide Reaktionen stehen vorübergehend im thermischen Gleichgewicht miteinander. Wegen ihrer Reaktionen sind die Neutrinos im Core nicht frei beweglich (ν-Trapping); sie diffundieren vielmehr durch die Core-Materie in eine äußere Core-Schicht, von wo sie abgestrahlt werden. Diese Trennschicht zwischen den ν-opaken und ν-transparenten Gebieten wird *Neutrinosphäre*[†] genannt, in Analogie zur *Photosphäre* an der Oberfläche eines Sterns, von der Photonen emittiert werden. Die Dauer des ν-Ausbruchs von mehreren Sekunden ist deshalb durch die ν-*Diffusion* (ν-*Transport*) und nicht durch die ν-Erzeugung bestimmt. Außer beim Sternkollaps hat die Materieopazität für Neutrinos nur noch beim Urknall eine wesentliche Rolle gespielt, wo ebenfalls eine extreme Materiedichte den freien Durchgang von Neutrinos verhindert hat.

Detaillierte Modellrechnungen haben ergeben [Arn89, Bur90, Tot91], daß zunächst nur die Peripherie des Cores neutronisiert und dadurch in einem *anfänglichen Neutronisationspuls* von ~ 5 msec eine Energie von $\sim 2 \cdot 10^{51}$ erg in Form von ν_e abgestrahlt wird. Der e-Verlust durch (7.47) wird dann aufgehalten durch die entgegengesetzte ν_e-Einfangsreaktion (7.49c). Zurück bleibt nach ~ 100 msec ein heißer, aufgeblähter, e-reicher Core, in dem noch $\sim 90\%$ der Gesamtenergie steckt [Bur90]. Dieser *Protoneutronenstern* schrumpft, neutronisiert vollständig, kühlt sich ab und erzeugt dabei über die Reaktionen (7.47) und (7.48) den Hauptteil des ν-Signals; erst nach ~ 20 sec ist ein Neutronenstern (Radius ~ 20 km) entstanden. Die Dynamik des Sternkollapses und die ν-Verluste werden also durch die ν-Opazität des Cores und die ν-Diffusion gesteuert.

Der entstandene Neutronenstern (Pulsar) rotiert um seine eigene Achse[§]; er

---

Weglänge ℓ der Neutrinos in Core-Materie der Dichte ρ ($\ell = m_{Fe}/\rho\sigma$ mit $m_{Fe} \approx Am_N \approx$ $9.3 \cdot 10^{-23}$ g): $\ell \approx 20$ km für $\rho \approx 10^{11}$ g/cm^3 (während des Kollapses) bzw. $\ell \approx 10$ m für $\rho \approx 2.5 \cdot 10^{14}$ g/cm^3 (nach dem Kollaps). Die *Opazität* κ (in cm^2 g^{-1}) der Core-Materie ist gegeben durch $\kappa = 1/\ell\rho = \sigma/m_{Fe}$.

[†]Da für $\overset{(-)}{\nu_\mu}$ und $\overset{(-)}{\nu_\tau}$ nur die Reaktionen (7.49a,b) möglich sind, ist ihre Opazität geringer als die für $\overset{(-)}{\nu_e}$. Ihre Neutrinosphäre liegt daher in einer tieferen, d.h. heißeren Core-Schicht als für $\overset{(-)}{\nu_e}$ (siehe die obigen Temperaturen).

[§]Die Perioden der bisher entdeckten Pulsare liegen zwischen 1.6 msec und 4.3 sec.

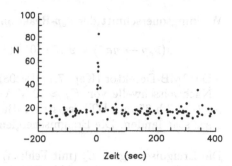

Abb. 7.21
Der von Kamiokande [Hir87] beobach-
tete Neutrinopuls aus SN1987A. Nach
[Sut92].

besitzt ein starkes Magnetfeld, das an den Polen $\sim 10^{12}$ G beträgt. In diesem Magnetfeld erzeugen Elektronen gerichtete elektromagnetische Strahlung, die wegen der Rotation des Neutronensterns mit fester Frequenz bei geeigneter Orientierung die Erde überstreichen kann; der Neutronenstern wird als Pulsar wahrgenommen. In langen Zeiträumen nehmen Rotationsfrequenz und Strahlungsintensität allmählich ab (Alter der Pulsare: 10^3 bis 10^8 J).

7.3.2 Supernova SN1987A

Die Supernova SN1987A am 23.2.1987, die als Typ II-Supernova identifiziert wurde, war auch für die Neutrinophysik ein Jahrhundertereignis. Ihr Vorläufer war Sanduleak (SK–69° 202), ein blauer Überriese mit einer Masse von $\sim 20 M_\odot$. Der von SN1987A verursachte ν-Ausbruch konnte von zwei Wasser-Cherenkov-Detektoren zeitgleich beobachtet werden:

• Der Kamiokande-Detektor (Kap. 7.2.3) mit einer inneren H_2O-Targetmasse von 2140 t und einer e-Nachweisschwelle von $E_S = 7.5$ MeV hat 11 ν-Ereignisse innerhalb von 12.4 sec um 7 h 35 min ($\pm$ 1 min) UT** registriert [Hir87, Tot94], Abb. 7.21. 8 dieser 11 Ereignisse fanden in den ersten 2 sec statt. Die Energien E_e der durch ihr Cherenkov-Licht registrierten $e^\pm$ lagen zwischen 7.5 und 36 MeV („Ereignisenergie"). Die Ereignisse gehörten praktisch alle zur Reaktion $\bar{\nu}_e p \to n e^+$ an freien Protonen im H_2O des Detektors mit isotroper Winkelverteilung der e^+. Lediglich beim ersten Ereignis mit $E_e \approx 20$ MeV war der Winkel θ_e zwischen der e-Richtung und der Richtung zur Supernova relativ klein, nämlich $\theta_e = 18° \pm 18°$. Dieses Ereignis könnte daher auch eine elastische νe-Streuung†† gewesen sein, deren Wirkungsquerschnitt im vorliegenden E_ν-Bereich allerdings ~ 100 mal kleiner als der

---

**UT = universal time (Weltzeit).
††Nach (4.20) gilt für die νe-Streuung mit $E_e = 20$ MeV: $\theta_e \lesssim 13°$.

Wirkungsquerschnitt der $\bar{\nu}_e p$-Reaktion ist, der gegeben ist durch [Kim93]

$$\sigma(\bar{\nu}_e p \to n e^+) = 9.75 \cdot 10^{-44} (E_\nu/\text{MeV})^2 \text{ cm}^2 . \tag{7.50}$$

• Der IMB-Detektor (Kap. 7.1) [Bec93] mit einer Masse von 5000 t und einer e-Nachweisschwelle von $E_S \approx 19$ MeV hat 8 ν-Ereignisse innerhalb von 5.6 sec (um 7 h 35 min UT) registriert [Bio87], von denen 5 innerhalb der ersten 2 sec stattfanden. Die Ereignisenergien lagen zwischen 19 und 40 MeV.

Die Ereignisenergien E_e (mit Fehlern) und Zeiten der 11 Kamiokande- und 8 IMB-Ereignisse sind in Abb. 7.22 dargestellt.

Neutrinos wurden am 23.2.1987 auch von zwei unterirdischen Flüssig-Szintillator-Dektektoren (LSD) registriert; der eine (NUSEX) stand im Mont-Blanc-Tunnel (90 t Flüssig-Szintillator, $E_S \approx 7$ MeV) [Agl87], der andere im Baksan-Laboratorium im Kaukasus (200 t, $E_S \approx 10$ MeV) [Ale87]. Beide Experimente sind jedoch mit den Kamiokande/IMB-Messungen praktisch unvereinbar: Der im Mont Blanc-Tunnel gemessene ν-Puls (5 ν-Ereignisse in 7 sec) fand schon um 2 h 52 min UT, also 4.7 Std vor dem ν-Puls von Kamiokande/IMB statt, während diese beiden viel größeren Detektoren um 2 h 52 min UT keine Neutrinos registrierten, obwohl Mont-Blanc und Kamiokande vergleichbar niedrige Nachweisschwellen haben. Zwar hat man versucht, beide Messungen durch ein Zwei-Puls-Modell (1. Puls durch die Bildung eines Neutronensterns, 2. Puls durch den Kollaps des Neutronensterns zu einem Schwarzen Loch) miteinander in Einklang zu bringen; jedoch konnte diese Erklärung nicht aufrecht erhalten werden. Auch der Baksan-ν-Puls (5 ν-Ereignisse in 9 sec) paßt zeitlich nicht zum Kamiokande/IMB-Puls. Aus diesen Gründen werden die beiden LSD-Experimente, wie allgemein üblich, hier nicht weiter betrachtet.

Aus den beiden Experimenten Kamiokande und IMB konnten wichtige Ergebnisse zur Supernovaphysik und zu den Neutrinoeigenschaften gewonnen werden, die im folgenden zusammengefaßt werden.

a) Ergebnisse zur Supernovaphysik

Wir beschränken uns hier auf die Ergebnisse, die aus den Neutrinomessungen gewonnen wurden, und diskutieren nicht die zahlreichen Resultate, die die Messungen der elektromagnetischen Strahlung aus SN1987A geliefert haben [Arn89, Hil89, Schr90]. Die wichtigsten Ergebnisse, durch die die wesentlichen Aussagen des heutigen Typ II-SN-Modells zum ersten Mal experimentell getestet werden konnten, waren [Bur90, Schr90]:

• Die registrierten Neutrinos waren alle oder fast alle vom Typ $\bar{\nu}_e$. Aus der Energieverteilung der beobachteten Ereignisse ergab sich durch Anpassung einer *Fermi-Dirac-Verteilung* eine Temperatur von $T(\bar{\nu}_e) = (4.0\pm1.0)$ MeV$/k$ und eine mittlere $\bar{\nu}_e$-Energie von $\langle E_\nu \rangle = (12.5 \pm 3.0)$ MeV ($\langle E_\nu \rangle = 3.15 \cdot kT_\nu$, siehe (7.82)).

• Aus der Zahl der $\bar{\nu}_e$-Ereignisse, der Detektorgröße und dem Wirkungsquerschnitt für die Nachweisreaktion ergab sich die zeitintegrierte $\bar{\nu}_e$-Flußdichte auf der Erde zu $F = (5.0 \pm 2.5) \cdot 10^9$ cm^{-2}. Hiermit läßt sich die Anzahl N_{tot} der insgesamt von SN1987A emittierten Neutrinos grob abschätzen (Faktor ~ 6 für die anderen ν-Arten, Abstand SN–Erde: $L = 1.5 \cdot 10^{18}$ km):

$$N_{\text{tot}} = 6F \cdot 4\pi L^2 \approx 8 \cdot 10^{57}. \tag{7.51}$$

Für die gesamte abgestrahlte Energie, d.h. die Bindungsenergie des entstandenen Neutronensterns erhält man $E_{\text{tot}} \approx N_{\text{tot}} \cdot \langle E_\nu \rangle \approx (2 \pm 1) \cdot 10^{53}$ erg. Wegen genaueren Berechnungen siehe z.B. [Schr90].

• Die beobachtete ν-Signal-Zerfallszeit betrug ~ 4 sec; die Gesamtdauer des ν-Pulses war ~ 10 sec.

• Der Core-Radius (Radius des Neutronensterns) und die Masse des jungen Neutronensterns ließen sich zu (30 ± 20) km bzw. $\sim 1.4 M_\odot$ abschätzen.

All diese experimentellen Werte stimmen erstaunlich gut mit den Modellvorhersagen (Kap. 7.3.1) überein.

b) Ergebnisse zu Neutrinoeigenschaften

Aus der SN1987A konnten Grenzen für mehrere Neutrinogrößen (Masse, Lebensdauer, Ladung, magnetisches Moment, ν-Mischung, Anzahl der ν-Arten) bestimmt werden [Mor87, Arn89, Bah89, Hil89, Den90, Raf90a, Schr90] [Kol91, Moh91, Boe92, Ell92a, Kim93, Gel95, Raf96]. Drei Ergebnisse wurden schon in Kap. 6.5 (τ_H), 6.7.1 (μ_ν) und 6.7.2 (Q_ν) erwähnt; sie werden hier der Vollständigkeit halber noch einmal mit aufgeführt.

• **Masse.** Die Flugzeit T eines Neutrinos, das die Masse m_ν und Energie E_ν mit $m_\nu \ll E_\nu$ hat, von der Quelle (Emissionszeitpunkt t_0) zum Detektor (Ankunftszeitpunkt t) mit Abstand L voneinander beträgt

$$T = t - t_0 = \frac{L}{v} = \frac{L}{c} \frac{E_\nu}{p_\nu c} = \frac{L}{c} \frac{E_\nu}{\sqrt{E_\nu^2 - m_\nu^2}} \approx \frac{L}{c} \cdot \left(1 + \frac{m_\nu^2}{2E_\nu^2} \right). \tag{7.52}$$

Für $m_\nu = 0$ erhält man natürlich $T = L/c$. Für $m_\nu > 0$ ist die Flugzeit umso kürzer, je größer E_ν ist. Wegen der großen Entfernung $L = 1.5 \cdot 10^{18}$ km von der SN zur Erde hat schon eine kleine Masse m_ν meßbare Flugzeitunterschiede für Neutrinos mit verschiedenen Energien zur Folge. Zwei Neutrinos mit E_1 und E_2 ($E_1 > E_2$), die die Quelle zu den Zeitpunkten t_{01}

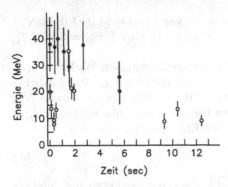

Abb. 7.22
Elektronenergien und Zeitpunkte der 11
Kamiokande-Ereignisse (offene Kreise)
und 8 IMB-Ereignisse (volle Punkte).
Das jeweils erste Ereignis liegt bei $t = 0$.
Nach [Boe92].

und t_{02} ($\Delta t_0 = t_{02} - t_{01}$) verlassen, kommen auf der Erde mit einem zeitlichen Abstand Δt an, der nach (7.52) gegeben ist durch

$$\Delta t = t_2 - t_1 = \Delta t_0 + \frac{Lm_\nu^2}{2c}\left(\frac{1}{E_2^2} - \frac{1}{E_1^2}\right). \tag{7.53}$$

In dieser Gleichung sind Δt, L, E_1, E_2 bekannt (gemessen); Δt_0 und m_ν sind unbekannt. Um also Auskunft über m_ν zu gewinnen, müssen Annahmen über Δt_0 gemacht werden. Daher sind alle m_ν-Abschätzungen aus der SN1987A modellabhängig. Falls die beiden Neutrinos die Quelle *gleichzeitig* verlassen (d.h. $\Delta t_0 = 0$), so erhält man aus (7.53):

$$m_\nu^2 = \frac{2c\Delta t}{L}\left(\frac{1}{E_2^2} - \frac{1}{E_1^2}\right)^{-1} = 0.39 \cdot \frac{\Delta t/\text{sec} \cdot (E_1/\text{MeV})^2}{L/50\text{ kpc}} \cdot \frac{1}{\alpha^2 - 1}\text{ eV}^2$$

$$\text{mit } \alpha = \frac{E_1}{E_2} > 1, \tag{7.54}$$

wobei in (7.54) schon passende Maßeinheiten eingesetzt wurden.

Die von Kamiokande und IMB gemessenen ν-Pulse mit einer Zeitdauer von 13 sec bzw. 6 sec (Abb. 7.22) sind vollkommen verträglich mit $m_\nu = 0$. In diesem Fall haben alle Neutrinos die gleiche Flugzeit, so daß das Intervall ihrer gemessenen Ankunftszeiten gleich dem Zeitintervall ihrer Emission durch die Supernova ist ($\Delta t = \Delta t_0$). In der Tat stimmt der gemessene Wert von ~ 10 sec gut mit der Vorhersage von SN-Modellen für die Dauer des ν-Ausbruchs überein (Kap. 7.3.1).

Um jedoch eine grobe Obergrenze für $m_\nu = m(\overline{\nu}_e)$ mit Hilfe von (7.54) zu gewinnen, wählen wir von den Kamiokande-Neutrinos zwei geeignete aus und nehmen von ihnen an, daß sie *gleichzeitig* ($\Delta t_0 = 0$) von SN1987A emittiert wurden[§], so daß ihre unterschiedlichen Ankunftszeiten wegen $m_\nu > 0$ nach (7.53) allein durch ihre verschiedenen Energien verursacht sind ($E_1 > E_2$, so daß $t_1 < t_2$). Wie man aus (7.54) sieht, ist die m_ν-Obergrenze umso höher, je größer die Zeitdifferenz Δt, je höher die größere Energie E_1 und je kleiner $\alpha > 1$ ist. Unter Berücksichtigung dieser Abhängigkeiten und mit der Annahme $E_\nu \approx E_e$ nehmen wir in Abb. 7.22 das Kamiokande-Ereignis mit der höchsten Energie von (35.4 ± 8.0) MeV und das $\Delta t = 9$ sec spätere Ereignis mit (13.0 ± 2.6) MeV; unter Einschluß der Fehler ($E_1 = 43.4$ MeV, $E_2 = 15.6$ MeV) ergibt sich dann nach (7.54):

$$m(\nu_e) < 31 \text{ eV} . \tag{7.55}$$

Hierbei wurde allerdings angenommen, daß die Supernova *nicht* zuerst das energieärmere und dann das energiereichere ν ausgesandt hat, wobei letzteres das erstere auf dem Weg zur Erde überholt hätte ($\Delta t_0 < 0$)[¶].

Die Obergrenze (7.55) ist schlechter als die aus den Tritium-Experimenten gewonnenen Obergrenzen (Kap. 6.2.1, Tab. 6.2). Ausgefeiltere, allerdings SN-modellabhängige Analysen der registrierten ν-Ereignisse kommen zu etwas günstigeren Werten, z.B. $m(\nu_e) < 25$ eV (90% CL) in [Ell92a].

Eine m_ν-Obergrenze im keV-Bereich, also für $m(\nu_\mu)$ und $m(\nu_\tau)$, ergibt sich aus der SN1987A für Dirac-Neutrinos aufgrund des Unterschieds zwischen Helizität und Chiralität für ein massives Neutrino (Kap. 1.4.6, 1.4.7) [Bur92, May93, Gyu95]: Im Rahmes des elektroschwachen Standardmodells kann in der elastischen νN-Streuung bzw. νe-Streuung im Falle $m_\nu > 0$ ein Spinflip des ν von der „richtigen" Helizität in die „falsche" Helizität stattfinden, d.h. $\nu_- N \to \nu_+ N$, $\overline{\nu}_+ N \to \overline{\nu}_- N$ (entsprechend für νe-Streuung). Die Wahrscheinlichkeit für diese *Spinflip-Streuung* ist gegenüber der für die normale Spin-Nichtflip-Streuung ($\nu_- N \to \nu_- N$, $\overline{\nu}_+ N \to \overline{\nu}_+ N$) um den Faktor $(m_\nu/2E_\nu)^2$ unterdrückt. Möglich wird die Spinflip-Streuung dadurch, daß im Chiralitätszustand ν_L ($\overline{\nu}_R$) der (V–A)-Wechselwirkung der „falsche" Helizitätszustand ν_+ ($\overline{\nu}_-$) mit der Amplitude $\sim m_\nu/2E_\nu$, d.h. der Wahrscheinlichkeit $(m_\nu/2E_\nu)^2$ enthalten ist, siehe (6.252). Ein im Core-Kollaps mit „richtiger" Helizität erzeugtes ν kann also durch Wechselwirkung in der dichten Core-Materie seine Helizität umkehren und dann als praktisch steriles Neutrino den Core ungehindert, d.h. ohne ν-Trapping und ν-Diffusion, *sofort* verlassen; denn eine weitere Streuung des ν mit nun „falscher" Helizität aufgrund

---

[§]Die Annahme einer *gleichzeitigen* Emission kann nicht für *alle* Kamiokande-Neutrinos zutreffen, da sonst die ν-Ankunft umso früher wäre, je größer E_ν ist. Eine solche eindeutige Zeit-Energie-Beziehung wurde jedoch, wie Abb. 7.22 zeigt, nicht beobachtet.

[¶]Nimmt man nur die 8 Kamiokande-Ereignisse in den ersten 2 sec, so erhält man $m(\overline{\nu}_e) < 11$ eV [Arn89, Bah89, Schr90].

seines kleinen ν_L-Anteils ist für $m_\nu \lesssim 300$ keV extrem unwahrscheinlich (Gesamtwahrscheinlichkeit für zweimalige Streuung $\sim (m_\nu/2E_\nu)^4$; $\sigma \approx G_F^2 m_\nu^2/\pi$ für Streuung eines ν mit „falscher" Helizität, hieraus: mittlere freie Weglänge $\gtrsim$ Core-Größe für $m_\nu \lesssim 300$ keV [Bur92]). Je größer also m_ν ist, umso größer ist die Erzeugung quasi-steriler ν, umso schneller findet der Abtransport der Energie und damit die Abkühlung des jungen Neutronensterns statt und umso kürzer ist der ν-Ausbruch. Aus der beobachteten Dauer des ν-Pulses aus SN1987A wurde eine Obergrenze von

$$m_\nu \lesssim 30 \text{ keV} \tag{7.56}$$

hergeleitet.

Es wurde auch die Möglichkeit diskutiert [Dod92], daß ein aus einer νN-Streuung mit „falscher" Helizität hervorgegangenes ν_H im keV-Bereich radiativ zurück in ein leichteres ν_a mit „richtiger" Helizität zerfällt, z.B. $\nu_{H+} \rightarrow \nu_{a-} + \gamma$, so daß die obige Verkürzung des ν-Ausbruchs abgeschwächt würde. Aus den SN1987A-Daten ergab sich, daß der Bereich

$$10^{-9} \frac{\text{sec}}{\text{keV}} < \frac{\tau_H}{m_H} < 5 \cdot 10^7 \frac{\text{sec}}{\text{keV}} \tag{7.57}$$

ausgeschlossen ist.

• **Lebensdauer.** Eine Untergrenze für die mittlere Lebensdauer $\tau(\overline{\nu}_e)$ des $\overline{\nu}_e$ ergibt sich einfach aus der Tatsache, daß die registrierten $\overline{\nu}_e$ nach einer Flugstrecke von $1.6 \cdot 10^5$ LJ ungefähr in der erwarteten Anzahl die Erde erreicht haben, ohne unterwegs zerfallen zu sein; also:

$$\gamma\tau(\overline{\nu}_e) > 1.6 \cdot 10^5 \text{ J} \quad \text{mit} \quad \gamma = E_\nu/m_\nu, \tag{7.58}$$

wobei γ die relativistische Zeitdilatation berücksichtigt. Mit $E_\nu \approx 12.5$ MeV (siehe oben) erhält man:

$$\tau(\overline{\nu}_e) > 4 \cdot 10^5 \cdot \frac{m(\overline{\nu}_e)}{\text{eV}} \text{ sec}. \tag{7.59}$$

Allerdings wurde in [Fri88] darauf hingewiesen, daß das Ergebnis (7.59) zu naiv ist, da beim Neutrino-Zerfall i.a. die Flavour-Mischung nicht vernachlässigt werden darf. Im Falle großer Mischungswinkel kann eine Lebensdauer, die kürzer als (7.59) ist, nicht ausgeschlossen werden, siehe auch [Kim93].

Eine wesentlich schärfere Untergrenze ergibt sich für den radiativen Zerfall $\nu_H \rightarrow \nu_\alpha + \gamma$ (6.164a) aus der Beobachtung, daß während der Ankunft der Neutrinos aus SN1987A der γ-Fluß aus der Richtung der Supernova nicht erhöht war, siehe Kap. 6.5. Die in [Blu92a] berechneten Untergrenzen sind in (6.172) angegeben.

• **Ladung.** Obergrenzen für die elektrische Ladung $Q(\bar{\nu}_e)$ des $\bar{\nu}_e$ wurden in [Bar87] (Kap. 6.7.2) hergeleitet: Hätten die von Kamiokande und IMB registrierten $\bar{\nu}_e$ eine Ladung, dann wären ihre Flugbahnen infolge der Lorentz-Kraft durch die Magnetfelder zwischen GMW und Erde gekrümmt und zwar umso stärker, je größer Q und je niedriger die Energie E_ν ist; die Bahnlängen und damit die Ankunftszeiten würden also von E_ν abhängen. Aus dem beobachteten Ankunftszeitintervall von ~ 10 sec wurden die beiden in (6.241) angegebenen $Q(\bar{\nu}_e)$-Obergrenzen berechnet und zwar unter der Annahme (a) eines intergalaktischen Magnetfelds von 10^{-9} G bzw. (b) eines galaktischen Magnetfelds von 10^{-6} G.

• **Magnetisches Moment.** Wenn die Neutrinos ein magnetisches Moment μ_ν hätten (Kap. 6.7.1), könnten sie aufgrund dessen im starken Magnetfeld ($\sim 10^{12}$ G) des kollabierenden Supernova-Cores (in den Spinflip-Reaktionen $\nu_L e^- \to \nu_R e^-$ oder $\nu_L p \to \nu_R p$) in großer Anzahl von linkshändigen in rechtshändige, sterile Neutrinos umgedreht werden (umgekehrt für Antineutrinos). Da diese praktisch nicht wechselwirken (siehe oben), könnten sie den Core ungehindert *sofort* verlassen und dadurch einen schnelleren Abtransport von Energie, also eine schnellere Abkühlung des Protoneutronensterns bewirken (Kap. 7.3.1). Dies gilt insbesondere für die energiereichen Neutrinos (30 - 100 MeV) aus dem Core-Innern. Solche sterilen Neutrinos könnten außerdem durch das intergalaktische Magnetfeld z.T. wieder in linkshändige, also nachweisbare Neutrinos zurückgedreht werden. Bei SN1987A wurden weder eine verkürzte Abkühlzeit, d.h. eine Verkürzung des ν-Pulses, noch eine größere Anzahl von energiereicheren ν-Ereignissen mit $E_\nu \sim 50$ MeV (und damit größerem Wirkungsquerschnitt) beobachtet. Hieraus wurden μ_ν-Obergrenzen von ungefähr

$$\mu(\bar{\nu}_e) < 10^{-12} \, \mu_B \tag{7.60}$$

abgeleitet [Gol88, Ell92a].

• **Mischung.** Nach dem gängigen SN-Modell (Kap. 7.3.1) werden die verschiedenen Neutrinoarten im SN-Core mit ungefähr gleicher Häufigkeit, jedoch mit verschiedenen mittleren Energien erzeugt; die $\overset{(-)}{\nu_\mu}$ und $\overset{(-)}{\nu_\tau}$ sind energiereicher, die ν_e energieärmer und die $\bar{\nu}_e$ liegen dazwischen. Durch Vakuumoszillationen zwischen SN1987A und Erde würden diese energetischen Unterschiede ausgeglichen, wenn die Oszillationslänge klein gegen den Abstand zwischen Quelle und Detektor ist. Allerdings ist es schwer, mit den wenigen SN1987A-Neutrinos solche subtilen Energieeffekte nachzuweisen [Jeg96].

Der MSW-Effekt (Kap. 6.6.2) könnte die ν_e aus dem anfänglichen Neutronisationspuls im SN-Core in ν_μ, ν_τ umwandeln. Dadurch wäre der Nachweis dieses Pulses durch νe-Ereignisse beträchtlich erschwert, da der $\nu_\mu e$ und $\nu_\tau e$-Wirkungsquerschnitt nur $\sim \frac{1}{6}$ des $\nu_e e$-Wirkungsquerschnitts beträgt, siehe (4.17). Aus den SN1987A-Beobachtungen lassen sich keine definitiven Aussagen zum MSW-Effekt in der Supernova machen.

• **Zahl der Neutrinoarten.** Die Anzahl N_ν der leichten Neutrinoarten konnte aus der SN1987A grob abgeschätzt werden aus der Tatsache, daß bei ungefähr gleicher Aufteilung der beim Core-Kollaps frei werdenden und abzutransportierenden Bindungsenergie ($\sim 2 \cdot 10^{53}$ erg) auf die N_ν Neutrinoarten umso weniger Energie auf eine einzelne Neutrinoart entfällt, je größer N_ν ist. Die beobachteten $\bar\nu_e$-Ereignisse waren damit verträglich, daß auf die $\bar\nu_e$ ungefähr $\frac{1}{6}$ der Gesamtenergie entfiel (siehe oben), also mit $N_\nu \approx 3$ [Den90]. Eine genauere Berechnung [Schr90] ergab [Ell92a]:

$$N_\nu = 2.5^{+4.1}_{-0.8} < 8 \ (90\% \ \text{CL}). \tag{7.61}$$

Natürlich ist diese N_ν-Bestimmung aus SN1987A überholt durch die viel genauere Bestimmung aus den LEP-Experimenten, siehe (1.104) (Kap. 1.9).

7.4   Kosmologische Neutrinos

Von den bekannten Teilchen kommen die *kosmologischen Neutrinos und Photonen* (*Restneutrinos, Restphotonen*) aus dem Urknall (*kosmische Hintergrundstrahlung*) bei weitem am häufigsten im Weltall vor; in jedem cm^3 des Universums sind einige 100 von ihnen enthalten. Diese Neutrinos [Bul83, Chi84, Tur85, Gel88, Kol91, Moh91, Boe92, Sut92, Kim93, Gel95] besitzen extrem niedrige Energien ($\langle E_\nu \rangle \sim 5 \cdot 10^{-4}$ eV) und damit extrem kleine Wirkungsquerschnitte ($\sigma_{CC} \sim 10^{-54}$ cm^2 für $\nu_e n \to p e^-$ [Lea93]*, $\sigma \sim 10^{-54}$ cm^2 für $\nu e \to \nu e$ [Kim93]), so daß man sie bis auf weiteres experimentell nicht wird nachweisen können. Andererseits haben die kosmologischen Neutrinos bei der primordialen Nukleosynthese (Urknall-Nukleosynthese) der leichten Elemente eine wesentliche Rolle gespielt; sie könnten außerdem, falls Neutrinos eine Masse besitzen, die fehlende Dunkle Materie im Weltall ausmachen bzw. zu ihr beitragen.

7.4.1   Kosmologische Grundlagen

Das heute allgemein akzeptierte *Kosmologische Standardmodell* (KSM) von der Entstehung und Entwicklung des Weltalls ist das *Urknallmodell* (*Hot*

---

*Zur Veranschaulichung: Obwohl $\sim 10^{17}$ Restneutrinos pro sec den menschlichen Körper durchqueren, reagiert während eines Menschenlebens im Mittel nur ein einziges [Lea93]!

Big Bang Model) [Wei72, Wei77, Ste79, Tur79, Dol81, Chi84, Bor88, Haw88, Col89, Sil89, Kol90, Moh91, Pee91, Fre92, Kim93, Roo94, Vaa94, Kla95, Oli96, Tur96]. Es basiert im wesentlichen auf den folgenden drei empirischen Fakten:

• Hubble-Expansion des Universums
• Häufigkeit der leichten Elemente D, He^3, He^4 und Li^7 aus der primordialen Nukleosynthese
• Kosmische Mikrowellen-Hintergrundstrahlung.

Nach diesem Modell ist das Universum aus dem Urknall explosionsartig als heißes Gas mit extrem hoher Temperatur und Dichte hervorgegangen, das sich mit der Zeit (t) immer weiter ausgedehnt und dabei abgekühlt hat. Diese Expansion wird gemessen durch den *Skalenfaktor* (*Expansionsfaktor*) $R(t)$, der für unser im Großen sehr homogenes und isotropes Universum (*kosmologisches Prinzip*) den *Einstein-Friedmann-Lemaitre-Gleichungen* genügt ($\hbar = c = 1$):

$$
\begin{align}
\text{(a)} \quad & H(t)^2 \equiv \left(\frac{\dot{R}(t)}{R(t)}\right)^2 = \frac{8\pi G_N \rho(t)}{3} - \frac{\kappa}{R(t)^2} \\
\text{(b)} \quad & \frac{\ddot{R}(t)}{R(t)} = -\frac{4\pi G_N}{3}\left[\rho(t) + 3P(t)\right] .
\end{align}
\tag{7.62}
$$

Dabei wurde die *Kosmologische Konstante* $\Lambda = 0$ gesetzt (*Friedmann-Universum*) [Wei89, Car92, Cro93, Pri95a]. In (7.62) ist $\rho(t)$ die Masse-Energiedichte und $P(t)$ der isotrope Druck. $G_N = 6.673 \cdot 10^{-11}$ m^3 kg^{-1} sec^{-2} ist die *Newton-Gravitationskonstante*. Die räumliche *Krümmungskonstante* κ nimmt einen der folgenden Werte an:

$$
\kappa = \begin{cases} 0 & \text{für flaches Universum} \\ -1 & \text{für offenes Universum} \\ +1 & \text{für geschlossenes Universum.} \end{cases}
\tag{7.63}
$$

Der *Hubble-Parameter*

$$
H(t) = \frac{\dot{R}(t)}{R(t)}
\tag{7.64}
$$

gibt die Expansionsrate des Universums an. Sein heutiger Wert (Index 0) ist die *Hubble-Konstante* $H_0 = H(t_0)$; sie ist der Proportionalitätsfaktor im *Hubble-Gesetz*

$$
v = H_0 \cdot r ,
\tag{7.65}
$$

wonach für jeden Beobachter im Weltall die Fluchtgeschwindigkeit v einer beliebigen Galaxie (gemessen aus der Rotverschiebung) proportional zur Entfernung r der Galaxie ist (für nicht zu große r, $r < 10^{28}$ cm). H_0 wird folgendermaßen parametrisiert:

$$H_0 = 100 \frac{\text{km}}{\text{sec} \cdot \text{Mpc}} \cdot h = \frac{h}{9.78 \cdot 10^9 \text{J}} \qquad (7.66)$$

(1 pc = $3.086 \cdot 10^{13}$ km), wobei h die *normierte Hubble-Konstante* ist. Obwohl die Konstante H_0 auf vielerlei Weisen unter Verwendung von (7.65) gemessen werden kann [Pri95a, Hog96], ist ihr Wert wegen der Schwierigkeit der Bestimmung des Abstands r in (7.65) nach wie vor nur ungenau bekannt: $0.5 < h < 0.85$ [PDG96] oder (etwas konservativer) $0.4 < h < 1.0$ [Oli96]. Mit Hilfe von (7.62a) wird (für $t = t_0$) der *Dichteparameter* Ω[¶] eingeführt:

$$\frac{\kappa}{R_0^2} = H_0^2(\Omega - 1) \quad \text{mit} \quad \Omega = \frac{\rho_0}{\rho_c}, \qquad (7.67)$$

wobei

$$\rho_c = \frac{3H_0^2}{8\pi G_N} = 1.88 \cdot 10^{-29} h^2 \frac{\text{g}}{\text{cm}^3} = 10.5 \cdot h^2 \frac{\text{keV}}{\text{cm}^3} \qquad (7.68)$$

die *kritische Dichte (Grenzdichte)* ist, bei der das Universum flach ist: $\Omega = 1$, $\kappa = 0$ für $\rho_0 = \rho_c$. Für $\rho_0 > \rho_c$ (d.h. $\Omega > 1$, $\kappa > 0$) ist das Universum nach (7.63) geschlossen (endliche Expansion und anschließende Kontraktion), für $\rho_0 < \rho_c$ (d.h. $\Omega < 1$, $\kappa < 0$) ist es offen (endlose Expansion). Dieser Sachverhalt und die Formel (7.68) für ρ_c lassen sich auch klassisch herleiten [Boe92, Kim93]: Wir betrachten dazu ein Probeteilchen (Masse m), das sich auf einer Kugel (Radius R_0) mit homogener Massenverteilung (Dichte ρ_0) befindet und sich in radialer Richtung vom Kugelzentrum wegbewegt (Geschwindigkeit $\dot{R}_0$). Seine erhaltene Gesamtenergie E (Summe aus kinetischer Energie T und potentieller Energie U) ist gegeben durch:

$$E = T + U = \frac{1}{2}m\dot{R}_0^2 - G_N \frac{mM}{R_0} \quad \text{mit} \quad M = \frac{4}{3}\pi R_0^3 \rho_0, \qquad (7.69)$$

da die Massenverteilung außerhalb der Kugel zu U nicht beiträgt. Für $E = 0$ ergibt sich:

$$\rho_0 = \rho_c = \frac{3}{8\pi G_N}\left(\frac{\dot{R}_0}{R_0}\right)^2 = \frac{3H_0^2}{8\pi G_N}. \qquad (7.70)$$

[¶]In der Literatur wird oft auch die Notation Ω_0 verwandt.

Für $E > 0$ (d.h. $\rho_0 < \rho_c$, $\Omega < 1$) entweicht das Probeteilchen der Massenverteilung, für $E < 0$ (d.h. $\rho_0 > \rho_c$, $\Omega > 1$) kommt es schließlich zum Stillstand und fällt dann auf das Massenzentrum hin zurück. Die Gleichung (7.69) entspricht der Gleichung (7.62a) mit $\kappa \propto -E$, so daß (7.62a) die Energieerhaltung für ein Probeteilchen ausdrückt, wobei $-\kappa$ der Gesamtenergie des Probeteilchens entspricht.

Wie die Gesamtdichte ρ_0, so setzt sich auch der Dichteparameter Ω aus den Beiträgen der einzelnen im Weltall vorhandenen Teilchenarten i zusammen:

$$\rho_0 = \sum_i \rho_{i0}, \text{ so daß } \Omega = \sum_i \Omega_i \text{ mit } \Omega_i = \frac{\rho_{i0}}{\rho_c}. \tag{7.71}$$

Das heutige Alter t_0 des Universums ist gegeben durch [Oli96]

$$t_0 = \frac{1}{H_0} \int_0^1 \left(1 - \Omega + \frac{\Omega}{x}\right)^{-\frac{1}{2}} dx \approx \frac{1}{H_0} \left(1 + \frac{1}{2}\sqrt{\Omega}\right)^{-1}. \tag{7.72}$$

Für $\Omega = 1$ ($\kappa = 0$) erhält man mit (7.62) und (7.66):

$$t_0 = \frac{2}{3}\frac{1}{H_0} = \frac{1}{\sqrt{6\pi G_N \rho_0}} = \frac{6.52 \cdot 10^9}{h} \text{ J.} \tag{7.73}$$

Aus der Näherungsformel [Blu92a, Dol96] in (7.72), die für $\Omega = 0$ und $\Omega = 1$ exakt ist, ergibt sich mit (7.66):

$$\Omega h^2 \approx 4 \cdot \left(\frac{9.8 \text{ GJ}}{t_0} - h\right)^2 \tag{7.74}$$

(1 GJ $= 10^9$ J). Aus dem Alter t_0 des Universums erhält man also eine Abschätzung für die Größe Ωh^2. Z.B. ist $\Omega h^2 \lesssim 0.25$ für $t_0 \gtrsim 13$ GJ ($\approx$ Alter von alten globularen Clustern) und $h \gtrsim 0.5$ [Oli96].

Aus der Energieerhaltung für ein kosmisches Gas folgt die neben (7.62) dritte wichtige Beziehung

$$\dot{\rho}(t) + 3\left[\rho(t) + P(t)\right]\frac{\dot{R}(t)}{R(t)} = 0 \quad \text{[aus: } d(\rho R^3) = -P d(R^3)\text{].} \tag{7.75}$$

Für ein *strahlungsdominiertes Universum*, in dem die Teilchen relativistisch sind und die Massen daher vernachlässigt werden können ($kT \gg mc^2$), ist $\rho(t) = 3P(t)$, wobei $\rho(t)$ die Energiedichte ist. Damit erhält man als Lösung von (7.75):

$$\rho(t) \propto R(t)^{-4}, \text{ d.h. } \rho(t) = aR(t)^{-4} \text{ mit } a = \rho_0 R_0^4. \tag{7.76}$$

Dagegen liefert (7.75) für ein *materiedominiertes Universum* $(P(t) = 0)$:

$$\rho(t) \propto R(t)^{-3} \,. \tag{7.77}$$

Das uns hier interessierende frühe Universum war strahlungsdominiert; es enthielt relativistische Bosonen und Fermionen (z.B. $\gamma, e^{\pm}, \nu, \overline{\nu}$; Kap. 7.4.2). Die *spektrale Teilchenzahldichte* $n(p, T)$ in einem Gas relativistischer Teilchen $(E = p,\ mc^2 \ll kT)$ mit Temperatur T ist für *eine* Bosonen- bzw. Fermionenart gegeben durch die *Bose-Einstein-* bzw. *Fermi-Dirac-Verteilung* $(\hbar = c = 1)$:

$$n_{B,F}(p, T) = \frac{g_{B,F}}{2\pi^2} \cdot \frac{p^2}{\exp(p/kT) \mp 1} \qquad (- \text{ für B}, + \text{ für F}), \tag{7.78}$$

wobei der *statistische Faktor* $g_{B,F}$ die Anzahl der Freiheitsgrade angibt, also z.B.:

$$\begin{aligned}
g_\gamma &= 2 \quad \text{(zwei Spinstellungen)} \\
g_e &= 4 \quad (e^+, e^- \text{ mit je zwei Spinstellungen}) \\
g_\nu &= 6 \quad (\nu_\alpha, \overline{\nu}_\alpha \text{ mit } \alpha = e, \mu, \tau \text{ und je einer Spinstellung für} \\
&\qquad \text{Dirac-}\nu^\P \text{ bzw. } \nu_\alpha = \overline{\nu}_\alpha \text{ mit zwei Spinstellungen} \\
&\qquad \text{für Majorana-}\nu).
\end{aligned} \tag{7.79}$$

Für ein Gas aus $\gamma, e^{\pm}, \nu, \overline{\nu}$ ist also $g_B = 2$, $g_F = g_e + g_\nu = 10$. Integration von (7.78) über den Impuls p liefert die einzelnen *Teilchenzahldichten*:

$$n_B(T) = \int_0^\infty n_B(p, T)\,dp = \frac{g_B}{\pi^2}\zeta(3)(kT)^3 = 1.59 \cdot 10^{31} g_B \left(\frac{kT}{\text{MeV}}\right)^3 \text{cm}^{-3}$$

$$\tag{7.80}$$

$$n_F(T) = \int_0^\infty n_F(p, T)\,dp = \frac{3}{4}\frac{g_F}{\pi^2}\zeta(3)(kT)^3, \quad n(T) = n_B(T) + n_F(T),$$

wobei $\zeta(3) = 1.202$ die Riemann-ζ-Funktion für $n = 3$ ist. Entsprechend liefert die Integration der *spektralen Energiedichten* $\rho(p, T) = p\, n(p, T)$ über p die einzelnen *Energiedichten*:

$$\rho_B(T) = \frac{\pi^2}{30} g_B (kT)^4 = 4.28 \cdot 10^{31} g_B \left(\frac{kT}{\text{MeV}}\right)^4 \frac{\text{MeV}}{\text{cm}^3}$$

$$\rho_F(T) = \frac{7}{8} \cdot \frac{\pi^2}{30} g_F (kT)^4, \quad \rho(T) = \rho_B(T) + \rho_F(T) = \frac{\pi^2}{30} g (kT)^4 \tag{7.81}$$

$$\text{mit } g \equiv g_B + \frac{7}{8} g_F \,.$$

¶Wir nehmen bis auf weiteres an, daß Dirac-ν mit *einer* Helizität auftreten ($H = -1$ für ν, $H = +1$ für $\overline{\nu}$). Andernfalls wäre $g_\nu = 2 \cdot 2 \cdot 3 = 12$, siehe Kap. 7.4.2.

Die mittlere thermische Energie $\langle E \rangle = \rho/n$ pro Teilchen ist gegeben durch:

$$\langle E_B \rangle = \frac{\pi^4}{30\zeta(3)}\, kT = 2.70\cdot kT\,,\, \langle E_F \rangle = \frac{7\pi^4}{180\zeta(3)}\, kT = 3.15\cdot kT\,.(7.82)$$

Aus (7.76) und (7.81) folgt, daß

$$R(t)\cdot T(t) = \text{const} \tag{7.83}$$

zeitlich konstant ist, solange sich an den statistischen Gewichten g_B und g_F, d.h. an der Zusammensetzung des relativistischen Gases nichts ändert.

Die Zeitabhängigkeiten im frühen Universum erhält man aus (7.62a) mit (7.76), wobei der κ-Term vernachlässigt werden kann, da $R(t)$ klein ist:

$$\dot{R}(t) = \sqrt{\frac{8\pi G_N a}{3}}\cdot \frac{1}{R(t)}\,. \tag{7.84}$$

Die Lösung dieser Differentialgleichung lautet mit $R(0) = 0$:

$$R(t) = \left(\frac{32\pi G_N a}{3}\right)^{\frac{1}{4}} \sqrt{t}\,, \tag{7.85}$$

so daß

$$H(t) \equiv \frac{\dot{R}(t)}{R(t)} = -\frac{\dot{T}(t)}{T(t)} = \frac{1}{2t}\,, \tag{7.86}$$

$$\rho(t) = aR(t)^{-4} = \frac{3}{32\pi G_N}t^{-2} = 4.47\cdot 10^5 \left(\frac{\text{sec}}{t}\right)^2 \text{g cm}^{-3}\,.$$

Beim Urknall ($t = 0$) sind also $H(t)$ und $\rho(t)$ singulär, d.h. die Expansionsrate und die Dichte sind unendlich. Die Zeitabhängigkeit der Temperatur (*Alter-Temperatur-Beziehung*) ergibt sich aus (7.81) und (7.86)[§]:

$$kT(t) = \left(\frac{45}{16\pi^3 G_N g}\right)^{\frac{1}{4}} \frac{1}{\sqrt{t}} = 1.56\cdot g^{-\frac{1}{4}}\sqrt{\frac{\text{sec}}{t}}\ \text{MeV}\,, \text{d.h.}$$
$$\tag{7.87}$$
$$T(t) = 1.81\cdot 10^{10} g^{-\frac{1}{4}}\sqrt{\frac{\text{sec}}{t}}\ \text{K}\,.$$

Nach (7.87) hat z.B. der Zustand des frühen Universums mit $\gamma, e^\pm, \nu, \bar{\nu}$ ($g = 2+\frac{7}{8}(4+6) = \frac{43}{4}$) im thermischen Gleichgewicht bei $kT = 1$ MeV (Kap. 7.4.2) zur Zeit $t = 0.74$ sec nach dem Urknall bestanden (siehe Tab. 7.8).

[§]Es wurde der Faktor $\hbar^3 c^5$ eingesetzt, um den 2. Teil der Gleichung (7.87) zu erhalten, z.B.: $1g \to 1gc^2 = 9\cdot 10^{20}$ erg $= 5.62\cdot 10^{26}$ MeV.

Tab. 7.8 Die wichtigsten Epochen und Ereignisse in der Geschichte des frühen Universums nach dem Kosmologischen Standardmodell ($k \approx 10^{-10}$ MeV K^{-1}). Die Temperaturen und Energien gelten für relativistische Teilchen ($mc^2 \ll kT$).

Epoche, Ereignis	Alter t des Universums	Temperatur T (K); therm. Teilchenenergie kT (MeV)
Planck-Epoche	$\sim 10^{-43}$ sec	10^{32} K; 10^{19} GeV
GUT-Inflationsperiode	$(10^{-43} - 10^{-35})$ sec	$(10^{32} - 10^{28})$ K; $(10^{19} - 10^{15})$ GeV
Erzeugung der Baryon-asymmetrie	$(10^{-35} - 10^{-12})$ sec	$(10^{28} - 10^{16})$ K; $(10^{15} - 10^3)$ GeV
Ende der elektroschwachen Vereinigung, $SU(2) \times U(1)$-Brechung	$\sim 10^{-11}$ sec	10^{15} K; 10^2 GeV
Quark-Hadron-Übergang (Quark-Confinement)	$\sim 10^{-6}$ sec	10^{13} K; 1 GeV
Abkopplung der Neutrinos, Beginn der Nukleosynthese	~ 1 sec	10^{10} K; 1 MeV
e^+e^--Annihilation	~ 10 sec	$5 \cdot 10^9$ K; 0.5 MeV
primordiale Nukleosynthese	$\sim 10^2$ sec	10^9 K; 0.1 MeV
Übergang von Strahlungs- zu Materiedominanz	$\sim 10^4$ J	$2 \cdot 10^4$ K; 2 eV
Abkopplung der Photonen von der Materie, Bildung von Atomen	$\sim 10^5$ J	10^4 K; 1 eV
Bildung früher Galaxien	$\sim (2 \cdot 10^5 - 10^9)$ J	
Gegenwart	$t_0 = (1 - 2) \cdot 10^{10}$ J	$T_{\gamma 0} = 2.7$ K; $3 \cdot 10^{-4}$ eV

7.4.2 Neutrinos aus dem Urknall

Die wichtigsten Epochen und Ereignisse im frühen Universum [Wei72, Wei77, Tur79, Moh91, Kim93, Kla95, Dol96, Tur96] sind mit ihren Zeiten t seit dem Urknall und den nach (7.87) berechneten ungefähren Temperaturen T bzw. thermischen Teilchenenergien kT in Tab. 7.8 aufgelistet und in Abb. 7.23 dargestellt. Danach fand bei $t \sim 10^{-6}$ sec ($T \sim 10^{13}$ K, $kT \sim 1$ GeV) infolge der Ausdehnung und Abkühlung des Universums, das aus einem heißen, dichten Quark-Gluon-Plasma bestand, der Quark-Hadron-Übergang statt:

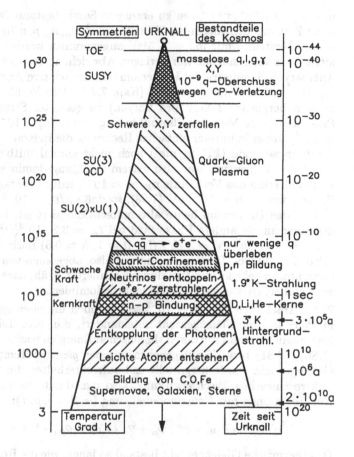

Abb. 7.23 Die Epochen des frühen Universums mit Temperatur- und Zeitskala. Nach [Scho91].

Das Quark-Gluon-Plasma, in dem (Anti-)Quarks ($q, \bar{q}$) und Gluonen (g) sich quasifrei bewegen konnten, kondensierte zu Hadronen (p, n, π, K etc.), also zu Bindungszuständen der q, $\bar{q}$ und g („Ausfrieren" der Hadronen, Beginn des Confinements).

Bei $t \sim 10^{-2}$ sec ($T \sim 10^{11}$ K, $kT \sim 10$ MeV) waren die instabilen Hadronen (außer n) und Leptonen (μ, τ) wegen ihrer kurzen Lebensdauer zerfallen; auch reichte die Energie von ~ 10 MeV nicht mehr aus, um μ und τ z.B.

in $e^+e^- \to \mu^+\mu^-, \tau^+\tau^-$ neu zu erzeugen. Somit bestand das Universum um diese Zeit aus den folgenden Teilchen: $\gamma, e^\pm, \nu_\alpha, \bar{\nu}_\alpha, p, n$ ($\alpha = e, \mu, \tau$), wobei *leichte* Neutrinos mit $m_\nu \ll 1$ MeV angenommen werden. Wegen der noch nicht ganz verstandenen nur geringen Abweichung von der exakten Baryon-Antibaryon-Symmetrie im Universum war die relative Anzahl der Baryonen (p, n) sehr klein: $n_B/n_\gamma \approx 10^{-9}$ (Kap. 7.4.3). Das Verhältnis von gesamter Massenenergie (~ 1 GeV pro Baryon) zu gesamter Strahlungsenergie der Photonen (~ 10 MeV pro Photon) betrug also $\varepsilon_B/\varepsilon_\gamma = 10^{-9} \cdot 1$ GeV/10 MeV $= 10^{-7}$, wobei in unserer einfachen Rechnung die Beiträge von $e^\pm, \nu_\alpha, \bar{\nu}_\alpha$ zur Strahlungsenergie ($kT \gg mc^2$) noch nicht einmal mitberücksichtigt sind. Das frühe Universum war also extrem strahlungsdominiert. Heute besteht zwar weiterhin das Verhältnis $n_B/n_\gamma \approx 10^{-9}$, jedoch beträgt die Energie pro Photon nur noch $\sim 10^{-3}$ eV (7.98), so daß $\varepsilon_B/\varepsilon_\gamma = 10^{-9} \cdot 1$ GeV/10^{-3} eV $= 10^3$, das Universum heute also materiedominiert ist. Der Übergang von der einen in die andere Phase fand bei $t_{eq} = 3.2 \cdot 10^{10} (\Omega h^2)^{-2}$ sec $\sim 10^4$ J ($kT_{eq} = 5.6 \cdot \Omega h^2$ eV ~ 2 eV) (für $\Omega \approx 1$, $h \approx 0.6$) nach dem Urknall statt (Tab. 7.8) [Oli96]. Das Universum war also, abgesehen von einer relativ zum Gesamtalter sehr kurzen strahlungsdominierten Frühphase (10^4 J $\ll 10^{10}$ J), während seiner ganzen Existenz materiedominiert.

Zur betrachteten Zeit ($t \sim 10^{-2}$ sec) standen die oben genannten Teilchen in *thermischem Gleichgewicht* miteinander[‡], d.h. ihre Teilchenzahldichten, Energiedichten und mittleren thermischen Energien waren durch die Formeln (7.80), (7.81) bzw. (7.82) gegeben mit der *gleichen* Temperatur T. Dieses Gleichgewicht wurde hergestellt und aufrechterhalten durch Reaktionen der elektroschwachen Wechselwirkung, also u.a. durch die folgenden Hin- und Rückreaktionen mit Neutrinobeteiligung ($\alpha, \beta = e, \mu, \tau$):

$$\overset{(-)}{\nu}_\alpha + e^\pm \leftrightarrow \overset{(-)}{\nu}_\alpha + e^\pm, \quad \nu_\alpha + \bar{\nu}_\alpha \leftrightarrow \nu_\beta + \bar{\nu}_\beta, \quad e^+ + e^- \leftrightarrow \nu_\alpha + \bar{\nu}_\alpha. \quad (7.88)$$

Das thermische Gleichgewicht bestand so lange, wie die Reaktionsraten $\Gamma(T)$ $\propto T^5$ (siehe unten) größer als die Expansionsrate $H(T) \propto T^2$ des Universums waren; nur bei $\Gamma(T) > H(T)$ konnten die Teilchen ihre Energien schneller an die vorgegebene Temperatur anpassen und dadurch im Gleichgewicht bleiben, als diese Temperatur sich änderte. Die Temperatur T_E, bei der $\Gamma(T_E) = H(T_E)$ wurde, läßt sich folgendermaßen berechnen: es gilt [Kim93]:

$$\Gamma(T) = n(T)\sigma_\nu(T)v = 0.29 \cdot G_F^2 (kT)^5 \qquad (7.89)$$

mit (siehe (7.79), (7.80))

$$n(T) = \frac{3}{4}(g_e + g_\nu)\frac{\zeta(3)}{\pi^2}(kT)^3 = \frac{15}{2}\frac{\zeta(3)}{\pi^2}(kT)^3 \,; \sigma_\nu(T) \approx \frac{G_F^2}{\pi}(kT)^2 \,. \qquad (7.90)$$

[‡]Wir ignorieren hier die relativ wenigen Protonen und Neutronen.

Hierbei ist $n(T)$ die Teilchenzahldichte der an (7.88) beteiligten Teilchen $(e^{\pm}, \nu, \bar{\nu})$, $\sigma_{\nu}(T)$ ein mittlerer Wirkungsquerschnitt für die schwachen Reaktionen (7.88) mit $\sigma_{\nu} \propto G_F^2 s \propto G_F^2 (kT)^2$ und $v = 1$ die ν-Geschwindigkeit. $H(T)$ ist nach (7.62a) (Vernachlässigung des κ-Terms im frühen Universum) und (7.81) gegeben durch[†]

$$H(T) = \sqrt{\frac{8\pi G_N \rho(T)}{3}} = 1.66 \cdot \sqrt{G_N g}\,(kT)^2 = 5.44 \cdot \sqrt{G_N}\,(kT)^2$$

$$\tag{7.92}$$

$$\text{mit} \quad \rho(T) = \frac{\pi^2}{30} g(kT)^4 = \frac{43\pi^2}{120}(kT)^4\,, \text{da} \quad g = 2 + \frac{7}{8}(4+6) = \frac{43}{4}\,.$$

Gleichsetzen von (7.89) und (7.92) ergibt:

$$kT_E = 2.65 \cdot \left(\frac{\sqrt{G_N}}{G_F^2}\right)^{\frac{1}{3}} = 2.2\,\text{MeV}\,. \tag{7.93}$$

Hierbei wurde $\sqrt{G_N} = 8.19 \cdot 10^{-20}$ GeV$^{-1} = M_{\text{Pl}}^{-1}$ benutzt, wobei $M_{\text{Pl}} = 1.221 \cdot 10^{19}$ GeV die *Planck-Masse* ist.

Bei $kT_E \sim 1$ Mev ($T \sim 10^{10}$ K, $t \sim 1$ sec) fand eine *Abkopplung* der Neutrinos von den übrigen Teilchen statt: Für Temperaturen $T \lesssim T_E$, d.h. $\Gamma(T) < H(T)$, reichten die Reaktionsraten der Neutrinos nicht mehr aus, um ihr thermisches Gleichgewicht mit den anderen Teilchen aufrechtzuerhalten; sie hörten auf, mit den übrigen Teilchen zu wechselwirken, und bildeten von nun an ein unabhängiges relativistisches Gas, das sich entsprechend $R(t)$ immer weiter ausdehnte und entsprechend $T_{\nu}(t) \propto 1/R(t)$ (7.83) abkühlte, und zwar mit einer eigenen Temperatur $T_{\nu}(t)$, die sich von der Temperatur der übrigen Teilchen unterscheiden kann (siehe unten). Die ν-Teilchenzahldichte nahm nach (7.80) wie $n_{\nu} \propto T^3$, d.h. nach (7.83) wie $n_{\nu} \propto 1/R^3$ ab, so daß die Gesamtzahl $n_{\nu}V$ der Neutrinos in einem sich wie $V \propto R^3$ ausdehnenden Volumen V (Universum), wie zu erwarten, konstant blieb. Heute ($t = t_0$) bildet das ν-Gas die *kosmische Neutrino-Hintergrundstrahlung*, deren Temperatur $T_{\nu 0}$ und weitere Eigenschaften ($n_{\nu 0}$, $\rho_{\nu 0}$, $\langle E_{\nu}\rangle_0$) unten berechnet werden.

[†]Allgemein gilt, wenn die Teilchenarten verschiedene Temperaturen haben, siehe z.B. (7.97):

$$H(T) = \sqrt{\frac{4\pi^3 G_N g^*(T)}{45}}\,(kT)^2 = 1.66 \cdot \sqrt{G_N g^*(T)}\,(kT)^2$$

$$\tag{7.91}$$

$$\text{mit} \quad g^*(T) = \sum_{\text{Bos.}} g_i \left(\frac{T_i}{T}\right)^4 + \frac{7}{8} \sum_{\text{Ferm.}} g_j \left(\frac{T_j}{T}\right)^4\,.$$

T ist die Photontemperatur, $g^*(T)$ die effektive Anzahl der Freiheitsgrade.

Bald *nach* der ν-Abkopplung, bei $kT \lesssim m_e = 0.5$ MeV ($t \sim 10$ sec), verschwanden praktisch alle $e^{\pm}$ durch Paarvernichtung $e^+e^- \to \gamma\gamma$, da die umgekehrte Reaktion (Paarerzeugung $\gamma\gamma \to e^+e^-$) energetisch nicht mehr möglich war. Nach dem Verschwinden des $e^{\pm}$-Gases konnten auch keine Neutrinos durch $e^+e^- \to \nu\bar\nu$ nachgeliefert werden. Durch die zusätzlichen Photonen aus der e^+e^--Annihilation wurde das γ-Gas etwas aufgeheizt[‡]. Infolgedessen besaßen von nun an die beiden noch übrig gebliebenen Gase, nämlich das γ-Gas und das ν-Gas, verschiedene Temperaturen ($T_\nu < T_\gamma$), während *vor* der Annihilation $T_\nu = T_\gamma$ gewesen war. Die Erhöhung von T_γ relativ zu T_ν läßt sich berechnen mit Hilfe der Entropie $S = V(\rho + P)/T = \frac{4}{3}V\rho/T$ ($\rho = 3P$), die bei adiabatischer Expansion (7.83) erhalten ist; sie muß vor (v) und nach (n) der e^+e^--Annihilation gleich sein, wobei das entkoppelte ν-Gas nicht mitzuzählen ist [Ste79]. Wegen $V \propto R^3$ und $\rho \propto gT^4$ (7.81) gilt also:

$$g_v(RT)_v^3 = g_n(RT)_n^3 . \tag{7.94}$$

Vor der Annihilation ($T_v = T_\gamma = T_e = T_\nu$) ist $g_v = g_\gamma + \frac{7}{8}g_e = \frac{11}{2}$, nach der Annihilation ($T_n = T_\gamma$) ist $g_n = g_\gamma = 2$. Daher gilt:

$$\frac{g_v}{g_n}(RT_\gamma)_v^3 = \frac{11}{4}(RT_\gamma)_v^3 = (RT_\gamma)_n^3, \quad \text{d.h.} \quad (RT_\gamma)_n = 1.401 \cdot (RT_\gamma)_v . \tag{7.95}$$

Weiterhin gilt:

$$(RT_\gamma)_v = (RT_\nu)_v = (RT_\nu)_n , \tag{7.96}$$

da sich RT_ν während der e^+e^--Annihilation praktisch nicht geändert hat. Aus (7.95) und (7.96) folgt nach Kürzen durch R_n:

$$\frac{11}{4}T_{\nu n}^3 = T_{\gamma n}^3 , \quad \text{d.h.} \quad T_{\nu n} = \left(\frac{4}{11}\right)^{\frac{1}{3}} \cdot T_{\gamma n} = 0.714 \cdot T_{\gamma n} . \tag{7.97}$$

Diese Beziehung besteht auch heute noch ($T_{\nu 0} = 0.714 \cdot T_{\gamma 0}$) zwischen den Temperaturen der Restneutrinos (wenn $m_\nu \approx 0$ ist) und Restphotonen, nachdem letztere beim Weltalter $t \sim 10^5$ J ($T \sim 10^4$ K, $kT \sim 1$ eV), zur Zeit der Bildung von Atomen, von der Materie abgekoppelt haben und das Universum für sie transparent geworden ist (Tab. 7.8).

[‡]Genau genommen wurden auch die Neutrinos während der e^+e^--Annihilation über $e^+e^- \to \nu\bar\nu$ ein wenig aufgeheizt (ν-*Heizung*). Da zu $e^+e^- \to \nu_\mu\bar\nu_\mu$, $\nu_\tau\bar\nu_\tau$ nur der Z^0-Zwischenzustand, zu $e^+e^- \to \nu_e\bar\nu_e$ aber außer diesem auch der W-Austausch beiträgt, konnte es dabei zu einem gewissen ν_e-Überschuß über ν_μ, ν_τ kommen. Jedoch waren wegen $\sigma(e^+e^- \to \nu\bar\nu) \ll \sigma(e^+e^- \to \gamma\gamma)$ der Effekt der ν-Heizung und die Auswirkung auf die primordiale Nukleosynthese sehr gering ($\Delta Y_p \approx +1.5\cdot 10^{-4}$, Kap. 7.4.3) [Fie93, Kos96].

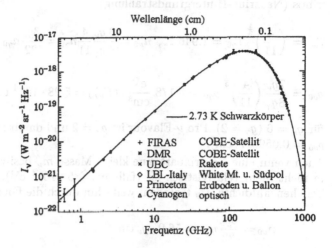

Abb. 7.24 Spektrum der kosmischen Hintergrundstrahlung (Mikrowellenstrah-
lung) aus mehreren Experimenten. Die Kurve zeigt das Spektrum für
Schwarzkörperstrahlung mit $T = 2.73$ K. Nach [Smo96].

Die Restphotonen bilden die isotrope *kosmische Hintergrundstrahlung* (Mikrowellen-Hintergrundstrahlung) [Tur93a, Whi94, Smo96, Tur96], die 1965
von Penzias und Wilson [Pen65] (Nobelpreis 1978) entdeckt und u.a. vom
COBE-Satelliten (COsmic Background Explorer) sehr genau gemessen wurde
[Mat94]. Sie gehört zusammen mit der Hubble-Expansion und der Häufigkeit
der leichten Elemente aus der primordialen Nukleosynthese (Kap. 7.4.3) zu
den Säulen des Urknallmodells. Ihre gemessene spektrale Verteilung (Abb.
7.24) genügt mit hoher Genauigkeit einer Bose-Einstein-Verteilung (7.78)
(Planck-Formel für Schwarzkörperstrahlung) mit einer Temperatur von $T_{\gamma 0} =$
(2.726 ± 0.005) K [PDG96]. Für die heutige Teilchenzahldichte (7.80), Energiedichte (7.81) und mittlere Energie (7.82) der Restphotonen ergibt dies:

$$n_{\gamma 0} = 411 \text{ cm}^{-3}, \quad \rho_{\gamma 0} = 0.261 \ \frac{\text{eV}}{\text{cm}^3}, \quad \langle E_\gamma \rangle_0 = 6.35 \cdot 10^{-4} \text{ eV}.^{\S} \quad (7.98)$$

Entsprechend erhält man für die als relativistisch angenommenen Restneu-

---

§Der Beitrag der Restphotonen zu Ω (7.71) ist völlig vernachlässigbar; aus (7.68) und
(7.98) folgt: $\Omega_\gamma \equiv \rho_{\gamma 0}/\rho_c = 2.5 \cdot 10^{-5} h^{-2}$.

trinos (Neutrino-Hintergrundstrahlung)

$$T_{\nu 0} = \left(\frac{4}{11}\right)^{\frac{1}{3}} T_{\gamma 0} = 1.946 \text{ K}, \quad n_{\nu 0} = \frac{3}{4}\frac{g_\nu}{g_\gamma}\frac{4}{11}n_{\gamma 0} = \frac{3g_\nu}{22}n_{\gamma 0} = 336 \text{ cm}^{-3},$$

(7.99)

$$\rho_{\nu 0} = \frac{7g_\nu}{8g_\gamma}\left(\frac{4}{11}\right)^{\frac{4}{3}}\rho_{\gamma 0} = 0.178 \frac{\text{eV}}{\text{cm}^3}, \langle E_\nu \rangle_0 = 5.28 \cdot 10^{-4} \text{ eV}$$

für $g_\nu = 6$ ($g_\gamma = 2$). Pro ν-Flavour ist $g_\nu = 2$ und damit $n_{\nu 0} = 112 \text{ cm}^{-3}$ und $\rho_{\nu 0} = 0.059 \text{ eV/cm}^3$.

Auch wenn eine Neutrinoart eine kleine Masse m_ν besitzt und deshalb heute nicht mehr relativistisch ist (falls $m_\nu \gtrsim 5 \cdot 10^{-4}$ eV), so ist ihre heutige Teilchenzahldichte $n_{\nu 0}$ trotzdem weiterhin durch die Formel (7.99)

$$n_{\nu 0} = \frac{3g_\nu}{22}n_{\gamma 0} = 56.0 \cdot g_\nu \text{ cm}^{-3}$$

(7.100)

($n_{\gamma 0} = 411 \text{ cm}^{-3}$) gegeben, da sich seit der Zeit der Neutrino-Abkopplung ($t \sim 1$ sec), als die Massen vernachlässigbar waren, die gesamte Neutrinoanzahl ($\propto n_\nu R^3$) nicht mehr geändert hat und deshalb n_ν unabhängig von m_ν ist. Auch gilt weiterhin $g_\nu = 2$ pro ν-Flavour für Majorana-Neutrinos ($\nu = \bar{\nu}$) und für leichte linkshändige Dirac-Neutrinos ($\nu \neq \bar{\nu}$). Dagegen kann für schwerere Dirac-Neutrinos ($m_\nu \gtrsim 300$ keV [Kol91a]) gemäß der Wahrscheinlichkeit (1.38), (6.252) auch die „falsche" Helizität signifikant auftreten, so daß für sie $g_\nu^D = 2 \cdot 2 = 4$ pro ν-Flavour ist. Damit erhält man mit (7.100):

$$n_{\nu 0} = 112 \text{ cm}^{-3}, \quad n_{\nu 0}^D = 224 \text{ cm}^{-3} \quad \text{für schwerere Dirac-}\nu.$$

(7.101)

Die heutige *Massendichte* (Energiedichte) ist $\rho_{\nu 0} = n_{\nu 0}m_\nu$; sie ist also nicht mehr durch (7.81) gegeben. Der Beitrag Ω_ν (7.71), den die eine Neutrinoart zum Dichteparameter Ω liefert, lautet somit:

$$\Omega_\nu \equiv \frac{\rho_{\nu 0}}{\rho_c} = 0.278 \cdot g_\nu m_\nu G_N H_0^{-2}(kT_{\gamma 0})^3 \quad \text{[aus (7.68), (7.80), (7.100)]}$$

(7.102)

$$= \frac{56.0 \cdot g_\nu m_\nu \text{ cm}^{-3}}{10.5 \cdot 10^3 \cdot h^2 \text{ eV cm}^{-3}} = 5.32 \cdot 10^{-3}\frac{g_\nu}{h^2}\frac{m_\nu}{\text{eV}}$$

mit $g_\nu = 2$ ($g_\nu^D = 4$ für schwerere Dirac-ν).

Die kosmologischen Restneutrinos können wegen ihrer äußerst niedrigen Energien mit heutigen Detektortechnologien nicht experimentell nachgewiesen werden, und zwar aus zwei Gründen: (a) ihr Wirkungsquerschnitt für die

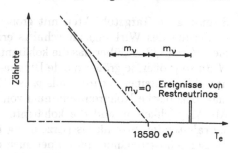

Abb. 7.25
Mögliches Signal von galaktischen Restneutrinos im β-Spektrum des Tritiums oberhalb des Endpunkts, bei $T_e = Q + m_\nu$ mit $Q = 18.58$ keV. Nach [Smi90].

Wechselwirkung mit anderen Teilchen ist so extrem klein ($\sigma \sim 10^{-54}$ cm^2, siehe oben), daß die Ereignisraten und damit das Signal/Untergrund-Verhältnis für den Nachweis zu niedrig sind; (b) der Energieübertrag auf ein nachzuweisendes Teilchen (z.B. e^-) ist so gering, daß es äußerst schwierig ist, solch kleine Energien zu messen. Trotzdem sind einige Ideen entwickelt worden, wie man die Restneutrinos evt. in Zukunft nachweisen könnte [Smi90]. Diese Vorschläge beruhen z.T. auf der vagen Hoffnung, daß die Neutrinos zumindest einer Art Masse besitzen und infolgedessen in unserer Galaxis durch die Gravitation stark angereichert sein könnten ($n_\nu \sim 10^7$ cm^{-3} statt $\sim 10^2$ cm^{-3}, Neutrino-Cluster [Chi84]). Wir wollen einige der diskutierten Möglichkeiten kurz erwähnen:

• Die elastische νe-Streuung an freien Elektronen z.B. in einer Metallfolie mit typischen Rückstoßenergien von $T_e \sim 10^{-9}$ eV (!) scheidet wahrscheinlich schon wegen der sehr geringen Ereignisrate aus; eine sehr große Targetmasse wäre mit der Erfordernis eines sehr niedrigen Untergrundes nicht vereinbar.

• Die Bremsstrahlungsphotonen von freien Elektronen in $\nu e \rightarrow \nu e$ haben so extrem niedrige Energien ($E_\gamma < 10^{-5}$ eV), daß es bis heute keine Methode gibt, solch niederenergetische Photonen *einzeln* nachzuweisen.

• Restneutrinos mit einer Masse m_ν könnten durch die Reaktion (6.78) $\nu_e + H^3 \rightarrow He^3 + e^-$ das β-Spektrum des Tritiumzerfalls (6.51) (Kap. 6.2.1) beeinflussen; sie würden zu einer Anhäufung von Ereignissen bei $E_0 + m_\nu$ (bzw. $Q + m_\nu$) oberhalb des Endpunkts E_0 (bzw. Q) führen (Abb. 7.25, vergl. Abb. 6.3). Jedoch wäre, um überhaupt ein sichtbares Signal zu erzeugen, eine sehr große H^3-Targetmasse erforderlich, während zur präzisen Messung des β-Spektrums in Endpunktsnähe die H^3-Masse klein sein muß.

• Am aussichtsreichsten erscheint die elastische *kohärente* Neutrinostreuung (Kap. 7.2.2); in ihr wird ein ν z.B. an einem Kern als einer Einheit gestreut, wobei der Kern als Ganzes erhalten bleibt. Die Streuamplituden für die einzelnen Streuzentren im Kern addieren sich kohärent (in Phase) zur Gesamtstreuamplitude A, so daß $A \propto N$, d.h. der Wirkungsquerschnitt $\sigma \propto N^2$ ist (N = Anzahl der Streuzentren); dagegen addieren sich bei der *inkohärenten* Streuung die Einzelwirkungsquerschnitte ($\sigma \propto N$). Durch die kohärente

Streuung an Targetobjekten mit großem N läßt sich also eine starke Vergrößerung des Wirkungsquerschnitts erzielen. Dabei ist das Kohärenzvolumen $V = (\lambda/2\pi)^3$, über das die kohärente Streuung sich erstreckt, und damit N umso größer, je größer die de Broglie-Wellenlänge $\lambda = 2\pi\hbar/p_\nu$ der Neutrinos, d.h. je kleiner der ν-Impuls p_ν ist. Z.B. erreicht man für $p_\nu \sim 10^{-4}$ eV/c makroskopische Kohärenzvolumina von $V \sim 10^{-2}$ cm^3 mit $\sim 10^{21}$ Atomen. Als Möglichkeiten sind die kohärente ν-Streuung an Elektronen in einem supraleitenden Stromkreis (Erzeugung einer kleinen, mit einem SQUID zu messenden Stromänderung), aber auch das Auftreten und die Messung kleiner makroskopischer Kräfte diskutiert worden [Smi90].

7.4.3 Primordiale Nukleosynthese; Anzahl der Neutrinoarten

Atomkerne sind im Universum auf zwei Weisen entstanden: (a) durch die primordiale Nukleosynthese, in der kurz nach dem Urknall aus Protonen und Neutronen die leichten Kerne D, He^3, He^4 und Li^7 gebildet wurden; (b) durch die thermonuklearen Fusionsprozesse in Sternen, also die stellare Nukleosynthese (Kap. 7.2.1, 7.3.1), die seit der Entstehung der ersten Galaxien bis heute stattgefunden hat und weiterhin stattfinden wird und durch die neben den leichteren Kernen (z.B. He^4) auch schwere Kerne entstehen. Uns interessiert hier die *primordiale Nukleosynthese* (*Urknall-Nukleosynthese, Big Bang Nucleosynthesis* BBN) [Wei72, Wei77, Tur79, Boe85, Tur85, Kol90, Kol91, Moh91, Wal91, Cop95, Kla95, Schr95, Oli96a, Sar96], wobei wir uns auf das Standardmodell des frühen Universums beschränken. Nicht-Standardmodelle (u.a. mit massivem ν_τ im MeV-Bereich, ν-Oszillationen, magnetischem Moment) und die aus ihnen gewonnenen Grenzen für Neutrinoeigenschaften wie m_ν, τ_ν, μ_ν [PDG96] sind u.a. in [Mal93, Gyu95, Dol96, Gra96] besprochen.

Durch die primordiale Nukleosynthese wurde vor allem He^4 gebildet (siehe unten), so daß heute Wasserstoff H und He^4 die bei weitem häufigsten Elemente im Universum sind und zusammen fast seine gesamte baryonische Masse ausmachen. Dabei beträgt das beobachtete He^4/H-Anzahlverhältnis $n_{\mathrm{He}}/n_{\mathrm{H}} \approx 0.08$, das Massenverhältnis also $M_{\mathrm{He}}/M_{\mathrm{H}} = 4n_{\mathrm{He}}/n_{\mathrm{H}} \approx 0.32$[‡], so daß ca. 24% der baryonischen Masse des Universums aus He^4 besteht. Eine Kompilation von Beobachtungen an vielen verschiedenen kosmischen Objekten [Boe85, Den90, Kol91, Wal91, Cop95, Schr95] ergibt für den *Massenanteil* Y_p des primordialen He^4 im Universum den Wert [Oli96a]

$$Y_p \equiv \frac{M_{\mathrm{He}}}{M_{\mathrm{He}} + M_{\mathrm{H}}} = 0.234 \pm 0.006 \,. \tag{7.103}$$

[‡]Wir vernachlässigen hier die He^4-Bindungsenergie (sonst 3.97 statt 4).

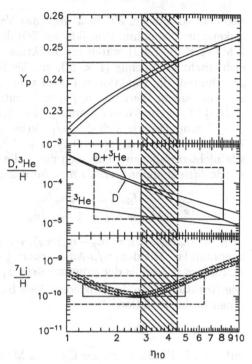

Abb. 7.26
Kurven: berechnete relative Häufigkeiten der leichten Elemente (He⁴-Massenanteil Y_p, Anzahlverhältnisse relativ zu H für D, He³ und Li⁷) aus der Urknall-Nukleosynthese in Abhängigkeit vom Baryon/Photon-Verhältnis η $= \eta_{10} \cdot 10^{-10}$. Die beiden für $N_\nu = 3$ berechneten Y_p-Kurven geben die Unsicherheit aufgrund der Unsicherheit in der n-Lebensdauer (± 2 sec) an. Kästen: experimentelle Werte und η_{10}-Bereiche, in denen Messung und Vorhersage jeweils übereinstimmen. Im schraffierten η_{10}-Bereich besteht gemeinsame Übereinstimmung. Nach [Oli96a].

Die anderen leichten Elemente (D, He³, Li⁷) aus der Nukleosynthese stellen dagegen nur einen sehr kleinen Bruchteil der baryonischen Materie dar [Oli96a] (Abb. 7.26): $n_{D+He^3}/n_H = (4.1 \pm 1.0) \cdot 10^{-5}$, $n_{Li^7}/n_H \sim 2 \cdot 10^{-10}$. Die Nukleosynthese der leichten Elemente fand etwa 3 min ($T \sim 10^9$ K, $kT \sim 0.1$ MeV) nach dem Urknall statt. Vorher ($t < 1$ sec), bei höheren Temperaturen ($kT > 1$ MeV), befanden sich Protonen und Neutronen in thermischem Gleichgewicht durch die schwachen Prozesse

$$\bar{\nu}_e + p \leftrightarrow e^+ + n, \quad \nu_e + n \leftrightarrow e^- + p, \quad n \leftrightarrow p + e^- + \bar{\nu}_e, \quad (7.104)$$

deren Raten Γ durch die mittlere Lebensdauer τ_n des Neutrons ($\tau_n = 14.8$ min) bestimmt sind ($\Gamma \propto \tau_n^{-1}$)[‡]. Das Neutron/Proton-Anzahlverhältnis war durch den *Boltzmann-Faktor*

$$\frac{n_n}{n_p} = \exp\left(-\frac{m_n - m_p}{kT}\right) \quad \text{mit} \quad m_n - m_p = 1.29 \text{ MeV} \quad (7.105)$$

[‡]Die genaue quantitative Behandlung kann in [Wei72] gefunden werden.

gegeben, so daß bei $kT \gg 1$ MeV das Verhältnis $n_n/n_p \approx 1$ war und mit sinkendem T abnahm. Ungefähr zur Zeit der ν-Entkopplung ($t \sim 1$ sec, $kT \sim 1$ MeV; Kap. 7.4.2) waren die Reaktionsraten für die Reaktionen (7.104) nicht mehr groß genug ($\Gamma < H$), um das thermische Gleichgewicht aufrecht zu erhalten; die Reaktionen kamen zum Erliegen, das n/p-Verhältnis „fror aus" bei einem Wert von $n_n/n_p \approx \frac{1}{6}$, entsprechend $kT_f \approx 0.72$ MeV nach (7.105) ($T_f = Ausfriertemperatur \sim 10^{10}$ K). Bis zur Zeit der Nukleosynthese ($t \sim 3$ min) änderte sich das n/p-Verhältnis nur noch durch den Neutron-Zerfall; es fiel auf $n_n/n_p \approx 0.14 \approx \frac{1}{7}$ ab[¶]. Da wegen $n_n/n_p < 1$ praktisch alle nicht-zerfallenen Neutronen durch die Nukleosynthese in He^4 gebunden wurden (siehe unten), erhält man für den He^4-Massenanteil:

$$Y_p \equiv \frac{M_{He}}{M_{He} + M_H} = \frac{2n_n/n_p}{1 + n_n/n_p} = 2X_n \approx 0.24 \, . \tag{7.106}$$

($M_{He} = 2n_n m_N$, $M_H = (n_p - n_n)m_N$), wobei $X_n = n_n/(n_n + n_p)$ der Neutronenanteil ist. Mit dem n/p-Ausfrierwert $\frac{1}{6}$ ergibt sich also unter Berücksichtigung des n-Zerfalls der experimentelle Y_p-Wert (7.103).

Die Reaktionskette der Nukleosynthese begann mit der Bildung von Deuteronen in der Reaktion

$$p + n \rightarrow D + \gamma \tag{7.107}$$

mit einer D-Bindungsenergie $E_B = 2.2$ MeV. Allerdings wurde kurz nach dem Ausfrieren, bei $kT \sim 1$ MeV, ein so entstandenes Deuteron sofort durch ein thermisches Photon mit $\langle E_\gamma \rangle = 2.70 \cdot kT \sim 3$ MeV (7.82) wieder dissoziiert in der zu (7.107) entgegengesetzten Reaktion $\gamma D \rightarrow pn$ (*Photodissoziation* des D). Diese Photonen waren ja relativ zu den Baryonen (p, n) in sehr großer Anzahl vorhanden mit einem B/γ-Verhältnis von

$$\frac{n_B}{n_\gamma} \equiv \eta \equiv \eta_{10} \cdot 10^{-10} \quad \text{mit} \quad \eta_{10} \approx 4 \, . \tag{7.108}$$

Da alle weiteren Nukleosynthese-Prozesse (siehe (7.110)) die Deuteronerzeugung voraussetzten („Deuterium-Engpaß"), verzögerte die Photodissoziation die Nukleosynthese so lange, bis die thermische Energie der Photonen genügend tief abgesunken war, so daß die D-Erzeugungsrate die Photodissoziationsrate überstieg und beständige Deuteronen erzeugt werden konnten. Dies war der Fall [Tur85, Oli96a], als

$$\eta \exp\left(\frac{E_B}{kT}\right) = \frac{n_B}{n_\gamma} \exp\left(\frac{E_B}{kT}\right) \approx 1 \, , \tag{7.109}$$

[¶]Nach $\exp(-3 \text{ min}/15 \text{ min}) = 0.82$ sind bis zur Nukleosynthese ca. 18% der Neutronen zerfallen, so daß $1/6 \rightarrow 0.82/6 \approx 0.136$.

d.h. für $\eta = 4 \cdot 10^{-10}$ (7.108) $kT \approx 0.1$ MeV wurde, also bei $t \sim 3$ min (Tab. 7.8). Die Bedingung (7.109) drückt aus, daß die Photodissoziation erwartungsgemäß umso früher, d.h. bei umso größerem T aufhört, je kleiner n_γ ist.

Nach dem durch η festgelegten Ende der Photodissoziation, also zum Zeitpunkt $t \sim 3$ min, setzte die Nukleosynthese sehr schnell ein mit der D-Erzeugung (7.107) und der anschließenden Bildung von He^4 (sowie von etwas He^3 und Li^{7†}) in den Reaktionen

$$
\begin{aligned}
&\text{D} + p \leftrightarrow \text{He}^3 + \gamma, \ \text{D} + n \leftrightarrow \text{H}^3 + \gamma, \ \text{D} + \text{D} \leftrightarrow \text{He}^3 + n \leftrightarrow \text{H}^3 + p \\
&\text{He}^3 + n \leftrightarrow \text{He}^4 + \gamma, \ \text{H}^3 + p \leftrightarrow \text{He}^4 + \gamma, \text{D} + \text{D} \leftrightarrow \text{He}^4 + \gamma, \\
&\text{He}^3 + \text{D} \leftrightarrow \text{He}^4 + p, \text{H}^3 + \text{D} \leftrightarrow \text{He}^4 + n \\
&\text{He}^4 + \text{H}^3 \leftrightarrow \text{Li}^7 + \gamma,
\end{aligned}
\tag{7.110}
$$

wobei die letzte Reaktion sehr selten war. Praktisch alles D, H^3 und He^3 verbrannte also zu He^4. Schwerere Kerne konnten nicht synthetisiert werden, da es keine stabilen Kerne mit $A = 5$ (He^4+ N) und $A = 8$ (He^4+ He^4) gibt und die Coulomb-Barrieren zu hoch waren.

Der He^4-Massenanteil Y_p ist nach (7.106) gegeben durch das Verhältnis n_n/n_p zum Zeitpunkt der Nukleosynthese**. Dieser Zeitpunkt (d.h. kT) ist durch (7.109) und damit durch η festgelegt. Y_p und die primordialen Häufigkeiten von D, He^3 und Li^7 hängen also von η ab. (Y_p hängt außerdem von τ_n ab, da die Reaktionsraten für (7.104) und der Bruchteil der n-Zerfälle zwischen Ausfrieren und Nukleosynthese durch τ_n gegeben sind, Abb. 7.27). Die η-Abhängigkeiten sind für $N_\nu = 3$ durch die Kurven in Abb. 7.26 dargestellt [Oli96a]. Die Kästen geben die beobachteten Häufigkeiten (mit ihren Fehlern, horizontale Geraden) und die η_{10}-Intervalle (vertikale Geraden) an, in denen Beobachtung und Vorhersage jeweils übereinstimmen. Wie man sieht, erhält man für

$$
2.8 < \eta_{10} < 4.5, \ \text{d.h.} \ \eta = \frac{n_B}{n_\gamma} \approx 3.5 \cdot 10^{-10}
\tag{7.111}
$$

Übereinstimmung in allen drei Fällen. Diese Übereinstimmung über neun Größenordnungen ist neben der Hubble-Expansion und der kosmischen Hintergrundstrahlung eine starke Stütze des Urknallmodells.

Mit $\eta = n_B/n_\gamma$ läßt sich die heutige baryonische Massendichte ρ_{B0} im Universum und der Beitrag Ω_B der baryonischen Materie zum Dichteparameter

---

†H^3 ist bis heute zerfallen.

**Es sei daran erinnert, daß n_n/n_p auch nach dem Ausfrieren durch den n-Zerfall mit der Zeit weiter abnimmt (siehe oben).

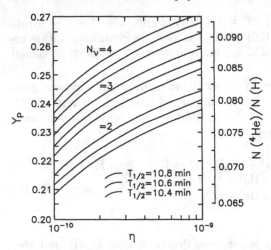

Abb. 7.27 Abhängigkeit des He^4-Massenanteils Y_p von den drei Parametern $\eta = n_B/n_\gamma$, N_ν und $T_{\frac{1}{2}} = \ln 2 \cdot \tau_n$. Nach [Tur85].

(siehe (7.71)) berechnen:

$$\rho_{B0} = m_N n_{B0} = m_N \eta n_{\gamma 0}\,, \quad \Omega_B = \frac{\rho_{B0}}{\rho_c}\,. \qquad (7.112)$$

Mit (7.68) für ρ_c, (7.98) für $n_{\gamma 0}$ und (7.111) für η ergibt sich:

$$\rho_{B0} \approx 1.3 \cdot 10^{-4} \frac{\text{MeV}}{\text{cm}^3} = 2.4 \cdot 10^{-31} \frac{\text{g}}{\text{cm}^3}$$
$$\Omega_B h^2 = 3.66 \cdot 10^7 \eta \approx 1.3 \cdot 10^{-2} \qquad (7.113)$$
$$\text{bzw. } 0.010 < \Omega_B h^2 < 0.016\,.$$

Wie Abb. 7.26 zeigt, hängt der He^4-Massenanteil Y_p trotz seiner starken Abhängigkeit (7.106) von n_n/n_p nur schwach von $\eta = n_B/n_\gamma$ ab, im Gegensatz zu den primordialen Häufigkeiten von D, He^3 und Li^7 (vergleiche die vertikalen Skalen). Der Grund dafür ist die Tatsache, daß das Verhältnis n_n/n_p nach dem Ausfrieren wegen der langen n-Lebensdauer sich nur wenig mit der Zeit ändert und daher über (7.109) nur schwach von η abhängt.

Wir wollen jetzt als dritte Abhängigkeit die Abhängigkeit des Massenanteils Y_p von der Ausfriertemperatur T_f und damit von der Anzahl N_ν der leichten Neutrinoflavours [Ste77, Den90] besprechen. Hier besteht die folgende Kausalkette:

Y_p ist nach (7.106) gegeben durch n_n/n_p bei der Nukleosynthese und damit, unter Berücksichtigung des zwischenzeitlichen n-Zerfalls, durch n_n/n_p zur Ausfrierzeit bei der Ausfriertemperatur T_f (siehe (7.105) mit $T = T_f$), als die schwachen Reaktionsraten $\Gamma \propto T^5$ (7.89) kleiner als die Expansionsrate $H \propto T^2$ (7.92) wurden. Je größer H, umso früher das Ausfrieren, umso größer T_f, umso größer n_n/n_p, umso größer Y_p. $H(T)$ ist durch den ersten Teil von (7.92) gegeben:

$$H(T) = \sqrt{\frac{8\pi G_N \rho(T)}{3}} \quad \text{mit} \quad \rho(T) = \frac{\pi^2}{30} g(kT)^4 , \qquad (7.114)$$

wobei (siehe (7.81), (7.79))[§]

$$g = g_\gamma + \frac{7}{8}(g_e + g_\nu) = \frac{11}{2} + \frac{7}{4}N_\nu \quad \text{mit} \quad g_\gamma = 2, \; g_e = 4, \; g_\nu = 2N_\nu . \qquad (7.115)$$

Je größer also N_ν und damit die Energiedichte ρ, umso größer die Expansionsrate H und damit der He^4-Massenanteil Y_p. Die Kausalkette lautet somit:

$$N_\nu \uparrow \to \rho \uparrow \to H \uparrow \to T_f \uparrow \to n_n/n_p \uparrow \to Y_p \uparrow , \qquad (7.116)$$

wobei der Pfeil die Richtung der jeweiligen Änderung angibt ($\uparrow$= Zunahme). Quantitativ gilt [Moh91]:

$$\Delta Y_p \approx 0.014 \cdot \Delta N_\nu . \qquad (7.117)$$

Abb. 7.27 zeigt die Abhängigkeit des He^4-Massenanteils Y_p von η, N_ν und τ_n. Da η a priori nicht genau bekannt ist, läßt sich N_ν nicht ohne weiteres aus dem Y_p-Meßwert (7.103) bestimmen. Eine neuere Analyse [Oli96a, PDG96] ergab

$$N_\nu < 3.6 \quad \text{für} \quad 2.8 < \eta_{10} < 4.0 \qquad (7.118)$$

(siehe (7.111)), in Übereinstimmung mit dem genaueren LEP-Ergebnis (1.104) und dem SN1987A-Ergebnis (7.61). Jedoch sind das LEP-Ergebnis und das BBN-Ergebnis (7.118) komplementär zueinander: LEP zählt alle Neutrinos mit $m_\nu \lesssim 45$ GeV, die an das Z^0 koppeln; die BBN zählt alle Neutrinos mit $m_\nu \lesssim 1$ MeV, die zur Energiedichte $\rho(T)$ (7.114) beitragen, also auch etwaige rechtshändige (sterile) Neutrinos, die nicht an das Z^0 koppeln.

[§]Die Neutrinos tragen auch nach ihrer Entkopplung zur Expansionsrate $H(T)$ bei. Die exakte Formel ist (7.91).

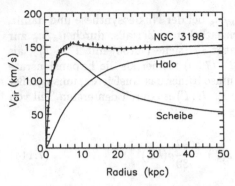

Abb. 7.28 Gezeigt wird als Beispiel die Rotationskurve der Spiralgalaxie NGC3198 (Meßpunkte) mit angepaßter Kurve eines Modells, das eine sichtbare Scheibe und einen unsichtbaren sphärischen Halo enthält. Die beiden anderen Kurven zeigen $v(r)$ für den Fall, daß nur die Scheibe bzw. nur der Halo existiert. Nach [Alb85].

7.4.4 Dunkle Materie; Neutrinoeigenschaften

a) Hinweise auf Dunkle Materie

Seit langem hat man starke Hinweise darauf, daß es im Universum außer der sichtbaren Materie (z.B. Sterne, Galaxien, Gebiete mit neutralem Wasserstoffgas) in viel größerer Menge Materie gibt, die sich nicht durch die Emission oder Absorption von elektromagnetischer Strahlung (von der Röntgen-Strahlung bis zur Radiostrahlung), sondern nur durch Gravitationseffekte bemerkbar macht. Diese nicht-sichtbare Materie wird *Dunkle Materie* (*dark matter*) genannt [Kra86, Bah87, Tri87, Pri88, Col89, Moh91, Sut92, Tre92, Pre93, Sci93, Tur93a, Ell94, Cal95a, Gui95, Kla95, Schr95, Pre96, Sre96].

Die stärkste Evidenz für die Existenz Dunkler Materie, zumindest in den Galaxien, liefern die sogenannten *Rotationskurven* von Spiralgalaxien, bei denen die sichtbare (leuchtende) Masse M_{vis} im Zentrum (Core, $r_c \sim 10$ kpc) konzentriert ist: Man mißt mit Hilfe der Rotverschiebung (Doppler-Effekt) die Rotationsgeschwindigkeiten $v(r)$ von äußeren, eine Galaxie umgebenden leuchtenden Wasserstoffwolken oder von einzelnen Sternen in Abhängigkeit von r, dem Abstand zum Zentrum der Galaxie. Ohne Dunkle Materie wäre $v(r)$ für große r, d.h. außerhalb des sichtbaren Cores, gegeben durch

$$\frac{mv(r)^2}{r} = G_N \frac{mM_{\text{vis}}}{r^2}, \quad \text{d.h.} \quad v(r)^2 = G_N \frac{M_{\text{vis}}}{r}. \tag{7.119}$$

Statt dieses $1/r$-Abfalls wurde für die meisten Galaxien eine flache Rotationskurve

$$v(r) \approx \text{const} = v_{\text{obs}}$$

beobachtet (Abb. 7.28) mit typischerweise $v_{\text{obs}} \sim 200$ km/sec. Dies bedeutet analog zu (7.119), daß die wirksame Masse $M_{\text{tot}}(r)$ der Galaxie innerhalb einer Kugel vom Radius r mit wachsendem r immer noch weiter zunimmt und die gesamte Dichte $\rho_{\text{tot}}(r)$ schwächer mit r abfällt:

$$M_{\text{tot}}(r) \approx \frac{v_{\text{obs}}^2}{G_N} \cdot r\,, \quad \text{so daß} \quad \rho_{\text{tot}}(r) = \frac{1}{4\pi r^2}\frac{dM_{\text{tot}}}{dr} \approx \frac{v_{\text{obs}}^2}{4\pi G_N} \cdot \frac{1}{r^2} (7.120)$$

für große $r < r_{\text{max}}$ (genauer: $\rho_{\text{tot}}(r) = \rho_0/(1 + r^2/r_c^2)$). Hieraus kann geschlossen werden, daß die sichtbare galaktische Scheibe von einem ungefähr kugelförmigen Halo dunkler Materie (z.B. MACHOs, siehe unten) umgeben ist mit typischerweise $M_{\text{DM}} \sim 10 \cdot M_{\text{vis}}$ und $r_{\text{max}} \sim 100$ kpc [Tre92].

Weitere Hinweise auf Dunkle Materie auf einer noch größeren Längenskala ergeben sich aus den beobachteten Bewegungen (Geschwindigkeitsverteilungen) einzelner Galaxien oder heißer Gaswolken innerhalb von Anhäufungen (Clustern) von Galaxien [Fic91, Tre92]; sie lassen sich nur mit der Anwesenheit großer Mengen dunkler Materie mit $\Omega_{\text{DM}} \sim 0.2$ [Sre96] erklären. Ansammlungen dunkler Materie machen sich auch dadurch bemerkbar, daß sie als *Gravitationslinsen* im Vordergrund auf das Licht ferner Galaxien (Quasare) im Hintergrund wirken [Bla92, Tys92]. Schließlich haben Untersuchungen kosmischer Materieflüsse (Geschwindigkeitsfelder) im großen als Untergrenze für den Beitrag der Dunklen Materie zum Dichteparameter Ω (7.71) den Wert $\Omega_{\text{DM}} \gtrsim 0.3$ ergeben [Dek94, Sre96]. Ganz allgemein wurde gefunden, daß das Verhältnis von dunkler zu leuchtender Materie und damit der „gemessene" Dichteparameter Ω umso größer ist, je größer die betrachtete Skala ist [Tre92, Pre93, Pri95a, Schr95]; auf größter Skala ist Ω mit eins verträglich.

Ein starkes theoretisches Argument für Dunkle Materie liefern die *inflationären kosmologischen Modelle* [Gut81, Lin82, Bra85, Tur85, Kol90, Nar91, Tur96]. Nach ihnen hat das Universum ganz zu Anfang (siehe Tab. 7.8) eine kurze Phase einer schnellen, exponentiellen Expansion um viele Größenordnungen, *Inflation* genannt, durchgemacht, die zu einem flachen, also gerade geschlossenen Universum mit $\Omega = 1$ (d.h. Gesamtdichte $\rho_0 =$ kritische Dichte ρ_c; $\kappa = 0$ in (7.67)) führte. Das Inflationsmodell ist imstande, eine Reihe von kosmologischen Tatsachen auf natürliche Weise zu erklären, die im einfachen Urknallmodell ohne Inflation keine Erklärung finden. Diese sind:

• die großskalige Homogenität und Isotropie des Universums, die sich in der kosmischen Hintergrundstrahlung manifestiert (*Horizontproblem*),

• die extreme, jedoch nicht absolute Uniformität des Universums am Anfang, die die Bildung von Strukturen auf kleinerer Skala ermöglichte (*Glattheits-problem*),

• die Nähe der Dichte ρ_0 zur kritischen Dichte ρ_c (*Flachheitsproblem*),
• die Abwesenheit von magnetischen Monopolen (*Monopolproblem*).

b) Verschiedene Arten von Dunkler Materie

Man unterscheidet zwischen baryonischer und nicht-baryonischer Dunkler Materie (DM). Die *baryonische* DM [Car94, Mas96] besteht letztendlich aus Protonen und Neutronen (sowie Elektronen). Die *nicht-baryonische* DM dagegen, die noch nicht direkt nachgewiesen werden konnte, könnte von anderen bekannten oder hypothetischen Teilchen gebildet werden, die im frühen Universum bis zur Zeit der Entstehung der ersten Galaxien entweder relativistisch (kleine Masse) oder nicht-relativistisch (große Masse) waren [Schr95, Ber96a, Sre96]. Dementsprechend unterscheidet man bei der nicht-baryonischen DM zwischen *heißer* oder *kalter* DM (hot dark matter, HDM; cold dark matter, CDM). Wir besprechen die einzelnen Arten von DM der Reihe nach.

Die *sichtbare* (leuchtende) Materie im Universum ist baryonischer Art; sie trägt nur einen geringen Bruchteil zur gesamten im Weltall vorhandenen Materie bei: $\Omega_{vis} \approx 0.005$ [Boe92, Sre96], also $\sim 1\%$, wenn $\Omega = 1$ ist. Der Anteil der *gesamten* baryonischen Materie läßt sich aus der primordialen Nukleosynthese (Kap. 7.4.3) abschätzen; mit (7.113) und $0.4 \lesssim h \lesssim 1.0$ erhält man die Grenzen

$$0.01 \lesssim \Omega_B \lesssim 0.10. \tag{7.121}$$

Aus dem Vergleich von Ω_B und Ω_{vis} folgt, daß wahrscheinlich der größere Teil der baryonischen Materie dunkel ist. Kandidaten für die dunkle baryonische Materie sind, außer unsichtbaren Staub- und Gaswolken, kompakte Überbleibsel von Sternen (Neutronensterne, Schwarze Löcher, alte Weiße Zwerge) sowie Braune Zwerge und Jupiter-ähnliche Objekte, die zu klein sind ($\lesssim 0.1 M_\odot$), um die thermonukleare Fusion zu zünden und dadurch zu leuchten. Für all diese unsichtbaren Objekte, die einen Teil der durch Rotationskurven nachgewiesenen Halos um Galaxien darstellen könnten (siehe oben), wurde der Sammelname MACHO (Massive Astrophysical Compact Halo Object) eingeführt. Inzwischen glaubt man, einige solcher MACHOs um unsere Galaxis durch ihre Wirkung als Mikrogravitationslinsen auf das Licht entfernter Sterne nachgewiesen zu haben [Alc93, Aub93]. Weitere Untersuchungen sind im Gange [Mas96].

Es gibt mehrere Hinweise auf die Existenz nicht-baryonischer DM [Sre96]:

• Die oben angegebene Untergrenze $\Omega_{DM} \gtrsim 0.3$ für die gesamte DM liegt signifikant über der Obergrenze (7.121) $\Omega_B \lesssim 0.10$ für die gesamte baryonische

Materie.

• Wenn das Inflationsmodell mit $\Omega = 1$ zutrifft, kann die baryonische Materie nach (7.121) nur höchstens 10% der gesamten Materie ausmachen; sie ist alleine nicht in der Lage, das Universum zu schließen.

• Ohne nicht-baryonische DM lassen sich die Bildung von Galaxien und die äußerst geringen Fluktuationen in der Kosmischen Hintergrundstrahlung ($\Delta T/T \sim 10^{-5}$ [Schr95, Smo96]) nur schwer miteinander vereinbaren.

Als Kandidaten für die kalte DM kommen (bisher hypothetische) Teilchen wie schwere Neutrinos, *Neutralinos* (siehe Anhang A.5) oder *Axionen* [Ber96a, Raf96] aus dem Urknall in Frage, wobei die Neutralinos z.Zt. am attraktivsten erscheinen. Solche Teilchen werden als *schwach-wechselwirkende massive Teilchen* (Weakly Interacting Massive Particles, WIMPs) bezeichnet [Jun96]. Experimente zur direkten Suche nach WIMPs [Pri88, Smi90, Sto91, Mos93, Pre93, Ber95a, Cal95a, Gai95, Kla95, Ott95a, Mos96], insbesondere nach Neutralinos [Bot94], sind im Gange, in Vorbereitung oder in der Diskussion. Die Nachweismethoden beruhen darauf, daß ein WIMP einen elastischen Stoß mit dem Kern eines Targets ausführt [Dru84]. Die kleine Energie des Rückstoßkerns (im Bereich $\sim$ 10 - 100 keV) wird zum kleineren Teil (20 - 30 %) in Ionisation in einem Halbleiterdetektor (Ge, Si) bzw. in Szintillation in einem Szintillationsdetektor (NaI, CaF_2) umgesetzt. Der Hauptteil der Rückstoßenergie wird in Wärme (Phononen) umgewandelt und führt zu einer winzigen Temperaturerhöhung des Targetmaterials. Solche Temperaturerhöhungen können dann mit höchst-empfindlichen und hoch-auflösenden Meßmethoden, die bei tiefsten Temperaturen ($\sim$ 10 - 100 mK) operieren (*kryogenische Detektoren*, Kap. 6.8.2, 7.2.2 [Fei89, Smi90, Mos93, Cal95a, Twe96]), erfaßt werden. Zur Reduzierung des störenden Untergrunds werden solche sehr schwierigen DM-Experimente in unterirdischen Laboratorien ausgeführt.

Eine andere, indirekte Nachweismethode für WIMPs wird in Kap. 7.5 besprochen: WIMPs können im Zentrum der Sonne oder der Erde angereichert werden, dort annihilieren und die dabei entstehenden hochenergetischen Neutrinos mit großen ν-Teleskopen (Kap. 7.6) nachgewiesen werden [Ber96]. Bisher sind noch keine WIMPs entdeckt worden [Mor93a, Cal95a]. Auch in Beschleunigerexperimenten (LEP, Tevatron) hat man bisher vergeblich nach Neutralinos gesucht [PDG96].

Für die heiße DM ist der beste Kandidat eines (oder mehrere) der drei bekannten Neutrinos ν_e, ν_μ, ν_τ, falls eines eine Masse hat; sie sind ja als Restneutrinos aus dem Urknall (Kap. 7.4.2) in großer Anzahl im Universum vorhanden, siehe (7.99), (7.100), (7.101). Ihr von m_ν abhängiger Beitrag zu Ω ist durch (7.102) gegeben. In einer natürlichen Massenhierarchie $m(\nu_e) \ll m(\nu_\mu) \ll m(\nu_\tau)$ (Seesaw-Modell, Kap. 6.1.2, 7.2.4, siehe (7.44)) kommt das ν_τ als schwerstes Neutrino am ehesten als Teilchen der heißen DM in Betracht. Grenzen, die aus der Kosmologie für ν-Masse und ν-Lebensdauer gewonnen werden können, werden weiter unten besprochen.

Man geht heute davon aus, daß die nicht-baryonische DM sowohl eine heiße als auch eine kalte Komponente enthält, und zwar aus folgendem Grunde [Kol90, Ber93, Kim93, Lid93, Cal95a, Gyu95, Schr95]: Während das Universum im ganz Großen (> 100 Mpc) homogen ist, ist es auf kleinerer Skala voller Inhomogenitäten, die sich wahrscheinlich aus kleinen primordialen Dichteschwankungen entwickelt haben; sie haben zur *Bildung von Strukturen*, also von Sternen, Galaxien, Anhäufungen von Galaxien (Cluster, Supercluster) und großen materiefreien Räumen (voids) geführt[†]. Ein Universum nur mit heißer DM (leichte Neutrinos) kann nur großskalige (~ 20 Mpc) kosmische Strukturen (z.B. Supercluster) hervorbringen, da freiströmende relativistische Neutrinos kleinerskalige, zur Galaxienbildung erforderliche Dichtefluktuationen in der Frühphase des Universums ausgewaschen hätten (kollisionsfreie Dämpfung, Landau-Dämpfung). Galaxien wären dann erst relativ spät durch die Fragmentation der großskaligen Strukturen entstanden. Umgekehrt kann sich kalte (langsame) DM in kleineren Dimensionen zusammenballen und dadurch zur Bildung von Galaxien und ihrer Verteilung auf einer Skala $\lesssim 5$ Mpc führen. Quantitativ jedoch ergibt ein einfaches Modell mit nur kalter DM zu viel Struktur und Inhomogenität auf kleiner Skala [Cal95a, Gyu95]; es kann außerdem nicht die größerskaligen kosmischen Strukturen (Cluster, Supercluster) erklären. Aus diesen Gründen wird heute (neben anderen möglichen Modellen) ein Universum mit $\Omega = 1$ bevorzugt, in dem sowohl kalte als auch heiße DM enthalten ist (Modell kalt-heißer DM oder gemischter DM, CHDM-Modell). Insgesamt paßt die folgende ungefähre Zusammensetzung am besten zu den Beobachtungen (u.a. von COBE):

$$
\left.
\begin{array}{l}
\sim 1\% \text{ sichtbare Baryonen} \\
\sim 7\% \text{ unsichtbare Baryonen}
\end{array}
\right\} \text{baryonisch}
$$
$$
\left.
\begin{array}{l}
\sim 20\% \text{ heiße DM (leichte } \nu) \\
\sim 72\% \text{ kalte DM (Neutralinos?)}
\end{array}
\right\} \text{nicht-baryonisch.}
\tag{7.122}
$$

Es ist erstaunlich, daß wir heute im Grunde nicht wissen, woraus der größte Teil ($\gtrsim 90\%$) des Universums besteht.

c) Grenzen für Neutrinomasse und Neutrinolebensdauer

Kosmologische Obergrenzen für die Massen leichter Neutrinos lassen sich

---

[†]10^4 Mpc (~ 10^{28} cm) entsprechen der Größe des beobachtbaren Universums [Gyu95].

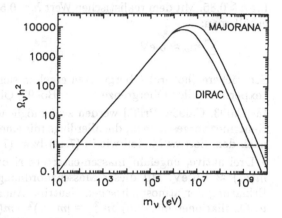

Abb. 7.29 Beitrag $\Omega_\nu h^2$ einer Neutrinoart mit Masse m_ν. Der aufsteigende Ast enspricht (7.123) mit $g_\nu = 2$, der abfallende Ast für Dirac-ν entspricht (7.130). Die gestrichelte Gerade zeigt $\Omega_\nu h^2 = 1$. Da $\Omega_\nu h^2 \leq 1$ ist, muß $m_\nu \stackrel{<}{\sim} 100$ eV oder $m_\nu \stackrel{>}{\sim} 2$ GeV für Dirac-ν (5 GeV für Majorana-ν) sein. Nach [Kol91].

berechnen mit der aus (7.102) folgenden Formel

$$m_\nu = 188 \cdot \frac{\Omega_\nu h^2}{g_\nu} \text{ eV} = 94 \cdot \Omega_\nu h^2 \text{ eV} \quad \text{(für } g_\nu = 2\text{)} \tag{7.123}$$

für jede Neutrinoart (Abb. 7.29). Für ein flaches Universum ($\Omega = 1$) und $m_\nu = m(\nu_\tau) \gg m(\nu_\mu), m(\nu_e)$ erhält man wegen $\Omega_\nu \leq \Omega$ und mit $h \stackrel{<}{\sim} 0.85$:

$$m_\nu \leq 94 \cdot h^2 \text{ eV} \stackrel{<}{\sim} 68 \text{ eV} \tag{7.124}$$

als Obergrenze für die ν_τ-Masse. Im allgemeinen (z.B. bei vergleichbaren ν-Massen) ist die Summe über alle Neutrinoarten zu nehmen ($\sum_\nu \Omega_\nu \leq 1$), so daß

$$\sum_\nu m_\nu = 94 \cdot \sum_\nu \Omega_\nu h^2 \text{ eV} \stackrel{<}{\sim} 94 \cdot h^2 \text{ eV} \stackrel{<}{\sim} 68 \text{ eV} \tag{7.125}$$

ist. Für ein flaches Universum, das nach (7.122) nur $\sim 20\%$ heiße DM in Form von leichten Neutrinos enthält ($\sum_\nu \Omega_\nu \approx 0.2$), ergibt sich aus (7.123) statt (7.125) die schärfere Obergrenze

$$\sum_\nu m_\nu \approx 18.8 \cdot h^2 \text{ eV} \stackrel{<}{\sim} 14 \text{ eV} \tag{7.126}$$

für $h \lesssim 0.85$. Mit dem realistischen Wert $h \approx 0.5$ (d.h. $\Omega h^2 \approx 0.25$, Kap. 7.4.1) erhält man:

$$\sum_{\nu} m_{\nu} \approx 5 \text{ eV}. \tag{7.127}$$

Schwächere (höhere) Obergrenzen ergeben sich, wenn man statt $\Omega = 1$ die „experimentelle" Obergrenze $\Omega < 2$ [Boe92, Oli96] benutzt.

In [Cal93, Cal95a, Pri95] werden zwei mögliche Massenzuordnungen für die Neutrinos vorgeschlagen, die allerdings mit einer möglichen Massenhierarchie nach dem Seesaw-Modell wie in (7.44) bzw. (7.45) nicht vereinbar sind:

• Drei aktive, ungefähr massen-entartete Neutrinos mit $m(\nu_e) \approx m(\nu_\mu) \approx m(\nu_\tau) \approx 1.6$ eV. Mit dieser Massenzuordnung wird folgendes erreicht: (a) Erklärung der atmosphärischen Neutrino-Anomalie (Kap. 7.1) durch $\nu_\mu \to \nu_\tau$-Oszillationen mit (7.6) $\delta m^2_{\tau\mu} \equiv |m(\nu_\tau)^2 - m(\nu_\mu)^2| \sim 10^{-2}$ eV², (b) Lösung des Problems der solaren Neutrinos (Kap. 7.2.4) durch $\nu_e \to \nu_\mu$-Oszillationen mit (7.40) $\delta m^2_{\mu e} \sim 10^{-10}$ eV² oder (7.42) $\delta m^2_{\mu e} \sim 10^{-5}$ eV², (c) Neutrinos mit (7.127) $\sum_{\nu} m_{\nu} \approx 5$ eV als Teilchen der heißen DM.

• Zwei schwerere Neutrinos ν_μ und ν_τ mit $m(\nu_\mu) \approx m(\nu_\tau) \approx 2.4$ eV als Teilchen der heißen DM, so daß (7.127) erfüllt ist, sowie ein leichtes ν_e und ein leichtes steriles ν_s. In diesem Szenario wird das atmosphärische ν_μ-Defizit wiederum mit $\nu_\mu \to \nu_\tau$-Oszillationen mit $\delta m^2_{\tau\mu} \sim 10^{-2}$ eV² und das solare ν_e-Defizit mit $\nu_e \to \nu_s$-Oszillationen mit $\delta m^2_{es} \sim 10^{-10}$ eV² oder 10^{-5} eV² erklärt. Außerdem ist es mit dem LSND-Resultat in Abb. 6.21 ($\bar{\nu}_\mu \to \bar{\nu}_e$-Oszillationen mit $\delta m^2_{\mu e} \equiv |m(\nu_\mu)^2 - m(\nu_e)^2| \approx m(\nu_\mu)^2 \approx 6$ eV²) und noch mit (7.118) ($N_\nu < 3.6$) verträglich, wenn $\sin^2 2\theta_{es}$ klein ist.

Die Kosmologie liefert auch eine Untergrenze für die Masse *schwerer* Neutrinos ($m_\nu > 1$ MeV) [Lee77a, Kol91, Boe92, Kim93]. Falls sie existieren, waren schwere Neutrinos nach dem Urknall in thermischem Gleichgewicht (Kap. 7.4.2) nur bis zu einer Temperatur von $kT \approx m_\nu/20$; ihre heutige Teilchenzahldichte ist ungefähr gegeben durch [Moh91, Boe92]

$$\frac{n_{\nu 0}}{n_{\gamma 0}} \approx 10^{-7} \cdot \left(\frac{\text{GeV}}{m_\nu}\right)^3 \tag{7.128}$$

mit $n_{\gamma 0} = 411$ cm⁻³ (7.98). Mit (7.68) für ρ_c ergibt sich hieraus:

$$\rho_{\nu 0} = m_\nu n_{\nu 0} \approx 4 \cdot 10^{-5} \left(\frac{\text{GeV}}{m_\nu}\right)^2 \frac{\text{GeV}}{\text{cm}^3}, \quad \Omega_\nu = \frac{\rho_{\nu 0}}{\rho_c} \approx \frac{4}{h^2} \cdot \left(\frac{\text{GeV}}{m_\nu}\right)^2. \tag{7.129}$$

Mit $\Omega_\nu \leq 1$ erhält man die Untergrenze (*Lee-Weinberg-Grenze*)

$$m_\nu \approx \frac{2 \text{ GeV}}{\sqrt{\Omega_\nu h^2}} \gtrsim \frac{2 \text{ GeV}}{h} \gtrsim 2 \text{ GeV}, \tag{7.130}$$

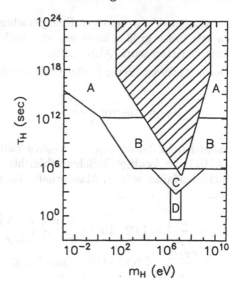

Abb. 7.30
Ausgeschlossene (m_H, τ_H)-Gebiete für instabile Neutrinos ν_H. Das schraffierte Gebiet ist wegen $\Omega h^2 \leq 1$ ausgeschlossen, unabhängig von der Zerfallsart des ν_H. Die Gebiete A, B, C, D sind ausgeschlossen für Zerfälle, die Photonen als Zerfallsteilchen enthalten. Nach [Moh91].

da $h \lesssim 1$ ist (Abb. 7.29)[§]. Kosmologisch kommen also leichte Neutrinos mit Massen unterhalb der Grenzen (7.124) oder schwere Neutrinos mit einer Masse oberhalb der Lee-Weinberg-Grenze (7.130) in Frage; der Massenbereich dazwischen (~ 100 eV bis ~ 2 GeV) ist ausgeschlossen (Abb. 7.30). Schwere Neutrinos dieser Art wären Kandidaten für die kalte DM.

Die bisherigen Massengrenzen gelten nur für den Fall, daß die kosmologischen Neutrinos stabil sind bzw. eine Lebensdauer besitzen, die groß im Vergleich zum Alter des Universums ($t_0 \sim 1.5 \cdot 10^{10}$ J $= 4.7 \cdot 10^{17}$ sec) ist. Wir diskutieren nun die Möglichkeit instabiler kosmologischer Neutrinos [Kol90, Kol91, Moh91, Blu92a, Kim93, Gel95, Sar96] und beginnen mit dem Fall leichter instabiler Neutrinos[¶] ($m_H < 1$ MeV), also solchen, die bei $kT \sim 1$ MeV abkoppelten (Kap. 7.4.2). Qualitativ sieht man leicht, daß zwischen den Grenzen für m_H und τ_H eine Korrelation besteht: Je früher die ν_H zerfallen, d.h. je kürzer τ_H ist, umso länger haben die Zerfallsprodukte, die vom Zerfall bis heute als relativistisch angenommen werden, an der Expansion des Universums teilgenommen und sich dabei abgekühlt, umso weniger tragen sie also zur heutigen Energiedichte bei. Außerdem: Je kleiner m_H ist, umso geringer ist auch die Energie der Zerfallsteilchen, umso weni-

---

[§]Die Grenze (7.130) gilt für Dirac-Neutrinos; für Majorana-Neutrinos ist sie 5 GeV [Kim93].
[¶]Wir bezeichnen hier das instabile ν entsprechend Kap. 6.5 mit ν_H (Masse m_H, mittlere Lebensdauer τ_H).

ger tragen sie zur heutigen Energiedichte bei. Mit anderen Worten: Je kleiner τ_H ist, umso größer kann $m_H < 1$ MeV sein, ohne daß die Grenze $\Omega_H < 1$ überschritten wird (Abb. 7.30).

Quantitativ ist dieser Sachverhalt durch die Beziehung [Moh91, Kim93]

$$\rho_{H0} = n_{H0} m_H \left(\frac{\tau_H}{t_0}\right)^{\frac{1}{2}} \tag{7.131}$$

ausgedrückt (statt $\rho_{H0} = n_{H0} m_H$ ohne Zerfall), wobei $n_{H0} = 112$ cm^{-3} (7.101) die heutige Teilchenzahldichte von ν_H (für $g_H = 2$) ist, wenn sie nicht zerfallen wären. Man erhält also mit (7.68) für ρ_c und $t_0 \approx 4.7 \cdot 10^{17}$ sec:

$$\Omega_H \equiv \frac{\rho_{H0}}{\rho_c} = 1.07 \cdot 10^{-2} \cdot \frac{1}{h^2} \frac{m_H}{\text{eV}} \left(\frac{\tau_H}{t_0}\right)^{\frac{1}{2}} \lesssim \Omega, \text{ d.h.}$$

$$\frac{m_H}{\text{eV}} \left(\frac{\tau_H}{t_0}\right)^{\frac{1}{2}} \lesssim 93.7 \cdot \Omega h^2, \quad m_H \lesssim 6.43 \cdot 10^{10} \left(\frac{\text{sec}}{\tau_H}\right)^{\frac{1}{2}} \Omega h^2 \text{ eV}. \tag{7.132}$$

In ähnlicher Weise ergibt sich für schwere instabile Neutrinos mit $m_H > 1$ MeV [Moh91, Kim93]:

$$\left(\frac{\text{GeV}}{m_H}\right)^2 \left(\frac{\tau_H}{t_0}\right)^{\frac{1}{2}} \lesssim 0.5 \,(0.05) \,\Omega h^2, \quad \text{d.h.}$$

$$m_H \gtrsim 5.40 \,(17.1) \cdot 10^{-5} \left(\frac{\tau_H}{\text{sec}}\right)^{\frac{1}{4}} \frac{1}{\sqrt{\Omega h^2}} \text{ GeV} \tag{7.133}$$

für Dirac-ν (Majorana-ν). Das nach (7.132) und (7.133) mit $\Omega h^2 \lesssim 1$ ausgeschlossene Gebiet in der (m_H, τ_H)-Ebene ist in Abb. 7.30 schraffiert dargestellt.

Die Grenzen (7.132) und (7.133) gelten unabhängig von der Art des Zerfalls, vorausgesetzt, die Zerfallsteilchen sind bis heute relativistisch. Schärfere Grenzen hat man für spezielle Zerfälle berechnet [Kol90, Kol91, Sar96], z.B. für die Zerfälle $\nu_H \to \nu_a \gamma$, $\nu_a e^+ e^-$ (siehe (6.164), (6.173)). Die Berechnung der Massengrenzen hängt davon ab, in welche Epoche der kosmologischen Entwicklung der Wert von τ_H fällt. Auf diese Weise lassen sich für Zerfälle, die Photonen enthalten, die Gebiete A, B, C, D in Abb. 7.30 ausschließen.

7.5   Hochenergetische kosmische Neutrinos

Während Neutrinos aus den thermonuklearen Fusionsprozessen in Sternen
($E_\nu \lesssim 20$ MeV, Kap. 7.2) oder aus einem Supernova-Sternkollaps ($E_\nu \lesssim 100$
MeV, Kap. 7.3) relativ niederenergetisch sind und kosmologische Neutrinos
extrem kleine Energien besitzen ($E_\nu \sim 5 \cdot 10^{-4}$ eV, Kap. 7.4.2), gibt es
mehrere astrophysikalische Prozesse und Typen von Quellen, in denen Neutrinos mit hohen und höchsten Energien als Sekundärteilchen erzeugt werden können (*kosmische Neutrinos*) [Ber90a, Gai90, Ber91a, Bar92a, Kos92,
Ber93, Lea93, Kif94, Ber95, Gan96]. Solche Neutrinos haben wie Photonen
als neutrale Teilchen den Vorteil, daß sie mit ihrer Richtung unabgelenkt auf
ihren Ursprungsort (Quelle) zurückweisen und somit Auskunft über diese
Quelle liefern können; geladene Teilchen (Protonen, Kerne, Elektronen) der
primären Kosmischen Strahlung dagegen verlieren wegen ihrer Ablenkung in
kosmischen Magnetfeldern diese Richtungs- und Ursprungsinformation. Experimentell sind kosmische Neutrinos bisher noch nicht beobachtet worden
[Oya89, Kif94]. Sie müssen jedoch existieren, da man die mit ihnen zusammen
nach (7.134) erzeugten energiereichen Photonen schon in Luftschauerexperi-
menten gemessen hat.

Man kann zwischen zwei Erzeugungsarten kosmischer Neutrinos unterschieden, nämlich „Erzeugung durch Beschleunigung" und „Erzeugung aus der
Annihilation oder dem Zerfall schwerer Teilchen".

a) Erzeugung durch Beschleunigung

Hochenergetische Neutrinos dieses Ursprungs entstehen aus den Zerfällen geladener Pionen und Kaonen, die durch den Zusammenstoß hochenergetischer
Protonen (bzw. Kerne) der Kosmischen Strahlung (Kap. 7.1) mit niederenergetischen Targetprotonen (bzw. Targetkernen) oder Targetphotonen *im
Kosmos* erzeugt wurden[‡]:

$$\left. \begin{array}{c} p + p \\ p + \gamma \end{array} \right\} \; \rightarrow \; \pi^0 + \pi^\pm, K^\pm + \text{ weitere Teilchen.}$$
$$\hookrightarrow 2\gamma \;\; \hookrightarrow \mu + \nu \qquad\qquad (7.134)$$
$$\hookrightarrow e + \nu + \bar\nu$$

Dabei besteht eine typische „punktförmige" kosmische Neutrinoquelle aus einem astrophysikalischen „Beschleuniger" (siehe unten), der die hochenergetischen Strahlprotonen erzeugt, und einem ihn umgebenden Gas (oder Plasma), in dem Protonen (Kerne) oder Photonen („Photonengas") als Targets

---

[‡]Der Vorgang ähnelt der Entstehung energiereicher Neutrinos in der Erdatmosphäre
durch die Kosmische Strahlung (Kap. 7.1), siehe (7.2).

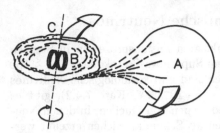

Abb. 7.31
Skizze für das Modell eines Binärsystems:
Ein Roter Riese (A) gibt Materie an einen
rotierenden Neutronenstern mit Magnetfeld (B) ab; sie sammelt sich in der Akkretionsscheibe (C). Neutronenstern (mit
Akkretionsscheibe) und Roter Riese krei-
sen umeinander. Nach [Gai90].

in Beschleunigernähe fungieren. Eine solche Konfiguration wird „astrophy-
sikalischer (kosmischer) Beam-Dump" genannt. Aber auch die Sonne kann
eine „Punktquelle" energiereicher Neutrinos darstellen, indem Protonen der
Kosmischen Strahlung in ihr nach (7.134) reagieren [Gai95, Ing96]. Zusammen mit den Neutrinos (und Elektronen) entstehen gemäß (7.134) auch
π^0-Mesonen und damit hochenergetische Photonen, die den Forschungsge-
genstand der hochenergetischen Gammastrahlen-Astronomie [Sok89, Ber90a,
Gai90, Ram93] darstellen.

Die energiereichen Neutrinos aus (7.134) können nach [Ber91a] eingeteilt
werden in VHE-Neutrinos (VHE = very high energy) aus pp-Reaktionen
mit $E_\nu \gtrsim 50$ GeV und UHE-Neutrinos (UHE = ultrahigh energy) aus $p\gamma$-
Reaktionen mit $E_\nu \gtrsim 10^6$ GeV. Der Grund für die ultrahohen Energien der
$p\gamma$-Neutrinos ist die Tatsache, daß die $p\gamma$-Reaktion eine extrem hohe Energieschwelle E_p^S besitzt, die gegeben ist durch[¶]

$$E_p^S = \frac{(2m_N + m_\pi) \cdot m_\pi}{4E_\gamma} = 7 \cdot 10^{16} \frac{eV}{E_\gamma} \cdot eV. \tag{7.135}$$

Z.B. ergibt sich für die π-Erzeugung im Zusammenstoß eines Protons mit
einem Photon der Kosmischen 2.7 K-Hintergrundstrahlung (Kap. 7.4) mit
$\langle E_\gamma \rangle \approx 7 \cdot 10^{-4}$ eV (und $n_\gamma \approx 400$ cm^{-3}) die extrem hohe Schwelle von
$E_p^S = 10^{20}$ eV $= 10^{11}$ GeV (Greisen-Grenze [Gre66]).

Die interessante und größtenteils noch ungeklärte Frage nach der Entstehung der Kosmischen Strahlung geht über den Rahmen dieses Buches hinaus. Es werden daher einige der kosmischen Beschleuniger, die zur Herstellung energiereicher Protonen vorgeschlagen wurden, hier nur kurz an-
gesprochen; wegen einer genaueren Beschreibung der zahlreichen verschiedenen Beschleunigungsmechanismen, die bisher diskutiert wurden und zu deren Verständnis die Erforschung energiereicher kosmischer Neutrinos beitra-

---

[¶]Herleitung: Für kollinearen Zusammenstoß ist die Schwelle für die Photoproduktion
$N + \gamma \to N' + \pi$ gegeben durch $s = (m_N + m_\pi)^2$. Mit $s = (p_N + p_\gamma)^2 = m_N^2 + 2p_N \cdot p_\gamma = m_N^2 + 4E_N E_\gamma$ ergibt sich (7.135).

gen könnte (u.a. Beschleunigung an Schockfronten (Stoßfronten) oder Fermi-Beschleunigung 1. Ordnung, stochastische Beschleunigung durch sich bewegende Plasmawolken oder Fermi-Beschleunigung 2. Ordnung, direkte Beschleunigung in starken elektromagnetischen Feldern), wird verwiesen z.b. auf [Fer49, Ber90a, Gai90, Ber91a] und die dort angegebene Literatur. Als Beschleuniger kommen in Frage:

- **Junge Supernova-Reste.** Eine junge Supernova kann während des ersten Jahres nach der Explosion einen beträchtlichen Fluß hochenergetischer Neutrinos erzeugen. Hierbei lassen sich zwei Möglichkeiten unterscheiden [Ber91a], nämlich die innere und äußere ν-Erzeugung: Bei der inneren Erzeugung werden Protonen innerhalb der sich ausbreitenden Supernovahülle beschleunigt, z.b. durch das starke rotierende Magnetfeld des Pulsars oder das Schwarze Loch. Als Target für die Reaktion (7.134) dient die Hüllenmaterie. Bei der äußeren Erzeugung geschieht die Beschleunigung an zwei aufeinander zulaufenden Schockfronten.

- **Binärsysteme.** In einem Binärsystem (z.b. Cygnus X-3, Hercules X-1) kann Materie von einem ausgedehnten Begleitstern (z.b. Roter Riese) auf ein kompaktes Objekt (z.b. Neutronenstern oder Schwarzes Loch) fließen; sie sammelt sich in der sogenannten *Akkretionsscheibe* um das kompakte Objekt (Abb. 7.31). Die Teilchenbeschleunigung geschieht u.a. durch ein elektrisches Feld E, welches dadurch induziert wird, daß die Akkretionsscheibe als Dynamo im starken Magnetfeld B ($B \sim 10^{12}$ G) des kompakten Objekts wirkt: $E = v \times B$ (v = Geschwindigkeit der geladenen Teilchen auf ihren Kepler-Bahnen in der Akkretionsscheibe). Als Target für die Reaktion (7.134) dient die Materie des Begleitsterns.

- **Aktive Kerne von Galaxien.** *Aktive Galaxienkerne* (active galactic nuclei, AGN) [Ber90a, Ree90, Ost91, Ber95, Gai95, Ste96, Vei96] sind die stärksten (und entferntesten) Quellen von Strahlung im Universum; ihre extremsten Vertreter sind die *Quasare*. Diese können Gesamtluminositäten (Leuchtkraft) von bis zu $\sim 10^{48}$ erg sec^{-1} (entsprechend $\sim 10^{14}$ Sonnen) und damit die Leuchtkraft von ~ 100 großen Galaxien erreichen, während ihre Ausdehnung nur von der Größenordnung unseres Sonnensystems ($R \approx 6 \cdot 10^9$ km) ist. Nach heutigen, noch nicht gesicherten Modellvorstellungen handelt es sich bei einem Typ von Quasaren um den Kern einer jungen, aktiven Galaxie, in deren Zentrum sich ein superschweres Schwarzes Loch ($M \sim 10^8$ bis $10^{10} M_\odot$) befindet. Die Schwarzschild-Radien[¶] solcher Schwarzen Löcher liegen somit nach (7.136) zwischen $R_S \sim 3 \cdot 10^8$ und $3 \cdot 10^{10}$ km. Das Schwar-

---

[¶]Damit ein Probekörper (Masse m) dem Gravitationsfeld eines kugelförmigen Himmelskörpers (Masse M, Radius R) entkommen kann, muß er auf der Oberfläche des Himmelskörpers senkrecht mit einer Geschwindigkeit abgesandt werden, die größer ist als die *Entweichgeschwindigkeit* $v_0 = \sqrt{2G_N M/R}$ (aus $\frac{1}{2}mv_0^2 - G_N Mm/R = 0$), wobei $G_N = 6.673 \cdot 10^{-11}$ m^3 kg^{-1} sec^{-2} die Newton-Gravitationskonstante ist. Da $v_0 < c$ sein

ze Loch ist umgeben von einer dicken Akkretionsscheibe. Von ihr spiralt gasförmige Materie auf das Schwarze Loch zu. Sie wird dabei stark beschleunigt und in ein heißes, elektrisch leitfähiges Plasma umgewandelt, in dem sich starke Magnetfelder ausbilden. Von dieser heißen, dichten Materie geht eine intensive Strahlung aus, so daß im Endeffekt durch das Schwarze Loch Gravitationsenergie in Strahlungsenergie umgewandelt wird. Ein Teil der Materie fällt in das Schwarze Loch, ein anderer Teil wird durch Magnetfelder umgelenkt und bildet zwei entgegengesetzte, zur Akkretionsscheibe senkrecht verlaufende, beobachtbare Plasma-Jets. In einem solchen Quasar (AGN) können Protonen auf extreme Energien beschleunigt werden (u.a. durch Schockbeschleunigung) und nach (7.134) im Quasar selbst (z.B. in seiner dichten Photonenwolke) oder im Kosmos energiereiche Photonen und Neutrinos erzeugen.

Als *verborgene Quelle* wird eine ν-Quelle bezeichnet, die keine elektromagnetische Strahlung aussendet. Dies ist dann der Fall, wenn die nach (7.134) zusammen mit den Neutrinos in der Quelle erzeugten Photonen innerhalb der Quelle wieder absorbiert werden, z.B. in einem Binärsystem oder in einem AGN.

Der *Nachweis* von VHE-Neutrinos geschieht am besten durch die CC-Reaktion $\nu_\mu N \to \mu X$, wobei als Target die Erdmaterie in der Umgebung eines unterirdischen Detektors dient, der das μ nachweist (z.B. H$_2$O-Cherenkov-Detektor). Wegen der hohen Energien behält das gemessene μ die Richtung des ν_μ praktisch bei. Zur Vermeidung des Untergrunds atmosphärischer Myonen (Kap. 7.1) nimmt man „nach oben" gehende μ mit Zenitwinkel $\theta_Z > 90°$ (siehe Abb. 7.1). Bei den UHE-Neutrinos dominiert dagegen die Reaktion

$$\bar{\nu}_e + e^- \to W^- \to \text{Hadronen};\tag{7.137}$$

sie besitzt bei $s = 2m_e E_\nu = m_W^2$, d.h. $E_\nu = m_W^2/2m_e = 6.3 \cdot 10^6$ GeV, eine Resonanz (*Glashow-Resonanz* [Gla60], Kap. 4.1) mit einem effektiven Wirkungsquerschnitt von $\sigma(\bar{\nu}_e e) = (3\pi/\sqrt{2})G_F = 3.0 \cdot 10^{-32}$ cm^2 bei der Resonanz, während $\sigma(\nu N) \approx 10^{-33}$ cm^2 bei $E_\nu \approx 10^7$ GeV beträgt (Abb. 7.32) [Ren88, Ber91a, Gan96][‡]. Dagegen gilt normalerweise $\sigma(\bar{\nu}_e e) \ll \sigma(\nu N)$, siehe

---

muß, kann der Probekörper dem Himmelskörper (z.B. Schwarzes Loch) nicht entkommen, wenn dessen Radius kleiner ist als

$$R_S = \frac{2G_N M}{c^2} = 1.48 \cdot 10^{-27}\frac{M}{\text{kg}} \cdot \text{m} = 2.95 \cdot \frac{M}{M_\odot} \cdot \text{km}.\tag{7.136}$$

R_S ist der durch die Masse M gegebene *Schwarzschild-Radius* des Himmelskörpers (z.B. $R_S = 2.95$ km für die Sonne, $R_S = 0.89$ cm für die Erde).

[‡] $\sigma(\nu N) \propto E_\nu$ für $E_\nu \lesssim 10$ TeV; $\sigma(\nu N) \propto \log E_\nu$ für $E_\nu \gtrsim 10$ TeV [Lea93]; $\sigma(\nu N) \propto E_\nu^{0.4}$ für $E_\nu \gtrsim 10^3$ TeV [Gan96].

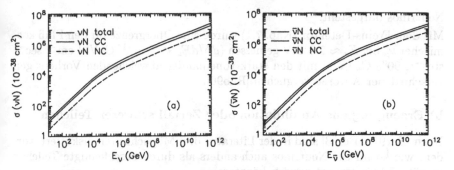

Abb. 7.32 Berechnete Wirkungsquerschnitte für (a) νN-Reaktionen gegen E_ν bei
sehr hohen E_ν: untere Kurve $\nu N \to \nu X$ (NC), mittlere Kurve: $\nu N \to$
μX (CC), obere Kurve: NC + CC; (b) dasselbe für $\overline{\nu} N$-Reaktionen.
Nach [Gan96].

(4.17) und (5.15). Detektoren für die hochenergetische Neutrino-Astronomie
sind in Kap. 7.6 beschrieben. Die zu erwartenden ν-Flüsse und Ereignisraten
werden z.B. in [Ber90a, Ber93, Gai95] behandelt.

Die aus allen Richtungen einfallenden *atmosphärischen* Neutrinos (Kap. 7.1)
stellen wegen ihres relativ hohen Flusses für den Nachweis von kosmischen
VHE-Neutrinos einen ernsthaften Untergrund dar, da für beide Neutrinoarten die E_ν-Bereiche vergleichbar sind (Abb. 7.2). VHE-Neutrinos lassen
sich daher nur nachweisen (von einem Detektor mit guter Winkelauflösung),
wenn sie aus kosmischen „*Punktquellen*" stammen, so daß der ν-Fluß aus der
Richtung einer solchen Quelle überhöht ist. Anders bei den UHE-Neutrinos:
Bei den extremen Energien dieser Neutrinos ($E_\nu \gtrsim 10^6$ GeV) ist der Fluß der
atmosphärischen Neutrinos wegen des steileren Abfalls ihres E_ν-Spektrums
($\propto E_\nu^{-3.7}$ oberhalb $E_\nu \sim 100$ GeV [Gai95, Gan96]) völlig vernachlässigbar. Man kann deshalb hoffen, mit den großen zukünftigen ν-Detektoren
(Kap. 7.6) auch *diffuse Flüsse* von UHE-Neutrinos (Spektrum $\propto E_\nu^{-2.1}$), die
nicht aus festen, sondern aus allen möglichen Richtungen eintreffen, ohne
störenden Untergrund nachweisen zu können. Solche diffusen ν-Flüsse können
entstehen, wenn extrem energiereiche Protonen (z.B. aus einem Quasar bzw.
aus der Gesamtheit der existierenden Quasare) mit überall im Weltall (z.B.
in unserer galaktischen Scheibe, in den Quasaren selbst oder in der Kosmischen Hintergrundstrahlung) vorhandenen niederenergetischen Photonen
nach (7.134) kollidieren [Dar96a].

Zur Zusammenfassung sind in Abb. 7.33 die erwarteten Spektren (a) der
ν-Flüsse aus verschiedenen Punktquellen und (b) der diffusen ν-Flüsse verschiedenen Ursprungs im Vergleich zum Flußspektrum der atmosphärischen

Neutrinos dargestellt.

Mit dem Frejus-Detektor (Kap. 7.1) wurde eine Obergrenze für den Fluß kosmischer ν_μ bei $E_\nu \approx 2.6$ TeV gemessen ($d\phi/dE_\nu < 7 \cdot 10^{-13}$ GeV^{-1} cm^{-2} sec^{-1} ster^{-1}, 90% CL) und mit den stark voneinander abweichenden Vorhersagen verschiedener Autoren verglichen [Rho96].

b) Erzeugung aus Annihilation oder Zerfall schwerer Teilchen

Nach [Ber91a, Ber93] sind in der Literatur drei Möglichkeiten diskutiert worden, wie kosmische Neutrinos auch anders als durch beschleunigte Teilchen gemäß (7.134) erzeugt werden könnten:

- Verdampfende Schwarze Löcher
- Supraleitende kosmische Strings
- Annihilation oder Zerfall von superschweren Teilchen.

Wir besprechen hier nur qualitativ die letzte Möglichkeit und zwar die Annihilation und den Zerfall von Neutralinos als Überbleibsel aus dem Urknall und Kandidaten der kalten Dunklen Materie (Kap. 7.4.4) [Ber93].

Die (bisher hypothetischen!) *Neutralinos* χ (siehe Anhang A.5), die schwach wechselwirkende massive Teilchen (WIMPs, Kap. 7.4.4) sind, können sich im Zentrum eines Himmelskörpers (z.B. Sonne, Erde) ansammeln (akkumulieren) und dort annihilieren [Pre85, Bar92a, Gai95, Ber96, Jun96], wobei Neutrinos entstehen, deren Energie umso höher ist, je größer m_χ ist. Die Akkumulation geschieht folgendermaßen: Wenn ein χ auf die Sonne trifft und an einem Kern in der Sonne (kohärent) gestreut wird, verliert es Energie. Wenn sich dabei seine Geschwindigkeit auf einen Wert unterhalb der Entweichgeschwindigkeit $v_0 = \sqrt{2G_N M/R}$ (siehe oben, $v_0 = 618$ km/sec für die Sonne, 11.2 km/sec für die Erde) verringert, ist es vom Schwerefeld der Sonne eingefangen; es durchquert unter weiteren Energieverlusten die Sonne immer wieder, bis es unausweichlich früher oder später – jedenfalls in einer kosmologisch kurzen Zeit – im Sonnenzentrum anlangt und dort z.B. nach

$$
\begin{aligned}
&\text{(a)} \quad \chi + \chi \to b + \bar{b} \qquad &&\text{(für } m_\chi < m_W \text{) oder} \\
&\text{(b)} \quad \chi + \chi \to W^+ + W^- \qquad &&\text{(für } m_\chi > m_W \text{)}
\end{aligned}
\tag{7.138}
$$

mit einem anderen χ annihilieren kann. Dabei entsteht ein Gleichgewicht zwischen Einfangrate und Annihilationsrate. Im Falle (a) hadronisieren die b-Quarks letzten Endes in Pionen und Kaonen (sowie Leptonen), die ihrerseits schließlich in $e^\pm$ und Neutrinos zerfallen. Im Falle (b) können Neutrinos direkt aus den W-Zerfällen $W \to \ell \nu_\ell$ entstehen. Der Nachweis von hochenergetischen ν_μ (im GeV bis TeV-Bereich [Gai95]) aus $\chi\chi$-Annihilationen im Zentrum der Sonne[‡] bzw. der Erde – und damit von Neutralinos im Weltall – wird ermöglicht durch die neuen großen unterirdischen ν-Detektoren (Kap. 7.6), die $\mu^{\pm}$ aus der Reaktion $\nu_{\mu} N \to \mu X$ in der Erdmaterie messen (siehe oben). Als Signatur für eine $\chi\chi$-Annihilation dient dabei die Richtung des $\mu^{\pm}$, die zurück auf die Sonne bzw. den Erdmittelpunkt zeigen muß (μ-Richtung $\approx \nu$-Richtung). Kamiokande (Kap. 7.2.3) [Kos92, Mor93a] und MACRO (Kap. 7.6.1) [Mon96] haben bisher keinen Überschuß (über dem Untergrund atmosphärischer Neutrinos) an Ereignissen mit zur Sonne bzw. zum Erdmittelpunkt weisender Myonspur beobachtet.

Ein *diffuser* Fluß von energiereichen kosmischen Neutrinos entsteht, wenn die Neutralinos im Weltall zerfallen können. Als leichtestes supersymmetrisches Teilchen ist das χ mit $R = -1$ bei strenger Erhaltung der R-Parität stabil (Anhang A.5). Eine schwache Verletzung der R-Parität würde Zerfälle in normale Teilchen mit $R = +1$ ermöglichen, z.B. [Ber91b]

$$\begin{aligned} \chi &\to \nu + \ell\bar{\ell} \quad (\ell\bar{\ell} = e^-e^+, \mu^-\mu^+, \tau^-\tau^+, \nu\bar{\nu}) \\ \chi &\to \nu + J \quad (J = \text{Majoron}) . \end{aligned} \quad (7.139)$$

Dabei muß die mittlere Lebensdauer τ_{χ} des χ groß gegen das Alter $t_0 \approx 2 \cdot 10^{10}$ J des Universums sein, $\tau_{\chi} \gg t_0$, da sonst die nach dem Urknall entstandenen Neutralinos inzwischen (zum großen Teil) zerfallen wären und als Teilchen der kalten Dunklen Materie nicht in Frage kämen. Andererseits ist die χ-Zerfallsrate und damit der diffuse ν-Fluß umso größer, je größer das Verhältnis t_0/τ_{χ} ist. Dieses Verhältnis kann daher als Maß für die R-Paritätsverletzung angesehen werden. Wegen $t_0/\tau_{\chi} \ll 1$ kann diese Verletzung nur äußerst schwach sein. Die Entdeckung von Neutrinos aus dem Neutralinozerfall würde nicht nur die Beobachtung von Dunkler Materie, sondern auch die einer R-Paritätsverletzung bedeuten.

Die Suche nach den in diesem Kapitel besprochenen energiereichen kosmischen Neutrinos soll mit den in Kap. 7.6 beschriebenen neuen und zukünftigen ν-Teleskopen durchgeführt werden.

7.6   Neue und zukünftige Detektoren in der Neutrino-Astrophysik

In diesem Kapitel werden die Detektoren für die Neutrino-Astrophysik behandelt, die vor kurzem in Betrieb gegangen sind oder z.Zt. aufgebaut werden. Im wesentlichen können diese Detektoren, die sich zur Abschirmung

---

[‡]Einen Untergrund bilden hochenergetische Neutrinos, die nach (7.134) durch die Kosmische Strahlung in der Sonne erzeugt werden.

gegen die Kosmische Strahlung (Kap. 7.1) unterhalb der Erdoberfläche befinden, in zwei Kategorien eingeteilt werden:

• Detektoren, die in unterirdischen Laboratorien (Mine, Tunnel) betrieben werden (Kap. 7.6.1). Vorläufer dieser Art sind u.a. die Detektoren Kamiokande, IMB, NUSEX etc. (Kap. 7.1, 7.2.3, 7.3.2). Solche Detektoren besitzen eine relativ niedrige Energieschwelle (typisch 1 - 10 MeV) und sind daher geeignet, Sonnenneutrinos (Kap. 7.2) zu untersuchen sowie nach Neutrino-Ausbrüchen aus etwaigen Sternkollapsen (Supernovae, Kap. 7.3) Ausschau zu halten. Auch die häufigen atmosphärischen Neutrinos (Kap. 7.1) können mit ihnen registriert werden. Dagegen sind sie aufgrund ihrer relativ geringen effektiven Fläche (typisch 100 - 1000 m^2) voraussichtlich nicht imstande, die hochenergetischen kosmischen Neutrinos (Kap. 7.5) näher zu untersuchen, da diese nur eine geringe Intensität besitzen (Abb. 7.33).

• Detektoren, die als H$_2$O-Cherenkov-Detektoren ein großes, tief gelegenes H$_2$O-Volumen im Meer, in einem See oder im antarktischen Eis als Cherenkov-Radiator benutzen (Kap. 7.6.2). Ein solches Detektorvolumen wird mit zahlreichen großflächigen Photomultiplier (PM)-Röhren (optische Module) bestückt, die z.B. an senkrechten Schnüren (Strings) aufgereiht sind. Auf diese Weise können insbesondere hochenergetische, nach oben gehende Myonen durch ihre Cherenkov-Strahlung nachgewiesen und gemessen werden (siehe Meßprinzip in Abb. 7.14), die aus CC-Reaktionen $\nu_\mu N \to \mu X$ energiereicher Neutrinos in der detektornahen Erdmaterie stammen (siehe Abb. 7.1). Solche Unterwasserdetektoren haben wegen der relativ großen Abstände zwischen den einzelnen optischen Modulen eine hohe Energieschwelle (typisch ~ 20 GeV), so daß sie nur zum Nachweis hochenergetischer kosmischer (und atmosphärischer) Neutrinos geeignet sind. Während die im Aufbau befindlichen Detektoren effektive Flächen von ~ 0.02 km^2 besitzen, wird eine Fläche von ca. 0.1 - 1 km^2 benötigt, um eine genügend hohe Ereigniszahl für die genauere Untersuchung kosmischer Neutrinos zu gewinnen. Ein solcher 1 km^2 Detektor ist aber erst für die fernere Zukunft geplant.

Bei den neuen Neutrino-Detektoren dient, wie oben erwähnt, die Erdmaterie um den Detektor herum und nicht das Detektorvolumen selbst als Target für νN-Reaktionen. Aus diesem Grunde ist nicht so sehr das Volumen, sondern die dem ν-Fluß zugewandte und dargebotene Fläche des Detektors die maßgebliche Kenngröße, wie in Abb. 7.34 veranschaulicht ist; je größer diese Fläche, umso größer ist auch das außerhalb des Detektors gelegene effektive Targetvolumen. Wenn jedoch die interessierenden Neutrinos nicht aus einer bestimmten Richtung, sondern aus verschiedenen Richtungen einfallen (z.B. diffuser ν-Fluß), muß die Detektorfläche nach allen Richtungen hin und damit letztendlich auch das Detektorvolumen genügend groß sein.

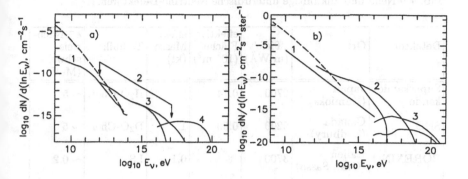

Abb. 7.33 Berechnete Spektren (a) der ν-Flüsse aus verschiedenen Punktquellen und (b) der diffusen ν-Flüsse. Zu (a): (1) ν erzeugt durch Kosmische Strahlung in der Sonne; (2) ν aus Quelle in unserer Galaxis; (3) ν aus extragalaktischer Quelle; (4) ν aus AGN; gestrichelt: atmosphärische ν innerhalb von $1°$. Zu (b): (1) diffuse galaktische ν; (2) diffuse extragalaktische ν; (3) diffuse ν aus $p\gamma$-Reaktionen; gestrichelt: atmosphärische ν. Nach [Gai95].

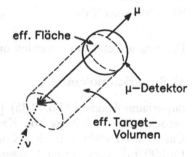

Abb. 7.34
Skizze, die das effektive Targetvolumen und die effektive Detektorfläche bei einem Untergrunddetektor veranschaulicht.

7.6.1 Unterirdische Detektoren

Die neuen und demnächst in Betrieb gehenden unterirdischen ν-Detektoren sind mit ihren wichtigsten Parametern in Tab. 7.9 zusammengestellt [Bah89, Kos92, Bow93, Cre93, Gia93, Fio94, Fio94a, Hat94, Bah95a, Bel95, Hax95, Wol95, Bah96, Bem96, McD96, Vig96]. Sie sind alle Realzeitdetektoren (Kap. 7.2.2), die im Gegensatz zu den radiochemischen Detektoren von jeder ν-Reaktion ein promptes Signal aufzeichnen. Wegen ihrer Größe liefern sie eine relativ hohe Ereignisrate.

Tab. 7.9 Neue und zukünftige unterirdische Neutrino-Detektoren.

Detektor	Ort	„Tiefe" (m WÄ)	effektive Fläche (10^3 m^2)	effekt. Masse (kt)	Technik	e^--Nachweisschwelle (MeV)
Superkamiokande	Japan (Kamioka)	2700	0.74	32	H_2O-Cher.	~ 5
SNO	Canada (Sudbury)	6200	0.60	1	D_2O-Cher.	~ 5
BOREXINO	Italien (Gran Sasso)	3700		0.1	LS	~ 0.2
ICARUS	Italien (Gran Sasso)	3700		5	Flüssig-Ar TPC	~ 5
LVD	Italien (Gran Sasso)	3700	0.66	0.37 → 1.84	LS + ST	
MACRO	Italien (Gran Sasso)	3700	0.85	0.6	LS + ST	
HELLAZ	Italien (Gran Sasso)	3700		0.006	He-TPC	~ 0.1

LS = Liquid Scintillator
ST = Streamer Tubes

Die neuen Detektoren werden nun der Reihe nach kurz beschrieben.

a) Superkamiokande

Superkamiokande (Abb. 7.35) [Nak94, Nak96], ein stark vergrößerter und verbesserter Nachfolger von Kamiokande (Kap. 7.2.3), ist ein großer H_2O-Cherenkov-Detektor in der Kamioka-Mine in Japan. Er besteht aus 50 kt (50 000 m³) gereinigten Wassers in einem zylindrischen Tank (Durchmesser 39 m, Höhe 41 m). Ein zylindrisches inneres Volumen mit 32 kt H_2O (Innendetektor; Durchmesser 34 m, Höhe 36 m) wird von 11200 großen Photomultiplier(PM)-Röhren (Durchmesser 50 cm) beobachtet, die auf seiner Oberfläche installiert sind (2 PMs pro m², 40% Flächenüberdeckung). Die 2.5 m dicke Wasserschicht zwischen Innendetektor und Tankwand ist mit 1800 kleineren PMs (Durchmesser 20 cm) ausgerüstet; sie dient als Abschirmung gegen Umgebungsradioaktivität und als aktiver Vetozähler z.B. gegen atmosphärische Myonen (Markierung einlaufender Myonen).

Superkamiokande soll elastische νe-Ereignisse (solare ν, Supernova-ν) sowie Myonen aus $\nu_\mu N$-Ereignissen (atmosphärische ν, einige kosmische ν ?)

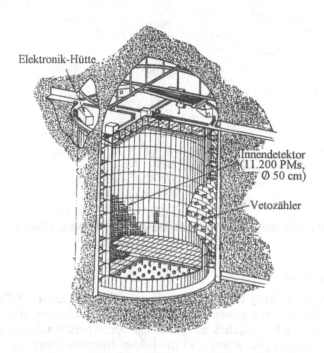

Abb. 7.35 Schematische Darstellung von Superkamiokande. Nach [Nak94].

messen mit Hilfe des vom auslaufenden Elektron bzw. dem Myon erzeugten Cherenkov-Lichts (Energie, Richtung, Zeit). Für νe-Ereignisse beträgt die e^--Energieschwelle 5 MeV, ist also um 2.5 MeV niedriger als die von Kamiokande wegen der doppelt so großen Flächenüberdeckung. Auch die Genauigkeiten der Bestimmung von Energie, Richtung, Ort und Zeit sind gegenüber Kamiokande erheblich verbessert. Es werden ~ 8000 νe-Ereignisse von solaren ν pro Jahr erwartet, eine um den Faktor ~ 80 höhere Rate als bei Kamiokande. Dadurch soll es möglich sein, mit guter statistischer Signifikanz eine etwaige Tag-Nacht-Variation oder jahreszeitliche Variationen (Kap. 7.2.4) des solaren ν-Flusses zu beobachten sowie das Energiespektrum der registrierten solaren B^8-Neutrinos zu messen und eine etwaige Veränderung des Spektrums durch ν-Oszillationen festzustellen.

Superkamiokande ist inzwischen fertiggestellt und hat am 1.4.1996 erfolgreich den Meßbetrieb aufgenommen.

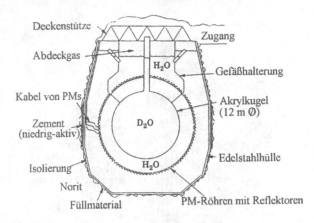

Abb. 7.36 Schematische Darstellung von SNO. Nach [Cre93].

b) SNO

SNO (Sudbury Neutrino Observatory) [Ewa92] ist ebenfalls ein Wasser-Cherenkov-Detektor, benutzt jedoch statt H_2O schweres Wasser D_2O. Dadurch lassen sich zusätzlich zu den schon bei Superkamiokande genannten Untersuchungen (νe, μ aus νN) die beiden Neutrino-Deuteron-Reaktionen (7.19) $\nu_e D \rightarrow e^- pp$ ($\nu_e n \rightarrow e^- p$, CC) mit e-Nachweis und $\nu_X D \rightarrow \nu_X pn$ (NC) mit n-Nachweis messen, die in Kap. 7.2.2 näher behandelt werden. Der n-Nachweis geschieht über die n-Einfangreaktion $n + Cl^{35} \rightarrow Cl^{36} + \gamma^{\ddagger}$, wobei das Cl dem D_2O in Form von NaCl (2.5 t) zeitweise zugesetzt wird; das γ mit $E_\gamma = 8.6$ MeV stößt durch Compton-Streuung ein e^- an, dessen Cherenkov-Strahlung registriert wird [Bow93]. Eine andere n-Nachweismethode besteht in der Verwendung von He^3-Proportionalzählern für den Nachweis der Reaktion $n + He^3 \rightarrow p + H^3$ (siehe Abb. 6.17b). Durch Vergleich der in den beiden νD-Reaktionen gemessenen solaren ν-Flüsse läßt sich direkt feststellen, ob ν-Oszillationen stattgefunden haben.

Der SNO-Detektor (Abb. 7.36) befindet sich 2 km unter der Erdoberfläche in einer Nickelmine bei Sudbury (Canada). Er besteht aus 1 kt D_2O (Anreicherung 99.85%) in einer durchsichtigen Akrylkugel mit 12 m Durchmesser (Wanddicke 5 cm). Auf einer weiteren kugelförmigen Struktur (Durchmesser 18 m) um das D_2O-Gefäß sind 9600 PM-Röhren (Durchmesser 20 cm) in 2.5 m Abstand vom D_2O-Gefäß angebracht. Jede Röhre ist mit einem Reflektor ausgestattet, um die Lichtsammlung aus dem D_2O-Volumen zu erhöhen. Das D_2O-Gefäß ist von 7.3 kt hoch-reinen Wassers (H_2O) umgeben, das den

---

‡Die naheliegende Reaktion $n + D \rightarrow H^3 + \gamma$ hat einen zu kleinen Wirkungsquerschnitt.

Detektor gegen die Umgebungsradioaktivität abschirmt.

Die e^--Energieschwelle beträgt $\sim$ 5 MeV. Die Targetmasse von SNO ist wegen des hohen D_2O-Preises zwar wesentlich kleiner als die von Super-kamiokande. Dies wird jedoch dadurch ungefähr ausgeglichen, daß die νD-Reaktionen eine über 10mal höhere Ereignisrate als die νe-Streuung haben. Es werden nach dem Standard-Sonnenmodell *ohne* ν-Oszillationen für SNO $\sim$ 9700 CC-Ereignisse, $\sim$ 2800 NC-Ereignisse und $\sim$ 1100 νe-Ereignisse von solaren ν pro Jahr erwartet [Bel95]. Wegen seiner großen Tiefe ist für SNO der Untergrund atmosphärischer μ um einen Faktor 200 geringer als für Super-kamiokande (siehe Abb. 7.3) und praktisch vernachlässigbar. Große Schwie-rigkeiten verursachen jedoch kleine radioaktive Verunreinigungen im Detek-tormaterial selbst, insbesondere freie, die NC-Reaktion störende Neutronen aus der Photospaltung des D durch Photonen aus radioaktiven Zerfällen. Deshalb soll z.B. die Verunreinigung des H_2O und D_2O durch U, Th unter 10^{-14} g/g[¶] liegen.

Die Fertigstellung des SNO-Detektors ist für 1997 zu erwarten.

c) Borexino

Borexino [Ali93, Bel96] wird im Gran Sasso-Untergrundlaboratorium [Zan91] aufgebaut. Das Experiment beabsichtigt, mit Hilfe der elastischen νe-Streu-ung den Fluß der monoenergetischen (0.862 MeV) solaren Be^7-Neutrinos (Abb. 7.6, 7.8) direkt zu messen. Dazu besitzt Borexino eine sehr niedrige e^--Energieschwelle. Die bisherigen, nur für ν_e empfindlichen radiochemischen Experimente (Kap. 7.2.3) scheinen einen gegenüber dem Standard-Sonnen-modell (Tab. 7.3) stark reduzierten Be^7-ν_e-Fluß zu beobachten (Kap. 7.2.4). Die plausibelste Erklärung dafür sind, wie in Kap. 7.2.4 dargelegt (Abb. 7.19), νe-Oszillationen in ν_μ oder ν_τ. Da die νe-Streuung alle drei Neutrinoar-ten ν_e, ν_μ, ν_τ einschließt (wenn auch mit verschiedenen Wirkungsquerschnit-ten, Kap. 4.1), ist Borexino imstande, den ursprünglichen Be^7-Neutrinofluß auch im Falle von ν-Oszillationen zu messen. Superkamiokande und SNO messen zwar auch die νe-Streuung, sind aber wegen ihrer hohen Schwelle von $\sim$ 5 MeV für Be^7-ν mit $E_\nu = 0.862$ MeV unempfindlich.

Borexino (Abb. 7.37) besteht aus 300 t eines organischen Flüssig-Szintilla-tors (Trimethylborat TMB) in einem kugelförmigen, durchsichtigen Nylon-gefäß (Durchmesser 8.5 m), das sich in einem zylindrischen, zur Abschir-mung mit H_2O gefüllten Stahltank (Durchmesser 18 m, Höhe 18 m) befin-det. Nur die inneren, besonders gut abgeschirmten 100 t (Durchmesser $\sim$ 6 m) des Detektors sollen als effektive Targetmasse benutzt werden. Die von Neutrinos im Szintillator gestreuten Elektronen erzeugen Szintillationslicht

---

[¶]g/g = Gramm Verunreinigung pro Gramm Detektormasse.

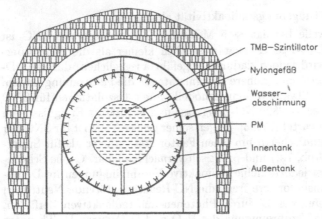

Abb. 7.37 Schematische Darstellung von Borexino. Private Mitteilung von F. von Feilitzsch.

($\sim$ 100 mal mehr Photonen als bei Cherenkov-Licht), das von insgesamt 1660 PM-Röhren (Durchmesser 20 cm) registriert wird. Diese PM-Röhren sind innerhalb des Wassertanks um das Nylongefäß herum (Abstand zum Nylongefäß 2 m) auf einem Innentank installiert und mit Reflektoren ausgestattet, so daß eine effektive Flächenüberdeckung von 50% erreicht wird. Aus der Pulshöhe des gesamten Lichtsignals ergibt sich die kinetische e^--Energie T_e; die e^--Richtung kann leider nicht gemessen werden, da das Szintillationslicht isotrop emittiert wird. Das kontinuierliche T_e-Spektrum reicht bis $T_{emax} = 2E_\nu^2/(2E_\nu + m_e) = 0.665$ MeV für $E_\nu = 0.862$ MeV (Be^7-ν). Der Detektor erfaßt den T_e-Bereich oberhalb von 0.250 MeV, hat also eine niedrige Energieschwelle. Nach dem Standard-Sonnenmodell ohne Oszillationen (Kap. 7.2.1) werden für 100 t Detektormasse $\sim$ 18000 νe-Ereignisse mit $0.250 < T_e < 0.665$ MeV pro Jahr erwartet [Bah96].

An die bei Borexino verwendeten Materialien werden extreme Anforderungen bezüglich ihrer radioaktiven Reinheit gestellt (z.B. hat der Szintillator eine U, Th-Verunreinigung von nur 10^{-15} - 10^{-16} g/g). Diese Anforderungen sind wesentlich höher als die für Superkamiokande und SNO, weil Borexino bei viel niedrigeren e^--Energien mißt, und zwar in einem Energiebereich, in dem auch die β-Spektren von mehreren möglichen radioaktiven Verunreinigungen liegen. Mit einer „Counting Test Facility" (CTF, 4.5 t-Prototyp) [Bel96] wurden bisher erfolgversprechende Untersuchungen durchgeführt. Der vollständige Borexino-Detektor soll 1999 in Betrieb gehen.

d) ICARUS

ICARUS[†] [Pie96, Rub96] ist geplant als große (5 kt) Flüssig-Argon-Driftkammer (Zeitprojektionskammer TPC, Kap. 6.8.2 [Mad84, Kle92, Blu93, Gru93]) im Gran Sasso-Laboratorium. Es sollen (neben der Suche nach dem Protonzerfall) sowohl die elastische νe-Streuung als auch die Reaktion

$$\nu_e + Ar^{40} \rightarrow K^{40*} + e^- \qquad E_S = 5.885 \text{ MeV} \qquad (7.140)$$
$$\hookrightarrow K^{40} + \gamma$$

[Kim93] gemessen werden. Dabei wird in (7.140) nicht nur die Spur des direkt erzeugten e^-, sondern auch die des e^- aus einer möglichen Compton-Streuung gemessen. Die Genauigkeit der räumlichen Spurrekonstruktion soll mit der einer Blasenkammer vergleichbar sein. Mit einer Nachweisschwelle von 5 MeV für νe-Streuung und 10 MeV für (7.140) [Bow93] wird ICARUS mit seiner guten Energieauflösung den hochenergetischen Teil des Spektrums der solaren B^8-Neutrinos (Abb. 7.6, 7.8) messen können. Darüber hinaus ist ICARUS auch für ein Long-Baseline-Experiment (Kap. 6.3.3, Tab. 6.6) mit $\nu_\mu/\bar{\nu}_\mu$ vom 730 km entfernten CERN zur Suche nach ν-Oszillationen vorgesehen. Bisher existiert ein 3 t Prototypdetektor, der erfolgreich arbeitet.

e) LVD

LVD (Large Volume Detector, $40 \times 13 \times 12 \text{ m}^3$) [Agl94] ist eine vergrößerte Version des Flüssig-Szintillator-Detektors (LSD, 90 t, Kap. 7.3.2) im Mont Blanc-Tunnel und wird im Gran Sasso-Laboratorium aufgebaut. Er besteht aus 5 identischen Türmen (Fläche 660 m^2 pro Turm) zu je 38 Modulen. Jedes Modul enthält (a) 8 Flüssig-Szintillationszähler (je $1 \times 1 \times 1.5 \text{ m}^3$) mit je 3 PM-Röhren und (b) einen Spurdetektor, der aus zwei horizontalen und vertikalen Schichten von Streamerröhren mit je 6.3 m Länge und $1 \times 1 \text{ cm}^2$ Querschnitt besteht. Mit dem LVD sollen vor allem Myonen, aber auch solare und Supernova-Neutrinos gemessen werden. Bisher ist ein vollständiger Turm mit 368 t Flüssig-Szintillator in Betrieb und hat die Flüsse atmosphärischer und ν_μ-induzierter Myonen gemessen [Agl95].

f) MACRO

MACRO[‡] [Ahl93, Gia96] im Gran Sasso-Laboratorium ist (neben der Suche nach magnetischen Monopolen) für die Messung von unterirdischen Myonen konzipiert und kann dadurch auch zur Hochenergie-Neutrinoastrophysik (atmosphärische ν, kosmische ν von Punktquellen; Kap. 7.1, 7.5) beitragen.

[†]ICARUS steht für: Imaging Cosmic And Rare Underground Signals.
[‡]MACRO steht für: Monopole, Astrophysics and Cosmic Ray Observatory.

Der vollständige Detektor ($12 \times 72 \times 9$ m^3) setzt sich aus 6 Supermodulen zusammen. Jedes Supermodul besteht im wesentlichen aus horizontalen Ebenen von Flüssig-Szintillationszählern mit Ebenen von Streamerröhren dazwischen. Bisher ist der untere Teil des MACRO-Detektors in Betrieb.

g) HELLAZ

HELLAZ[§] [Yps96] ist geplant als Hochdruck-Helium-Zeitprojektionskammer (TPC) im Gran Sasso-Laboratorium. Sie soll mit hoher Genauigkeit die Energie und Richtung der Elektronen aus der elastischen νe-Streuung von solaren pp und Be^7-Neutrinos (Abb. 7.6, 7.8) messen. Dazu hat HELLAZ eine extrem niedrige e^--Nachweisschwelle (z.B. erzeugt ein e^- mit $T_e = 100$ keV noch eine Spur von 50 mm Länge).

Die zylindrische TPC (Durchmesser 11 m, Länge 20 m) besteht aus zwei aneinandergrenzenden Teilen (zwei Drifträume von je 10 m Länge mit gemeinsamer HV-Ebene) mit je einer kreisförmigen Ausleseebene an den beiden gegenüberliegenden Enden. Die Kammer ist mit 6 t Helium unter einem Druck von 5 bar bei einer Temperatur von 77 K (Siedepunkt des Stickstoffs) gefüllt. Durch die niedrige Temperatur werden etwaige radioaktive Verunreinigungen (z.B. Radon) ausgefroren. Zur Kühlung und Abschirmung ist die Kammer von Blöcken aus festem CO_2 umgeben. Auf die Untergrundprobleme wird hier nicht eingegangen. Bisher existiert ein kleiner Prototyp. Die Fertigstellung des endgültigen Detektors kann erst nach 1999 erfolgen.

7.6.2 Unterwasser-Detektoren

Vier große H_2O-Cherenkov-Detektoren, auch *Neutrino-Teleskope* oder *Neutrino-Observatorien* genannt, sind z.Zt. im Aufbau; sie sind mit ihren wichtigsten Merkmalen in Tab. 7.10 zusammengestellt [Sob91, Bar92a, Kos92, Sut92, Lea93, Spi93, Kif94, Tau94, Bar95a, Gai95, Hal95, Lea95, Bal96, Res96]. DUMAND und NESTOR benutzen Meerwasser, Baikal das Wasser des Baikalsees und AMANDA das Eis des Südpols als Cherenkov-Medium.

Neben der erwähnten hohen Energieschwelle haben Unterwasser-Detektoren einige weitere (technische) *Nachteile*: hoher Druck, gegen den die PM-Röhren z.B. durch druckfeste Glaskugeln geschützt werden müssen; schwieriger Zugang zu den Detektorkomponenten; unerwünschtes Cherenkov-Licht aus radioaktiven Zerfällen, vor allem vom β-Zerfall des K^{40} ($T_{\frac{1}{2}} = 1.26 \cdot 10^9$ J) im Wasser (nicht im Eis), und Licht von Lebewesen (Biolumineszenz); Wasserbewegungen etc. Andererseits bringt ihre Eignung für den ν-Nachweis bei hohen E_ν eine Reihe von *Vorteilen* mit sich: relativ großer Wirkungsquerschnitt σ_ν

[§]HELLAZ steht für: HELium at Liquid AZote-nitrogen temperature.

Tab. 7.10 Neue und zukünftige Unterwasser-Neutrino-Detektoren.

Detektor	Ort	Tiefe (m WÄ)	Fläche (10^3 m^2)	Technik	Schwelle (GeV)
DUMAND	USA (Hawaii)	4760	20	H_2O-Cherenkov	~ 20
Baikal	Rußland (Baikal-See)	1000	2	H_2O-Cherenkov	~ 10
NESTOR	Griechenland (Pylos)	3500	20	H_2O-Cherenkov	~ 1
AMANDA	Südpol	~ 2000	20	H_2O-Cherenkov (Eis)	~ 20

(Abb. 7.32); große μ-Reichweite und damit großes effektives Targetvolumen (Abb. 7.34); gemessene μ-Richtung $\approx \nu$-Richtung ($\theta_{\nu\mu} \lesssim 1°$); geringer Untergrund atmosphärischer ν bei der Untersuchung höchstenergetischer kosmischer ν (Abb. 7.33).

Es ist zu erwähnen, daß ein großer Unterwasserdetektor mit seinen zahlreichen PM-Röhren auch in der Lage ist, den kurzzeitigen intensiven Neutrinopuls einer *Supernova* nachzuweisen. Dies kann dadurch geschehen, daß mehrere der ungeheuer zahlreichen Neutrinos ($E_\nu \sim 20$ MeV) in unmittelbarer Nähe von PMs über die Reaktionen $\nu_e n \rightarrow pe^-$, $\bar{\nu}_e p \rightarrow ne^+$ kleine elektromagnetische Schauer erzeugen, deren Cherenkov-Licht von den PMs registriert wird.

Die vier Projekte in Tab. 7.10 werden nun der Reihe nach kurz vorgestellt.

a) DUMAND

DUMAND (Deep Underwater Muon And Neutrino Detector) [Gri92, Rob92] ist der älteste geplante Unterwasser-Detektor; seine Planung begann schon 1975. Seitdem hat die DUMAND-Gruppe viel Pionierarbeit geleistet und die Technologie von Unterwasser-Detektoren entwickelt. Der DUMAND-Detektor wird vor der Insel Hawaii in 30 km Entfernung zur Küste bei einer Meerestiefe von 4760 m installiert. Das Meerwasser ist dort sehr sauber (Absorptionslänge ~ 40 m im Blauen); der Biolumineszenz-Untergrund ist relativ gering. Auch der Untergrund von atmosphärischen μ ist wegen der großen Tiefe relativ niedrig. Allerdings ist mit Untergrundlicht aus K^{40}-Zerfällen zu rechnen.

DUMAND soll im Endausbau aus 9 Strings (Länge je 230 m) mit je 24 optischen Modulen (PM-Röhren, Durchmesser 37 cm) in Abständen von 10 m

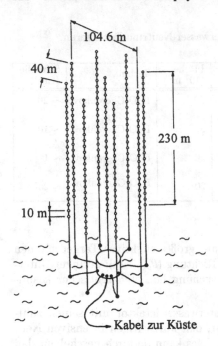

Abb. 7.38
Schematische   Darstellung   des
DUMAND-Detektors. Nach [Gri92].

bestehen (Abb. 7.38). Die PM-Röhren sind nach unten gerichtet, um das Cherenkov-Licht von nach oben gehenden Myonen aufzunehmen. Die Strings sind in 40 m Abstand voneinander auf den 8 Ecken eines (gedachten) Oktogons angeordnet; der 9. String befindet sich im Zentrum des Oktogons. Die gesamte von PM-Röhren umschlossene Detektormasse beträgt ~ 2.7 Mt; die empfindliche Fläche für ein 1 TeV Myon beträgt $2 \cdot 10^4$ m^2. Die Meßdaten werden über ein Signalkabel auf dem Meeresboden zur Küstenstation geleitet. Es hat sich als sehr schwierig erwiesen, einen solchen Unterwasser-Detektor von der Meeresoberfläche (Schiff) aus zu installieren.

b) Baikal

Das Baikal-Neutrino-Teleskop (NT) [Bel91] ist im Baikalsee (Tiefe $\lesssim 1.4$ km) in einer Tiefe von 1.1 km und 3.6 km vom Ufer entfernt installiert. Diese relativ geringe Tiefe hat einen hohen Untergrund von (nach unten gehenden) atmosphärischen Myonen zur Folge (siehe Abb. 7.3), von dem die wenigen nach oben gehenden Myonen aus νN-Reaktionen in der Erde abgetrennt werden müssen (Signal (up)/Untergrund (down) $\sim 10^{-6}$!).

Im Endausbau (NT-200) soll der Detektor (Abb. 7.39) aus 192 PM-Röhren

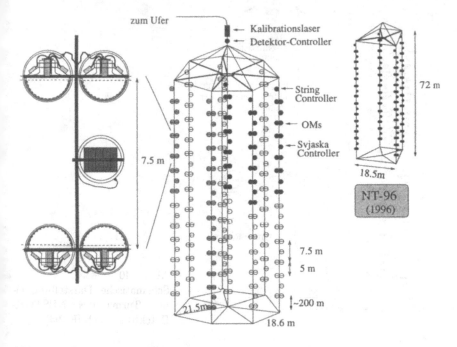

Abb. 7.39 Schematische Darstellung des Baikal-Detektors. Private Mitteilung
von Ch. Spiering.

(Durchmesser 37 cm) an 8 Strings bestehen, von denen 7 auf der Peripherie
eines Kreises und der achte im Kreismittelpunkt angeordnet sind. Je zwei
PMs sind im Trigger zu einem Paar (Kanal) in Koinzidenz verbunden, um
dadurch den Untergrund zu reduzieren. Die Paare sind entlang einem String
alternierend nach oben und nach unten gerichtet, so daß Myonen aus allen Richtungen gemessen werden können. Der Detektor ist wegen der im
Vergleich zum Meer geringen Tiefe und geringen Wassertransparenz relativ
kompakt: Der Stringabstand auf der Peripherie beträgt nur 18.5 m, der Abstand zwischen zwei PM-Paaren entlang einem String nur 5 m bzw. 7.5 m.
Dadurch hat NT-200 eine effektive Fläche von nur $\sim$ 2000 m^2 ($\sim$ 10% der
geplanten Fläche der anderen Detektoren, Tab. 7.10).
Der Aufbau des Detektors geschieht im Frühjahr, wenn der See zugefroren ist
und somit eine feste Arbeitsplattform für das Herablassen der Strings durch
Löcher im Eis zur Verfügung steht. Bisher (April 1996) sind 4 Strings mit
96 PMs installiert. Mit 3 Strings à 6 PM-Paaren (NT-36) hat die Baikal-

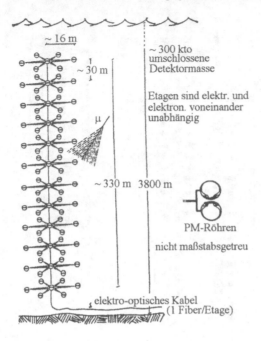

Abb. 7.40
Schematische Darstellung eines Turms des NESTOR-Detektors. Nach [Kif94].

Kollaboration schon erfolgreich eine große Anzahl ($\sim 10^7$) von Myonen registriert, ihre Zenitwinkelverteilung gemessen und zwei klare ν-Kandidaten gefunden. Die Gruppe hat damit trotz des Ausfalls von elektronischen Bauteilen als erste den Beweis für das Funktionieren eines Unterwasser-Neutrinoteleskops über eine längere Zeitspanne erbracht.

c) NESTOR

Der NESTOR-Detektor[‡] [Ana94] wird bei Pylos an der Westküste des Peloponnes in einer Tiefe von 3500 m und einer Entfernung von 12 km zur Küste aufgebaut. Das Meerwasser hat dort eine Transmissionslänge von 55 m für blaues Licht.

Im Endausbau soll NESTOR aus 7 Türmen bestehen, die sich an den Ecken und im Zentrum eines (gedachten) Hexagons mit einem Radius von 150 m befinden. Jeder Turm (Abb. 7.40) hat 12 Etagen in senkrechtem Abstand von 20 - 30 m voneinander. Auf jeder Etage befinden sich 7 Paare von großflächigen PM-Röhren (Durchmesser 37 cm), wobei der eine PM eines Paares nach oben, der andere nach unten gerichtet ist, so daß eine 4π-Empfindlichkeit

---

[‡]NESTOR steht für: NEutrinos from Supernovae and Tevsources Ocean Range.

erzielt wird. Die 7 PM-Paare einer Etage sind an den Ecken und im Zentrum eines horizontalen Hexagons mit 6 starren, 16 m langen Armen angebracht. Ein Turm enthält also insgesamt 168 PMs; seine empfindliche (effektive) Fläche beträgt 0.02 km^2 für TeV-Myonen. Durch die engere Packung der PMs in einem Turm ist die Energieschwelle niedriger als bei DUMAND. Im Endausbau mit 7 Türmen wird NESTOR über eine empfindliche Fläche von über 0.1 km^2 und eine umschlossene Detektormasse von über 20 Mt verfügen. Seine Winkelauflösung soll besser als 1° sein.

Bisher sind Testmessungen mit dem Modell eines Turms durchgeführt worden; u.a. wurde die Zenitwinkelverteilung atmosphärischer Myonen gemessen. Das NESTOR-Teleskop soll nicht nur kosmische und atmosphärische Neutrinos messen, sondern evt. in einem Long-Baseline-Experiment (Kap. 6.3.3, Tab. 6.6) auch nach ν-Oszillationen mit Neutrinos vom 1630 km entfernten CERN suchen.

d) AMANDA

AMANDA (Antarctic Muon And Neutrino Detector Array) [Ask95] benutzt das klare Eis am Südpol (Dicke der Eisschicht $\sim$ 3 km) als Target und Cherenkov-Medium. Dazu werden mit heißem Wasser (90° C) tiefe Bohrungen in das Eis gebohrt (Durchmesser 60 cm); in diese werden die Strings mit den in festen Abständen (10 m, 20 m) aufgereihten PM-Röhren und den Verbindungskabeln herabgelassen und dann eingefroren. Nach der Einfrierung kann eine defekte Röhre nicht mehr repariert oder ausgetauscht werden.

Das antarktische Eis hat gegenüber Wasser mehrere Vorteile: es gibt keine Biolumineszenz und fast keine Radioaktivität (Faktor $\sim 10^{-4}$ weniger als im Meerwasser); das Eis hat eine große Absorptionslänge für Licht ($\gtrsim$ 60 m für $\lambda \approx$ 500 nm), ist also von außerordentlicher Reinheit und Durchsichtigkeit (wie ultrareines, destilliertes Wasser); es ist leicht, auf dem Eis zu arbeiten, also u.a. die PM-Strings und Meßgeräte (Elektronik) zu installieren.

Nach Inbetriebnahme eines Prototypdetektors aus 4 Strings mit je 20 PM-Röhren in Tiefen zwischen 810 und 1000 m (1993/94, Abb. 7.41) stellte es sich heraus, daß das Eis in diesen Tiefen von zahlreichen Luftblasen durchsetzt ist, an denen das Cherenkov-Licht gestreut wird, so daß eine Messung der μ-Richtung nicht möglich war. Jedoch nimmt die Blasendichte infolge des Drucks mit zunehmender Tiefe sehr schnell ab (um den Faktor $\sim$ 100 größere Streulänge bei doppelter Tiefe), so daß während des antarktischen Sommers 1995/96 weitere Strings in Tiefen zwischen 1.5 km und 1.9 km installiert wurden (Abb. 7.41). AMANDA soll 1997 fertiggestellt sein.

Für einige der besprochenen ν-Teleskope bestehen längerfristige Ausbaupläne, deren Realisierung jedoch von ihrer Finanzierung abhängt. Das End-

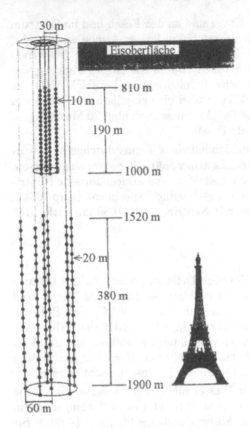

Abb. 7.41
Schematische Darstellung des
AMANDA-Detektors. Private
Mitteilung von Ch. Spiering.

ziel wäre ein 1 km² Detektor. Auch sind Pläne für einige großflächige Unterwasserdetektoren nahe der Oberfläche eines Sees oder Teichs diskutiert
worden (GRANDE, LENA, NET, PAN, Blue Lake Project) [Lea93, Hal95].
Solche *Oberflächendetektoren* haben den Vorteil leichter Zugänglichkeit; auch
könnten sie für die Messung von ausgedehnten Luftschauern (Extended Air
Showers, EAS) der Kosmischen Strahlung benutzt werden. Ihr großer Nachteil ist der hohe Untergrund atmosphärischer Myonen (up/down-Verhältnis
$\approx 10^{-10}$ - 10^{-11}), dessen Beseitigung eine dichte Besetzung mit PM-Röhren
erforderlich macht. Außerdem müßte die Wasseroberfläche zur Verdunkelung
abgedeckt und das Wasser ständig gereinigt werden.

Zwei interessante mögliche Nachweismethoden für Neutrinos höchster Energien ($E_\nu \gtrsim 10^{15}$ eV = 1 PeV, UHE-Neutrinos, Kap. 7.5) mit Hilfe sehr
großer Detektormassen sind noch kurz zu erwähnen. Die erste Methode ist die

Radiomethode (Emission kohärenter Radio-Cherenkov-Strahlung von einem ν-induzierten elektromagnetischen Schauer) [Ask62, Sob91, Bar92a, Lea93, Gai95, Fri96, Jel96]: In einem dichten, für Radiowellen transparenten Medium (z.B. Eis mit 39 cm Strahlungslänge) entstehen in einer ν-Reaktion π^0-Mesonen ($\pi^0 \to \gamma\gamma$), die einen elektromagnetischen Schauer (Breite ~ 1 m in Eis) auslösen. Die geladenen Teilchen ($e^{\pm}$, Anzahl N) des Schauers erzeugen im Medium Cherenkov-Strahlung, die kohärent ist für Wellenlängen, die groß gegen die räumliche Ausdehnung des Schauers sind. Dies ist bei obiger Schauergröße im Mikrowellenbereich (100 MHz - 1 GHz) der Fall, so daß das Signal mit Radioantennen empfangen werden kann. Die Kohärenz verstärkt das Signal gegenüber einem inkohärenten Signal um einen Faktor proportional zu N. N ist umso größer, je höher E_ν ist. Für UHE-Neutrinos ist ein meßbares Signal über dem Untergrundrauschen zu erwarten. Die Dämpfungslänge für Radiosignale in antarktischem Eis (ca. $-50°$ C) beträgt ~ 1 km, so daß ein sehr großes Detektorvolumen erfaßt werden kann.

Die zweite Nachweismethode ist die *akustische Methode* [Ask77, Lea79, Ruj83, Bar92a, Gai95], die ebenfalls einen durch ein UHE-Neutrino erzeugten Teilchenschauer (z.B. in Wasser oder Eis als Medium) benutzt. Die Schauerteilchen ($e^{\pm}$, Hadronen) verlieren ihre Energie durch Ionisation; diese verursacht eine lokale Erwärmung und damit eine Dichteänderung, die sich als Schallwelle im Medium fortpflanzt und durch akustische, auf Druckänderung empfindliche Detektoren (z.B. piezoelektrische Sensoren; Geophone oder Hydrophone) registriert werden kann. Die Dämpfungslänge beträgt für Schallwellen im antarktischen Eis ~ 100 m, die Schallgeschwindigkeit $v = 3.20$ km/sec. Die Richtung eines Teilchenschauers (ν-Richtung) ergibt sich aus den Ankunftszeiten und Amplituden der akustischen Signale in mehreren, räumlich verteilten Detektoren.

Es bestehen Pläne, die großen Neutrino-Teleskope später evt. auch mit Radiodetektoren oder akustischen Detektoren auszurüsten. Schließlich ist der Vorschlag gemacht worden [Ruj83], Dichteprofile der Erde zu erstellen, indem man (a) mit akustischen Detektoren die Wechselwirkungen eines intensiven, hochenergetischen Neutrino-Strahls aus einem Beschleuniger mit der Erdmaterie oder (b) mit einem großen Neutrinoteleskop die Abschwächung eines solchen Neutrino-Strahls durch die Erdmaterie mißt (*Tomographie der Erde*).

Anhang

A.1 Instabile Teilchen

Ein instabiles Teilchen zerfällt nach dem *Zerfallsgesetz*

$$W(t) = \frac{N(t)}{N(0)} = e^{-\lambda t} = e^{-t/\tau} \quad \text{mit} \quad \lambda = \frac{1}{\tau}, \qquad (A.1)$$

wobei $W(t)$ die Wahrscheinlichkeit dafür ist, daß das Teilchen zur Zeit t noch nicht zerfallen ist; $\lambda = -d\ln W/dt > 0$ ist die *Zerfallskonstante* (*Zerfallsrate*[†]), τ die *mittlere Lebensdauer*. Die während der Zeit τ mit der Geschwindigkeit v zurückgelegte Wegstrecke ℓ (*mittlere Zerfallsstrecke*) beträt unter Berücksichtigung der relativistischen Zeitdilatation (Lorentz-Faktor γ)

$$\ell = v\gamma\tau = \beta\gamma \cdot c\tau = \frac{p}{m} \cdot c\tau \qquad (A.2)$$

mit $\beta = v/c$, $\gamma = 1/\sqrt{1 - \beta^2} = E/m$ und $\beta\gamma = p/m$.

Ein instabiles Teilchen hat keine scharfe Masse m_0, sondern eine Massenverteilung $W(m)$ um m_0, die durch eine *Breit-Wigner-Resonanzformel* gegeben ist:

$$W(m) \propto \frac{1}{(m - m_0)^2 + \Gamma^2/4} \quad \text{mit} \quad \Gamma = \hbar\lambda = \frac{\hbar}{\tau}, \qquad (A.3)$$

wobei die *Zerfallsbreite* Γ die volle Breite der Verteilung beim halben Maximum (FWHM) angibt: $W(m_0 \pm \frac{\Gamma}{2}) = \frac{1}{2}W(m_0)$. Für ein genügend kleines τ ist Γ meßbar (z.B. bei stark zerfallenden Teilchen mit $\tau \sim 10^{-23}$ sec).

Die meisten instabilen Teilchen besitzen mehrere Zerfallsarten. In diesem Fall gehört zu jeder Zerfallsart i eine partielle Zerfallskonstante λ_i und eine partielle Zerfallsbreite $\Gamma_i = \hbar\lambda_i$. Die totale Zerfallskonstante λ bzw. totale Zerfallsbreite Γ sind dann

$$\lambda = \sum_i \lambda_i \quad \text{bzw.} \quad \Gamma = \sum_i \Gamma_i. \qquad (A.4)$$

[†]Genau: Nach $\lambda = -(1/N) \cdot (dN/dt)$ ist die Zerfallsrate die mittlere Anzahl der Zerfälle pro Zeiteinheit und pro instabilem Teilchen.

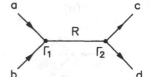

Abb. A.1
Graph für die Bildung („Formation") des Zwischenzustands R in der Reaktion $a + b \to R \to c + d$.

Die relative Wahrscheinlichkeit für die Zerfallsart i (*Verzweigungsverhältnis, branching ratio BR_i*) ist gegeben durch

$$BR_i = \lambda_i/\lambda = \Gamma_i/\Gamma. \tag{A.5}$$

Ein instabiles Teilchen R mit der Masse m_R und der Breite Γ_R, das die beiden Zerfallsarten $R \to a + b$ mit Γ_1 und $R \to c + d$ mit Γ_2 besitzt, kann als Zwischenstand in der Reaktion $a + b \to c + d$ auftreten ($a + b \to R \to c + d$, Abb. A.1) und bewirkt dann ein Maximum („Resonanz") im Wirkungsquerschnitt $\sigma(E)$ für diese Reaktion als Funktion der Schwerpunktsenergie E bei $E = m_R$; der resonante Verlauf von $\sigma(E)$ ist wiederum durch eine Breit-Wigner-Kurve gegeben:

$$\sigma(E) \propto \frac{\Gamma_1 \Gamma_2}{(E - m_R)^2 + \Gamma_R^2/4}. \tag{A.6}$$

A.2 Helizität

Die *Helizität H* eines Teilchens gibt an, ob der Spin des Teilchens parallel ($H = +1$) oder antiparallel ($H = -1$) zu seiner Flugrichtung steht [Kal64]:

$$\begin{array}{cc} H = +1 & H = -1 \\ \xrightarrow{\hspace{1.5cm}} p & \xrightarrow{\hspace{1.5cm}} p \\ \Longrightarrow \sigma & \Longleftarrow \sigma \end{array}$$

Demnach kann die Helizität geschrieben werden als

$$H = \sigma \cdot \frac{p}{|p|}, \tag{A.7}$$

wobei σ der Einheitsvektor in Spinrichtung und p der Impuls des Teilchens ist. (Manchmal wird bei Leptonen statt $H = \pm 1$ auch die Definition $H = \pm\frac{v}{c}$ verwandt, z.B. in [Gas66, Per87]). Die *longitudinale Polarisation P_L* beträgt dann

$$P_L = \frac{N_+ - N_-}{N_+ + N_-}, \tag{A.8}$$

wobei $N_\pm$ die Anzahl der Teilchen mit $H = \pm 1$ ist.

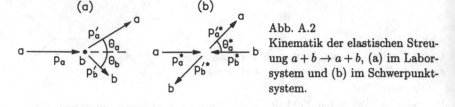

Abb. A.2
Kinematik der elastischen Streuung $a + b \to a + b$, (a) im Laborsystem und (b) im Schwerpunktsystem.

A.3   Kinematik

a) Elastische Streuung $a + b \to a + b$

Die Kinematik der elastischen Streuung eines Strahlteilchens a an einem Targetteilchen b ist in Abb. A.2 (a) im Laborsystem (Größen ohne Stern) und (b) im Schwerpunktsystem (Größen mit Stern) dargestellt. Die Viererimpulse werden hier mit $p = (E, \boldsymbol{p})$ bezeichnet.[†]

Die Kinematik einer elastischen Streuung (wie jeder Zwei-Körper-Reaktion) ist durch zwei Variable, z.B. (E_a, θ_a) oder (s, t) vollständig beschrieben. Die *Gesamtenergie* $\sqrt{s}$ im Schwerpunktsystem hängt mit der Laborenergie E_a von a zusammen durch:

$$s = (p_a + p_b)^2 = (E_a + m_b)^2 - \boldsymbol{p}_a^2 = 2E_a m_b + m_a^2 + m_b^2 \qquad \text{(A.9)}$$
$$= 2T_a m_b + (m_a + m_b)^2$$
$$\approx 2E_a m_b \,,$$

wobei $T_a = E_a - m_a$ die kinetische Energie von a im Laborsystem ist. Das relativistisch invariante Quadrat t des *Viererimpulsübertrags* $q = p_a - p_a'$ ist im Schwerpunktsystem $(E_a^* = E_a'^* \approx \sqrt{s}/2)$ gegeben durch:

$$q^2 = t = (p_a - p_a')^2 = -(\boldsymbol{p}_a^* - \boldsymbol{p}_a'^*)^2 = -2\boldsymbol{p}_a^{*2}(1 - \cos \theta_a^*)$$
$$\approx -\frac{s}{2}(1 - \cos \theta_a^*) = -s \cdot \sin^2 \frac{\theta_a^*}{2} < 0 \,. \qquad \text{(A.10)}$$

Ausgedrückt durch Laborgrößen von a gilt:

$$t = (E_a - E_a')^2 - (\boldsymbol{p}_a - \boldsymbol{p}_a')^2 = 2m_a^2 - 2E_a E_a' + 2|\boldsymbol{p}_a||\boldsymbol{p}_a'| \cos \theta_a$$
$$\approx -2E_a E_a'(1 - \cos \theta_a) = -4E_a E_a' \sin^2 \frac{\theta_a}{2} \,. \qquad \text{(A.11)}$$

[†]Im folgenden wird das Zeichen $\approx$ verwendet für hohe Energien ($E \gg m$), so daß Massenterme vernachlässigt werden können.

Ausgedrückt durch Laborgrößen von b gilt wegen $p_a + p_b = p'_a + p'_b$:

$$t = (p'_b - p_b)^2 = (E'_b - m_b)^2 - \boldsymbol{p}'^2_b$$
$$= 2m^2_b - 2E'_b m_b = -2m_b T_b = -2m_b \nu, \tag{A.12}$$

wobei $T_b = E'_b - m_b$ die *kinetische Rückstoßenergie* von b und

$$\nu = E_a - E'_a = T_b \approx E'_b \tag{A.13}$$

der *Energieübertrag* im Laborsystem ist. Nach (A.9), (A.10) und (A.12) gilt für den relativen Energieübertrag y („*Inelastizität*"):

$$y = \frac{\nu}{E_a} \approx -\frac{t}{s} \approx \frac{1}{2}(1 - \cos\theta^*_a) = \sin^2\frac{\theta^*_a}{2} \tag{A.14}$$

mit $y = 0$ (1) für $\theta^*_a = 0°$ (180°). Außerdem folgt aus (A.11), (A.12) und (A.13) die Beziehung

$$E'_a = \frac{E_a}{1 + \dfrac{2E_a}{m_b}\sin^2\dfrac{\theta_a}{2}} \tag{A.15}$$

zwischen *Streuwinkel* θ_a und *Sekundärenergie* E'_a im Laborsystem.

Schließlich berechnen wir noch den zu $T_b = \nu$ gehörigen *Rückstoßwinkel* θ_b im Laborsystem für den Fall $m_a = 0$, d.h. $|\boldsymbol{p}_a| = E_a$, $|\boldsymbol{p}'_a| = E'_a$ (z.B. elastische Neutrino-Elektron-Streuung). Aus Energie- und Impulssatz

$$E_a + m_b = E'_a + E'_b, \quad \boldsymbol{p}_a = \boldsymbol{p}'_a + \boldsymbol{p}'_b \tag{A.16}$$

folgt:

$$E'^2_a = (\boldsymbol{p}_a - \boldsymbol{p}'_b)^2 = (E_a + m_b - E'_b)^2$$
$$E_a E'_b - E_a|\boldsymbol{p}'_b|\cos\theta_b = m_b(E_a - E'_b + m_b) = m_b(E_a - \nu) \tag{A.17}$$
$$E'_b - |\boldsymbol{p}'_b|\cos\theta_b = m_b(1 - y).$$

Für $E'_b \gg m_b$:

$$m_b(1 - y) \approx E'_b(1 - \cos\theta_b) = 2E'_b\sin^2\frac{\theta_b}{2}. \tag{A.18}$$

Da $0 \leq y \leq 1$ ist, gilt:

$$2E'_b\sin^2\frac{\theta_b}{2} \leq m_b. \tag{A.19}$$

b) Zeitartiges und raumartiges Photon

Als Beispiel betrachten wir die elastische Streuung $e^+e^- \to e^+e^-$ (Bhabha-Streuung). Zu ihr tragen in niedrigster Ordnung die beiden Graphen (a) der Abb. 2.3 bei. Im Falle des linken Graphen (Zwischenzustandsgraph) ist der Viererimpuls q des virtuellen Photons γ^* gegeben durch

$$q = p_a + p_b, \tag{A.20}$$

wobei $p_a = (E_a, \boldsymbol{p}_a)$ bzw. $p_b = (E_b, \boldsymbol{p}_b)$ der Viererimpuls des einlaufenden e^+ bzw. e^- ist. Das relativistisch invariante Quadrat q^2 des Viererimpuls-Übertrags ($=$ Masse-Quadrat des γ^*) ist

$$q^2 = (p_a + p_b)^2 = (E_a + E_b)^2 - (\boldsymbol{p}_a + \boldsymbol{p}_b)^2. \tag{A.21}$$

Im e^+e^--Schwerpunktsystem ist $\boldsymbol{p}_a^* + \boldsymbol{p}_b^* = 0$ und $E_a^* = E_b^* = \sqrt{s}/2$, so daß

$$q^2 = s > 0, \tag{A.22}$$

wobei $\sqrt{s}$ die gesamte Schwerpunktsenergie ist. Ein virtuelles Photon mit $q^2 > 0$ heißt *zeitartig*. (Ein reelles Photon hat $q^2 = 0$).

Im Falle des rechten Graphen der Abb. 2.3a (Austauschgraph) ist der Viererimpuls q des ausgetauschten virtuellen γ^* (*Viererimpuls-Übertrag*) gegeben durch

$$q = p_a - p_a' = p_b' - p_b, \tag{A.23}$$

wobei p_a (p_b) und p_a' (p_b') die Viererimpulse des einlaufenden bzw. auslaufenden e^+ (e^-) sind. Das Quadrat q^2 des Viererimpuls-Übertrags ($=$ Masse-Quadrat des ausgetauschten γ^*) ist gegeben durch (A.10), (A.11), (A.12):

$$q^2 = t = -2m_b\nu \approx -4E_a E_a' \sin^2\frac{\theta}{2} \approx -s \cdot \sin^2\frac{\theta^*}{2} < 0, \tag{A.24}$$

wobei θ bzw. θ^* der Streuwinkel des e^+ im Laborsystem (mit e^- als Target) bzw. im Schwerpunktsystem ist. Ein virtuelles Photon mit $q^2 < 0$ heißt *raumartig*.

c) Effektive (invariante) Masse eines Teilchensystems

Die *effektive (invariante) Masse* m_n eines Systems von n Teilchen ($n \geq 2$) ist definiert durch

$$m_n^2 = E^2 - \boldsymbol{P}^2, \tag{A.25}$$

wobei

$$E = \sum_{i=1}^{n} E_i = \sum_{i=1}^{n} \sqrt{m_i^2 + \boldsymbol{p}_i^2} \, , \; \boldsymbol{P} = \sum_{i=1}^{n} \boldsymbol{p}_i \tag{A.26}$$

Gesamtenergie und Gesamtimpuls des Teilchensystems sind. Da $E^2 - \boldsymbol{P}^2$ das Skalarprodukt des Vierervektors $(E, \boldsymbol{P})$ mit sich selbst ist, ist m_n in (A.25) eine relativistische Invariante (Invariante unter Lorentz-Transformation), d.h. unabhängig davon, in welchem Bezugssystem die Viererimpulse $(E_i, \boldsymbol{p}_i)$ der einzelnen Teilchen gemessen werden. Mit m_n geht das Teilchensystem in die Kinematik ein, d.h. m_n ist die Masse des Systems, wenn es wie ein einziges Teilchen behandelt wird. Die Bedeutung von m_n wird klar, wenn wir die Viererimpulse $(E_i^*, \boldsymbol{p}_i^*)$ im Schwerpunktsystem der n Teilchen messen: Dort ist $\boldsymbol{P}^* = 0$, so daß $m_n = E^*$ ist, d.h.

$$m_n = E^* = \left\{ \begin{array}{l} \text{Gesamtenergie der } n \text{ Teilchen} \\ \textit{in ihrem Schwerpunktsystem.} \end{array} \right. \tag{A.27}$$

Als Anwendungsbeispiel betrachten wir den *Drei-Körper-Zerfall*

$$A \to a + b + c \tag{A.28}$$

im Ruhesystem von A (A-System). Dieser Zerfall läßt sich auf einen einfacheren Zwei-Körper-Zerfall zurückführen, wenn wir die Teilchen b und c zum Teilchensystem (bc) mit der effektiven Masse m_{bc} zusammenfassen. Aus Energie-Impulssatz $(\boldsymbol{P}_{bc} = -\boldsymbol{p}_a)$[‡]

$$m_A = \sqrt{m_a^2 + \boldsymbol{p}_a^2} + \sqrt{m_{bc}^2 + \boldsymbol{p}_a^2} = E_a + \sqrt{m_{bc}^2 + E_a^2 - m_a^2} \tag{A.29}$$

ergibt sich:

$$E_a = \frac{m_A^2 + m_a^2 - m_{bc}^2}{2m_A} \, . \tag{A.30}$$

E_a wird maximal, wenn m_{bc} den Minimalwert $m_{bc\min} = m_b + m_c$ annimmt:

$$E_{a\max} = \frac{m_A^2 + m_a^2 - (m_b + m_c)^2}{2m_A} \, . \tag{A.31}$$

In diesem Fall sind b und c in ihrem Schwerpunktsystem in Ruhe, d.h. sie bewegen sich im A-System mit gleicher Geschwindigkeit $\boldsymbol{\beta}_b = \boldsymbol{\beta}_c$ (Abb. A.3a). Der Minimalwert von E_a ist $E_{a\min} = m_a$, so daß m_{bc} maximal wird:

$$m_{bc\max} = m_A - m_a \, . \tag{A.32}$$

[‡]Wir lassen den Stern * weg.

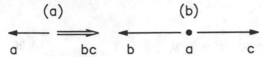

Abb. A.3 Die beiden Extremsituationen beim Drei-Körper-Zerfall $A \to a + b + c$: (a) $E_{a\max}$, $m_{bc\min} = m_b + m_c$; (b) $E_{a\min} = m_a$, $m_{bc\max} = m_A - m_a$.

In diesem Fall ist Teilchen a im A-System in Ruhe, so daß die gesamte verfügbare Energie m_A, bis auf m_a, in das System (bc) geht (A-System und bc-Schwerpunktsystem fallen zusammen, Abb. A.3b). Die Verallgemeinerung auf mehr als drei Teilchen ist offenkundig.

d) Schwellenenergie

Wir betrachten die inelastische Reaktion

$$a + b \to c_1 + \ldots c_n \tag{A.33}$$

(a = Strahl, b = Target), in der die n Teilchen c_i mit Massen m_i erzeugt werden. Diese Reaktion ist nur möglich, wenn die Gesamtenergie $\sqrt{s}$ im Schwerpunktsystem mindestens ausreicht, um die Massen m_i zu erzeugen, wobei $\sqrt{s}$ nach (A.9) durch die kinetische Energie T_a im Laborsystem gegeben ist. Also:

$$\sqrt{s} = \sqrt{(m_a + m_b)^2 + 2T_a m_b} \geq \sum_{i=1}^{n} m_i . \tag{A.34}$$

Falls $m_a + m_b > \sum_{i=1}^{n} m_i$ ist, ist (A.34) für *alle* $T_a \geq 0$ erfüllt: Die Reaktion (A.33) ist *exotherm*; die erzeugten Teilchen c_i haben im Schwerpunktsystem kinetische Energie ($p_i^* \geq 0$); es wird Energie frei (Q-Wert größer null). Falls $m_a + m_b < \sum_{i=1}^{n} m_i$ ist, gibt es eine *Schwellenenergie* T_{aS}, so daß nur für $T_a > T_{aS}$ die Reaktionsbedingung (A.34) erfüllt ist. Die Reaktion (A.33) ist *endotherm*; es muß Energie in sie hineingesteckt werden. Für T_{aS} gilt nach (A.34):

$$T_{aS} = \frac{\left(\sum_{i=1}^{n} m_i\right)^2 - (m_a + m_b)^2}{2m_b}, \quad E_{aS} = \frac{\left(\sum_{i=1}^{n} m_i\right)^2 - (m_a^2 + m_b^2)}{2m_b} . \tag{A.35}$$

A.4   Diagonalisierung

Es soll die Matrix[†]

$$M = \begin{pmatrix} m_{11} & m_{12} \\ m_{21} & m_{22} \end{pmatrix} \quad \text{mit} \quad m_{21} = m_{12} \tag{A.36}$$

diagonalisiert werden. Dazu ist eine unitäre Transformationsmatrix T mit $TT^+ = T^+T = 1$ so zu finden, daß M_D mit

$$T^+MT = M_D = \begin{pmatrix} m_1 & 0 \\ 0 & m_2 \end{pmatrix} \tag{A.37}$$

eine Diagonalmatrix ist. $m_{1,2}$ sind die beiden Eigenwerte von M. Im zweidimensionalen Fall mit reellen m_{ij} ist T die orthogonale Matrix

$$T = \begin{pmatrix} \cos\varphi & \sin\varphi \\ -\sin\varphi & \cos\varphi \end{pmatrix} = (t_1, t_2), \tag{A.38}$$

wobei die beiden Spalten von T die beiden orthonormierten Vektoren t_i bilden. Aus (A.37), (A.38) folgt:

$$MT = TM_D, \quad \text{d.h.} \quad Mt_i = m_i t_i \quad (i = 1, 2). \tag{A.39}$$

Die Spalten t_i von T sind also die Eigenvektoren von M zu den Eigenwerten m_i. Damit das homogene Gleichungssystem (A.39) $(M - m)t = 0$ Lösungen besitzt, muß

$$\text{Det}(M - m) = 0 \tag{A.40}$$

sein, also

$$(m_{11} - m)(m_{22} - m) - m_{12}^2 = 0. \tag{A.41}$$

Die beiden Lösungen dieser Gleichung (Eigenwerte) lauten:

$$m_{1,2} = \frac{1}{2}\left[(m_{11} + m_{22}) \pm \sqrt{(m_{11} - m_{22})^2 + 4m_{12}^2}\right]. \tag{A.42}$$

Den Transformationswinkel φ (Mischungswinkel) in (A.38) erhält man aus (A.39), z.B. für $i = 1$:

$$(m_{11} - m_1)\cos\varphi - m_{12}\sin\varphi = 0$$
$$m_{12}\cos\varphi - (m_{22} - m_1)\sin\varphi = 0. \tag{A.43}$$

[†]Wir betrachten hier den zweidimensionalen Fall; für den allgemeinen Fall verläuft das Verfahren entsprechend.

Tab. A.1 Supersymmetrische Teilchen.

Teilchen $(R = +1)$	Spin	Susy-Teilchen $(R = -1)$	Spin	Masseneigen-zustände
Quark q	$\frac{1}{2}$	Squark $\tilde{q}$	0	
Lepton ℓ	$\frac{1}{2}$	Slepton $\tilde{\ell}$	0	
Neutrino ν	$\frac{1}{2}$	Sneutrino $\tilde{\nu}$	0	
Gluon g	1	Gluino $\tilde{g}$	$\frac{1}{2}$	
Photon γ	1	Photino $\tilde{\gamma}$	$\frac{1}{2}$	
Z^0	1	Zino $\tilde{Z}^0$	$\frac{1}{2}$	Neutralino $\tilde{\chi}_1^0$, $\tilde{\chi}_2^0$, $\tilde{\chi}_3^0$, $\tilde{\chi}_4^0$
Higgs H_1^0, H_2^0	0	Higgsino $\tilde{H}_1^0$, $\tilde{H}_2^0$	$\frac{1}{2}$	
$W^\pm$	1	Wino $\tilde{W}^\pm$	$\frac{1}{2}$	Chargino $\tilde{\chi}_1^\pm$, $\tilde{\chi}_2^\pm$
Higgs H_1^+, H_2^-	0	Higgsino $\tilde{H}_1^+$, $\tilde{H}_2^-$	$\frac{1}{2}$	
Graviton	2	Gravitino	$\frac{3}{2}$	

Also:

$$\frac{\sin\varphi}{\cos\varphi} = \frac{m_{11} - m_1}{m_{12}}, \quad \frac{\cos\varphi}{\sin\varphi} = \frac{m_{22} - m_1}{m_{12}}. \tag{A.44}$$

Hiermit ergibt sich:

$$\mathrm{tg}2\varphi = \frac{2}{\dfrac{\cos\varphi}{\sin\varphi} - \dfrac{\sin\varphi}{\cos\varphi}} = \frac{2m_{12}}{m_{22} - m_{11}}. \tag{A.45}$$

A.5   Supersymmetrische Teilchen

Die *Supersymmetrie* (Susy) [Wes74, Fay77, Nan84, Nil84, Hab85, Soh85, Bar88a, Moh91a, Wes92, Boe94, Tre94, Hab96, Lop96] ist eine Symmetrie zwischen Fermionen und Bosonen; sie faßt Fermionen und Bosonen, also Teilchen mit verschiedenen Spins, zu sogenannten *Supermultipletts* zusammen. Transformationen der Supersymmetrie transformieren Fermionen in Bosonen (und umgekehrt) unter Änderung des Teilchenspins. Die Theorie der Supersymmetrie stellt auch einen geeigneten Rahmen dar, um die Wechselwirkungen der Teilchenphysik (stark, elektroschwach) mit der Gravitation bei hohen Energien (bei $M_{\mathrm{Pl}} \approx 10^{19}$ GeV) zu vereinigen. Diese Vereinigungstheorie wird *Supergravitation* genannt [Nie81, Nil84, Lah87, Wes92].

In der minimalen supersymmetrischen Erweiterung des Standardmodells (Minimal Supersymmetric Standard Model, MSSM) wird zu jedem normalen Teilchen ein supersymmetrischer Partner (Susy-Teilchen) eingeführt, der bis auf Spin (und Masse, siehe unten) dieselben Quantenzahlen wie das Teilchen besitzt und dessen Spin sich von dem des Teilchens um $|\Delta J| = \frac{1}{2}$ unterscheidet (Tab. A.1); im einzelnen:

• Zu jedem Fermion f mit $J = \frac{1}{2}$ gibt es ein Susy-Fermion $\tilde{f}$ mit $J = 0$ („skalares Fermion", also ein Boson); es wird mit dem Präfix S bezeichnet, z.B. Sfermion $\tilde{f}$, Slepton $\tilde{\ell}$, Squark $\tilde{q}$, Selektron $\tilde{e}$, Smyon $\tilde{\mu}$, Stauon $\tilde{\tau}$, Sneutrino $\tilde{\nu}$.

• Zu jedem Boson B mit $J = 1$ (Eichbosonen g, γ, Z, W) bzw. $J = 0$ (Higgs-Bosonen H) gibt es ein Susy-Boson $\tilde{B}$ mit $J = \frac{1}{2}$ (also ein Fermion); es wird mit dem Suffix ino bezeichnet, z.B. Bosino $\tilde{B}$, Gluino $\tilde{g}$, Photino $\tilde{\gamma}$, Zino $\tilde{Z}$, Wino $\tilde{W}$, Higgsino $\tilde{H}$.

Teilchen und zugehöriges Susy-Teilchen befinden sich im selben Supermultiplett. Es wird eine multiplikative Quantenzahl, die *R-Parität* eingeführt: Normale Teilchen haben $R = +1$, Susy-Teilchen haben $R = -1$. Demnach kann R auch definiert werden durch

$$R = (-1)^{3(B-L)+2J} = (-1)^{3B+L+2J} \tag{A.46}$$

(B = Baryonzahl, L = Leptonzahl, J = Spin). R ist in allen Prozessen, an denen Teilchen und Susy-Teilchen beteiligt sind, erhalten[¶]. Demnach sind z.B. die folgenden Prozesse mit R-Erhaltung verträglich: $\tilde{\ell} \to \ell\tilde{\gamma}$; $\tilde{q} \to q\tilde{g}$; $\tilde{Z} \to \tilde{\ell}\ell$ oder $\ell\tilde{\ell}$; $q\bar{q} \to g \to \tilde{g}\tilde{g}$ oder $\tilde{q}\bar{\tilde{q}}$; $gq \to q \to \tilde{g}\tilde{q}$ oder $gq \to \tilde{g}\tilde{q}$ mit $\tilde{q}$-Austausch; $e^+e^- \to \gamma, Z \to \tilde{u}\bar{\tilde{u}}$; $e^+e^- \to \gamma, Z \to \tilde{\mu}^+\tilde{\mu}^-$ etc. Wegen R-Erhaltung (und Energieerhaltung) kann das *leichteste Susy-Teilchen* (lightest susy particle, LSP) nicht zerfallen; es ist stabil.

Die Susy-Partner der elektroschwachen Eichbosonen ($\tilde{W}^+$, $\tilde{W}^-$; $\tilde{\gamma}$, $\tilde{Z}^0$) und Higgs-Bosonen ($\tilde{H}_1^+$, $\tilde{H}_2^-$, $\tilde{H}_1^0$, $\tilde{H}_2^0$)[‖] können mischen; die physikalischen Masseneigenzustände sind Linearkombinationen dieser Susy-Teilchen und werden *Charginos* ($\tilde{\chi}_1^\pm$, $\tilde{\chi}_2^\pm$) bzw. *Neutralinos* ($\tilde{\chi}_1^0$, $\tilde{\chi}_2^0$, $\tilde{\chi}_3^0$, $\tilde{\chi}_4^0$) genannt, also z.B. für die Neutralinos:

$$\tilde{\chi}_i^0 = a_{i1}\tilde{\gamma} + a_{i2}\tilde{Z} + a_{i3}\tilde{H}_1^0 + a_{i4}\tilde{H}_2^0 \quad (i = 1, 2, 3, 4)$$
$$\text{mit } m(\tilde{\chi}_i^0) < m(\tilde{\chi}_{i+1}^0). \tag{A.47}$$

[¶]Es gibt jedoch auch Modelle mit schwacher R-Verletzung, siehe z.B. Kap. 7.5.

[‖]In der Supersymmetrie werden zwei Higgs-Dubletts mit schwacher Hyperladung $Y_w = \pm 1$ benötigt: (H_1^+, H_1^0) und (H_2^0, H_2^-).

Die beiden ersten Terme bilden den Gaugino-Teil, die beiden letzten Terme den Higgsino-Teil von $\tilde{\chi}_i^0$. Normalerweise wird das neutrale $\chi \equiv \tilde{\chi}_1^0$ als LSP angesehen und als *das* Neutralino bezeichnet. Bei strenger R-Erhaltung ist das χ stabil. Es ist der plausibelste Kandidat für die kalte Dunkle Materie im Universum (Kap. 7.4.4). Für den Fall $a_{11} \gg a_{12}, a_{13}, a_{14}$ in (A.47), so daß $\chi \approx \tilde{\gamma}$ ist, wäre das Photino das LSP.

Bisher sind trotz intensiver Suche an den Beschleunigern, vor allem am LEP und am Tevatron, keine Susy-Teilchen gefunden worden; es konnten nur untere Massengrenzen bestimmt werden [PDG96], z.B. $m(\chi) > 23$ GeV (95% CL). Die Susy-Teilchen, falls sie existieren, haben also eine wesentlich größere Masse als die entsprechenden normalen Teilchen. Daraus geht hervor, daß die Supersymmetrie bei den heute mit Beschleunigern erreichbaren Energien gebrochen ist, da bei exakter Supersymmetrie Teilchen und zugehöriges Susy-Teilchen als Partner im selben Supermultiplett gleiche Masse hätten.

Literaturverzeichnis

[Abd95] J.N. Abdurashitov et al. (SAGE): Nucl. Phys. B (Proc. Suppl.) **38** (1995) 60; Phys. Lett. **B328** (1994) 234

[Abd96] J.N. Abdurashitov et al. (SAGE): Phys. Rev. Lett. **77** (1996) 4708

[Abe92] F. Abe et al.: Phys. Rev. Lett. **68** (1992) 1458

[Abe95] F. Abe et al. (CDF): Phys. Rev. Lett. **74** (1995) 2626; S. Abachi et al. (D0): Phys. Rev. Lett. **74** (1995) 2632

[Abr83] H. Abramowicz et al. (CDHS): Z. Phys. **C17** (1983) 283

[Abr94] P. Abreu et al. (DELPHI): Nucl. Phys. **B418** (1994) 403

[Acc94] M Acciarri et al. (L3): Z. Phys. **C62** (1994) 551

[Acc95] M. Acciarri et al. (L3): Phys. Lett. **B346** (1995) 190; H. Grotch, R.W. Robinett: Z. Phys. **C39** (1988) 553

[Ach95] B. Achkar et al. (Bugey): Nucl. Phys. **B434** (1995) 503; Phys. Lett. **B374** (1996) 243

[Ack94] A. Acker, S. Pakvasa: Phys. Lett. **B320** (1994) 320

[Ade86] M. Aderholz et al. (WA21/WA59): Phys. Lett. **B173** (1986) 211

[Ade95] E.G. Adelberger et al.: Proc. 1994 Snowmass Summer Study: Particle and Nucl. Astrophys. and Cosmol. in the Next Millenium, Snowmass, USA, 1994, p. 195, eds. E.W. Kolb, R.D. Peccei, World Scientific, Singapore, 1995

[Adl66] S.L. Adler: Phys. Rev. **143** (1966) 1144

[Afo88] A.I. Afonin et al. (Rovno): Sov. Phys. JETP **67** (1988) 213

[Agl87] M. Aglietta et al. (NUSEX): Europhys. Lett. **3** (1987) 1315; 1321

[Agl89] M. Aglietta et al. (NUSEX): Europhys. Lett. **8** (1989) 611; **15** (1991) 559

[Agl94] M. Aglietta et al. (LVD): Nucl. Phys. B (Proc. Suppl.) **35** (1994) 240; 243; **31** (1993) 450; Nuovo Cim. **18C** (1995) 629

[Agl95] M. Aglietta et al. (LVD): Astropart. Phys. **3** (1995) 311, **2** (1994) 103

[Agr96] V. Agrawal et al.: Phys. Rev. **D53** (1996) 1314

[Ahl93] S. Ahlen et al. (MACRO): Nucl. Instr. Meth. **A324** (1993) 337; M. Calicchio et al. (MACRO): Nucl. Instr. Meth. **A264** (1988) 18

[Ahl95] S. Ahlen et al. (MACRO): Phys. Lett. **B357** (1995) 481

[Ahm94] T. Ahmed et al. (H1): Phys. Lett. **B324** (1994) 241; S. Aid et al. (H1): Z. Phys. **C67** (1995) 565

[Ahm94a] T. Ahmed et al. (H1): Nucl. Phys. **B429** (1994) 477; Phys. Lett. **B348** (1995) 681

[Ahm95] T. Ahmed et al. (H1): Nucl. Phys. **B445** (1995) 195

[Ahr87] L.A. Ahrens et al. (E734): Phys. Rev. **D35** (1987) 785; G.T. Garvey et al.: Phys. Rev. **C48** (1993) 761

[Ahr90] L.A. Ahrens et al. (E734): Phys. Rev. **D41** (1990) 3297

[Aid95] S. Aid et al. (H1): Phys. Lett. **B354** (1995) 494

[Aid95a] S. Aid et al. (H1): Nucl. Phys. **B449** (1995) 3

[Aid96] S. Aid et al. (H1): Nucl. Phys. **B470** (1996) 3; T. Ahmed et al. (H1): Nucl. Phys. **B439** (1995) 471

[Aid96a] S. Aid et al. (H1): Phys. Lett. **B379** (1996) 319

[Ake94] R. Akers et al. (OPAL): Z. Phys. **C61** (1994) 19

[Ake95] R. Akers et al. (OPAL): Z. Phys. **C65** (1995) 183

[Akh88] E.Kh. Akhmedov: Phys. Lett. **B213** (1988) 64; E.Kh. Akhmedov et al.: Phys. Rev. **D48** (1993) 2167

[Alb79] C.H. Albright et al.: Phys. Rev. **D20** (1979) 2177

[Alb85] T.S. van Albada et al.: Astrophys. J. **295** (1985) 305

[Alb89] C. Albajar et al.: Z. Phys. **C44** (1989) 15

[Alb92] H. Albrecht et al. (ARGUS): Phys. Lett. **B292** (1992) 221

[Alc93] C. Alcock et al. (MACHO): Nature **365** (1993) 621; Phys. Rev. Lett. **74** (1995) 2867; Astrophys. J. **461** (1996) 84

[Ale87] E.N. Alekseev et al. (Baksan): JETP Lett. **45** (1987) 589; Phys. Lett. **B205** (1987) 209

[Ale94] A. Alessandrello et al.: Phys. Lett. **B335** (1994) 519; Phys. Rev. Lett. **77** (1996) 3319; Nucl. Instr. Meth. **A370** (1995) 241

[Ale96] G. Alexander et al. (OPAL): Z. Phys. **C72** (1996) 231

[Ali93] G. Alimonti et al.: Nucl. Phys. **B** (Proc. Suppl.) **32** (1993) 149

[Ali96] A. Ali, D. London: Preprint DESY 96-140

[All58] J.S. Allen: The Neutrino, Princeton University Press, Princeton, 1958

[All83] P. Allen et al. (WA21): Nucl. Phys. **B214** (1983) 369

[All84] D. Allasia et al. (WA25): Nucl. Phys. **B239** (1984) 301

[All85] D. Allasia et al. (WA25): Z. Phys. **C27** (1985) 239

[All85a] D. Allasia et al. (WA25): Z. Phys. **C28** (1985) 321

[All87] J.V. Allaby et al. (CHARM): Z. Phys. **C36** (1987) 611

[All88] J.V. Allaby et al. (CHARM): Z. Phys. **C38** (1988) 403

[All88a] D. Allasia et al. (WA25): Nucl. Phys. **B307** (1988) 1

[All90] D. Allasia et al. (WA25): Nucl. Phys. **B343** (1990) 285

[All93] R.C. Allen et al.: Phys. Rev. **D47** (1993) 11

[Als93]   M. Alston-Garnjost et al.: Phys. Rev. Lett. **71** (1993) 831; Nucl. Instr. Meth. **A271** (1988) 475

[Alt77]   G. Altarelli, G. Parisi: Nucl. Phys. **B126** (1977) 298; G. Altarelli: Phys. Rep. **81** (1982) 1; Ann. Rev. Nucl. Part. Sci. **39** (1989) 357

[Alt79]   G. Altarelli et al.: Nucl. Phys. **B160** (1979) 301

[Ana94]   E. Anassontzis et al. (NESTOR): Nucl. Phys. B (Proc. Suppl.) **35** (1994) 294

[Ans95]   P. Anselmann et al. (GALLEX): Phys. Lett. **B357** (1995) 237; Nucl. Phys. B (Proc. Suppl.) **38** (1995) 68

[Ans95a]   P. Anselmann et al. (GALLEX): Phys. Lett. **B342** (1995) 440

[Arm79]   N. Armenise et al.: Phys. Lett. **86B** (1979) 225

[Arm95]   B. Armbruster et al. (KARMEN): Nucl. Phys. B (Proc. Suppl.) **38** (1995) 235; B. Zeitnitz: Phys. Bl. **52** (1996) 545

[Arn83]   G. Arnison et al. (UA1): Phys. Lett. **122B** (1983) 103 (W); **126B** (1983) 398 (Z); **134B** (1984) 469 (W); **147B** (1984) 241 (Z)

[Arn89]   W.D. Arnett et al.: Ann. Rev. Astron. Astrophys. **27** (1989) 629

[Arn94]   M. Arneodo et al. (NMC): Phys. Rev. **D50** (1994) R1

[Arr94]   C.G. Arroyo et al. (CCFR): Phys. Rev. Lett. **72** (1994) 3452

[Art95]   V. Artemiev et al.: Phys. Lett. **B345** (1995) 564

[Ask62]   G.A. Askaryan: Sov. Phys. JETP **14** (1962) 441; **21** (1965) 658

[Ask77]   G.A. Askaryan, B.A. Dolgoshein: JETP Lett. **25** (1977) 213

[Ask95]   P. Askebjer et al. (AMANDA): Nucl. Phys. B (Proc. Suppl.) **38** (1995) 287; Science **267** (1995) 1147

[Ass96]   K. Assamagan et al.: Phys. Rev. **D53** (1996) 6065; Phys. Lett. **B335** (1994) 231

[Ath96]   C. Athanassopoulos et al.: Phys. Rev. **C54** (1996) 2685; Phys. Rev. Lett. **77** (1996) 3082; **75** (1995) 2650; J.E. Hill: Phys. Rev. Lett. **75** (1995) 2654

[Aub74]   J.J. Aubert et al.: Phys. Rev. Lett. **33** (1974) 1404; J.-E. Augustin et al.: Phys. Rev. Lett. **33** (1974) 1406

[Aub93]   E. Aubourg et al. (EROS): Nature **365** (1993) 623; C.J. Hogan: Nature **365** (1993) 602; L. Moscoso (EROS): Nucl. Phys. B (Proc. Suppl.) **38** (1995) 387

[Aub94]   B. Aubert: Phys. Rep. **239** (1994) 221

[Aut96]   D. Autiero et al. (NOMAD): Nucl. Instr. Meth. **A373** (1996) 358

[Avi70]   F.T. Avignone: Phys. Rev. **D2** (1970) 2609; F.T. Avignone, Z.D. Greenwood: Phys. Rev. **D16** (1977) 2383

[Avi88]   F.T. Avignone, R.L. Brodzinski: in [Kla88], p. 147; F.T. Avignone: Prog. Part. Nucl. Phys. **32** (1994) 223

[Bah87]   J. Bahcall et al. (Eds.): Dark Matter in the Universe, Proc. of the Jerusalem Winter School for Theoretical Physics, Jerusalem, 1987, World Scientific, Singapore, 1987

[Bah88]   J.N. Bahcall, R.K. Ulrich: Rev. Mod. Phys. **60** (1988) 297

[Bah89]   J.N. Bahcall: Neutrino Astrophysics, Cambridge University Press, Cambridge etc., 1989

[Bah89a]   J.N. Bahcall, W.C. Haxton: Phys. Rev. **D40** (1989) 931

[Bah90]   J.N. Bahcall, H.A. Bethe: Phys. Rev. Lett. **65** (1990) 2233; Phys. Rev. **D47** (1993) 1298

[Bah92]   J.N. Bahcall, M.H. Pinsonneault: Rev. Mod. Phys. **64** (1992) 885; **67** (1995) 781

[Bah95]   J.N. Bahcall: Nucl. Phys. **B** (Proc. Suppl.) **38** (1995) 98; **43** (1995) 41; Phys. Lett. **B338** (1994) 276

[Bah95a]   J.N. Bahcall et al.: Nature **375** (1995) 29

[Bah96]   J.N. Bahcall et al.: Physics Today, July 1996, p. 30

[Bah96a]   J.N. Bahcall: Astrophys. J. **467** (1996) 475

[Bah97]   J.N. Bahcall et al.: Phys. Rev. Lett. **78** (1997) 171

[Bak81]   N.J. Baker et al.: Phys. Rev. **D23** (1981) 2499

[Bal84]   H.C. Ballagh et al.: Phys. Rev. **D30** (1984) 2271

[Bal87]   A.J. Baltz, J. Weneser: Phys. Rev. **D35** (1987) 528; **D37** (1988) 3364; **D50** (1994) 5971

[Bal95]   A. Balysh et al.: Phys. Lett. **B356** (1995) 450

[Bal96]   M. Baldo Ceolin: in [Bel96a], p. 183

[Bal96a]   A.E. Ball et al.: Nucl. Instr. Meth. **A383** (1996) 277

[Ban83]   M. Banner et al. (UA2): Phys. Lett. **122B** (1983) 476 (W); P. Bagnaia et al. (UA2): Phys. Lett. **129B** (1983) 130 (Z)

[Ban92]   S. Banerjee et al.: Int. J. Mod. Phys. **A7** (1992) 1853

[Bar80]   V. Barger et al.: Phys. Rev. **D22** (1980) 2718

[Bar87]   G. Barbiellini, G. Cocconi: Nature **329** (1987) 21

[Bar88]   C. Bari et al. (LVD): Nucl. Instr. Meth. **A264** (1988) 5

[Bar88a]   R. Barbieri: Rivista Nuovo Cim. **11**, N.4 (1988) 1

[Bar89]   A.S. Barabash et al.: Phys. Lett. **B223** (1989) 273

[Bar92]   V. Barger et al.: Phys. Rev. Lett. **69** (1992) 3135; Phys. Rev. **D43** (1991) 1110

[Bar92a]   S. Barwick et al.: J. Phys. G: Nucl. Part. Phys. **18** (1992) 225

[Bar95]   B.C. Barish: Nucl. Phys. **B** (Proc. Suppl.) **38** (1995) 343

[Bar95a]   S.W. Barwick: Nucl. Phys. **B** (Proc. Suppl.) **43** (1995) 183; S. Barwick et al.: Int. J. Mod. Phys. **A11** (1996) 3393

[Bat96]   G. Battistoni, A.F. Grillo: in [Bel96a], p. 341

[Bec92]   R. Becker-Szendy et al. (IMB): Phys. Rev. D46 (1992) 3720; Phys. Rev. Lett. 69 (1992) 1010; Nucl. Phys. B (Proc. Suppl.) 38 (1995) 331; D. Casper et al. (IMB): Phys. Rev. Lett. 66 (1991) 2561

[Bec93]   R. Becker-Szendy et al. (IMB): Nucl. Instr. Meth. A324 (1993) 363

[Bel85]   S.V. Belikov et al.: Z. Phys. A320 (1985) 625

[Bel91]   I.A. Belolaptikov et al. (Baikal): Nucl. Phys. B (Proc. Suppl.) 19 (1991) 388; 35 (1994) 290; 43 (1995) 241

[Bel91a]   E. Bellotti et al.: Phys. Lett. B266 (1991) 193; B221 (1989) 209; Nucl. Instr. Meth. A315 (1992) 252

[Bel95]   E. Bellotti: Nucl. Phys. B (Proc. Suppl.) 38 (1995) 90

[Bel95a]   A.I. Belesev et al.: Phys. Lett. B350 (1995) 263

[Bel96]   G. Bellini: Nucl. Phys. B (Proc. Suppl.) 48 (1996) 363

[Bel96a]   E. Bellotti et al. (Eds.): Proc. 4th School Non-Accelerator Particle Astrophysics, Trieste, Italy, 1995, World Scientific, Singapore, 1996

[Bem96]   C. Bemporad: Nucl. Phys. B (Proc. Suppl.) 48 (1996) 412

[Ber72]   K.-E. Bergkvist: Nucl. Phys. B39 (1972) 317; 371; Physica Scripta 4 (1971) 23

[Ber83]   F. Bergsma et al. (CHARM): Phys. Lett. 123B (1983) 269

[Ber83a]   F. Bergsma et al. (CHARM): Phys. Lett. 128B (1983) 361

[Ber86]   G. Bernardi et al.: Phys. Lett. 166B (1986) 479; B203 (1988) 332

[Ber87]   P. Berge et al. (CDHSW): Z. Phys. C35 (1987) 443

[Ber90]   Ch. Berger et al. (Frejus): Phys. Lett. B245 (1990) 305; B227 (1989) 489; K. Daum et al. (Frejus): Z. Phys. C66 (1995) 417

[Ber90a]   V.S. Berezinsky et al.: Astrophysics of Cosmic Rays, North-Holland, Amsterdam, 1990

[Ber91]   P. Berge et al. (CDHS): Z. Phys. C49 (1991) 187

[Ber91a]   V.S. Berezinsky: Nucl. Phys. B (Proc. Suppl.) 19 (1991) 375

[Ber91b]   V. Berezinsky et al.: Phys. Lett. B266 (1991) 382

[Ber91c]   R.H. Bernstein, S.J. Parke: Phys. Rev. D44 (1991) 2069

[Ber91d]   S. van den Bergh, G.A. Tammann: Ann. Rev. Astron. Astrophys. 29 (1991) 363; G. A. Tammann et al.: Astrophys. J. Suppl. 92 (1994) 487

[Ber92]   C. Berger: Teilchenphysik, Eine Einführung, Springer-Verlag, Berlin etc., 1992

[Ber93]   V.S. Berezinsky: Nucl. Phys. B (Proc. Suppl.) 31 (1993) 413

[Ber94]   V. Berezinsky: Comments Nucl. Part. Phys. 21 (1994) 249

[Ber94a]   V. Berezinsky et al.: Phys. Lett. B341 (1994) 38

[Ber95]   V. Berezinsky: Nucl. Phys. B (Proc. Suppl.) 38 (1995) 363

[Ber95a]   R. Bernabei: Rivista Nuovo Cim. 18, N. 5 (1995) 1

[Ber96]   V. Berezinsky et al.: Astropart. Phys. 5 (1996) 333

[Ber96a] V. Berezinsky et al.: Nucl. Phys. B (Proc. Suppl.) **48** (1996) 22

[Bet86]   H.A. Bethe: Phys. Rev. Lett. **56** (1986) 1305

[Beu78]   R. Beuselinck et al.: Nucl. Instr. Meth. **154** (1978) 445; C. Brand et al.: Nucl. Instr. Meth. **136** (1976) 485

[Bey94]   R. Beyer, G. Rädel: Prog. Part. Nucl. Phys. **32** (1994) 399; Mod. Phys. Lett. **A8** (1993) 1067

[Bie64]   J.K. Bienlein et al.: Phys. Lett. **13** (1964) 80

[Bil78]   S.M. Bilenky, B. Pontecorvo: Phys. Rep. **41** (1978) 225

[Bil82]   S.M. Bilenky, J. Hošek: Phys. Rep. **90** (1982) 73

[Bil87]   S.M. Bilenky, S.T. Petcov: Rev. Mod. Phys. **59** (1987) 671; **60** (1988) 575 (erratum); **61** (1989) 169 (erratum)

[Bil91]   S.M. Bilenky: in [Win91], p. 177

[Bil94]   S.M. Bilenky: Basics of Introduction to Feynman Diagrams and Electroweak Interactions Physics, Editions Frontières, Gif-sur-Yvette, 1994

[Bio87]   R.M. Bionta et al. (IMB): Phys. Rev. Lett. **58** (1987) 1494; C.B. Bratton et al. (IMB): Phys. Rev. **D37** (1988) 3361

[Bjo67]   J.D. Bjorken: Phys. Rev. **163** (1967) 1767; **179** (1969) 1547

[Bla92]   R.D. Blandford, R. Narayan: Ann. Rev. Astron. Astrophys. **30** (1992) 311

[Bli76]   J. Blietschau et al.: Nucl. Phys. **B114** (1976) 189

[Bli79]   J. Blietschau et al. (WA21): Phys. Lett. **86B** (1979) 108

[Blo90]   A. Blondel et al. (CDHSW): Z. Phys. **C45** (1990) 361

[Blu92]   S.A. Bludman et al.: Nucl. Phys. **B374** (1992) 373; Phys. Rev. **D45** (1992) 1810; **D47** (1993) 2220

[Blu92a] S.A. Bludman: Phys. Rev. **D45** (1992) 4720

[Blu93]   W. Blum, L. Rolandi: Particle Detection with Drift Chambers, Springer-Verlag, Berlin etc., 1993

[Blu96]   J. Blümlein: Proc. XXV Intern. Symp. on Multiparticle Dynamics, Stará Lesná, Slovakia, 1995, p. 107, eds. D. Bruncko et al., World Scientific, Singapore, 1996

[Boe85]   A.M. Boesgaard, G. Steigman: Ann. Rev. Astron. Astrophys. **23** (1985) 319

[Boe92]   F. Boehm, P. Vogel: Physics of Massive Neutrinos, 2nd ed., Cambridge University Press, Cambridge etc., 1992

[Boe94]   W. de Boer: Prog. Part. Nucl. Phys. **33** (1994) 201

[Bor87]   S. Boris et al.: Phys. Rev. Lett. **58** (1987) 2019; **61** (1988) 245 (erratum); Phys. Lett. **159B** (1985) 217; V.A. Lubimov et al.: Phys. Lett. **94B** (1980) 266

[Bor88]   G. Börner: The Early Universe, Facts and Fiction, Springer-Verlag, Berlin etc., 1988

[Bot94]   A. Bottino et al.: Astropart. Phys. **2** (1994) 67; 77; R. Arnowitt, P. Nath: Mod. Phys. Lett. **A10** (1995) 1257

[Bou86]   J. Bouchez et al.: Z. Phys. **C32** (1986) 499; M. Cribier et al.: Phys. Lett. **B182** (1986) 89

[Bow93]   T.J. Bowles, V.N. Gavrin: Ann. Rev. Nucl. Part. Sci. **43** (1993) 117

[Bra85]   R.H. Brandenberger: Rev. Mod. Phys. **57** (1985) 1

[Bre69]   M. Breidenbach et al.: Phys. Rev. Lett. **23** (1969) 935; E.D. Bloom et al.: Phys. Rev. Lett. **23** (1969) 930

[Bri92]   D.I. Britton et al.: Phys. Rev. **D46** (1992) R885; Phys. Rev. Lett. **68** (1992) 3000

[Bro88]   G.E. Brown (Ed.): Phys. Rep. **163** (1988) 1

[Bry96]   D.A. Bryman, T. Numao: Phys. Rev. **D53** (1996) 558

[Buc91]   W. Buchmüller, G. Ingelman: Proc. Workshop Physics at HERA, Vol. 1 and 2, Hamburg 1991

[Bul83]   F.W. Bullock, R.C.E. Devenish: Rep. Prog. Phys. **46** (1983) 1029

[Bur80]   A.J. Buras: Rev. Mod. Phys. **52** (1980) 199

[Bur90]   A. Burrows: Ann. Rev. Nucl. Part. Sci. **40** (1990) 181; Physics Today, Sept. 1987, p. 28

[Bur92]   A. Burrows et al.: Phys. Rev. Lett. **68** (1992) 3834

[Bus93]   D. Buskulic et al. (ALEPH): Z. Phys. **C60** (1993) 71

[Bus94]   D. Buskulic et al. (ALEPH): Z. Phys. **C62** (1994) 539

[Bus95]   D. Buskulic et al. (ALEPH): Phys. Lett. **B349** (1995) 585

[Cab63]   N. Cabibbo: Phys. Rev. Lett. **10** (1963) 531

[Cah89]   R.N. Cahn: Rep. Prog. Phys. **52** (1989) 389

[Cal69]   C.G. Callan, D.J. Gross: Phys. Rev. Lett. **22** (1969) 156; **21** (1968) 311

[Cal91]   D.O. Caldwell: in [Win91], p. 125; Int. J. Mod. Phys. **A4** (1989) 1851

[Cal91a]   D.O. Caldwell: J. Phys. G: Nucl. Part. Phys. **17** (1991) S137

[Cal93]   D.O. Caldwell, R.N. Mohapatra: Phys. Rev. **D48** (1993) 3259

[Cal95]   E. Calabresu et al.: Astropart. Phys. **4** (1995) 159

[Cal95a]   D.O. Caldwell: Nucl. Phys. **B** (Proc. Suppl.) **38** (1995) 394; **48** (1996) 158; Acta Physica Polonica **B27** (1996) 1527

[Car92]   S.M. Carroll et al.: Ann. Rev. Astron. Astrophys. **30** (1992) 499

[Car94]   B. Carr: Ann. Rev. Astron. Astrophys. **32** (1994) 531

[Car96]   R. Carrigan: in [Bel96a], p. 199

[Cas94]   V. Castellani et al.: Phys. Lett. **B324** (1994) 425; **B329** (1994) 525; Phys. Rev. **D50** (1994) 4749; V. Berezinsky et al.: Phys. Lett. **B341** (1994) 38; **B365** (1996) 185; S. Degl' Innocenti et al.: Nucl. Phys. **B** (Proc. Suppl.) **43** (1995) 66

[Che94]   M. Chen et al.: Nucl. Phys. B (Proc. Suppl.) 35 (1994) 447

[Chi84]   C. Ching, T. Ho: Phys. Rep. 112 (1984) 1

[Chi95]   C. Ching et al.: Int. J. Mod. Phys. A10 (1995) 2841

[Chr96]   J. Christensen-Dalsgaard: Nucl. Phys. B (Proc. Suppl.) 48 (1996) 325; Europhys. News 25 (1994) 71; J. Christensen-Dalsgaard et al.: Science 229 (1985) 923

[Chu89]   E.L. Chupp et al.: Phys. Rev. Lett. 62 (1989) 505; E.W. Kolb, M.S. Turner: Phys. Rev. Lett. 62 (1989) 509

[Cin93]   D. Cinabro et al. (CLEO): Phys. Rev. Lett. 70 (1993) 3700

[Cle95]   B.T. Cleveland et al. (Homestake): Nucl. Phys. B (Proc. Suppl.) 38 (1995) 47

[Cno78]   A.M. Cnops et al.: Phys. Rev. Lett. 41 (1978) 357

[Col89]   P.D.B. Collins et al.: Particle Physics and Cosmology, John Wiley & Sons, New York, 1989

[Col95]   P. Colling et al.: Nucl. Instr. Meth. A354 (1995) 408

[Col96]   J.I. Collar: Phys. Rev. Lett. 76 (1996) 999

[Com73]   E.D. Commins: Weak Interactions, McGraw-Hill Book Company, New York etc., 1973

[Com83]   E.D. Commins, P.H. Bucksbaum: Weak Interactions of Leptons and Quarks, Cambridge University Press, Cambridge etc., 1983

[Coo85]   A.M. Cooper-Sarkar et al. (WA66): Phys. Lett. 160B (1985) 207

[Coo92]   A.M. Cooper-Sarkar et al. (WA66): Phys. Lett. B280 (1992) 153

[Cop95]   C.J. Copi et al.: Science 267 (1995) 192

[Cot81]   P. Coteus et al.: Phys. Rev. D24 (1981) 1420

[Cow91]   J.J. Cowan et al.: Phys. Rep. 208 (1991) 267

[Cre93]   O. Cremonesi: Rivista Nuovo Cim. 16, N. 12 (1993) 1

[Cro93]   K. Croswell: New Scientist 137, No 1861 (1993) 23; L. Abbott: Scientific American, May 1988, p. 82

[Dan62]   G. Danby et al.: Phys. Rev. Lett. 9 (1962) 36

[Dan95]   F.A. Danevich et al.: Phys. Lett. B344 (1995) 72; A.Sh. Georgadze et al.: Phys. Atomic Nuclei 58 (1995) 1093

[Dar96]   A. Dar, G. Shaviv: Astrophys. J. 468 (1996) 933; Nucl. Phys. B (Proc. Suppl.) 48 (1996) 335

[Dar96a]   A. Dar, N.J. Shaviv: Astropart. Phys. 4 (1996) 343

[Dau87]   M. Daum et al.: Phys. Rev. D36 (1987) 2624

[Dav55]   R. Davis: Phys. Rev. 97 (1955) 766

[Dav89]   R. Davis et al.: Ann. Rev. Nucl. Part. Sci. 39 (1989) 467

[Dav94]   R. Davis: Prog. Part. Nucl. Phys. 32 (1994) 13; Proc. 13th Intern. Conference on Neutrino Physics and Astrophysics, Boston, USA, 1988, p. 518, eds. J. Schneps et al., World Scientific, Singapore, 1989

[Dav96]   R. Davis: Nucl. Phys. **B** (Proc. Suppl.) **48** (1996) 284

[Dec94]   Y. Declais et al. (Bugey): Phys. Lett. **B338** (1994) 383

[Dek94]   A. Dekel: Ann. Rev. Astron. Astrophys. **32** (1994) 371

[DeL91]   N. De Leener-Rosier et al.: Phys. Rev. **D43** (1991) 3611

[Den90]   D. Denegri et al.: Rev. Mod. Phys. **62** (1990) 1

[Den91]   D. Denegri, G. Martinelli: in [Win91], p. 196

[DeP94]   D. DeProspo et al. (E632): Phys. Rev. **D50** (1994) 6691; S. Willocq et al. (E632): Phys. Rev. **D47** (1993) 2661; V. Jain et al. (E632): Phys. Rev. **D41** (1990) 2057

[Dep95]   P. Depommier, C. Leroy: Rep. Prog. Phys. **58** (1995) 61

[Der93]   M. Derrick et al. (ZEUS): Phys. Lett. **B315** (1993) 481; **B332** (1994) 228; **B338** (1994) 483; Z. Phys. **C68** (1995) 569

[Der93a] A.I. Derbin et al.: JETP Lett. **57** (1993) 768; A.V. Derbin: Phys. Atomic Nuclei **57** (1994) 222

[Der95]   M. Derrick et al. (ZEUS): Phys. Lett. **B348** (1995) 665; **B354** (1995) 163

[Der95a] M. Derrick et al. (ZEUS): Phys. Lett. **B345** (1995) 576

[Der96]   M. Derrick et al. (ZEUS): Z. Phys. **C72** (1996) 399; **C65** (1995) 379

[Der96a] M. Derrick et al. (ZEUS): Z. Phys. **C72** (1996) 47

[Deu83]   J.P. Deutsch et al.: Phys. Rev. **D27** (1983) 1644

[DeW89]   K. De Winter et al. (CHARM II): Nucl. Instr. Meth. **A278** (1989) 670

[Did80]   A.N. Diddens et al. (CHARM): Nucl. Instr. Meth. **178** (1980) 27; M. Jonker et al. (CHARM): Nucl. Instr. Meth. **200** (1982) 183; J. Dorenbosch et al. (CHARM): Nucl. Instr. Meth. **A253** (1987) 203

[Die91]   M. Diemoz et al.: in [Win91], p. 496

[Dil91]   L. DiLella: in [Win91], p. 445

[Dod92]   S. Dodelson et al.: Phys. Rev. Lett. **68** (1992) 2572

[Doi85]   M. Doi et al.: Prog. Theor. Phys. Suppl. **83** (1985) 1

[Dok77]   Yu.L. Dokshitser: Sov. Phys. JETP **46** (1977) 641

[Dol81]   A.D. Dolgov, Ya.B. Zeldovich: Rev. Mod. Phys. **53** (1981) 1

[Dol96]   A.D. Dolgov: Nucl. Phys. **B** (Proc. Suppl.) **48** (1996) 5

[Dom71]   G.V. Domogatskii, D.K. Nadezhin: Sov. J. Nucl. Phys. **12** (1971) 678

[Dor86]   J. Dorenbosch et al. (CHARM): Phys. Lett. **166B** (1986) 473

[Dor88]   J. Dorenbosch et al.: Z. Phys. **C40** (1988) 497

[Dor89]   J. Dorenbosch et al. (CHARM): Z. Phys. **C41** (1989) 567; **C51** (1991) 142 (E)

[Dre83]   J. Drees, H.E. Montgomery: Ann. Rev.Nucl. Part. Sci. **33** (1983) 383

[Dru84]   A. Drukier, L. Stodolsky: Phys. Rev. **D30** (1984) 2295

[Duf88]   M.E. Duffy et al.: Phys. Rev. **D38** (1988) 2032

[Dyc93]   R.S. Van Dyck et al.: Phys. Rev. Lett. **70** (1993) 2888

[Ein91]   M.B. Einhorn (Ed.): The Standard Model Higgs Boson, North-Holland, Amsterdam etc., 1991

[Eis86]   F. Eisele: Rep. Prog. Phys. **49** (1986) 233

[Eji91]   H. Ejiri et al.: Phys. Lett. **B258** (1991) 17; Nucl. Instr. Meth. **A302** (1991) 304

[Eji94]   H. Ejiri: in [Fuk94], p. 500

[Ell82]   J. Ellis: Physica Scripta **25** (1982) 107

[Ell87]   S.R. Elliott et al.: Phys. Rev. Lett. **59** (1987) 2020; Nucl. Instr. Meth. **A273** (1988) 226

[Ell92]   S.R. Elliott et al.: Phys. Rev. **C46** (1992) 1535

[Ell92a]   J. Ellis, D.N. Schramm: in [PDG92], p. VI.42

[Ell94]   J. Ellis: Nuovo Cim. **107A** (1994) 1091; Physica Scripta **T36** (1991) 142

[Ewa92]   G.T. Ewan (SNO): Nucl. Instr. Meth. **A314** (1992) 373; G. Doucas et al. (SNO): Nucl. Instr. Meth. **A370** (1996) 579

[Fab89]   C.W. Fabjan, R. Wigmans: Rep. Prog. Phys. **52** (1989) 1519

[Fai78]   H. Faissner et al.: Phys. Rev. Lett. **41** (1978) 213

[Fay77]   P. Fayet, S. Ferrara: Phys. Rep. **32** (1977) 249

[Fei82]   F. von Feilitzsch et al. (ILL): Phys. Lett. **118B** (1982) 162

[Fei88]   F. von Feilitzsch: in [Kla88], p. 1

[Fei89]   F. von Feilitzsch: Phys. Bl. **45** (1989) 370

[Fei94]   F. von Feilitzsch: Prog. Part. Nucl. Phys. **32** (1994) 337

[Fel87]   J. Feltesse: in [Pec87], p. 33

[Fer34]   E. Fermi: Z. Phys. **88** (1934) 161

[Fer49]   E. Fermi: Phys. Rev. **75** (1949) 1169

[Fey69]   R.P. Feynman: Phys. Rev. Lett. **23** (1969) 1415; Photon-Hadron Interactions, W.A. Benjamin, Inc., Reading (MA), 1972

[Fic91]   M. Fich, S. Tremaine: Ann. Rev. Astron. Astrophys. **29** (1991) 409

[Fie93]   B.D. Fields et al.: Phys. Rev. **D47** (1993) 4309

[Fio67]   E. Fiorini et al.: Phys. Lett. **25B** (1967) 602

[Fio84]   E. Fiorini, T.O. Niinikoski: Nucl. Instr. Meth. **224** (1984) 83

[Fio94]   E. Fiorini: Nuovo Cim. **107A** (1994) 1159

[Fio94a]   G. Fiorentini et al.: Phys. Rev. **D49** (1994) 6298

[Fio96]   E. Fiorini et al.: in [Bel96a], p. 259

[Fis82]   H.E. Fisk, F. Sciulli: Ann. Rev. Nucl. Part. Sci. **32** (1982) 499

[Foe87]   H. Foeth et al.: Nucl. Instr. Meth. **A253** (1987) 245; H. Foeth: Nucl. Instr. Meth. **176** (1980) 203

[Fog88]   G.L. Fogli, D. Haidt: Z. Phys. **C40** (1988) 379

[Fog94]   G.L. Fogli, E. Lisi: Astropart. Phys. **2** (1994) 91

[Fog95]   G.L. Fogli et al.: Astropart. Phys. **4** (1995) 177; Phys. Rev. **D54** (1996) 2048

[Fog95a]   G.L. Fogli, E. Lisi: Phys. Rev. **D52** (1995) 2775

[Fra82]   P.H. Frampton, P. Vogel: Phys. Rep. **82** (1982) 339

[Fra95]   A. Franklin: Rev. Mod. Phys. **67** (1995) 457

[Fre92]   W.L. Freedman: Scientific American, Nov. 1992, p. 30

[Fre93]   S.J. Freedman et al.: Phys. Rev. **D47** (1993) 811

[Fri81]   H. Fritzsch, P. Minkowski: Phys. Rep. **73** (1981) 67

[Fri88]   J.A. Frieman et al.: Phys. Lett. **B200** (1988) 115

[Fri96]   G.M. Frichter et al.: Phys. Rev. **D53** (1996) 1684

[Fuk87]   M. Fukugita, S. Yazaki: Phys. Rev. **D36** (1987) 3817

[Fuk94]   M. Fukugita, A. Suzuki (Eds.): Physics and Astrophysics of Neutrinos, Springer-Verlag, Tokyo etc., 1994

[Fuk94a]   Y. Fukuda et al. (Kamiokande): Phys. Lett. **B335** (1994) 237

[Fuk94b]   M. Fukugita, T. Yanagida: in [Fuk94], p. 1

[Fuk96]   Y. Fukuda et al. (Kamiokande): Phys. Rev. Lett. **77** (1996) 1683

[Fur39]   W.H. Furry: Phys. Rev. **56** (1939) 1184

[Gai90]   T.K. Gaisser: Cosmic Rays and Particle Physics, Cambridge University Press, Cambridge etc., 1990

[Gai95]   T.K. Gaisser et al.: Phys. Rep. **258** (1995) 173

[Gai96]   T.K. Gaisser, T. Stanev: in [PDG96], p. 122

[Gai96a]   T.K. Gaisser et al.: Phys. Rev. **D54** (1996) 5578

[Gal83]   P. Galison: Rev. Mod. Phys. **55** (1983) 477

[Gan96]   R. Gandhi et al.: Astropart. Phys. **5** (1996) 81

[Gar57]   R.L. Garwin et al.: Phys. Rev. **105** (1957) 1415

[Gas66]   S. Gasiorowicz: Elementary Particle Physics, John Wiley & Sons, Inc., New York etc., 1966

[Gei90]   D. Geiregat et al. (CHARM II): Phys. Lett. **B245** (1990) 271

[Gei90a]   D. Geiregat et al. (CHARM II): Phys. Lett. **B247** (1990) 131

[Gei91]   D. Geiregat et al. (CHARM II): Phys. Lett. **B259** (1991) 499; **B232** (1989) 539

[Gei93]   D. Geiregat et al. (CHARM II): Nucl. Instr. Meth. **A325** (1993) 92

[Gel64]   M. Gell-Mann: Phys. Lett. **8** (1964) 214

[Gel79]   M. Gell-Mann et al.: Supergravity, Proc. Supergravity Workshop, Stony Brook, USA, 1979, p. 315, eds. P. van Nieuwenhuizen, D.Z. Freedman, North-Holland, Amsterdam, 1979

[Gel88]   G. Gelmini: in [Kla88], p. 309

[Gel95]   G. Gelmini, E. Roulet: Rep. Prog. Phys. **58** (1995) 1207

[Gen96]   S. Gentile, M. Pohl: Phys. Rep. **274** (1996) 287

[Gia93]   G. Giacomelli: Nucl. Phys. B (Proc. Suppl.) **33A,B** (1993) 57

[Gia96]   A. Giacomelli: in [Bel96a], p. 447

[Gie63]   M. Giesch et al.: Nucl. Instr. Meth. **20** (1963) 58

[Gil90]   F.J. Gilman, Y. Nir: Ann. Rev. Nucl. Part. Sci. **40** (1990) 213

[Gil96]   F.J. Gilman et al.: in [PDG96], p. 94

[Gin96]   V.L. Ginzburg: Physics-Uspekhi **39** (1996) 155

[Giu95]   C. Giunti et al.: Phys. Lett. **B352** (1995) 357; S.M. Bilenky et al.:
           Phys. Lett. **B380** (1996) 331

[Gla60]   S.L. Glashow: Phys. Rev. **118** (1960) 316

[Gla61]   S.L. Glashow: Nucl. Phys. **22** (1961) 579; Rev. Mod. Phys. **52** (1980)
           539

[Gla70]   S.L. Glashow, J. Iliopoulos, L. Maiani: Phys. Rev. **D2** (1970) 1285

[Gla87]   S.L. Glashow, L.M. Krauss: Phys. Lett. **B190** (1987) 199

[Goe35]   M. Goeppert-Mayer: Phys. Rev. **48** (1935) 512

[Gol58]   M. Goldhaber et al.: Phys. Rev. **109** (1958) 1015

[Gol88]   I. Goldman et al.: Phys. Rev. Lett. **60** (1988) 1789; D. Nötzold: Phys.
           Rev. **D38** (1988) 1658; J.M. Lattimer, J. Cooperstein: Phys. Rev.
           Lett. **61** (1988) 23; R. Barbieri, R.N. Mohapatra: Phys. Rev. Lett. **61**
           (1988) 27

[Gon97]   M.C. Gonzalez-Garcia, J.J. Gomez-Cadenas: Phys. Rev. **D55** (1997)
           1297; B. Van de Vyver: Nucl. Instr. Meth. **A385** (1997) 91

[Goo95]   M.C. Goodman (Soudan 2): Nucl. Phys. B (Proc. Suppl.) **38** (1995)
           337; W.W.M. Allison et al. (Soudan 2): Nucl. Instr. Meth. **A376** (1996)
           36

[Got67]   K. Gottfried: Phys. Rev. Lett. **18** (1967) 1174

[Gou91]   D. Gough, J. Toomre: Ann. Rev. Astron. Astrophys. **29** (1991) 627;
           D.O. Gough: Proc. Texas/ESO-CERN Symp. on Relativistic Astrophy-
           sics, Cosmology, and Fundamental Physics, Brighton, England, 1990,
           p. 199, eds. J.D. Barrow et al., The New York Academy of Sciences,
           New York, 1991

[Gra86]   H. Grässler et al. (WA66): Nucl. Phys. **B273** (1986) 253

[Gra96]   D. Grasso, E.W. Kolb: Phys. Rev. **D54** (1996) 1374

[Gre66]   K. Greisen: Phys. Rev. Lett. **16** (1966) 748

[Gre95]   W. Greiner, A. Schäfer: Quantum Chromodynamics, Springer-Verlag,
           Berlin etc., 1995

[Gre96]   W. Greiner, B. Müller: Gauge Theory of Weak Interactions, 2nd ed.,
           Springer-Verlag, Berlin etc., 1996

[Gri72]   V.N. Gribov, L.N. Lipatov: Sov. J. Nucl. Phys. **15** (1972) 438; 675;
           L.N. Lipatov: Sov. J. Nucl. Phys. **20** (1975) 94

[Gri92]   P.K.F. Grieder: Europhys. News **23** (1992) 167

[Gro69]   D.J. Gross, C.H. Llewellyn Smith: Nucl. Phys. **B14** (1969) 337

[Gro79]   J.G.H. de Groot et al. (CDHS): Z. Phys. **C1** (1979) 143

[Gro89]   K. Grotz, H.V. Klapdor: Die schwache Wechselwirkung in Kern-,
           Teilchen- und Astrophysik, B.G. Teubner, Stuttgart, 1989

[Gru93]   C. Grupen: Teilchendetektoren, B.I. Wissenschaftsverlag, Mannheim
           etc., 1993

[Gui95]   B. Guiderdoni et al. (Eds.): Dark Matter in Cosmology, Clocks and
           Tests of Fundamental Laws, Proc. 30th Rencontre de Moriond, Villars
           sur Ollon, Switzerland, 1995, Editions Frontières, Gif-sur-Yvette, 1995

[Gut81]   A.H. Guth: Phys. Rev. **D23** (1981) 347; A. Albrecht, P.J. Steinhardt:
           Phys. Rev. Lett. **48** (1982) 1220; A.H. Guth, P.J. Steinhardt: Scientific
           American, May 1984, p. 90

[Gyu95]   G. Gyuk, M.S. Turner: Nucl. Phys. **B** (Proc. Suppl.) **40** (1995) 557

[Hab85]   H.E. Haber, G.L. Kane: Phys. Rep. **117** (1985) 75; Scientific American,
           June 1986, p. 42

[Hab96]   H.E. Haber: in [PDG96], p. 687

[Hag95]   C. Hagner et al. (Bugey): Phys. Rev. **D52** (1995) 1343

[Hah89]   A.A. Hahn et al. (ILL): Phys. Lett. **B218** (1989) 365

[Hai88]   D. Haidt, H. Pietschmann: Landolt-Börnstein I/10, Hrsg. H. Schopper,
           Springer-Verlag, Berlin etc., 1988

[Hal86]   A. Halprin: Phys. Rev. **D34** (1986) 3462

[Hal95]   F. Halzen: Nucl. Phys. **B** (Proc. Suppl.) **38** (1995) 472

[Ham96]   W. Hampel et al. (GALLEX): Phys. Lett. **B388** (1996) 384

[Har75]   G. Harigel: Phys. Bl. **31** (1975) 13; 54

[Har95]   P.F. Harrison et al.: Phys. Lett. **B349** (1995) 137; **B374** (1996) 111;
           B396 (1997) 186

[Has73]   F.J. Hasert et al.: Phys. Lett. **46B** (1973) 121

[Has73a]   F.J. Hasert et al.: Phys. Lett. **46B** (1973) 138

[Has74]   F.J. Hasert et al.: Nucl. Phys. **B73** (1974) 1

[Hat94]   N. Hata et al.: Phys. Rev. **D49** (1994) 3622; N. Hata, P. Langacker:
           Phys. Rev. **D52** (1995) 420

[Hat94a]   N. Hata, P. Langacker: Phys. Rev. **D50** (1994) 632; **D48** (1993) 2937

[Haw88]   S.W. Hawking: A Brief History of Time, From the Big Bang to Black
           Holes, Bantam Books, New York etc., 1988

[Hax84]   W.C. Haxton, G.J. Stephenson: Prog. Part. Nucl. Phys. **12** (1984) 409

[Hax95]   W.C. Haxton: Ann. Rev. Astron. Astrophys. **33** (1995) 459

454   Literaturverzeichnis

[Hay82]   R.S. Hayano et al.: Phys. Rev. Lett. **49** (1982) 1305; T. Yamazaki: Prog. Part. Nucl. Phys. **13** (1985) 489

[Hee96]   K.M. Heeger, R.G.H. Robertson: Phys. Rev. Lett. **77** (1996) 3720

[Hei80]   R.H. Heisterberg et al.: Phys. Rev. Lett. **44** (1980) 635

[Hid95]   K.-H. Hiddemann et al.: J. Phys. G: Nucl. Part. Phys. **21** (1995) 639

[Hig64]   P.W. Higgs: Phys. Rev. Lett. **13** (1964) 508; Phys. Rev. **145** (1966) 1156; M. Sher: Phys. Rep. **179** (1989) 273

[Hil89]   W. Hillebrandt, P. Höflich: Rep. Prog. Phys. **52** (1989) 1421; W. Hillebrandt: in [Kla88], p. 285

[Hil94]   W. Hillebrandt: Prog. Part. Nucl. Phys. **32** (1994) 75

[Hin96]   I. Hinchliffe: in [PDG96], p. 77

[Hir87]   K.S. Hirata et al. (Kamiokande): Phys. Rev. Lett. **58** (1987) 1490; Phys. Rev. **D38** (1988) 448

[Hir91]   K.S. Hirata et al. (Kamiokande): Phys. Rev. **D44** (1991) 2241; **D45** (1992) 2170 (E); Phys. Rev. Lett. **63** (1989) 16; **65** (1990) 1297

[Hir91a]   K.S. Hirata et al. (Kamiokande): Phys. Rev. Lett. **66** (1991) 9

[Hir92]   K.S. Hirata et al. (Kamiokande): Phys. Lett. **B280** (1992) 146; **B205** (1988) 416

[Hof57]   R. Hofstadter: Ann. Rev. Nucl. Sci. **7** (1957) 231; Rev. Mod. Phys. **28** (1956) 214

[Hog96]   C.J. Hogan: in [PDG96], p. 112

[Hol78]   M. Holder et al. (CDHS): Nucl. Instr. Meth. **148** (1978) 235; **151** (1978) 69

[Hol92]   E. Holzschuh et al.: Phys. Lett. **B287** (1992) 381

[Hol92a]   E. Holzschuh: Rep. Prog. Phys. **55** (1992) 1035

[Hon95]   M. Honda et al.: Phys. Rev. **D52** (1995) 4985; M. Honda: in [Fuk94], p. 606

[Hor82]   J. Horstkotte et al.: Phys. Rev. **D25** (1982) 2743

[Iar83]   E. Iarocci: Nucl. Instr. Meth. **217** (1983) 30

[Ing49]   M.G. Inghram, J.H. Reynolds: Phys. Rev. **76** (1949) 1265; **78** (1950) 822

[Ing88]   G. Ingelman, R. Rückl: Phys. Lett. **B201** (1988) 369

[Ing96]   G. Ingelman, M. Thunman: Phys. Rev. **D54** (1996) 4385

[Jak94]   K. Jakobs: Int. J. Mod. Phys. **A9** (1994) 2903

[Jec94]   B. Jeckelmann et al.: Phys. Lett. **B335** (1994) 326; Nucl. Phys. **A457** (1986) 709

[Jeg96]   B. Jegerlehner et al.: Phys. Rev. **D54** (1996) 1194

[Jel96]   J.V. Jelley: Astropart. Phys. **5** (1996) 255

[Jon86]   G.T. Jones et al. (WA21): Phys. Lett. **B178** (1986) 329

[Jon94]   G.T. Jones et al. (WA21): Z. Phys. **C62** (1994) 575

[Jon94a]   G.T. Jones et al. (WA21): Z. Phys. **C62** (1994) 601

[Jun96]   G. Jungman et al.: Phys. Rep. **267** (1996) 195

[Kaj94]   T. Kajita: in [Fuk94], p. 559

[Kal64]   G. Källén: Elementarteilchenphysik, Bibliographisches Institut, Mannheim, 1964

[Kat94]   A.L. Kataev, A.V. Sidorov: Phys. Lett. **B331** (1994) 179

[Kaw91]   H. Kawakami et al.: Phys. Lett. **B256** (1991) 105

[Kay85]   B. Kayser: Comments Nucl. Part. Phys. **14** (1985) 69

[Kay89]   B. Kayser et al.: The Physics of Massive Neutrinos, World Scientific, Singapore, 1989

[Kay91]   B. Kayser: in [Win91], p. 115

[Kif94]   T. Kifune, M. Mori: in [Fuk94], p. 848

[Kim93]   C.W. Kim, A. Pevsner: Neutrinos in Physics and Astrophysics, Harwood Academic Publishers, Chur etc., 1993

[Kir67]   T. Kirsten et al.: Z. Phys. **202** (1967) 273; Phys. Rev. Lett. **20** (1968) 1300

[Kir91]   T. Kirsten, L. Wolfenstein: in [Win91], p. 585

[Kir92]   T. Kirsten: Physik in unserer Zeit **23** (1992) 246

[Kir95]   T.A. Kirsten: Annals of the New York Acad. of Sci. **759**, Proc. 17th Texas Symp. on Relativistic Astrophysics and Cosmology, München, Germany, 1994, p. 1, eds. H. Böhringer et al., The New York Academy of Sciences, New York, 1995

[Kit83]   T. Kitagaki et al.: Phys. Rev. **D28** (1983) 436

[Kit90]   T. Kitagaki et al.: Phys. Rev. **D42** (1990) 1331

[Kla82]   H.V. Klapdor, J. Metzinger: Phys. Rev. Lett. **48** (1982) 127; Phys. Lett. **112B** (1982) 22

[Kla88]   H.V. Klapdor (Ed.): Neutrinos, Springer-Verlag, Berlin etc., 1988

[Kla94]   H.V. Klapdor-Kleingrothaus: Prog. Part. Nucl. Phys. **32** (1994) 261; Nucl. Phys. **B** (Proc. Suppl.) **31** (1993) 72

[Kla95]   H.V. Klapdor-Kleingrothaus, A. Staudt: Teilchenphysik ohne Beschleuniger, B.G. Teubner, Stuttgart, 1995

[Kla96]   H.V. Klapdor-Kleingrothaus: Nucl. Phys. **B** (Proc. Suppl.) **48** (1996) 216; M. Günther et al.: Phys. Rev. **D55** (1997) 54

[Kle82]   E. Klempt et al.: Phys. Rev. **D25** (1982) 652

[Kle91]   K. Kleinknecht: in [Win91], p. 350

[Kle92]   K. Kleinknecht: Detektoren für Teilchenstrahlung, B.G. Teubner, Stuttgart, 1992

[Kni95]   B.A. Kniehl: Int. J. Mod. Phys. **A10** (1995) 443

[Kob73]   M. Kobayashi, T. Maskawa: Prog. Theor. Phys. **49** (1973) 652

[Kob95]   M. Kobayashi, S. Kobayashi: Nucl. Phys. **A586** (1995) 457

[Kol90]   E.W. Kolb, M.S. Turner: The Early Universe, Addison-Wesley Publishing Company, Redwood City etc., 1990; E.W. Kolb: in [Bel96a], p. 91

[Kol91]   E.W. Kolb et al.: in [Win91], p. 239

[Kol91a] E.W. Kolb et al.: Phys. Rev. Lett. **67** (1991) 533

[Kop90]   V.I. Kopeikin et al. (Rovno): JETP Lett. **51** (1990) 86

[Kos92]   M. Koshiba: Phys. Rep. **220** (1992) 229

[Kos94]   T.S. Kosmas et al.: Prog. Part. Nucl. Phys. **33** (1994) 397

[Kos96]   V.A. Kostelecký, S. Samuel: Phys. Lett. **B385** (1996) 159

[Kra86]   L.M. Krauss: Scientific American, Dec. 1986, p. 50

[Kra87]   L.M. Krauss: Nature **329** (1987) 689

[Kra90]   D.A. Krakauer et al.: Phys. Lett. **B252** (1990) 177

[Kra91]   D.A. Krakauer et al.: Phys. Rev. **D44** (1991) R6

[Kra94]   P.I. Krastev, S.T. Petcov: Phys. Rev. Lett. **72** (1994) 1960; Phys. Lett. **B285** (1992) 85

[Kra96]   P.I. Krastev, S.T. Petcov: Phys. Rev. **D53** (1996) 1665

[Kun91]   W. Kündig et al.: in [Win91], p. 144

[Kun94]   W. Kündig, E. Holzschuh: Prog. Part. Nucl. Phys. **32** (1994) 131

[Kuo89]   T.K. Kuo, J. Pantaleone: Rev. Mod. Phys. **61** (1989) 937

[Kyu84]   A.V. Kyuldjiev: Nucl. Phys. **B243** (1984) 387

[Lah87]   A.B. Lahanas, D.V. Nanopoulos: Phys. Rep. **145** (1987) 1

[Lan85]   P. Langacker: Comments Nucl. Part. Phys. **15** (1985) 41; Phys. Rep. **72** (1981) 185

[Lan88]   P. Langacker: in [Kla88], p. 71

[Lan95]   P. Langacker (Ed.): Precision Tests of the Standard Electroweak Model, World Scientific, Singapore, 1995

[Lan96]   P. Langacker, J. Erler: in [PDG96], p. 85; in [PDG94], p. 1304

[Lea79]   J.G. Learned: Phys. Rev. **D19** (1979) 3293

[Lea93]   J.G. Learned: Nucl. Phys. **B** (Proc. Suppl.) **31** (1993) 456; **33A,B** (1993) 77

[Lea95]   J.G. Learned: Nucl. Phys. **B** (Proc. Suppl.) **38** (1995) 484

[Lea96]   E. Leader, E. Predazzi: An Introduction to Gauge Theories and Modern Particle Physics, Cambridge University Press, Cambridge, 1996

[Lee56]   T.D. Lee, C.N. Yang: Phys. Rev. **104** (1956) 254

[Lee77]   B.W. Lee, R.E. Shrock: Phys. Rev. **D16** (1977) 1444; W.J. Marciano, A.I. Sanda: Phys. Lett. **67B** (1977) 303; K. Fujikawa, R.E. Shrock: Phys. Rev. Lett. **45** (1980) 963

[Lee77a] B.W. Lee, S. Weinberg: Phys. Rev. Lett. **39** (1977) 165

[Lee88]   T.D. Lee: Particle Physics and Introduction to Field Theory, Revised and Updated First Edition, Harwood Academic Publishers, Chur etc., 1988

[Lei85]   J.W. Leibacher et al.: Scientific American, Sept. 1985, p. 34

[Lei92]   L.B. Leinson: Astrophys. and Space Science **190** (1992) 271

[LEP92]   The LEP Collaborations: Phys. Lett. **B276** (1992) 247

[Leu93]   W.C. Leung et al.: Phys. Lett. **B317** (1993) 655

[Li82]   L.F. Li, F. Wilczek: Phys. Rev. **D25** (1982) 143; P. Vogel: Phys. Rev. **D30** (1984) 1505

[Lid93]   A.R. Liddle, D.H. Lyth: Phys. Rep. **231** (1993) 1

[Lim88]   C.S. Lim, W.J. Marciano: Phys. Rev. **D37** (1988) 1368; C.S. Lim, H. Nunokawa: Astropart. Phys. **4** (1995) 63

[Lin82]   A. Linde: Phys. Lett. **108B** (1982) 389; Particle Physics and Inflationary Cosmology, Harwood Academic Publishers, Chur etc., 1990; Physics Today, Sept. 1987, p. 61; Scientific American, Nov. 1994, p. 32

[Lin84]   Ling-Lie Chau, Wai-Yee Keung: Phys. Rev. Lett. **53** (1984) 1802

[Lle72]   C.H. Llewellyn Smith: Phys. Rep. **3** (1972) 261

[Loh90]   E. Lohrmann: Einführung in die Elementarteilchenphysik, 2. Aufl., B.G. Teubner, Stuttgart, 1990

[Loh92]   E. Lohrmann: Hochenergiephysik, 4. Aufl., B.G. Teubner, Stuttgart, 1992

[Lop96]   J.L. Lopez: Rep. Prog. Phys. **59** (1996) 819

[Mac84]   D.B. MacFarlane et al. (CCFRR): Z. Phys. **C26** (1984) 1

[Mad84]   R.J. Madaras, P. J. Oddone: Physics Today, Aug. 1984, p. 36

[Mai91]   L. Maiani: in [Win91], p. 278

[Maj37]   E. Majorana: Nuovo Cim. **14** (1937) 171; G. Racah: Nuovo Cim. **14** (1937) 322

[Mal93]   R.A. Malaney, G.J. Mathews: Phys. Rep. **229** (1993) 145

[Man95]   A.K. Mann: in [Lan95], p. 491

[Mar69]   R.E. Marshak et al.: Theory of Weak Interactions in Particle Physics, Wiley-Interscience, New York etc., 1969

[Mar76]   W.J. Marciano, A. Sirlin: Phys. Rev. Lett. **36** (1976) 1425

[Mar91]   W.J. Marciano, A. Sirlin: in [Win91], p. 229

[Mar93]   R.E. Marshak: Conceptual Foundations of Modern Particle Physics, World Scientific, Singapore, 1993

[Mar95]   W.J. Marciano: in [Lan95], p. 170; Ann. Rev. Nucl. Part. Sci. **41** (1991) 469

[Mas96]   E. Massó: Nucl. Phys. **B** (Proc. Suppl.) **48** (1996) 13

[Mat90]   G.J. Mathews, J.J. Cowan: Nature **345** (1990) 491

458   Literaturverzeichnis

[Mat94]   J.C. Mather et al. (COBE): Astrophys. J. **420** (1994) 439; **354** (1990) L37

[May93]   R. Mayle et al.: Phys. Lett. **B317** (1993) 119

[McD96]   A.B. McDonald: Nucl. Phys. B (Proc. Suppl.) **48** (1996) 357

[Mey85]   K. von Meyenn (Hrsg.): Wolfgang Pauli, Wissenschaftlicher Briefwechsel mit Bohr, Einstein, Heisenberg u.a., Band II: 1930-1939, Springer-Verlag, Berlin etc., 1985

[Mey94]   B.S. Meyer: Ann. Rev. Astron. Astrophys. **32** (1994) 153

[Mich95]   D. Michael: Nucl. Phys. B (Proc. Suppl.) **40** (1995) 109

[Mik85]   S.P. Mikheyev, A.Yu. Smirnov: Sov. J. Nucl. Phys. **42** (1985) 913; Nuovo Cim. **9C** (1986) 17

[Mik89]   S.P. Mikheyev, A.Yu. Smirnov: Prog. Part. Nucl. Phys. **23** (1989) 41; in: [Kla88], p. 239

[Mil82]   K.L. Miller et al.: Phys. Rev. **D26** (1982) 537

[Mni96]   J. Mnich: Phys. Rep. **271** (1996) 181

[Moe80]   D. Möhl et al.: Phys. Rep. **58** (1980) 73

[Moe89]   M.K. Moe, S.P. Rosen: Scientific American, Nov. 1989, p. 30

[Moe94]   M.K: Moe, P. Vogel: Ann. Rev. Nucl. Part. Sci. **44** (1994) 247; M.K. Moe: Int. J. Mod. Phys. **E2** (1993) 507; Nucl. Phys. B (Proc. Suppl.) **38** (1995) 36; P. Vogel: in [PDG96], 289

[Moe94a]   M.K. Moe et al.: Prog. Part. Nucl. Phys. **32** (1994) 247

[Moh91]   R.N. Mohapatra, P.B. Pal: Massive Neutrinos in Physics and Astrophysics, World Scientific, Singapore, 1991

[Moh91a]   R.N. Mohapatra: Prog. Part. Nucl. Phys. **26** (1991) 1

[Mon96]   T. Montaruli (MACRO): Nucl. Phys. B (Proc. Suppl.) **48** (1996) 87

[Mor81]   J.A. Morgan: Phys. Lett. **102B** (1981) 247

[Mor87]   D.R.O. Morrison: Proc. 18th Intern. Symp. on Multiparticle Dynamics, Tashkent, USSR, 1987, p. 755, eds. I. Dremin, K. Gulamov, World Scientific, Singapore, 1988

[Mor93]   A. Morales (Ed.): Nucl. Phys. B (Proc. Suppl.) **31** (1993) (Proc. 15th Intern. Conference on Neutrino Physics and Astrophysics, Granada, Spain, 1992, North-Holland, Amsterdam etc., 1993)

[Mor93a]   M. Mori et al. (Kamiokande): Phys. Rev. **D48** (1993) 5505; Phys. Lett. **B289** (1992) 463

[Mor94]   D.R.O. Morrison: Proc. 23rd Intern. Symp. on Multiparticle Dynamics, Aspen, USA, 1993, p. 575, eds. M.M. Block, A.R. White, World Scientific, Singapore, 1994

[Mor95]   D.R.O. Morrison: Advances in Astrofundamental Physics, Proc. Intern. School of Astrophysics, Erice, Italy, 1994, p. 93, eds. N. Sanchez, A. Zichichi, World Scientific, Singapore, 1995

[Mor95a]   D.R.O. Morrison: Physics-Uspekhi **38** (1995) 543

[Mos93]   R.L. Mößbauer: Nucl. Phys. **B** (Proc. Suppl.) **31** (1993) 385; J. Phys. G: Nucl. Part. Phys. **17** (1991) S1

[Mos96]   L. Mosca: Nucl. Phys. **B** (Proc. Suppl.) **48** (1996) 34

[Mot94]   T. Motobayashi et al.: Phys. Rev. Lett. **73** (1994) 2680

[Mui65]   H. Muirhead: The Physics of Elementary Particles, Pergamon Press, Oxford etc., 1965

[Mur85]   P. Murdin, L. Murdin: Supernovae, Cambridge University Press, Cambridge etc., 1985

[Mut88]   K. Muto, H.V. Klapdor: in [Kla88], p. 183

[Mya82]   G. Myatt: Rep. Prog. Phys. **45** (1982) 1

[Nach86] O. Nachtmann: Phänomene und Konzepte der Elementarteilchenphysik, Vieweg & Sohn, Braunschweig, 1986

[Nak94]   K. Nakamura et al.: in [Fuk94], p. 249; A. Suzuki: in [Fuk94], p. 388

[Nak96]   M. Nakahata: in [Bel96a], p. 477

[Nan84]   D.V. Nanopoulos, A. Savoy-Navarro (Eds.): Phys. Rep. **105** (1984) 1

[Nar91]   J.V. Narlikar, T. Padmanabhan: Ann. Rev. Astron. Astrophys. **29** (1991) 325

[Nie81]   P. van Nieuwenhuizen: Phys. Rep. **68** (1981) 189; D.Z. Freedman, P. van Nieuwenhuizen: Scientific American, Febr. 1978, p. 126

[Nil84]   H.P. Nilles: Phys. Rep. **110** (1984) 1

[Niw94]   K. Niwa: in [Fuk94], p. 520

[Now86]   W.-D. Nowak: Fortschr. Phys. **34** (1986) 57

[Obe87]   L. Oberauer et al. (Gösgen): Phys. Lett. **B198** (1987) 113

[Obe92]   L. Oberauer, F. von Feilitzsch: Rep. Prog. Phys. **55** (1992) 1093

[Obe93]   L. Oberauer et al.: Astropart. Phys. **1** (1993) 377; F. v. Feilitzsch, L. Oberauer: Phys. Lett. **B200** (1988) 580

[Ohs94]   T. Ohshima, H. Kawakami: in [Fuk94], p. 448

[Oku65]   L.B. Okun: Weak Interaction of Elementary Particles, Pergamon Press, Oxford etc., 1965

[Oli96]   K.A. Olive: in [PDG96], p. 107

[Oli96a] K.A. Olive, D.N. Schramm: in [PDG96], p. 109; K.A. Olive, S.T. Scully: Int. J. Mod. Phys. **A11** (1996) 409

[Ost91]   D.E. Osterbrock: Rep. Prog. Phys. **54** (1991) 579

[Ott94]   E.W. Otten: Prog. Part. Nucl. Phys. **32** (1994) 153

[Ott95]   E.W. Otten: Nucl. Phys. **B** (Proc. Suppl.) **38** (1995) 26

[Ott95a] H.R. Ott, A. Zehnder (Eds.): Nucl. Instr. Meth. **A370** (1995) (Proc. Sixth Intern. Workshop on Low Temperature Detectors, Beatenberg/Interlaken, Switzerland, 1995)

[Owe78]   J.F. Owens: Phys. Lett. **76B** (1978) 85

[Oya89] Y. Oyama et al. (Kamiokande): Phys. Rev. **D39** (1989) 1481

[Pal92] P.B. Pal: Int. J. Mod. Phys. **A7** (1992) 5387

[Pan91] J. Panman, K. Winter (Eds.): Nucl. Phys. **B** (Proc. Suppl.) **19** (1991) (Proc. 14th Intern. Conference on Neutrino Physics and Astrophysics, Geneva, Switzerland, 1990, North-Holland, Amsterdam etc., 1991)

[Pan95] J. Panman: in [Lan95], p. 504

[Par86] S.J. Parke: Phys. Rev. Lett. **57** (1986) 1275

[Pau61] W. Pauli, in: Aufsätze und Vorträge über Physik und Erkenntnistheorie, p. 156, Hrsg. W. Westphal, Vieweg & Sohn, Braunschweig, 1961

[PDG92] Particle Data Group: Review of Particle Properties, Phys. Rev. **D45** (1992) part II

[PDG94] Particle Data Group: Review of Particle Properties, Phys. Rev. **D50** (1994) part I

[PDG96] Particle Data Group: Review of Particle Properties, Phys. Rev. **D54** (1996) part I

[Pec87] R.D. Peccei (Ed.): Proc. HERA Workshop, Vol. 1 and 2, Hamburg 1987

[Pee91] P.J.E. Peebles et al.: Nature **352** (1991) 769

[Pen65] A.A. Penzias, R. Wilson: Astrophys. J. **142** (1965) 419

[Per75] M.L. Perl et al.: Phys. Rev. Lett. **35** (1975) 1489

[Per76] M.L. Perl et al.: Phys. Lett. **63B** (1976) 466

[Per77] D.H. Perkins: Rep. Prog. Phys. **40** (1977) 409

[Per87] D.H. Perkins: Introduction to High Energy Physics, 3rd ed., Addison-Wesley Publishing Company, Inc., Menlo Park, CA, etc., 1987

[Per93] D.H. Perkins: Nucl. Phys. **B399** (1993) 3; Astropart. Phys. **2** (1994) 249

[Per95] F. Perrier: in [Lan95], p. 385

[Pet90] A. G. Petschek (Ed.): Supernovae, Springer-Verlag, New York etc., 1990

[Pet95] S.T. Petcov: Nucl. Phys. **B** (Proc. Suppl.) **43** (1995) 12; in [Bel96a], p. 123

[Pie96] F. Pietropaolo: in [Bel96a], p. 459

[Pon57] B. Pontecorvo: Sov. Phys. JETP **6** (1958) 429; **7** (1958) 172; **26** (1968) 984

[Pon60] B. Pontecorvo: Sov. Phys. JETP **10** (1960) 1236

[Pon80] B. Pontecorvo: Neutrino Physics and Astrophysics, Proc. Neutrino '80, Erice, 1980, p. 29, ed. E. Fiorini, Plenum Press, New York etc., 1982

[Pop81] M. Poppe: Phys. Lett. **100B** (1981) 84

[Pre79] C.Y. Prescott et al.: Phys. Lett. **84B** (1979) 524

[Pre85]   W.H. Press, D.N. Spergel: Astrophys. J. **296** (1985) 679; A. Gould: Astrophys. J. **321** (1987) 571; G.B. Gelmini et al.: Nucl. Phys. **B351** (1991) 623

[Pre90]   K.P. Pretzl: Particle World 1 (1990) 153

[Pre93]   K.P. Pretzl: Europhys. News **24** (1993) 167; Proc. Workshop on Frontier Objects in Astrophysics and Particle Physics, Vulcano, Italy, 1994 p. 89, eds. F. Giovanelli, G. Mannocchi, The Italian Physical Society, Conf. Proc. Vol. 47, 1994

[Pre96]   E. Previtali: in [Bel96a], p. 237

[Pri88]   J.R. Primack et al.: Ann. Rev. Nucl. Part. Sci. **38** (1988) 751; J.R. Primack: Proc. Intern. School of Physics "Enrico Fermi", Course 92, Varenna, Italy, 1984, p. 140, ed. N. Cabibbo, North-Holland, Amsterdam etc., 1987

[Pri95]   J.R. Primack et al.: Phys. Rev. Lett. **74** (1995) 2160

[Pri95a]   J.R. Primack: Proc. 1994 Snowmass Summer Study: Particle and Nucl. Astrophys. and Cosmol. in the Next Millenium, Snowmass, USA, 1994, p. 85, eds. E.W. Kolb, R.D. Peccei, World Scientific, Singapore, 1995

[Pro95]   F. Pröbst et al.: J. Low Temperature Phys. **100** (1995) 69

[Pul84]   A. Pullia: Rivista Nuovo Cimento **7**, N. 2 (1984) 1

[Pul92]   J. Pulido: Phys. Rep. **211** (1992) 167

[Qui83]   C. Quigg: Gauge Theories of the Strong, Weak, and Electromagnetic Interactions, The Benjamin/Cummings Publishing Company, Inc., Reading (MA) etc., 1983

[Rad85]   E. Radermacher: Prog. Part. Nucl. Phys. **14** (1985) 231

[Raf85]   G.G. Raffelt: Phys. Rev. **D31** (1985) 3002

[Raf90]   G.G. Raffelt: Phys. Rev. Lett. **64** (1990) 2856; Phys. Rep. **198** (1990) 1

[Raf90a]   G.G. Raffelt: Mod. Phys. Lett. **A5** (1990) 2581

[Raf96]   G.G. Raffelt: Stars as Laboratories for Fundamental Physics, The Astrophysics of Neutrinos, Axions, and Other Weakly Interacting Particles, The University of Chicago Press, Chicago etc., 1996

[Ram93]   P.V. Ramana Murthy, A.W. Wolfendale: Gamma-Ray Astronomy, 2nd ed., Cambridge University Press, Cambridge, 1993

[Ree90]   M.J. Rees: Scientific American, Nov. 1990, p. 26

[Rei56]   F. Reines, C.L. Cowan: Nature **178** (1956) 446; 523 (erratum); C.L. Cowan et al.: Science **124** (1956) 103

[Rei59]   F. Reines, C.L. Cowan: Phys. Rev. **113** (1959) 273; F. Boehm: Proc. 13th Intern. Conference on Neutrino Physics and Astrophysics, Boston, USA, 1988, p. 490, eds. J. Schneps et al., World Scientific, Singapore, 1989; F. Reines: Rev. Mod. Phys. **68** (1996) 317

[Rei74]   F. Reines et al.: Phys. Rev. Lett. **32** (1974) 180

462   Literaturverzeichnis

[Rei76]   F. Reines et al.: Phys. Rev. Lett. **37** (1976) 315

[Ren81]   P. Renton, W.S.C. Williams: Ann. Rev. Nucl. Part. Sci. **31** (1981) 193

[Ren88]   M.H. Reno, C. Quigg: Phys. Rev. **D37** (1988) 657; C. Quigg et al.: Phys. Rev. Lett. **57** (1986) 774

[Res96]   L.K. Resvanis: Space Sci. Rev. **75** (1996) 213; Nucl. Phys. **B** (Proc. Suppl.) **48** (1996) 425

[Reu92]   D. Reusser et al.: Phys. Rev. **D45** (1992) 2548

[Rho96]   W. Rhode et al. (Frejus): Astropart. Phys. **4** (1996) 217

[Rob90]   R.G. Roberts: The Structure of the Proton, Deep Inelastic Scattering, Cambridge University Press, Cambridge etc. 1990

[Rob91]   R.G.H. Robertson et al.: Phys. Rev. Lett. **67** (1991) 957

[Rob92]   A. Roberts: Rev. Mod. Phys. **64** (1992) 259

[Rob94]   R.G.H Robertson: Proc. 14th Intern. Workshop on Weak Interactions and Neutrinos, Seoul, Korea, 1993, p. 184, eds. J.E. Kim, S.K. Kim, World Scientific, Singapore, 1994

[Roe95]   A. De Roeck: Proc. NATO Advanced Study Institute on Frontiers in Particle Physics, Cargése, France, 1994, p. 1, eds. M. Lèvy et al., Plenum Press, New York etc., 1995

[Roo94]   M. Roos: Introduction to Cosmology, John Wiley & Sons, Chichester etc., 1994

[Ros84]   G.G. Ross: Grand Unified Theories, The Benjamin/Cummings Publishing Company, Inc., Menlo Park, California etc., 1984

[Ros95]   S.P. Rosen, in: Symmetries and Fundamental Interactions in Nuclei, p. 251, W.C. Haxton, E.M. Henley, World Scientific, Singapore, 1995

[Ros95a] G. Rosa (CHORUS): Nucl. Phys. **B** (Proc. Suppl.) **40** (1995) 85; J. Konijn et al. (CHORUS): Nucl. Phys. **B** (Proc. Suppl.) **48** (1996) 183

[Rou94]   A. Rousset: Nucl. Phys. **B** (Proc. Suppl.) **36** (1994) 339

[Roz95]   A. Rozanov: Nucl. Phys. **B** (Proc. Suppl.) **38** (1995) 177

[Rub95]   A. Rubbia (NOMAD): Nucl. Phys. **B** (Proc. Suppl.) **40** (1995) 93; M. Laveder (NOMAD): Nucl. Phys. **B** (Proc. Suppl.) **48** (1996) 188

[Rub96]   C. Rubbia (ICARUS) : Nucl. Phys. **B** (Proc. Suppl.) **48** (1996) 172; A. Bettini et al. (ICARUS): Nucl. Instr. Meth. **A315** (1992) 223

[Ruj81]   A. De Rújula: Nucl. Phys. **B188** (1981) 414; A. De Rújula, M. Lusignoli: Nucl. Phys. **B219** (1983) 277

[Ruj83]   A.De Rújula et al.: Phys. Rep. **99** (1983) 341

[Sak64]   J.J. Sakurai: Invariance Principles and Elementary Particles, Princeton University Press, Princeton, 1964

[Sak79]   N. Sakai: Phys. Lett. **85B** (1979) 67

[Sak90]   W.K. Sakumoto et al. (CCFR): Nucl. Instr. Meth. **A294** (1990) 179; B.J. King et al. (CCFR): Nucl. Instr. Meth. **A302** (1991) 254

[Sal68] A. Salam, in: Elementary Particle Theory, p. 367, ed. N. Swarthohn, Almquist and Wiksell, Stockholm, 1968; Rev. Mod. Phys. **52** (1980) 525; A. Salam, J.C. Ward: Phys. Lett. **13** (1964) 168

[Sar95] K.V.L. Sarma: Int. J. Mod. Phys. **A10** (1995) 767

[Sar96] S. Sarkar: Rep. Prog. Phys. **59** (1996) 1493

[Sat77] K. Sato, M. Kobayashi: Prog. Theor. Phys. **58** (1977) 1775; P.B. Pal, L. Wolfenstein: Phys. Rev. **D25** (1982) 766

[Scha94] D. Schaile: Fortschr. Phys. **42** (1994) 429

[Sche96] F. Scheck: Electroweak and Strong Interactions, An Introduction to Theoretical Particle Physics, 2nd ed., Springer-Verlag, Berlin etc., 1996

[Schm88] N. Schmitz: Int. J. Mod. Phys. **A3** (1988) 1997; Acta Phys. Polon. **B11** (1980) 913

[Schm88a] N. Schmitz: Naturwissenschaften **75** (1988) 479; 559

[Schm93] N. Schmitz: Int. J. Mod. Phys. **A8** (1993) 1993

[Schn95] J. Schneps: Nucl. Phys. B (Proc. Suppl.) **38** (1995) 220

[Scho66] H.F. Schopper: Weak Interactions and Nuclear Beta Decay, North Holland, Amsterdam, 1966

[Scho91] H. Schopper: Phys. Bl. **47** (1991) 43

[Schr85] K. Schreckenbach et al. (ILL): Phys. Lett. **160B** (1985) 325; **99B** (1981) 251

[Schr90] D.N. Schramm, J.W. Truran: Phys. Rep. **189** (1990) 89; D.N. Schramm: Comm. Nucl. Part. Phys. **17** (1987) 239

[Schr95] D.N. Schramm: Nucl. Phys. B (Proc. Suppl.) **38** (1995) 349

[Schw60] M. Schwartz: Phys. Rev. Lett. **4** (1960) 306

[Sci79] F. Sciulli: Progr. Part. Nucl. Phys. **2** (1979) 41

[Sci93] D.W. Sciama: Modern Cosmology and the Dark Matter Problem, Cambridge University Press, Cambridge, 1993

[Seh85] L.M. Sehgal: Prog. Part. Nucl. Phys. **14** (1985) 1

[Shi93] X. Shi et al.: Comments Nucl. Part. Phys. **21** (1993) 151

[Shi94] X. Shi, D.N. Schramm: Particle World **3** (1994) 151; Nucl. Phys. B (Proc. Suppl.) **35** (1994) 321

[Shr81] R.E. Shrock: Phys. Rev. **D24** (1981) 1232, 1275

[Shr96] R.E. Shrock: in [PDG96], p. 275

[Shu82] F.H. Shu: The Physical Universe, An Introduction to Astronomy, University Science Books, Mill Valley, California, 1982

[Sil89] J. Silk: The Big Bang, W.H. Freeman and Company, New York, 1989

[Sim85] J.J. Simpson: Phys. Rev. Lett. **54** (1985) 1891

[Sir94] A. Sirlin: Comments Nucl. Part. Phys. **21** (1994) 287

[Sjo88] T. Sjöstrand: Int. J. Mod. Phys. **A3** (1988) 751

464   Literaturverzeichnis

[Slo88]   T. Sloan, G. Smadja, R. Voss: Phys. Rep. **162** (1988) 45

[Smi90]   P.F. Smith, J.D. Lewin: Phys. Rep. **187** (1990) 203; P.F. Smith: Annals of the New York Acad. of Sci. **647**, Proc. Texas/ESO-CERN Symp. on Relativistic Astrophysics, Cosmology, and Fundamental Physics, Brighton, England, 1990, p. 425, eds. J.D. Barrow et al., The New York Academy of Sciences, New York, 1991

[Smo96]   G.F. Smoot, D. Scott: in [PDG96], p. 118

[Sob91]   H.W. Sobel: Nucl. Phys. **B** (Proc. Suppl.) **19** (1991) 444

[Sob96]   R.J. Sobie et al.: Z. Phys. **C70** (1996) 383

[Soh85]   M.F. Sohnius: Phys. Rep. **128** (1985) 39

[Sok89]   P. Sokolsky: Introduction to Ultrahigh Energy Cosmic Ray Physics, Addison-Wesley Publishing Company, Inc., Redwood City etc., 1989

[Spi93]   Ch. Spiering: Phys. Bl. **49** (1993) 871

[Spr87]   P.T. Springer et al.: Phys. Rev. **A35** (1987) 679

[Sre96]   M. Srednicki: in [PDG96], p. 116; R. Flores, K.A. Olive: in [PDG94], p. 1238

[Sta90]   A. Staudt et al.: Europhys. Lett. **13** (1990) 31; K. Muto et al.: Z. Phys. **A334** (1989) 187

[Sta96]   T. Stanev: Nucl. Phys. **B** (Proc. Suppl.) **48** (1996) 165

[Ste77]   G. Steigman et al.: Phys. Lett. **66B** (1977) 202

[Ste79]   G. Steigman: Ann. Rev. Nucl. Part. Sci. **29** (1979) 313

[Ste89]   J. Steinberger: Rev. Mod. Phys. **61** (1989) 533

[Ste95]   G. Sterman et al.: Rev. Mod. Phys. **67** (1995) 157

[Ste96]   F.W. Stecker, M.H. Salamon: Space Science Rev. **75** (1996) 341

[Sto87]   L. Stodolsky: Phys. Rev. **D36** (1987) 2273

[Sto91]   L. Stodolsky: Physics Today, Aug. 1991, p. 24

[Sto95]   W. Stoeffl, D.J. Decman: Phys. Rev. Lett. **75** (1995) 3237

[Sut92]   C. Sutton: Spaceship Neutrino, Cambridge University Press, Cambridge etc., 1992

[Suz94]   H. Suzuki: in [Fuk94], p. 763

[Suz95]   Y. Suzuki (Kamiokande): Nucl. Phys. **B** (Proc. Suppl.) **38** (1995) 54

[Tal87]   M. Talebzadeh et al.: Nucl. Phys. **B291** (1987) 503

[Tao96]   L.H. Tao et al.: Z. Phys. **C70** (1996) 387

[Tau94]   G. Taubes: Science **263** (1994) 28; K. Davidson: New Scientist, 26. Febr. 1994, p. 35

[tHo71]   G. 't Hooft: Phys. Lett. **37B** (1971) 195

[Thu96]   M. Thunman et al.: Astropart. Phys. **5** (1996) 309

[Tom91]   T. Tomoda: Rep. Prog. Phys. **54** (1991) 53

[Tot91]   Y. Totsuka, D.N. Schramm: in [Win91], p. 611

[Tot94]   Y. Totsuka: in [Fuk94], p. 625; Rep. Prog. Phys. **55** (1992) 377

[Tre92]   S. Tremaine: Physics Today, Febr. 1992, p. 28

[Tre94]   D. Treille: Rep. Prog. Phys. **57** (1994) 1137

[Tri87]   V. Trimble: Ann. Rev. Astron. Astrophys. **25** (1987) 425

[Tri88]   V. Trimble: Rev. Mod. Phys. **60** (1988) 859

[Tsy96]   V.N. Tsytovich et al.: Physics-Uspekhi **39** (1996) 103; Astropart. Phys. **5** (1996) 197

[Tur79]   M.S. Turner, D.N. Schramm: Physics Today, Sept. 1979, p. 42; D.N. Schramm: Physics Today, April 1983, p. 27

[Tur85]   M.S. Turner, in: Quarks Leptons and Beyond, NATO ASI Series, Vol. 122, p. 355, eds. H. Fritzsch et al., Plenum Press, New York etc., 1985 ; in: Intersections between Elementary Particle Physics and Cosmology, Vol. 1, p. 100, eds. T. Piran, S. Weinberg, World Scientific, Singapore, 1986

[Tur93]   S. Turck-Chièze et al.: Phys. Rep. **230** (1993) 57; S. Turck-Chièze, I. Lopes: Astrophys. J. **408** (1993) 347

[Tur93a]   M.S. Turner: Science **262** (1993) 861

[Tur96]   M.S. Turner: Proc. Summer Inst. on Particle Physics, SLAC, USA, 1994, p. 1, eds. J. Chan, L. DePorcel, Stanford, 1996

[Twe96]   D. Twerenbold: Rep. Prog. Phys. **59** (1996) 349

[Tys92]   A. Tyson: Physics Today, June 1992, p. 24

[Uem78]   T. Uematsu: Phys. Lett. **79B** (1978) 97

[Vaa94]   R. Vaas: Naturw. Rundschau **47** (1994) 43

[Val91]   J.W.F. Valle: Prog. Part. Nucl. Phys. **26** (1991) 91

[Van93]   F. Vannucci: Proc. 2nd Workshop on Tau Lepton Physics, Columbus, USA, 1992, p. 453, ed. K.K. Gan, World Scientific, Singapore, 1993; Nucl. Phys. B (Proc. Suppl.) **48** (1996) 154

[Vei96]   S. Veilleux et al.: Scientific American, Febr. 1996, p. 86

[Ver86]   J.D. Vergados: Phys. Rep. **133** (1986) 1

[Vid92]   G.S. Vidyakin et al.: JETP Lett. **55** (1992) 206

[Vid94]   G.S. Vidyakin et al. (Krasnoyarsk): JETP Lett. **59** (1994) 390

[Vig96]   D. Vignaud: in [Bel96a], p. 145

[Vil93]   P. Vilain et al. (CHARM II): Phys. Lett. **B302** (1993) 351

[Vil94]   P. Vilain et al. (CHARM II): Phys. Lett. **B335** (1994) 246

[Vil95]   P. Vilain et al. (CHARM II): Phys. Lett. **B345** (1995) 115

[Vil95a]   P. Vilain et al. (CHARM II): Phys. Lett. **B364** (1995) 121

[Vog81]   P. Vogel et al.: Phys. Rev. **C24** (1981) 1543

[Vog89]   P. Vogel, J. Engel: Phys. Rev. **D39** (1989) 3378

[Vog95]   P. Vogel: Nucl. Phys. **B** (Proc. Suppl.) **38** (1995) 204; F. Boehm: Nucl. Phys. **B** (Proc. Suppl.) **48** (1996) 148

[Vol86]   M.B. Voloshin, M.I. Vysotskii, L.B. Okun: Sov. Phys. JETP **64** (1986) 446

[Vos94]   G.-A. Voss, B.H. Wiik: Ann. Rev. Nucl. Part. Sci. **44** (1994) 413

[Vui86]   J.L. Vuilleumier: Rep. Prog. Phys. **49** (1986) 1293

[Vui93]   J.C. Vuilleumier et al.: Phys. Rev. **D48** (1993) 1009; V. Jörgens et al.: Nucl. Phys. **B** (Proc. Suppl.) **35** (1994) 378

[Wac94]   H. Wachsmuth: Nucl. Phys. **B** (Proc. Suppl.) **36** (1994) 401; Proc. Intern. School of Physics "Enrico Fermi", Weak Interactions, Varenna, Italy, 1977, p. 143, ed. M. Baldo Ceolin, North-Holland Publishing Company, Amsterdam etc., 1979

[Wal91]   T.P. Walker et al.: Astrophys. J. **376** (1991) 51

[Wei67]   S. Weinberg: Phys. Rev. Lett. **19** (1967) 1264; **27** (1971) 1688; Rev. Mod. Phys. **52** (1980) 515

[Wei72]   S. Weinberg: Gravitation and Cosmology: Principles and Applications of the General Theory of Relativity, John Wiley & Sons, Inc., New York etc., 1972

[Wei77]   S. Weinberg: Die ersten drei Minuten, Der Ursprung des Universums, R. Piper & Co. , München etc., 1977

[Wei89]   S. Weinberg: Rev. Mod. Phys. **61** (1989) 1

[Wei93]   Ch. Weinheimer et al.: Phys. Lett. **B300** (1993) 210

[Wei93a]   A.J. Weinstein, R. Stroynowski: Ann. Rev. Nucl. Part. Sci. **43** (1993) 457

[Wes74]   J. Wess, B. Zumino: Phys. Lett. **49B** (1974) 52; Nucl. Phys. **B70** (1974) 39

[Wes92]   J. Wess, J. Bagger: Supersymmetry and Supergravity, 2nd ed., Princeton University Press, Princeton, 1992

[Whi94]   M. White et al.: Ann. Rev. Astron. Astrophys. **32** (1994) 319

[Wie96]   F.E. Wietfeldt, E.B. Norman: Phys. Rep. **273** (1996) 149

[Wil93]   J.F. Wilkerson: Nucl. Phys. **B** (Proc. Suppl.) **31** (1993) 32

[Win91]   K. Winter (Ed.): Neutrino Physics, Cambridge University Press, Cambridge etc., 1991

[Win91a]   K. Winter: in [Win91], p. 381

[Win95]   K. Winter: Nucl. Phys. **B** (Proc. Suppl.) **38** (1995) 211

[Win96]   K. Winter: Proc. 17th Intern. Symp. on Lepton-Photon Interactions, Beijing, China, 1995, p. 569, eds. Zheng Zhi-Peng, Chen He-Sheng, World Scientific, Singapore, 1996

[Wol78]   L. Wolfenstein: Phys. Rev. **D17** (1978) 2369; **D20** (1979) 2634

[Wol83]   L. Wolfenstein: Phys. Rev. Lett. **51** (1983) 1945

[Wol91]   L. Wolfenstein: in [Win91], p. 605

[Wol95]   L. Wolfenstein, K. Lande, in: Symmetries and Fundamental Interactions in Nuclei, p. 307, W.C. Haxton, E.M. Henley, World Scientific, Singapore, 1995

[Wu57]   C.S. Wu et al.: Phys. Rev. **105** (1957) 1413

[Wu60]   C.S. Wu, in: Theoretical Physics in the Twentieth Century, p. 249, eds. M. Fierz, V.F. Weisskopf, Interscience Publishers Inc., New York, 1960

[Yam85]   T. Yamazaki: Prog. Part. Nucl. Phys. **13** (1985) 489

[Yan80]   T. Yanagida: Prog. Theor. Phys. **64** (1980) 1103

[You91]   K. You et al.: Phys. Lett. **B265** (1991) 53

[Yps96]   T. Ypsilantis: Europhys. News **27** (1996) 97

[Zac86]   G. Zacek et al. (Gösgen): Phys. Rev. **D34** (1986) 2621

[Zan91]   L. Zanotti: J. Phys. G : Nucl. Part. Phys. **17** (1991) S373

[Zee80]   A. Zee: Phys. Lett. **93B** (1980) 389; **161B** (1985) 141; A.Yu. Smirnov, M. Tanimoto: Phys. Rev. **D55** (1997) 1665

[Zij92]   E.B. Zijlstra, W.L. van Neerven: Nucl. Phys. **B383** (1992) 525

Sachverzeichnis

Klapdor-Kleingrothaus/Zuber
Teilchen-astrophysik

In den letzten Jahren entstand ein neuer Forschungsbereich in der Physik, die Teilchenastrophysik. Immer mehr Astrophysiker und Kosmologen erkannten, daß Teilchenphysik ein hilfreiches Mittel zum Verständnis der Entstehung und Entwicklung unseres Universums ist. Andererseits kamen die Teilchenphysiker zu der Erkenntnis, daß man in der Astrophysik Energien zur Verfügung hat und Prozesse studieren kann, welche man mit Beschleunigern auf absehbare Zukunft nicht wird untersuchen können. So nähert man sich von zwei Seiten, um gemeinsam einige der fundamentalen Probleme der modernen Physik in den Griff zu bekommen.

Das Buch – hervorgegangen aus Seminaren an der Universität Heidelberg – wendet sich an Physikstudenten mittlerer Semester, aber auch an Leser, die allgemein an aktuellen Fragen der modernen Physik interessiert sind, besonders an den Zusammenhängen zwischen dem Makrokosmos und dem Mikrokosmos.

Aus dem Inhalt

Standardmodell der Elementarteilchen und der Kosmologie – Vereinigung der Kräfte – Inflationäre Phase des Universums – Kosmologische Konstante –

Von Prof. Dr.
Hans Volker Klapdor-Kleingrothaus
Max-Planck-Institut für Kernphysik, Heidelberg
und Dr.
Kai Zuber
Universität Dortmund

1997. 488 Seiten mit zahlreichen Bildern und Tabellen.
13,7 x 20,5 cm.
Kart. DM 66,80
ÖS 488,– / SFr 60,–
ISBN 3-519-03094-2

(Teubner Studienbücher)

Preisänderungen vorbehalten.

Großräumige Struktur des Universums – Die 3K-Hintergrundstrahlung – Kosmische Strahlung – Dunkle Materie im Universum – Magnetische Monopole – Axionen – Solare Neutrinos – Neutrinos von Supernovae – Elemententstehung im Universum

B. G. Teubner Stuttgart · Leipzig

Berry
Kosmologie und Gravitation

Eine Einführung

Die allgemeine Relativitätstheorie gehört heutzutage mit der Quantentheorie zu den tragenden Säulen der theoretischen Physik. Die allgemeine Relativitätstheorie findet wichtige Anwendungen in Astrophysik und Hochenergiephysik und bildet die Grundlage der Kosmologie, denn im Großen ist die Gravitation die dominierende Kraft.
In diesem Buch entwickelt der Autor die Grundlagen der Theorie ohne Tensorkalkül; mit Hilfe von Symmetriebetrachtungen werden die wichtigen kosmologischen Formeln hergeleitet und angewendet, kosmologische Modelle dargestellt und die Gravitationswirkungen massereicher Körper untersucht.

Aus dem Inhalt
Kosmische Entfernungen und ihre Bestimmung – Die Ausdehnung des Weltalls – Die Notwendigkeit einer Relativitätstheorie – Schwierigkeiten mit der Newtonschen Mechanik – Machsches Prinzip – Einsteins Äquivalenzprinzip – Die gekrümmte Raumzeit – Relativistische Gravitationseffekte – Schwarze Löcher – Kosmische Kinematik und Dynamik – Galaxienbildung – Das frühe Universum – Übungsaufgaben mit Lösungen

Von Prof. Dr.
Michael Berry
H. H. Wills
Physics Laboratory,
University of Bristol

Übersetzung der
2. Auflage von 1989
aus dem Englischen
von Anita Ehlers mit
wiss. Beratung durch
Prof. Dr. Jürgen Ehlers.

1990. X, 212 Seiten.
mit 62 Bildern.
13,7 x 20,5 cm.
Kart. DM 28,80
ÖS 210,– / SFr 26,–
ISBN 3-519-03069-1

(Teubner Studienbücher)

Preisänderungen vorbehalten.

B. G. Teubner Stuttgart · Leipzig